华为智能计算技术丛书

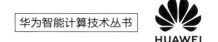

openEuler
操作系统

（第2版）

任炬　张尧学◎编著
Ren Ju　Zhang Yaoxue

清華大學出版社
北京

内 容 简 介

本书是一部系统解析操作系统原理及 openEuler 核心技术的著作。为便于读者高效学习,本书结合 openEuler 中的实现代码,详细介绍操作系统的基本原理和核心技术。全书分为 12 章:第 1 章介绍操作系统的基本概念、发展历史、基本功能、设计目标、主流操作系统、发展趋势,以及 openEuler 操作系统;第 2 章介绍鲲鹏处理器的体系架构、CPU 编程模型、CPU 访存原理,以及鲲鹏处理器与 openEuler;第 3 章介绍进程的概念、进程的描述、进程的控制、系统调用、进程切换及线程;第 4 章介绍调度性能指标、常见的调度算法、多核调度及 CFS 调度;第 5 章介绍虚拟内存、分页机制、地址转换加速机制、多级页表及物理内存扩充机制;第 6 章介绍互斥与锁、自旋锁、同步与信号量、共享内存、消息传递等机制及内存屏障技术;第 7 章介绍文件系统的基本实现、I/O 性能优化、崩溃一致性及虚拟文件系统;第 8 章介绍 TCP/IP 协议栈、openEuler 的网络子系统架构、网卡驱动程序、套接字、数据的传输路径及新型网络加速技术;第 9 章介绍虚拟机监视器的基本概念和基本任务,openEuler 的虚拟化平台——StratoVirt;第 10 章介绍容器的基本原理与构建过程及华为容器引擎 iSulad;第 11 章介绍可信计算相关知识、可信平台模块规范、系统启动路径及 openEuler 的可信启动实现技术;第 12 章介绍 A-Tune 的基本原理及其智能决策和自动调优两个核心模块的关键技术。

本书适合作为广大高校计算机专业操作系统课程的教辅教材,也可以作为操作系统内核开发者的自学参考用书。

图书在版编目(CIP)数据

openEuler 操作系统/任炬,张尧学编著.—2 版.—北京:清华大学出版社,2022.3(2024.11重印)
(华为智能计算技术丛书)
ISBN 978-7-302-60294-1

Ⅰ.①o… Ⅱ.①任… ②张… Ⅲ.①Linux 操作系统 Ⅳ.①TP316.85

中国版本图书馆 CIP 数据核字(2022)第 039175 号

责任编辑:盛东亮　钟志芳
封面设计:李召霞
责任校对:时翠兰
责任印制:刘 菲

出版发行:清华大学出版社
　　　　网　　　址:https://www.tup.com.cn,https://www.wqxuetang.com
　　　　地　　　址:北京清华大学学研大厦 A 座　　邮　　编:100084
　　　　社 总 机:010-83470000　　　　　　　　邮　　购:010-62786544
　　　　投稿与读者服务:010-62776969,c-service@tup.tsinghua.edu.cn
　　　　质量反馈:010-62772015,zhiliang@tup.tsinghua.edu.cn
　　　　课件下载:https://www.tup.com.cn,010-83470236
印 装 者:三河市龙大印装有限公司
经　　销:全国新华书店
开　　本:186mm×240mm　　　印　　张:29.5　　　字　　数:664 千字
版　　次:2020 年 10 月第 1 版　　2022 年 3 月第 2 版　　印　　次:2024 年 11 月第 3 次印刷
印　　数:3301~4300
定　　价:109.00 元

产品编号:095680-01

FOREWORD
序
openEuler 推动开源创新

    Linux 作为使用非常广泛的操作系统发展了近 30 年，已经成为 IT（Information Technology）产业的基础平台。 openEuler 是一个基于 Linux Kernel（内核）的开源社区，也是一个开放创新的平台，不但承载着对鲲鹏等多种芯片架构的支持，而且承载着对操作系统、体系架构未来的探索任务。 openEuler 社区最终会成为一个引领技术创新的开源生态系统。 开源是一种产业生态的建设模式，在世界范围内，越来越多的公司利用开源促进产业链生态的建设，甚至引导产业的发展方向，形成了从开源社区到基于开源的企业级产品与服务的生态链。

    开源是一种协作创新模式，通过开源，软件开发的速度大大加快，产业标准的形成时间大大缩短。 同时，开放协作的环境更容易激发创新的思维和创造的灵感，对于开源社区不断涌现的创新，我们已经喜闻乐见。

    开源也是一种文化交流的方式，通过开源，可以集合全世界的智慧，在世界的不同角落，共同协作完成大型软件系统的开发和演进。 这在很大程度上也加深了世界人民之间的沟通和了解。 我始终相信，沟通与交流是全世界构建美好未来的钥匙。

    华为公司持续投入基础软件的建设，现在将历史的积累贡献出来，创建了 openEuler 社区，并且基于 openEuler 操作系统编写了本书。 全书深入地介绍了 openEuler 操作系统的设计原理与实现细节，并结合鲲鹏芯片对软硬件协同设计做了简明扼要的讲解。

    我相信，本书仅仅是一个开始，读者想要真正学以致用就要参与到社区中，希望广大师生能融入 openEuler 社区，去沟通、去分享、去贡献、去创造，共同推动操作系统研究的发展与创新。

（侯金龙）

华为公司高级副总裁

华为数字能源技术有限公司总裁

PREFACE
前　言

　　操作系统作为最核心的基础软件，被誉为计算机的"灵魂"。 无论计算机相关专业的学生或研究人员，还是计算机应用开发人员，对操作系统原理的学习和理解都至关重要，而通过全面分析一个优秀操作系统的设计思路及实现方案加深对操作系统原理的理解和应用，是操作系统学习过程中一个行之有效的方法。

　　本书以 openEuler 操作系统的具体设计与实现为例，详细介绍当代操作系统的基本原理和核心思想。 openEuler 是华为公司发布的一个开源、免费的 Linux 发行版平台，其前身是华为公司历经近 10 年研制和发展的服务器操作系统 EulerOS，以安全、稳定、高效为目标，成功支持了华为公司的各种产品和解决方案。 自本书第 1 版于 2020 年 10 月发行以来，openEuler 开源社区快速成长，openEuler 操作系统也增加了很多新的功能与技术。第 2 版在对第 1 版部分内容勘误的基础上，新增了 openEuler 的虚拟化平台 StratoVirt 介绍，以及操作系统的可信启动原理和 openEuler 的可信启动实现技术等内容。

　　本书注重理论与实践的紧密结合，以实际案例引出操作系统的基本原理，再以 openEuler 的具体实现阐述操作系统的设计思想，让读者更深入理解操作系统核心技术的设计动机和实现方案。 全书分为 12 章，涵盖了操作系统概述、鲲鹏处理器、进程与线程、CPU 调度、内存管理、线程/进程间通信、文件系统、跨机器通信、系统虚拟化、容器、可信启动及 openEuler 智能调优——A-Tune 等操作系统核心内容和 openEuler 操作系统的特色创新技术。

　　本书定位为操作系统课程的教学参考书，其主要受众包括计算机相关专业的本科生和研究生、从事计算机相关领域研究的专业人士及对计算机操作系统原理感兴趣的读者。因操作系统作为管理计算机硬件资源的核心软件，且现代操作系统设计往往与硬件特性结合紧密，所以读者在阅读此书前，除需要掌握基本的编程基础外（本书采用 C 语言），还需要了解一定的计算机组成原理和汇编语言知识。

　　作者首先要感谢华为公司张相锋博士、伍伯东、赵磊、朱晨、桂耀、吴财军、魏刚、张天行、杨铭、蔡灏旻、卢景晓、刘昊、吴景、雷钟凯及众多华为工程师在本次改版过程中提供的相关资料与技术支持。 他们在本书的撰写和修订过程中，提出了非常详尽的意见和建议，对提升本书的质量提供了非常大的帮助。 特别感谢中南大学透明计算实验室操作系统小组全体同学（卢军、高迎港、郭旭城、丁标、左倩、瞿沁麒、王恒宇、王灏洋、黄旺、向侃、李依伦、谢禹）对本书改版工作所做出的极大贡献。 感谢清华大学出版社盛东亮老师和钟志芳老师等的大力支持，他们细致且高效的工作保证了本书的质量，让本书得以尽早与公众见面。

由于编者水平有限，书中难免有疏漏和不足之处，恳请读者批评指正！

编　者

2022 年 1 月

CONTENTS

目　　录

第 7 章 文件系统 208

## 第 1 章

操作系统概述

操作系统(Operating System,OS)是现代计算机系统中最为核心的软件。1.1 节介绍操作系统的基本概念,1.2 节简要回顾操作系统的发展历史,1.3 节介绍操作系统的基本功能,1.4 节介绍操作系统的设计目标,1.5 节介绍主流的操作系统,1.6 节介绍操作系统的发展趋势,1.7 节简要介绍 openEuler 操作系统。

1.1　操作系统的基本概念

计算机是一台机器,它接受用户输入的指令和数据,然后基于事先编写的程序对数据进行处理,最后将处理结果(文字、图片、音频、视频等)输出给用户。如图 1-1 所示,计算机由硬件和软件两大部分组成。

(1) 硬件指组成计算机的各种看得见、摸得着的物理资源,包括中央处理器(Central Processing Unit,CPU)、总线、内存、输入/输出(Input/Output,I/O)设备(如外存、鼠标、键盘、显示器)等。

(2) 软件是用户与计算机沟通的桥梁,用以驱使计算机硬件完成特定的计算。软件主要包括底层的操作系统(如 Linux、Windows 等)以及上层的用户应用程序(如办公软件、即时通信软件等)。

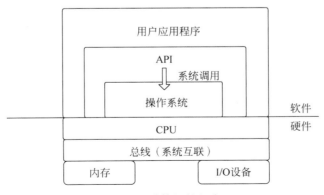

图 1-1　计算机的组成

操作系统是计算机硬件之上的第一层软件,也是计算机硬件和其他软件沟通的桥梁(或称为接口、中介等)。操作系统位于计算机硬件和用户应用程序之间。从硬件的视角向上看,操作系统是计算机硬件资源的管理者,负责控制和管理 CPU、总线、内存和 I/O 设备等资源,使得这些硬件资源高效地协作,以完成特定的计算任务;从用户应用程序的视角向下看,操作系统隐藏了计算硬件的控制和使用细节,将计算机抽象成一组简洁的应用程序接口(Application Programming Interface,API),使得应用程序能够安全、方便地使用这些硬件资源。在操作系统的帮助下,不同的应用程序能以时分复用或空分复用的方式共享有限的硬件资源,使彼此之间互不干扰。

操作系统由操作系统内核和提供基础服务的其他系统软件组成。一般地,操作系统内核运行在 CPU 的一个特殊模式——内核态,拥有访问硬件资源的所有权限,可以直接与硬件交互。内核是操作系统的核心部分,提供 CPU 管理、内存管理、I/O 设备管理和进程间通信等基本功能。操作系统的另一个组成部分是提供基础服务的其他系统软件,主要包括文本编辑工具(如 vim)、编译工具(如 gcc)、软件调试工具(如 gdb)、基础安全工具(如 syslog 和 audit)和系统服务管理工具(如 systemctl)等。操作系统除内核外的其他系统软件及其上层的用户应用程序均运行在 CPU 的另一个模式——用户态,它们通过操作系统内核与硬件交互,只能看到或使用其权限内的部分资源。

1.2　操作系统的发展历史

操作系统的产生与计算机硬件的发展息息相关,并伴随着计算机技术本身的发展而不断完善。至今,操作系统已成为计算机系统中的核心,对推动计算机的大规模应用起到了至关重要的作用。为了更好地理解操作系统的基本概念和功能演变,同时阐明其出现的必要性,本节将简要叙述操作系统发展的历史过程。

1.2.1　手工操作时代

在 1946—1955 年,诞生了以 ENIAC 为代表的第一代计算机。第一代计算机主要由真空管构成,其计算速度非常慢,没有操作系统,甚至没有任何软件。用户需要直接与计算机硬件打交道,使用机器语言编制程序,并将程序与数据记录于纸带或卡片等介质上,通过输入设备(如纸带/卡片阅读机)载入计算机。接着通过控制台开关启动程序运行。计算完毕后,打印机输出计算结果,用户取走并卸下纸带(或卡片)。在手工操作时代,用户使用计算机都是采用预约制,当第一个用户在使用计算机时,将独占全部计算机资源,在其使用完毕后,再根据预约时间表安排第二个用户使用。在这个阶段,计算机对任务的处理为串行处理,计算效率较为低下。

1.2.2　批处理系统

20 世纪 50 年代,晶体管的发明极大地推动了计算机的计算性能和可靠性。这时,由于在手工操作的低速和计算机的高速之间形成了矛盾,手工操作与机器有效运行的时间之比也不断加大,这种矛盾已经到了不能容忍的地步。唯一的解决办法是摆脱人的手工操作,实现作业的自动过渡。在这种情况下,批处理系统应运而生。

在批处理系统时代,程序员不再直接操作机器,而是配备专门的计算机操作员来减少操作机器的错误。同时,操作员将用户提交的作业进行成批组合,编成一个作业执行序列,再送入计算机中进行处理。这种批处理方式被称为联机批处理,其实现了作业的自动转接,大大减少了不同作业在人工操作时的输入等待时间,从而提升了计算机的计算效率。但是,在作业的输入和执行结果的输出过程中,计算机的 CPU 仍处在停止等待状态,其资源利用率仍有待进一步提高。

因此,在批处理系统时代后期,为解决高速主机与慢速外设之间的矛盾,并提高 CPU 的利用率,出现了脱机批处理方式。这种方式与联机批处理的不同在于,它增加了一台不与主机直接相连而专门用于与 I/O 设备打交道的卫星机。如图 1-2 所示,卫星机从输入机(如卡片机)上读取用户作业并放到输入带上,并从输出带上读取执行结果并传给输出机(如打印机)。这样一来,主机便不再直接与慢速的 I/O 设备打交道,而是与速度相对较快的磁带机(由输入带和输出带组成)发生关系,有效地缓解了主机与设备的矛盾。主机与卫星机可并行工作,二者分工明确,可以充分发挥主机的高速计算能力。

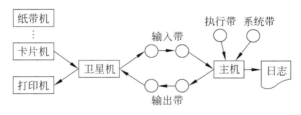

图 1-2　脱机批处理系统模型

脱机批处理的出现也促进了监督程序的产生。监督程序即为批处理系统时代的操作系统,拥有现代操作系统的部分功能。它负责装入和运行各种系统处理程序,如汇编程序、编译程序、连接装配程序和程序库(如 I/O 标准程序)等,并完成作业的自动过渡,管理作业的运行。在操作系统历史上,第一个可以称为操作系统的软件 GeneralMotors 就是在这个时期研制出来的。其他比较有代表性的操作系统是 FORTRAN 监督系统(FORTRAN Monitor System,FMS)和 IBSYS。

1.2.3　多道程序系统

批处理系统有效解决了作业在计算机上自动执行的问题,但此时计算机上的作业仍然是一道一道地顺序处理,即每次只调用一个作业进入内存并运行。这种作业执行方式也被称为单道程序执行方式。单道程序系统的弊端较为明显:若当前作业因等待 I/O 操作而暂停,CPU 便只能等待直至该 I/O 完成。这样一来,运行 I/O 操作占比较大的作业时,会导致 CPU 长时间处于空闲状态,造成资源浪费。此外,在 20 世纪 60 年代,随着小规模集成电路的发展,计算机的性能和性价比也得到了很大提升,但是计算机硬件性能的提升却无法完全满足用户的计算需求。为了进一步提升计算机的资源利用率,操作系统进入了多道程序阶段,即多道程序合理搭配交替运行,充分利用资源,提高效率。

多道程序系统是指将多个独立的作业同时加载进入内存,操作系统能根据一定的规则,调度这些作业在 CPU 上交替运行,共享计算机资源。例如,当某个作业在等待 I/O 操作时,操作系统能调度内存中的另一个作业占用 CPU 开始执行,充分提高 CPU 的利用率。多道程序系统的产生和发展,也使计算机操作系统开始具备现代操作系统的基本雏形。

1.2.4　分时操作系统

多道程序系统从本质上来说还是一个批处理系统,用户提交作业后,便无法干预,需要等待计算机自动进行作业的批次执行,最终得到计算结果。随着计算机性能的提升,人们对于计算机的操作需求也迫切需要得到满足,即人们希望其提交的作业能在短时间内得到计算机的快速响应,以及增加用户与计算机系统的交互性。从用户的角度而言,这就是指在多用户共享计算机的前提下,实现独占计算机的操作体验。分时操作系统的核心思想是,将计算机的 CPU 时间进行分割,轮流地切换给各终端用户的程序使用。由于计算机的计算速率很快且分割出来的时间间隔很短,每个用户便感觉像独占计算机一样。此外,每个用户可以通过自己的终端向系统发出各种操作控制命令,以控制作业的运行。接下来介绍一些典型的分时操作系统。

1. CTSS

在 20 世纪 60 年代,大型、复杂的操作系统蓬勃发展,出现了很多对现代操作系统有着深远影响的思想。1961 年,由麻省理工学院开发的 CTSS(Compatible Time-Sharing System,兼容分时系统)是世界上第一个分时操作系统。在其开发初期,它是专门为大型机 IBM 709 开发的系统;在开发后期,它被移植到了大型机 IBM 7094 上。在 CTSS 中,监控程序常驻内存,它在内存中的位置一般是固定的,且用户作业通常也被载入固定的内存位置。CTSS 提出了时间片(Time Slicing)技术,即计算机时钟每隔一小段时间就产生一个中断,计算机通过中断将处理器的控制权移交给操作系统,操作系统随后将处理器控制权移交给一个用户作业。

2. MULTICS

为了让一台主机能够被更多的用户使用,1965 年前后,贝尔实验室、麻省理工学院、通用电气公司共同发起了一个称为 MULTICS(MULTiplexed Information and Computing System,早期的一款计算机操作系统)的项目。这个项目旨在开发一套多使用者分时作业系统,让一台大型主机能够供 300 台以上的终端机连接使用。由于资金短缺、进度滞后等原因,1969 年贝尔实验室退出了该项目的研究。MULTICS 项目虽然后来没有受到很大的重视,但它提出了很多新的思想,如层次文件系统、shell 和进程的概念。进程是计算机科学中最成功的概念之一,几乎所有现代操作系统都是这一概念的受益者。

3. UNIX 与 Linux

1969 年前后,曾参与 MULTICS 项目的贝尔实验室研究人员 Ken Thompson 和 Dennis Ritchie 等,在计算机 DEC PDP-7 上用汇编语言编写了一个名为 UNICS(UNiplexed Information and Computing System)的新操作系统。1970 年,Brian Kernighan 给这个新系统命名为 UNIX。1971 年,Thompson 和 Ritchie 共同发明了 C 语言。由于 UNIX 的实现不少是用汇编语言编写的,不具备良好的移植性,1973 年,Thompson 和 Ritchie 用 C 语言重写了 UNIX,并于 1974 年正式对外发布。UNIX 自诞生起就是多用户、多任务的分时操作系统。

随着用户的日益增多、应用范围的日益扩大,UNIX 衍生出不同的分支,主要包括早期的 System V、UNIX 4. x BSD(Berkeley Software Distribution)版本、FreeBSD、OpenBSD、SUN 公司的 Solaris、IBM 公司的 AIX、主要用于教学的 MINIX 和现在苹果公司专用的 Mac OS X 等。

UNIX 系统在蓬勃发展的同时,版本演化的多样性导致这些不同版本的系统互不兼容,这阻碍了应用程序的开发和移植。为了实现 UNIX 不同版本之间的兼容,电气和电子工程师学会(Institute of Electrical and Electronics Engineers, IEEE)制定了 POSIX(Portable Operating System Interface)标准,即可移植操作系统接口,以此来保证应用程序在源码层次的可移植性。POSIX 标准涵盖很多方面,比如,UNIX 系统中系统调用的 C 语言接口、shell 程序和工具、线程及网络编程。如今主流的 UNIX 系统、Linux 系统都做到了兼容 POSIX 标准。

为了打破 UNIX 封闭生态的限制,Richard M. Stallman 在 1983 年发起一项名为 GNU(自由软件操作系统)的国际性的源代码开放计划,并创立了自由软件基金(Free Software Foundation,FSF)。该项目的目标是建立完全自由(Free)、开放源码(Open Source)的操作系统。GNU 的成立对推动 UNIX 操作系统以及后面的 Linux 操作系统的发展起到了非常积极的作用。

1991 年,芬兰赫尔辛基大学的学生 Linus Torvalds 在 MINIX 操作系统的基础上开发了一个新的操作系统内核。Torvalds 为该操作系统内核取名为 Linux 并将其开源,不仅如此,Torvalds 呼吁其他程序员与他一起改进这个尚处于雏形阶段的内核。之后,全球各地的程序员与 Torvalds 一起加入到开发 Linux 的行列,为 Linux 添加了许多新特性,诸如改进型的文件系统、对网络的支持、设备驱动程序以及对多处理器的支持等。1994 年 3 月,发布了 Linux 1.0 版本。

Linux 虽然起初并不是 GNU 计划的一部分,但它的历史与 GNU 密不可分。在 Linux 内核诞生时,GNU 计划已经完成了包括编辑器 Emacs、GCC(GNU C Compiler,GNU C 编译器)、GLIBC(GNU C Library,GNU C 运行库)、GDB(GNU Debugger,GNU 调试器)、

Bash shell 和图形用户接口(GUI)X Window 等系统软件的开发,但缺乏操作系统内核;而 Linux 内核只包含了最基本的硬件抽象和管理功能,没有 GUI 或其他系统软件。由于共同坚持的开源精神,Linux 与 GNU 计划走到了一起。自 1992 年起,Linux 内核与众多 GNU 计划中的系统软件紧密地结合在一起,一个真正开源、自由的操作系统由此诞生。目前,绝大多数基于 Linux 内核的操作系统使用了部分 GNU 软件。因此,严格地说,这些系统应该被称为 GNU/Linux。

在 Linux 内核诞生之前,UNIX 已经具有了一定的应用程序生态。为了复用 UNIX 的应用程序生态,使得在 Linux 上能够运行针对 UNIX 系统编写的应用程序,Torvalds 修改了 Linux 内核,使其符合 POSIX 规范,从而解决了 Linux 的应用程序生态问题。GNU/Linux 虽然具备了完整的操作系统功能和应用程序生态,但其使用者主要是具有深厚计算机开发基础的工程师。为了便于普通用户使用 Linux,各种商业公司或非营利团体将 Linux 内核和一些系统软件(如图形用户界面 X Window、编辑器 vim 等)以及特色应用程序集成在一起,打包成为易于安装和使用的套件。这个套件被称为 Linux 发行版(Linux Distribution)。当前 Linux 发行版众多,这些发行版的主要不同之处在于:所支持的硬件设备以及软件包配置。较为主流的 Linux 发行版包括以下两个系列。

(1) Debian 系列。例如,Debian GNU/Linux 和 Ubuntu。Debian GNU/Linux 是一个由社区志愿者维护的发行版,拥有丰富的软件包,支持 x86、x86-64 和 ARM 等硬件架构。Ubuntu 是基于 Debian 的一个发行版,其具有 Gnome、KDE 和 Xfce 等多个 GUI 可供选择,是一个被广泛作为桌面系统的 Linux 系统发行版。

(2) Red Hat 系列。例如,Fedora、Red Hat Enterprise Linux 和 CentOS。Fedora 是 Red Hat Enterprise Linux 的社区支持版本,常被作为新技术的测试平台。CentOS 是一个由开源社区维护的 Linux 发行版,它与 Red Hat Enterprise Linux 100%兼容,只是不包括其商业软件。

4. DOS 与 Windows

20 世纪 80 年代早期,Bill Gates 成立的微软(Microsoft)公司发布了 MS-DOS(Microsoft-DOS)操作系统。MS-DOS 是一个单用户单任务的操作系统。在使用方式上,用户需要通过键盘输入命令进行操作。MS-DOS 的后期版本也融合了许多源自 UNIX 的功能。1985 年,微软公司在 MS-DOS 上运行图形用户界面,并将 MS-DOS 更名为 Windows。随着计算机硬件和软件的演进,微软公司对 Windows 不断地升级,陆续推出 Windows 95、Windows 98、Windows 2000、Windows XP、Windows Vista、Windows 7、Windows 8、Windows 8.1、Windows 10 等版本。现在 Windows 系列的操作系统已成为个人计算机中实用度最广的桌面操作系统。

5. Android 与 iOS

从大型计算机到微型计算机,计算机不断地向小型化发展。现在,计算机以智能手机、智能手表等移动设备的形式,渗入几乎每个人的生活。面向移动智能终端的操作系统有 Android、iOS、Symbian、Windows Phone 和 BlackBerry OS。Android 和 iOS 是当前最为主流的面向移动设备的操作系统。

　　iOS 是 Apple 公司于 2007 年发布的一款操作系统,是属于类 UNIX 的商业操作系统。该操作系统目前没有开源。由于 iOS 操作系统与设备硬件紧密耦合,其硬件优化程度较高。2008 年 9 月,Google 公司以 Apache 开源许可证的授权方式,发布了 Android 的源代码。Android 基于 Linux 内核,是专门为触屏移动设备设计的操作系统。Android 操作系统也是目前最为流行的移动智能终端操作系统,全球已有 10 亿台以上的设备使用这款操作系统。

1.2.5　实时操作系统

　　计算机的飞速发展,也使其开始进入工业过程控制和军事实时控制等领域,而这些领域对业务处理的实时性要求极高。虽然多道批处理系统和分时操作系统能使计算机获得令人较满意的资源利用率和系统响应时间,但却不能满足实时业务处理领域的需求。因此,实时操作系统开始出现。

　　实时操作系统(Real-Time Operation System,RTOS)是指能保证在一定时间限制内完成特定功能的操作系统。提供及时性响应和高可靠性是这类操作系统的基本特点。实时操作系统中的实时任务,又有软实时任务和硬实时任务之分。对于软实时任务,操作系统会尽可能保证其任务在规定时间内响应,但也允许无法满足实时性需求的情况出现,只要保证在一定统计意义上满足实时性需求即可。而对于硬实时任务,操作系统则需要严格保证其实时性,一旦出现无法满足实时性需求的情况,可能会造成灾难性的后果,例如导弹控制系统和高铁自动驾驶系统等。

　　美国 WindRiver 公司于 1983 年设计开发的 VxWorks 操作系统是实时操作系统的典型代表,现仍广泛应用于通信、军事、航空、航天等高精尖技术及实时性要求极高的领域中。随着计算机在各种实时控制领域的普及应用,实时操作系统至今仍在不断发展。

1.3　操作系统的基本功能

　　操作系统的主要功能是管理和控制计算机系统中的所有硬件和软件资源,合理、高效地组织计算机的工作流程,并为用户提供一个良好的工作环境和交互接口。本节将从资源管理(CPU 管理、内存管理、文件管理、设备管理)和用户接口两方面详述操作系统的基本功能。

1. CPU 管理

　　CPU 是计算机的核心计算单元,也是操作系统所管理的主要硬件资源之一。在多道程序或多用户情况下,操作系统需要组织管理多个作业的并发执行,那么必然要解决 CPU 资源的共享和管理问题。由于多作业的并发执行在 CPU 上是通过轮换执行的方式实现的,因此操作系统对 CPU 的管理主要包括以下三方面。

(1) 中断响应及管理,即中断当前作业对 CPU 的使用,并根据作业中断产生原因对作业进行中断响应处理,同时保存当前作业执行的上下文环境,以便该作业重获 CPU 使用权时能继续执行而不被打乱。

(2) CPU 调度,即根据一定策略,选取内存中的某一个作业,准备让其获得 CPU 使用权。

(3) 现场恢复,即当某一个被中断的作业重获 CPU 使用权时,恢复其被中断之前的上下文环境,使此作业能继续往下执行。

2. 内存管理

计算机中所有程序的运行都是在内存中进行的,内存的性能对计算机的影响非常大。内存管理的主要目的是为了解决多作业或多用户内存共享问题并提高内存利用率,其主要任务包括以下四方面。

(1) 物理内存的分配和回收。操作系统需要为准备执行的应用程序分配内存空间,并在应用程序执行完毕后回收所分配内存。

(2) 虚拟地址到物理地址的映射。为了隔离不同的应用程序,现代操作系统通过虚拟地址对物理内存进行访问。操作系统需要协助硬件完成虚拟地址到物理地址的映射。

(3) 地址转换的加速。在引入虚拟地址后,访问内存时多出了一个间接层,系统性能受到影响。操作系统需要协助硬件实现地址转换加速,尽可能减少性能损失。

(4) 突破物理内存限制。当应用程序所需内存空间超过计算机所配置的内存容量时,操作系统将内存和外存联合起来进行管理,利用外存为用户提供一个比实际物理内存大得多的虚拟内存空间。

3. 文件管理

尽管内存的访问速度很快,但其容量十分有限,而且一旦断电,保存在其中的数据就会丢失。用户希望能够持久地将数据保存在容量更大、更廉价的存储设备中。因此,计算机中采用磁盘等外存进行持久化数据存储。为了简化外存的使用,操作系统将绝大部分设备、软件资源、数据抽象成文件,并使用文件系统进行管理。具体来说,文件管理主要完成以下三个功能。

(1) 文件存储空间的管理。操作系统为每个文件分配/回收所需的外存空间,同时通过一些数据结构,记录存储空间的使用情况。

(2) 目录管理。操作系统为每个文件建立一个包括文件名、文件属性、物理存储位置等信息的目录项,使得应用程序能够高效地按名访问所需的文件。

(3) 文件读/写的管理和保护。操作系统根据用户的请求,从外存中读取数据或将数据写入外存,并防止文件被非法用户访问或者以不正确的方式访问。

4. 设备管理

操作系统需要管理计算机的各类 I/O 设备,负责设备的分配、控制和 I/O 缓冲区管理等。设备管理的主要任务包括以下三方面。

（1）设备分配。当需要使用外部设备时，用户应用程序必须提出请求，待操作系统进行协调分配后方可使用。

（2）设备控制。操作系统接收上层应用程序发起的服务请求，再将这些服务请求转换为对物理设备的控制，进而实现真正的 I/O 操作。

（3）I/O 缓冲区管理。操作系统管理各类 I/O 设备的数据缓冲区，以缓和 CPU 与 I/O 设备间速度不匹配的矛盾。

5. 用户接口

除了管理计算机的软硬件资源，操作系统的另一个基本功能是提供良好的工作环境和交互接口，让用户更容易地使用计算机。一般来说，用户与操作系统交互的接口有两种。

（1）命令接口（也称为作业级接口或操作接口）。用户可通过计算机的输入设备或在作业中发出一系列命令组织自己的工作流程和控制程序运行。现代操作系统的命令接口也包含两大类：联机用户接口和脱机用户接口。联机用户接口也叫交互式用户接口，由一组键盘或鼠标的操作命令组成，用于联机作业控制。联机用户接口有两种体现形式：一类是字符方式，用户通过命令行终端与系统交互，MS-DOS 系统提供的就是字符交互方式；另一类是图形方式，用户通过"对话框""图标""菜单"等图形用户接口（GUI）与系统交互，Windows系统采用的主要是图形交互方式。脱机用户接口也称批处理用户接口，它通过一组预定的操作系统指令，实现脱机作业控制。

（2）应用程序接口（API），即系统提供一组广义指令（或称系统调用）供应用程序调用。对于用户而言，操作系统的资源管理功能是透明、自动地完成的。通过这种接口，应用程序可以访问系统中的资源和取得操作系统内核提供的服务。这种接口也是应用程序获取操作系统内核服务的唯一途径。这组 API 主要由系统调用（system call）组成。每一个系统调用都对应着一个在内核中实现的、能完成特定功能的子程序。

1.4　操作系统的设计目标

应用场景及其需求是操作系统设计的起点。在设计操作系统时，并没有放之四海皆准的标准，而是基于应用场景及目标硬件平台进行取舍。一般地，操作系统的设计目标主要包括易用性、高效性、可靠性和可扩展性四方面。

1. 易用性

易用性指用户在使用计算机时所感知的方便程度。操作系统的基本目标是让计算机易于使用。现代计算机系统是一个非常复杂的系统。如果每个程序员在做应用开发时，都不得不掌握计算机系统中 CPU、内存和网卡等硬件资源的物理特性和所有使用细节，这将使得应用开发成为一件极具挑战性的工作。操作系统通过在软件层面提供一些抽象，来隐藏硬件资源的物理特性和实现细节，从而简化对硬件资源的操作、控制和使用。操作系统提供的主要抽象包括进程、地址空间、文件、虚拟机等。例如，在操作系统提供了文件这个抽象后，程序员对文件的操作就是对磁盘的操作，而无须再去考虑如何通过控制磁头的移动，实现对磁盘某个位置的读写等细节。操作系统提供的抽象应该尽可能简单，易于理解和使用，使程序员能够专注于应用开发。

2. 高效性

高效性是操作系统的非功能特性，其体现的不是操作系统能否完成特定的功能，而是操作系统完成该功能的效率，包括时间效率（例如占用的 CPU 周期数）、空间效率（例如占用内存的多少）以及经济效率等。操作系统的高效性体现在两方面。一方面是实现操作系统本身所付出的成本。虽然改善计算机的易用性是操作系统的基本目标，但是在实现这个基本目标时也不能不计成本，而应该尽可能地降低实现这个目标的时间、空间以及经济成本等。另一方面是操作系统的性能。操作系统的性能指标包括响应时间、吞吐量、资源利用率等。其中，响应时间/平均响应时间指系统从获得输入到输出计算结果所经过的时间，吞吐量指单位时间内计算机系统完成的任务数，而资源利用率指在一段时间内资源被使用的时间占总时间的百分比。

3. 可靠性

可靠性指当发生硬件故障、软件故障和人为错误时，操作系统仍能正常工作的能力。正常工作是指系统能正确地完成用户所期望的功能，并达到期望的性能水平。如果一个计算机系统在整体上已不能向用户提供服务，则称为失效。由于发生故障的概率不可能降到零，为了保证系统的可靠性，在操作系统中，应该设计一些机制以防因故障而导致失效。这些应对故障的机制称为容错机制。在生产环境中，相比性能，可靠性往往是更重要的考虑因素。在设计操作系统时，提高可靠性的途径包括虚拟化与隔离、故障诊断与恢复和形式化验证。例如，为了确保不会因为一个用户进程的故障而导致整个系统失效，操作系统提供基于地址空间的隔离机制。

4. 可扩展性

计算机硬件与用户需求发生变化时，可能要求必须对操作系统进行必要的改动，操作系统适应这种变化的能力就是可扩展性。在性能层面，良好的可扩展性表现在：当在系统中增加一定数量的硬件模块时，系统性能呈现线性或接近线性的增长。在功能层面，良好的可扩展性表现在：当在操作系统中增加新的功能和模块时，对现有操作系统功能的影响较少，即不需要对现有功能做任何改动或很少改动。可扩展性主要受操作系统结构的影响。在一定程度上，操作系统对可扩展性的追求促进了操作系统结构的不断发展：从早期的无结构到模块化结构，进而发展到层次化结构。改善可扩展性的途径包括采用模块化的结构设计，使得每个模块都能独立实现；采用标准化的接口设计，使各个模块能通过标准接口联系在一起；采用分层架构设计，将层与层之间相互分离等。

除上述四个设计目标外，现代操作系统根据其业务环境的不同也具备不同的设计目标。

其中,较为重要的有能效性和安全性。以由大量服务器组成的数据中心为例,根据国家节能中心发布的统计报告,2012—2016 年,我国数据中心的年耗电量增速一直在 12% 以上,最高达到 16.8%。这个报告指出:"数据中心的高能耗不仅给机构和企业带来了沉重负担,也造成了全社会能源的巨大浪费。"操作系统控制着计算机的所有硬件,也决定着每台计算机的功耗。因此,尽可能地减少服务器的能源消耗也是操作系统的设计目标之一。改善能耗的途径包括:采用动态电压和频率缩放技术;根据工作负载量调整 CPU 频率;休眠或关闭部分空闲设备(例如磁盘)等。此外,操作系统位于计算机软件栈的最低层次,且具有直接操控硬件和管理上层软件/资源的能力,它应当为上层应用程序和数据的安全提供强力保障。随着信息时代对信息安全的日益重视,安全性也成为大多数业务场景中操作系统的主要设计目标。

1.5　主流的操作系统

从现代操作系统的发展来看,可根据操作系统的不同使用场景和设计目标,粗略地将操作系统分为终端操作系统和服务器操作系统两类。本节将对这两大类操作系统分别进行介绍。

1.5.1　终端操作系统

自 20 世纪 70 年代,随着大规模和超大规模集成电路的发展,计算机的建造成本和体积都极大下降,计算机也从面向复杂科学计算的大型设备开始向面向个人服务的终端设备转变。尤其在 20 世纪 90 年代,计算机网络的飞速发展也进一步推动了计算机的普及,个人计算机作为接入网络的终端设备,推动了信息世界的互通和资源共享。操作系统也在计算机增长的黄金时代得到了全面发展。为了使用户能更加便捷地使用计算机,一大批有影响力的终端操作系统相继产生。不同于服务器操作系统对于计算机资源利用率的执着追求,终端操作系统更注重提供高质量的用户体验。从终端的设备类型来看,可大致将终端操作系统分为以下三类。

1. 个人计算机操作系统

个人计算机的定位是面向单用户,主要提供文字处理、Internet 访问和游戏等服务。个人计算机操作系统也称为桌面操作系统,大多以图形界面为主。当前主流的桌面操作系统主要包括以下三种。

(1) Mac OS X 系列操作系统。Mac OS X 是苹果公司开发的个人计算机操作系统。它基于 UNIX 操作系统设计,并且与苹果计算机绑定使用,提供了安全易用和稳定高效的工作环境,并且拥有简约精致的图形界面,大大提升了用户与计算机的交互体验。

(2) Windows 操作系统。Windows 是由微软公司推出的操作系统,起源于微软公司的 MS-DOS 操作系统。Windows 系列操作系统采用了图形化交互模式。因此,相比于其前身 MS-DOS 操作系统使用的命令行交互方式,Windows 系列操作系统的图形化交互方式更易于使用。随着近几十年计算机软硬件性能的不断提升,微软公司的 Windows 也在不断升级,从 16 位到 32 位再到 64 位操作系统,Windows 现已成为个人桌面计算机中最普遍使用的操作系统。

(3) Linux 操作系统。Linux 目前主要作为服务器操作系统。在终端操作系统市场中,Linux 占比不高;在个人桌面计算机场景下,Linux 的使用率也并不高。然而,Linux 凭借其内核小、可裁剪、稳定性高以及可移植性强等特点,在嵌入式终端中应用较为广泛。

2. 智能移动终端操作系统

智能移动终端指智能手机、平板电脑等小型可移动计算机设备。这类设备通常配备基于 ARM 架构的多核 CPU、Flash 存储器以及丰富的传感器等硬件。智能移动终端操作系统设计的个性化目标包括:

(1) 在受限的计算能力上提供丰富的用户体验。

(2) 在受限的供电能力上改善系统的能源效率。

(3) 在存储大量涉及用户敏感信息场景下保证用户信息的隐私和安全。

在智能移动终端领域,当前主流的操作系统主要包括以下两种。

(1) Android 操作系统。Android 是一款基于 Linux 内核的移动终端操作系统,由 Google 公司在 2007 年 11 月 5 日首次发布,现已经历了众多版本迭代,广泛应用于手机和平板电脑等移动终端设备。在 Android 操作系统中,底层的 Linux 内核只提供基础功能,其他的应用程序则由各公司自行开发。Android 采用唤醒锁机制改善了能源效率;采用 Java 作为其编程语言,保证了其上层应用的多样性和兼容性。

(2) iOS 操作系统。iOS 是由苹果公司开发的移动操作系统,最早于 2007 年 1 月 9 日的 Macworld 大会上公布,最初是为 iPhone 设计,后来陆续应用到 iPad 等苹果设备上。iOS 内核是基于 FreeBSD 和 Mach 所改写的 Darwin,是一个开源的、符合 POSIX 标准的 UNIX 内核。iOS 与 Mac OS X 类似,是一个软硬件同时封闭的操作系统,不仅其软件不开源,其操作系统也依赖苹果公司的自身硬件平台,并不对外开放。

3. 轻量级嵌入式操作系统

嵌入式系统是指嵌入对象体系中的专用计算机,例如电视机、微波炉、汽车电子设备和工业控制设备等。这类计算机形式多样、应用领域广泛。然而,由于这类计算机的硬件配置较低,且专用于执行特定领域的特定服务,没有类似个人计算机和移动智能设备的多样化服务需求。因此,嵌入式设备通常将所有软件都固化在非易失性存储器中,一般不允许用户自由地安装其他软件。这意味着,在嵌入式系统上运行的软件一般都是可信的,所以这类操作系统一般不需要在应用程序之间提供保护,从而使得操作系统能够得到简化,保持轻量性。嵌入式系统的操作系统与硬件、应用程序紧密地耦合地一起,其操作系统设计的个性化目标包括:

(1) 以特定的场景为中心,在特定硬件的基础上,对操作系统进行量体裁衣的裁剪,尽可能去除冗余,以满足特定场景下对功能、可靠性、成本和功耗的严格要求。

(2) 可靠性要求较高。

(3) 一般有实时性约束,要求某些操作必须在规定的时间范围内完成。

例如,当汽车在装配线上移动时,工业控制系统必须控制焊接机器在限定的时间内进行规定的焊接操作,否则可能损坏汽车。在嵌入式系统领域,当前主流的操作系统主要包括 Linux、FreeRTOS 和 TinyOS 等。

1.5.2　服务器操作系统

服务器是指通过网络对外提供服务的高性能计算机。相对于普通计算机来说,服务器的运算能力更强、运行更稳定和价格更贵。服务器通过网络互联在一起,为客户机(例如 PC、智能手机、嵌入式设备等终端)提供计算或者应用服务。根据所提供服务类型的不同,服务器分为 Web 服务器、计算服务器、文件服务器、数据库服务器和应用程序服务器等。在日常生活中,人们所享受到的各种互联网服务的背后,是不为人们所见的海量的服务器。在这些服务器的支撑下,计算日趋成为一种像水、电一样的基础资源,随取随用,伸手可及。

服务器操作系统的设计有一些个性化的考虑。为了满足应用和用户规模增长的需要,服务器操作系统需要具备高可扩展性。同时,由于在服务器中往往运行着大量来自不同用户的应用,操作系统应该保证这些应用之间严格的隔离。在多个用户共享的服务器上,隔离与安全成为比较重要的因素。此外,在设计终端操作系统时,资源利用率通常不是主要矛盾。但在设计服务器操作系统时,由于资源利用率与企业的经济利益密切相关,提高服务器硬件资源的利用率是非常重要的考虑。在服务器操作系统中,一般采用虚拟机、容器等虚拟化技术实现应用隔离、提高资源利用率。目前,主流的服务器操作系统有以下三个。

(1) UNIX 操作系统:是一款优秀的服务器操作系统,最早由 AT&T 公司和 SCO 公司共同推出。作为操作系统的鼻祖,它很早就已经支持了文件系统、数据服务等业务。UNIX 系列的很多操作系统都是非开源的。

(2) Windows Server 操作系统:是微软公司于 2003 年推出的服务器操作系统。因为 Windows 桌面操作系统较为流行,所以,对了解 Windows 操作系统的人来说,Windows Server 操作系统具有较为友好的交互体验,同时它具有较好的稳定性。

(3) Linux 操作系统:是目前最受欢迎的开源操作系统之一。由于 Linux 操作系统的开源特性,它拥有较为活跃的社区和较强的生命力。不仅如此,Linux 操作系统拥有完善的权限管理机制,因此其安全性较高。Linux 目前有很多发行版,如 Ubuntu、CentOS、Red Hat 等。同时,Linux 的开源特性有助于降低用户的使用成本。

1.6　操作系统的发展趋势

操作系统位于应用层与硬件层的中间,其向上看是应用,向下看是硬件。应用需求和硬件的变化驱动着操作系统技术的演进。

在应用需求方面，如无人驾驶、工业控制等场景中，操作系统的可靠性相比其性能往往是更重要的考虑因素。在这些场景中，重新定义内核边界的微内核操作系统受到越来越多的关注。在云计算提供的多租户环境中，为了保证应用程序间的相互独立性，虚拟机上往往只部署单个应用。在传统云计算平台中，这些虚拟机上运行的一般是包含完整功能的通用操作系统。"臃肿"的通用操作系统也带来了虚拟机启动速度慢、受攻击面大等问题。以应用为中心、支持用户自定义操作系统功能的库操作系统是缓和上述问题的可能选项。

在硬件方面，新硬件层出不穷且硬件的计算性能与互联性能越来越高。随着半导体制造工艺趋近物理极限，在单核性能提升成为瓶颈的情况下，通用处理器的发展从多核走向众核。存储设备的访问延迟明显降低。例如，NVMe（Non-Volatile Memory Express，非易失性存储器的传输规范）固态硬盘的访问延迟达到 $100\mu s$ 量级水平，比机械硬盘的访问延迟降低了两个数量级；非易失性内存 Optane DC PMM 的访问延迟接近以 DRAM 为代表的易失性内存，其读延迟只是 DRAM 的 $2\sim4$ 倍，而写的延迟甚至比读的延迟更短。网络设备数据传输速率大幅提升。例如，RDMA（Remote Direct Memory Access，远程内存直接访问）可以把互联延迟从几百微秒降到几微秒；网络的速率已经接近 PCIe 总线的速率。同时，新型网络技术改变了设备间的互联方式。智能网卡（SmartNICs）、GPU-Direct 和 NVMe Over Fabrics 等新型网络技术使得 GPU、NVMe 等设备可以在没有主机 CPU 参与的情况下与网络直接互联。然而，在传统操作系统所提供的抽象背后，隐藏着很多不适合新硬件体系结构的设计，其抽象层次以及 I/O 访问、多核同步和资源共享等机制已不能充分利用日新月异的硬件性能。以外内核、多内核和离散化内核为代表的操作系统，在充分挖掘新硬件性能潜力方面，做出了积极的探索。

1.6.1　微内核

操作系统内核为上层应用提供了底层硬件的抽象。传统的内核会将所有的硬件抽象都实现在内核中，这样的内核被称为宏内核（Monolithic Kernel），其中的代表是 Linux。在宏内核操作系统中，所有的模块，诸如进程管理、内存管理、文件系统等都在内核中实现。宏内核的体量会随着新功能的添加而日益增大，增加了系统管理的难度；同时，因为代码量增加而导致的错误累积也会降低宏内核的可靠性，任何一个模块中出现漏洞都可能会使得整个内核崩溃。

区别于宏内核在内核中实现所有系统功能的方式，微内核注重减少内核提供的功能，具体表现为在内核中只保留必要的模块，例如进程间通信（Inter-Process Communication，IPC）、内存管理、CPU 调度等，而其他模块，如文件系统、网络 I/O 等，都以系统服务的形式存在。宏内核与微内核的结构对比如图 1-3 所示。相较于宏内核，微内核减小了内核的尺寸，从而降低了内核代码出错的概率，进而提高了内核的可靠性。此外，微内核还提供了较强的灵活性和可扩展性。具体而言，因为在基于微内核的操作系统中，许多操作系统功能都以用户进程的形式运行，所以如果需要对当前系统进行功能扩展，则只需要以增加用户进程的形式实现相关服务,而无须修改内核的代码。由于微内核操作系统的高可靠性,它主要被应用于工业领域和军事领域。微内核发展面临的挑战在于性能问题:由于被移出内核空间的操作系统模块之间需要通过 IPC 进行通信,其通信效率较低。

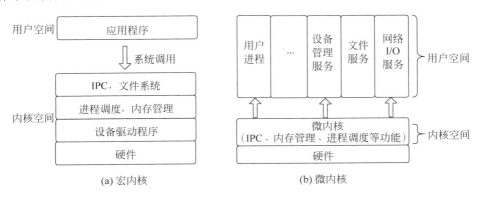

图 1-3 宏内核与微内核的结构对比

基于微内核的操作系统有 MINIX3、seL4、Fuchsia 等。MINIX3 将模块化的思想演绎到了极致,将大部分操作系统功能设计成用户态进程。seL4 对进程间通信(IPC)机制进行了优化,一如它的口号"Security is no excuse for bad performance"(安全性不是降低性能的借口),其 IPC 实现是整个 L4 系统家族里最快的。此外,seL4 是第一个经过形式化验证的高可靠内核。为了形式化验证的方便,seL4 禁止在内核进行并发处理。Fuchsia 基于微内核 Zircon 设计,该微内核为 Fuchsia 提供核心驱动和 CLibrary 实例。

1.6.2 库操作系统

在云计算提供的多租户环境中,应用程序运行在不同的虚拟机上。为了保证应用程序间的相互独立性,虚拟机上往往只部署单个应用。在传统云平台中,这些虚拟机上运行的一般是包含完整功能的通用操作系统(如 Linux 发行版)。但是对于在虚拟机上运行的特定应用程序而言,通用操作系统往往包含了大量并不需要的驱动程序、依赖包和服务等。例如,USB 驱动在虚拟化的云环境中就是无用的,但仍然会被包含在 Linux 内核中。"臃肿"的通用操作系统也带来了虚拟机启动速度慢、受攻击面大等问题。

为解决上述问题,库操作系统(Library Operating System,LibOS)[1]应运而生。它的基本思想是,基于应用程序的需求来定制操作系统内核,删除操作系统中无用的部分,以最"精简"的操作系统来支撑特定应用程序的运行。LibOS 将原本属于操作系统内核的功能以库的形式提供给用户程序。它将底层硬件资源暴露给应用程序,使得应用程序能够直接控制和调配底层硬件资源。开发者通过选择栈模块和一系列最小依赖库构建应用程序,这些库和应用程序可以直接在虚拟机管理程序(Hypervisor)或硬件上运行。通用操作系统与LibOS 的体积对比如图 1-4 所示。

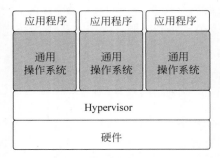
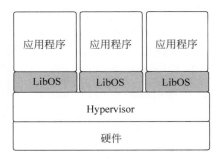

(a) 通用操作系统   (b) LibOS

图 1-4　通用操作系统与 LibOS 的体积对比

　　LibOS 在 20 世纪 90 年代就已被提出，但由于难以支持种类繁杂的设备，它的发展受到了限制。随着虚拟化技术的发展，LibOS 摆脱了兼容各类硬件的束缚。近几年，以 Serverless 为代表的下一代云计算模式也开始兴起，LibOS 有望成为下一代云平台软件部署的主要解决方案。其原因在于：

　　（1）LibOS 体积小，启动快。启动快是 Serverless 的核心技术需求，Serverless 需要通过快速启动实现计算能力的敏捷伸缩。

　　（2）单个应用。从用户部署应用的方式来看，一般用户倾向于在一个虚拟机中部署单个应用，这与 LibOS 使用单地址空间部署单个应用的特点特别契合。

1.6.3　外内核

　　在传统操作系统中，只有内核可以管理硬件资源，应用程序通过内核提供的抽象接口间接地与硬件进行交互。随着计算机产业的逐渐发展，应用程序需求的多样性开始增加，内核提供的接口因为其固定性而成为应用程序提升性能、增强灵活性和拓展功能的瓶颈。但是，应用程序的需求可能一直在发生变化，让操作系统为每一个应用程序的每一种需求都提供一个接口并不现实。传统操作系统难以适应每个应用程序的个性化需求。

　　外内核或外核（Exokernel）[2] 操作系统的基本思想是：内核不提供传统操作系统中的进程、虚拟内存等抽象，而是专注于物理资源的隔离（保护）与复用。具体来说，在基于外内核的操作系统中，一个非常小的内核负责保护系统资源，而硬件资源的管理职责则委托给应用程序。这样操作系统便可以做到在保证资源安全的前提下，减少对应用程序的限制，充分满足应用程序对硬件资源的不同需求。图 1-5 展示了麻省理工学院实现的外内核操作系统 Aegis 示例。这个操作系统由一个轻量级内核和库操作系统组成。外内核只提供比较底层的硬件操作，在外内核接口上层工作的库操作系统则提供更高级别的抽象。这样一来，操作系统便可以在一定程度上减少对应用程序的限制。

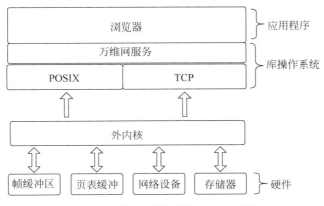

图 1-5 外内核操作系统 Aegis 示例

1.6.4 多内核

当今主流的计算机都拥有多核处理器。受限于摩尔定律、功耗以及设计复杂度,现代计算机架构已从多核(Multi-Core)发展到众核(Many-Core),处理器核心数的不断增多已成为明显趋势。在处理器核心数持续增多且性能需求不断提升的环境下,大多数商用服务器依然使用单一的操作系统内核来管理上百个处理器核心、多达 TB 级的内存和高达 10Gb 的网络连接。这为充分发挥计算性能带来了挑战:一方面,受限于传统操作系统的资源共享机制,这种单一内核的架构已经很难高效地利用当前计算机中丰富的硬件资源;另一方面,面对计算机中日益多样化的异构资源,传统操作系统很难对特征各异的硬件资源进行针对性的优化。

基于多内核(Multikernel)[3]的操作系统就是为了应对上述挑战而提出的新型操作系统架构。在多内核操作系统中,机器被视为拥有多个独立 CPU 核的网络,而操作系统被构建为一个分布式系统;一个 CPU 核对应一个操作系统内核;多个内核并行运行,但不共享内存,而是通过消息(Message)进行通信,以减少资源共享带来的冲突。在设计基于多内核的操作系统时,有三个指导原则:

(1)明确内核之间的通信方式。

(2)使操作系统的结构和硬件无关。

(3)每个内核都保存一份状态而不是共享一个状态。

多内核操作系统模型如图 1-6 所示。操作系统以节点的形式存在于每一个核上。每个操作系统节点(OS node)的实现与硬件体系结构相关,以灵活地支持硬件异构。各个操作系统节点之间通过异步消息进行通信。多内核操作系统具有分布式操作系统的特性,从而实现对硬件异构性的良好支持。此外,其高度模块化降低了操作系统的复杂度。

目前,比较有代表性的多内核操作系统有 Barrelfish、FusedOS、mOS。Barrelfish 采取的基于消息的通信机制有效地改进了传统操作系统的可伸缩性,使得 OpenMP(一种并发

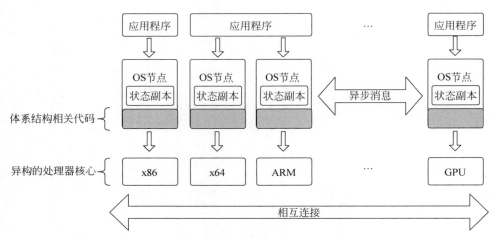

图 1-6　多内核操作系统模型

编程框架)在 Barrelfish 上表现出更好的性能。此外,得益于 Barrelfish 设计中的分布式特性,在 Barrelfish 中,可以展开分布式系统和网络领域的研究。

1.6.5　离散化内核

现有的数据中心以服务器为单位进行组织,这种架构存在以下问题。

(1) 资源的利用率低。通过对 Google 和阿里的服务器集群分别进行 29 天和 12 小时的跟踪发现,服务器集群大约只使用了一半的 CPU 和内存。

(2) 硬件弹性弱。硬件部署的前期规划周期很长,且硬件组件安装到服务器之后,很难添加、移动、移除或重新配置硬件组件,从而无法适应计算需求的变化。

(3) 粗粒度的故障域。主板、内存、CPU 和电源故障占服务器总硬件故障的 50% ~ 82%。当服务器中的任何硬件组件发生故障时,整个服务器通常都不可用了。

(4) 异构性支持差。数据中心开始使用越来越多异构的硬件,例如 GPU、TPU(Tensor Processing Unit,张量处理单元)、DPU(Deep-Learning Processing Unit,深度学习处理单元)、FPGA 和 NVM(Non-Volatile Memory,非易失性存储器)等硬件设备。然而,将这些硬件部署到数据中心是一个很耗时的过程。

学术界近期提出一种离散化的数据中心架构(图 1-7)。它的基本思想是:将服务器的硬件打散,拆解成独立、故障隔离、通过网络相连接的组件;每一个组件都有属于自己的控制器来管理自己的硬件;以组件为单位构建数据中心。

离散化的数据中心带来了以下好处。

(1) 硬件弹性好。不同类型的硬件资源

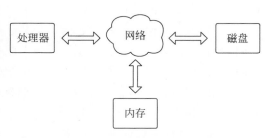

图 1-7　离散化的数据中心架构

可以独立,新硬件组件可以很容易地部署到数据中心。同时,移掉或重新配置硬件组件也会变得容易。

（2）独立故障域。某一个组件的故障不会影响其他组件甚至整个系统。

（3）支持硬件异构。应用程序可以使用任何硬件组件,资源的分配更加简单和有效。

将单片服务器打散后会带来诸多好处,但是目前并没有支持这种硬件架构的操作系统。现有的分布式操作系统管理的单位是服务器而不是硬件组件;简单地对现有的操作系统进行改写以支持新的体系结构,会对 CPU、内存和外存等子系统造成侵略性的影响。因此,需要面向新的数据中心体系结构构建新的操作系统抽象。LegoOS[4] 便是一种离散化操作系统内核(Splitkernel),它的基本理念是:既然硬件已经被拆分了,那么操作系统也应该被拆分。基于该理念提出的 Splitkernel 模型如图 1-8 所示。

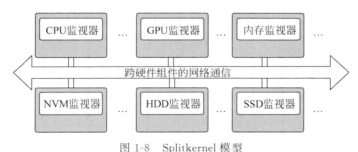

图 1-8　Splitkernel 模型

注：HDD 表示硬盘；SSD 表示固态硬盘。

Splitkernel 模型的主要思想包括以下四个方面。

（1）打散的操作系统功能。传统操作系统的功能被分割成低耦合的监视器;监视器是操作系统的部分功能;每一个监视器独立运行,管理属于自己的硬件组件,只在需要访问其他资源时才与相应的监视器通信。

（2）监视器运行在硬件组件之上,即每一个硬件组件都运行着一个监视器。每个监视器可以使用它自己的方式来管理属于它的硬件组件。这种设计使得数据中心很容易地集成和管理异构硬件,包括对硬件的重新配置、重新启动和在节点间移动硬件。

（3）组件之间通过网络进行通信。组件可以使用任何通用的网络与其他硬件组件通信。

（4）Splitkernel 在全局范围内对资源和故障进行管理和处理。

随着以 Serverless 等为代表的微服务架构的兴起,细粒度计算成为未来的计算趋势。打散的数据中心硬件和操作系统为实现高效的细粒度计算提供可能。LegoOS 的进一步发展主要面临以下挑战。

（1）将 CPU、内存和存储分离之后,这些组件之间的通信从之前的通过总线传输数据变成了通过网络传输数据。在当前的生产环境中,网络速度可能成为制约性能的瓶颈。

（2）新硬件支持。在 Splitkernel 模型中,CPU 和内存被分离成独立的组件,而现代的CPU 和操作系统都假设内存相关硬件[如 RAM、页表、TLB(转址旁路缓存)]存在于本地。因此,需要新的硬件和操作系统组件来支持这种离散化内核模型。

1.7　openEuler 操作系统简介

　　openEuler 是一个开源、免费的 Linux 发行版平台,其致力于通过开放的社区形式,与全球的开发者共同构建一个开放、多元和架构包容的软件生态体系。openEuler 的前身是运行在华为公司通用服务器上的操作系统 EulerOS。EulerOS 是一款基于 Linux 内核(目前是基于 Linux 4.19 版本的内核)的开源操作系统,支持 x86 和 ARM 等多种处理器架构,适用于数据库、大数据、云计算、人工智能等应用场景。在近 10 年的发展历程中,EulerOS 始终以安全、稳定、高效为目标,成功支持了华为的各种产品和解决方案,成为国际上颇具影响力的操作系统。

　　随着云计算的兴起和华为云的快速发展,服务器操作系统显得越来越重要,这极大地推动了 EulerOS 的发展。另外,伴随着华为公司鲲鹏芯片的研发,EulerOS 理所当然地成为与鲲鹏芯片配套的软件基础设施。为了推动 EulerOS 和鲲鹏生态的持续快速发展、繁荣国内和全球的计算产业,2019 年年底,EulerOS 被正式推送至开源社区,更名为 openEuler (https://openeuler.org/)。openEuler 也是一个创新的平台,鼓励任何人在该平台上提出新想法、开拓新思路、实践新方案。所有个人开发者、企业和商业组织都可以使用 openEuler 社区版本,也可以基于 openEuler 社区版本发布自己二次开发的操作系统版本。基于 EulerOS 多年的技术积累,在开源社区的支持下,openEuler 已经在计算、通信、云、人工智能、教育等领域表现出了强大的活力。

　　openEuler 的整体架构如图 1-9 所示。一方面,作为一款通用服务器操作系统, openEuler 也具有通用的系统架构,包括内存管理子系统、进程管理子系统、进程调度子系统、进程间通信(IPC)、文件系统、网络子系统、设备管理子系统和虚拟化与容器子系统等。另一方面,openEuler 又不同于其他通用操作系统。为了充分发挥鲲鹏处理器的优势, openEuler 在以下五方面做了增强。

　　(1) 多核调度技术:面对多核到众核的硬件发展方向,openEuler 致力于提供一种自上而下 NUMA aware 的解决方案,提升多核调度性能。当前 openEuler 已在内核中支持免锁优化、结构体细化增强并发度、NUMA aware for I/O 等特性,以增强内核层面的并发度,提升整体系统性能。

　　(2) 软硬件协同:提供鲲鹏加速引擎(Kunpeng Accelerator Engine,KAE)插件,使能鲲鹏硬件加速能力,通过和 openssl 库相结合,在业务零修改的情况下,显著提升加密/解密性能。

　　(3) 轻量级虚拟化:iSulad 轻量级容器全场景解决方案,提供从云到端的容器管理能力,同时集成 kata 开源方案(https://katacontainers.io/),显著提升容器隔离性。

　　(4) 指令级优化:优化了 OpenJDK 内存回收、函数内联(Inline)化和弱内存序指令增强等方法,提升运行时性能;另外也优化 GCC,使代码在编译时充分利用处理器流水线。

　　(5) 智能优化引擎:增加了操作系统配置参数智能优化引擎 A-tune。A-tune 能动态识

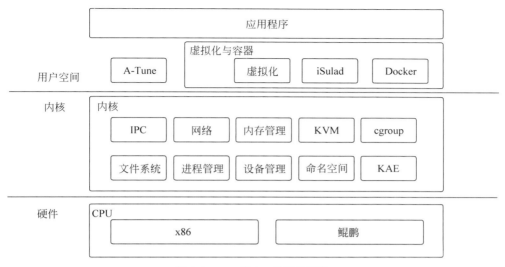

图 1-9　openEuler 的整体架构

别业务场景,智能匹配对应系统模型,使应用跑在最佳系统配置下,提升业务性能。伴随着人工智能技术的复兴,操作系统融入人工智能元素也成了一种明显趋势。

本章小结

　　本章首先介绍了什么是操作系统。从硬件的视角向上看,操作系统是计算机硬件资源的管理者;从应用程序的视角向下看,操作系统将计算机抽象成一组 API。随后,结合计算机硬件的演进,介绍了操作系统从手工操作系统到分时操作系统、实时操作系统的发展历程。在厘清操作系统发展历程的基础上,总结了现代操作系统的基本功能、设计目标和主要分类。操作系统的基本功能包括管理计算机的硬件资源,以及为用户提供易用的交互接口。在设计操作系统时,主要围绕易用性、高效性、可靠性和可扩展性等设计目标展开。根据使用场景和设计目标的不同,操作系统分为终端操作系统和服务器操作系统两类。接着,介绍了操作系统领域的最新进展。随着应用需求和硬件特征的变化,以微内核、库操作系统、外内核、多内核和离散化内核为代表的操作系统,成为操作系统可能的发展趋势。最后,简要介绍了本书所描述的操作系统——openEuler。openEuler 既具有操作系统通用的架构,又面向新的硬件特征和大数据、云计算、人工智能等应用场景,在多核调度、轻量级虚拟化、操作系统配置参数的优化等方面做了增强。

　　本章重点阐述了什么是操作系统、为什么要有操作系统,以及操作系统的发展历史和演变趋势,关于操作系统如何实现、如何使用等问题,将在后续章节中进一步介绍。

## 第 2 章

鲲鹏处理器

CPU 是计算机的"大脑",也是与操作系统联系最紧密的计算机硬件之一。在详细介绍操作系统之前,本章将以鲲鹏处理器为例对 CPU 的相关知识进行介绍,包括 CPU 相关的基本概念、体系架构、CPU 的编程模型以及 CPU 访问存储器的原理与过程等。

2.1 鲲鹏处理器概述

鲲鹏处理器是华为基于 ARMv8 架构开发的通用处理器,其主频可达 2.6GHz,具有高集成度、高性能、高带宽、高效能的特点,可用于 IT、云计算、边缘计算等场景。

ARM(Advanced RISC Machines)架构是一种精简指令集计算机(Reduced Instruction Set Computers,RISC)架构。ARM 架构采用 ARMvx 的命名方式定义架构版本。ARMv8 架构代表 ARM 第 8 代架构版本,是 ARM 公司推出的首个 64 位 ARM 处理器架构。ARMv8 架构支持 64 位执行状态(AArch64)和 32 位执行状态(AArch32)。其中,AArch32 与 ARM 架构的早期版本兼容。

现代处理器早已不是仅仅包含算术逻辑单元(Arithmetic Logic Unit,ALU)的运算单元了。虽然在直观上,用户看到的处理器仅仅是一块芯片,但随着处理器芯片中包含的处理器核数越来越多、功能模块越来越丰富,这块小小的芯片内部已经成了一个复杂的综合体。作为一款现代处理器,在芯片内部架构中,鲲鹏处理器也涉及体系结构中的几个常见概念:SoC、Chip、DIE、Cluster 以及 Core 等。本节将简要介绍这几个概念及其相互之间的联系。

1. SoC

SoC,其全称是 System on Chip,即片上系统。SoC 将计算机系统的主要功能部件尽可能地封装到一个芯片中。在早期的计算机系统中,不同的功能由不同的芯片进行处理。例如,网络的二层转发功能在单独的网卡芯片中进行处理。这些支持不同功能的芯片需要在主板上和 CPU 进行连接,以协同完成工作。然而,随着计算机系统越来越复杂化,这种分离式的设计使得系统的性能、功耗以及复杂度等都受到影响。因此,系统倾向于将这些功能都集成到一颗处理器芯片上。通过这种方式设计出来的处理器称为 SoC。SoC 的出现,大大简化了主板的设计和实现,同时也提升了系统的性能和可靠性,并降低了功耗。这种设计已经成为现代处理器设计的主流。

2. Chip

Chip(芯片)是一个泛称,指外部可见的 SoC 实体。在直观上,一块芯片看起来就是一块硅片。但是,在微观上,一块芯片可能由几块硅片封装而成。这涉及芯片制作过程中的一个概念——DIE。

3. DIE

芯片的最小物理单元是 DIE。DIE 是一个从晶圆上切割下来的、刻有硬件逻辑的小方块。若干个 DIE 封装在一起,构成用户所看到的芯片。以鲲鹏 920 芯片为例,它的内部封装了 3 个 DIE,其中 2 个计算 DIE、1 个 I/O DIE。计算 DIE 负责做通用计算,I/O DIE 用来支持 PCIe 总线以及高速网卡等 I/O 设备。

4. Cluster

随着处理器核(Core)数越来越多,现代处理器一般将若干个核集合在一起,成为 1 个 Cluster(集群)。以鲲鹏 920 芯片为例,它将 4 个 Core 集合成为 1 个 Cluster,再将 8 个 cluster 集合成 1 个 DIE。

5. Core

Core 是真正负责做计算的单元,也是在操作系统侧所看到的"核"。

将以上概念综合在一起,即可看到处理器的全景图。鲲鹏 920 芯片的架构全景如图 2-1 所示。整体上,鲲鹏 920 芯片是 1 个 SoC。在内部,该 SoC 包含 3 个 DIE,其中 2 个为负责计算的计算 DIE,1 个为负责 I/O 的 I/O DIE。1 个计算 DIE 包含 8 个 Cluster。1 个 Cluster 包含 4 个 Core。一颗鲲鹏 920 芯片包含 64($4\times8\times2$)个核。

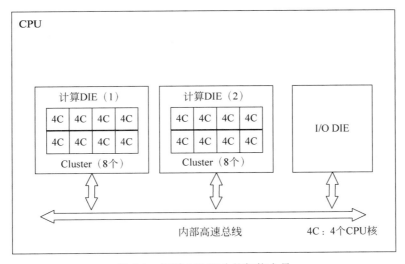

图 2-1 鲲鹏 920 芯片的架构全景

2.2　体系架构

作为一个通用计算平台,鲲鹏处理器包含计算、存储、I/O、中断以及虚拟化等子系统。以鲲鹏 920 为例,其架构如图 2-2 所示。整个 SoC 包括 2 个 CPU DIE、1 个 I/O DIE、8 组 DDR4 Channel(DDRC)等模块。这些模块之间通过 AMBA(Advanced Microcontroller Bus Architecture,高级微控制器总线架构)总线进行互联。

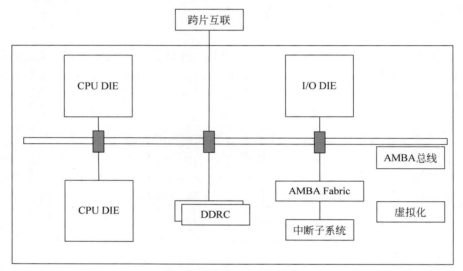

图 2-2　鲲鹏 920 系统架构

1. 计算子系统

鲲鹏 920 的计算子系统如图 2-3 所示。在鲲鹏处理器中,指令的执行分为取指、译码和执行等步骤。鲲鹏 920 处理器支持多级指令流水线、超标量、指令乱序执行(out-of-order)等特性。乱序执行是指在保证执行结果不变的前提下,打乱程序安排的指令执行顺序来执行各指令,以充分利用 CPU 的时间。例如,对于一条耗时的 Load 操作指令(因 cache 未命中需要从内存读取),CPU 可先执行 Load 的后续指令;待 Load 指令执行完后,CPU 再判断是否丢弃后续指令的执行结果。

鲲鹏处理器还包括一些专门的加速器,如循环冗余校验(Cyclic Redundancy Check,CRC)计算单元。如果指令中有 CRC 计算,此类指令将直接分发到该加速器,以最大化执行速度。

2. 存储子系统

鲲鹏处理器的内部存储具有层次结构。与 CPU 的执行速度相比,内存的访问速度慢很多。因此,鲲鹏处理器内部设计了多层 Cache 来缓存数据。鲲鹏 920 的存储层次如图 2-4

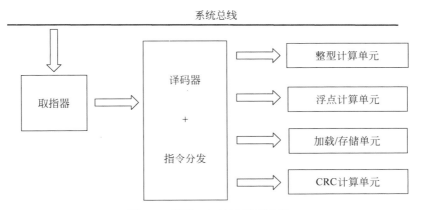

图 2-3　鲲鹏 920 的计算子系统

所示。鲲鹏 920 具有 L1、L2、L3 共三级 Cache。其中,L1 Cache 分为指令 Cache(L1I)和数据 Cache(L1D),其大小均为 64KB。L2 Cache 不区分指令或数据,其大小为 512KB。L1 和 L2 Cache 由每个 CPU 核独享。L3 Cache 也不区分指令和数据,但分为 Tag 和 Data 两部分:Tag 部分用作内容的索引,由一个 CCL(CPU Core Cluster)内的 4 个 CPU 核共享; Data Cache 部分大小 32MB,由一个 CPU DIE 内各 CPU 核共享。每个 CPU DIE 有 4 组 DDR Channel,总共支持最大 2TB DDR 内存空间。

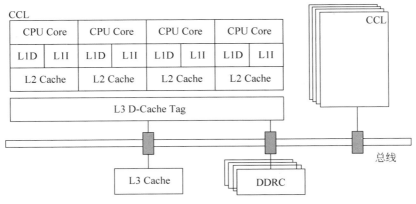

图 2-4　鲲鹏 920 的存储层次

3. 其他子系统

　　鲲鹏处理器的 I/O 子系统通过 I/O DIE 进行扩展,支持 SoC 片上加速器[如 100Gb 网卡、SAS(Serial Attached SCSI,串行 SCSI 技术)控制器等],同时支持基于 PCIe 4.0 总线的设备(网卡、GPU 等板卡)扩展。为了方便软件编程,SoC 内部的高速设备也基于 PCIe 总线,可以通过设备的配置空间进行配置。

　　鲲鹏处理器的中断子系统在兼容 ARM GIC(Generic Interrupt Controller,通用中断控制器)规范的基础上,实现了线中断、消息中断支持。在服务器场景下,设备众多。相应地,中断源也多。如果这些中断源都使用线中断进行连接,则需要很多中断线,这将导致 CPU 中断扩展很困难。因此,鲲鹏处理器引入中断收集再分发技术,对中断子系统进行简化。鲲鹏 920 的中断子系统如图 2-5 所示。对于使用线中断的外设,例如鲲鹏 920 上的 timer、UART 等,中断信号将在传递给 GIC 分发器后,再分发到各个 CPU。对于使用 MSI(Message Signaled Interrupts,消息中断信号)中断的 PCIe 设备,它们直接写 ITS(Interrupt Translation Service,中断映射服务)的中断物理地址,就可产生中断。此外,鲲鹏 920 还实现了华为公司的 MBIGEN(Message Based Interrupt GENerator,基于消息的中断生成器)技术,将外设的线中断转换成写 ITS 的消息中断,以支持扩展上万个中断源。

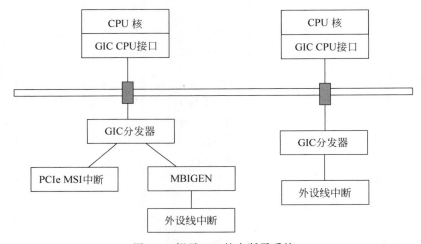

图 2-5　鲲鹏 920 的中断子系统

此外,鲲鹏处理器还支持 CPU 核虚拟化、内存虚拟化、中断虚拟化以及 SMMU 等多项虚拟化技术,使得多个虚拟机(Virtual Machine,VM)可以运行在一个中间层(Hypervisor)之上,并共用一套硬件资源。每个 VM 按照原有的方式运行并只看到属于自己的资源,互相不能访问对方的资源。

2.3　CPU 编程模型

ARMv8 架构支持多个级别的执行特权。系统软件确定运行软件的异常级别,并由此确定特权级别。异常级别机制允许操作系统以唯一或共享的方式将系统资源分配给应用程序并提供针对其他进程的保护,因此有助于保护操作系统免受软件故障的影响。本节将介绍与 CPU 异常级别相关的内容,包括中断与异常的概念、异常级别机制以及 CPU 所提供的寄存器与指令集。

2.3.1　中断与异常

在 ARMv8 架构中,广义的异常指中断、系统调用和其他打断程序正常执行流程的事件;而狭义的异常指在指令执行过程中触发的系统事件。异常事件将导致程序的执行流程中断。在这些异常事件发生后,特权软件(异常处理程序)需要采取某些措施以确保系统平稳运行。

"中断"有时用作异常的同义词。在 ARMv8 架构中,某些类型的异步异常称为中断。中断不是由程序执行直接引起的异常,而是由处理器外部的硬件触发。例如,用户通过键盘输入信息时,将产生一个硬件中断信号。

在 ARMv8 架构中,异常分为同步异常和异步异常。同步异常通常在指令执行的过程中触发。以下多种原因可能触发同步异常。

(1) 执行异常生成指令:例如 Supervisor Call(SVC)、Hypervisor Call(HVC)、Secure Monitor Call(SMC)指令将触发同步异常。

(2) 数据异常:例如访问数据时如果没有读/写权限或虚拟地址未映射到物理地址,将触发数据异常。

(3) 指令异常:例如取指时如果没有执行权限或虚拟地址未映射到物理地址,将触发指令异常。

(4) 未定义的指令:如果 CPU 遇到无法识别的指令,将触发未定义的指令异常。

(5) 调试异常:在调试过程中,单步执行过程将产生调试异常。

异步异常不由当前执行的指令触发,可分为三种异步异常:IRQ(Interrupt ReQuest,中断请求)、FIQ(Fast Interrupt reQuest,快速中断请求)和 SError(系统错误)。SError 指由硬件错误触发的异常,通常与外部异步数据异常相关。例如,若误将 ROM 对应的区域的页表项设置为可读写,当某个操作触发将 CPU Cache 中的脏数据写回到内存时,内存系统就会返回错误(因为 ROM 是只读的),从而触发一个异步数据异常。

与 SError 相比,IRQ 和 FIQ 是通用的中断类型。在通常情况下,"中断"一词仅指 IRQ 和 FIQ。FIQ 的优先级高于 IRQ。外部硬件声明一条中断请求线与每个 CPU 核的某个输入引脚直接相连。在该中断未被禁用的前提下,外部硬件可在 CPU 执行完当前执行的指令后触发相应的异常类型。一般地,计算机系统使用中断控制器连接各种中断源。中断控制器负责对中断进行仲裁并确定优先级,然后提供串行的单个信号,并输入给 CPU。

2.3.2　异常级别

1. 基本概念

在计算机系统的软件栈中,安全监视器、虚拟机监视器(Hypervisor)、操作系统与应用程序位于不同的层级。安全监视器位于最底层,虚拟机监视器次之,操作系统运行在虚拟机监视器之上,应用程序运行在操作系统之上。不同层级的软件对计算机资源有着不同的控制权限,即不同层次的软件具有不同的"特权级别"。控制权限主要体现在:对于处理器寄存器、内存和 I/O 设备的读写权限。软件拥有的特权级别越高,其对硬件资源的控制权就越大。例如,操作系统的特权级别高于应用程序,其对计算机的控制权限也高于应用程序。

在 ARMv8 架构中,特权级别又称为异常(Exception)级别。如图 2-6 所示,ARMv8 架构的异常模型包含四个异常级别,分别是 EL0～EL3。在这些异常级别中,EL0 的异常级别最低,EL3 的异常级别最高。运行在更高异常级别的程序对硬件的控制权限、寄存器的访问权限以及指令的执行权限也越高。应用程序运行在异常级别 EL0,因此,EL0 也被称为用户模式。操作系统内核则运行在异常级别 EL1,因此,EL1 也被称为内核模式。虚拟机监视器(Hypervisor)程序通常运行在异常级别 EL2;而底层控件和安全管理程序则运行在异常级别 EL3。

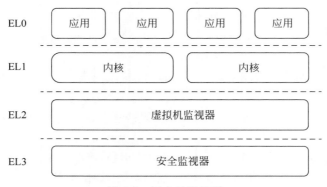

图 2-6　四个异常级别

一般来说,位于不同层级的软件通常运行在某个特定的异常级别。但是,也有例外。例如,基于内核的虚拟机监视器软件 KVM 会跨异常级别运行。在 KVM 中,大部分代码运行在异常级别 EL1,而捕获虚拟机异常、退出等状态的代码运行在异常级别 EL2。

在运行时,处理器如何确定一个软件运行于哪个异常级别呢? 在 ARMv8 架构 AArch64 执行状态下,处理器的状态记录在一组寄存器中,例如 NZCV、DAIF、CurrentEL、SPSel 等。这组寄存器统称为 PSTATE。PSTATE 中所包含的寄存器及字段如表 2-1 所示。其中,只读寄存器 CurrentEL 的 EL 字段记录了处理器当前所处异常级别。

表 2-1　PSTATE 中所包含的寄存器及字段

特殊用途寄存器	PSTATE 字段
NZCV	N,Z,C,V
DAIF	D,A,I,F
CurrentEL	EL
SPSel	SP
PAN	PAN
UAO	UAO
DIT	DIT
SSBS	SSBS

2．异常级别切换

在两种情况下，将发生异常级别的切换：异常产生时及异常处理结束时。ARMv8 架构中 CurrentEL 寄存器保存着 CPU 当前的异常级别，它的值在异常产生或异常处理结束时由硬件自动改变。对于软件而言，CurrentEL 寄存器是只读的。

异常可能由缺页错误、除零错误等原因被动触发，也可能由程序执行专用的指令而主动触发。在 ARMv8 架构中，SVC、HVC 和 SMC 三条指令用于主动触发异常。这三条指令通常封装在高异常级别程序提供给低异常级别程序的调用接口中，使得处理器可以切换到高异常级别，从而安全地执行低异常级别程序所不能执行的敏感操作。指令 ERET 用于从高异常级别返回原异常级别。

（1）SVC。SVC 指令将触发异常级别从 EL0 切换到 EL1。该指令通常封装在操作系统内核向应用程序提供的 API 接口中。

（2）HVC。HVC 指令将触发异常级别从 EL1 切换到 EL2。该指令通常封装在虚拟机监视器程序向操作系统程序提供的接口中。

（3）SMC。SMC 指令将触发异常级别从 EL1 或 EL2 切换到 EL3。该指令通常封装在安全监视器程序（EL3）向操作系统或虚拟机监视器程序提供的接口中。

当处理器执行上述任意一条指令时，将会触发异常，从而发生异常级别切换，并在切换后执行异常处理程序。例如，系统调用过程就是运行在异常级别 EL0 的应用程序通过调用指令 SVC，使得处理器切换到异常级别 EL1 并执行操作系统内核中的异常处理程序的过程。

2.3.3　寄存器

在 ARMv8 架构中，寄存器可以分为通用寄存器、特殊寄存器（一部分有着特殊用途的寄存器）以及系统寄存器。

1．通用寄存器 X0～X30（31 个，每个 64 位）

通用寄存器主要用于保存地址或数据（参数、临时数据、计算结果等），且在 4 个异常级别下都可被访问。

在 ARMv8 架构中，64 位的通用寄存器用 Xn 表示，32 位的寄存器用 Wn 表示。在 ARMv8 架构中，通用寄存器的宽度都为 64 位。如图 2-7 所示，寄存器 Wn 就相当于 64 位寄存器 Xn 的低 32 位。在读取 Wn 时，硬件会忽略 Xn 的高 32 位；在写入 Wn 时，由硬件将高 32 位直接清 0。

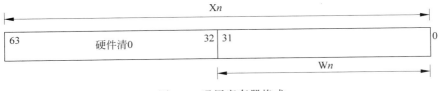

图 2-7　通用寄存器格式

　　当处于 AArch32 执行状态时,处理器有 9 种工作模式:USR(User)模式、FIQ 模式、IRQ 模式、SVC(Supervisor)模式、MON(Monitor)模式、ABT(Abort)模式、UND(Undef)模式、SYS 模式以及 HYP(Hyp)模式 。在 AArch32 执行状态下,通用寄存器分为不分组寄存器和分组寄存器。不分组寄存器包括 R0~R7,剩余的 R8~R14 为分组寄存器。不分组寄存器在所有模式下都可被使用,且不作特定用途。分组寄存器则在不同模式下有特定用途。例如,FIQ 模式有单独的分组寄存器 R8_fiq~R12_fiq,其他模式则共用 R8~R12 来实现中断现场的保存和恢复。此外,除了 USR、SYS 以及 MON 模式共用寄存器 R13~R14,在其他模式中都含有单独的 R13~R14 寄存器。在各模式中,寄存器 R13 一般用作堆栈指针寄存器(Stack Pointer,SP),R14 一般用作链接寄存器(Link Register,LR)。此外,R15 在各个模式中都被用作程序计数器(Program Counter,PC)。

　　在 AArch32 执行状态下,ARMv8 架构限定了各通用寄存器在不同工作模式下的用途,如表 2-2 所示。

表 2-2　不同工作模式下通用寄存器的用途

用途	模　　式						
	USR&SYS &MON	IRQ	SVC	ABT	UND	FIQ	HYP
R0~R7	X0~X7						
R8~R12	X8~X12	X8~X12	X8~X12	X8~X12	X8~X12	X24~X28	X24~X28
R13	X13	X17	X19	X21	X23	X29	X15
R14	X14	X16	X18	X20	X22	X30	X14

　　AArch64 执行状态以 4 个异常级别取代了 AArch32 执行状态下的 9 种工作模式。如图 2-8 所示,EL0 对应 USR 模式;EL1 对应 SVC、ABT、IRQ、FIQ、UND 以及 SYS 模式;EL2 对应 HYP 模式;EL3 对应 MON 模式。

图 2-8　异常级别与工作模式的对应关系

2．特殊寄存器

1）异常链接寄存器 ELR_ELx {x=1,2,3} (64 位)

异常链接寄存器用于记录在异常处理结束后待返回的地址,属于在发生异常级别切换时现场保存的一部分。例如,在异常级别从 EL0 切换到 EL1 后,ELR_EL1 中保存着处理器返回 EL0 时要执行的首条指令地址。也就是说,在异常处理结束后,为了返回到陷入该异常级别之前的状态,处理器就需要去相应的异常链接寄存器(ELR_EL1、ELR_EL2 或 ELR_EL3)中寻找返回地址。

2）备份程序状态寄存器 SPSR_ELx {x=1,2,3} (32 位)

备份程序状态寄存器(Saved Program Status Registers,SPSR)用于记录在发生异常级别切换时处理器的状态,同样属于异常级别切换时现场保存的一部分。当发生异常级别切换时,不同异常级别下的 PSTATE 状态将备份到对应的寄存器 SPSR_ELx 中。

寄存器 SPSR_ELx 所包含的字段如图 2-9 所示。①条件码标志位(Condition flags),用于标志在算术或逻辑运算中是否发生溢出、进位等。②SS 位代表 Software Step,调试器可以使用这个标志位实现单步调试。③IL 位代表 Illegal Execution state。产生非法执行异常时 IL 标志位将被置位。④中断掩码位(Mask bits)。D、A、I、F 分别是 Debug 异常掩码、SError(系统错误)中断掩码、IRQ 中断掩码和 FIQ 中断掩码,分别用于控制相应的异常或中断的使能与屏蔽。⑤处理器模式位(Mode bits)。M[4]用于记录当前处理器的执行状态(AArch32 或 AArch64),M[3:0]用于记录异常级别和寄存器 SP 的选择。例如,0b0100 表示 EL1t,0b0101 表示 EL1h,t 表示在异常切换后使用寄存器 SP_EL0,h 表示使用寄存器 SP_ELx(x 代表异常切换目标所处的异常级)。

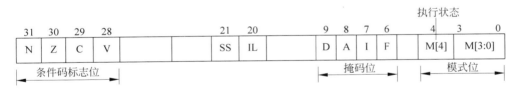

图 2-9　寄存器 SPSR_ELx 所包含的字段

3）程序计数器(1 个,64 位)

ARMv8 架构有专门的程序计数器 PC。PC 中总是保存着即将执行的下一条指令的地址。

4）堆栈指针寄存器 SP_ELx {x=0,1,2,3} (64 位)

堆栈指针寄存器总是指向堆栈的顶部。在 ARMv8 架构中,寄存器 SP_EL0 可用于任一异常级别。3 个异常级别 EL1～EL3 都有自己专用的堆栈指针寄存器:SP_EL1、SP_EL2、SP_EL3。

3．系统寄存器

系统寄存器用于系统的配置和管理。在 ARMv8 架构中,系统寄存器只能通过 MSR

(Move general-purpose Register to System register,将通用寄存器中的内容写到系统寄存器中)指令和 MRS(Move System register to general-purpose Register,将系统寄存器中的内容读到通用寄存器中)指令进行访问。软件能够访问哪些系统寄存器由它所处的异常级别决定。在系统寄存器的名称中,后缀 ELx 代表着拥有该寄存器操作权限的最低异常级别。例如,寄存器 SCTLR_EL1 表示只有运行在异常级别 EL1 及以上的软件才能操作该寄存器;否则,将触发异常。异常将使处理器切换到拥有更高权限的异常级别,进而进行异常处理。本节介绍几种常见的系统寄存器。

(1) 系统控制寄存器(System Control Register,SCTLR):寄存器 SCTLR_ELx {$x=1$,2,3}控制系统设备和体系结构的功能,例如 MMU 的使能,数据缓存的启用和对齐检查的使能等。

(2) 转换控制寄存器(Translation Control Register,TCR):寄存器 TCR_ELx {$x=1$,2,3}用于配置地址转换相关的功能,例如配置虚拟地址的位数和转换粒度(页大小)以及保存页表相关的可缓存性和可共享性信息。

(3) 转换表基址寄存器(Translation Table Base Register,TTBR):寄存器 TTBR0_ELx {$x=1,2,3$}以及寄存器 TTBR1_ELx {$x=1,2$}用于保存页表基址以及地址空间标识符(见 5.3.2 节)。

2.3.4　指令集

指令用于指挥处理器硬件执行某种运算或控制功能。指令集是处理器上全部指令的集合。每款处理器在设计时就定义了一系列与其硬件逻辑相配合的指令集。指令集是计算机中硬件和软件的分界线。基于 ARMv8 架构的处理器在不同的执行状态下使用不同的指令集。当处理器处于 AArch32 执行状态时,使用 A32/T32 指令集。当处理器处于 AArch64 执行状态时,使用 A64 指令集。

1. ARMv8 架构的三种指令集

A32 指令集中的指令为字对齐(word-aligned)的字序列,即指令长度为 32 位。T32 (thumb)指令集是半字对齐(halfword-aligned)的半字序列。ARMv8 架构首次增加 A64 指令集。A64 指令集是在 AArch64 执行状态下使用的指令集,其指令的位宽也为 32 位。A64 指令集提供了对 64 位寄存器的操作能力,同时还具有 64 位的寻址能力。在 ARMv8 架构中,单个程序不能同时包含 A64 指令和 A32/T32 指令。使用 A64 指令集编写的代码无法在基于 ARMv7 架构的处理器上工作。但是,ARMv8 架构兼容基于 ARMv7 架构的应用程序。在 ARMv7 处理器上运行的程序,可以在 ARMv8 架构的 AArch32 状态下执行。

2. A64 指令集中的常用指令

根据指令的功能,A64 指令可分为算术运算指令、逻辑运算指令、跳转指令、数据传送指令等。下面介绍一些常用的 A64 指令。

1）算术运算指令

常用的算术运算指令有 ADD、ADC、SUB 和 SBC。

（1）ADD 指令，用于进行加法运算。图 2-10 展示了 ADD 指令的使用格式与示例。注意，在下文展示的所有指令格式中，condition 和 S 为可选项，destination 为目的寄存器，operand1 和 operand2 为操作数。其中，operand1 是一个寄存器，而 operand2 除了可以是寄存器外，还可以是一个立即数。

```
1.    //ADD 指令使用格式
2.    ADD{condition}{S} < destination >, < operand1 >, < operand2 >
3.    //指令使用示例
4.    ADD X0,X1,X2    //表示 X0 = X1 + X2
```

图 2-10　ADD 指令的使用格式与示例

ADD 指令的表达式为 destination ＝ operand1 ＋ operand2，即将操作数 operand1 和 operand2 相加后，再将结果放入寄存器 destination 中。

（2）ADC 指令，用于进行带进位的加法运算。图 2-11 展示了 ADC 指令的使用格式与示例。该指令的表达式为 destination＝operand1＋operand2＋carry。其中，carry 为标志寄存器中进位标志位的值。该指令的含义是，将 operand1 和 operand2 相加，再加上标志寄存器值中进位标志位的值，将结果放入寄存器 destination 中。

```
1.    //ADC 指令使用格式
2.    ADC{condition}{S} < destination >, < operand1 >, < operand2 >
3.    //指令使用示例
4.    ADC X0,X2,X3    //表示 X0 = X2 + X3 + carry
```

图 2-11　ADC 指令的使用格式与示例

（3）SUB 指令，用于进行普通的减法运算。图 2-12 展示了 SUB 指令的使用格式与示例。该指令的表达式为 destination＝operand1－operand2，即将 operand1 和 operand2 相减，再将结果放入寄存器 destination 中。

```
1.    //SUB 指令使用格式
2.    SUB{condition}{S} < destination >, < operand1 >, < operand2 >
3.    //指令使用示例
4.    SUB X0,X1,X2        //表示 X0 = X1 - X2
```

图 2-12　SUB 指令的使用格式与示例

（4）SBC 指令，用于带进位的减法运算。图 2-13 展示了 SBC 指令的使用格式与示例。该指令的表达式为 destination＝operand1－operand2－carry，即将 operand1 和 operand2 相减，再减去标志寄存器中进位标志位的值后，将结果放入寄存器 destination 中。

```
1.    //SBC 指令使用格式
2.    SBC{condition}{S} < destination >, < operand1 >, < operand2 >
3.    //指令使用示例
4.    SBC X0,X2,X3        //表示 X0 = X2 - X3 - carry
```

图 2-13　SBC 指令的使用格式与示例

2）逻辑运算指令

（1）AND 指令，用于对两个操作数进行逻辑与操作。图 2-14 展示了 AND 指令的使用格式与示例。该指令的表达式为 destination＝operand1 AND operand2，即对 operand1 和 operand2 两个操作数按位做逻辑与操作，并将结果放在寄存器 destination 中。AND 指令可用于设置寄存器中的某些字段。

```
1.    //AND 指令使用格式
2.    AND{condition}{S} < destination >, < operand1 >, < operand2 >
3.    //指令使用示例
4.    AND X1,X1,♯3      //表示将 X1 寄存器中第 0～1 位以外的位清 0
```

图 2-14　AND 指令的使用格式与示例

（2）EOR 指令，用于求两个操作数的异或。图 2-15 展示了 EOR 指令的使用格式与示例。该指令的表达式为 destination＝operand1 EOR operand2，即将 operand1 和 operand2 两个操作数按位做异或操作，并将结果放在寄存器 destination 中。EOR 指令常用于翻转寄存器中的某些位，即将 1 变为 0，或将 0 变为 1。

```
1.    //EOR 指令使用格式
2.    EOR{condition}{S} < destination >, < operand1 >, < operand2 >
3.    //指令使用示例
4.    EOR X1,X1,♯3      //表示翻转 X1 寄存器中的第 0～1 位
```

图 2-15　EOR 指令的使用格式与示例

3）跳转指令

如图 2-16 所示，A64 指令集中的跳转指令包括 B. cond、B、BL、BLR 以及 BR 等。B. cond 类型的跳转指令包括 CBNZ、CBZ、TBNZ、TBZ 等。

```
1.    CBNZ   X0,label       //如果 X0!= 0 则跳转到 label
2.    CBZ    X0,label       //如果 X0 == 0 则跳转到 label
3.    TBNZ   X0,♯3 label    //若 X0[3]!= 0,则跳转到 label
4.    TBZ    X1,♯3 label    //若 X1[3] == 0,则跳转到 label
5.    B      label          //直接跳转到 label
6.    BL     ♯imm           //跳转到绝对地址 imm 处,返回地址保持在 X30
7.    BLR    reg            //跳转到 reg 内容(绝对地址)处,返回地址保存在 X30
8.    BR     reg            //跳转到 reg 内容处
```

图 2-16　跳转指令的使用格式与示例

4）数据传送指令

数据传送指令（Load/Store 指令）用于在寄存器与内存之间传送数据。其中，Load 指令用于将内存中的数据加载至寄存器，Store 指令则用于将寄存器中的数据存储至内存。Load/Store 指令分为单一数据传送指令、多数据传送指令、数据交换指令等。这些指令的内容相似，在此仅介绍单一数据传送指令 LDR/STR 和 LDXR/STXR、数据比较和交换指令 CAS。

（1）LDR/STR 指令。LDR/STR 指令用于在 CPU 和内存之间传送一个字或双字的数据。其中，LDR 指令用于从内存中读取数据，STR 指令用于将数据存储到内存。LDR/STR 指令的使用格式与示例如图 2-17 所示。其中，Rd 表示寄存器，location 是数据被载入或被存入的内存地址。

```
1.    //LDR 指令使用格式
2.    LDR{condition} Rd, <location>
3.    //指令使用示例
4.    LDR X0,[X1,♯8]   //将 X1+8 地址处的双字数据读入寄存器 X0
5.    //STR 指令使用格式
6.    STR{condition} Rd, <location>
7.    //指令使用示例
8.    STR X0,[X1,♯8]   //将寄存器 X0 的内容存储到 X1+8 地址处
```

图 2-17　LDR/STR 指令的使用格式与示例

（2）LDXR/STXR 指令。LDXR/STXR 指令以独占内存的方式完成数据传送。LDXR/STXR 指令的使用格式与示例如图 2-18 所示。其中，LDXR 指令用于从内存中加载一个 32 位的字或者一个 64 位的双字，并将其放入寄存器 Rd 中。在加载的过程中，LDXR 指令将访问的物理地址标记为独占。STXR 指令用于将一个 32 位字或者 64 位双字存入内存中。STXR 在进行存储操作时，需要先获取物理内存的独占标记。只有该物理内存被标记为独占时，STXR 指令才能执行成功。该指令返回一个状态值给寄存器 Rs，以表示内存写回是否成功。该状态值如果为 0，则表示写入成功；如果该状态值为 1，则表示写入失败。

```
1.    //LDXR 指令使用格式
2.    LDXR{condition} Rd, <location>
3.    //STXR 指令使用格式
4.    STXR{condition} Rs, Rd, <location>
5.    //LDXR 与 STXR 使用示例
6.    //将 X1+8 地址处的双字读入寄存器 X0,并将内存标记为独占
7.    start:  LDXR X0, [X1,♯8]
8.        ADD  X0, X0, X2  //X0=X0+X2
9.    //检查内存是否有独占标记；若存在,则返回 0 给寄存器 X3,
10.   //并将寄存器 X0 的内容存储到 X1+8 地址处；若不存在,则返回 1 给寄存器 X3
11.       STXR X3, X0, [X1,♯8]
12.   //检查寄存器 X3 是否为 0; 如果不为 0,则跳转到标号 start 处,继续执行 LDXR 指令
13.       CBNZ X3,start
```

图 2-18　LDXR/STXR 指令的使用格式与示例

（3）CAS（比较和交换）指令。CAS 指令的使用格式与示例如图 2-19 所示。CAS 指令从内存中 location 处读取一个字或双字，然后将其与寄存器 Rs 中的值进行比较；如果相等，则将寄存器 Rd 中内容写入 location 处。在 CAS 指令执行过程中，如果执行写操作，则读操作与写操作作为一个整体原子地完成。

```
1.    //CAS 指令的使用格式
2.    CAS   Rs, Rd, <location>
3.    //CAS 指令的使用示例
4.    //将 X1＋8 地址处的双字读出,并与寄存器 X2 中的数据进行比较;如果这两个值相等,
5.    //则将寄存器 X0 中的数据写入 X1＋8 处;如果这两个值不相等,则不进行写入操作;
6.    //比较完毕后,从 X1＋8 地址处读入的值被加载到寄存器 X2 中
7.    CAS   X2, X0, [X1, ♯8]
```

图 2-19　CAS 指令的使用格式与示例

5）其他指令

（1）MRS/MSR 指令。MRS/MSR 指令的使用格式与示例如图 2-20 所示。MRS 指令用于将系统寄存器中的内容复制到通用寄存器 Rd 中。MSR 指令用于将通用寄存器 Rd 中的内容复制到系统寄存器中。

```
1.    //MRS 指令使用格式
2.    MRS{condition} Rd, <system register>
3.    //指令使用示例
4.    MRS X0,DAIF     //将寄存器 DAIF 中的内容复制到寄存器 X0 中
5.    //MSR 指令使用格式
6.    MSR{condition} <system register>, Rd
7.    //指令使用示例
8.    MSR DAIF,X0     //将寄存器 X0 中的内容复制到寄存器 DAIF 中
```

图 2-20　MRS/MSR 指令的使用格式与示例

（2）WFE/SEV 指令。WFE 指令用于使处理器进入低功耗状态。SEV 指令用于将处理器从低功耗状态唤醒。WFE/SEV 指令可以用于自旋锁的实现。

2.4　CPU 访存原理

存储器是计算机系统中存储程序和各种数据信息的记忆部件。不同类型的存储器具有不同的容量、不同的成本、不同的性能。计算机系统采用层次性存储结构以在容量、成本以及性能等因素中达到一个平衡。层次性存储结构中的内存（Memory）是 CPU 可直接寻址的存储器。在从内存中取指令或者存取数据的时候,CPU 提供的地址为虚拟地址（又称逻

辑地址)。现代处理器引入一个称为内存管理单元(Memory Management Unit,MMU)的硬件模块来加速地址转换的过程。本节将对 CPU 对内存访问的原理与过程以及 MMU 模块进行介绍。

2.4.1　存储器的层次结构

计算机系统的存储子系统通常是一个层次结构。典型的存储子系统的层次结构如图 2-21 所示。在层次结构上,自底向上分别为外存、内存、高速缓存以及寄存器。所处层次越高的存储器具有更小的容量、更高的成本以及更快的访问速度。

外存(例如硬盘)具有容量大、掉电数据不会丢失的特点,通常用来持久性地保存操作系统和应用程序、用户数据等。

内存(也称主存)是 CPU 能直接访问的存储器。操作系统和应用程序必须被加载到内存后,才可被 CPU 执行。CPU 通过总线从内存取指令和数据,完成计算之后再将结果写回内存。然而,由于 CPU 的运算速度(一个时钟周期)比内存的读/写速度(几十或几百个时钟周期)要快得多,CPU 从内存中读/写数据时一般需要等待一定的时钟周期。为了减少 CPU 的等待时间,计算机系统在 CPU 和内存之间增加访问速度更快(几个时钟周期)的高速缓存(Cache)。

相较于内存,高速缓存的容量更小,它只用来保存频繁访问或最近访问的指令和数据。由于程序的局部性原理,高速缓存能有效改善 CPU 访问内存的性能。鲲鹏处理器采用如图 2-22 所示的 3 级高速缓存结构。3 级高速缓存同样具有层次结构:自顶向下容量越来越大,访问速度越来越慢。L1 高速缓存保存从 L2 高速缓存中取出的缓存记录;L2 高速缓存保存从 L3 高速缓存中取出的缓存记录;L3 高速缓存则保存从内存中取出的内容。

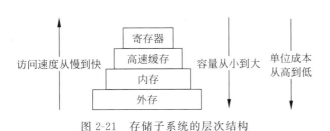

图 2-21　存储子系统的层次结构　　　　　图 2-22　3 级高速缓存结构

寄存器位于处理器内部,是访问速度最快、但成本最高的存储器。一个处理器可能包含几十个寄存器,例如,鲲鹏处理器提供了 31 个通用寄存器。寄存器用来存储最常用的信息,从而加快存取速度。

2.4.2　内存

内存是 CPU 能直接寻址的存储器,用来暂时存放 CPU 中的运算数据,以及与硬盘等外存交换的数据。内存主要指随机存取存储器(Random Access Memory,RAM)。RAM

分为两类:一类为静态 RAM(Static RAM,SRAM);另一类为动态 RAM(Dynamic RAM, DRAM)。SRAM 和 DRAM 的存储原理不同。DRAM 的存储原理是利用电容内存储电荷的多少代表一个二进制位(bit)信息。由于电容存在漏电现象,所以 DRAM 需要周期性地对其存储单元进行刷新充电。SRAM 在一个双稳态存储单元中存储一个二进制位信息。在不掉电的情况下,SRAM 无须对存储单元进行刷新充电,其存储的信息可以恒定地保持。SRAM 比 DRAM 的访问速度更快,但是其成本也相对较高。SRAM 一般用作计算机的高速缓存。DRAM 一般用作计算机的内存。

DRAM 的结构示意如图 2-23 所示。在这个例子中,DRAM 由 16 个存储单元构成,每个存储单元都有一个唯一的编号(物理地址,Physical Address)。每个存储单元可以保存 8 位的数据。CPU 通过特定的物理地址访问特定的存储单元。例如,通过物理地址 0x1 访问第一个存储单元,通过物理地址 0x2 访问第二个存储单元。

CPU 通过总线连接到内存(DRAM)。CPU 访问内存的过程如图 2-24 所示。其中,地址总线用来指定 CPU 将访问的物理地址,控制总线用来向内存发送控制命令(读/写操作);数据总线用来在 CPU 与内存之间交换数据。CPU 的读操作过程如下:①CPU 将待访问的物理地址保存到寄存器 MAR(Memory Address Register,内存地址寄存器)中,再发送到地址总线上;②CPU 向内存发送读操作命令;③根据地址总线上的地址,内存的存储控制器读出对应的内存存储单元中的内容,并通过数据总线发送到寄存器 MDR(Memory Data Register,内存数据寄存器)中。CPU 的写操作过程如下:①CPU 将待访问的物理地址保存到寄存器 MAR 中,再发送到地址总线上;②CPU 将数据写入寄存器 MDR 中,并发送到数据总线上;③CPU 通过控制总线向内存发出写命令;④内存接收到写命令后,将数据总线上的数据写入对应地址所指定的存储单元中。

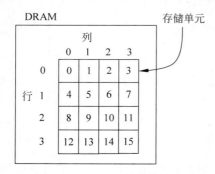

图 2-23　DRAM 的结构示意

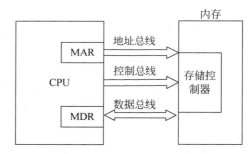

图 2-24　CPU 访问内存的过程

2.4.3　内存管理单元

在取指令或者存取数据的时候,CPU 提供的地址为虚拟地址(又称逻辑地址)。现代处理器引入一个称为 MMU(Memory Management Unit,内存管理单元)的硬件模块,将 CPU 提供的虚拟地址(Virtual Address)转换成内存中的物理地址。MMU 位于 CPU 核和连接内存的总线之间。除了将 CPU 核发出的虚拟地址转换成物理地址,MMU 还具备访问权限控制和转址旁路缓存(Translation Lookaside Buffer,TLB)的功能。

1. 内存管理相关的寄存器

在 ARMv8 架构中,每个异常级别都有一套独立的地址转换机制,并能通过单独的控制寄存器对其地址转换过程进行配置。与内存管理相关的寄存器主要包括以下 3 种:①寄存器 SCTLR 可用来控制 MMU 的使能;②寄存器 TCR 用来配置虚拟地址的位数和转换粒度(页大小)等;③寄存器 TTBR 可用来存储页表基址。

ARMv8 架构最大支持 48 位虚拟地址,最大可寻址 256TB 的地址空间。虚拟地址空间被分割为两个区域:内核空间和用户空间。TCR_EL1 寄存器的描述如图 2-25 所示。其中,T0SZ 字段(bits[5:0])用于配置用户空间的大小,T1SZ 字段(bits[21:16])用于配置内核空间的大小。用户空间和内核空间通常配置为相同的大小。

32	31 30 29		21	16 15 14 13		6 5	0
…	TG1	…	T1SZ	TG0	…	T0SZ	

图 2-25　TCR_EL1 寄存器的描述

用户空间和内核空间的页表基址分别保存在页表基址寄存器 TTBR0_EL1 或 TTBR1_EL1 中。一般地,TTBR0_EL1 用来保存用户空间的页表基址,TTBR1_EL1 用来保存内核空间的页表基址。当配置 T0SZ=T1SZ=39 时,虚拟地址空间的布局如图 2-26 所示。其中,用户空间以及内核空间各拥有 $2^{39}=512GB$ 的地址空间,分别分布在低地址空间和高地址空间。

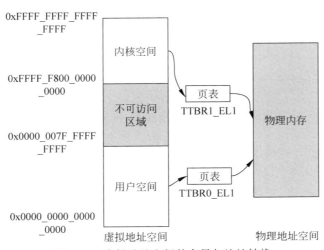

图 2-26　虚拟地址空间的布局与地址转换

ARMv8 架构最大支持 48 位物理地址。在具体的计算机系统中,物理地址的位数可以少于 48 位。如表 2-3 所示,操作系统可通过配置寄存器 ID_AA64MMFR0_EL1 的字段 PARange 指定物理内存大小。

表 2-3　物理内存大小配置寄存器描述

ID_AA64MMFR0_EL1.PARange	物理内存大小	物理内存大小对应位数
0000	4GB	32 位,PA[31:0]
0001	64GB	36 位,PA[35:0]
0010	1TB	40 位,PA[39:0]
0011	4TB	42 位,PA[41:0]
0100	16TB	44 位,PA[43:0]
0101	256TB	48 位,PA[47:0]

2. 地址转换过程

将 CPU 核发出的虚拟地址转换为物理地址的过程称为地址转换(Address Translation)。MMU 硬件辅助地址转换的过程如图 2-27 所示。①当 CPU 核通过发送虚拟地址发起内存访问时,MMU 将截获该访问。②MMU 根据虚拟地址去查询页表。③如果页表中存储有该虚拟地址所对应的物理地址,MMU 将使用该物理地址去访问内存。④如果查询失败,将触发 MMU Fault(异常)。硬件将自动把发生 MMU Fault 的原因和发生访存异常的虚拟地址分别保存在寄存器 ESR(Exception Syndrome Registers,异常综合表征寄存器)和寄存器 FAR(Fault Address Register,异常地址寄存器)中。

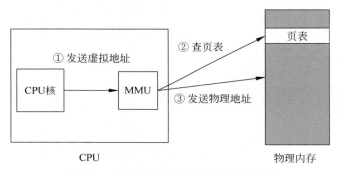

图 2-27　MMU 硬件辅助地址转换的过程

在地址转换过程中,虚拟地址到物理地址的映射是以页为单位进行的。ARMv8 架构支持大小为 4KB、16KB 和 64KB 的页。操作系统可通过设置 TCR_EL1 寄存器的字段 TG0/1(Translate Granule,转换粒度)指定页的大小。操作系统通常采用多级页表来记录虚拟地址与物理地址之间的映射关系。MMU 中的页表遍历单元(Table Walk Unit)负责实现多级页表中的地址转换。此外,为了加速地址转换过程,MMU 中包含一个 TLB 模块,用来缓存最近访问虚拟地址的映射关系。

3. 描述符

在各级页表中,存储映射关系的表项被称为描述符(Descriptor)。在 AArch64 执行状态下,一个描述符的大小为 64 位。描述符分为 3 类:①表(table)描述符,用于保存下一级页表的基址,存在于 L0～L2 级页表中;②块(block)描述符,指向一块连续的物理内存,存在于 L1～L2 级页表中;③页(page)描述符,保存页号对应的页框号,存在于 L3 级页表中。

以页大小为 4KB、3 级页表为例,块描述符与表描述符的格式如图 2-28 所示。其中,字段 bits[1:0]用来指示该描述符的类型。①bits[1:0]为"01",表示块描述符。块描述符中的字段输出地址(bits[38:n]:在 L1 级页表中,n 为 30;在 L2 级页表中,n 为 21),用来指向一个块的基址。②bits[1:0]为"11",表示表描述符。在表描述符中,字段 bits[38:12]用来指向下一级页表的基址。

图 2-28　块描述符与表描述符的格式

页描述符的格式如图 2-29 所示。其中,字段输出地址(bits[38:12])用来记录页框号;字段上部属性 bits[63:51]和下部属性 bits[11:2]用来支持访问控制。

图 2-29　页描述符的格式

4. 访问控制

各种描述符中包含了用于内存访问权限控制的字段,以辅助实现对内存的访问控制。

(1) 表描述符属性字段。表描述符属性字段规定了下一级页表的访问权限。表描述符中属性字段各个位所对应的名称与格式如图 2-30 所示。

属性字段中各个位具体取值的描述如表 2-4 所示。

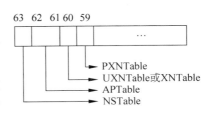

图 2-30　表描述符属性字段各个位所对应的名称与格式

表 2-4　表描述符属性字段中各个位具体取值的描述

名　称	描　述
NSTable	非安全(Non-Secure)位指明下一级页表是否存储在安全内存中。为 0 表示存储在安全内存中,否则表示存储在非安全内存中
APTable	访问权限(Access Permission)指明下一级页表的读/写权限: 0b00: 无限制; 0b01: EL0 没有权限读/写; 0b10: 任何异常等级都不可写页表; 0b11: 任何异常等级都不可写页表,而且 EL0 不能读

名　　称	描　　述
UXNTable	非特权级不可执行（Unprivileged Execute Never）表示下一级页表记录的内存执行权限： 0b0：表示允许非特权级执行； 0b1：表示不允许非特权级执行
PXNTable	特权级不可执行（Privileged Execute Never）表示下一级页表记录的内存执行权限： 0b0：表示允许特权级执行； 0b1：表示不允许特权级执行

（2）块描述符和页描述符属性字段。块描述符和页描述符属性字段规定了该描述符所记录页框的访问权限。描述符中各位所对应的名称与格式如图 2-31 所示。

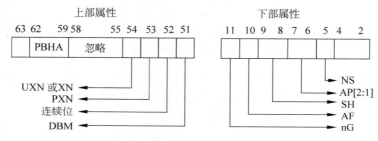

图 2-31　块/页描述符属性字段的名称与格式

此处对块/页描述符中 AF、AP[2:1]、nG、PXN 以及 XN 位进行介绍，它们的具体取值的含义如表 2-5 所示。

表 2-5　块/页描述符中关键位所代表的含义

名　　称	描　　述
AF	访问标志（Access Flag）表示该描述符所记录的页框是否已被访问： 0b0：该块或页框是第一次访问； 0b1：该块或页框已被访问
AP[2:1]	访问权限（Access Permission）规定各个异常级的访问权限： 0b00：EL0 不可读写，其他异常级可读写； 0b01：所有异常级均可读写； 0b10：EL0 不可读写，其他异常级只读； 0b11：所有异常级均只可读
nG	非全局（Not Global）位规定，若该表项被缓存到 TLB 中：0 表示该 TLB 表项全局有效，任一进程都可使用；1 表示仅仅对当前进程有效
PXN	非特权级不可执行（Privileged Execute Never）适用于高于 EL0 的异常级别执行。1 表示不允许高于 EL0 的异常级执行，0 表示允许执行
XN	不可执行（Execute-never）适用于任何异常级别的执行。1 表示不允许执行，0 表示允许执行

5. MMU Fault

在地址转换的过程中,MMU 对属性位进行检查。如果访问不合法,则产生 MMU Fault。产生 MMU Fault 的原因主要有以下两种。

(1) 权限错误(Permission Fault)。发生权限错误,表明进程当前异常级别对应的权限(读、写或执行权限)不足以访问当前虚拟地址。权限错误可在任一级页表查询过程中触发,所报告的错误代码将标识对应的页表级别。

(2) 转换错误(Translation Fault)。各级页表中描述符的字段 bits[1:0] 被标识为无效编码(bits[1:0]=0b00),这表示该描述符无效,MMU 访问到无效描述符时则会触发转换错误。

ARMv8 架构对每种 MMU Fault 给出了唯一的编号。例如,发生在 L0~L3 级页表的转换错误被分别编号为 4~7;L1~L3 级页表的权限错误被编号为 13~15。当发生异常时,系统将使用寄存器 FAR_EL1 和寄存器 ESR_EL1 记录上下文信息。寄存器 ESR_EL1 的描述如图 2-32 所示。其中,字段 EC(bits[31:26])用于保存异常类型(如系统调用、数据异常和指令异常等);字段 ISS(bits[24:0])用于保存异常发生的具体原因。例如,如果进程访问虚拟地址 0xFFFF_F800_FFFF_EEEE 时发生权限错误,硬件将自动把 0xFFFF_F800_FFFF_EEEE 保存到寄存器 FAR_EL1 中。由于 MMU Fault 属于数据异常(编号 0x24)或指令异常(编号 0x20)(取决于该访存操作是访问数据还是指令),硬件将异常类型编号保存在寄存器 ESR_EL1 的字段 EC 中,再将具体的权限错误编号(13~15)保存在寄存器 ESR_EL1 的字段 ISS 中。

图 2-32　ESR_EL1 寄存器各字段具体描述

2.5　鲲鹏处理器与 openEuler

随着产业对算力多样性的需求不断增长,包括亚马逊、华为在内的多家互联网企业已经开始部署 ARM 服务器。产业界向 ARM 服务器迁移现有应用的趋势已经非常明显。在性能上,鲲鹏 920 已经可以对标英特尔 Xeon Platium 8180 处理器,其中 64 核的鲲鹏 920 性能已超越 Xeon Platium 8180,48 核的鲲鹏处理器性能也追平了 Xeon Platium 8180,且功耗比 Xeon Platium 8180 低 20%。另外,鲲鹏处理器具有多核高并发的计算优势,并且集成了两路 100Gb 网卡以及 SAS 控制器,可以满足数据库、大数据、分布式存储等场景的算力需求,引领 IT 架构分布式转型趋势。

作为华为公司的基础硬件平台和软件平台,鲲鹏处理器与 openEuler 有着非常紧密的联系,openEuler 天然地支持鲲鹏处理器,并能够充分发挥处理器的各种特性。

为了促进硬、软件生态繁荣,帮助开发者和合作伙伴向 ARM 架构及鲲鹏处理器迁移,华为公司和合作伙伴共建开源社区,将 openEuler 以及容器等基础软件平台贡献到开源社区。此外,openEuler 也支持 x86 体系架构,并有计划支持 RISC-V 架构。这将使 openEuler 成为一个支持多平台的 Linux 发行版。借助开源社区和全球开发者的共同力量,openEuler 将成为一个开放、多元化和架构包容的软件生态体系。

本章小结

本章简要介绍了鲲鹏处理器的体系架构,包括鲲鹏处理器的计算子系统、存储子系统以及中断子系统等。并以鲲鹏处理器为例,对基于 ARMv8 架构的 CPU 编程模型进行了介绍,重点阐述了 CPU 的异常级别以及相关寄存器与指令集的概念。之后,介绍了 CPU 内存访问的原理与过程,引入并介绍了现代计算机系统中一个重要的硬件模块——MMU。最后,本章对 openEuler 与鲲鹏处理器的相互联系与协同发展进行了简要介绍。

第 3 章

进程与线程

在早期的单道批处理系统中,计算机一次只能执行一个程序。该程序完全控制机器,并访问所有的系统资源。这种控制方式存在资源浪费、系统运行效率低等问题。为了提高资源利用率和系统的吞吐量,现代计算机系统采用多道程序技术,允许多个程序并发执行,共享系统资源。在多道程序环境下,由于 CPU 需要在各程序之间来回切换,程序的执行具有间断性。此外,由于并发执行的程序共享系统中的资源,任一程序对这些资源状态的改变都会影响其他程序的运行环境,即程序之间存在制约关系。然而,程序只是对计算任务和数据的静态描述,无法刻画并发执行过程带来的这些新特征。因此,计算机系统使用进程作为描述程序执行过程且能用来共享资源的基本单位。另外,由于进程的创建和切换开销较大,为了进一步提高执行效率,操作系统引入了"线程"的概念。本章先通过程序的并发执行过程引出进程这一抽象,并介绍系统对进程的描述和控制;随后介绍进程是如何通过系统调用在 CPU 上来回切换,从而实现并发执行的;最后对线程进行了详细阐述。

3.1 进程的概念

为了让程序源代码从人类易于理解的高级语言转换成计算机能够执行的机器语言,所有程序都将经过编译、链接、加载和执行 4 个阶段。一段时间内,机器通常并不只执行一个程序,而是并发地执行多个程序。为了对并发执行的程序加以描述和控制,操作系统引入了"进程"这一抽象。

3.1.1 程序:从源代码到执行

图 3-1 展示了一份 C 语言源代码(符合 C99 标准),它的功能是判断一个年份是否是闰年。下面以该程序为例,介绍一个程序从编写源代码到执行的过程。其中,链接用于将多个可重定位目标文件(由程序编译而成或是来自静态库)合并成一个可执行文件。由于链接过程与本章相关性不强,此处省略,感兴趣的读者可查阅编译原理相关书籍进行了解。

1. 编译阶段

编译的目的是将基于高级语言编写的源代码转换成计算机硬件能够执行的机器语言。假设图 3-1 的 C 程序保存在文件 example.c 中,那么可以使用图 3-2 中的交叉编译命令将 example.c 编译成 ARMv8 架构下可执行的二进制文件。

```
1.    # include < stdio. h >
2.    # include < stdlib. h >
3.    # include < stdbool. h >
4.    int global_var = 1;
5.    char * warning = "Wrong Input!\n";
6.    bool leap_year( int year) {
7.        bool result;
8.        if ((year % 4 == 0 && year % 100 != 0) || (year % 400 == 0))
9.            result = true;              //判断闰年
10.       else
11.           result = false;
12.       return result;
13.   }
14.   int main( void) {
15.       int y;
16.       scanf(" % d", &y);
17.       if (y < 0) {                    //非法输入
18.           printf(" % s\n", warning);  //打印出错信息
19.           return 0;
20.       }
21.       bool r;
22.       r = leap_year(y);
23.       printf("r =  % d\n", r);
24.       int * dynmc = (int * )malloc(sizeof(int) * 2);
25.       dynmc[0] = y;
26.       dynmc[1] = leap_year(dynmc[0]);
27.       printf("dynmc[1] =  % d\n", dynmc[1]);
28.       free(dynmc);
29.       return 0;
30.   }
```

图 3-1   C 程序示例

```
1.    aarch64 - linux - gnu - gcc  - o example example.c
```

图 3-2   编译命令示例

为了使操作系统能够以标准的方法对编译后形成的二进制文件进行处理,类 UNIX 操作系统通常采用 ELF 格式(Executable and Linkable Format,可执行可链接文件格式)作为二进制文件的标准格式。图 3-3 展示了 ELF 文件的执行视图(Execution View)。

ELF 头部包含了描述整个 ELF 文件的基本信息,段头(Program Header)表包含了描述各个段(Segment)的信息,其中,Segment 是存储程序中数据或代码的逻辑结构。在 ELF 文件中,比较重要的 Segment 有:. text 段保存机器指令序列;. data 段保存可读可写的全局变量和静态局部变量;

| ELF头部 |
| 段头表 |
| 段1 |
| … |
| 段n |
| … |
| 可选节头表 |

图 3-3   ELF 文件的执行视图

. rodata 段保存只读数据和常量；. bss 段保存未初始化的全局变量。示例程序编译后的二进制可执行文件反汇编后的部分内容如图 3-4 所示：. text 段包含了函数 leap_year() 和 main() 的汇编指令；. data 段中保存有全局变量 global_var 的值 01000000（整数 1 在小端格式下的存储形式即是 01000000），. rodata 段中保存有字符串常量 warning 的值。

```
1.     Disassembly of section .text:
2.     ...
3.     0000000000000934 < leap_year >:
4.      934:    d10083ff     sub   sp, sp, ♯ 0x20
5.      938:    b9000fe0     str   w0, [sp, ♯ 12]
6.      93c:    b9400fe0     ldr   w0, [sp, ♯ 12]
7.     ...
8.     00000000000009d0 < main >:
9.      9d0:    a9bd7bfd     stp   x29, x30, [sp, ♯ − 48]!
10.     9d4:    910003fd     mov   x29, sp
11.     9d8:    90000080     adrp    x0, 10000 <__FRAME_END__ + 0xf470 >
12.     ...
13.    Contents of section .rodata:
14.     0b58 01000200 00000000 57726f6e 6720496e   ........Wrong In
15.     0b68 70757421 0a000000 25640000 00000000   put!.... % d......
16.     0b78 72203d20 25640a00 64796e6d 635b315d   r = % d..dynmc[1]
17.     0b88 203d2025 640a00                                = % d..
18.    ...
19.    Contents of section .data:
20.     11000 00000000 00000000 08100100 00000000   ...............
21.     11010 01000000 00000000 600b0000 00000000   ...............
```

图 3-4　二进制文件的部分反汇编内容

2. 加载阶段

由于内存是掉电易失的存储设备，因此，在被编译后，程序一般保存在持久化存储设备（例如磁盘）中。当用户想运行某个存储在磁盘中的程序时，操作系统将程序的 ELF 文件装入内存，这个过程称为程序的加载。程序的加载主要包括两个步骤：①解析 ELF 头部，进行程序加载的前期检查，例如检查 ELF 文件格式与当前 CPU 架构是否匹配；②读取段头表获取每个段的基本信息，为即将加载至内存的段分配内存空间，进而将这些段装入所分配内存空间。

3. 执行阶段

操作系统完成程序的加载后，利用 ELF 头部提供的信息，找到程序的入口地址。在 CPU 的程序计数器 PC 中，保存着下一条指令在内存中的地址。操作系统将 . text 段中的程序入口地址赋值给 PC，随后 CPU 执行该程序的指令。此时，该程序获得了 CPU 的控制权。

在进一步介绍程序的执行前，回顾一下图 3-1 中的示例程序，并思考两个问题：①在图 3-1 的示例程序的第 24 行中，函数 malloc() 动态申请的内存位于哪里？②在函数 leap_ year()内,局部变量 result 保存在哪里？这些数据所占空间是程序执行时才临时分配的,无须占用 ELF 文件空间,但需要占用内存空间。对于程序中动态申请的内存,操作系统专门开辟一段称为堆的内存空间,让编程人员自主地申请（函数 malloc()）及释放（函数 free()）。在内存空间中,堆通常由低地址向高地址生长。此外,result、y 和 r 等局部变量,保存在操作系统为每个程序专门开辟的一段称为栈的空间中。栈是先入后出的结构,在内存空间中,通常由高地址向低地址生长。程序被复制至内存中的布局如图 3-5 所示。

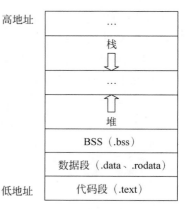

图 3-5　程序在内存中的布局

在函数运行时,程序计数器 PC 保存着即将执行的指令地址,链接寄存器 LR 保存着函数调用返回后下一条指令地址,堆栈指针寄存器 SP 保存着栈顶地址,而帧指针寄存器 FP 保存着栈底地址。栈上保存着为被调函数分配的局部变量以及由调用函数压入的函数参数,若被调函数再调用其他函数（或自身）,还将由 CPU 的调用指令向栈内压入寄存器 LR 和 FP 中的数据。以上栈内数据共同构成被调函数的一个栈帧。当被调函数中再次发送函数调用,则继续在栈上为新被调用函数构建栈帧,以此类推。在被调函数执行结束后,按先入后出的顺序将寄存器数据、函数参数以及局部变量出栈,并将返回结果存入某个寄存器（例如 X0）或是存入某段内存中然后将该内存地址存入寄存器 X8 中返回给调用函数。这样为每次函数调用构建了独立的上下文（Context）,使得多次调用互不影响。图 3-6 描述了图 3-1 实例中主函数 main() 调用函数 leap_year() 时的栈空间。函数的栈帧可视为函数切换的上下文,当调用函数跳转到被调函数执行时,在调用函数栈帧中,保存了调用函数的运行状态（局部变量、栈顶地址等）。当被调函数运行结束,栈帧的内容将帮助调用函数恢复之前的状态。

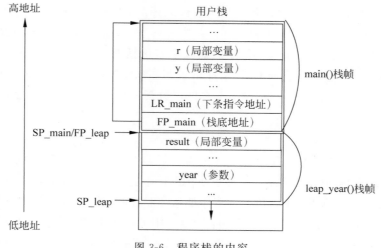

图 3-6　程序栈的内容

在程序执行过程中,可能会因为需要某些软硬件资源而处于等待的状态。例如,在示例程序中,当运行到函数 scanf()时,程序需要等待控制台的输入,在获得控制台的输入后它才会继续运行下去。为了避免 CPU 资源的浪费,在当前程序处于等待状态时,操作系统会剥夺当前程序的 CPU 使用权,调度其他程序来使用 CPU。

归纳起来,程序的执行过程依赖以下三种硬件状态:

(1) 寄存器。程序运行至少会用到寄存器 PC、LR、SP、FP,它们保存着函数计算的状态。

(2) 内存。程序的指令,以及在运行时读取和写入的数据都存储在内存中。

(3) I/O 信息。程序可能需要读写文件,涉及磁盘 I/O。另外,在 Linux 系统中,默认情况下,每个程序都有三个打开的文件描述符,即标准输入、标准输出、标准错误,分别用于接收用户输入、显示输出结果和错误信息。

3.1.2　程序的并发执行与进程抽象

一般情况下,一台机器上会同时运行多个程序。但是,在同一时刻,每个 CPU 只可以运行一个程序,而需要同时运行的程序数量可能远多于 CPU 的数量。解决此问题的关键在于:在 CPU 数量有限的情况下,如何为多个程序提供对 CPU 的复用,为用户制造多个程序同时执行的假象。因此,操作系统对 CPU 进行细粒度的时域共享以实现程序的并发执行,即允许 CPU 由一个程序占用一段时间,再由另一个程序占用一段时间,让多个程序交替地、断断续续地占用 CPU。只要 CPU 的计算速度和程序间的切换速度足够快,对于用户而言,这些交替执行的程序就是在同时执行。

程序的并发执行带来了一些影响:

(1) 程序执行的间断性。由于 CPU 需要在各程序之间来回切换,使得程序的执行具有间断性。虽然一个程序只能占用 CPU 一小段时间,但需要确保计算是逐渐趋向完成状态,而不是每次切换都从头开始执行。因此,让出 CPU 的程序需要保存当前的状态,而获得 CPU 的程序需要恢复上次保存的状态继续往下执行。例如,图 3-1 中的程序如果执行到第 12 行时,被操作系统切出(即让出 CPU 使用权),操作系统应该为其保存好当前的程序状态,如局部变量(如 result 值)、PC 指针等。只有这样,程序下次才能恢复被剥夺 CPU 之前的状态,从而正确返回 result 值。因此,操作系统应该为程序提供状态的保存和恢复。

(2) 资源共享带来的制约性。由于并发执行的程序需要共享系统中的 CPU、内存等资源,任一程序对这些资源状态的改变都会影响其他程序的运行环境,造成程序之间存在制约关系。因此,为防止不同程序之间相互影响,操作系统应该确保程序之间所使用的资源是相互隔离的。

然而,程序只是对计算任务和数据的静态描述,无法刻画并发执行过程带来的这些新特征。因此,为了对并发执行的程序加以描述与控制,操作系统引入了“进程”概念。进程是操作系统为程序运行所提供的基本抽象概念,它是一个动态的概念,除了包括程序指令,还包括 CPU 寄存器状态,以及保存数据的堆栈段、数据段等内存空间。

3.2　进程的描述

为了反映并发执行的动态特征,操作系统引入 PCB(Process Control Block,进程控制块)这一结构。PCB 是操作系统感知进程存在的唯一实体。在创建一个进程时,操作系统首先为其创建 PCB,然后根据 PCB 中的信息对进程实施有效的管理和控制。在一个进程完成其任务之后,操作系统释放其 PCB,进程也随之终止。在不同的操作系统中,进程的 PCB 所包含的内容也会不同。本节将详细阐述 openEuler 中的 PCB,以及进程在其生命周期中的不同状态。

3.2.1　进程控制块

在 openEuler 中,PCB 的数据结构是 struct task_struct,它主要包含一个进程的描述信息、控制信息、CPU 上下文和资源管理信息四方面的内容。

1. 描述信息

PCB 中的进程描述信息主要包含进程标识符、用户标识号以及家族关系等,其相关成员变量如图 3-7 所示。

(1) 进程标识符。每个进程都有唯一的进程标识符,所以操作系统是依靠进程标识符来区分不同进程的。在 openEuler 中,进程标识符是一个 32 位正整型数,也就是说,操作系统中可以同时有 2^{31} 个进程标识符。openEuler 采用位图(bitmap)来记录进程标识符分配情况。

(2) 用户标识号。每个进程都隶属于某个用户,为了加以区分,操作系统引入用户标识符。在 openEuler 中,结构体 kuid_t 的成员 val 是一个无符号整数(即 U32),代表用户标识号。

(3) 家族关系。进程并不独立存在,通常与其他进程组成家族关系,便于操作系统进行组织和管理。除了 0 号进程外,其他所有进程都会有父进程,也可能有子进程;父进程的父进程以及再往上的父进程都是子进程的祖先进程。同一个父进程的多个子进程之间构成兄弟关系。在 openEuler 启动时,0 号进程进行一些内核初始化工作,还创建出 1 号进程。1 号进程完成用户空间初始化后,成为 init 进程,它是之后创建的所有进程的共同祖先进程。图 3-7 展示了 openEuler 中结构体 task_struct 描述这种家族关系的部分成员。

```
1.      //源文件: include/linux/sched.h
2.      struct task_struct __rcu  * real_parent;     //指向真正父进程
3.      struct task_struct __rcu * parent;            //指向跟踪当前进程的进程
4.      struct list_head   children;                  //指向子进程
5.      struct list_head   sibling;                   //指向兄弟进程
6.      struct list_head {
7.          struct list_head  * next, * prev;
8.      };
```

图 3-7　进程家族关系相关成员变量

在 openEuler 中,一个进程的父进程指针有两个,包括 real_parent 和 parent。real_parent 指向真正父进程,它是创建出当前进程的进程。而 parent 指向与信号响应相关的父进程,比如,进程的终止信号(SIGCHLD)会被发到父进程而不是真正父进程。当真正父进程正常存在时,real_parent 和 parent 指向同一个进程。如果一个进程的真正父进程先终止了,那么会有其他进程(例如 init 进程)成为当前进程的父进程,但它不是真正父进程。另外,openEuler 通过成员 sibling 来指向上一个和下一个兄弟进程。

2. 控制信息

PCB 中的进程控制信息主要包括进程的状态信息、进程优先级信息以及记账信息等,其相关成员如图 3-8 所示。

(1)进程的状态信息。进程在活动期间处于就绪、运行、阻塞和终止等状态中的任意一种。有关进程的状态将在 3.2.2 节中进一步讨论。openEuler 中 PCB 结构体 task_struct 的 state 字段用于描述进程的状态,它是一个长整型数。

(2)进程优先级信息。进程优先级用来确定进程被调度到 CPU 上执行的优先程度。openEuler 中的进程有多种优先级。图 3-8 展示了进程的静态、动态优先级,还有普通优先级与实时优先级的代码定义。静态优先级在进程启动时被给定,其值越小代表该进程优先级越高。在进程运行期间,静态优先级通常保持不变,可以由相关系统调用[如 nice()]修改。动态优先级与普通优先级默认等于静态优先级,但动态优先级会因调度策略的影响而被临时修改。为了满足实时需求,进程分为实时进程与普通进程。实时进程的优先程度仅与实时优先级相关,其值越大代表优先级越高。由于静态优先级对实时进程无效,普通优先级使得进程继承时可以不对普通进程与实时进程做额外区分操作。实时进程在调度时总是优先于普通进程。

(3)记账信息。进程的记账信息主要给出进程占有和利用资源的有关情况,包括占用 CPU 的时钟周期数、时间总和等。进程的调度和控制以这些信息为依据来执行。例如,用来调度进程占用 CPU 的调度器根据 PCB 中记录的进程运行时间是否达到阈值来决定是否剥夺当前进程的 CPU 控制权。

```
1.    //源文件: include/linux/sched.h
2.    int   prio;              //保存动态优先级
3.    int   static_prio;       //保存静态优先级
4.    int   normal_prio;       //取决于静态优先级和调度策略
5.    unsigned int   rt_priority;  //保存实时优先级
```

图 3-8　控制信息相关成员

openEuler 的 PCB 中的记账信息相关成员如图 3-9 所示,其中不仅记录了进程占用 CPU 的时长,还对进程切换时间进行了计数。

3. CPU 上下文

CPU 上下文是指进程执行到某时刻时 CPU 各寄存器中的值,这些值代表着当前进程活动的状态信息。在支持进程并发的场合,一个进程的执行是间断性获取 CPU 控制权的过

```
1.    //源文件：include/linux/sched.h
2.    u64    utime                    //进程在用户态下占用的 CPU 时钟周期数
3.    u64    stime;                   //进程在内核态下占用的 CPU 时钟周期数
4.    u64    utimescaled              //记录进程在用户态下的运行时间
5.    u64    stimescaled;             //记录进程在内核态下的运行时间
6.    u64    gtime;                   //虚拟机运行的 CPU 时钟周期数
7.    u64    start_time               //进程创建时间
8.    u64    real_start_time;         //进程创建时间,还包括进程睡眠时间
9.    unsigned long nvcsw, nivcsw;    //上下文切换计数
```

图 3-9　记账信息相关成员

程。当进程被剥夺(或主动放弃)CPU 控制权,为了让该进程之后能恢复被打断前的状态,操作系统需要保存进程在切换时的 CPU 上下文。

openEuler 在进行进程切换时,CPU 上下文保存在 task_struct —> thread_struct —> cpu_context 中。其中,结构体 thread_struct 用于记录与 CPU 相关的所有状态信息,包括 CPU 上下文、错误信息等,它的定义与体系结构是强相关的。结构体 thread_struct 与 cpu_context 的定义如图 3-10 所示,其成员包括通用寄存器 X19～X28、栈帧寄存器 FP、堆栈指针寄存器 SP 和程序计数器 PC。

```
1.    //源文件：arch/arm64/include/asm/processor.h
2.    struct task_struct {
3.        struct cpu_context   cpu_context;    //CPU 上下文
4.        ...
5.        unsigned long  fault_address;        //错误信息
6.        unsigned long  fault_code;           //寄存器 ESR_EL1 的值,表示发生错误原因
7.        ...
8.    }
9.    //源文件：arch/arm64/include/asm/processor.h
10.   struct cpu_context {
11.       unsigned long x19;
12.       unsigned long x20;
13.       unsigned long x21;
14.       unsigned long x22;
15.       unsigned long x23;
16.       unsigned long x24;
17.       unsigned long x25;
18.       unsigned long x26;
19.       unsigned long x27;
20.       unsigned long x28;
21.       unsigned long fp;
22.       unsigned long sp;
23.       unsigned long pc;
24.   };
```

图 3-10　CPU 上下文相关数据结构

4. 资源管理信息

PCB 中包含最多的是资源管理信息,其中包括关于存储器、文件系统和使用输入/输出设备的信息等。

在 openEuler 中,PCB 中的资源管理信息主要是与内存和文件相关的,如图 3-11 所示。成员 stack 指向进程的内核栈。内核栈是内核为每个进程开辟的一块内核空间,是进程陷入内核态后使用的栈空间;内存描述符对应结构体 mm_struct 记录了进程的内存布局;结构体 fs_struct 则记录与进程相关联的文件系统信息,包括当前目录和根目录;结构体 files_struct 是进程正打开的所有文件的列表。这里值得注意的是,输入/输出设备在 openEuler 中也以文件的形式存在。

```
1.      //源文件：include/linux/sched.h
2.      void    * stack;                    //指向进程的内核栈
3.      struct mm_struct * mm, * active_mm;  //进程的用户空间描述符
4.      struct fs_struct * fs;              //进程相关联的文件系统信息
5.      struct files_struct * files;        //指向打开的文件列表
6.      ...
7.      //源文件：include/linux/mm_types.h
8.      struct mm_struct {                  //内存描述符
9.          spinlock_t arg_lock;            //自旋锁,保护下面这些字段
10.         //内存空间中各段起始/结束地址
11.         //包括栈、映射段、堆、BSS 段、数据段、代码段
12.         unsigned long start_code, end_code, start_data, end_data;
13.         unsigned long start_brk, brk, start_stack;
14.         unsigned long arg_start, arg_end, env_start, env_end;
15.         ...
16.     };
17.     //源文件：include/linux/fs_struct.h
18.     struct fs_struct {                  //文件系统描述符
19.         int users;                      //该结构的引用用户数
20.         spinlock_t lock;                //自旋锁
21.         struct path root, pwd;          //根目录与当前目录
22.         ...
23.     };
24.     //源文件：include/linux/fdtable.h
25.     struct files_struct {
26.         atomic_t count;                 //引用计数
27.         struct fdtable __rcu * fdt;      //默认指向 fdtab,可用于动态申请内存
28.         struct fdtable fdtab;            //为 fdt 提供初始值
29.         ...
30.     }
```

图 3-11　PCB 中的资源管理相关成员

3.2.2　进程状态

进程在其整个生命周期中可以呈现不同的状态,随着进程的执行和外部条件的变化,进

程可以在不同的状态之间转换。操作系统通过 PCB 中的状态值来描述进程的当前状态。结合图 3-12 中进程状态转换示意图,进程的各个状态及转换关系详述如下。

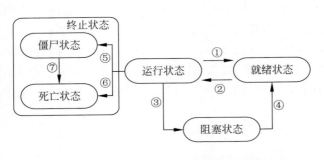

① CPU被抢占或进程主动让出

② 被系统选中执行

③ 等待某些事件发生

④ 等待的事件已发生

⑤ 执行完毕,但资源未回收

⑥ 执行完毕,且资源已回收

⑦ 资源已由父进程回收

图 3-12　进程状态转换

1. 就绪状态

进程处于就绪状态时,进程位于运行队列中,表明其已经获得除 CPU 之外的其他资源。当进程被操作系统选中去占用 CPU 时,处于就绪状态的进程将转换为运行状态,如图 3-12 中的转换②。

2. 运行状态

处于运行状态时,进程中的指令正在被 CPU 执行。只有处于就绪状态的进程才可以转换为运行状态。进程在遇到以下几种情况时会退出运行状态:

(1) 当 CPU 被其他进程抢占或者进程主动让出 CPU 时发生转换①,进入就绪状态;

(2) 当进程需要等待资源或者等待一些事件发生而不得不退出执行时发生转换③,进入阻塞状态;

(3) 进程执行完毕后,通常发生转换⑤或转换⑥,进入终止状态。

3. 阻塞状态

处于阻塞状态时,进程通常是在等待着某些外部事件发生。在这些事件到来后,进程具备了继续执行的条件,但还无法直接获得 CPU 控制权,因此发生转换④进入就绪状态。处于阻塞状态的进程也可以通过其他方式唤醒。根据唤醒的困难程度,唤醒方式可以分为三种:

(1) 轻度阻塞状态,可以被一些系统调用(System Call)显式地唤醒或者由一些急需处理的信号唤醒;

(2) 中度阻塞状态,可以被显式地唤醒,或是被一些致命信号(可能导致进程终止)唤醒;

(3) 深度阻塞状态,只能被显式地唤醒,不可因信号退出。

4. 终止状态

进程的终止状态又包括僵尸状态和死亡状态。进程处于僵尸状态代表着此时该进程的父进程并未回收此进程,也未回收此进程所占用的资源(包括 PCB)。如果父进程早于子进程退出,操作系统会让 init 进程成为子进程的父进程,所以在子进程退出后将由 init 进程回收子进程占用的相关资源。当父进程回收了此进程的资源,将发生转换⑦,进程进入死亡状态,生命周期完全结束。

在 openEuler 中,结构体 task_struct 中的状态域相关成员 state 可参见图 3-13 示例程序的第 6 行。进程的大部分状态通过成员 state 描述,但是僵尸状态与死亡状态不仅需要把成员 state 设为 TASK_DEAD,还需把成员 exit_state 分别设为 EXIT_ZOMBIE 与 EXIT_DEAD。

```
1.    //源文件: include/linux/sched.h
2.    struct thread_struct   thread;              //进程切换时 CPU 状态(存放各寄存器值)
3.    pid_t   pid;                                //进程标识符
4.    struct task_struct __rcu  * real_parent;    //指向真正的父进程
5.    struct task_struct __rcu  * parent;         //指向父进程
6.    volatile long   state;                      //进程状态. -1: 不可运行; 0: 可运行; >0: 停止
7.    u64      utimescaled, timescaled;           //进程在用户态/内核态下运行了多长时间
8.    struct mm_struct      * mm;                 //内存描述符,属于进程的资源
9.    void    * stack;                            //指向进程的内核栈
10.   struct fs_struct      * fs;                 //进程的资源(关于文件系统)
11.   struct files_struct   * files;              //进程的资源(关于已打开文件)
12.   ...
```

图 3-13　描述进程状态的相关成员

除了上面描述的几种状态,openEuler 中还定义了停止状态和跟踪状态,成员 state 分别为 TASK_STOPPED 和 TASK_TRACED。当进程收到停止信号(包括 SIGSTOP、SIGTTIN、SIGTSTP 及 SIGTTOU)时会停止执行;而当进程被 debugger 进程或其他进程监视跟踪时,被监视进程处于跟踪状态。

3.3　进程的控制

为了实现进程的创建、销毁等操作以及完成进程各状态间的转换,操作系统将完成这些特定功能的程序段设计成原语。这些原语被称为进程控制原语。本节先介绍进程控制原语的概念,然后依次介绍在 openEuler 中进程创建、程序装载及进程终止三种原语,最后介绍 openEuler 中进程树的创建过程。

3.3.1　进程控制原语

当用户双击应用程序图标或在 shell 中输入命令时,操作系统需要创建新的进程,以运

行该应用;当进程完成其计算任务时,操作系统需要销毁该进程,以释放它占用的物理资源;在进程向磁盘发起 I/O 请求后,在等待 I/O 完成的过程中,操作系统需要转换进程状态,剥夺此进程的 CPU 控制权,以提高 CPU 的利用率。在上述场景中,操作系统使用一些具有特定功能的程序段来创建、销毁进程以及完成进程各状态间的转换,这个过程称为进程控制。

在操作系统中,通常把用于进程控制的程序段设计成原语。原语指完成某种特定功能的一段机器指令集合。原语的一个重要特征是执行期间不可被打断,这可以通过关中断实现。原语常驻在内存中,通常需要在内核态下执行,但操作系统也为用户程序提供了调用的接口。当这些接口被调用时,操作系统由用户态切换为内核态,并执行相应的原语。

操作系统通常不允许原语并发地执行,这是因为:若是这些程序段可以并发执行,容易引发控制错误。假如允许同时对一个进程使用两次销毁原语,将有一个触发错误。若这些原语不是原子的,在执行过程中就可能被打断,那么,进程的控制信息(如进程状态)在被打断期间可能被其他原语修改,将导致执行结果不可靠,达不到进程控制的目的。进程控制的原语主要包括创建、销毁、阻塞与唤醒。

1. 创建

新创建的进程通常称为子进程,创建出子进程的进程是其真正父进程。为了简化称呼,除了 3.3.4 节中的父进程指结构体 task_struct 成员 parent 指向的进程外,后文其他位置的父进程都指结构体 task_struct 成员 real_parent 指向的进程。进程一般通过以下四种方式创建。

(1) 为批处理作业创建。操作系统从外存中的批处理作业控制流中获取新任务,并为其创建进程。

(2) 用户登录系统。终端用户登录时,登录界面就需要运行在一个新进程中。

(3) 系统进程为提供服务而创建。例如,当用户请求一个功能时,比如视频聊天,操作系统会为其创建控制摄像头、喇叭、麦克风等的进程,不需用户自己去创建。

(4) 由已存在的进程创建。例如,在多核 CPU 中,父进程创建子进程以实现并行工作。

前三种情况都是由操作系统来创建进程,最后一种是由父进程来创建新进程。

无论是由操作系统还是由父进程来创建,新进程都必须通过调用进程创建原语来生成。创建原语首先构建代表进程的数据结构,然后将其代码加载到内存空间。具体来说,创建原语将申请一个空白 PCB(进程控制块),填入调用者提供的有关参数,并完成 PCB 的初始化。这些参数包括进程名、进程优先级、进程正文段起始地址、资源清单等。其实现过程如图 3-14 所示。之后需要为进程分配资源,例如内存、文件等。最后将进程加入就绪队列中,等待被调度执行。

2. 销毁

在操作系统中,进程的销毁操作可能由以下三种情况触发:①该进程已完成所要求的功能而正常终止;②由于某种错误导致非正常终止;③父进程或是更高级别的祖先进程要求销毁某个子进程。

无论哪一种情况导致进程被销毁,进程都必须释放它所占用的各种资源和 PCB 结构本身,以利于资源的有效利用。当然,一个进程所占有的某些资源在使用结束时可能早已释放。另外,在一个父进程或祖先进程销毁某个子孙进程后,如果该子孙进程还有自己的子进程,这些子进程将被其他进程或 init 进程收养。因为,进程占用的一部分内核资源需要由其父进程来回收。正常情况下,子进程应该先于父进程终止,否则子进程可能一直占用资源不放。

销毁一个进程需要调用销毁原语实现。销毁原语首先检查 PCB 进程链表或进程家族,寻找所要销毁的进程是否存在。如果找到了所要销毁进程的 PCB,销毁原语将释放该进程所占有的资源,并把对应的 PCB 结构从进程链表或进程家族中摘下并返回给 PCB 空队列。销毁原语的实现流程图如图 3-15 所示。

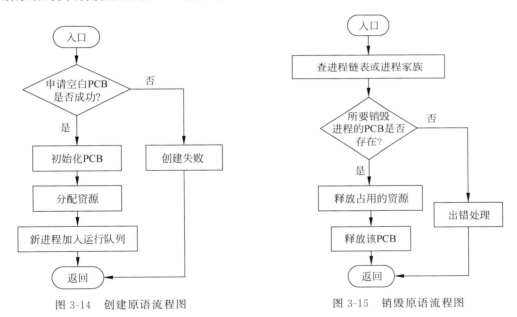

图 3-14　创建原语流程图　　　　图 3-15　销毁原语流程图

进程的创建原语和销毁原语完成了进程从无到有、从存在到终止的变化。被创建后的进程最初处于就绪状态,然后经调度程序选中后进入运行状态。有关进程调度部分将放在第 4 章中详述,这里主要介绍实现进程由运行状态到阻塞状态,又由阻塞状态到就绪状态转换的两种原语,即阻塞原语与唤醒原语。

3. 阻塞与唤醒

在一个进程等待某一事件(例如键盘输入数据、磁盘 I/O 和其他进程发来的数据等)发生但该事件尚未发生时,该进程调用阻塞原语来阻塞自己。阻塞原语在阻塞一个进程时,由于该进程正处于运行状态,故应先保存该进程的 CPU 现场,然后将被阻塞进程置为阻塞状态后插入等待队列中,再转到进程调度程序选择新的就绪进程投入运行。阻塞原语的实现流程图如图 3-16 所示。在阻塞原语中,转到进程调度程序是非常关键的步骤,否则,CPU

将会出现空转而造成资源浪费。

当等待队列中的进程所等待的事件发生时,等待该事件的所有进程都将被唤醒。但是,进入阻塞状态的进程已经不具备 CPU 控制权,无法执行任何指令,因此也无法自我唤醒。唤醒一个等待进程有两种方法:一种是由操作系统或系统进程唤醒;另一种是由事件相关的其他进程唤醒。若是由操作系统负责唤醒,系统进程统一进行管理,并将"事件发生"这一消息通知等待进程,从而使得等待进程被唤醒后进入运行队列。等待进程也可由事件处理进程唤醒,此时,事件发生进程和被唤醒进程之间是相互合作的关系。因此,唤醒原语既可被系统进程调用,也可被事件发生进程调用。调用唤醒原语的进程称为唤醒进程。唤醒原语首先将被唤醒进程从相应的等待队列中移除,再将被唤醒进程置为就绪状态并送入运行队列。在把被唤醒进程插入运行队列之后,唤醒原语既可以返回原调用程序,也可以转到进程调度程序,以便让调度程序有机会选择一个合适的进程执行。唤醒原语的实现流程图如图 3-17 所示。

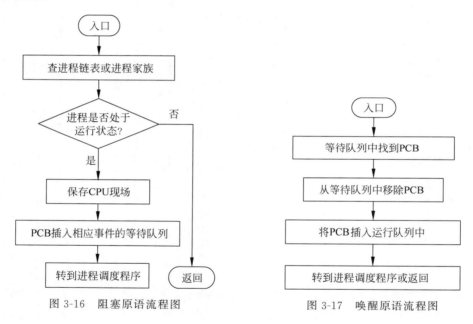

图 3-16 阻塞原语流程图   图 3-17 唤醒原语流程图

3.3.2 进程创建

如果每个进程都从零开始创建,那必然有大量初始化工作(如初始化 PCB、构建虚拟内存空间等)是重复的。类 UNIX 操作系统提供创建原语函数——fork()/clone():使用已有的进程复制出新进程,相当于新进程完成了与已有进程同样的初始化工作。就像细胞分裂一样,先将一个进程的核心内容复制一份,然后分裂成两个完整的进程。相较于重新创建,对已有进程进行复制可直接越过大量初始化工作。其中,clone()函数主要用于线程创建,将在 3.6 节介绍。fork()函数创建的进程是已有进程的一个副本,执行的程序也与已有进程相同。如果要让新进程运行新的程序,需要联合 exec() 函数簇来实现。本节仅介绍新进程的创建,而程序的加载将在 3.3.3 节介绍。

那么,fork() 函数是如何创建新进程的呢?首先,每一个新创建的进程(除了 0 号、1 号进程外)都有其父进程,因此可以通过其父进程来完成新进程的创建工作。下面主要从进程运行的三个必备要素考虑:①操作系统需要通过 PCB 对进程进行管理,所以 fork() 函数先为新进程创建 PCB,并进行初始化;②进程运行时的相关状态及数据保存在 CPU 上下文中。fork() 函数通过复制父进程的 CPU 上下文到新进程的 PCB 中,使得新进程拥有与其父进程相同的执行环境;③由于进程实体是存储在内存中的,进程必须拥有物理内存空间才能执行,所以 fork() 函数也需要为新进程分配物理内存。

1. PCB 的复制

在 fork() 函数中,新进程 PCB 的初始化通过复制其父进程的 PCB 来实现,由此继承父进程的进程状态等信息。PCB 的创建与初始化的关键代码如图 3-18 所示。在 openEuler 中,函数 dup_task_struct() 通过调用函数 alloc_task_struct_node() 为新进程申请管理 PCB 的页面(第 3～7 行[①]),实现对新进程的创建,并使用函数 arch_dup_task_struct() 将父进程的 PCB 赋值给新进程(第 13 行)。

```
1.    //源文件: include/asm/thread_info.h
2.    //分配 PCB
3.    #define alloc_task_struct_node(node) ({
4.        struct page * page = alloc_pages_node(node,
5.                    GFP_KERNEL | __GFP_COMP, KERNEL_STACK_SIZE_ORDER);
6.        struct task_struct * ret = page ? page_address(page) : NULL; ret;
7.    })
8.    //源文件: kernel/process.c
9.    //复制 PCB
10.   int arch_dup_task_struct(struct task_struct * dst, struct task_struct
11.                                                              * src) {
12.       ...
13.       * dst = * src;     //将父进程的结构体 task_struct 各个成员复制给新进程
14.       dst -> thread.sve_state = NULL;
15.       clear_tsk_thread_flag(dst, TIF_SVE);
16.       return 0;
17.   }
```

图 3-18　PCB 的创建与初始化

2. CPU 上下文的复制

经过函数 dup_task_struct() 之后,新进程拥有了自己的 PCB,但此时新进程只是一个

---

① 全书关于代码引用中使用的"第几行"如没有指定引用位置的则默认为正在描述的代码段。例如本处"第 3～7 行"则指图 3-18 代码段第 3～7 行。

未初始化的进程,还不可运行。拥有 PCB 的新进程还需要有执行环境才能执行。由于父进程的一些运行状态被存储在 CPU 的寄存器中,新进程可以通过复制父进程 CPU 上下文的状态,来拥有与父进程相同的执行环境。如图 3-19 所示,在 openEuler 中,函数 fork()先从新进程的内核栈的栈底获取 pt_regs 结构(第 2 行),并且将新进程的结构体 thread_struct(即 p—>thread)清空(第 4 行)。其中,结构体 pt_regs 存储的是用户空间进程进入内核模式时,需要保存的用户进程寄存器状态。结构体 thread_struct 中存储的是内核态执行进程切换时当前进程的 CPU 上下文。然后,函数 fork()通过函数 current_pt_regs()获取当前进程的 pt_regs 结构,并直接将当前寄存器的值赋值给新进程(第 6 行)。这里值得注意的是,新进程复制父进程的寄存器的值后,还需要为成员 reg[0]赋 0(第 14 行,ARM 架构下 reg[0]代表寄存器 X0)。由于 ARM 架构中通常使用 X0 作为返回值寄存器,因此在新进程中返回后,函数 fork()的返回值为 0。函数 fork()将新进程的 PC 指针指向函数 ret_from_fork(),使新进程从函数 ret_from_fork()开始运行(第 20 行),最后将内核栈指针指向 childregs(第 21 行)。至此,新进程的执行环境设置完毕。

```
1.    //源文件: kernel/process.c
2.    struct pt_regs * childregs = task_pt_regs(p);    //获取 pt_regs 结构
3.    //将新进程的内核态需要的寄存器信息清 0
4.    memset(&p—>thread.cpu_context, 0, sizeof(struct cpu_context));
5.    ...
6.    * childregs = * current_pt_regs();              //将当前寄存器值复制给新进程
7.    //reg[0]为 X0 寄存器,新进程 X0 置 0,因此 fork 在新进程中返回 0
8.    childregs—>regs[0] = 0;
9.    //将新进程的内核态需要的寄存器信息清 0
10.   memset(&p—>thread.cpu_context, 0, sizeof(struct cpu_context));
11.   ...
12.   if (stack_start) {
13.       //如果用户设置了栈的起始地址,设置用户栈的地址是 stack_start
14.       if (is_compat_thread(task_thread_info(p)))
15.           childregs—>compat_sp = stack_start;
16.       else
17.           childregs—>sp = stack_start;
18.   }
19.   ...
20.   p—>thread.cpu_context.pc = (unsigned long)ret_from_fork;
21.   p—>thread.cpu_context.sp = (unsigned long)childregs;
```

图 3-19 进程执行环境的设置

3. 地址空间的复制

函数 fork()创建的新进程与父进程有着完全一样的地址空间,这可以用两种方案来实现。第一种方案是给新进程分配与父进程等量的物理内存,并把父进程在内存中的所有数据都给新进程复制一份。这个过程需要完成的事情有:

（1）分配物理页作为新进程的页表；

（2）复制父进程页表内容；

（3）对照父进程页表，为新进程页表项分配物理页并建立映射关系；

（4）将父进程的物理页内容复制到新进程相应页中。

由于第（3）、（4）步中分配物理页并复制旧页内容都是非常耗时的操作，父进程拥有的物理页越多，这个过程的时间开销就越大。然而，新进程创建成功后通常立即装载新的程序到地址空间，之前复制的内容只有很少数被使用，而且其内容也会被覆盖。例如，shell 创建的新进程需要立马执行用户命令指定的程序。那么，之前复制父进程整个地址空间的操作是不必要的。

因此，openEuler 选择了第二种实现方案：在新进程中建立与父进程同样的映射关系，让两个进程以只读的形式共享同一片物理内存，直到某个进程试图修改某一页内容时，再为其分配新的物理页并复制原页面内容，这被称作写时复制（copy-on-write），写时复制过程如图 3-20 所示。两种方案关键的不同点在于，前者复制了父进程拥有的所有物理页的内容，而后者仅复制了映射关系。

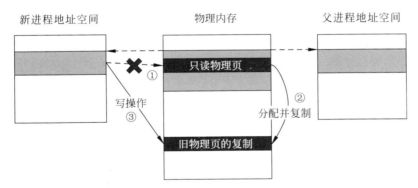

图 3-20　写时复制过程展示

实现写时复制首先需要思考如何完成映射关系的复制。进程地址空间与物理内存的映射关系保存在页表中，复制父进程的页表就意味着让新进程与父进程地址空间指向相同的物理内存。但是，为了避免某一方修改这部分共享内存对另一方造成影响，在页表复制过程中，还需要将用户空间中支持写时复制的物理页都标记为只读（Read-Only），任意一方想写入内容都会触发缺页异常，请求内核来处理这种情况。

内核收到缺页异常后，如何处理才能做到允许当前进程继续执行写操作而不影响其他进程？首先内核需要确认该缺页异常是由于写时复制引起的，之后内核会将触发缺页异常的只读物理页内容复制到一个新的可读写物理页中，并在当前进程页表中的映射关系中用新页替换旧页。这样就在进程不知情的情况下，将写操作的对象换成了新物理页。由于新物理页并未映射到其他地址空间，所以内容的变化也不会影响其他进程。以下是 openEuler 解决这两个部分的关键技术。

1）复制映射关系

进程地址空间分为内核空间与用户空间，映射关系的复制也分为两部分完成。openEuler 在全局层面维护了一份主内核页表，由于所有进程共享内核，所有进程的内核空间部分都是对主内核页表的一个复制或引用。因此，所有进程的内核空间都是相同的。不同进程的用户空间可以不同，所以函数 fork()需要为新进程的每一级页表分配物理页，并从父进程对应页表中复制所有页表项。由于 ARMv8 架构的 CPU 最大支持 48 根地址线，即只能寻址 2^{48} 的地址空间，最多支持 4 级页表，在编译 openEuler 时，编程人员可以通过配置宏 CONFIG_ARM64_VA_BITS 来选择编译出支持 4 级或者 3 级页表的系统，如第 5 章内存管理的三级页表示例。此处以 openEuler 的 4 级页表为例进行介绍。4 级页表包括 PGD（页全局目录）、PUD（页上级目录）、PMD（页中间目录）和 PTE（页表项）页表。每一级页表中都包含若干保存下一级页表基地址的页表项，例如，PGD 页表中每个不为空的 PGD 页表项都指向一个 PUD 页表，最终，PTE 页表项指向的是一个实际物理页。函数 fork()需要遍历每一级页表，先分配物理页用作新进程页表，然后将父进程所有不为空的页表项内容赋给新进程，其中，页表项内容包括下级页表基址、标志位以及权限位等。每一级页表项的复制都对应一个特定的复制函数，如图 3-21 所示。下面以 PTE 页表的复制为例展开详细的介绍，对应的是函数 copy_pte_range()。

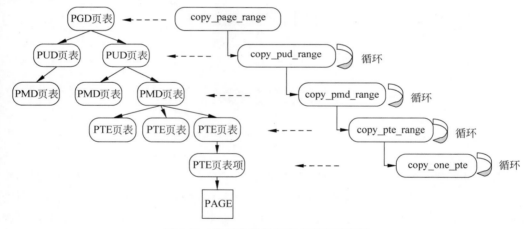

图 3-21　遍历各级页表完成页表项复制

函数 copy_pte_range()先为新进程分配一个物理页作为 PTE 页表，接着遍历父进程的 PTE 页表，逐个地去完成所有 PTE 页表项的复制。如图 3-22 所示，PTE 页表项实际上保存的是一个 64 位整数，在每次循环中，函数 copy_pte_range()会将父进程当前 PTE 内的整数直接赋值给新进程（第 9 行），然后选中下一个 PTE 页表项（第 13 行）。待到当前页的所有 PTE 页表项复制完毕，就完成了一个 PTE 页表的复制。其他级的页表都是循环地调用下一级的复制函数，PMD 页表中所有页表项指向的 PTE 页表都复制完成后，代表该 PMD 页表复制完成，这样一级一级地完成页表复制，进而完成整个页表的复制。

```
1.    //源文件：mm/memory.c
2.    //分配一个物理页作为新进程的 PTE 页表,返回起始地址
3.    dst_pte = alloc_pages(PGALLOC_GFP, 0);
4.    //从父进程 PMD 页表项中获取 PTE 页表起始地址
5.    src_pte = pte_offset_map(src_pmd, addr);
6.    do {
7.        ...
8.        //一个 PTE 页表项占 8 字节(共 64bit)
9.        entry.val = copy_one_pte(dst_mm, src_mm, dst_pte, src_pte,
10.                                          vma, addr, rss);
11.       ...
12.       //指向下一个页表项
13.    } while (dst_pte++, src_pte++, addr += PAGE_SIZE, addr != end);
```

图 3-22　PTE 页表项的逐个复制

在页表复制过程中,还有一个关键步骤是将物理页标记为只读,确保父进程与新进程都不能随意地修改其内容,这可以通过修改 PTE 页表项的权限位实现,如图 3-23 所示。每个进程指向内核空间的页表都是相同的,所以只需修改用户空间部分的 PTE 页表项权限位。针对当前页表项,如果判定其最终指向的物理页不属于共享可写页,即支持写时复制映射(第 3 行),就会对父进程与新进程的当前 PTE 页表项进行写保护：先清除可写权限,再设成只读权限(第 15～17 行)。那么,任何一方在执行过程中尝试去向该表项指向的物理页写入内容都会触发缺页异常,避免直接修改共享页内容影响其他进程。

```
1.    //源文件：mm/memory.c
2.    //对于标有"写时复制映射"的内存区域,且当前指向的物理页是可写的：
3.    if (is_cow_mapping(vm_flags) && pte_write(pte)) {
4.        //父进程 PTE 权限改为写保护
5.        ptep_set_wrprotect(src_mm, addr, src_pte);
6.        pte = pte_wrprotect(pte);          //新进程 PTE 权限位改为写保护
7.    }
8.    //源文件：mm/internal.h
9.    //判断该页是否支持"写时复制"：
10.   static inline bool is_cow_mapping(vm_flags_t flags) {
11.       return (flags & (VM_SHARED | VM_MAYWRITE)) == VM_MAYWRITE;
12.   }
13.   //源文件：arc/arm64/include/asm/pgtable.h
14.   static inline pte_t pte_wrprotect(pte_t pte) {          //写保护设置
15.       pte = clear_pte_bit(pte, __pgprot(PTE_WRITE));      //清除可写权限
16.       pte = set_pte_bit(pte, __pgprot(PTE_RDONLY));       //设为只读权限
17.       return pte;
18.   }
```

图 3-23　PTE 页表项权限位改为只读

2）写时复制触发的缺页异常处理

首先，异常处理器需要检查错误类型。在确认缺页异常是因为对写时复制页面执行了写操作引起的之后，异常处理器才能调用到对应的处理函数，为进程复制出一份当前页面的副本，或是修改页面权限。触发缺页异常的情况很多，例如进程试图访问本应无权访问的页面、进程访问的位置还没有分配物理页、需要访问的页面被换出到外存中等，异常处理器需要依次排除这些情况，才能定位到"写时复制"这种情况。如图 3-24 所示，异常处理器应该先进行访问权限判断，对于进程权限不足导致的缺页异常返回一个错误信号给进程，而不做其他处理（第 2~4 行）。接着，异常处理器需要判断 PTE 页表项是否为空，如果不为空，说明其确实映射着一个物理页。若此物理页仍在内存中，再做进一步判断，否则会请求从外存中将物理页换入。然后，异常处理器可以通过标志 FAULT_FLAG_WRITE 确定缺页异常是由写访问触发的（第 8 行），若 PTE 页表项的标志位 PTE_WRITE 也未置位，表明此页确实不可写（第 10 行），至此，异常处理器可以断定缺页异常是由对写时复制页面执行写操作导致的，进入相应的处理函数。

```
1.      //源文件: mm/memory.c
2.      if (!arch_vma_access_permitted(vma, flags & FAULT_FLAG_WRITE,
3.         flags & FAULT_FLAG_INSTRUCTION, flags & FAULT_FLAG_REMOTE))
4.         return VM_FAULT_SIGSEGV;              //权限不足,不做处理
5.      ...
6.      //PTE 不为空,且物理页还在内存中
7.      if (vmf -> pte && pte_present(vmf -> orig_pte))
8.        if (vmf -> flags & FAULT_FLAG_WRITE)   //缺页异常是由写访问触发
9.          //PTE 页表项的 PTE_WRITE 标志位未置位,该页不可写
10.         if (!pte_write(entry)) {
11.            进入写时复制处理函数
12.         }
```

图 3-24　判断错误类型，找到写时复制处理函数

确定了缺页异常是由写时复制引起后，又存在两种情况：第一，当前有两个及以上的进程以只读形式共享该页，异常处理器会按图 3-25 所示步骤处理。在原只读共享页上肯定是不允许进程执行写操作的，异常处理器必须为其分配一个新的可写物理页（第 5 行）。新页需要复制触发缺页异常的旧页内容，因为进程希望的是对这部分内容进行修改而不是向一个空白页写入内容。接下来要做的是用新页替换掉触发异常的只读页与新进程页表的映射关系：先将新页地址保存在一个临时的 PTE 页表项，再把临时 PTE 页表项权限位设为可读可写（第 11~13 行），最后用临时 PTE 页表项内容覆盖新进程页表中原页表项内容（第 16 行）。此时，进程的写操作变成了分配新的物理页，不会再影响原来的共享页。第二，当前仅有一个进程在使用这个页面，即其他进程因写操作已取消与该页的映射关系，异常处理器只需要将页面的只读权限改为可读写即可。

```
1.      //源文件：mm/memory.c
2.      static vm_fault_t wp_page_copy(struct vm_fault * vmf) {
3.          …
4.          //分配一个新物理页
5.          new_page = alloc_page_vma(GFP_HIGHUSER_MOVABLE, vma, vmf->address);
6.          …
7.          //复制旧页内容到新页
8.          cow_user_page(new_page, old_page, vmf->address, vma);
9.          …
10.         //使用新页地址与vma生成一个临时的PTE页表项
11.         entry = mk_pte(new_page, vma->vm_page_prot);
12.         …
13.         entry = maybe_mkwrite(pte_mkdirty(entry), vma);        //临时PTE设为可读可写
14.         …
15.         //将临时PTE内容写入页表中，即建立新页与新进程页面的映射关系
16.         set_pte_at_notify(mm, vmf->address, vmf->pte, entry);
17.         …
18.     }
```

图 3-25　写时复制触发的缺页异常处理

3.3.3　程序装载

上面讲述了父进程通过调用函数 fork() 完成一个新进程创建的过程。函数 fork() 创建的新进程会完全复制其父进程的上下文，并映射其父进程的内存空间，从而回到与父进程调用函数 fork() 后相同的执行点。此时，新创建的进程完全是其父进程的一个副本。然而，在大多数情况下，新进程创建后需要执行一个与其父进程不同的新程序来完成新的功能。那么，新创建的进程如何加载一个新程序呢？

当前操作系统采用的一种普遍方案是，先将各种程序编译成二进制可执行文件存在外存中，当有需要时，进程从外存中将所需的可执行文件内容装入地址空间，然后从中获取程序入口地址并开始执行新的程序指令。下面将以 ELF 文件为例展开介绍。openEuler 中由 exec 函数簇来实现该方案。此处将调用 exec 函数簇的进程称为调用进程。exec 函数簇用新程序替换调用进程地址空间中的程序实体，包括代码段、数据段，还为调用进程分配新的用户堆栈。并且，exec 函数簇会沿用调用进程的 PCB，除了修改其中部分描述资源的成员外，会保留包括进程标识符在内的大部分信息。所以，exec 函数簇并不会创建一个新进程，只是为调用进程分配了一个新任务。另外，除非执行失败会让 exec 函数簇中的函数返回-1，否则调用进程不会收到返回值，而是直接从新程序的主函数入口开始执行。

exec 函数簇的系列函数的挑战在于：①用户怎么告诉操作系统自己需要哪个程序？②操作系统怎么根据给定的信息去外存中找到所需的可执行文件？③操作系统怎么将找到的文件内容装载到调用进程的地址空间中？④操作系统怎么为进程构建新的执行环境，使其能从新程序的入口地址开始执行？

1. exec 函数簇的系列函数接口

用户必须通过 exec 接口向操作系统传递一些参数,例如文件名、文件路径、环境变量等。这样,操作系统内核才能去外存加载正确的可执行文件。这里的环境变量指 PATH,是多条文件路径的集合。当用户没有给出待加载程序的完整路径时,内核从环境变量 PATH 指定的路径中寻找程序。每个进程都有独立的环境变量。进程的环境变量大部分继承自其父进程,还有一部分由内核默认添加,进程也可以自己添加或修改自己的环境变量。在进程创建时,环境变量被压入用户栈中。

openEuler 提供了 6 种不同的 exec 函数接口,使用户在不同场景下可以调用合适的接口。用户通过这些接口将文件名、文件路径、环境变量等参数传递到内核,帮助其找到正确的可执行文件。这些接口的声明如下:

```
int execl(char const * path, char const * arg0, ...);
int execlp(char const * file, char const * arg0, ...);
int execle(char const * path, char const * arg0, ..., char const * envp[]);
int execv(char const * path, char const * argv[]);
int execvp(char const * file, char const * argv[]);
int execve(char const * path, char const * argv[], char const * envp[]);
```

这 6 个函数的作用相似,仅在使用规则上有细微差别。前三个函数希望传入以逗号分隔、以 NULL 结尾的参数列表;后三个函数希望传入一个指向由参数组成的字符串数组 argv 的指针;函数 execlp()与函数 execvp()只需在参数 file 中传入文件名,然后操作系统将从环境变量 PATH 指出的路径中查找该文件,而其他 4 个函数则需要在参数 path 中传入完整的文件路径;另外,函数 execle()与函数 execve()可以在参数 envp 中显式地指定环境变量。

在这 6 个函数中,前 5 个都是库函数,只有函数 execve()是系统调用函数。所以实际上,exec 函数簇中的函数最终都是调用函数 execve()去完成新程序的加载。

2. 可执行文件的寻找与打开

在 openEuler 中,文件系统的每个目录文件或文件都对应一个 inode 对象。inode 对象记录了一个文件的重要信息,包括文件字节数、拥有者、读写权限、在外存的位置等(将在第 7 章详细介绍)。用户将文件名传给内核,表明自己想要操作的文件。但是,inode 对象并不记录文件名,而是通过特定的 inode 号码与文件相关联,这有利于文件移动、重命名、更新等操作。为了建立文件名与 inode 对象的联系,内核还提供了一个 dentry 对象。通过 exec 函数簇的接口可知,用户可能使用文件路径来帮助内核寻找文件。所以,openEuler 又实现了一个路径查找辅助结构体 nameidata,用于根据路径名寻找所需目录或文件的 dentry 对象。

由此,可以简要描述出内核打开可执行文件的流程,并结合源码(图 3-26)做简要分析。

(1) 文件路径(包括文件名)会由用户调用接口传递到内核。该路径通常不是完整路径,所以内核需要获取进程当前的工作目录作为查找的起始目录(第 5 行)。

```
1.    //源文件: fs/namei.c
2.    //(1)确定查找的起始目录,假定用户未给出完整路径
3.    static const char * path_init(struct nameidata * nd, unsigned flags) {
4.        ...
5.        nd -> path = fs -> pwd;                    //获取当前进程的工作目录
6.        nd -> inode = nd -> path.dentry -> d_inode;  //该目录对应的虚拟文件系统 inode
7.        ...
8.    }
9.    //源文件: fs/namei.c
10.   //(2)解析文件路径中除最后分量外的每个分量,根据路径名得到对应 dentry 对象
11.   static int link_path_walk(const char * name, struct nameidata * nd) {
12.       ...
13.       for(;;) {
14.           hash_len = hash_name(nd -> path.dentry, name);
15.           struct dentry * parent = nd -> path.dentry;  //获取父目录的目录项
16.           nd -> last.hash_len = hash_len;           //设置当前分量的长度
17.           nd -> last.name = name;                   //设置当前分量的路径名
18.           nd -> last_type = type;                   //设置当前分量的类型
19.           name += hashlen_len(hash_len);            //加上当前分量长度,指向下一分量
20.           if (! * name)  goto OK;
21.           ...
22.
23.   OK:
24.           //获取当前目录项的 dentry 对象以及 inode 对象,更新到 nameidata 对象 nd
25.           err = walk_component(nd, WALK_FOLLOW | WALK_MORE);
26.           ...
27.           if (!name)  return 0;           //已经找到最后一个分量,结束解析,否则继续循环
28.       }
29.       ...
30.   }
31.   //源文件: fs/file_table.c
32.   //(3)根据最后分量,打开对应的可执行文件,并填充 file 结构
33.   static struct file * alloc_file(const struct path * path, int flags,
34.                                   const struct file_operations * fop) {
35.       ...
36.       file -> f_path =  * path;
37.       file -> f_inode = path -> dentry -> d_inode;
38.       file -> f_mapping = path -> dentry -> d_inode -> i_mapping;
39.       file -> f_op = fop;
40.       return file;
41.       ...
42.   }
```

图 3-26　寻找和打开可执行文件的关键代码

(2) 内核会从起始目录开始,对路径中的每个分量进行解析,找到各分量对应的 dentry 对象和 inode 对象(第 13～28 行)。例如,路径是 a/b/c.txt,那 a、b、c.txt 都是该路径的分量。内核借助结构体 nameidata,最终将找到最后一级分量对应的 dentry 对象。然后,内核

从 dentry 对象中获得 inode 号码,进而找到对应的 inode 对象。

(3)内核从 inode 对象中获得目标文件在外存中的位置,并打开该文件。打开文件过程中,有一个关键步骤是内核创建 file 对象,并将该打开文件的路径、inode 对象、文件打开模式等信息填充到 file 对象中(第 36～40 行)。之后,内核可以通过该 file 对象直接访问和管理该打开的文件。

3. 可执行文件的装载

openEuler 中的可执行文件大多是 ELF 格式,它的格式在 3.1.1 节中已介绍。装载可执行文件的关键代码如图 3-27 所示。ELF 文件的 header(头部)包含整个文件的基本信息,包括文件大小、Program Header(段头)位置、执行入口地址等。ELF header 通常是 ELF 文件的前 256 字节,该部分会被内核率先读入缓存区 bprm->buf 中。其中,bprm 是 struct linux_binprm 结构,专用于二进制文件加载过程中参数、数据等的临时保存。接着,内核从

```
1.    //源文件: fs/binfmt_elf.c
2.    static int load_elf_binary(struct linux_binprm * bprm) {
3.        loc->elf_ex = *((struct elfhdr *)bprm->buf); //转成 ELF 的 header 格式
4.        ...
5.        //从 ELF 文件中读出 Program Header
6.        elf_phdata = load_elf_phdrs(&loc->elf_ex, bprm->file);
7.        //遍历 Program Header,把 ELF 中代码段、数据段等映射到内存中
8.        for(i = 0, elf_ppnt = elf_phdata; i < loc->elf_ex.e_phnum;
9.                                            i++, elf_ppnt++) {
10.           ...
11.           vaddr = elf_ppnt->p_vaddr;
12.           load_bias = ELF_ET_DYN_BASE;              //load_bias 为实际映射的起始地址
13.           load_bias = ELF_PAGESTART(load_bias - vaddr);    //找到正确偏移值
14.           total_size = total_mapping_size(elf_phdata,loc
15.                               ->elf_ex.e_phnum);
16.           ...
17.           //映射当前段等内容到内存空间
18.           error = elf_map(bprm->file, load_bias + vaddr, elf_ppnt,
19.                           elf_prot, elf_flags, total_size);
20.           ...
21.        }
22.    }
23.    //源文件: fs/binfmt_elf.c
24.    static struct elf_phdr * load_elf_phdrs(struct elfhdr * elf_ex,
25.                               struct file * elf_file) {
26.        ...
27.        size = sizeof(struct elf_phdr) * elf_ex->e_phnum;   //Program Header 大小
28.        elf_phdata = kmalloc(size, GFP_KERNEL);             //分配 size 大小的内存区域
29.        retval = kernel_read(elf_file, elf_phdata, size, &pos);  //从文件读内容
30.        ...
31.        return elf_phdata;
32.    }
```

图 3-27 装载可执行文件的关键代码

ELF header 中获取 Program Header 地址,并从 ELF 文件中读出其内容(第 6 行、第 27～31 行)。Program Header 中记录了 ELF 文件各个 Segment(段)的地址及大小。所以,内核可以借助这些内容,通过一个 for 循环将 ELF 文件的代码段、数据段等都映射到内存中,并将相应信息记录在调用进程的内存描述符对应成员中(第 8～21 行)。

4. 新程序的执行

内核将代码段、数据段等映射到内存后,还需要更新这些 Segment 在地址空间中的起始地址和结束地址。之前,这些地址只是偏移地址,加上映射在内存中的起始地址 load_bias 后,就真正指向各个 Segment(见图 3-28 中代码第 5～11 行)在地址空间中的位置。然后,内核将从 ELF header 中获取的入口地址设为程序执行的入口地址(第 13～15 行)。

```
1.    //源文件: fs/binfmt_elf.c
2.    static int load_elf_binary(struct linux_binprm * bprm) {
3.        ...
4.        //调整程序各个 segment 的具体位置
5.        loc->elf_ex.e_entry += load_bias;        //主函数入口地址
6.        elf_bss += load_bias;                    //bss 段起始地址
7.        elf_brk += load_bias;
8.        start_code += load_bias;                 //代码段起始地址
9.        end_code += load_bias;
10.       start_data += load_bias;                 //数据段起始地址
11.       end_data += load_bias;
12.       ...
13.       elf_entry = load_elf_interp(&loc->interp_elf_ex, interpreter,
14.                                   &interp_map_addr,load_bias,interp_elf_phdata);
15.       interp_load_addr = elf_entry;            //设置执行入口地址
16.       ...
17.       retval = create_elf_tables(bprm, &loc->elf_ex,
18.                   load_addr, interp_load_addr);
19.       ...
20.   }
21.   //源文件: fs/binfmt_elf.c
22.   //进一步设置堆栈,例如辅助向量、环境变量、程序参数等入栈
23.   static int create_elf_tables(struct linux_binprm * bprm,
24.           struct elfhdr * exec, unsigned long load_addr,
25.               unsigned long interp_load_addr) {
26.       ...
27.       elf_info = (elf_addr_t * )current->mm->saved_auxv;
28.       sp = (elf_addr_t __user * )bprm->p;      //sp 指向的是用户栈栈顶
29.       __put_user(argc, sp++);                  //将参数的总数入栈
30.       p = current->mm->arg_end = current->mm->arg_start;
31.       while (argc-- > 0) {                     //让参数逐一入栈
32.           __put_user((elf_addr_t)p, sp++);
33.           len = strnlen_user((void __user * )p, MAX_ARG_STRLEN);
34.           p += len;
```

图 3-28　执行新程序的关键代码

```
35.        }
36.        …
37.        current->mm->env_end = current->mm->env_start = p;
38.        while (envc-->0) {             //环境变量逐一入栈
39.            __put_user((elf_addr_t)p, sp++);
40.            len = strnlen_user((void __user * )p, MAX_ARG_STRLEN);
41.            p += len;
42.        }
43.        …
44.        //auxiliary vector 入栈
45.         copy_to_user(sp, elf_info, ei_index * sizeof(elf_addr_t));
46.        …
47.    }
48.    //源文件: arch/arm64/include/asm/processor.h
49.    //配置寄存器环境,开始执行
50.    static inline void start_thread(struct pt_regs * regs,
51.                unsigned long pc, unsigned long sp) {
52.        start_thread_common(regs, pc);   //pc 保存的是即将执行的指令地址
53.        regs->pstate = PSR_MODE_EL0t;
54.        …
55.        regs->sp = sp;
56.    }
```

图 3-28 (续)

虽然新程序的数据都被加载到内存中,但是,由 3.1.1 节可知,程序的执行还需要用户堆栈、寄存器的配合。内核需要将辅助向量(auxiliary vector)、环境变量、用户参数等一一入栈(第 27~45 行),构建如图 3-29 所示栈。

因为在程序运行过程中,这些参数很可能被用到。其中,辅助向量是一种从内核到用户空间的信息交流机制。最后,内核还需为结构体 pt_regs 中各寄存器成员设置正确的值,包括 PC、PSTATE、SP 等(第 52~55 行)。这些成员通常保存着程序运行中断时的 CPU 上下文。当程序装载完毕、进程正常执行时,结构体 pt_regs 中各成员内容会被写到 CPU 的各个寄存器中。由此,程序可以从程序计数器 PC 中保存的主函数入口地址开始执行。

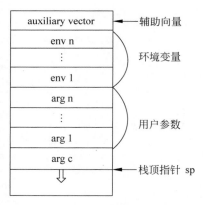

图 3-29 初始用户栈的内容构建

3.3.4 进程终止

每个进程都有自己的生命周期,总会有需要终止的时候。导致进程终止的原因有许多:可能是进程正常结束,例如主函数最后一条指令执行完毕,或者是进程主动执行终止进程的系统调用,如 exit();也可能是进程资源使用超限、在内核态发生不可处理异常、收到不可

处理或忽视的信号等原因,导致进程被操作系统强行终止。终止后的进程会被操作系统销毁,彻底退出。

无论进程因何种原因终止,操作系统都需要回收其占用的所有资源,这部分操作也是在内核中完成。在进程终止发生时,内核先回收该进程拥有的大部分资源,例如关闭进程打开的文件、回收分配给进程的物理内存并解除内存映射等,这些资源都属于用户空间的基本资源。在内核完成前面的操作之后,进程还占有着内核栈、PCB 等内核资源,但内核不会将这部分资源也直接回收掉。这是为了提供关于终止进程的一些状态信息,例如进程是正常终止还是异常终止,创建后运行多长时间等,这些信息通常由其父进程收集。父进程接收到终止进程的状态信息后,将陷入内核去回收其剩余资源。所以,内核只需将终止进程的相关状态信息发送给它的父进程,然后让终止进程进入僵尸状态。那么,剩下的回收工作自然会由父进程完成。

在 openEuler 中,父进程创建子进程后,通常使用系统调用 wait()或 waitpid()进入阻塞状态,直到获取了子进程终止信号才继续执行。其中,系统调用 wait()等待任一子进程的终止,而系统调用 waitpid()只等待进程 PID 与参数 pid 相同的子进程。当参数 pid 为 -1 时,这两个系统调用等效。另外,如果 waitpid()的参数中传入标志 WNOHANG,那么父进程是以一种非阻塞的方式回收子进程。下面以 wait()为例展开介绍。得到子进程终止的信号后,父进程会陷入内核去回收子进程的剩余资源。在父进程调用 wait()之前,处于僵尸状态的子进程称为僵尸进程,它们持有着一定的内核资源但又不会被任何信号结束。如果编程人员忘记在父进程中使用 wait(),或是父进程在调用 wait()前异常终止,都可能导致系统中存在大量僵尸进程。这些僵尸进程会占用大量的内核资源,影响系统性能,此外,它们的进程标识符也不会被回收,甚至可能导致系统因没有可用的进程标识符而无法创建新进程。

为了降低僵尸进程的危害,openEuler 采取了许多策略,其中有 4 种策略比较重要:①父进程终止时会自动调用 wait()帮助处于僵尸状态的子进程完成终止;②如果父进程提前因异常终止,那么 init 进程会定期调用 wait()清除僵尸进程;③为了有效避免僵尸进程的产生,如果进程不被跟踪,内核将不会向其父进程发送状态信息而直接回收该进程全部非共享资源(线程的相关概念将在 3.6 节介绍);④某些父进程并不负责子进程剩余资源回收,在这种情况下,内核在向父进程发送状态信息后,会直接回收子进程的剩余资源,使得子进程不进入僵尸状态而是变为死亡状态。

在 openEuler 中,进程终止主要是通过系统调用 exit()与 wait()配合来完成的。exit()主要完成两部分工作:①回收当前进程的用户空间所占用的内存资源;②向当前进程的父进程发送状态信息,并判断父进程是否愿意回收当前进程的剩余资源。如果父进程的 SIGHAND 信号处理函数设为 SIG_IGN 或是处理标志设置了 SA_NOCLDWAIT,表明父进程不关心当前进程的终止,那么 exit()会继续回收当前进程剩余内核资源;否则,让当前进程进入僵尸状态,并等待父进程调用 wait()去接收这些信息并完成资源回收。然而,当前进程可能还存在多个运行正常的子进程(未成为僵尸进程),这些失去父进程的子进程称为孤儿进程。内核需要为孤儿进程寻找新的父进程,用于接收和处理孤儿进程的状态信息并在它们终止时予以帮助。下面结合 openEuler 的代码具体介绍进程终止和资源回收的详细步骤。

1. 用户空间资源的回收

在进程终止时,内核优先回收的是当前进程所占用且不与其他进程共享的用户空间资源,下面主要以回收内存资源为例展开介绍。映射到进程用户空间的物理内存有三个组成部分:分配到的物理内存、页表占用的物理内存、内存描述符占用的物理内存。所以,内核也需要分三个过程回收这些资源。内存资源回收的关键代码如图 3-30 所示。

```
1.    //源文件: mm/memory.c
2.    //清空页表项,释放分配的物理页
3.    static unsigned long zap_pte_range(struct mmu_gather * tlb,
4.        struct vm_area_struct * vma, pmd_t * pmd, unsigned long addr,
5.            unsigned long end, struct zap_details * details) {
6.        ...
7.        start_pte  = pte_offset_map_lock(mm, pmd, addr, &ptl);     //获取 PMD 锁
8.        pte = start_pte;
9.        do {
10.           pte_t ptent =  * pte;
11.              ...
12.           //找到 ptent 页表项指向的物理页
13.           page = _vm_normal_page(vma, addr, ptent, true);
14.           //清除 PTE 值,并返回原页表项内容到 ptent
15.           ptent = ptep_get_and_clear_full(mm, addr, pte, tlb->fullmm);
16.              ...
17.           page_remove_rmap(page, false);              //解除映射关系
18.           put_page(page);                             //释放物理页
19.              ...
20.       } while (pte++, addr += PAGE_SIZE, addr != end);
21.    //源文件: mm/memory.c
22.    //回收页表占用的物理页,以回收 PMD 为例,其他级页表类似
23.    static inline void free_pmd_range(struct mmu_gather * tlb, pud_t * pud,
24.                          unsigned long addr, unsigned long end, unsigned long floor,
25.                                          unsigned long ceiling) {
26.        ...
27.        pmd = pmd_offset(pud, addr);
28.        do {
29.           next = pmd_addr_end(addr, end);     //获取下一个页表项
30.              ...
31.           free_pte_range(tlb, pmd, addr);     //释放 PMD 页表项指向物理页
32.        } while (pmd++, addr = next, addr != end);
33.        ...
34.        pmd = pmd_offset(pud, start);          //回到当前 PMD 页表所在物理页起始地址
35.        pud_clear(pud);
36.        pmd_free_tlb(tlb, pmd, start);         //释放 PMD 页表所在物理页
37.    }
38.    //源文件: kernel/fork.c
39.    //回收内存描述符
40.    #define free_mm(mm)  (kmem_cache_free(mm_cachep, (mm)))
```

图 3-30　内存资源回收的关键代码

　　首先,分配给进程的物理内存都会与进程页表建立映射关系。所以,PTE 页表中的每个不为空的 PTE 页表项都指向一个待回收的物理页。内核会遍历进程的用户空间页表,将所有 PTE 页表项清 0,对于不为空的页表项,找到其指向的物理页(第 13 行)。同一个物理页可以被映射到多个进程的地址空间中,所以内核需要先检查物理页的引用计数,只有引用计数为零的物理页才能被释放。

　　清除所有 PTE 页表项,意味着解除了当前进程页表与物理内存的映射关系,那么其页表所占用的内存也可以回收了。在获取上一级页表的页表项内容后,内核将该页表项置 0,并根据其内容找到下一级页表所在物理页,在判断物理页引用计数为 0 后释放它(第 34～36 行)。

　　最后,还剩下内存描述符未回收。内存描述符、进程标识符、PCB 以及内核栈等内核重要数据结构对象通常比较小且需要频繁分配和回收。为了加速对它们的管理,这些对象通常被组织为 slab 块。内核在回收 slab 块时,并不会直接释放它们占用的物理内存,而是将其作为一个空闲对象回收到 slab 块的空闲链表中。在新进程创建时,这些空闲对象可以被重新分配,以此加快进程创建速度。当内核中的空闲物理内存不足时,slab 分配器才会选择释放部分空闲对象实际占用的物理内存。最后,内核将当前内存描述符回收到结构体指针 mm_cachep 指向的 slab 空闲链表中(第 40 行)。

2. 状态信息的发送与僵尸状态的设置

　　回收了大部分资源后,即使当前进程被调度器再次选中,也无法再运行,所以内核会将当前进程设为僵尸状态(EXIT_ZOMBIE),使其被调度器忽略。之后,内核还需要向当前进程的父进程发送 SIGCHLD 信号与状态信息。发送状态信息的关键代码如图 3-31 所示。SIGCHLD 信号用于提醒父进程去回收子进程剩余资源,状态信息主要包括 pid、exit_code 以及当前进程运行时间等(第 4～12 行)。其中,exit_code 可以帮助父进程判断当前进程是正常终止还是异常终止。此时,父进程可能正因系统调用 wait() 而处于阻塞状态。因此,内核还需要唤醒父进程,使其可被调度并接收信号(第 16 行)。

```
1.     //源文件: kernel/signal.c;kernel/exit.c
2.     //向父进程发送的信息保存在 info 结构体中,参数 sig 传入的是 SIGCHLD
3.     bool do_notify_parent(struct task_struct * tsk, int sig) {
4.         struct siginfo info;
5.         ...
6.         clear_siginfo(&info);
7.         info.si_signo = sig;
8.         info.si_errno = 0;
9.         info.si_pid = task_pid_nr_ns(tsk, task_active_pid_ns(tsk->parent));
10.        info.si_utime = nsec_to_clock_t(utime + tsk->signal->utime);
11.        info.si_stime = nsec_to_clock_t(stime + tsk->signal->stime);
12.        info.si_status = tsk->exit_code & 0x7f;
13.        ...
14.        __group_send_sig_info(sig, &info, tsk->parent);      //将状态信息发父进程
15.        ...
16.        __wake_up_parent(tsk, tsk->parent);      //唤醒因 wait() 进入阻塞状态的父进程
17.    }
```

图 3-31　发送状态信息的关键代码

3．内核资源的回收

无论是由内核还是由父进程来为子进程回收内核资源,内核需要完成的步骤都是一样的。内核资源回收的关键代码如图 3-32 所示。第一步就是回收子进程占用的 PID(进程标识号)。为了能根据 PID 快速索引到 PCB,openEuler 引入了 PID 散列表。在子进程终止后,内核会先从 PID 散列表中删除它的 PID,然后将该 PID 回收到 slab 的空闲链表中(第 5~7 行)。

```
1.    //源文件: kernel/pid.c
2.    //从 PID 散列表中删除当前进程标识符
3.    static void __change_pid(struct task_struct * task, enum pid_type type,
4.                                                  struct pid * new) {
5.        hlist_del_rcu(&task->pid_links[type]);
6.        …
7.        free_pid(pid);//回收该进程标识符到 slab cache 中
8.    }
9.    //源文件: tools/include/linux/list.h
10.   //从进程链表中删除当前 PCB
11.   static inline void __list_del(struct list_head * prev,
12.                     struct list_head * next) {
13.       next->prev = prev;
14.       WRITE_ONCE(prev->next, next);
15.   }
16.   …
17.   //源文件: kernel/fork.c
18.   //回收内核栈
19.   static inline void free_thread_stack(struct task_struct * tsk) {
20.       …
21.       __free_pages(virt_to_page(tsk->stack), THREAD_SIZE_ORDER);
22.   }
23.   //源文件: kernel/fork.c
24.   //回收 PCB
25.   static inline void free_task_struct(struct task_struct * tsk) {
26.       kmem_cache_free(task_struct_cachep, tsk);
27.   }
```

图 3-32　内核资源回收的关键代码

openEuler 内核中存在进程链表(一个双向循环链表),用于链接所有进程的 PCB。所以回收 PCB 之前,内核需要先将其从进程链表中删除(第 11~15 行)。之后,内核再把子进程的内核栈、PCB 回收到 slab cache 的空闲链表中(第 19~27 行),其中,内核栈对应结构体指针 thread_stack_cache 指向的链表,而 PCB 对应结构体指针 task_struct_cachep 指向的链表。

4．为所有子进程寻找新父进程

由于僵尸进程会一直占用内核资源进而影响新进程的创建,所以在当前终止的进程还有大量子进程未终止的情况下,内核必须为它们寻找新的父进程,否则这些子进程终止时可能会变成无法销毁的僵尸进程,带来巨大的危害。内核会优先从当前进程所在的进程组中寻找合适的父进程。内核遍历该进程组,选中第一个未执行终止操作的进程(即进程标志位不是 PF_EXITING)。如果进程组内除 init 进程外的其他进程都已开始终止,那么当前进程的所有子进程会被挂载到 init 进程下。之后,某个子进程终止时,会等待 init 进程调用wait()完成它的终止。图 3-33 展示了 openEuler 中为子进程寻找新父进程的部分代码。

```
1.      //源文件:kernel/exit.c
2.      static struct task_struct * find_new_reaper(struct task_struct * father,
3.                                    struct task_struct * child_reaper) {
4.          struct task_struct * p, * t, * reaper;
5.          ...
6.          //找一个合适的 reaper(新父进程)
7.          for (reaper = father->real_parent;
8.              task_pid(reaper)->level == ns_level;
9.              reaper = reaper->real_parent) {    //从当前进程所在进程组中寻找
10.             if (reaper == &init_task)          //找到 init 进程
11.                 break;
12.             ...
13.             thread = find_alive_thread(reaper);  //寻找不处于终止状态的进程
14.             if (thread) return thread;
15.         }
16.     //源文件:kernel/exit.c
17.     static struct task_struct * find_alive_thread(struct task_struct * p) {
18.         for_each_thread(p, t) {
19.             if (!(t->flags & PF_EXITING)) {
20.                 return t;
21.             }
22.         return NULL;
23.     }
24.     //源文件:kernel/exit.c
25.     //让 reaper 成为当前进程所有子进程的父进程
26.     static void forget_original_parent(struct task_struct * father,
27.                                    struct list_head * dead) {
28.         list_for_each_entry(p, &father->children, sibling) {
29.             for_each_thread(p, t) {
30.                 t->real_parent = reaper;
31.                 ...
32.             }
33.         }
34.     }
```

图 3-33　为子进程寻找新父进程的关键代码

3.3.5　openEuler 中的进程树

openEuler 中的各个进程通过创建的先后顺序,组成了一棵进程树。进程树的整个创建流程见图 3-34。在 openEuler 启动后,内核会使用静态数据 init_task 创建第一个进程,其

PID 为 0。0 号进程完成内核初始化（包括初始化页表、中断处理表、系统时间等）后，会调用函数 kernel_thread() 创建 1 号进程与 2 号进程。此时，三个进程都运行在内核态且无用户空间。之后，0 号进程演变为 idle 进程，一直运行在内核态中。而 1 号进程会完成剩下的系统初始化工作，接着执行 /sbin/init 程序，初始化用户空间，成为 init 进程，运行在用户态下。init 进程就是之后操作系统中所有用户进程的共同祖先，它与所有用户进程共同构成一棵倒立的进程树。init 进程还负责孤儿进程的管理与回收。2 号进程又被称为 kthreadd 内核线程，它会一直运行在内核空间，对之后所有内核线程进行管理和调度。

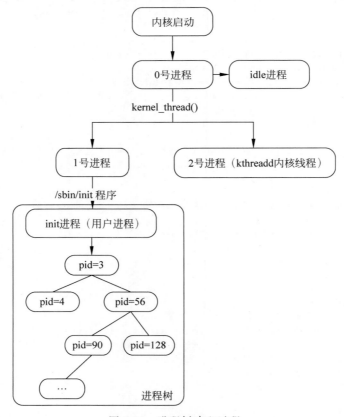

图 3-34   进程树建立过程

3.4   系统调用

为了让不同进程合理共享硬件资源，操作系统需要保持对硬件资源的管理。操作系统通过系统调用向进程提供服务接口，限制进程直接进行硬件资源操作。如果希望执行受限操作,进程只能调用这些系统调用接口,向操作系统传达服务请求,并将 CPU 控制权移交给操作系统。操作系统接收到请求后,再调用相应的处理程序完成进程所请求的服务。

3.4.1　基本概念

操作系统通过引入进程,允许多个程序共享 CPU 等硬件资源。那么,进程之间应该以何种方式使用机器上的硬件资源呢?假如允许进程直接地使用、控制硬件资源,将导致很多问题。例如,若某个进程在执行期间修改了用于存储异常向量表基址的寄存器 VABR_EL1,则将导致操作系统因找不到异常向量表而无法正常响应异常,依赖异步异常工作的键盘和鼠标会失灵,整个系统也会因无法处理异常而崩溃。另外,如何确保进程能够在合适时机释放 CPU 控制权?为解决不同进程之间共享硬件资源的问题,采取的基本思路是:操作系统保持对 CPU 的控制权,并负责硬件资源的管理;限制进程直接操作硬件资源;在进程希望执行受限的操作时,进程需要将 CPU 控制权移交给操作系统,由操作系统执行进程所请求的服务。通过这种方式,进程之间以受控的方式来共享资源。

然而,在实现上述思想时面临以下关键挑战:①如何限制进程所能进行的操作?②操作系统如何为进程服务?现代计算机基于处理器硬件和操作系统软件的协作来解决这两个挑战。

在硬件方面,CPU 模式分为内核模式与用户模式,并用寄存器的特定字段标识当前模式。例如,基于 ARMv8 架构的 CPU 有异常级别 EL1(内核模式)和 EL0(用户模式),寄存器 CurrentEL 的字段 EL 标识了 CPU 当前所处的异常级别。CPU 在内核模式执行的是内核态代码,在用户模式执行的是用户态代码。操作系统的内核就运行在内核态,而操作系统的其他部分及用户进程运行在用户态。在内核态运行的代码,对资源的操作不受限制,能够执行所有的指令、操作所有的寄存器和内存空间、发出 I/O 请求;而在用户态运行的代码,对资源的操作受到限制,不能执行可能对其他用户进程或内核造成威胁的指令,不能进行磁盘 I/O,而且也只能访问部分内存空间。CPU 模式将内核与用户进程的操作隔离在两个不同的世界。此外,为了使能用户态代码调用内核态代码,以安全地执行需要高权限的操作,CPU 提供一些陷阱指令用于模式的切换。例如,基于 ARMv8 架构的 CPU 提供陷入指令 SVC(Supervisor Call)和陷阱返回指令 ERET,分别用于从 EL0 陷入 EL1,以及从 EL1 返回 EL0(详细信息见第 2 章),如图 3-35 所示。当用户态的代码试图执行需要高权限的操作,就会触发异常,导致 CPU 模式的切换。

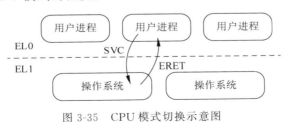

图 3-35　CPU 模式切换示意图

在软件方面,将受限的操作设计成内核功能,并以系统调用的形式暴露给用户进程。用户通过暴露的系统调用接口来使用操作系统的关键功能。当用户进程在执行的过程中调用了系统调用接口,将触发异常,导致 CPU 陷入内核模式,同时硬件将 CPU 的控制权移交给预先设定的异常处理程序。异常处理程序进而将该系统调用派发给内核中该系统调用的处理程序。当操作系统完成用户进程所请求的服务,再通过陷阱返回指令使 CPU 回到用户模式,并将 CPU 控制权移交给用户进程。

3.4.2 系统调用的实现

在不同的硬件架构上、不同的操作系统中,系统调用的实现细节有所不同。下面以一个常用的系统调用 sys_getpid() 为例,阐述系统调用在 openEuler 中的实现。

系统调用 sys_getpid() 可返回当前进程的 PID。进程通信中大量使用 PID,例如,进程在运行过程中可能会产生一些临时文件,为防止多个进程产生的临时文件名命名冲突,一般会使用各个进程唯一的 PID 来命名临时文件。然而,进程的 PID 存储在 PCB 中,而 PCB 是不允许用户进程任意访问或修改的(例如,若该进程修改其运行时间,在时间片轮转调度下,该进程就可以一直获得 CPU 的使用权);因此,为了满足用户程序获取其 PID 的需求,同时又限制其对 PCB 的访问,操作系统通过服务函数 sys_getpid() 获得当前进程的 PID 并返回给应用程序。

系统调用实现的关键步骤如图 3-36 所示,包括库函数调用、异常处理、系统调用服务函数的查找、服务函数的执行和异常返回。

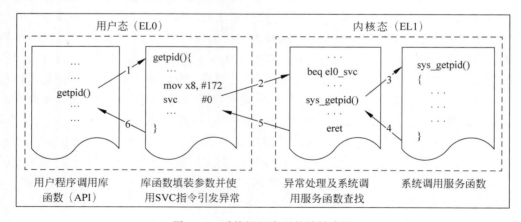

图 3-36　系统调用实现的关键步骤

1. 库函数调用

在用户态下,用户进程需配置参数寄存器并调用指令 SVC 去发起系统调用。然而,这一系列操作需要使用汇编语言编写,对编程人员来说不太友好。因此,glibc 函数库对系统调用进行了封装,屏蔽了指令 SVC 与参数传递等细节,仅向用户进程提供一个库函数。编程人员只需调用该库函数就可以使用 openEuler 提供的系统调用服务。图 3-37 是使用库函数 getpid() 的 C 程序示例。

```
1.      int main() {
2.          int pid = getpid();
3.          printf("pid = % d/n",pid);
4.          return 0;
5.      };
```

图 3-37　使用库函数 getpid() 的 C 程序示例

库函数 getpid() 与用户程序一样工作在异常级别 EL0,其需要完成两项任务:参数填充和触发系统调用。库函数将高级语言传递的参数通过汇编语言赋值给特定的寄存器,向内核传递系统调用参数与系统调用号。在 openEuler 中,待传递的参数保存在寄存器 X0~X6 中,系统调用号保存在寄存器 X8 中。完成参数填充后,库函数调用指令 SVC(AArch64 状态下)以触发异常。库函数 getpid() 的实现如图 3-38 所示。

```
1.      ENTRY(__getpid)
2.          mov     x8, __NR_getpid     //将系统调用号存入 x8
3.          svc     ♯0                  //使用指令 SVC 引发异常
4.          ...
5.          ret                         //返回应用程序
6.      END(__getpid)
```

图 3-38　库函数 getpid() 的实现

2. 异常处理

用户进程执行指令 SVC 时就会产生一个异常。CPU 会先对该异常进行初步处理,自动执行以下操作:

(1) 将 PSTATE 相关寄存器的数据作为字段内容一起存入寄存器 SPSR_EL1 中。

(2) 将返回地址保存到寄存器 ELR_EL1 中,使得当该进程从异常处理程序返回时可以从它离开的地方继续执行。对系统调用而言,保存的是系统调用发生时即将执行的下一条指令的地址。

(3) 将异常屏蔽寄存器的 4 个掩码位 DAIF 置为 1,即关中断。

(4) 如果是同步异常,将生成异常的原因保存到寄存器 ESR_EL1 中。

(5) 将寄存器组 PSTATE 中寄存器 CurrentEL 的字段 EL 置为 1,即把异常级别提升到 EL1。

在 CPU 完成初步处理之后,操作系统需执行异常处理程序来进一步处理该异常。为了能找到对应的异常处理程序,内核维护着异常向量表。内核可以根据异常类型号从异常向量表中快速找到异常处理程序的入口。在 MMU 初始化时,操作系统将该表的首地址存到向量基址寄存器 VBAR_EL1 中,之后 CPU 直接通过该寄存器获取异常向量表首地址。

在完成前面的初步处理之后,CPU 会自动读取寄存器 VBAR_EL1 以获取异常向量表基址,把此基地址加上异常类型对应的偏移量,即可在异常向量表中找到相应的异常处理函数入口地址,随后可跳转进入此处理函数。图 3-39 展示了部分异常向量表。指令 SVC 引发同步异常,故跳转至 sync,即同步异常处理函数(第 4 行)。

```
1.      //源文件: arch/arm64/kernel/entry.S
2.      ENTRY(vectors)
3.          ...
4.          kernel_ventry   0, sync              //64 位 EL0 同步异常
5.          kernel_ventry   0, irq               //IRQ 64 位 EL0
6.          kernel_ventry   0, fiq_invalid       //FIQ 64 位 EL0
7.          kernel_ventry   0, error             //Error 64 位 EL0
```

图 3-39　部分异常向量表

同步异常处理函数可执行三个步骤:①CPU 状态保存;②触发异常原因判断;③调用相应异常处理函数及传递参数。

1) CPU 状态保存

操作系统进行同步异常处理时,首先应保存进程在用户状态时的 CPU 状态,以备异常处理结束并返回用户态后,能从中断发生的地方继续执行该进程。同步异常处理函数的第一步是调用 CPU 状态保存函数 kernel_entry(),如图 3-40 所示。

```
1.      //源文件: arch/arm64/kernel/entry.S
2.      el0_sync:
3.          kernel_entry 0                       //保存用户进程的信息
4.          mrs x25, esr_el1                     //将 ESR 寄存器的内容读到 x25 寄存中
5.          lsr x24, x25, #ESR_ELx_EC_SHIFT      //获取异常产生原因
6.          //定义 ESR_ELx_EC_SVC64 = (0x15)
7.          cmp x24, #ESR_ELx_EC_SVC64           //比较是否为指令 SVC 产生的同步异常
8.          b.eq    el0_svc                      //跳转到 el0_svc 处理函数
```

图 3-40　同步异常处理

存储用户态下进程相关 CPU 状态的寄存器有 X0~X29、LR(X30)、SP_EL0、ELR_EL1、SPSR_EL1,这些寄存器依次被存入一片由内核管理的内存空间(内核栈)中,形成 pt_regs 栈帧,其结构如图 3-41 所示。而函数 kernel_entry()的执行过程就是将这些寄存器依次压入内核栈中,其在 openEuler 中的实现代码如图 3-42 所示。

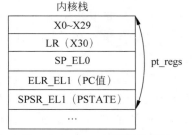

图 3-41　pt_regs 栈帧示意图

```
1.    //源文件: arch/arm64/kernel/entry.S
2.    stp  x0, x1, [sp, #16 * 0]       //将寄存器 X0、X1 内两个双字数据存放到 sp + 16 * 0
3.    stp  x2, x3, [sp, #16 * 1]
4.    stp  x4, x5, [sp, #16 * 2]
5.    stp  x6, x7, [sp, #16 * 3]
6.    stp  x8, x9, [sp, #16 * 4]
7.    stp  x10, x11, [sp, #16 * 5]
8.    stp  x12, x13, [sp, #16 * 6]
9.    stp  x14, x15, [sp, #16 * 7]
10.   stp  x16, x17, [sp, #16 * 8]
11.   stp  x18, x19, [sp, #16 * 9]
12.   stp  x20, x21, [sp, #16 * 10]
13.   stp  x22, x23, [sp, #16 * 11]
14.   stp  x24, x25, [sp, #16 * 12]
15.   stp  x26, x27, [sp, #16 * 13]
16.   stp  x28, x29, [sp, #16 * 14]
17.   add  x21, sp, #S_FRAME_SIZE     //S_FRAME_size 是栈帧的大小
18.   mrs  x22, elr_el1               //将 elr_el1 寄存器的数据存到 x22
19.   mrs  x23, spsr_el1              //将 spsr_el1 寄存器的数据存到 x23
```

图 3-42　压栈-状态保存

2）触发异常原因判断

在 ARMv8 架构中，有多种原因可引起同步异常，那么操作系统如何确定引发异常的原因是用户进程请求系统调用呢？为了使操作系统能够区分，每种引发异常的原因都应有一个唯一的编号。在 openEuler 中由 SVC 引发的同步异常被编号为 ESR_ELx_EC_SVC64＝0x15。异常发生时，硬件自动把异常状态信息（如异常级别、被捕获指令长度等）保存在寄存器 ESR_EL1 中。通过将 ESR_EL1 中所存的状态信息与各编号比较，操作系统可以判断出当前产生的同步异常是由 SVC 引发的，并跳转至函数 el0_svc() 执行，处理过程的实现如图 3-40 所示。

3）调用相应异常处理函数及传递参数

函数 el0_svc() 是系统调用异常处理的开始。操作系统并不直接在这个函数中获取系统调用号等参数，进而选择执行相应的服务函数，而是先跳转到一个 C 语言函数去做一些预备工作。例如，检查系统调用号是否合法（有没有在允许的系统调用号范围内）、是否开中断等，这些操作使用高级语言编写更直观、方便。

至此，系统调用下一步需要解决的问题是将系统调用参数和系统调用号传递给 C 语言函数 el0_svc_handler()。有关用户进程信息的结构体 pt_regs 包含了用于参数传递的寄存器 X0～X6 和 X8 中的内容，因此操作系统将其作为参数传递给函数 el0_svc_handler()。内存空间的传递利用内存首地址进行，结构体 pt_regs 所在内存的首地址保存在堆栈指针寄存器 SP 中，通过执行"mov x0, sp"指令可将堆栈指针读到寄存器 X0 中，作为参数传递给函数 el0_svc_handle()。在这种设计下，函数 el0_svc_handler() 只需要定义一个形参，用来接收一个 pt_regs 结构的指针。函数 el0_svc_handle() 将该指针指向的内存解释为 pe_regs 结构，进而可通过结构体变量 regs 引用栈内保存的相关寄存器内容，从而获得系统调用号

等参数。函数 el0_svc_handler()再通过所给的参数完成查找、执行指定的系统调用的逻辑。实现以上逻辑的代码如图 3-43 所示。

```
1.    //源文件: arch/arm64/kernel/entry.S
2.    el0_svc:
3.        mov x0, sp                      //将系统调用参数传递给 svc_handler
4.        bl   el0_svc_handler            //跳转执行异常处理程序
5.        b    ret_to_user
6.    ENDPROC(el0_svc)
7.    //el0_svc_handler 函数原型,形参 struct pt_regs
8.    asmlinkage void el0_svc_handler(struct pt_regs * regs);
```

图 3-43　系统调用处理

3. 系统调用服务函数的查找

异常处理过程是一致的,无论执行哪个系统调用,都会由软硬件配合来执行上述流程。在进入系统调用处理函数 el0_svc_handler()后,内核需要确定用户执行的是哪个系统调用,进而执行对应的服务函数。openEuler 内核中定义的服务函数与系统调用号一一对应。因此,在实现过程中,操作系统在用户进程执行系统调用时,通过寄存器向内核传递系统调用号和参数,并使用系统调用号来找到对应的服务函数。

内核用一个数据结构来保存系统调用号和与服务函数的对应关系,这个数据结构就是系统调用表(syscall table)。系统调用表的本质是一个全局数组,数组元素是指向处理函数的指针。内核以系统调用号作为索引,可得到相应处理函数的地址。例如,系统调用 getpid()对应的内核中的服务函数为 sys_getpid()。如图 3-44 所示,把该服务函数编号为 172,并将其函数地址保存在系统调用表中的第 172 项。

```
1.    //源文件: include/uapi/asm－generic/unistd.h
2.    # define __NR_getpid 172
3.    SYSCALL(__NR_getpid, sys_getpid)
```

图 3-44　系统调用号定义

服务函数的调用过程如图 3-45 所示:在函数 invoke_syscall()中,首先读取结构体变量 regs 中的 regs[8]获取系统调用号并将其赋值给 scno,然后使用 scno 作为系统调用表下标,得到该系统调用号所对应的服务函数的地址,最后将保存系统调用参数的结构体变量 regs 传递给该服务函数。服务函数将根据需求读取 regs[0]～regs[6]。

```
1.    //源文件: arch/arm64/kernel/syscall.c
2.    syscall_fn_t syscall_fn;
3.    scno = regs－>regs[8];
4.    syscall_fn = syscall_table[scno];    //用系统调用号索引系统调用表,返回函数指针
5.    ret = syscall_fn(regs);              //代入系统调用参数,调用相应的函数
```

图 3-45　系统调用的查找

4．服务函数的执行

在根据系统调用表找到对应的服务函数后，内核将执行该函数来为用户进程服务。对于获得进程号这个功能，就是去执行函数 sys_getpid()。因为 openEuler 内核使用宏 current 来代表指向当前进程结构体 task_struct 的指针，所以在该函数的实现过程中，服务函数 sys_getpid()可根据宏 current 来获得所求 PID，并存入寄存器 X0 中作为返回值。

5．异常返回

得到了用户进程期望的结果，接下来要做的是异常返回（返回用户态），并继续执行用户进程。在用户进程返回用户态时，需要做的是恢复 CPU 状态。具体而言，状态寄存器 PSTATE、程序计数器 PC 以及堆栈指针寄存器 SP_EL0 等都将被恢复。图 3-46 给出了恢复 CPU 状态的关键代码：在通过寄存器 X21、X22、X23 完成寄存器 ELR_EL1、SPSR_EL1 和 SP_EL0 数据的恢复后，将所有的通用寄存器恢复，最后将寄存器 LR 的数据恢复。简单来说，上述步骤就是将先前压入的 pt_regs 结构栈帧中的数据依次恢复。

```
1.    //源文件：arch/arm64/kernel/entry.S
2.    .macro   kernel_exit, el
3.        ...
4.        ldp x21, x22, [sp, #S_PC]      //加载保存的 ELR_EL1,SPSR_EL1 数据至寄存器
5.        ...
6.        ldr x23, [sp, #S_SP]          //加载栈指针至寄存器
7.        ...
8.        msr elr_el1, x21
9.        msr spsr_el1, x22
10.       ldp x0, x1, [sp, #16 * 0]
11.       ldp x2, x3, [sp, #16 * 1]
12.       ldp x4, x5, [sp, #16 * 2]
13.       ldp x6, x7, [sp, #16 * 3]
14.       ldp x8, x9, [sp, #16 * 4]
15.       ldp x10, x11, [sp, #16 * 5]
16.       ldp x12, x13, [sp, #16 * 6]
17.       ldp x14, x15, [sp, #16 * 7]
18.       ldp x16, x17, [sp, #16 * 8]
19.       ldp x18, x19, [sp, #16 * 9]
20.       ldp x20, x21, [sp, #16 * 10]
21.       ldp x22, x23, [sp, #16 * 11]
22.       ldp x24, x25, [sp, #16 * 12]
23.       ldp x26, x27, [sp, #16 * 13]
24.       ldp x28, x29, [sp, #16 * 14]
25.       ldr lr, [sp, #S_LR]
26.       ...
27.   eret                              //返回用户空间
28.   .endm
```

图 3-46　出栈及返回用户空间

在完成所有的数据恢复工作后,就执行指令 ERET 以返回到用户态。在返回过程中 CPU 自动使用寄存器 SPSR_EL1 保存的值来恢复状态寄存器 PSTATE,使用寄存器 ELR_EL1 保存的返回地址恢复程序计数器 PC。随后用户进程便可以从进程被挂起的地方继续运行。如果在返回用户态时发现运行队列中有比当前进程优先级更高的进程,那就发生进程切换,使当前进程插入运行队列而不是继续执行。由于 SPSR_EL1、ELR_EL1 等寄存器的内容仍保存在当前进程的内核栈中,所以下次当前进程被选中执行时,依旧可从内核栈中恢复最初被挂起时的运行环境。

3.5 进程切换

为了实现多个进程的并发执行,各进程需以时分复用的方式共享 CPU。这意味着操作系统应该支持进程切换:在一个进程占用 CPU 一段时间后,操作系统应该停止它的运行并选择下一个进程来占用 CPU。为了避免恶意进程一直占用 CPU,操作系统利用时钟中断,每隔一个时钟中断周期就中断当前进程的执行进行进程切换。本节将详细阐述进程切换的基本原理并展示进程切换的完整过程。

3.5.1 基本原理

当一个进程正在 CPU 上运行时,该进程拥有 CPU 的控制权,那么此时没有 CPU 控制权的操作系统应该如何实现进程切换?

3.4 节提到一种解决方式:进程可以通过系统调用,将 CPU 的控制转交给操作系统。在这种方式中,操作系统等待进程主动地交还 CPU 控制权。然而,如果某个进程从不进行系统调用,或是某个进程恶意地执行无限循环代码,那么操作系统将一直无法取得 CPU 控制权。

为了确保能够回收 CPU 控制权,操作系统采取一种更为强硬的方式——时钟中断。时钟模块每隔一小段时间产生一次中断;当中断发生时,当前进程的运行会被中断,并让出 CPU 控制权给操作系统预先设置的中断处理程序(Interrupt Handler);在操作系统重获对 CPU 的控制权后,就有机会执行进程切换。但是,这将面临两个关键问题:①接下来应该调度哪个进程来运行? ②如果执行进程切换,操作系统如何保存当前进程的上下文,并恢复下一个运行进程的上下文?

第一个问题反映的是选择进程所用的策略,第二个问题则是针对进程切换的实现机制。操作系统的通用设计模式是,将策略与机制分开,使得策略的选择更为灵活。本章只讨论进程切换涉及的机制,策略部分将在第 4 章阐述。

图 3-47 描述的是这样一个过程:在进程 A 运行过程中,发生时钟中断,随后操作系统决定将 CPU 控制权交给进程 B,最后进程 B 开始运行。

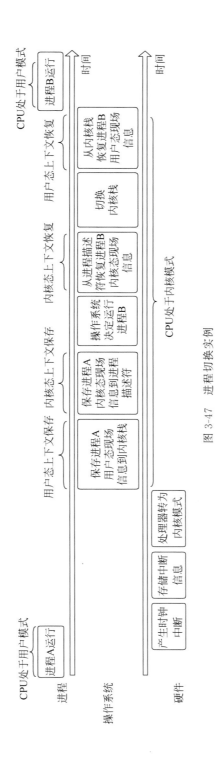

图 3-47 进程切换实例

具体来说,这个过程主要包括 7 个步骤:

(1) 硬件产生时钟中断信号,触发异常,使得进程 A 由用户态陷入内核态;

(2) 在异常处理程序中,操作系统将进程 A 在用户态下的现场信息保存到内核栈中;

(3) 在异常处理程序中,操作系统选择进程 B 为即将获得 CPU 的进程;

(4) 操作系统将进程 A 在内核态下的现场信息保存到进程 A 的 PCB 中;

(5) 操作系统从进程 B 的 PCB 中恢复进程 B 在内核态下的现场信息,并切换内核栈;

(6) 操作系统从内核栈中恢复进程 B 在用户态下的现场信息;

(7) 进程 B 从内核态返回用户态。

在整个因为时钟中断而导致进程切换的过程中,需要保存和恢复的现场信息主要有两种:一是中断上下文,包括发生中断时由硬件自动保存的一些环境信息(例如当前异常级别等)以及进程在用户态下的 CPU 状态(各寄存器值),主要被保存在进程的内核栈中;二是切换上下文,又称为 CPU 上下文,即进程在内核态下的 CPU 状态,被保存在 PCB 的成员 thread 中。

3.5.2　进程切换过程

本节将根据上文叙述的进程切换过程详述进程切换过程中的关键步骤。

1. 异常处理

在 3.4 节已阐述过异常发生后 CPU 执行的操作,与此处的区别是时钟中断属于 el1_irq 类型的异常,因此内核会跳转到 el1_irq 类型的异常处理程序。该异常处理程序首先会把中断上下文保存到当前被中断进程的内核栈中,保存步骤与系统调用中的中断上下文保存步骤一致。

2. 进程调度

将中断上下文保存到内核栈后,操作系统开始进程调度,选择下一个进程来运行。调度的细节将在第 4 章讨论。

3. 切换上下文的保存与恢复

在选中下一个运行的进程后,操作系统从该选中进程的 PCB 中恢复出切换上下文。本节以进程 A 切换到进程 B 为例,阐述上下文切换的关键步骤。

1) 保存进程 A 的上下文

在 ARMv8 架构中,寄存器 TTBR0_EL1 保存着当前进程地址空间的页表首地址。由于进程 PCB 的成员变量 thread_info 已包含寄存器 TTBR0_EL1 的内容,所以进程地址空间的页表首地址不用重新保存。

进程 A 的上下文包括通用寄存器 X19~X29、堆栈指针寄存器 SP、链接寄存器 LR 和浮点寄存器 FP 中的内容。为了确保进程 A 再次运行时可以从离开的地方开始,这些寄存器内容都将保存到进程 A 的 PCB 中。首先使用指令 stp(store pair)将浮点寄存器的值依次保存到 PCB 的成员变量 thread.fpsimd_state 中,此时寄存器 X0 存放的是 PCB 中 thread.

fpsimd_state 的首地址。在图 3-48 中,指令"stp q0,q1,[x0,♯16 ＊ 0]"表示把寄存器 q0、q1 中的内容存储到 x0+16＊0 地址处。

```
1.    //源文件:arch/arm64/include/asm/fpsimdmacros.h
2.    stp q0, q1, [x0, ♯16 ＊ 0]
3.    stp q2, q3, [x0, ♯16 ＊ 2]
4.    stp q4, q5, [x0, ♯16 ＊ 4]
5.    stp q6, q7, [x0, ♯16 ＊ 6]
6.    stp q8, q9, [x0, ♯16 ＊ 8]
7.    …
```

图 3-48 浮点寄存器的保存

之后,内核将进程 A 的 PCB 的起始地址存放在 X0 中,PCB 中成员变量 thread. cpu_context 的相对偏移地址存放在 X10 中,再将这两个寄存器中的值相加,得到进程 A 的 PCB 中成员变量 thread. cpu_context 的首地址,存放到 X8 寄存器中。接下去内核使用指令 stp,将当前 CPU 的通用寄存器 X19～X29、堆栈指针寄存器 SP、链接寄存器 LR 的数据依次保存到进程 A 的 PCB 成员变量 thread. cpu_context 中。在图 3-49 中,指令"stp x19, x20,[x8],♯16"表示将寄存器 X19、X20 中的内容保存到 X8 地址处,然后将 X8 加 16。

```
1.    //源文件:arch/arm64/kernel/entry.S
2.    //将 thread.cpu_context 在 PCB 中的偏移值赋值给 X10
3.    mov x10, ♯ THREAD_CPU_CONTEXT
4.    add x8, x0, x10         //寄存器 X0 中存放着进程 A 的 PCB 首地址
5.    mov x9, sp             //sp 的值到 X9 寄存器中
6.    stp x19, x20, [x8], ♯16   //将寄存器 X19,X20 中的内容保存到 X8 地址处开始的地方,
                              //然后将 X8 加上 16
7.    stp x21, x22, [x8], ♯16
8.    stp x23, x24, [x8], ♯16
9.    stp x25, x26, [x8], ♯16
10.   stp x27, x28, [x8], ♯16
11.   stp x29, x9, [x8], ♯16
12.   str lr, [x8]
```

图 3-49 通用寄存器等保存

2）恢复进程 B 的上下文

在保存了进程 A 的切换上下文后,接下来,由调度程序选择的 B 进程将会在 CPU 上运行。进程 B 必须恢复自己的切换上下文。在进程 A 的切换上下文保存后,内核立即着手将进程 B 的切换上下文恢复到对应的寄存器中。在实现时,内核依旧使用在保存进程 A 的切换上下文时使用的偏移地址,该偏移地址都是成员变量 thread. cpu_context 的相对位置,它被保存在寄存器 X10 中。这是因为无论是进程 A 还是进程 B,成员变量 thread. cpu_context

的相对位置都是一样的；而不同的地方在于，内核不再使用进程 A 的 PCB 地址，而是转而使用进程 B 的 PCB 地址，即从寄存器 X1 获得进程 B 的 PCB 地址。将进程 B 的 PCB 地址加上成员变量 thread. cpu_context 的偏移地址，内核计算出成员变量 thread. cpu_context 的绝对位置，保存到寄存器 X8 中。

接着，从进程 B 的成员变量 thread. cpu_context 中恢复出寄存器 X19～X28、X29、SP、LR、SP_EL0 的值。这样，进程 B 就可以从上次被挂起的位置继续执行。图 3-50 给出了恢复切换上下文的示例代码。其中，指令 ldp(load pair)意为加载一对寄存器。指令"ldp x19，x20，[x8]，♯16"表示从寄存器 X8 里面的地址加载两个 64 位数据到寄存器 X19 和 X20 中，然后把寄存器 X8 加 16。这一系列加载指令所做的事情就是将进程 B 的切换上下文从成员变量 thread. cpu_context 中恢复。

```
1.    //源文件：arch/arm64/kernel/entry.S
2.    add x8, x1, x10          //从下一个进程中的 PCB 中恢复进程 B 的寄存器数据
3.    ldp x19, x20, [x8], ♯16   //第 2～8 行,恢复寄存器 X9,X19～X29 的数据
4.    ldp x21, x22, [x8], ♯16
5.    ldp x23, x24, [x8], ♯16
6.    ldp x25, x26, [x8], ♯16
7.    ldp x27, x28, [x8], ♯16
8.    ldp x29, x9, [x8], ♯16
9.    ldr lr, [x8]
10.   mov sp, x9                //将寄存器 X9 中的数据放入 SP
11.   msr sp_el0, x1            //使用 SP_EL0 存储 B 进程的 thread_info 地址
```

图 3-50　进程 B 切换上下文的恢复工作

在进行了切换上下文的切换后，操作系统使用的内核栈为进程 B 的内核栈。此时，内核栈中情况如图 3-51 所示。

4. 进程 B 中断上下文的恢复

中断上下文的恢复步骤与 3.4 节系统调用时返回用户态一致。在完成所有的数据恢复工作后，执行指令 ERET 返回，便可以从进程 B 被挂起的地方继续运行。在执行指令 ERET 时，CPU 自动使用寄存器 SPSE_EL1 保存的值来恢复 CPU 状态，使用寄存器 ELR_EL1 保存的返回地址恢复程序计数器。同时，内核将 thread_info. ttbr0 中保存的数据恢复到寄存器 TTBR0_EL1。这样，在回到用户态时，TTBR0_EL1 中保存的就是进程 B 的页全局目录物理地址。

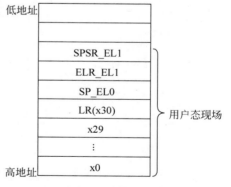

图 3-51　内核栈布局

3.6　线程

前面介绍了操作系统在计算机资源层面提供的并发抽象概念——进程。本节将进一步介绍操作系统在进程内部提供的并发抽象概念——线程。

3.6.1　基本概念

将运行中的应用程序抽象成进程后,在操作系统的调度下,多个进程可以并发地执行。并发执行大大提高了 CPU 的利用率。然而,在同一时间,单个进程只能处理一个任务,并不能同时处理多个任务。如果进程在执行的过程中,由于等待输入等原因被阻塞,那么整个进程将被挂起。即使在进程中有部分工作并不依赖于该输入,这些工作也无法继续执行。在很多情况下,我们希望即使进程的某部分被阻塞,但进程的其他部分还能继续执行。例如,一个音乐播放软件通常需要处理 4 种类型的工作:显示用户界面、响应用户的输入、播放音乐、将音乐保存到本地。当音乐播放软件以进程的形式运行时,用户希望该软件在等待用户输入时,播放音乐等其他功能不受影响。为此,操作系统引入线程(Thread)这一抽象概念。

线程是操作系统在进程内部提供的并发抽象概念。线程可视为进程的一个组成部分。在一个进程中,如果有一个线程由于等待输入等原因发生阻塞,那么将只有这个线程发生阻塞,其他不依赖该输入的线程可以继续运行。线程之间共享进程的地址空间等资源。在引入线程前,进程是资源分配和调度的基本单位。在引入线程后,进程的这两个属性被剥离:进程作为资源分配的基本单位,而不再作为调度的基本单位。线程则作为调度的基本单位,但不作为拥有资源的基本单位。作为调度的基本单位,线程除了提高进程的并发度,还能更高效地利用多核处理器。在多核处理器上,将一个进程拆分成多个线程后,不同的线程可以运行在不同的处理器核上,从而加速进程的执行。

在实现上,有些操作系统(如 Windows)内核提供专门的线程实现机制。还有一些操作系统,其内核未提供专门的线程实现机制(如 openEuler)。openEuler 并未为线程提供特有的数据结构,而是复用进程的数据结构 task_struct。在 openEuler 中,共享同一个进程地址空间的一组线程称为一个线程组,而进程实际上由一个线程组,以及这些线程组共享的资源组成。那么,线程与进程的主要区别是什么?

1.　是否有独立的地址空间

进程拥有独立的地址空间。一个进程发生崩溃,不会对操作系统中的其他进程产生影响。线程没有自己独立的地址空间,而是同一个线程组的所有线程共享相同的地址空间,但每个线程在共享地址空间中有自己的栈。因此,如果一个线程改乱了其他线程的栈内数据或是触发段错误,可能导致整个进程崩溃并被操作系统终止。

以 openEuler 为例,进程和线程在地址空间中的布局如图 3-52 所示。如图 3-52(a)所示,进程 A 与进程 B 拥有独立的地址空间。在没有引入线程之前,进程在地址空间中拥有唯一的用户栈、内核栈以及切换上下文。其中,用户栈用于支持进程在用户空间中的函数调用,内核栈用于保存进程陷入内核态前的 CPU 状态,切换上下文是内核态下进程切换时保存的各寄存器数据。如图 3-52(b)所示,线程 A、B 和 C 属于同一个程序,共享同一个进程的地址空间。虽然它们共享数据段、代码段、打开的文件以及堆等,但它们的运行是彼此独立的。在不同的线程中,执行的是同一个程序的不同部分。也就是说,不同的线程有着不一样的函数调用过程。为了保存线程各自的函数调用过程,在用户空间中,为线程 A、B 和 C 分别开辟了一个用户栈。此外,在发生线程切换时,操作系统也应该保存好线程在陷入内核态前的 CPU 状态,以及在内核态下进行切换时的切换上下文,确保线程在将来能恢复被抢占之前的状态。因此,在内核空间中,为线程 A、B 和 C 各维持了一个内核栈以及一块用于保存切换上下文的区域。

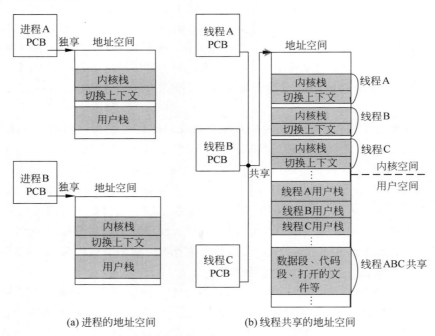

(a) 进程的地址空间　　　　(b) 线程共享的地址空间

图 3-52　进程和线程在地址空间中的布局

2. 线程更为轻量级

相较于进程,线程的轻量级体现在线程创建、线程切换两个方面。每个进程都有独立的地址空间,在发生进程创建或进程切换时,涉及地址空间、文件、信号量、I/O 等资源的操作,具有较大的直接开销。而进程内的一组线程位于同一个地址空间,并共享代码段、数据段、文件等资源,所以在发生线程创建或线程切换时,最主要的是省去了地址空间的分配或切换操作。因为地址空间的切换还可能导致 TLB(第 5 章介绍)中部分缓存失效,从而影响内存访问性能,产生间接开销。所以,线程的创建或切换开销较小。

在一些场景中,服务器可能在短时间内面临大量的服务请求。例如,一个 Web 服务器可能需要同时处理来自不同用户的上千个网页访问请求。在用户数量过多时,通过进程实现并发难以保证服务的响应时间和吞吐量。对于具有不确定用户和随机访问特性的 Web 服务器而言,用线程管理用户访问请求的系统所能支持的用户数多于用进程进行管理的系统。进程创建和切换所带来的开销也是服务器操作系统的主要瓶颈之一。由于线程相对进程而言更为轻量级,在创建和切换时的系统开销远小于进程,因此多线程是服务器操作系统处理并发请求的主要机制。

3. 通信方式

由于每个进程拥有相互隔离的地址空间,因此进程间的通信较为复杂。进程间通信通过共享内存、消息队列以及套接字等方式实现。一个进程的多个线程之间共享同一个地址空间,它们通过共享数据(如全局变量)即可实现通信。但是,多个并发线程在访问同一共享数据时,将产生竞争。因此,在多线程并发访问共享数据时,操作系统需要提供互斥与同步等特殊的通信机制。线程/进程间通信的详细内容可参考第 6 章。

3.6.2　线程模型

在多线程操作系统中,线程的实现模型可以分为三种:在用户空间实现的线程称为用户级线程;在内核空间实现的线程称为内核级线程;混合型线程是用户级线程和内核级线程的组合实现。这三种模型的主要区别在于用户空间的线程与内核调度实体的对应关系不同,如图 3-53 所示。

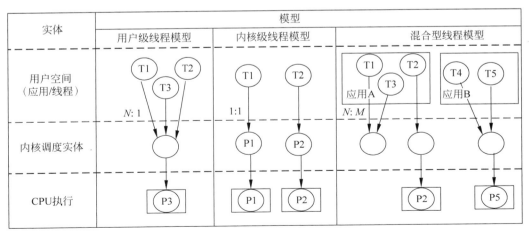

图 3-53　三种线程实现模型

1. 用户级线程

在线程的概念提出之初,操作系统内核还未提供线程支持,当时出于稳定性考虑,并未修改内核而是选择在用户空间使用线程库来实现线程,也就是用户级线程。系统开发人员将线程的创建、通信、同步及销毁等功能都封装在线程库中,无须借助系统调用来实现。用户级线程仅存在于用户空间中,其相关管理工作均由用户进程完成。内核不能感知用户级线程的存在,而是把隶属于同一个用户进程的所有用户级线程当成一个进程来实施管理。所以,用户级线程与内核调度实体是多对一的关系。这种实现模型有以下两个特点。

(1) 用户级线程的调度算法和调度过程可由用户自行决定,与操作系统内核无关。在这样的操作系统中,内核仍以进程为调度单位。用户可以决定的是,在进程被内核选中后,选择哪个线程在 CPU 上执行。

(2) 用户级线程的切换并不会导致进程的切换,而是在内核不参与的情况下完成线程上下文切换。也就是说,线程上下文切换只是在用户栈、用户寄存器等之间进行切换,不涉及 CPU 状态,带来的系统开销小。

用户级线程的弊端也包括两个方面。首先,在多核处理器中,同一个进程中的线程只能对一个 CPU 进行时分复用,即同一时刻只有一个线程可以获得 CPU,不能利用多核带来的并发优势。其次,如果一个线程被阻塞,该进程的其他线程都会被阻塞。

2. 内核级线程

与用户级线程相对应,内核级线程是由操作系统内核进行管理的。内核向用户进程提供相应的系统调用,以供用户进程创建、执行、撤销线程。在这类系统中,用户进程中的线程与内核调度实体是一对一的关系,例如,openEuler 借助 NPTL(Native POSIX Thread Library,POSIX 标准线程库)实现这种对应关系。内核级线程就是系统调度的最小单位,既可以被调度到一个 CPU 上并发执行,也可以被调度到不同 CPU 上并行处理。若是一个线程被阻塞,操作系统可以调度该用户进程的其他线程去执行,而不至于阻塞整个用户进程。

虽然内核级线程似乎解决了用户级线程的缺点,但是内核级线程的管理与调度需要由内核完成。这意味着,每次线程切换都需要陷入内核态,陷入过程会带来不小的开销,所以内核级线程的切换代价要更大。此外,内核需要维护一份线程表去管理内核级线程。由于内核资源有限,能维持的线程数量也有限,因此其扩展性不如用户级线程。

3. 混合型线程

上述两种线程的实现模型都有各自缺点,有些操作系统(如 Solaris 操作系统)采用用户级线程和内核级线程的组合的方式实现线程管理,尽可能利用各自的优点而规避缺点。在这些操作系统中,线程的创建、同步等仍在用户空间完成,并且 N 个用户级线程可以被映射到 M 个内核级线程上($N \geqslant M$),这是多对多的关系。这种实现模型下,调度可以分为两级,先由内核决定获得 CPU 的内核级线程,然后由用户调度器从映射到该内核级线程的多个用户级线程中选择一个执行。

表 3-1 简要总结了这三种线程实现模型的优缺点对比。

表 3-1　三种线程实现模型的优缺点对比

线程实现模型	优　　点	缺　　点
用户级线程模型	(1) 用户自行决定调度算法 (2) 线程切换在用户态，开销小	(1) 用户进程的多个线程不能并行执行 (2) 用户进程因某个线程阻塞而阻塞
内核级线程模型	(1) 线程可在不同的 CPU 上并行处理 (2) 某线程阻塞，其他线程可继续执行	(1) 线程创建、切换需陷入内核态，开销大 (2) 占用内核资源
混合型线程模型	上述优点都具备	高度复杂，实现困难

3.6.3　openEuler 中线程的实现

openEuler 采用的是上述三种线程实现模型中的内核级线程模型，其面向用户提供的线程库是 NPTL。下面先介绍用户调用 NPTL 中的 API 函数，完成调用 openEuler 系统调用接口，进而实现对线程的控制这一过程。随后，以线程创建与线程切换为例，结合 openEuler 中的代码阐述线程与进程在创建和切换时的主要区别，以突出线程轻量级的特点。

1. 线程的生命周期

在 openEuler 中，线程的生命周期主要包括图 3-54 展示的 5 种状态。用户通过调用函数 pthread_create() 创建一个线程。在创建完成后，该线程处于就绪状态（转换①）。当该线程被操作系统调度执行，将发生转换②，进入运行状态。之后，若因 CPU 被抢占或主动让出 CPU，线程将发生转换③，回到就绪状态。在运行状态下，线程还可能因为调用函数 pthread_join()（需要等待子线程返回）、sleep() 或是 I/O 操作而发生转换④，进入阻塞状态。当导致阻塞的条件得到满足时，将发生转换⑤，回到就绪状态。最后，线程因计算任务结束或是因异常终止，将隐式地退出。另外，用户也可以调用函数 pthread_exit() 让线程显式地退出并获得一个返回值。线程由运行到退出将发生转换⑥。

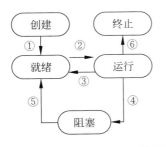

① pthread_create()

② 被系统调度执行

③ CPU被抢占或主动让出CPU

④ pthread_join()；sleep()；等待I/O

⑤ pthread_join()中断；sleep()结束；I/O完成

⑥ pthread_exit()或异常退出

图 3-54　线程的生命周期

NPTL 中的 API 函数最终会调用内核提供给用户空间的系统调用接口，进而借助内核中的原语，完成线程控制。由于 openEuler 并没有为线程定义原语，而是使用进程原语对其控制，所以 NPTL 中的函数最终对应的是进程原语，其对应关系如表 3-2 所示。例如，函数

pthread_create()将通过原语 clone()在内核中创建一个内核级线程,而函数 pthread_exit()
将通过原语 exit()终止线程。

表 3-2　线程控制接口与进程原语的对应关系

基 本 控 制	线程库 API 函数	进 程 原 语
创建	pthread_create()	fork()/clone()
终止	pthread_exit()	exit()
等待回收	pthread_join()	wait()/waitpid()
获取 ID	pthread_self()	getpid()

2. 线程创建

下面以 API 函数 pthread_create()为例,介绍其调用原语 clone()完成内核级线程创建
的完整过程。pthread_create()原型如图 3-55 所示。其中,参数 thread 用于指定线程号;参
数 attr 用于指定线程属性;参数 start_routine 传入的是新线程创建后要指向的函数(回调
函数);参数 arg 用于指定回调函数的参数。

```
1.    int pthread_create(pthread_t * thread, const pthread_attr_t * attr,
2.                  void * ( * start_routine) (void * ), void * arg);
```

图 3-55　API 函数 pthread_create()

函数 pthread_create()的执行流程如图 3-56 所示。函数 pthread_create()首先配置线
程的用户空间环境,包括线程属性、用户栈空间及线程描述符等信息。这些信息将用于帮助
用户进行线程控制。接着,函数 pthread_create()调用函数 create_thread(),进而调用系统
调用接口 do_clone()去请求内核创建一个内核级线程。内核在接收到线程创建请求后,将
调用内核函数 sys_clone(),最终调用函数_do_fork()完成内核级线程的创建。如图 3-56 左
侧所示,进程创建原语 fork()也需调用函数_do_fork()实现。也就是说,线程与进程创建的
步骤大致相同,仅在资源复制时有所差别,此处不再赘述。下文将重点阐述两者在资源复制
时的区别,以突出线程轻量级的特点。

进程与线程的创建都是对一个现有进程内容的复制或引用。函数 copy_process()用于
实现资源复制。图 3-57 示例程序第 3~9 行展示了需要复制的主要资源,包括打开的文件
列表、文件系统相关信息(第 7 章介绍)、信号处理相关资源(第 6 章介绍)、内存描述符以及
I/O 资源等。图 3-57 示例程序第 13~18 行以函数 copy_files()为例(其他复制函数实现大
致相似),展示了进程与线程的资源复制过程差异。进程是对父进程资源进行复制(第 19
行),其拥有父进程大部分资源实体的一个副本,所以复制时间成本高;而线程对进程大部
分资源只是引用,它共享着进程的多数资源,只需要将进程结构体 task_struct 中的对应资
源项引用计数加一即可(第 16 行),并不实际复制资源实体,是轻量级的。因此,线程的创建
速度要快于进程的创建速度。

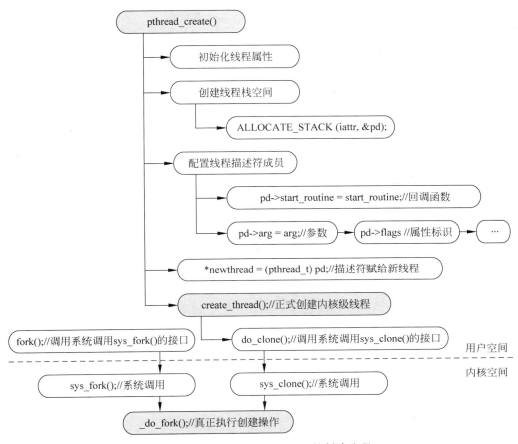

图 3-56　函数 pthread_create() 的创建流程

```
1.    //源文件：kernel/fork.c
2.    //函数 copy_process()
3.    retval = copy_files(clone_flags, p);        //复制打开的文件列表
4.    retval = copy_fs(clone_flags, p);           //复制相关联文件系统信息
5.    retval = copy_sighand(clone_flags, p);      //复制信号处理函数
6.    retval = copy_signal(clone_flags, p);       //复制信号
7.    retval = copy_mm(clone_flags, p);           //复制内存描述符
8.    retval = copy_namespaces(clone_flags, p);   //复制命名空间
9.    retval = copy_io(clone_flags, p);           //复制 I/O 资源
10.   ...
11.   //源文件：kernel/fork.c
12.   //以函数 copy_files() 为例,介绍创建进程与创建线程的资源复制差异
13.   static int copy_files(unsigned long clone_flags,
```

图 3-57　创建进程与创建线程的资源复制差异

```
14.                          struct task_struct * tsk) {
15.        if (clone_flags & CLONE_FILES) {        //创建线程时参数设置了 CLONE_FILES
16.            atomic_inc(&oldf -> count);          //只需要将打开文件的引用计数加一
17.            goto out;
18.        }
19.        newf = dup_fd(oldf, &error);             //创建进程则需要完全复制打开的文件列表
20.        tsk -> files = newf;                     //记录在 PCB 中
21.        ...
22.    }
```

图 3-57　（续）

3. 线程切换

进程切换有三个主要步骤：地址空间切换、内核栈切换和上下文切换。不同线程组内的线程切换过程与进程切换过程是相同的，而同一个线程组内的线程因为共享地址空间则省去了地址空间切换操作（见图 3-58 中代码第 5～6 行）。地址空间切换本身具有直接开销，同时还带来了间接开销。当地址空间发生变化时，CPU 的 TLB 等缓存机制也可能随之被刷新（第 17 行），之后的内存访问将耗时更长。相较于进程的地址空间切换开销与复杂的TLB 刷新管理而言，在更多情况下，线程切换速度更快。

```
1.    //源文件：include/asm/mmu_context.h
2.    static inline void switch_mm(struct mm_struct * prev,
3.        struct mm_struct * next, struct task_struct * tsk) {
4.        //线程切换不需要进入函数__switch_mm()
5.        if (prev != next)                //prev 为要切出的地址空间,next 为要切入的地址空间
6.            __switch_mm(next);           //只有 prev 和 next 不等时才真正进行地址空间切换
7.        ...
8.    }
9.    //源文件：arch/arm64/mm/context.c
10.   //进程切换时地址空间切换通过函数 check_and_switch_context()
11.   void check_and_switch_context(struct mm_struct * mm,unsigned int cpu) {
12.       ...
13.       cpu_switch_mm(mm -> pgd, mm);     //真正进行 MMU 页表切换
14.       ...
15.       //如果满足 TLB 刷新条件,就要将所有 local TLB entries 刷新
16.       if (cpumask_test_and_clear_cpu(cpu, &tlb_flush_pending))
17.           local_flush_tlb_all();
18.       ...
19.   }
```

图 3-58　进程与线程在切换时的主要开销差异

本章小结

　　由于程序只是对计算任务和数据的静态描述,所以,为了刻画程序并发执行带来的动态特征,操作系统引入了进程的概念。进程是操作系统中最重要、最基本的概念之一,它是系统分配资源的基本单位,是一个具有独立功能的程序段对某个数据集的一次执行活动。

　　进程是一个动态的概念。反映进程动态特性的是进程状态的变化。进程要经历创建、等待资源、就绪准备执行,以及执行和执行后释放资源终止等几个过程和状态。进程的状态转换要由不同的原语执行完成。本章结合 openEuler 源码,对进程创建、程序装载以及进程终止的相关原语进行了详细介绍。

　　操作系统借助进程对并发执行的程序加以描述和控制。进程的并发特性反映在执行的间断性和资源共享带来的制约性上。多个进程在 CPU 上来回切换,虽然它们是间断地执行,但是却让用户以为这些进程是并发且连续运行的。并发执行的多个进程共享系统中的CPU、内存及 I/O 等资源,它们对共享资源的使用存在制约。一方面,操作系统需要保证每个进程正常使用资源;另一方面,操作系统也要确保进程不影响其他进程使用资源。进程并发执行时涉及进程切换,进程切换是一个在用户态无法完成的受限操作。进程需要通过系统调用或是被中断才能陷入内核态,借助内核完成进程切换。本章也阐述了 openEuler 的系统调用以及进程切换两个过程所涉及的细节。

　　尽管进程是一个动态概念,但是从处理机执行的观点来看,进程仍需要静态描述。一个进程的静态描述是处理机的一个执行环境,被称为进程上下文。进程上下文由以下部分组成：PCB、代码段和数据段以及各种寄存器和堆栈中的值。寄存器中主要存放将要执行指令的逻辑地址、执行模式以及执行指令时所要用到的各种调用和返回参数等。而堆栈中则存放 CPU 现场保护信息、各种资源控制管理信息等。

　　为了满足应用中多任务并行处理的要求,并且尽量减少应用因等待 I/O 而整个陷入阻塞的情况,操作系统引入了线程的概念。线程由寄存器、堆栈以及程序计数器等组成,同一进程的线程共享该进程的地址空间和其他所有资源。可以说,进程是资源管理的基本单位,而线程才是基本调度单位。线程可分为用户级线程、内核级线程以及混合型线程。其中,用户级线程的管理全部由线程库完成,与操作系统内核无关。线程主要用于多处理器系统中。

　　进程与线程的管理与 CPU 架构是强相关的。随着 CPU 架构的不断发展,CPU 核数逐渐增加,多处理器系统能支持的进程、线程数也会随之增加。降低进程与线程的创建以及切换开销将依旧是进程与线程未来研究的重要方向。进程、线程数量的增多还会导致对内存资源、外设资源竞争的加剧,同样会给缓存带来巨大的压力,从而影响系统性能。另外,随着CPU 速度的不断增加,与磁盘读写速度间的差距将越来越大,这使得更多进程出现频繁等待磁盘 I/O 的情况,针对这样的场景如何合理地管理进程也是一个重要的研究方向。

## 第 4 章

CPU 调度

多道程序系统通常需要并发执行多个进程,即在一段时间内系统要同时执行多个进程。因此,操作系统需要合理安排这些进程的执行顺序,使其轮换占用 CPU 资源,保证其并发性。当系统中只有一个 CPU 时,只有一个进程会处于执行状态,而其他待运行进程则处于就绪状态。操作系统在必要的时候会中断当前进程的执行,并选择就绪状态中的一个进程让其占用 CPU,这个过程被称为 CPU 调度(也叫进程调度),而完成选择进程任务的程序被称为调度程序(Scheduler)。调度程序根据调度策略(Scheduling Policy)来决定在什么时候以什么样的方式选择一个新进程占用 CPU。当系统中拥有多个 CPU 或多核 CPU 时,调度程序还要考虑多(核)CPU 之间的数据共享和数据同步,充分利用多(核)CPU 的计算能力来提高系统效率。

本章将详细讲述操作系统中 CPU 调度的基本原理和主要算法,并着重介绍 openEuler 中 CPU 调度的关键实现技术。第 3 章介绍了线程的概念。对于支持线程的操作系统而言,内核级线程才是操作系统调度的基本单位,而不是进程。但是从 CPU 调度角度而言,进程调度和线程调度可以交替使用。所以,在本章的描述中,线程调度仅表示线程的调度,而进程调度表示线程和进程的调度。

4.1 调度性能指标

在不同应用场景下,操作系统会有不同的设计目标。在采用批量处理技术的批处理操作系统中,用户将一批作业提交给操作系统之后就不再干预,剩下的工作将完全由操作系统自主运行。这种不需要交互的场景中,用户对作业的响应速度没有苛刻的要求,只是希望系统每小时能处理的作业数越多越好,或者是作业完成的时间越短越好。在以人机交互为目的的交互式系统中,用户更希望交互行为的响应越快越好。例如在个人计算机上,当用户请求启动一个程序或者打开一个文件时,自然希望自己的请求能立即得到处理。而对于 openEuler 等服务器操作系统而言,它们通常运行着多个进程,用于提供不同的服务。为提升服务器的请求并发响应数和处理效率,操作系统需要尽可能提升 CPU 的利用率、系统吞吐量以及降低平均周转时间、请求响应的平均等待时间。

为了满足不同场景下的不同目标,操作系统设计者可以针对不同场景采用不同的调度指标来衡量一个调度策略是否满足该场景的需求。下面将重点介绍 CPU 利用率、吞吐量、周转时间和响应时间这四个用于衡量进程调度策略性能的主要指标。

（1）CPU 利用率。一般来说，操作系统在进程调度过程中，需要尽可能地降低 CPU 的空闲时间，充分利用其计算能力提高系统效率。因此，CPU 利用率的高低在一定程度上体现了进程调度策略在资源利用方面的优劣。

（2）吞吐量。吞吐量是指单位时间内系统能完成的任务数，它体现了进程调度策略在进程执行效率方面的基本性能。然而，当吞吐量作为一个单一优化目标存在时，系统的其他性能也会受到影响。例如系统中有多个短进程（运行时间短的进程）和多个长进程，如果系统总是运行短进程而不运行长进程，那么系统的吞吐量是显著的，但是长进程的等待时间会很长，从而极大影响用户体验。

（3）周转时间。周转时间是指一个进程从提交到完成所经历的时间，这个时间包含了进程实际执行时间和等待系统资源的时间。从单个进程的角度来看，周转时间是体现其执行效率的重要指标。但是，在衡量一个进程调度策略性能时，更常用的是进程的平均周转时间，而非单个进程的周转时间。平均周转时间是一段时间内系统中存在的多个并发进程的周转时间平均值，相当于每个进程从提交到完成的平均时长。

（4）响应时间。对于交互式系统而言，用户追求的是快速的系统响应，而吞吐量和周转时间均不能很好地衡量一个调度策略能否满足交互式场景的需求。因此，交互式系统中引入了新的性能指标——响应时间（Response Time），即用户从提交服务请求到服务请求首次被响应所用的时间。响应时间和周转时间的不同之处在于，周转时间是以进程完全执行结束为时间终点，而响应时间是指从进程到达系统到首次运行的时间间隔。

除以上四个性能指标外，进程调度策略的性能指标还包括公平性（进程被平等对待）、可预测性（进程执行时间相对稳定）等。

4.2　常见的调度算法

不同应用场景下所使用的调度指标不同。操作系统为满足不同场景下的需求，采用的调度算法也应该是不同的。本节阐述几种常见的调度算法，这些算法是其他调度算法的基石，其中的部分算法在 openEuler 中也有对应的实现。

4.2.1　先进先出

先进先出（First In First Out，FIFO），也被称为先来先服务（First Come First Served，FCFS），是一个最简单的非抢占式调度算法。非抢占式调度是指操作系统让一个进程占用 CPU 直至该进程被阻塞或者自动释放 CPU 为止。当使用 FIFO 算法时，操作系统将按进程请求 CPU 的先后顺序依次调度进程执行。一般而言，操作系统中有一个由就绪进程组成的队列,称为调度队列。当一个进程请求 CPU,但 CPU 此时正在执行其他进程时,该进程就会被压入调度队列尾部。当使用 FIFO 算法的调度程序开始执行时,调度队列的第一个进程会被调度执行。操作系统允许该进程运行它所期望的时间长度,即该进程不会因为需要运行太长时间而被中断。FIFO 算法的主要优点是易于理解并且在操作系统中实现的开销很小。openEuler 也实现了 FIFO 算法,而且是把 FIFO 算法与优先级调度结合起来实现的,具体实现思想可参见 4.2.4 节优先级调度。

FIFO 算法性能并不理想,尤其在进程执行时间差别较大时,易造成周转时间和响应时间均过高的现象。假设操作系统中有 A、B、C 三个进程,这三个进程都只使用 CPU 而不执行 I/O 操作,运行时间分别是 8ms、4ms、4ms。它们几乎同时到达,但是进程 A 略微早于进程 B,进程 B 略微早于进程 C。为了计算方便,我们还是假设这三个进程都在 0 时刻到达。那么,进程 A 会在 8ms 的时候完成执行,进程 B 会在 12ms 的时候完成执行,进程 C 会在 16ms 的时候完成执行,我们计算得到这些进程的平均周转时间是（8ms＋12ms＋16ms)/3＝12ms。上文曾提到 FIFO 是一个非抢占式算法,所以进程 B 必须要在进程 A 完成之后才能开始,进程 C 与此类似。假设进程 A 到达系统之后立刻被响应并且下一个就绪进程在前一个进程完成执行之后也立刻被响应,那么进程 A 的响应时间是 0ms,进程 B 的响应时间是 8ms,进程 C 的响应时间是 12ms,我们计算得到这三个进程的平均响应时间是（0ms＋8ms＋12ms)/3≈6.67ms。假设将运行时间变成未知量 x ms、y ms、z ms,根据前面的公式可以计算得到平均周转时间为 $(x+(x+y)+(x+y+z))=(3x+2y+z)/3=x+2y/3+z/3$ ms,平均响应时间为 $(0+x+(x+y))/3=2x/3+y/3$ ms。通过观察这两个公式,可发现值 x 对平均周转时间和平均响应时间的影响最大。如果操作系统先调度运行时间短的进程,那么这两个调度指标都会得到一定程度的优化。下面介绍使用这种方法的调度算法。

4.2.2 最短进程优先

最短进程优先(Shortest Job First,SJF)算法每次都将从调度队列中选择所需运行时间最短的就绪进程来运行。SJF 算法也是一种非抢占式调度算法,相比于 FIFO 算法,它在平均周转时间和平均响应时间上都有一定程度的优化。

基于 FIFO 算法中的例子,操作系统如果采用 SJF 算法,进程 B 将先被调度执行,响应时间是 0 ms;之后是 C 进程,响应时间是 4 ms;最后是 A 进程被调度执行,响应时间是 8ms。由此,计算得到这三个进程的平均周转时间是（4ms＋8ms＋16ms)/3≈9.33ms,平均响应时间是（0ms＋4ms＋8ms)/3＝4ms。因此,当所有进程都是就绪状态并且运行时间已知的时候,SJF 算法比 FIFO 算法更优。

然而,使用 SJF 算法,长进程(即运行时间长的进程)的响应时间会越来越长。如果有持续不断的短进程,那么长进程有可能长时间得不到响应,而产生进程饥饿现象。此外,SJF 算法也存在实现难点,即很难预估每个进程的运行时间。因此,openEuler 中并没有采用 SJF 算法。在某些采用 SJF 调度算法的操作系统中,通常采用的一种进程运行时间预估方法是指数平均法,其计算方法为:设 t_n 为第 n 个实例进程的运行时间(对于批处理系统,这是指一个进程总的执行时间;对于交互式系统,这是指进程获得一次 CPU 后能持续运行的时间),T_n 为第 n 个实例进程的预估运行时间,且 $\alpha\,(0<\alpha<1)$ 为常数权重因子,那么有 $T_{n+1}=\alpha t_n+(1-\alpha)T_n$。其思想是利用历史进程执行时间来预估,可以看出,一个进程执行得越晚,其执行时间对预估下一个进程的执行时间就越有参考价值。

4.2.3　轮转调度

轮转(Round-Robin,RR)调度算法,是一种适用于交互式场景的抢占式调度算法,在个人计算机、服务器中都较为常见。该算法的核心思想就是给每个就绪进程分配一个时间片(Time Slice)。如果进程在一个时间片用完之后仍不能完成运行,操作系统则会剥夺该进程使用 CPU 的权限。之后,调度程序选择下一个要运行的就绪进程,并将 CPU 分配给该进程。如果进程在一个时间片内发生了阻塞或提前运行结束,调度程序也会重新将 CPU 分配给下一个要运行的就绪进程。与 FIFO 算法一样,openEuler 也实现了 RR 调度算法,但是将 RR 算法与优先级调度结合实现,具体实现思想参见 4.2.4 节优先级调度。

仍然基于 FIFO 算法中的例子,假设 RR 算法的时间片被设置为 1ms,且进程上下文切换时间忽略不计,那么整个执行的时序图如图 4-1 所示。

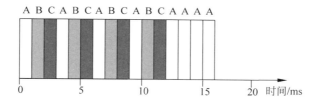

图 4-1　轮转调度执行时序图

在操作系统使用 RR 算法后,进程 B 的周转时间为 11ms,响应时间为 1ms;进程 C 的周转时间为 12ms,响应时间为 2ms;进程 A 的周转时间为 16ms,响应时间为 0ms。计算得到这三个进程的平均周转时间为(11ms+12ms+16ms)/3＝13ms,这个时间比 FIFO 调度算法和 SJF 算法的平均周转时间更长。但是,平均响应时间仅为(1ms+2ms+0ms)/3＝1ms,因此轮转调度算法可以很好地满足交互式系统对响应时间尽可能短的需求。

然而,对于恰当的轮转调度算法,时间片长度的选择是十分重要的。RR 算法是一个抢占式调度算法,相比 FIFO 算法和 SJF 算法涉及更多的进程上下文切换。进程上下文切换过程需要一定的时间成本来保存和恢复寄存器值以及内存映像等上下文。如果时间片很短,则响应时间也会很短,但是频繁的上下文切换会带来额外的时间成本,降低 CPU 的利用率。反之,如果时间片过长,系统虽然不会有频繁的上下文切换,但是响应时间却会变长。当时间片设定过长时,RR 算法就退化成了 FIFO 算法。因此,RR 算法的时间片长度是一个需要优化调整的关键变量。在 openEuler 中,轮转调度算法的时间片被默认设置为 100ms。用户可以使用 openEuler 提供的 A-Tune 工具(在第 10 章详述)对时间片大小进行自动调优,从而获得一个真正适合应用场景的时间片大小。

4.2.4 优先级调度

轮转调度算法做了一个隐含的假设,即所有的进程同等重要。但是,操作系统中运行的一些进程往往比另一些进程更重要,例如屏幕上实时显示视频的进程比后台发送电子邮件的进程更重要。因此,操作系统需要将这些外部因素考虑到 CPU 调度中,从而引入了优先级调度。优先级调度的基本思想是:每个进程被赋予一个优先级,且优先级最高的就绪进程先运行。

openEuler 为每一个优先级维护一个进程链表。调度时,从优先级最高的链表中选择一个进程让其占用 CPU。如果优先级最高的链表中没有进程,调度程序从次高优先级的链表中选择一个进程让其占用 CPU,以此类推。openEuler 要求每个进程都有一个调度策略。如果调度程序选择的进程使用的是 FIFO 调度策略,那么该进程将一直霸占 CPU 直至它运行完成或者被更高优先级的进程抢占又或者进程自己发生阻塞。如果选择的进程使用的是 RR 调度策略,该进程将运行指定的时间片,除非进程发生阻塞或者提前运行结束。如果进程用完时间片后还不能运行结束,调度程序则把该进程添加到进程优先级对应的链表尾部,然后把 CPU 让给优先级相同的其他进程。

openEuler 支持的进程优先级范围很大,根据优先级调度的进程的优先级范围是 0~99。一般来说,多数优先级链表为空。此时,一次测试一组优先级链表上有无进程肯定比逐个测试各个优先级链表上有无进程更高效。因此,openEuler 使用了位图(Bitmap)的方式,如图 4-2 示例程序第 2 行所示。初始时,优先级位图 bitmap 被全部设置为 0。如果某个优先级对应的链表不为空,数组 bitmap 对应的位则被设置为 1。数组 queue 是由每个优先级对应的链表的头节点组成的,它的下标则是优先级数值,下标越小,优先级越高(第 4 行)。每次调度时,调度程序先用优先级位图 bitmap 找到第一个非空链表对应的优先级数值,之后将优先级数值作为数组 queue 的下标访问该优先级对应的链表,并选择链表的第一个进程作为下一个要运行的进程。

```
1.    //源代码: kernel/sched/sched.h
2.    struct rt_prio_array {
3.        DECLARE_BITMAP(bitmap, MAX_RT_PRIO + 1);    //用 1 位作为隔离标识符
4.        struct list_head queue[MAX_RT_PRIO];
5.    }
```

图 4-2　优先级位图实现

4.3　多核调度

如今,多核处理器已成为个人计算机和服务器的标准配置。由于多核处理器和单核处理器在体系结构上的区别,不能简单地将单核处理器上的调度策略直接扩展到多核处理器。那么多核处理器上的调度策略该如何设计呢? 先来了解多核调度的背景。

4.3.1　多核调度的背景

多核处理器和单核处理器之间最基本的区别在于两者对硬件缓存(Cache)的使用不同。同时,多核处理器还需考虑多核之间数据共享的问题。

为了加速处理器访问内存数据的速度,单核处理器系统引入了硬件缓存。缓存是容量很小但访问速度很快的存储设备,其数据读写速率远大于内存速率。处理器访问数据的时候,先访问缓存,如果缓存中存在所需数据,则直接从缓存读取;如果缓存中不存在所需数据,则访问内存读取数据,并将内存中的所需数据及附近数据都复制到缓存中。基于空间局部性原理,接下去访问的数据大概率都能在缓存中找到,因此借助硬件缓存可以让处理器更快地执行程序。单核处理器中 CPU、Cache 和内存的关系如图 4-3所示。

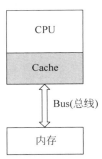

图 4-3　单核处理器架构

然而,在多核处理器系统中,情况将会变得复杂许多。ARMv8 架构是一个多核处理器架构,该架构下处理器的 CPU 核、Cache 和内存的关系如图 4-4 所示。ARMv8 架构中包含了多个集群(Cluster),每个集群又包含多个 CPU 核(Core)。每一个 CPU 核都有自己的 L1 Cache;同一个集群内的多个 CPU 核共享一个 L2 Cache;而多集群则会共享一个 L3 Cache;L3 Cache 再通过总线与内存通信。ARMv8 架构还是一个对称多处理器(Symmetric Multi-Processor,SMP)架构。在对称多处理器中,一个 CPU(核)会先完成操作系统的启动任务,这个 CPU 被称为主 CPU。在主 CPU 完成启动后,系统还会启动其他 CPU(次CPU)。在所有的 CPU 都启动之后,这些 CPU 会有相同的系统资源(例如内存),并且每个CPU 的功能都是相同的,它们唯一的区别就是前面提到的启动方式不同。

由于在多核处理器架构下缓存和主存的关系发生了变化,系统会面临以下问题:缓存一致性、缓存亲和度、核间数据共享和负载均衡。为了方便阐述,本书将把 ARMv8 架构中缓存和主存的关系简化为如图 4-5 所示的结构,每个 CPU 拥有自己的硬件缓存,而所有CPU 共享内存。

(1)缓存一致性问题。假如一个进程的线程此时正运行在 CPU0 上,这个线程会读取

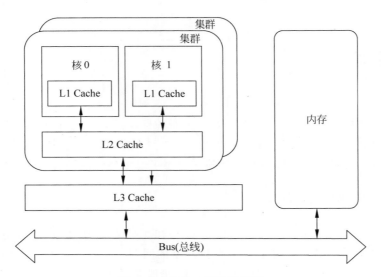

图 4-4 ARMv8 架构示意图

内存地址 A 处的数据,为了使之后的访问速度更快,内存地址 A 处的数据会被复制到 CPU0 的硬件 Cache 中。此时,假设线程的一条指令需要修改内存地址 A 处的数据,它实际上修改的是缓存中的数据。内存中的数据不会被立即修改,而是等候一段时间之后,系统会把缓存中的数据写回到内存,此时内存地址 A 处的数据才会被修改。系统这么做是因为将数据从缓存写回内存需要额外的时间成本,为了提高系统的性能,所以不会立即写回。在 CPU0 的缓存数据

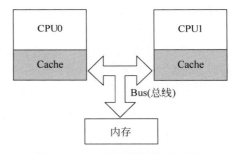

图 4-5 多核处理器架构示意图

写到内存之前,该进程运行在 CPU1 上的另一个线程也需要访问内存地址 A 处的数据,它会将内存中的数据复制到 CPU1 的缓存中。然而,此时被复制的数据是原来未修改过的旧值,从而导致了缓存一致性问题。

缓存一致性的维护有软件和硬件两种方式。①软件的方式。处理器需要提供操作 Cache 的指令,而程序员在某些需要缓存一致性的操作之前显式地使用 Cache 指令来维护处理器系统的缓存一致性。软件实现的方式增加了软件的复杂性并且在有大量数据共享时系统性能会降低,因此现在大多数处理器都还是采用硬件方式来维护。②硬件的方式。例如,ARMv8 架构的多核处理器使用 SCU(Snoop Control Unit,窥探控制单元)和 MOESI(一种缓存一致性协议)来维护多 CPU 的缓存一致性。MOESI 用来描述 Cache 中一条可共享 line(Cache 中的最小缓存单位)的状态。SCU 能够对 Cache 进行监听,并且能够将数据在不同核的 Cache 之间直接传递。例如,CPU0 在读取地址 A 中的数据时,该数据将被缓存到 CPU0 的私有 Cache 中。此时,如果 CPU1 也需要读取地址 A 中的数据,SCU 将监测到

这个访问,同时发现该数据已被缓存在 CPU0 的 Cache 中。在这种情况下,SCU 将 CPU0 中的数据直接传递到 CPU1 私有的 Cache 中。

(2)缓存亲和性问题。一个进程在 CPU0 上运行很长一段时间之后,CPU0 上的硬件缓存将会缓存很多该进程的内存数据。此时,该进程被中断,但是又很快被重新调度开始运行。如果进程继续运行在 CPU0 上,由于缓存中仍含有该进程的数据,所以运行的性能会更好一些,进程执行的速度也会更快一些,这就是所谓的缓存亲和性。但是,如果进程被调度到 CPU1 上,系统需要重新将内存数据加载到缓存中,从而导致进程的执行速度变慢。因此,在多核处理器中应尽可能地让同一进程保持在同一个 CPU 上运行。

(3)核间数据共享。除了缓存一致性之外,还需要解决多 CPU 访问共享数据时带来的竞争问题(例如多 CPU 访问同一个调度队列选择下一个进程来执行时)。最简单的解决方式是使用互斥原语(例如锁)来解决对共享数据的访问。如果不使用锁来保证共享数据更新的原子性,多 CPU 在访问共享数据时,可能得不到预期的结果。但是,使用锁又会导致系统性能下降,因为没有占有锁的其他 CPU 都在等待锁的释放,浪费了很多 CPU 周期。

(4)负载均衡。对于多核处理器,系统还应该让每个 CPU 尽可能地保持负载均衡,即不能出现一个 CPU 一直空闲,而另一个 CPU 一直运行的情况。

4.3.2　多核调度策略

针对前文多核调度背景中需要考虑的问题,现有的多核调度策略主要分为两类:一类是单队列调度策略;另一类是多队列调度策略。

1. 单队列调度策略

在单队列调度策略中,所有 CPU 共享一个调度队列,系统中所有的就绪进程都被放在该调度队列中。每个 CPU 运行自己的进程调度程序,调度程序从调度队列中选择就绪进程来让其占用 CPU。这种策略最大的优势就是自动实现了负载均衡。当一个 CPU 空闲的时候,该 CPU 会通过调度程序从调度队列中选择一个就绪进程来运行,从而确保自己不会处于空闲状态。

然而,单队列调度策略也存在以下两个缺点。

(1)缺乏可扩展性。因为系统中所有的 CPU 共享一个调度队列,所以为了确保多个 CPU 执行调度程序选择就绪进程时的正确性,调度程序中需要添加锁的操作来互斥地访问调度队列,即一个 CPU 上的调度程序在访问调度队列时,其他 CPU 不能访问调度队列而只能等待。但是,在多核系统中,过多地使用锁会带来巨大的性能损失:当系统中 CPU 数目不断增加时,锁的争用也会不断增加,最终导致系统消耗越来越多的 CPU 周期去获取锁,而真正用于完成任务的 CPU 周期将会越来越少。

(2)违背缓存亲和性。假设调度队列中有 5 个就绪进程(A、B、C、D、E)等待被调度,情况如图 4-6 所示。

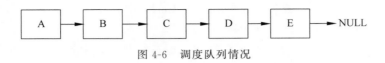

图 4-6　调度队列情况

系统中如果有 4 个 CPU，每个 CPU 都使用轮转调度算法来选择下一个要执行的进程。CPU0、CPU1、CPU2、CPU3 先依次运行进程 A、B、C、D。在进程 A 的时间片用完之后，进程 A 会被插入到进程 E 的后面，而此时 CPU0 将会调度进程 E 来运行。最终的调度序列如图 4-7 所示。

由于每个 CPU 上执行的调度程序都只是简单地从共享调度队列中选取下一个进程来运行，因此进程会在不同 CPU 之间转移，从而违背了缓存亲和性。为此，系统可引入亲和度机制来尽可能地让进程在同一个 CPU 上运行，如图 4-8 所示。在实现各 CPU 负载均衡的前提下，一些进程的亲和性虽然得到了保证，但是这是以牺牲其他进程的亲和性为代价的。例如，进程 E 需要在不同 CPU 之间切换。当然，系统可以轮流选择不同的进程作为牺牲进程来实现公平，但是这种策略实现起来比较复杂。

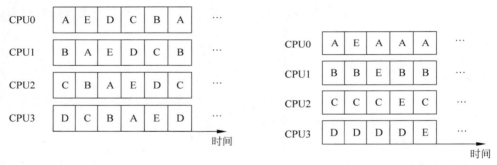

图 4-7　单队列调度情况　　　　图 4-8　考虑亲和性后的单队列调度情况

2. 多队列调度策略

为了解决单队列调度策略缺乏可扩展性和违背亲和性的问题，openEuler 使用了多队列调度策略：每个 CPU 维护一个调度队列，运行各自的调度程序从自己的调度队列中选择进程执行。由于各 CPU 的调度队列是相互独立的，不会被其他 CPU 共享访问，也就是说不再需要锁来保护 CPU 的调度队列，因此锁的争用将不再是大问题，这很好地解决了单队列调度缺乏可扩展性的问题。除此之外，由于每个 CPU 维护自己的调度队列，每个被添加到特定 CPU 调度队列上的就绪进程都会固定在这个 CPU 上运行，从而能更好地利用缓存数据，保证了缓存亲和性。

但是，多队列调度策略在多核的负载均衡上得不到保证。假设系统中存在两个 CPU（CPU0 和 CPU1），它们分别维护一个调度队列。进程被创建后，会被添加到其中一个调度队列中。如果基于向小负载 CPU 添加就绪进程的原则，进程 A、B、C、D 在被依次创建后，两个 CPU 的调度队列情况可能如图 4-9 所示。其中，Q0 由 CPU0 维护，Q1 由 CPU1 维护。

图 4-9　多队列调度队列情况

在调度之初,每个 CPU 上运行的调度程序都将从各自维护的调度队列中选择一个就绪进程来运行。采用轮转调度算法后,可能的调度结果如图 4-10 所示。此时多 CPU 之间的负载是均衡的。

图 4-10　多队列调度情况

假设操作系统在运行一段时间之后,调度队列 Q0 的两个进程 A 和 C 都运行结束,且操作系统也没有新的进程被创建,那么两个调度队列的情况如图 4-11 所示。这种情况下,CPU0 处于空闲状态,而 CPU1 则需要在进程 B 和 D 之间来回切换运行,使得 CPU0 和 CPU1 负载不均衡。

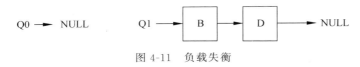

图 4-11　负载失衡

解决多 CPU 负载不均衡问题最直接的方法就是让就绪进程跨 CPU 迁移。例如将进程 D 迁移到 CPU0 上运行后,CPU0 和 CPU1 则实现了负载均衡。在 openEuler 中,每个处理器都有一个迁移线程(称为 migration/CPU-ID)。而每个迁移线程都有一个由函数组成的停机工作队列。迁移线程每次都从停机工作队列中取出一个函数执行。只要停机工作队列上有待执行的函数,迁移线程就会一直运行直至所有的函数都执行完毕。这些函数负责将进程从一个 CPU 迁移到另一个 CPU。另外,迁移线程可以抢占所有其他进程,但是其他进程不可以抢占迁移线程。一个典型的场景是:CPU0 向 CPU1 的停机工作队列中添加一个工作函数,并唤醒 CPU1 上的迁移线程。由于该迁移线程不会被其他进程抢占,所以该迁移线程可以第一时间从停机工作队列中取出函数执行,将进程从 CPU1 迁移到 CPU0,从而实现负载均衡。

4.4　CFS 调度

openEuler 的核心进程调度策略为标准轮流分时调度策略,其采用的是 CFS(Completely Fair Scheduler,完全公平调度)算法。本节将详细阐述 CFS 调度的原理及其在 openEuler 中的实现。在介绍 CFS 调度之前,先介绍 openEuler 中 CPU 调度的总体实现。

4.4.1 调度策略和进程类别

为了满足不同应用场景的需求,openEuler 存在多种类别的进程(限期进程、实时进程和普通进程),并实现了多种调度策略。每种类别的进程对应不同的调度策略。限期进程对应的是限期调度策略(SCHED_DEADLINE),该策略会选择进程截止时间距当前时间点最近的进程来运行。实时进程对应两种调度策略:先进先出调度策略(SCHED_FIFO)和轮转调度策略(SCHED_RR),这两种调度策略在 4.2.4 节中已阐述过。普通进程对应的是标准轮流分时调度策略(SCHED_NORMAL),采用的是 CFS 调度算法。

4.4.2 调度类

openEuler 使用了多种调度策略,因此也使用了多个调度器(即用于选择进程来执行的模块)。每个调度器使用不同的策略来选择下一个进程来运行。为了方便调度器的管理及添加新的调度器,openEuler 将调度器的公共部分(例如调度器都会有的函数)抽象出来,并使用调度类来表示,这样一个调度类则表示一个具体实现的调度器。

openEuler 中每个 CPU 都会有 5 种主要的调度类用于调度,每一个调度类都有一个优先级。接下去按照优先级从高到低的顺序依次讲解这 5 种调度类。

(1) 停机调度类,其调度的是停机进程(线程)。目前,只有迁移线程(用来把进程从当前处理器迁移到其他处理器)属于停机调度类。

(2) 限期调度类,其调度的是限期进程,每次调度时都选择绝对截止期限最小的进程。

(3) 实时调度类,其调度的是实时进程。实时调度类为每个优先级维护一个链表。每次调度时都选择优先级最高的第一个链表中的第一个进程。如果该进程使用 FIFO 调度策略,那么将一直霸占处理器直至该进程主动让出处理器或者出现优先级更高的进程。

(4) 公平调度类,其调度的是普通进程,使用的是 CFS 算法。

(5) 空闲调度类,其调度的是处理器上的空闲线程,即 0 号线程。

当一个处理器上的调度发生时,操作系统以优先级从高到低的顺序遍历每一个调度类,先从优先级最高的调度类(停机调度类)中选择一个进程让其使用处理器。如果当前优先级最高的调度器中没有进程,再从优先级次高的调度类(限期调度类)中选择一个进程让其使用处理器,以此类推。

openEuler 中使用结构体 sched_class 表示调度类。如图 4-12 所示,成员变量 next 指向下一个结构体 sched_class,即系统中多个调度类以链表方式组织起来(第 3 行)。调度器的几个公共函数有:函数 enqueue_task()用来向调度队列添加一个进程(第 4 行);函数 dequeue_task()将一个进程从调度队列中删除(第 6 行);函数 pick_next_task()用来选择下一个要运行的进程(第 8 行)。如果操作系统想要添加新的调度器,那么只需要实现结构体 sched_class 中的函数即可。

```
1.    //源代码: kernel/sched/sched.h
2.    struct sched_class {
3.        const struct sched_class  * next;
4.        void ( * enqueue_task) (struct rq * rq, struct task_struct * p,
5.                                              int flags);
6.        void ( * dequeue_task) (struct rq * rq, struct task_struct * p,
7.                                              int flags);
8.        struct task_struct  *  ( * pick_next_task)(struct rq * rq,
9.            struct task_struct * prev, struct rq_flags * rf);
10.    }
```

图 4-12　调度类的实现

4.4.3　调度队列和调度实体

在 openEuler 中,每个处理器都有一个调度队列,用结构体 rq 来表示。实际上,结构体 rq 是由各个调度类在处理器上管理的调度队列和调度进程组成,即每个调度类在每个处理器上都有属于该调度类管理的调度队列和调度进程。当一个处理器要进行进程调度时,调度类会从该处理器上由该调度类管理的调度队列或者调度进程中选择进程去运行。结构体 rq 的关键代码如图 4-13 所示:成员变量 nr_running 是处理器的调度队列的进程总数量(第 3 行);成员变量 cfs 是 CFS 调度类管理的调度队列,即 CFS 调度类从该调度队列中选择普通进程(第 4 行),普通进程都会被放入该调度队列;成员变量 rt 是实时调度类管理的调度队列(第 5 行),实时进程都会被放入该调度队列;成员变量 dl 是限期调度类管理的调度队列(第 6 行),限期进程都会被放入该调度队列;成员变量 idle 和 stop 分别指向空闲调度类(第 7 行)和停机调度类管理的进程(第 8 行),即空闲进程和停机进程;成员变量 cpu 表示调度队列所属的 CPU ID(第 9 行)。

```
1.    //源代码: kernel/sched/sched.h
2.    struct rq {
3.        unsigned int nr_running;
4.        struct cfs_rq          cfs;
5.        struct rt_rq           rt;
6.        struct dl_rq           dl;
7.        struct task_struct     * idle;
8.        struct task_struct     * stop;
9.        int cpu;
10.    }
```

图 4-13　调度队列的实现

虽然 openEuler 使用结构体 task_struct 作为进程的 PCB,但是调度队列并不直接存放结构体 task_struct 的内容,而是存放另一个结构体——调度实体,调度实体的关键代码如

图 4-14 所示。调度实体中保存了 CPU 调度所需的信息,例如进程的已运行时间。一个调度实体唯一地代表一个进程。但是,由于不同调度策略用到的信息不同,结构体 task_struct 中包含了多种类别的调度实体。这些调度实体包括 CFS 调度类选择进程时会用到的调度实体 se(第 3 行);实时调度类选择进程时会用到的调度实体 rt(第 4 行);限期调度类选择进程时会用到的调度实体 dl(第 5 行)。在创建进程 PCB 的时候,操作系统根据进程所属的调度类类别初始化对应的调度实体,再将调度实体添加到调度类管理的调度队列中。这样,一个调度实体也就代表一个进程。

```
1.      //源代码:include/linux/sched.h

2.      struct task_struct {
3.          struct sched_entity          se;
4.          struct sched_rt_entity       rt;
5.          struct sched_dl_entity       dl;
6.      }
```

图 4-14   调度实体的关键代码

4.4.4 CFS 调度策略

前文提到 openEuler 中包含多种调度策略,下面重点介绍标准轮流分时调度策略,即 CFS 调度策略。实时进程使用的先进先出调度策略和轮转调度策略用到了优先级和时间片的概念,但是使用这两种策略的实时进程在被添加到调度队列后不一定会被调度,这还与实时进程的优先级有关。因为,在实时进程调度中,高优先级实时进程将一直优先于低优先级实时进程运行。所以,只要有高优先级进程存在,低优先级进程即使被添加到调度队列也无法被调度。然而,在 CFS 调度策略中,一个调度时延(进程第一次获得 CPU 的时间到下一次获得 CPU 时间的时间间隔)内的所有进程都有机会被调度到,只是进程的运行时间不同。CFS 调度算法根据进程优先级和当前系统负载来为每个进程分配一定比例的 CPU 处理时间。

CFS 调度算法为每个进程分配的 CPU 处理时间是根据 nice 值来计算的。nice 值表示相对优先级,范围为 −20～+19。nice 值越低表示相对优先级越高。具有较低 nice 值的进程与具有较高 nice 值的进程相比,前者会分配到更高比例的 CPU 处理时间。然而,在计算分配的比例时,CFS 调度算法用到的是权重值而不是 nice 值。openEuler 有一张表格可将 nice 值转化为对应的权重值,见图 4-15。假设进程 i 的权重为 w_i,进程 i 分配到的 CPU 处理时间比例记为 P_i,即

$$P_i = w_i \bigg/ \sum_{j \in \text{cfs}} w_j \tag{4-1}$$

在得到进程分配的 CPU 处理时间比例之后,该进程分配的时间片又如何计算呢?CFS 调度算法主要根据当前操作系统中就绪进程的数量和最小粒度时间来确定进程分配到的时间片大小。

```
1.    //源代码: kernel/sched/core.c
2.    const int sched_prio_to_weight[40] = {
3.        /* - 20 */    88761,    71755,    56483,    46273,    36291,
4.        /* - 15 */    29154,    23254,    18705,    14949,    11916,
5.        /* - 10 */     9548,     7620,     6100,     4904,     3906,
6.        /* - 5 */     3121,     2501,     1991,     1586,     1277,
7.        /*   0 */     1024,      820,      655,      526,      423,
8.        /*   5 */      335,      272,      215,      172,      137,
9.        /*  10 */      110,       87,       70,       56,       45,
10.       /*  15 */       36,       29,       23,       18,       15,
11.   }
```

图 4-15　nice 值/权重表格

（1）先确定调度时延。调度时延是指进程连续两次获得 CPU 的时间间隔。假设轮转调度算法的时间片是 10ms，操作系统中共有 2 个就绪进程，那么进程 A 在获得 CPU 后需要 20ms 之后才能再次被调度，因此调度时延就是 20ms。为什么需要确定调度时延呢？因为调度时延是指进程两次被调度之间的时间间隔，只有在调度时延被确定之后，CFS 调度算法才能根据比例计算出这一趟调度时延中进程需要分配到多少时间片。CFS 调度算法中调度时延计算的关键代码如图 4-16 所示。如果操作系统中就绪进程的个数（变量 nr_running）小于等于 sched_nr_latency（默认值为 8，第 4 行），调度时延的值为 sysctl_sched_latency（默认值为 6ms，第 2 行）。如果就绪进程个数大于 sched_nr_latency 时（第 6 行），为避免频繁的上下文切换，操作系统需要保证每个进程至少运行最小粒度时间才让出 CPU。最小粒度时间默认是 0.75ms，用变量 sysctl_sched_min_granularity 记录（第 3 行）。此时，调度时延为公平调度队列上就绪进程数量与 sysctl_sched_min_granularity 的乘积（第 7 行）。

```
1.    //源代码: kernel/sched/fair.c
2.    unsigned int sysctl_sched_latency = 6000000ULL;
3.    unsigned int sysctl_sched_min_granularity = 750000ULL;
4.    static unsigned int sched_nr_latency = 8;
5.    static u64 __sched_period(unsigned long nr_running) {
6.        if (unlikely(nr_running > sched_nr_latency))
7.            return nr_running * sysctl_sched_min_granularity;
8.        else
9.            return sysctl_sched_latency;
10.   }
```

图 4-16　调度时延确定

（2）在确定调度时延 sched_period 和进程 i 被分配到的 CPU 使用比例 P_i 之后，进程 i 被调度后分配的实际运行时间 W_i 为

$$W_i = \text{sched\_period} \times P_i = \text{sched\_period} \times w_i \Big/ \sum_{j \in \text{cfs}} w_j \tag{4-2}$$

在确定进程分配的实际运行时间后，CFS 引入了虚拟运行时间（Virtual Runtime）的概念来帮助选择下一个进程。进程 i 的虚拟运行时间 V_i 和实际运行时间 W_i 的关系为（其

中,w_{nice0} 表示 nice 值为 0 时的权重)

$$V_i = W_i \times w_{nice0} / w_i \qquad (4\text{-}3)$$

CFS 调度算法先将进程按虚拟运行时间从小到大排序。然后,每次调度时选择虚拟运行时间最少的进程,以此来实现进程调度的公平性。下面通过一个例子来解释其如何保证公平性。假如有 A、B 两个进程,权重值分别是 x 和 y。那么,这两个进程实际运行时间比也是 $x:y$。但是经公式计算后,进程 A 和进程 B 的虚拟运行时间是一样的。因此,只要保证进程每次的虚拟运行时间相同,那么它们实际运行时间也就符合期望的 CPU 使用比例。假如进程 A 的虚拟运行时间少于进程 B 的虚拟运行时间,那么说明进程 A 的实际运行时间还没达到它所期望的 CPU 使用比例。在调度执行进程 A(虚拟运行时间少的进程)之后,进程 A 可以往它所期望的 CPU 使用比例逼近,从而实现公平。

4.4.5　调度过程

openEuler 发生调度的情况有以下 4 种:

(1) 主动调度:进程在用户态运行时,通过函数 sched_yield() 主动让出处理器;或者在进程进入内核态后,进程因为等待某种资源(例如互斥锁或信号量)而主动调用函数 schedule() 让出处理器。

(2) 周期性地调度:操作系统强迫当前进程让出处理器。

(3) 唤醒阻塞的进程:被唤醒的进程可能会抢占当前进程。

(4) 创建新进程:新进程可能会抢占当前进程。

无论哪种情况,最终被调用的关键函数都是 __schedule(),即进程调度的入口函数是 __schedule()。

1. 调度入口

函数 __schedule() 的关键代码如图 4-17 所示。函数 __schedule() 首先需要知道调度发生在哪个 CPU 上,因此函数 smp_processor_id() 先获取发生调度的 CPU ID(第 6 行)。由于 openEuler 中每个 CPU 都有一个调度队列,因此可以根据刚刚获取到的 CPU ID 再获取该 CPU 的调度队列(第 7 行)。之后,函数 pick_next_task() 用来选择下一个要运行的就绪进程(第 9 行),最后再由函数 context_switch() 进行上下文切换(第 10 行)。

```
1.     //源代码：kernel/sched/core.c
2.     static void __sched notrace __schedule(bool preempt) {
3.         struct rq_flags rf;
4.         struct rq * rq;
5.         int cpu;
6.         cpu = smp_processor_id();        //多核场景下,CPU ID 的值
7.         rq = cpu_rq(cpu);               //该 CPU 上的调度队列
8.         prev = rq->curr;
9.         next = pick_next_task(rq, prev, &rf);
10.        rq = context_switch(rq, prev, next, &rf);
11.    }
```

图 4-17　函数 __schedule() 的关键代码

函数 context_switch()进行上下文切换的过程已在第 3 章介绍过了。因此,本节将详细介绍函数 pick_next_task()选择下一个要运行的进程的详细过程。函数 pick_next_task()的关键代码如图 4-18 所示。由于 openEuler 中绝大多数进程都是普通进程,所以函数 pick_next_task()做了一点优化:如果当前 CPU 的调度队列 rq 上的就绪进程数量等于 CFS 调度队列上的就绪进程数量(第 8 行),那么说明该 CPU 上所有的就绪进程都在 CFS 调度队列上,因此应该让 CFS 调度类从 CFS 调度队列上选择一个进程,即直接调用 CFS 调度类实现的函数 pick_next_task()来选择下一个要运行的进程(第 9 行)。如果 CPU 的调度队列 rq 上的就绪进程数量不等于 CFS 调度队列上的就绪进程数量,那么函数 for_each_class()按照优先级顺序依次调用每个调度类实现的函数 pick_next_task()从该调度类的调度队列中选择下一个要运行的进程(第 12 行)。在某个调度类实现的函数 pick_next_task()找到需要调度的进程之后(第 14 行),函数 pick_next_task()直接返回被选择的进程,不再调用其他调度类实现的函数 pick_next_task()(第 15 行)。

```
1.     //源代码: kernel/sched/core.c
2.     static inline struct task_struct * pick_next_task(struct rq * rq,
3.                  struct task_struct * prev, struct rq_flags * rf){
4.         const struct sched_class * class;
5.         struct task_struct * p;
6.         if(likely((prev -> sched_class == &idle_sched_class||
7.                 prev -> sched_class == &fair_sched_class) &&
8.                 rq -> nr_running == rq -> cfs.h_nr_running)) {
9.             p = fair_sched_class.pick_next_task(rq, prev, rf);
10.            return p;
11.        }
12.        for_each_class(class) {
13.            p = class -> pick_next_task(rq, prev, rf);
14.            if (p) {
15.                return p;
16.            }
17.        }
18.    }
```

图 4-18　函数 pick_next_task()的关键代码

2. CFS 选择进程

前文提到各个调度类实现的函数 pick_next_task()会被依次调用。下面重点介绍 CFS 调度类实现的函数 pick_next_task(),即函数 pick_next_task_fair()(pick_next_task 实际上是一个函数指针,CFS 将函数 pick_next_task_fair()赋值给该函数指针,见图 4-12 中代码第 8 行)。不过,在介绍函数 pick_next_task_fair()之前,我们结合前文调度队列和调度实体的内容来详细讲解 CFS 调度类的调度队列和调度实体。CFS 调度类的调度队列使用结构体 cfs_rq 表示,关键代码如图 4-19 所示:成员变量 nr_running 表示 CFS 调度队列上就绪进程的数量(第 3 行);成员变量 min_vruntime 表示 CFS 调度队列上最小的虚拟运行时间(第 4 行);成员变量 tasks_timeline 用来存储 CFS 调度类使用的红黑树信息(第 5 行);成员变量

curr 指向 CFS 调度队列中当前进程的调度实体（第 6 行）。

```
1.    //源代码: kernel/sched/sched.h
2.    struct cfs_rq {
3.        unsigned int          nr_running;
4.        u64                   min_vruntime;
5.        struct rb_root_cached  tasks_timeline;
6.        struct sched_entity * curr;
7.        ...
8.    }
```

图 4-19   CFS 调度队列的关键实现

成员变量 tasks_timeline 的数据类型是结构体 rb_root_cached，该结构体如图 4-20 所示。成员变量 rb_root 是 CFS 调度队列使用的红黑树的根节点（第 3 行）；成员变量 rb_leftmost 缓存着这颗红黑树的最左边节点的地址，这个最左边的节点就是 CFS 调度队列中虚拟运行时间最少的就绪进程在红黑树上的节点（第 4 行）。

```
1.    //源代码: include/linux/rbtree.h
2.    struct rb_root_cached  {
3.        struct rb_root rb_root;
4.        struct rb_node * rb_leftmost;
5.    }
```

图 4-20   结构体 rb_root_cached

CFS 调度类的调度实体使用结构体 sched_entity 来表示，如图 4-21 所示。CFS 调度类的调度实体通过成员变量 run_node 构建成一颗红黑树（第 4 行）；成员变量 sum_exec_runtime 表示该调度实体代表的进程的实际运行时间总和（第 5 行）；成员变量 vruntime 则表示该调度实体代表的进程的虚拟运行时间总和（第 6 行）；成员变量 load 用来记录进程权重有关的信息（第 3 行），load 中的成员变量 weight 表示进程的权重（第 11 行），成员变量 inv_weight 是变量 weight 进一步运算之后的结果（$inv\_weight = 2^{32}/weight$，第 12 行）。

```
1.    //源代码: include/linux/sched.h
2.    struct sched_entity {
3.        struct load_weight    load;
4.        struct rb_node    run_node;;
5.        u64    sum_exec_runtime;
6.        u64    vruntime;
7.        ...
8.    }
9.    //源代码: include/linux/sched.h
10.   struct load_weight {
11.       unsigned long   weight;
12.       u32    inv_weight;
13.   }
```

图 4-21   CFS 调度类的调度实体

　　接下来讲解函数 pick_next_task_fair()的实现,该函数最关键的步骤是调用函数 pick_next_entity()。函数 pick_next_entity()的关键代码如图 4-22 所示。首先函数 __pick_first_entity()获取存储在参数 cfs_rq 中虚拟运行时间最少的进程调度实体(第 4 行),即参数 cfs_rq 中成员变量 tasks_timeline→rb_leftmost 的值(见图 4-20 代码第 4 行)。如果返回的值为 NULL 或者当前进程的虚拟运行时间小于 CFS 调度队列中虚拟运行时间最小值(变量 left 中存储的虚拟运行时间,第 7 行),那么变量 left 指向当前进程的调度实体(第 8 行)。之后,变量 left 的值被赋值给变量 se,因此变量 se 可能指向当前进程的调度实体,也可能是调度队列中虚拟运行时间最小的进程调度实体(第 9 行)。

```
1.     //源代码: kernel/sched/fair.c
2.     static struct sched_entity * pick_next_entity(struct cfs_rq * cfs_rq,
3.                                    struct sched_entity * curr) {
4.         struct sched_entity * left = __pick_first_entity(cfs_rq);
5.         struct sched_entity * se;
6.
7.         if (!left || (curr && entity_before(curr, left)))
8.             left = curr;
9.         se = left; //se 的情况可能是当前进程,也有可能是红黑树中最左边的进程
10.        if (cfs_rq - > skip == se) {
11.            struct sched_entity * second;
12.            if (se == curr) {      //假如当前进程需要跳过,那么就选择最左边的进程
13.                second = __pick_first_entity(cfs_rq);
14.            } else {
15.                second = __pick_next_entity(se);
16.                if (!second || (curr && entity_before(curr, second)))
17.                    second = curr;
18.            }
19.            if (second && wakeup_preempt_entity(second, left) < 1)
20.                se = second;
21.        }
22.        …
23.        return se;
24.    }
```

图 4-22　函数 pick_next_entity()的关键代码

　　变量 cfs_rq→skip 存储了不参与调度的进程调度实体,如果变量 se 的值刚好等于该值(第 10 行),即挑选出的虚拟运行时间最小的进程正好是不参与调度的进程,那么就选择虚拟运行时间次小的进程。虚拟运行时间次小的进程又可以分成两种情况:一种情况是不参与调度的进程调度实体正好是当前进程的调度实体,那么再次通过函数 __pick_first_entity()返回 CFS 调度队列中虚拟运行时间最小的进程调度实体(第 13 行);另一种情况是不参与调度的进程调度实体正好是 CFS 调度队列中虚拟运行时间最小的进程调度实体,那么函数 __pick_next_entity()遍历红黑树,返回 CFS 调度队列中虚拟运行时间次小的进程调度实体(第 15 行)。如果当前进程调度实体的虚拟运行时间小于 CFS 调度队列中虚拟运

行时间次小值,那么虚拟运行时间次小的进程调度实体应该是当前进程的调度实体(第 17 行)。最后,如果虚拟运行时间次小的进程能抢占虚拟运行时间最小的进程(第 19 行),即虚拟运行时间次小值和最小值的差值小于 sysctl_sched_wakeup_granularity 值(唤醒时间粒度,默认值是 1ms),那么最终返回的是虚拟运行时间次小的进程调度实体(第 23 行)。

本章小结

对于多道程序系统来说,CPU 调度是必不可少的。CPU 调度是指操作系统在必要的时候会中断当前进程的执行,然后根据调度策略来决定在什么时候以什么样的方式选择一个进程让其占用 CPU,从而使得操作系统可以在一段时间内同时执行多个进程,实现进程并发。

除了保证并发之外,操作系统需要调度性能指标来衡量一个调度策略的优劣。常见的调度性能指标有 CPU 利用率、吞吐量、周转时间、响应时间。但是,不同应用场景下,操作系统会有不同的设计目标,关注的调度性能指标也会不同。例如,交互式系统比批处理系统更加关注响应时间。

同样的,系统设计者也会根据不同应用场景设计不同的调度策略。目前常见的调度算法有先进先出、最短进程优先、轮转调度、优先级调度等。为了满足多场景的需求,openEuler 使用了上述多种常见的调度算法:先进先出、轮转调度以及优先级调度算法。联合使用这些调度算法,可用于对实时进程的调度。但是,openEuler 中大部分进程还是普通进程,它们更需要调度的公平性。因此,openEuler 引入了 CFS 调度算法。CFS 调度算法使用了时间片和优先级的概念,并且引入了虚拟运行时间,使得操作系统按照当前系统的负载和普通进程的优先级给该进程分配 CPU 使用的比例,从而确保了普通进程的相对公平。

随着多核处理器的发展,还需考虑使用什么样的多核调度策略。常见的多核调度策略有单队列调度策略和多队列调度策略,前者是所有 CPU 共享一个调度队列,而后者是多个 CPU 使用多个调度队列。为了避免多个 CPU 共用一个调度队列带来的资源竞争,openEuler 采用了多队列调度策略:每个 CPU 维护一个调度队列。CFS 等调度算法与多队列调度策略的融合成为 openEuler 中 CPU 调度的核心。

CPU 调度作为操作系统必不可少的部分,经过多年的发展已经趋于成熟。但目前学术界和工业界依然在进行特定领域的 CPU 调度策略研究。例如,在面向智能移动设备的操作系统中,除本章讨论的相关性能指标外,CPU 调度策略设计还需要进一步考虑其能量效率,因为在能耗受限的设备中能量效率是其操作系统设计优化的关键性指标之一。

## 第 5 章

内存管理

在现代操作系统中,多进程并发已成为操作系统的基本特征之一。然而,所有的并发进程都需要被加载进入内存后才能被 CPU 调度执行,这也使得内存管理成了影响操作系统性能的关键。从宏观上来说,内存管理的目标主要包括两个:①确保多个并发进程实现安全高效的内存共享;②提高内存利用率和内存寻址效率。

为了实现这两个目标,现代操作系统中采用了众多的内存管理技术,主要包括:①引入虚拟内存使进程对内存地址的访问从直接变为间接,有效地实现了进程地址空间的隔离,增强了进程管理的安全性和灵活性;②引入分页机制,实现了细粒度的动态内存分配和管理,有效减少了内存碎片,提高了内存利用率;③通过 TLB(地址转换旁路缓存)和多级页表等机制,实现了内存的快速寻址,提升了内存寻址效率;④突破物理内存容量的限制,利用外存对物理内存进行扩充,使得实际内存需求量大于剩余物理内存容量的进程依然能在操作系统中顺利运行。本章将针对这些内存管理的关键技术展开详细介绍,并以 openEuler 中的具体实现为例,加深读者对相关技术的理解。

5.1 内存访问:从直接到间接

内存管理的首要任务便是解决并发进程的内存共享问题。本节将详细介绍内存管理中引入的虚拟内存概念,以及如何通过虚拟内存的间接访问机制解决进程地址空间的隔离问题。

5.1.1 程序中的内存访问

首先以一个简单的例子说明 CPU 如何从内存中取指令和数据来执行一个程序。一个简单的 C 语言程序如图 5-1 所示:程序中定义了一个变量 x,然后对该变量 x 进行加 1 操作。该 C 语言程序编译生成的汇编代码(ARMv8 架构)如图 5-2 所示。操作系统将该程序加载到内存后,进程开始执行。操作系统将设置 C 语言的运行环境(例如设置栈指针),再通过设置程序计数器 PC(Program Counter)跳转到 main() 函数的起始地址 0x06e4(实际运行时,此地址会加上一个偏移)。CPU 中的控制逻辑将使用程序计数器 PC 记录的地址去内存中取回指令交由 CPU 执行部件执行。

```
1.    int main(){
2.        int x = 0;
3.        x = x + 1;
4.        return 0;
5.    }
```

图 5-1　C 语言程序内存访问示例

```
1.    06e4 < main >:
2.    d10043ff    sub sp, sp, ♯0x10
3.    b9000fff    str wzr, [sp, ♯12]      //x = 0
4.    b9400fe0    ldr w0, [sp, ♯12]       //将变量 x 的值读入寄存器 w0
5.    11000400    add w0, w0, ♯0x1        //w0 = w0 + 1
6.    b9000fe0    str w0, [sp, ♯12]       //将 w0 寄存器中的值写入变量 x
7.    52800000    mov w0, ♯0x0
8.    910043ff    add sp, sp, ♯0x10
9.    d65f03c0    ret
```

图 5-2　C 语言程序对应的汇编代码

3.1.1 节提到过,程序的局部变量保存在栈中。CPU 在执行图 5-2 中第 3 行指令时,将向栈中起始地址为(SP)+12 处的 4 字节写入整型数据 0(对应于 C 程序中的"$x = 0$"操作)。其中,(SP)指取 SP 寄存器中的值,(SP)+12 为变量 x 的地址。在 CPU 执行完第 3 行指令后,程序计数器 PC 将自动递增,指向下一条指令(第 4 行)。随后,第 4 行指令将变量 x 的内容读入寄存器 w0 中;第 5 行指令将 w0 寄存器加 1 再放入 w0 中;第 6 行指令将寄存器 w0 中的值写到栈中地址为(SP)+12 的位置。

从程序的角度来看,CPU 执行该程序发生了以下几次访存:

(1) 从地址 0x06e4 开始,CPU 将依次从内存中读入 2~9 行的指令执行;

(2) 在执行第 3、4 和 6 条指令时,分别向内存(变量 x 所在地址)写入 0、从内存读入变量 x 的值以及向内存写入执行"$x+1$"操作后的结果。

5.1.2　虚拟内存

内存(Memory)是 CPU 能直接寻址的存储器,其以字节为单位存储信息。为了使 CPU 能够正确地把信息存放到内存或从内存取得信息,内存的每一个字节单元被分配了一个唯一的存储器地址,称为物理地址(Physical Address)。程序只有被加载到内存后,CPU 才能从内存中读取程序指令和数据。在早期的计算机中,程序中访问的内存地址都是实际的物理地址。如果计算机只需要运行一些事先确定好的程序,这种直接访问物理地址的方式能够满足用户对内存管理的需求。现在,在嵌入式系统中,这种方式依然很常见,这是因为:在洗衣机、烤箱这样的嵌入式设备中,所有运行的程序都是事先确定的,用户不需要在这些设备上自由地运行其他的程序。

　　然而,在智能手机、服务器等设备中,用户希望在任意时刻都能自由地运行多个程序。在这些场景下,将物理地址直接暴露给程序存在以下问题:由于程序都是直接访问物理地址,所以给恶意程序提供了随意地读取和修改其他程序甚至操作系统内存数据的可能。即使对于非恶意的程序,如果程序存在漏洞,也可能不小心修改了其他程序甚至操作系统的内存数据,将导致程序运行出现异常或严重的系统安全问题。此外,如果某一个程序在运行时发生崩溃,可能导致整个系统崩溃。例如,在图 5-3 所示的例子中,在向地址 0xF000FF80 开始的 4 字节(假定在 32 位系统中)写入数据 65 535 时,如果该地址是物理地址,并指向了另一个进程代码段所在的内存,那么将可能导致另一个进程无法正常执行。

```
1.     * (unsigned int * )0xF000FF80 = 65535;
```

图 5-3　直接内存访问示例

　　为了解决上述问题,操作系统设计者想到了一种基于中间层的方法:在内存访问的过程中增加一个中间层,程序通过间接的方式访问物理地址。在这种方式下,程序访问的内存地址不再是实际的物理地址,而是一个虚拟出来的地址;在发生内存访问时,系统负责将这个虚拟出来的地址转换成对应的物理地址。这个增加的中间层叫作虚拟内存,而这个被虚拟出来的内存地址称为虚拟地址(Virtual Address)。此外,人们为内存提供一个易于使用的抽象接口:地址空间。地址空间是一个进程可寻址的一套地址的集合,包括虚拟地址空间和物理地址空间。

　　openEuler 的虚拟地址空间布局如图 5-4 所示,虚拟地址空间被分成了用户空间、内核空间以及不可访问区域。其中,用户空间、内核空间分别分布在地址空间的低位和高位,各拥有 512GB(2^{39}B)的地址空间,寻址范围分别为 0x0000_0000_0000_0000 ～ 0x0000_007F_FFFF_FFFF 和 0xFFFF_FF80_0000_0000～0xFFFF_FFFF_FFFF_FFFF。

　　(1)用户空间包含了进程的所有内存状态。由于在编译时,代码段与数据段的大小就已经固定,在运行时不会动态扩缩,它们被放置在低地址处。在程序运行时,由于栈和堆的大小会动态变化,因此,堆和栈被放置在高地址处,并约定栈向低地址方向增长,堆向高地址方向增长。

　　(2)不可访问区域。openEuler 并没有使用 64 位虚拟地址空间的全部(通常使用 48 位或 39 位虚拟地址空间),因此除用户空间与内核空间外,还存在一块未用区域,称为不可访问区域。当进程访问此区域时,硬件将触发一个异常。

　　(3)内核空间为操作系统内核运行的地址空间。为了保证内核的安全,现代操作系统通常将内核空间与用户空间分开,并对用户空间和内核空间的访问进行权限控制。

　　操作系统引入虚拟内存带来了以下两个好处。

　　(1)在单一的物理内存上,为每个进程提供了拥有全部内存的假象。每个进程都可以自由地访问用户空间所在的地址范围:0x0000_0000_0000_0000～0x0000_007F_FFFF_FFFF。

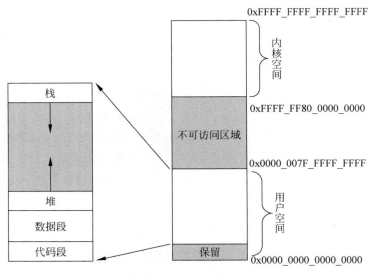

图 5-4　openEuler 虚拟地址空间布局示意

（2）为进程之间的隔离提供了基础。引入虚拟地址后，进程的内存访问需要经历虚拟地址到物理地址的转换过程。在这个过程中，系统就可以做"手脚"：在每次进行地址转换时，检查进程访问的物理地址是否合法（例如，检查该物理地址是否已被分配给该进程），从而确保各个进程之间不会互相读写，达到进程隔离的目的。

地址空间的引入带来了诸多好处。然而，这个增加的中间层给系统带来了额外的工作：系统需要负责为进程实现从虚拟地址到物理地址的转换。那么，新增的地址转换工作会不会使得程序的运行显著变慢？在设计地址转换机制时，为了实现高效的地址转换，在硬件、操作系统层面应该如何考虑？在进一步介绍内存管理机制提升地址转换效率的关键技术之前，下面先介绍内存管理中的分页机制，即操作系统如何为进程动态分配并管理地址空间。

5.2　分页

如何为用户进程分配合适的内存空间，以充分利用计算机系统的物理内存资源，是内存管理需要解决的关键问题之一。本节将讨论内存管理中的分页机制原理，以及基于分页机制的地址转换与访问控制问题。

5.2.1　基本思想

在操作系统中，对于地址空间的管理，一种方法是将地址空间划分成不同长度的分区，每个进程被加载到其中一个分区中运行。这种方法实现较为简单，但存在严重的内存碎片问题,使得内存的利用率不高。下面通过一个具体的例子说明产生内存碎片的原因。假定在某个时刻,物理地址空间的布局如图 5-5 的左半部分所示。此时,若需要加载另一个进程 D(假设需内存 50KB),操作系统将从 64KB 的空闲区为其分配内存。由于所分配的空闲区长度比进程 D 所需求的长度大,操作系统将该空闲区分割成两个部分,一部分成为已分配区,而另一部分成为一个新的小空闲区,如图 5-5 的右半部分所示。随后,如果需要再加载一个所需内存容量为 20KB 的进程 E,由于当前已不存在一个 20KB 的连续空闲区,进程 E 将无法正常加载执行。也就是说,在这样的内存管理方式下,即使某个新进程所需要的空间长度(20KB)小于空闲空间的总长度(16KB+14KB),该进程也无法运行。这些尚未分配出去、但又无法分配给新进程的空闲内存块称为外部碎片。在这种地址空间管理(内存管理)方式下,外部碎片产生的原因在于:将空间分割成不同长度的分区后,操作系统为进程分配内存时必须分配一片连续的内存。为了减少外部碎片,提高内存利用率,必须寻求一种不依赖连续内存分配的地址空间管理方式。

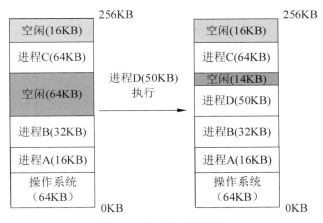

图 5-5　分区与外部碎片

当前大多数操作系统采用分页的地址空间管理方法,它的基本思想是:将进程的虚拟地址空间分割成固定长度的单元(通常取 4KB),称为页(Page);将物理地址空间也分割成固定长度的单元,称为页框(Page Frame);页与页框的长度相等。在这种内存管理方式下,进程在被装入内存时,不再以整个进程为单位,而是以页为单位,所以进程不再需要存放在一块连续的物理地址空间,而可存放在物理地址不一定连续的页框中。

图 5-6 展示了基于分页的进程地址空间布局。在这个例子中,物理内存拥有 8 个页框,页的大小设为 4KB。为了便于读者理解,此处以一个需要 16KB 地址空间的进程为例。该进程的虚拟地址空间需要 4 个页。操作系统在分配内存时,将页框 1 分配给页 0、页框 5 分配给页 1、页框 3 分配给页 2、页框 7 分配给页 3。其他页框未分配,处于空闲状态。

为了记录每个页所分配的页框,操作系统使用一个表来为每个进程记录其页号(Page Numbers)与页框号(Page Frame Numbers)的映射关系,这个表称为页表。每个进程都拥有一个自己的页表。例如,上述虚拟空间大小为 16KB 的进程的页表可表示为如表 5-1 的结构。

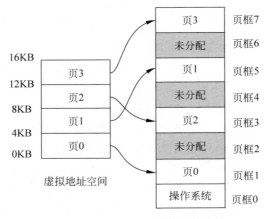

图 5-6　基于分页的进程地址空间布局

表 5-1　页号到页框号的映射关系

页号	页框号	页号	页框号
0	1	2	3
1	5	3	7

分页机制带来了以下两个好处。

(1) 减少了内存碎片。在分页机制和虚拟地址的联合作用下,内存分配过程中的外部碎片将大大减小,甚至不存在外部碎片。而对于分页机制中引入的内部碎片,因为分页在内存分配时最小单位为一个页框,所以任一内部碎片都会小于一个页框的大小。下面通过一个例子来说明内部碎片的定义:假设一个进程需要 102KB 内存。在 4KB 分页的情况下,操作系统需要为其分配 25+1 个页框。第 26 个页框 4KB 的空间只存储了 2KB 的进程内容。这个页框内未使用但又无法分配给其他进程使用的空间被称为内存碎片。尤其在进程普遍需求大内存(几十兆字节以上)时,页式内存分配带来的内部碎片相对连续内存分配带来的外部碎片来说是要小很多的。

(2) 页共享。不同的进程可以将虚拟地址映射到同一个页框,实现页的共享,以减少重复内容的存储。例如,多个进程可以选择映射同一段可重定位的代码。

5.2.2　空闲页框管理

当进程被加载到内存中执行时,操作系统需要为其运行分配物理内存。因此,操作系统需要记录并管理目前计算机系统中空闲的页框。最简单的页框管理方式是:对于未分配的页框,操作系统通过维护一个空闲页框链表进行管理;当进程请求分配页框时,操作系统从链表头取下空闲页框分配给进程。图 5-6 中的空闲页框可组织为如图 5-7 的左半部分所示的结构。此时,若进程向操作系统申请一个页框,操作系统将链表头的页框 2 分配给进程。此后,空闲页框链表的结构如图 5-7 的右半部分所示。

在这种页框管理方式下,在一段时间后,经过频繁的页框申请与释放,空闲页框的分布可能变

图 5-7　空闲页框链表

得分散、零碎。这些空闲页框的总容量可能足够大,但地址不连续。虽然大多数用户进程不需要分配物理上连续的页框,但在一些场景中,内核需要分配物理上连续的页框。例如,在管理与物理内存直接交互的 DMA 硬件设备时,操作系统通常需要为其分配一大块连续的物理内存。DMA 设备在进行数据传输时,可以绕过 CPU,将数据直接发送到指定的物理内存。在对 DMA 设备进行初始化时,操作系统需要为 DMA 设备分配一块连续的物理内存,并指定这块内存的起始地址和长度,以便在数据传输时,DMA 控制器能够自动定位目标物理内存。

解决上述问题的有效方式之一就是 buddy(伙伴)系统。buddy 系统的基本思想是:在分配页框之初就将页框以连续内存的形式组织起来;在页框分配时尽可能按所需连续页框的数目分配对应数量的页框;在页框回收时尽量将页框合并为连续的页框块。物理内存被分为包含多个(2 的幂次方个)连续页框的块。当申请内存的时候,buddy 系统首先去寻找与所申请的内存大小相匹配的空闲页框块。若找到,则直接返回页框块的首地址;若没有相匹配大小的空闲页框,则取更大的页框块(2^i 大小)分割成两个大小为 2^{i-1} 的子块,使用前一个子块进行分配。buddy 系统将两个大小为 2^{i-1} 的子块称为伙伴。当发生页框块的回收时,buddy 系统将检查其伙伴块是否为空闲状态:若空闲则将两者合并为一个更大的页框块,否则直接回收该页框块。

下面将结合 openEuler 中的代码,阐述 buddy 系统的实现。

1. 重要的数据结构

buddy 系统将连续的空闲页框组织成一个空闲页框块,并根据连续页框的数量进行分组和记录。如图 5-8 所示,结构体 zone 定义了 11 个空闲页框链表来记录具有相同连续页框数的页框块;结构体 free_area 定义了链表头和记录空闲页框块数量的成员 nr_free。如图 5-9 所示,第 i 个链表记录所有由 2^i 个连续页框组成的块:11 个链表分别记录大小为 1、2、4、8、16、32、64、128、256、512 和 1024 个连续页框组成的页框块。

```
1.      //源文件: include/linux/mmzone.h
2.      struct zone {
3.          …
4.          //#define MAX_ORDER 11
5.          struct free_area  free_area[MAX_ORDER];      //空闲页框块链表
6.          …
7.      };
8.
9.      struct free_area {
10.         struct list_head  free_list[MIGRATE_TYPES];  //链表头
11.         unsigned long    nr_free;                    //空闲页框块数
12.     };
```

图 5-8　空闲页框块组织的结构体定义

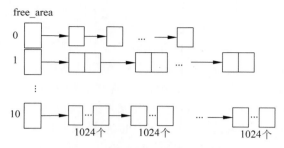

图 5-9　空闲页框块的链表组织图

2. 伙伴关系的定义

在 buddy 系统中，2^i 个连续页框块被称为 i 阶(order)页框块。buddy 系统将满足以下条件的两个 i 阶页框块定义为伙伴关系：①两个页框块的大小相同并且物理地址连续；②将两个 i 阶的页框块合并为一个 $i+1$ 阶的页框块后，页框块中第一个页框的编号必须为 2^{i+1} 的整数倍。以 0 阶页框块为例，页框 0 和页框 1 是伙伴关系，但是页框 1 和页框 2 不是伙伴关系。这是因为页框 1 和页框 2 合并为一个 1 阶页框块后，页框号 1 不是 2^1 的整数倍。

在 openEuler 中，函数 __find_buddy_pfn() 用于快速地获得页框块的伙伴块号。函数 __find_buddy_pfn() 的实现如图 5-10 所示。第 4 行代码使用页框块的第一个页框的编号与 1 左移 order 位(order 指该页框块所对应的阶)的结果相"异或"("^"代表异或操作)，可得到该页框块的伙伴块。例如，假设某个 1 阶页框块由页框 8 和页框 9 构成，因为 8^(1<<1)=8^2=10，该页框块的伙伴为由页框 10 和页框 11 构成的页框块。

```
1.      //源文件：mm/internal.h
2.      static inline unsigned long __find_buddy_pfn(unsigned long page_pfn,
3.                                          unsigned int order) {
4.          return page_pfn ^ (1 << order);
5.      }
```

图 5-10　函数 __find_buddy_pfn()

3. buddy 系统初始化

操作系统在初始化时，会把连续的页框组织起来，并加入 buddy 系统中。将页框加入 buddy 系统的实现如图 5-11 所示。其中代码第 5～6 行获取物理内存对应的起始和结束页框号。第 10 行获取相邻 64 个页框的空闲状态。如果起始页框号是 64 的倍数并且连续的 64 个页框都可用(第 11 行)，则调用函数 __free_pages_bootmem() 将该 64 个连续页框加入到 buddy 系统中(第 15 行)，并继续尝试将下一个连续的 64 个页框加入到 buddy 系统(第 18 行)；若不满足要求，则将页框一个一个地加入到 buddy 系统中(第 22 行)。特别地，在

函数 __free_pages_bootmem() 的实现中, 每新加入一个页框块(包括单个页框), buddy 系统都会递归地检查该页框块的伙伴是否存在。如果存在, 则合并伙伴块构成一个更大的页框块。例如, 若连续两次加入 64 个页框构成的 6 阶页框块到 buddy 系统中, 在第二个页框块加入时, buddy 系统判断其伙伴存在, 则将两个 6 阶页框块合并为一个 7 阶页框块 A。此时, 如果再连续加入两个 6 阶页框块, 这两个 6 阶页框块首先将合并为一个 7 阶页框块 B。随后, 7 阶页框块 B 将与 7 阶页框块 A 合并为一个 8 阶页框块。

```
1.    //源文件: mm/bootmem.c
2.    static unsigned long __init free_all_bootmem_core(
3.                                          bootmem_data_t * bdata) {
4.        ...
5.        start = bdata -> node_min_pfn;      //起始页框号
6.        end = bdata -> node_low_pfn;        //结束页框号
7.        while (start < end) {
8.            ...
9.            //变量 vec 标识连续的 64 个页框块中可用的页框块数
10.           vec = ~map[ idx / BITS_PER_LONG];
11.           if (IS_ALIGNED(start, BITS_PER_LONG) && vec == ~0UL) {
12.               //连续 64 个页框都可用  BITS_PER_LONG = 64
13.               int i = ilog2(BITS_PER_LONG);
14.               //将 64 个页框加入到 buddy 系统中
15.               __free_pages_bootmem(pfn_to_page(start), start, order);
16.               count += BITS_PER_LONG;
17.               //继续尝试下一个连续的 64 个页框
18.               start += BITS_PER_LONG;
19.           } else {
20.               ...
21.               //64 个页框块中有部分是不可用的,尝试一次添加一个页框到 buddy 系统中
22.               __free_pages_bootmem(page, cur, 0);
23.               ...
```

图 5-11　将页框加入 buddy 系统的实现

4. 空闲页框块的分配

当收到 $n(n = 2^i, i = 0, 1, 2, \cdots)$ 个页框请求时, buddy 系统中的处理如图 5-12 所示。

(1) 尝试在 free_area 的第 i 个链表中分配空闲页框。若有, 则将其从空闲链表中移除并直接分配出去。

(2) 若没有空闲页框块, 则再查找第 $i+1$ 个链表是否有空闲页框块(第 11~12 行)。若有, 则分配 2^i 个页框(第 13~15 行), 余下的 2^i 个页框将插入到第 i 个链表中(第 17 行)。

(3) 若第 $i+1$ 个链表中依然没有空闲页块, 则重复步骤(2), 直到找到有空闲页块的链表。假设在第 $i+x(x = 2, 3, \cdots)$ 个链表中找到空闲页框块, 则把此链表中的第一个空闲页框块取出, 分成两个相同大小的子空闲页框块, 称为 L 和 R 伙伴页框块。buddy 系统将 R 子页框块插入第 $i+x-1$ 个链表中。此时, L 子页框块的大小大于所请求的页框大小。因

此,buddy 系统将把此 L 子页框块减半,其中一个加入到更小一级的链表中,再递归地考虑对另一半进行分配。例如,假设 $i=2$、$x=2$,此时申请的页框块大小为 4 个页框,L 子页框块大小为 $8(2^4/2)$ 个页框,此时需要对 L 子页框块再次减半后得到两个 4 个页框,其中一个页框块用于分配,另一个则插入到第 2 个链表中。

(4) 如果找到最后一个链表都没有空闲内存(for 循环结束),则返回空值,表示内存分配失败(第 21 行)。

```
1.      //源文件: mm/page_alloc.c
2.      struct page * __rmqueue_smallest(struct zone * zone,
3.              unsigned int order, int migratetype) {
4.          ...
5.          //在最佳的链表中寻找一个合适大小的空闲页框块
6.          for(current_order = order;current_order < MAX_ORDER;++current_order){
7.              area = &(zone -> free_area[current_order]);
8.              //从当前的 free_area 中获取一个页框块
9.              page = list_first_entry_or_null(&area -> free_list[migratetype],
10.                         struct page, lru);
11.             if (!page)
12.                 continue;              //没有合适的页框,到更高一级的 free_area 中查找
13.             list_del(&page -> lru);   //取消链表的链接
14.             rmv_page_order(page);     //将该空闲页框块从 order 中移除
15.             area -> nr_free -- ;      //空闲页框块数量减 1
16.             //将剩余的页框扩展到低级的 free_area 中
17.             expand(zone, page, order, current_order, area, migratetype);
18.             ...
19.             return page;
20.         }
21.         return NULL;
22.     }
```

图 5-12 空闲页框块的分配

例如,假设内核要分配 $8(2^3)$ 个页框,buddy 系统会先从第 3 个链表中查询是否有空闲页框块。如果有空闲块,则从中分配,如果没有空闲块,就从它的上一级(第 4 个链表)中取出一个包含 16 个空闲页框的块,从中分配出 8 个页框,并将多余的 8 个页框加入到第 2 个链表中。如果第 3 个链表中也没有空闲页框块,则依次向上查询,直到找到存在的空闲页框块,并将剩余的空间页框块递归地插入下一级链表中。如果第 10 个链表中都没有空闲页框块,则返回内存分配失败信息。

5. 页框块的回收

页框块的回收是分配的逆过程。当一个页框块被内核或进程释放时,buddy 系统将检查其伙伴块是否在该页框块所属的空闲链表中。如果其伙伴块不在空闲链表中,将直接把要释放的页框块插入到对应等级的空闲链表中。如果其伙伴块在空闲链表中,则取出其伙伴块,将这两个页框块合并为一个更大的页框块。随后,进一步检查上一级链表中该合并块

的伙伴块是否处于空闲状态,直到不能再进行合并或者已经合并至最大的块。这个过程与 buddy 系统初始化过程中页框块的合并是一致的。

6．buddy 系统的优缺点

buddy 系统的优点在于原理较简单,外部碎片比较少并且可分配连续的物理内存。但 buddy 系统有一个很明显的缺点:内部碎片问题比较严重。buddy 系统按 2 的幂次方大小 进行内存分配,就算请求的内存大小为 $n(2^i < n < 2^{i+1})$ 个页框也要按 2^{i+1} 个页框进行分 配。同时,在页框块回收时,buddy 系统仅考虑与伙伴块合并,这使得有些相邻的、大小相同 的空闲块没有合并,降低了内存的利用率。

5.2.3 地址转换

地址转换是间接地址访问方式下的关键问题。那么,在分页机制下,系统如何实现虚拟 地址到物理地址的转换?

1．虚拟地址

在介绍地址转换前,先介绍虚拟地址的结构。虚拟地址的结构与页的大小及虚拟地址 空间的大小有关。假设每个页的大小为 $4KB = 2^{12}B$,虚拟地址空间大小为 $4MB = 2^{22}B$,则 虚拟地址空间可划分为 2^{10} 个页。在这种情况下,虚拟地址的结构示意如图 5-13 所示,其 中,低 12 位(bits[11:0])表示页内偏移地址,高 10 位(bits[21:12])表示页号。

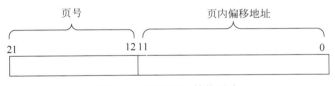

图 5-13 虚拟地址结构示意

2．页表

在页表较小的情况下,一个页框可存储整个页表。因此页表 一般存储在一个地址连续的内存中,且能随机访问,以快速查找 页表中相应的记录。系统可通过页号索引线性页表获得页框号 (类似于 C 语言中通过数组下标获得数组项的内容),因此在页 表中可不存储页号。一个简单的单级页表结构如图 5-14 所示, 每个映射关系的记录被称为页表项(Page Table Entry,PTE)。 PTE 的大小与处理器理论上所支持的最大物理内存的大小和页 大小有关。例如,当处理器最大可支持的物理内存为 512GB、页

	页框号	
0	1	PTE
1	5	PTE
2	3	PTE
3	7	PTE

图 5-14 简单的页表结构

大小为 4KB 时,内存被分为 2^{27}(512GB/4KB)个页框,因此 PTE 需要 27 位(bit)来记录页 框号。通常,64 位操作系统系统用 8B 空间保存 PTE,因为除了保存页框号之外,还增加一 些标志位用来辅助内存访问的权限控制等功能的实现。在 AArch64 中,PTE 被称为页描

述符(Page Descriptor)。如图 2-29 所示,页描述符指定了 PTE 的大小和 PTE 中每个位代表的含义:bits[38:12]输出地址字段用来记录该 PTE 所映射到的页框号;bits[63:51]和 bits[11:2]分别定义了 PTE 的上部(Upper)和下部(Lower)两个属性字段,用来实现内存的访问权限控制(见 5.2.4 节)。

3. 地址转换过程

操作系统借助页表实现虚拟地址到物理地址的转换。假设进程的页表如图 5-14 所示,下面以一个访存指令"ldr x0,4100"为例,分成 4 步来说明虚拟地址到物理地址的转换过程。

(1) 从虚拟地址中得到页号及偏移:页号=虚拟地址/页大小。页号为 4100/4096,即 1;偏移为 4100%4096("%"代表取余操作),即 4。

(2) 利用页号及页表基址寄存器获得 PTE 的物理地址。在地址转换的过程中,为了获得页与页框的映射关系,系统首先需要获取 PTE 的物理地址。硬件提供页表基址寄存器来保存页表的基址。基于页表基址寄存器,系统通过以下计算获得 PTE 的物理地址:PTE 的物理地址=基址寄存器中的地址+页号×sizeof(PTE)。

(3) 从该物理地址中读取 PTE 的值,获得页框号为 5。

(4) 利用页框号,计算物理地址。物理地址为 5×4096+4,即 20484。最后,硬件读取物理内存 20484 处的内容到寄存器 x0 中。

进程的每一次内存访问都需要进行地址转换。由于需要获得映射关系,每次访存还增加了一次额外的内存引用。因此,上述地址转换的过程如果全部由操作系统负责,将可能显著地降低系统性能。在系统设计中,当使用纯软件的方式不能较理想地解决问题时,软硬件协同是常用的解决方法。下文将分别从硬件和操作系统的角度来阐述其各自在地址转换过程中所承担的职责。

4. 硬件的职责

页表的查询通常由专用的硬件内存管理单元(Memory Management Unit,MMU)完成。以图 5-13 所示的虚拟地址为例,基于 MMU 辅助的地址转换工作流如图 2-27 所示:①CPU 核向 MMU 发送虚拟地址;②MMU 获取该虚拟地址的高 10 位表示的页号,并根据页号以及页表基址寄存器保存的页表基址,获得 PTE 的物理地址;③读取 PTE,获得该页号对应的页框号;④MMU 根据页框号、页大小和虚拟地址中表示偏移地址的低 12 位计算得出物理地址;⑤MMU 将该物理地址发送到地址总线上,进行访存操作。

5. 操作系统的职责

当然,仅仅依靠硬件不足以完成地址转换的全部相关工作,它只是加速地址转换过程。操作系统尚需承担以下三项职责。

(1) 建立页表,保存页表基址。在加载进程时,操作系统为进程分配页框,用于存储页表和进程内容。在此过程中,操作系统应设置 PTE,建立起虚拟地址到物理地址的映射(或称页号到页框号的映射),以便在进程访问某个虚拟地址时可转换为对应的物理地址;再保存页表基址到某个数据结构中(例如 openEuler 的结构体 mm_struct 的成员 pgd)。

(2)设置页表基址寄存器。在进程开始运行时,操作系统将页表基址存放到页表基址寄存器中,以保证 MMU 在查询页表时能找到此进程的页表。

(3)处理访存异常。MMU 在地址转换过程中可能会触发异常,操作系统需要对这种异常进行处理。

5.2.4　内存访问控制

虚拟内存设计的主要目标之一是保护与隔离,即操作系统要控制进程只能以正确的方式访问它自己的内存空间,同时使得进程之间不会互相影响,各进程也不会影响操作系统。为实现进程在内存访问时的保护与隔离,分页机制通过硬件和操作系统协同控制内存访问。

1. 硬件基础

利用硬件来实现内存访问的权限控制是一种常用访问控制方法。因为每次地址转换都需要通过页表查询到 PTE[暂不考虑 TLB(见 5.3.1 节)],所以可以在 PTE 添加一些额外的属性位来实现权限的检查。在 ARMv8 架构中,PTE 中的上部和下部两个属性字段的具体定义如图 2-31 所示。此处介绍与权限控制相关的两个关键属性。

(1)访问权限(Access Permission,AP),即 bits[7:6]字段,定义了该 PTE 所记录的页框的访问权限。当 AP 字段为 0b00 时,表示在 EL0 下不可读写,在其他异常级别下可读写;AP 字段为 0b01 时,表示所有异常级都可读写;当 AP 字段为 0b10 时,在 EL0 下不可读写,在其他异常级别下是只读的;当 AP 字段为 0b11 时,表示在所有异常级别下都是只读的。

(2)不可执行(Execute Never,XN),即 bit[54]字段,定义了该 PTE 所记录的页框的执行权限。当 XN 值为 1 时,表示任何 EL 的程序都不可从该页框中取指令执行;为 0 时则表示都可从中取指执行。

MMU 在每次地址转换时,将先查看 PTE 中的各个属性,确定当前地址的访问、执行权限,再判断当前 CPU 所处的异常等级是否有权限访问。一旦有指令不具备访问权限,MMU 就会触发一个权限错误(Permission Fault)的异常,将控制权传递给内核的异常处理程序。

2. 页的访问权限设置

基于以上硬件的支持,操作系统可以实现进程对页的读/写/执行权限的限制。例如,代码段所在的内存通常是可读、可执行但不可写,而数据段可读、可写但不可执行。那么,在将进程加载到内存中时,操作系统可对存储代码段映射关系的 PTE 进行这样的设置:AP 写入 0b11,XN 写入 0b0;对存储数据段映射关系的 PTE 进行对应的设置:AP 写入 0b01,XN 写入 0b1。

3. 用户空间与内核空间的隔离

进程的地址空间包含用户空间和内核空间。用户进程在运行过程中,可以通过写一个

位于内核地址空间的地址(例如,openEuler 的内核空间范围为 0xFFFF_FF80_0000_0000~
0xFFFF_FFFF_FFFF_FFFF)而访问到内核空间。如果操作系统允许这种访问,MMU 将
转换该虚拟地址到物理地址来访问内核管理的资源,这对系统来说是十分危险的。

从操作系统设计的目标来说,用户进程不应该读写内核中的代码或数据结构。那么系
统可以采用什么方法来实现这个限制呢?如果 MMU 能预先被"告知"内核空间映射的页
框只允许高于 EL1 异常级访问,那么 MMU 就可以拒绝运行在 EL0 上的用户进程对该内
存的访问。

为实现这种机制,操作系统需要在硬件支持的基础上,在创建 PTE 时初始化相应的属
性位。例如,若当前 PTE 记录了内核地址空间的地址映射关系,操作系统需要将此内核空
间中所有 PTE 的 AP 字段初始化为 0b00,从而阻止用户程序对内核地址空间的访问,又保
证内核具有读写权限。

在对 PTE 设置之后,操作系统还需实现一个异常处理函数来处理访存异常。若进程尝
试对内核空间进行访问或是向自身代码段所在的页框写入数据,硬件将触发异常,并转去执
行对应的异常处理函数。通常,访存异常处理函数的实现逻辑是:终止发生异常访问的进
程,同时释放该进程使用的相关页框。

4. 进程之间的隔离

进程的页表规定了进程的每个页到页框的映射关系,也就决定了每个虚拟地址所对应
的物理地址。在正常情况下,进程通过访问某个虚拟地址是无法访问到其他进程所映射到
的物理地址的,因此也就实现了进程之间的隔离。

5.3 更快的地址转换

在地址转换的过程中,为了获取页与页框之间的映射信息,MMU 需要先从存储页表的
内存中读取 PTE。由于引入了一次额外的内存访问,基于分页的间接内存访问使得系统性
能下降 50%,甚至更多。因此,系统需要引入一种新的机制来加快地址转换过程。当操作
系统想要使某个过程更快、更高效时,往往求助于硬件的辅助。

5.3.1 TLB 与局部性原理

为了尽可能降低地址转换带来的性能开销,系统设计者们在 MMU 芯片中增加了一小
片称为 TLB(Translation Lookaside Buffer,转址旁路缓存)的硬件模块,用来存放最近访问
过的虚拟地址对应的转换映射关系。由于 CPU 对 TLB 的访问速度远大于访问内存的速
度,因此,利用 TLB 可有效降低内存访问的时间。当发生地址转换时,硬件先检查 TLB 中
是否有期望的转换映射关系:如果有,硬件利用 TLB 中缓存的转换映射关系完成快速的地

址转换；如果没有，硬件再去查找页表，以获得转换映射关系，并更新 TLB。通过这种方式，尽可能避免因读取转换映射关系而导致的额外内存访问。

在 TLB 中，一个条目通常包括如图 5-15 所示的信息：页号、页框号以及标志位（用于标识 TLB 项的各种属性，将在 5.3.2 节详细介绍）。基于 TLB 的地址转换过程

| 标志位 | 页号 | 页框号 |

图 5-15　简单 TLB 表项格式

如下：①MMU 检查 CPU 发送的内存访问请求，取出该虚拟地址对应的页号；②查找 TLB 表，检查是否存在与虚拟页号匹配的 TLB 项；③若存在，则直接得到该虚拟页对应的页框号，不再需要经过页表查询的过程，这个过程称为 TLB 命中（hit）；④若不存在，表示在 TLB 中未缓存该虚拟地址对应的虚拟页，这个过程称为 TLB 未命中或缺失（miss），在这种情况下，MMU 需要访问页表，以获得该页号所映射的页框号，这会增加一次额外的内存访问；⑤在获得对应的页框号后，MMU 将构建一个新的 TLB 项，将该映射关系添加到 TLB 中，或当 TLB 无存储空间时先淘汰某个 TLB 项再添加新的 TLB 项。当程序接下来对该虚拟地址再次进行访问时，由于在 TLB 中已缓存映射关系，地址转换过程将能够快速地完成。

可以注意到，在上述地址转换过程中，如果 TLB 命中经常发生，由于 CPU 对 TLB 的访问速度快，地址转换的性能开销将非常小。如果 TLB 未命中，间接内存访问将显著地影响系统性能。实践表明基于 TLB 的地址转换能够显著地改善地址转换性能。其原因在于：在一般的情况下，由于程序执行的局部性，查询映射关系会以很高的概率在 TLB 中命中。程序执行的局部性体现在时间和空间两个维度。

（1）时间局部性：如果程序中的某条指令被执行，则不久之后该指令可能再次被执行；如果某数据被访问，则不久之后该数据可能再次被访问。

（2）空间局部性：如果在某个时刻程序访问了某个存储单元，则不久之后，该存储单元附近的存储单元也可能被访问。

局部性原理表明：在一个内存地址被访问后，很大可能接下来会被再次访问。因此，通过在 TLB 中缓存此次访问的地址转换关系，避免之后再次访问此地址时发生页表查询，从而显著地改善地址转换性能。

5.3.2　TLB 结构

TLB 缓存了当前运行进程的地址转换关系，这些内容仅对当前正在运行的进程有意义，对其他的进程无效，且不应该被其他进程读取。因此，在发生进程的上下文切换时，需要实现 TLB 中属于不同进程的条目之间的隔离。

一种隔离方式是，每个进程在运行时，单独地占有 TLB。在这种方式下，在发生上下文切换时，需要清空整个 TLB（ARMv8 架构提供 TLBI 指令，可刷新整个 TLB、指定虚拟页或者一个指定地址范围内的所有 TLB 记录）。因此，每个新进程在运行前，面对的都是一个空的 TLB，当它进行内存访问时，就会导致频繁的 TLB 未命中。同时，由于进程切换是一个很频繁的操作，这种方式会带来较大的地址转换开销。

另一种隔离方式是，多个进程共享 TLB，但在 TLB 条目中增加一个字段，用来标识映射关系属于哪个进程。在 ARMv8 架构中，这个新增的字段称为地址空间标识（Address Space ID，ASID）。在 AArch64 下，操作系统可通过配置 TCR 寄存器的 AS（Address Space）字段来控制 ASID 的范围大小（8 位或 16 位）。此外，操作系统会为每个进程分配一个唯一的 ASID，并在进程运行时保存在页表基址寄存器 TTBR0_EL1 的字段 ASID 中，如图 5-16 所示（字段 BADDR 保存页表基址）。在这种方式下，进行地址转换时，MMU 会忽略 TLB 中 ASID 字段与寄存器 TTBR0_EL1 的 ASID 字段不匹配的记录。在进程切换时，操作系统只需要更新寄存器 TTBR0_EL1，不用再刷新整个 TLB 记录。

63	48 47	BADDR	1 0
ASID			

图 5-16　TTBR0_EL1 寄存器的 ASID 字段

同时，为了使各个进程共享内核空间的 TLB 记录，AArch64 再次扩展 TLB 的标记字段：引入非全局位（not Global，nG）区分进程和内核的 TLB 表项。nG 位为 0 表示该记录属于内核，可供任意进程访问；nG 位为 1 表示该记录是进程私有的，只能供对应 ASID 的进程访问。在这种情况下，当判断是否命中 TLB 时，首先比较页号是否相等，再判断该记录是不是全局映射关系。若是全局映射关系，则直接得到 TLB 命中，无须再比较 ASID；若不是全局映射关系，则通过 ASID 字段检查是否为当前进程的 TLB 记录。

在 AArch64 中，具体的 TLB 表项如图 5-17 所示，除了包括页号以及页框号，还包括一些标志位（或称属性）：nG、ASID 及虚拟机标识符（Virtual Machine Identifier，VMID）等。VMID 用于区分不同虚拟机的 PTE。

nG	VMID	ASID	页号	页框号

图 5-17　TLB 表项基本构成

5.3.3　TLB 替换

当 TLB 的存储空间（通常可存储 16～512 个表项）耗尽之后，若需要再存储一个新的 TLB 记录，则需要考虑替换一个旧表项。这个表项的选择由 TLB 替换策略来决定。评判替换策略好坏的一个关键点是：是否能最小化未命中率（或提高命中率），从而提高地址转换的性能。

在 ARMv8 架构中，虽然可通过指令刷新 TLB 表项，但架构并没有提供写 TLB 的指令，TLB 的维护完全由硬件来完成，相应的 TLB 替换策略也固定在硬件中。最近最久未使用（Least Recently Used，LRU）是一种常用的 TLB 替换策略，这种策略基于程序的局部性原理，认为最近最久未使用的 TLB 记录是最佳的替换选择。另一种常用的方法是随机法，该策略会随机选择一项 TLB 记录作为替换对象。这种策略实现简单，同时能够避免极端情况的发生。例如,假设 TLB 可以存储 n 个记录,当程序在一个循环中轮流访问 $n+1$ 个不同的内存块时,LRU 替换策略就会导致 TLB 查询全部失败的情况,但是随机替换策略就可以避免这种情况。

5.4　更小的页表

在较大地址空间下,操作系统为了存储虚拟地址到物理地址的映射关系,给内存带来相对较大的存储开销。本节将重点讨论如何有效地降低页表的内存存储开销。

5.4.1　多级页表

在空间维度,分页机制面临的问题是:存储映射关系的页表会消耗大量的内存。例如,当虚拟地址空间达到 4GB(2^{32}B),在页大小为 4KB 的情况下,虚拟空间中包括 1M(4GB/4KB)个页。假设在页表中,每条映射关系需要用 4B 空间存储,存储 1M 个映射关系则需要占用 4MB 的空间。为了实现线性表的随机访问,页表又需要连续的内存空间进行存储。在操作系统内存紧张或者内存碎片较多时,这会为系统带来极大的内存负担。考虑到一个进程一般不会用到全部的 4GB 空间,某些 PTE 可能不会被访问到。在这种情况下,这些 PTE 所占用的空间(4B)就白白浪费了。多级页表的基本思想是,将页表分成页大小的单元,只将有效的单元保留在内存中;引入页目录(Page Directory),用来标记当前目录是否包含有效的单元,以及有效单元所在的位置。页目录中的每个条目称为页目录项(Page Directory Entry,PDE)。如果页目录仍很大,可以在它前面再增加一级索引,成为"页目录的页目录",这样就构成了多级页表。以上述场景为例(虚拟空间大小为 4GB,页大小为 4KB,且每个 PTE 使用 4B 存储),图 5-18 展示了它的二级页表结构。

在 ARMv8 架构中,PDE 被称为表描述符(Table Descriptor)。如图 2-28 下半部分所示,表描述符指定了 PDE 的大小和 PDE 中每个 bit(位)表示的含义:bits[38:12]保存下一级页表的页框号;bits[63:59]定义了下一级页表的访问权限;bits[58:52]和 bits[11:2]为未使用字段。

下面以一个访存指令"ldr X0,0x080004002"(增大虚拟地址到 32 位)为例,阐述二级页

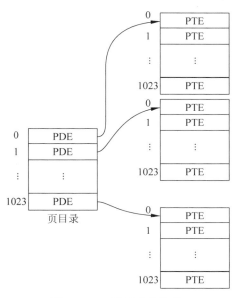

图 5-18　二级页表的结构

地址到物理地址的转换过程。0x08004002 转化为二进制的虚拟地址如图 5-19 所示。该虚拟地址的低 12 位(bits[11:0])表示页内偏移地址,高 20 位(bits[31:12])表示页号(第 32772 页)。区别于一级页表的地址转换,二级页表中的地址转换机制不再是一步到位直接在页表中找到映射关系,而是先由页目录找到相应页表单元,再从页表单元中获得映射关系。由于每个页框可存 1024(2^{10})个 PTE,10 位可以覆盖一个页表单元所保存的记录,因此,索引一个页表单元需要 10 位虚拟地址。再者,页目录需要记录 1024 个页表单元的页框号,索引整个页目录同样需要 10 位虚拟地址。通过这个分析可以发现,实际上高 10 位(bits[31:22])就是一级索引(页目录索引),为 0x20;接下来的 10 位(bits[21:12])表示了二级索引(页表单元索引),为 0x04。例如,对上述虚拟地址所对应的第 32772 页来说,存储该页映射关系的页表单元的地址保存在第 32(32772/1024)个页目录项中,并且该页映射关系位于第 32 个页表单元的第 4(32772%1024)项。

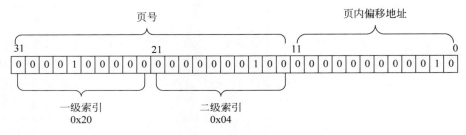

图 5-19　二级页表下虚拟地址结构

操作系统只需要为这个进程保存页目录所在物理页框的基址(例如,openEuler 将全局页目录保存在结构体 mm_struct 的成员 pgd 中),并且在该进程运行时将这个地址放置到页表基址寄存器中,即可在硬件的支持下完成地址转换的过程。在 MMU 的支持下,虚拟地址 0x08004002 到物理地址的转换过程如图 5-20 所示。具体步骤如下:

(1) MMU 取页表基址寄存器中存储的页目录地址作为基址、虚拟地址的高 10 位作为一级索引,读页目录表的第 32 项(以 0 为起始,0x20 代表 32),该 PDE 保存了第 32 个页表单元的物理页号。

(2) MMU 根据该物理页号计算出二级页表的基址,再加上二级索引 4(0x04 代表 4),读取该页框中的第 4 项 PTE,该 PTE 保存了第 32772(1024×32+4)个页对应的页框号。

(3) 由物理页框号乘以页大小(4KB)再加上虚拟地址低 12 位偏移地址得出最终的物理地址。

多级页表的实现方式可只为进程实际使用的那些虚拟地址内存区创建页表信息,从而减少内存使用量。在大虚拟空间情况下,一个用户程序可能并不会使用所有的虚拟地址空间。例如,5.1.2 节提到一个进程的地址空间包括代码段、数据段、堆和栈段,其中堆和栈是动态变化的,在堆和栈之间会存在一个大的、未被使用的地址空间。那么系统可以不存储这一段虚拟内存到物理内存的映射关系,不为这些记录分配保存页表的物理内存。假设堆和栈之间的内存区域的虚拟地址范围对应页目录项 1 和页目录项 2 所映射的范围,那么此时

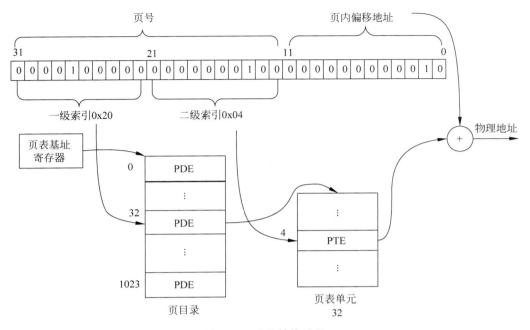

图 5-20　地址转换过程

的二级页表结构如图 5-21 所示。但对于单级页表而言,为了能够随机访问,需要连续的内存空间来存放所有的 PTE,所以就算不记录未使用地址空间的映射,还是要预留所有 PTE 所需的内存。当然,二级页表内存占用最坏的情况是,一个进程用满全部的 4GB 空间。此时,由于分层,会多出一个目录表(4KB)的开销,不过这种概率是极低的。

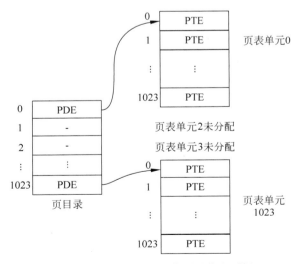

图 5-21　未使用的地址范围不分配页框

5.4.2　openEuler 中的多级页表

ARMv8 架构最大支持 48 位虚拟地址,最大可寻址 256TB 的地址空间。操作系统通过配置寄存器 TCR_EL1 的字段 T0SZ 和字段 T1SZ 可指定实际使用的用户空间和内核空间的大小。在 39 位虚拟地址下,openEuler 可使用 3 级页表(4KB 页),或者 2 级页表(64KB 页)管理内存的映射关系。以下以 39 位虚拟地址、4KB 页大小和 3 级页表为例说明 openEuler 的虚拟地址结构与地址转换过程。

在 openEuler 中,各级页表的表项大小为 8B,在 4KB 分页粒度下,每个页框可保存 512（$4KB/8B=2^9$,即 512）项记录。9 位可以覆盖一个页框保存的记录,因此,每个页表单元索引或页目录索引占虚拟地址的 9 位。根据之前对多级页表结构的分析,可得到如图 5-22 所示的虚拟地址结构。openEuler 采用了 3 级页表结构,其虚拟内存地址被分成 4 个部分:L1 索引、L2 索引、L3 索引,以及页内偏移地址。

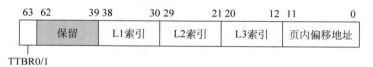

图 5-22　页长度为 4KB,39 位虚拟地址结构

在 ARMv8 架构中,页表基址寄存器 TTBR0_EL1 和 TTBR1_EL1 分别保存当前运行进程用户空间和内核空间的页表基址。在配置用户空间与内核空间位宽为 39 位时,openEuler 的用户空间对应虚拟地址 bits[63:39] 为 0,而内核空间的相应位为 1。因此,在 ARMv8 架构中,MMU 使用虚拟地址的 bits[63] 决定是对用户空间还是内核空间的访问,从而在地址访问时,选择相应的基址寄存器。

在地址转换的过程中,MMU 将 Lx 索引的值作为 x 级页表内的偏移,据此查询对应的 Lx 表项,得到下一级页表的基址。一级页表,在 openEuler 中称为页全局目录(Page Global Directory,PGD),其基址存储在寄存器 TTBR0/1_EL1 中。PGD 中保存的是表描述符形式的页全局目录项(Page Global Directory Entry,PGDE),指向第二级的页表。第二级页表在 openEuler 中称为页中间目录(Page Middle Directory,PMD)。PMD 中保存表描述符形式的页中间目录项(Page Middle Directory Entry,PMDE),指向第三级页表。第三级页表在 openEuler 中称为直接页表(Page Table,PT),PT 中的 PTE 记录了页框号。通过三级页表查找并计算后,MMU 就可得到虚拟地址对应的物理地址。

5.4.3　标准大页

在用户程序有大内存的需求下,系统仍然采用 4KB 或 16KB 的小分页粒度,将会增加管理的复杂性以及降低程序运行的效率。例如,当用户进程在运行时申请 4MB 的内存,若操作系统以 4KB 作为分页粒度,则需要为用户进程分配 1024 个页框(暂不考虑访问缺页后的再分配),并在页表中添加 1024 个 PTE(不考虑目录项)记录虚拟地址与物理地址之间的映射关系。当用户进程依次访问这些内存时,系统至少需要经历 1024 次 TLB 缺失和 1024 次的页表查询过程。大量页表表项(任一级页表中的表项统称为页表表项)的管理和存储给系统带来了负担,并且 TLB 缺失后的地址转换是一个耗时的过程,极大降低了程序的执行效率。

解决这个问题的一个方式是,增大分页粒度达到 MB 甚至 GB 级别,这也是标准大页的基本思想。例如,当操作系统采用 2MB 作为分页的基本单位时,在同样用户程序的 4MB 空间申请下,操作系统只需要为其分配 2 个页框,并添加 2 个页表表项来记录映射关系即可。在程序的运行过程中,只会发生 2 次 TLB 缺失以及 2 次页表查询。

要实现大内存分配,最容易想到的方式是直接增大页的大小。但是这样也会导致内存分配的内部碎片增加,并且大页的需求也不是很频繁。因此,在原有分页机制的基础上实现大页是一个有效的方式。大页的实现面临着以下问题:①记录大页映射关系的页表表项应以什么样的结构组织,底层硬件如何处理这种页表表项;②操作系统如何管理大页,并向用户程序提供怎样的接口以使得用户程序方便地使用大页。

1. 块(block)描述符

记录大页的页表表项可直接在原来的三级页表的基础上进行扩展:将 L1 和 L2 级页表中的表描述符形式的表项(指向下一级转换表的基址)作为块描述符形式的表项(指向一块由多个页框组成的连续物理内存)解释。

要理解大页的实现,首先总结一下基本的三级页表下的一些规律。L3 级页表中的 PTE 记录的内容可覆盖 4KB 的内容,这是因为 PTE 记录了物理页框号,而虚拟地址的低 12 位 bits[11:0]可以覆盖 4KB(2^{12}B)的空间,类似起始地址(根据页框号得到起始地址)加偏移地址的概念。那么以此类推,L2 级页表中的 PMDE 记录某个物理页框号(起始地址),并且虚拟地址的低 9+12 位可以覆盖 2^{12+9}B=2MB 的空间;L1 级页表中的 PGDE 可覆盖 2^{12+9+9}B=1GB 空间。在地址转换过程中,可以将 L1~L2 级页表中的一些表项(即表描述符)解释为块描述符(如图 5-23 中的 PGD_block 以及 PMD_block),直接得到物理起始地址(而不去寻址下一级页表),并且使用余下的虚拟地址作为偏移地址来寻址这片空间。例如,在 L1 级页表中存储一个块描述符的表项记录的页框号为 2,该记录转换后的起始地址就为 2GB(2×2^{30}B),代表长度为 1GB 的大页;虚拟地址的 bits[29:0]构成页内偏移地址,在基址上寻址 1GB(2^{30}B)的空间。

ARMv8 架构中的 MMU 硬件支持大页机制下的块描述符。L1~L2 级页表中存在块描述符与表描述符两种形式的表项。MMU 查询页表时需要对这两类描述符进行区分,以决定下一步转换操作:若查找到块描述符形式的表项,则直接进行地址转换。在 ARMv8 架构中,块描述符与表描述符形式的 PDE 格式如图 2-28 所示,bits[1:0]用来指示 PDE 的类型:"01"表示块描述符,"11"表示表描述符;块描述符的 bits[38:n](L1 级页表中的块描述 n 为 30,L2 级页表中的块描述符 n 为 21)保存一个块的基址。在这种支持下,MMU 在地址转换过程中,如果找到一个有效的块描述符形式的 PDE,则可以提前结束页表查询过

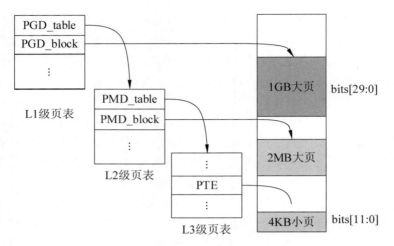

图 5-23　支持大页的块描述符原理

程。这一措施提高了地址转换的效率。同时，一个连续大块的地址映射关系只需要一个表项来存储，降低了页表存储的开销。

2．标准大页池

在底层硬件的支持下，操作系统已经可以实现大页的虚拟地址到物理地址的映射，下一步是操作系统应该如何记录并管理大页。

openEuler 采用标准大页池（Huge Page Pool）的形式管理大页内存。用户程序在向操作系统申请内存空间时，操作系统就在大页池中寻找空闲可用的大页分配给用户程序。openEuler 在内核启动时，根据用户的配置信息（大页长度、数量等）选择支持的大页长度，并预先在内存空间中预留出相应的大页数量。如图 5-24 所示，openEuler 使用结构体 hstate 记录大页的相关信息（页大小、空闲大页数量等），并将记录相同大页长度的结构体 hstate 组织成一个全局数组 hstates 进行管理。

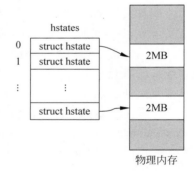

图 5-24　大页的管理结构

那么，操作系统应该提供怎样的接口，使得用户程序可方便地申请大页呢？

3．伪文件系统：hugetlbfs

openEuler 将标准大页封装为一个伪文件系统（hugetlbfs），提供给用户程序申请并访问。在使用大页前，openEuler 调用函数 hugetlbfs_mount()挂载 hugetlbfs 伪文件系统，创建超级块和根目录，从而将该文件系统和大页内存关联起来。与传统的文件系统指向外存存储空间（例如硬盘）不同，伪文件系统 hugetlbfs 指向大页所分配的内存。

在这种文件系统的抽象下，用户程序可利用简单文件编程接口使用标准大页。hugetlbfs 文件系统的使用例程如图 5-25 所示。用户程序使用 open()函数在 hugetlbfs 文件系统下创建一个文件(第 3 行),这将触发内核去调用函数 hugetlbfs_create()为该文件创建索引节点(inode)结构;然后,用户程序调用函数 mmap()将该文件映射到虚拟地址空间下(第 5 行),对应地,内核将调用函数 hugetlbfs_file_mmap()为用户进程建立映射;最后用户程序可通过返回的虚拟地址读写标准大页所在的内存(第 6 行)。

```
1.      int main(void) {
2.          //在虚拟文件系统下创建一个文件
3.          fd = open(FILE_NAME, O_CREAT | O_RDWR, 0755);
4.          //将大页内存映射到进程的堆段所处的虚拟地址
5.          void * addr = mmap(0, LENGTH, PROTECTION, FLAGS, fd, 0);
6.          * (int * )addr = 0x42;               //访问大页内存,写入 0x42
7.          ...
8.      }
```

图 5-25   hugetlbfs 文件系统的使用例程

然而,标准大页也存在一些缺点:大页的数量与长度必须在内核启动时就指定,并需要在内存中预先留出大页池所需的内存。同时,用户进程需要主动调用伪文件系统形式提供的接口来申请大页,手动地管理大页的申请与释放,这对编程人员来说是十分麻烦的。

为解决标准大页带来的不便,openEuler 引入透明大页(Transparent Huge Pages)。透明大页的基本思想是:为用户进程分配内存时,操作系统优先选择分配大页,如果不成功(无足够的空闲内存或该虚拟地址区域不允许映射大页内存)再回退到分配普通页。透明大页的实现基于 5.5.1 节讲述的页错误机制。当进程访问某个未映射到物理地址的虚拟地址时,硬件将触发缺页异常,页错误处理程序处理该异常并尝试为其分配物理内存。在遍历页表的过程中,操作系统将依次检查该进程的 L1 和 L2 级页表中的表项是否为空表项。若表项为空表项,虚拟地址范围足够大,并且虚拟内存区域允许映射到透明大页(用户进程可指定某个虚拟内存区域是否允许映射到透明大页),操作系统将尝试为该进程分配一个大页框并建立映射关系;若表项不为空表项或大页内存不足,则再尝试分配普通页。

5.5   物理内存扩充

虚拟内存机制为每个用户程序都提供了接近于系统架构所能支持的最大物理空间容量的虚拟空间,这样编程人员不必担心是否有足够的内存空间来容纳程序,只需按其逻辑来写程序,而操作系统负责根据需要分配内存。但是,多数情况下,系统配置的物理内存容量小于程序的可用虚拟地址空间容量。这就要求操作系统提供一些物理内存的扩充机制,以利用较小的物理内存空间来支持较大的进程虚拟空间。本节将讨论操作系统如何采用一些机制,突破物理内存大小的限制,运行所需内存超过物理内存大小的程序。

5.5.1　请求调页

在之前章节讨论的内存管理与分配方式时,假设操作系统将进程的全部信息都加载到内存中。实际上,在进程运行时,有些数据只用到一次,有些甚至从不使用(条件分支)。操作系统将进程在运行时暂时不用、某种条件下才使用的程序和数据都加载到内存中,是对内存资源的一种浪费,这降低了内存的利用率。那么,系统需要有一种机制,使得操作系统在加载进程时,不必装入进程的全部页,而是仅将当前必须使用的部分页装入内存,在进程运行过程中再根据需要动态地加载其他页到物理内存。

设计这样的机制面临三个问题:①如何判断一个页是否在内存中;②如果一个页所对应的数据不在内存中,而在硬盘上,此时进程访问了不在内存中的地址,硬件或操作系统应该如何协同处理,以将所需的页装入内存;③去哪找到所需的页。解决这些问题的基本思想是:在 PTE 中增加一个新的字段,用来标识该页是否在内存中;如果进程访问到不在内存中的页,硬件将产生一个异常,而操作系统在对应的页错误处理(Page Fault Handler)程序中,将外存(例如硬盘)中相应的页调入内存。这种方式像是用户程序请求操作系统将其需要的页调入内存,因此称为请求调页。

1. PTE 的有效标志位

由于在每次内存访问时,MMU 进行地址转换都需要查询 PTE,因此,PTE 是标识某个页是否在内存中最合适的地方。在 AArch64 架构下,PTE 的 bit[0]定义一个有效(valid)标志位,用来标识该 PTE 是否有效,即该记录所对应的页是否已装入内存。一个无效的 PTE 如图 5-26 所示。MMU 在查询页表时,如果遇到无效的 PTE,就会产生一个转换错误(Translation Fault),交由操作系统继续处理。

图 5-26　无效的 PTE

2. 页表的初始化

在底层硬件的支持下,操作系统加载进程时要为进程创建页表,此时,仅需为装入内存的部分建立映射关系。例如,假设 openEuler 在加载进程时,只加载从虚拟地址 0 开始的4KB 内容。如图 5-27 所示,openEuler 需要依次为 PGD、PMD 以及 PT 分配一个页框,并依次初始化相关表项:①将 PGD 的地址(页表基址)保存在结构体 mm_struct 的成员 pgd 中,用来在进程切换时为页表基址寄存器 TTBR0_EL0 赋值;②将 PGD 的第 0 项 PGDE 初始化为表描述符形式(bits[1:0]=0b11),并设置其"输出地址"字段指向 PMD 所在的页框;③将 PMD 的第 0 项 PMDE 初始化为表描述符形式,并将其"输出地址"字段指向 PT 所在的页框;④最后,分配一个页框用来装载进程信息,并将 PT 的第 0 项 PTE 设置为页描述符形式(bits[1:0]=0b11),将其中的"输出地址"字段指向新分配的页框。

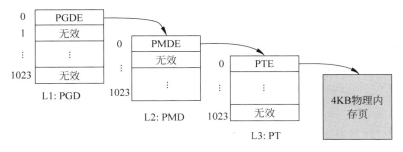

图 5-27　页表的初始化

同时，为了在发生缺页异常时能找到外存中的程序，操作系统还需要采用某种方式记录程序对应的可执行文件的存储位置。openEuler 使用结构体 vm_area_struct 记录一个虚拟地址段的信息。结构体 vm_area_struct 的关键成员定义如图 5-28 所示，包括虚拟地址段的起始地址（vm_start）、结束地址（vm_end）以及映射到的文件（vm_file）等信息。一个进程的所有虚拟地址段的描述组织成一个双向链表（第 8 行）。

```
1.      //源文件: include/linux/mm_types.h
2.      struct vm_area_struct {
3.          ...
4.          unsigned long vm_start;        //虚拟地址段的起始地址
5.          unsigned long vm_end;          //虚拟地址段的结束地址
6.          struct file * vm_file;         //虚拟地址段映射到的文件
7.          //进程的各个虚拟地址段通过链表连接
8.          struct vm_area_struct * vm_next, * vm_prev;
9.          ...
10.     };
```

图 5-28　结构体 vm_area_struct 的定义

在加载进程时，openEuler 根据可执行文件的 ELF 头部信息（代码段以及数据段的大小等），为进程建立若干虚拟地址段结构体 vm_area_struct，填写其中的起始地址和结束地址，并将程序的可执行文件信息保存在成员变量 vm_file 中。

3. 页错误：硬件的职责

当进程访问一个未建立映射关系的虚拟地址时，MMU 会查到无效的页表表项，并触发转换错误（属于同步异常）。随后，CPU 自动将异常类型以及产生异常的原因分别保存在寄存器 ESR_EL1 的 EC 字段和 ISS 字段（见图 2-32）；触发异常的虚拟地址保存在寄存器 FAR_EL1 中。内存访问的异常分为两种：访问数据时的数据异常和读取指令时的指令异常。在 ARMv8 架构中，每种异常类型都有对应的编号：数据异常和指令异常的编号分别为 0x24 和 0x20。另外，产生内存访问异常的原因除了转换异常之外，还有在 5.2.4 节中涉及的访问权限错误，所以 CPU 还需要将指令异常的具体原因（权限错误、转换错误等）保存在寄存器 ESR_EL1 的 ISS 字段中，以使 openEuler 能对不同的原因做出不同的处理。

在异常信息保存完之后，CPU 将读取寄存器 VBAR_EL1 获得异常向量表地址，再自动跳转到异常向量表偏移地址为 0x400（el0 同步异常）的位置开始执行。

4. 页错误：操作系统的职责

基于上述硬件机制，openEuler 的页错误处理流程如图 5-29 所示。异常向量表的构造以及跳转至 el0_sync 处理函数的过程，在 3.4.2 节介绍系统调用的实现时已经详细描述，这里不再赘述。在 el0_sync 的处理逻辑中，读取寄存器 ESR 的 EC 字段，获得异常类型，以进一步选择指令/数据异常分支。openEuler 的代码实现如图 5-30 所示：第 4～5 行代码取出异常类型；第 7 行代码比较异常类型是否为数据异常，若是，则跳转到数据异常处理函数 el0_da 继续执行；指令异常的处理过程类似。数据异常或指令异常的异常处理过程将进行一些必要的参数（包括异常地址、寄存器 ESR 的值和用户进程各寄存器状态）初始化，以传递给 C 语言函数 do_mem_abort()。

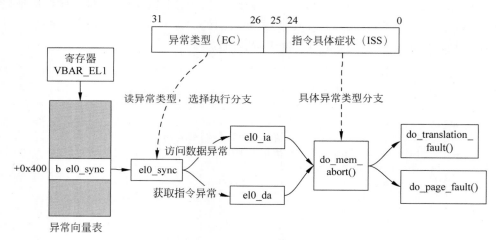

图 5-29　页错误处理流程

```
1.      //源文件：arch/arm64/kernel/entry.S
2.      el0_sync:
3.          kernel_entry 0
4.          mrs x25, esr_el1                    //读取 ESR_EL1 寄存器的内容
5.          lsr x24, x25, #ESR_ELx_EC_SHIFT //获取异常类型
6.          ...
7.          cmp x24, #ESR_ELx_EC_DABT_LOW   //数据异常
8.          b.eq   el0_da
9.          cmp x24, #ESR_ELx_EC_IABT_LOW   //指令异常
10.         b.eq   el0_ia
```

图 5-30　异常类型的分支选择

操作系统需要对数据/指令异常的不同原因采取不同的处理逻辑，所以 do_mem_abort() 函数将继续区分发生数据/指令异常的具体原因，以选择不同的处理分支。根据 ARMv8 架

构定义的具体异常原因编号，openEuler 定义了一个结构体 fault_info，以方便地根据异常编号找到对应的处理函数。例如，在 L3 级页表中访问到无效的 PTE 时，CPU 将在寄存器 ESR_EL1 的 ISS 字段保存 0x7。基于图 5-31 所示的结构体 fault_info，操作系统将可以直接根据异常信息 0x7 获得处理函数 do_translation_fault() 的地址（第 7 行）。操作系统继续调用函数 do_translation_fault() 处理此异常，将缺少的页加载进内存中。

```
1.      //源文件: arch/arm64/mm/fault.c
2.      static const struct fault_info fault_info[] = {
3.          ...
4.          {do_translation_fault,SIGSEGV,...,"Level0 Translation Fault"},//4
5.          {do_translation_fault,SIGSEGV,...,"Level1 Translation Fault"},//5
6.          {do_translation_fault,SIGSEGV,...,"Level2 Translation Fault"},//6
7.          {do_translation_fault,SIGSEGV,...,"Level3 Translation Fault"},//7
8.          ...
9.          {do_page_fault, SIGSEGV, ..., "level 1 permission fault"},//13
10.         {do_page_fault, SIGSEGV, ..., "level 2 permission fault"},//14
11.         {do_page_fault, SIGSEGV, ..., "level 3 permission fault"},//15
12.         ...
13.     };
```

图 5-31　异常信息函数调用查找表

在把所缺的数据或代码从外存加载到内存之前，页错误处理程序首先需要进行一些必要的页表设置操作。为了清晰地说明缺页时操作系统的页错误处理流程，假设当前进程访问的虚拟地址为 [2MB：2MB+4KB)。一个 PTE 大小为 8B，一个页框可存储 512（4KB/8B）个 PTE，则一个页框所存储的 PTE 可覆盖 2MB(512×4KB) 的内存。因此，地址 [2MB：2MB+4KB) 的映射关系对应 L2 级页表（PMD）的第 1 项和 L3 级页表（PT）的第 1 项。页错误处理程序会根据产生页错误的虚拟地址遍历页表，在遍历到 L2 级页表的第 1 项时，发现页表单元 1 未存在于内存中。因此，页错误处理程序需要完成如图 5-32 所示的第（1）步：分配一个页框用作 L3 级页表单元（序号为 1），并基于其地址初始化 L2 级页表的第 1 项 PMDE。值得一提的是，以上这个发生页错误的地址比较低，页错误处理过程未涉及对 L1 级页表的设置，但实际上当虚拟地址大于 1GB 时，页错误处理程序就需要对 L1 级页表进行设置，并依次为 L2 和 L3 级页表分配一个页框等操作。这个过程与进程加载时的页表内存分配和页表表项设置的过程类似。

之后，openEuler 将根据该可执行程序的文件名，从文件系统中把所缺的内容读入物理内存。不同文件系统的文件存储格式可能不同，因此发生页错误后的文件读取方式也不同。openEuler 采用 ext4 文件系统管理文件，当发生页错误后，系统将调用函数 ext4_filemap_fault() 来读取文件内容。函数 ext4_filemap_fault() 的实现如图 5-33 所示。该函数首先根据可执行文件名获得记录该文件信息（文件数据块地址、文件的大小和文件拥有者等）的 inode 节点，并对该 inode 节点进行加锁，限制其他程序的读写。然后调用函数

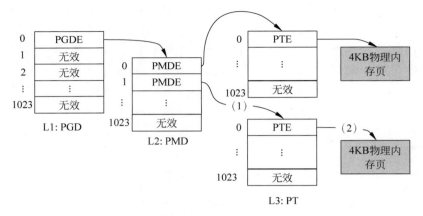

图 5-32　缺页时页表的建立

filemap_fault()。函数 filemap_fault()根据虚拟地址相对虚拟地址段起始地址(vm_start)的偏移获得所缺内容在可执行文件中的偏移,为待加载的代码或数据分配一个页框,将所缺内容装入此页框。最后,页错误处理程序将完成图 5-32 中的第(2)步:设置该虚拟地址对应的 PTE,使其指向存储缺页内容的页框。

```
1.    //源文件: fs/ext4/inode.c
2.    int ext4_filemap_fault(struct vm_fault * vmf) {
3.        //根据可执行文件名获取 inode 节点信息
4.        struct inode * inode = file_inode(vmf -> vma -> vm_file);
5.        int err;
6.        down_read(&EXT4_I(inode) -> i_mmap_sem);        //加锁
7.        err = filemap_fault(vmf)                        //读文件内容
8.        up_read(&EXT4_I(inode) -> i_mmap_sem);          //解锁
9.        return err;
10.   }
```

图 5-33　ext4 文件系统的页错误处理

5. 堆空间的请求调页

基于页错误处理程序的实现,可以进一步实现堆空间的请求调入:在进程调用 malloc()等函数向操作系统申请内存时,操作系统可以不立即为进程分配物理内存,而是当进程访问该页而产生页错误时,再分配内存并设置 PTE 建立映射关系。与程序的代码和数据的请求调入不同,堆空间的请求调入并不涉及从外存中调入数据,操作系统只需要在页错误发生时为进程分配一个空闲页框。这个不涉及外存文件的映射关系称为匿名映射(被映射的虚拟地址对应的页称为匿名页),而需从外存文件加载内容的映射关系称为文件映射(对应的页称为文件页)。

显然,页错误处理程序对匿名页与文件页的缺页处理过程是不相同的。openEuler 通过以下方法来区分匿名页和文件页,并调用不同的处理函数。基于结构体 vm_area_struct,在映射虚拟地址段到匿名页时,与映射到文件页不同的是,openEuler 将会把结构体 vm_ area_struct 的成员 vm_file 设置为空。在进行页错误处理时,页错误处理程序只需要判断成员 vm_file 是否为空,即可区分不同的页类型,进而采取不同的处理逻辑。

至此,在硬件的辅助下,操作系统实现了程序的部分加载和按需加载,但仍然面临以下两个问题。

(1) 如果某个程序运行所需的内存大于物理内存大小,尽管操作系统可以先将该程序的部分加载到内存中执行,但随着进程的运行,外存中的程序不断被调入内存,并且如果进程的虚拟地址空间很大,进程可不断地向操作系统申请动态内存。这将导致物理内存不足,系统无法再继续运行。

(2) 在多个进程并发的需求下,各个进程部分加载到内存中执行,也可能占满物理内存。

5.5.2　交换空间

对于上述问题,一个可行的解决方案是:当物理内存不足而又需要加载新的进程代码或数据时,操作系统先将已装入内存的程序部分暂时换出到物理内存之外的某个存储空间,以空出页框用来保存待载入的程序部分;当进程再次访问到换出内存的程序部分时,操作系统再从这个外部存储空间将其调入内存。因为操作系统将页从内存中交换到外部存储空间,又将页从其中交换到内存,所以可以用作内存扩充的外部存储空间通常被称为交换空间(Swap Space)。操作系统通常在外存中划分一块区域作为一个交换空间。外存的特征是它的容量比内存大,但访问速度较慢。用作交换空间的典型外存设备就是磁盘,包括机械硬盘和固态硬盘。

操作系统要实现页的换入与换出,面临以下两个问题。

(1) 在内存满后,操作系统应该选择哪个或哪些页换出内存:如果选择经常被用到的页,在换出内存后马上又要被用到,这样不仅不能降低内存紧张的情形,反而会增加系统的负担。

(2) 在页换出到交换空间后,操作系统再次访问该页时,应如何在交换空间中定位和加载该页。

操作系统应该选择将哪个页换出内存(或称淘汰)的问题将在 5.5.4 节详细讲述。本节将重点描述操作系统如何组织并管理交换空间,进而实现页的换入换出对用户程序透明。为了方便管理交换空间和支持数据的换出换入,操作系统将交换空间划分为与内存页相同大小的单元——在交换空间中的单元称为块(block)。与每个页都有页号类似,每个块都有具体的块号。

1. 页换出

在引入交换空间并对其进行分块后,以一个简单的例子说明操作系统如何处理页框的换出过程。假设系统内两个进程 A 和 B 所需的内存都为 4 个页框,物理内存大小为 6 个页框。运行一定时间后,系统中的状态如图 5-34 左半部分所示:进程 A 的 4 个页已全部装入内存,进程 B 装入 1 个页。若此时进程 B 访问到未载入内存的页 1,系统将进入页错误处理:进行页表的设置,然后分配一个页框装载外存中的程序内容。但此时系统中不存在空闲内存,操作系统将选择一个页(假设进程 A 的页 3)换出到交换空间中,如图 5-34 中的第

(1)步。当页被换出内存时,操作系统需要记录给定页在交换空间中的地址(块号 0)。同时,操作系统还需要将存储虚拟地址到物理地址映射关系的 PTE 设置为无效,因为之后该 PTE 指向的页框将存储新的内容并映射到另一虚拟地址(可能属于另一个进程)。无效的 PTE 项能保证进程再次访问该映射关系时触发页错误异常,使得操作系统能接管控制权,将外存中的页再次调入内存中。最后,空出的内存页用来加载进程 B 的页 1,如图 5-34 中的第(2)步。

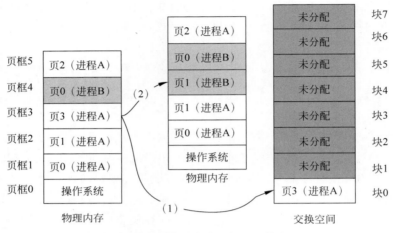

图 5-34　物理内存到交换空间的页换出过程

2. 页换入

在以上例子的基础上,下面进一步讨论页换入过程。若在进程 B 的页装入内存后,系统切换到进程 A 继续执行。进程 A 访问其页 3(此处为说明页换入过程而假设进程访问刚换出的页,这种情况可能存在,但应是操作系统采用的页置换策略需要尽量避免的情况),在地址转换过程中将发生页错误。系统再次进入页错误处理:选择一个页(假设进程 A 的页 0)换出,再将进程 A 的页 3 换入。系统进行换出与换入后,各进程的存储情况如图 5-35 所示。

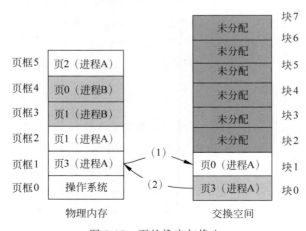

图 5-35　页的换出与换入

在对交换空间进行有效的组织并管理后,借助页错误机制,操作系统利用硬盘这类存储设备实现了逻辑上的物理内存扩充。

5.5.3 openEuler 中页交换的实现

1. 页换出

当物理内存不足时,openEuler 处理页换出的流程如图 5-36 所示。具体步骤如下:

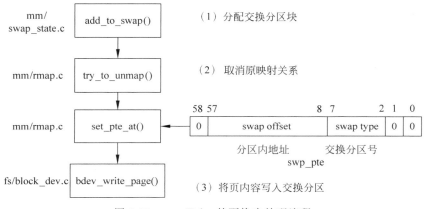

图 5-36 openEuler 的页换出处理流程

（1）分配交换空间块:页换出处理逻辑将会调用函数 add_to_swap()申请一个交换空间块。

（2）更新 PTE:调用函数 try_to_unmap()找出页表中所有引用了待换出页的 PTE 地址,然后构造一个 swp_pte 格式的 PTE:swp_pte 项如图 5-36 所示。因为 openEuler 支持多个交换空间,所以使用 bits[7:2]保存交换空间的编号,bits[57:8]保存被分配的交换空间块的偏移地址。最后调用函数 set_pte_at()向记录该映射关系的 PTE 写入构造好的 swp_pte 项。

（3）将数据写入交换区:调用函数 bdev_write_page()将页内容写入交换空间。

（4）释放内存页:将换出内容后的页框重新加入到空闲链表中。

以上描述的页换出(或称页回收)过程是:当系统中没有可供分配的空闲页框时,操作系统在内存分配函数中同步调用页回收过程。这个过程称为同步内存回收。除了同步内存回收过程之外,openEuler 还实现了异步内存回收过程:系统在运行时对内存进行周期性检查,当空闲页框的数量下降到 page_low(操作系统定义的一个标准)以下时,系统将唤醒 kswapd 进程来主动回收页。kswapd 进程根据特定的页置换策略选择相应的页换出,页换出的实现与同步回收过程是一致的。

2. 页换入

当进程试图引用一个已被换出的页时,系统将会进行页的换入。但是,请求调页与从交

换空间装入页都依赖于无效 PTE 导致的异常,操作系统如何区分这两种情况呢? 实际上,
两种情况发生时存储映射关系的 PTE 项是有区别的:对于请求调页,当发生页错误时,存
储映射关系的 PTE 项要么还并未分配内存(参考图 5-27),要么内容全为 0(未初始化);而
对于交换空间中页的调入,PTE 记录并不全为 0:如上面所述页换出过程,openEuler 在换
出页时会以一定的格式设置 PTE 以保存该页被换出的外存地址。因此,openEuler 在初始
页错误时,将根据 PTE 记录的内容选择相应的操作。openEuler 对两种情况的处理如图 5-37
所示:第 5～14 行代码对 PTE 可能存在的两种情况(未分配内存或全为 0)进行判断,若符
合以上两种情况则将 PTE 指针置为空;第 17～22 行代码根据 PTE 指针是否为空,分别选
择不同的处理函数(匿名页错误、文件页错误以及从交换空间换入页)。

```
1.      //源文件: mm/memory.c
2.      static vm_fault_t handle_pte_fault(struct vm_fault * vmf) {
3.
4.          ...
5.          if (unlikely(pmd_none( * vmf -> pmd))) {
6.              vmf -> pte = NULL;              //若不存在 PMD,PTE 就不存在
7.          } else {
8.              //由 PMD 获得虚拟地址对应的 PTE 的地址
9.              vmf -> pte = pte_offset_map(vmf -> pmd, vmf -> address);
10.             vmf -> orig_pte = * vmf -> pte;     //读出 PTE
11.
12.             if (pte_none(vmf -> orig_pte)) {
13.                 pte_unmap(vmf -> pte);
14.                 vmf -> pte = NULL;          //PTE 全为 0,将 PTE 指向为 NULL
15.             }
16.         }
17.         if (!vmf -> pte) {
18.             if (vma_is_anonymous(vmf -> vma))
19.                 return do_anonymous_page(vmf);//处理匿名页
20.             else
21.                 return do_fault(vmf);          //处理文件页
22.         }
23.         if (!pte_present(vmf -> orig_pte))
24.             return do_swap_page(vmf);          //从交换分区换入页
25.         ...
26.     }
```

图 5-37 函数 handle_pte_fault()分支处理

openEuler 对页换入的处理过程如图 5-38 所示。交换处理函数 do_swap_page()将调
用函数 swapin_readahead()为待加载的块分配一个页,再调用函数 bdev_read_page()将该
块读入内存。之后,函数 do_swap_page()调用函数 set_pte_at()设置 PTE 以恢复映射关
系,最后调用函数 swap_free()释放交换空间中的块。

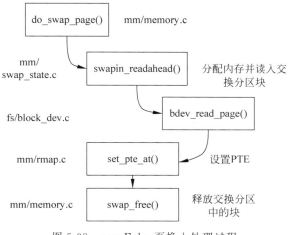

图 5-38　openEuler 页换入处理过程

5.5.4　页置换策略

操作系统需要依据一定的页置换策略决定将哪些页进行换出。在发生页置换时,操作系统将对页加以选择:如果淘汰经常使用到的页,根据局部性原理,该页可能很快又要被换入,这将严重地影响系统的性能。理想的结果是,页置换策略应该将那些在未来被访问概率最小的页移出内存。然而,操作系统无法准确地掌握一个页在未来被访问的概率。在操作系统中,常用的页置换策略主要有以下三种。

(1) 随机淘汰。该策略在所有页中,随机地选出一个页从内存换出,即进行淘汰。

(2) 先进先出(First In First Out,FIFO)。该策略根据页的分配时间,将页放入一个FIFO 队列。采用该策略,一般认为相较于后换入内存的页,先换入的页再次被访问的可能性较小。因此,在发生页置换时,选择将最先换入内存的页进行淘汰。在实现时,设置一个指向 FIFO 队列头部的置换指针。在发生页置换时,将置换指针所指向的页进行换出,而将换入的页加入到 FIFO 队列的尾部。

由于没有区分页的重要性,FIFO 策略存在 Belady(陷阱)现象。一般地,如果给一个进程所分配的页框数越逼近它所需求的页框数,则发生缺页的次数将越少。在极限情况下,如果给一个进程分配了它所需求的全部页框,则不会发生缺页现象。然而,在使用 FIFO 策略时,当给一个进程未分配其所需求的全部页框时,有时可能出现分配的页框数增多但缺页次数反而增加的现象。这种现象称为 Belady 现象。Belady 现象产生的原因在于:FIFO 策略未考虑程序执行的局部性原理,使得换出的页可能是频繁访问的页。

(3) 最近最久未使用(Least Recently Used,LRU)策略。该策略的基本思想是:在发生页置换时,将最近一段时间内最久未使用过的页进行淘汰。基于程序的局部性原理,采用该策略,一般认为:如果某个页在最近被访问了,则它可能马上还将被访问;反过来,如果某个页在最近很长时间内未被访问,则它在近期也不会被访问。

为了找出最近最久未使用的页,操作系统需要对每个页设置一个访问标志。在每一次访问时,操作系统都必须更新这些访问标志。例如,系统可以通过一个特殊的链式结构来记录页的访问情况。每当某个页被访问时,该页的页号记录将被取出添加到链头。这样链头指针始终指向新访问的页记录,而链尾指针始终指向最近最久未被访问的页记录。假设某一进程大小为 5 个页,页的访问序列为 0、2、0、1、3、4、3、2、4,物理内存大小为 4 个页框,LRU 页置换过程如图 5-39 所示。在步骤(5)~(6)的过程,系统需要淘汰一个页以装入页 4。此时,根据 LRU 策略,系统将选择淘汰链尾的记录所指向的页(页 2),最后将页 4 的访问记录添加到链表中形成图 5-39 中(7)所示的结构。

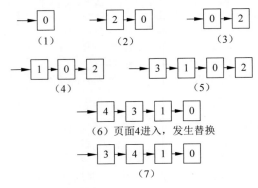

图 5-39　LRU 策略下页置换过程

openEuler 采用 LRU 策略实现页选择。如图 5-40 所示,openEuler 定义了 5 个链表,分别记录五种不同的页类型,以辅助页淘汰的选择:

(1) 非活跃(inactive)匿名页 LRU 链表保存所有最近没被访问的并且可以存放到交换空间的匿名页的记录;

(2) 活跃匿名页 LRU 链表保存所有最近被访问过的匿名页的记录;

(3) 非活跃文件页 LRU 链表保存最近没被访问过的文件页的记录;

(4) 活跃文件页 LRU 链表保存所有最近被访问过的文件页的记录;

(5) 不可回收 LRU 链表保存所有禁止换出的页的记录。

```
1.      //源文件：include/linux/mmzone.h
2.      enum lru_list {
3.          LRU_INACTIVE_ANON = 0,        //非活跃匿名页链表
4.          LRU_ACTIVE_ANON = 1,          //活跃匿名页
5.          LRU_INACTIVE_FILE = 2,        //非活跃文件页
6.          LRU_ACTIVE_FILE = 3,          //活跃文件页
7.          LRU_UNEVICTABLE,              //不可换出的页
8.          NR_LRU_LISTS                  //LRU 链表数为 5
9.      };
```

图 5-40　LRU 不同页类型的记录

　　处于不可回收 LRU 链表下的页不会被系统换出,在很多情况下,页有不被换出的需求。例如,一个对安全性要求较高的用户程序希望敏感数据不被换出到交换空间中,因为在程序结束后,攻击者可能访问交换空间以恢复这些数据。

　　openEuler 的内存回收是从非活跃链表末尾开始选择多个记录回收,在非活跃 LRU 链表中的页,更有可能优先被操作系统回收。在进程请求新页时,根据不同的页类型(匿名页或文件页),openEuler 将会把这个页的记录加入到不同的 LRU 链表中。活跃 LRU 链表用来保存最近被访问的页记录,那么进程申请的一个新页理应被加入到活跃 LRU 链表中。但是 openEuler 对不同类型的新页进行不同的处理,可能将某些页加入到非活跃链表中。openEuler 将堆和栈使用的新匿名页加入到活跃匿名页链表中;共享内存对应的页加入到非活跃匿名链表中;程序的代码段对应的文件加入到活跃文件页链表中;进程打开的文件对应的文件页加入到非活跃文件页链表中。以进程打开的文件所对应的文件页为例,采用这种方式的原因在于:若该页对应的内容未被修改,可直接尝试淘汰(释放),不必换出到交换空间。当进程再次访问该页使用时,操作系统可从外存的文件中再次加载。

1. 匿名页的回收

　　当发生内存回收时,openEuler 将访问 LRU 链表,根据各个页的访问情况在活跃链表与非活跃链表之间移动页记录,再选择非活跃链表末尾的多个记录所对应的页进行回收。以下将以匿名页 LRU 链表的调整和页回收的决策为例。当非活跃 LRU 链表中的页记录数量过少(操作系统定义了一个标准,例如若系统拥有 1GB 内存,非活跃链表应至少记录250MB 内存页)时,openEuler 将从活跃 LRU 链表的尾部向前扫描,移动一些页记录(通常为 32 个)到非活跃 LRU 链表的头部。之后,操作系统更新非活跃匿名页 LRU 链表。操作系统从非活跃匿名页 LRU 链表尾部开始向前扫描 32 个页记录,对不同状态的页进行不同的处理:①对于最近访问过的页[进程每访问一个页,硬件会自动将该页的 PTE 访问标志(PTE 字段 AF)置为 1,以标记该页被访问],操作系统将页记录移动到活跃匿名页 LRU 链表的尾部,并清零该页 PTE 的访问标志;②对于最近未访问的页,操作系统将尝试对它们进行回收。

2. 文件页的回收

　　文件页 LRU 链表的更新流程与匿名页 LRU 链表的更新流程是一致的。在处理过程上有一点不同的是:对文件页的访问记录,openEuler 引入了一个新的页标识 PG_referenced,当该页被访问,openEuler 就将其置为 1。这是因为,匿名页使用地址访问,CPU 会自动标记该页被访问。然而大部分文件页的访问是通过 write() 和 read() 函数调用访问,无法自动标记文件页的访问。因此操作系统需要在文件操作的代码路径上,显式地置位文件页的PG_referenced,以标记该文件页被访问。例如,文件系统在管理缓冲区时,函数 touch_buffer() 会调用函数 mark_page_accessed() 设置 PG_referenced 标识位。

本章小结

　　直接内存访问的方式使得进程可读写其他进程的代码或数据,进而可破坏其他进程(甚至操作系统)的执行环境。为解决这个问题,现代操作系统引入了虚拟内存这一个间接层,使进程通过虚拟地址间接地访问物理内存。在虚拟地址到物理地址的转换过程中,系统就可以做"手脚":检查进程访问的物理地址是否合法(例如,检查该物理地址是否在该进程被分配的物理地址空间中),从而确保各个进程之间不会互相读写,达到进程内存访问隔离的目的。

　　为了减少内存的外部碎片,以提高内存利用率,现代操作系统引入分页的内存管理方式。基于分页,操作系统在硬件 MMU 的辅助下实现虚拟地址到物理地址的转换以及实现内存访问的控制。然而,相对于直接内存访问方式,分页机制的间接内存访问为系统带来了额外的"负担":①页表的内存存储开销过大;②地址转换访问内存查询页表过于耗时。为了尽可能减小这些"负担",操作系统采用多级页表仅存储已建立映射关系的页表项,同时引入 TLB 缓存"常用"的映射关系来加速地址转换的过程。

　　内存管理的另一个重要任务是突破物理内存的限制。虚拟内存机制为每个用户程序都提供了接近于系统架构所能支持的最大物理空间容量的虚拟空间。这可能导致单个程序运行所需要空间大于实际的物理内存容量。操作系统基于请求调页和交换技术实现了物理内存的扩充,突破了物理内存大小的限制。基于请求调页机制,操作系统无须在进程加载时就装入全部内容,而在进程执行过程中根据进程所"需"调入相关代码或数据。交换技术把内存和外存结合起来管理,透明地在内存和外存之间移动进程的代码与数据,利用外存容量为用户进程提供一个比物理内存大得多的内存空间。

## 第 6 章

线程/进程间通信

在前面的章节中,学习了操作系统核心主题之一:隔离与保护。例如,将在 CPU 上运行的程序隔离在内核态与用户态这两个世界,使得用户进程只能执行一些受限制的操作,确保操作系统对计算机的控制;将进程隔离在不同的地址空间,确保某些进程的恶意行为或漏洞不会影响到其他进程或操作系统。然而,客观世界是普遍联系的,计算机世界也是如此。以进程为例,在相互隔离的地址空间中,进程之间如何发生联系?进程之间发生联系的过程称为进程间通信(Inter-Process Communication,IPC)。通信的过程就是打破隔离的过程。作为隔离的对立面,进程间通信也是操作系统的主题之一。本章的重点就是线程/进程间通信机制。

同一个进程中的不同线程共享同一片地址空间,可以直接在共享地址空间中交换数据。但是,当不同的线程在并发地访问共享的全局变量时,由于这些线程占用 CPU 的时机或顺序可能不同,产生的计算结果可能是不确定的。也就是说,同样的输入、同样的程序,但可能产生不同的输出。因此,线程之间需要通过一些特殊的通信方式来解决资源争用导致的问题(即互斥问题)。锁(Lock)和信号量(Semaphore)就是解决上述问题主要的线程间通信(Inter-Thread Communication)机制。

与同一进程中的线程间通信不同,进程与进程间的通信发生在相互独立的地址空间之间,需要通过一些通信机制来实现进程间的数据交换。另外,进程间通信过程通常涉及系统调用,所以通信速度相对较慢。进程间通信机制主要包括信号(Signal)、管道(Pipe)、信号量、共享内存(Shared Memory)、消息队列(Message Queue)、套接字(Socket)。对于 openEuler,线程是一种特殊的共享了地址空间的进程,线程间通信与进程间通信不需要严格区分。但在本章的叙述中,将以锁与信号量为例,介绍线程间通信机制;以共享内存与消息传递为例,介绍进程间通信机制。

6.1 互斥与锁

不同线程在并发访问共享变量时,可能会导致最终的计算结果不确定。操作系统为解决这个问题,使用锁机制控制线程对共享变量的互斥访问。本节首先对线程并发访问共享变量出现的问题进行阐述,引出互斥的概念,进而介绍锁的几种实现方式。

6.1.1　竞态条件

在单核处理器环境中,并发(Concurrent)执行的多个线程在时间上交替地占有 CPU,从而产生在一段时间内它们同时执行的假象。在多核处理器环境中,多个线程不仅能够交替地占用 CPU,还可以在时间上同时占有不同的 CPU,实现真正的并行(Parallel)执行。除非特别指明,可以用并发执行来指代上面提到的并发执行和并行执行。因为在这些并发执行的场景中,存在着一个共性问题:当并发执行的线程之间共享一些全局资源时,任一线程对这些资源的状态进行改变都可能对其他线程的运行造成影响。

先通过两个简单的例子来说明这个问题。在图 6-1 展示的例子中,有两个线程 T1 与 T2。这两个线程都希望对一个共享变量 i 进行加 1,并将更新后的共享变量 i 用函数 printf() 输出。假设共享变量 i 的初始值为 0,期待的执行结果是在线程 T1 中输出"i=1",在线程 T2 中输出"i=2",或者在线程 T1 中输出"i=2",线程 T2 中输出"i=1",这依赖于二者的执行顺序。

```
1.    T1:
2.        i++;
3.        printf("i = % d\n",i);
4.    T2:
5.        i++;
6.        printf("i = % d\n",i);
```

图 6-1　两线程对共享变量 i 访问示例

然而,现实与期待可能不太一样。考虑以下 3 种线程交织执行的情况。

(1) 调度程序决定先运行线程 T1,并在执行完第 3 条语句后,调度线程 T2 运行。在这种情况下,在线程 T1 中输出"i=1",在线程 T2 中输出"i=2",符合预期的结果。

(2) 调度程序决定先运行线程 T1,但在执行完第 2 条语句后、执行第 3 条语句之前,发生了线程切换(T1 用完了时间片或是被其他线程抢占)。线程 T1 与 T2 的交织执行过程如图 6-2 所示。在这种情况下,执行结果为:线程 T1 输出"i=2",线程 T2 输出"i=2"。

```
1.    T1: i++;                      (i = 1)
2.    T2: i++;                      (i = 2)
3.        printf("i = : % d\n", i); (i = 2)
4.    T1: printf("i = : % d\n", i); (i = 2)
```

图 6-2　线程 T1 与 T2 的交织执行

(3) 调度程序决定先运行线程 T2,但在执行完第 5 条语句后、执行第 6 条语句之前,发生了线程切换。在这种情况下,执行结果为:线程 T1 输出"i=2",线程 T2 输出"i=2"。

可以注意到,在多个线程并发执行时,同一段代码可能产生不同的、不确定的结果。为什么会发生这种情况？以上面第(2)种情况为例，它的产生主要有两个原因。

(1) 共享的变量。变量 i 的值在被线程 T1 进行更新后，还没来得及被该线程输出，就被线程 T2 又进行了更新，使得线程 T1 在后续执行中，只能输出被线程 T2 再次更新过的 i 值。

(2) 不可控的调度。由于调度策略、其他线程状态、中断处理方式等造成的影响，线程被选择执行的时机及执行速度难以预测，使得线程对 CPU 的占用存在多种交织的可能。

在图 6-1 中，对共享变量的操作分布在两条 C 语言的语句中，那么，如果对共享变量的操作只存在一条语句，是否就不会导致上述问题了？下面将考虑对共享变量的操作只有一条 C 语句的例子。图 6-3(a) 展示了只有一条 C 语言语句的例子。其中，线程 T1 和 T2 共享变量 i。图 6-3(b) 展示了这条语句对应的汇编指令(ARMv8 架构)。我们注意到，C 语言中的一条语句，可能对应着多条汇编指令。第 2 行的语句(i++)，实际上包含了三个操作：①读取变量 i 的值；②对变量 i 进行加一的操作；③将计算后的值再赋值给变量 i。也就是说，在机器上执行时，语句(i++)对应着多条汇编指令。在这个例子中，假设变量 i 的当前值为 0，我们期待的执行结果是：在线程 T1 与 T2 分别执行完后，i 的值为 2。

```
1.    T1:
2.        i++;
3.    T2:
4.        i++;
```

(a) C 语言代码

```
1.    # 汇编指令：
2.    ldr  w0,  [sp, #12]
3.    add  w0,  w0, #0x1
4.    str  w0,  [sp, #12]
```

(b) 汇编指令

图 6-3　i++ 及其汇编指令

由于导致线程切换的时钟中断可能在任何一条机器指令执行完后发生，在语句 i++ 执行的过程中，考虑以下两种可能出现的线程交织执行情况。

(1) 调度程序决定先运行线程 T1，并在执行完图 6-3(b) 中第 4 行的汇编指令后，调度线程 T2 运行。在这种情况下，可以得到期待的结果。

(2) 调度程序决定先运行线程 T1，但在执行完图 6-3(b) 中第 3 行的指令后，执行第 4 行的指令之前，发生了线程切换。线程 T1 将 w0 的值保存在上下文中。线程 T2 执行，读取变量 i 的值为 0。当线程 T2 执行完后，变量 i 的值为 1。当线程 T1 再次执行时，恢复 w0 的值并将其写入变量 i 中。此时，变量 i 的值为 1。线程 T1 与 T2 交织执行的过程如图 6-4 所示。

```
1.    T1:  ldr  w0,  [sp, #12]      (i = 0)
2.         add  w0,  w0, #0x1       (w0 = 1, 线程切换, w0 被保存在上下文中)
3.    T2:  ldr  w0,  [sp, #12]      (i = 0)
4.         add  w0,  w0, #0x1       (w0 = 1)
5.         str  w0,  [sp, #12]      (i = 1)
6.    T1:  str  w0,  [sp, #12]      (w0 被恢复, i = 1)
```

图 6-4　线程 T1 与 T2 的交织执行的过程

在上述场景中,当线程 T1 和线程 T2 更新共享变量 i 时,由于线程的交织执行,这段代码的计算结果可能与预期结果不同。在上述分析中,本节只列举了几种可能的交织情况,而在实际系统中,存在很多可能的交织情况。当两个或多个并发线程需要使用同一个资源时,由于不能同时占用这个资源,它们之间就会在占用资源的顺序上发生冲突,这种冲突称为竞争(Race)。在两个或多个并发线程竞争使用同一个资源时,线程的执行结果依赖于这些线程占用资源的时机和顺序,这种情况称为竞态条件(Race Condition)。

6.1.2 原子性与互斥

在如图 6-1 与图 6-3 所示的例子中,当执行图 6-5 中的两段代码时,发生竞态条件的根本原因在于:某个线程通过多条 C 语言语句或多条汇编指令对共享变量 i 进行更新,但在使用共享变量 i 的过程中,该线程的执行被打断,被调度执行的另一个线程也使用这个共享变量 i。解决这个问题的基本思想是:确保这些代码块或指令序列在执行的过程中不会被打断,使它们成为一个不可分割的整体,要么全部执行、要么都不执行。这些作为一个整体执行的指令序列被称为原子操作或原语。一个操作如果是原子操作,那么称它具有原子性。

```
1.    i++;
2.    printf("i = : % d\n",i);
```

(a) C 语言代码块

```
1.    ldr    w0,    [sp, #12]
2.    add    w0,    w0, #0x1
3.    str    w0,    [sp, #12]
```

(b) 汇编指令代码块

图 6-5 共享变量的代码块

一种实现原子操作的途径是:在设计 CPU 体系结构时,将图 6-5(b)内的功能设计成一条指令,使得 CPU 一步就能完成 i++ 操作。在这种情况下,当调度或中断发生时,指令要么没有执行、要么已执行完,从而产生确定的结果。然而,在并发场景中,由于竞态条件的多样性,不可能在 CPU 体系结构中设计出能够满足所有场景需求的指令集。

另一种实现原子操作的途径是:在硬件提供支持的基础上,在操作系统中设计一些能够将访问共享资源的代码片段变成原子性操作的机制。这种类型的机制叫作互斥(Mutual Exclusion),这些访问共享资源的代码片段被称为临界区(Critical Section),这些共享的资源被称为临界资源。互斥的基本思想是:为了避免竞态条件的发生,临界区的代码一定不能被多个线程同时执行;也就是说,若一个线程已在临界区执行,其他线程应该被阻止进入临界区,以确保临界区操作的原子性,进而保证线程对共享资源的独占性,从而产生确定的输出。

为了实现对临界区的互斥访问,必须解决以下四个方面的挑战:①不对处理器的核数及性能做任何假设;②为了保证原子性,任何两个线程不能同时位于临界区,若已有线程在临界区中,其他线程必须在临界区外等待;③为了保证并发竞争的公平性,若临界区处于无线程访问状态,各个并发线程都可以请求进入临界区,同时,不在临界区的线程不能阻止其他线程进入临界区;④正在等待的线程应该在有限的时间里能够进入临界区,以避免因无限期等待而使得该线程被饿死。

　　互斥的实现架构如图 6-6 所示,在临界区的基础上引入了
进入区和退出区。

　　(1) 进入区:用来检查当前临界区是否已被其他线程使
用。若临界区已被其他线程使用,当前线程不能访问临界区;
若临界区未被使用,当前线程获得临界区的使用权,并更改临
界区为已使用状态。任何线程都能使用进入区,进入区的设
立不限制线程的访问数目。若临界区已被使用,线程则应该
在进入区有限等待临界区资源,从而能够保证对临界区访问
的原子性,并且实现线程的有限等待。

图 6-6　互斥的基本实现架构

　　(2) 退出区:用来变更临界区状态。当线程使用完临界区,将在退出区更改临界区为
空闲状态。临界区状态更改后,线程让出了临界区的使用权,随后其他线程能够请求使用临
界区。

6.1.3　互斥的实现:控制中断

　　当一个线程在临界区执行时,只有发生中断时,线程执行才会被打断。因此,在单核处
理器环境中,实现互斥最简单的方法是在进入区中屏蔽中断,在退出区中再打开中断。由于
在临界区中执行时中断被屏蔽,CPU 不会被其他线程抢占,从而使得临界区的原子性得到
保证。在 openEuler 中,基于控制中断的互斥实现框架如图 6-7 所示。

```
1.    arch_local_irq_disable(void)   //进入区
2.       <临界区>
3.    arch_local_irq_enable(void)    //退出区
```

图 6-7　控制中断实现互斥

　　那么,如何实现中断的屏蔽和打开呢? 在 ARMv8 架构中,寄存器 DAIF 用于屏蔽中断
与异常。其中,寄存器 DAIF 的标志位 I 是中断屏蔽标志位,置 1 为屏蔽中断,清 0 为打开
中断。处理器提供操作数 ADIFset 能够将 DAIF 对应的标志位置 1,操作数 DAIFclr 能够
将 DAIF 对应的标志位清 0。系统使用指令 MSR 将操作数 DAIFset 与操作数 DAIFclr 的
第 2 位置 1,从而分别实现将 DAIF 的中断屏蔽标志位 I 置 1 与清 0。在 openEuler 中,屏蔽
中断与打开中断的关键代码如图 6-8 所示。

　　函数 arch_local_irq_disable()与函数 arch_local_irq_enable()分别直接进行屏蔽中断与
打开中断操作,不会保存寄存器 DAIF 的值。而在使用控制中断实现互斥时,一般来说,寄
存器 DAIF 的值将在屏蔽中断之前保存,在打开中断之前恢复。系统通常会将屏蔽中断与
打开中断封装成相应的 API 接口函数,通过调用这些 API 来保证临界区的原子性。图 6-9
中第 2 行与第 4 行代码是使用如上汇编语言封装的屏蔽中断与打开中断的 API,以实现简

```
1.    //源文件：arch/arm64/include/asm/irqflags.h
2.    static inline void arch_local_irq_disable(void){   //屏蔽中断
3.        ...
4.        asm volatile(ALTERNATIVE(
5.        "msr   daifset, #2                              //将 DAIF 中的 I 标志位置 1，关闭中断
6.        ...))
7.    }
8.    //源文件：arch/arm64/include/asm/irqflags.h
9.    static inline void arch_local_irq_enable(void){    //打开中断
10.       ...
11.       asm volatile(ALTERNATIVE(
12.       "msr   daifclr, #2                              //清除 DAIF 中 I 标志位清 0，打开中断
13.       ...))
14.   }
```

图 6-8　中断控制的关键代码

单的算术运算的原子操作。第 2 行的参数 flags 用于保存 DAIF 的值，第 3 行代码中的 c_op 指算数运算符，v—>counter 与 i 是两个操作数。

```
1.    //源文件：arch/arm/include/asm/atomic.h
2.    raw_local_irq_save(flags);        //屏蔽中断
3.    v -> counter c_op i;              //只写临界区
4.    raw_local_irq_restore(flags);     //开中断
```

图 6-9　基于控制中断的互斥实现

　　然而，使用中断控制来实现互斥并不算是一个好的解决方案。首先，若临界区的代码过多，屏蔽中断的时间会过长，这会直接影响系统的运行效率。一般地，这种方案只用来保证简单的原子操作，比如共享变量的更新。其次，由于这种方案将屏蔽中断的权利交给了线程，如果线程滥用这个权力将可能导致严重的后果。比如，若线程屏蔽中断之后不再开启，这可能导致系统停止运行。此外，这种方案不适用于多核处理器系统。在多核处理器中，屏蔽中断只能保证运行当前线程的 CPU 不被中断。然而，由于并发线程可能运行在不同的 CPU 上，运行于其他 CPU 上的线程仍然能够进入临界区。目前，在产业界，多核处理器已经很普遍，基于中断控制的互斥方案也已经很少使用了。

6.1.4　互斥的实现：锁

　　在操作系统中，锁是一种经常使用的实现互斥的原语。在日常生活中，人们将贵重物品锁进保险箱中，只有锁的拥有者才能对其进行使用。类似地，操作系统将临界区看作贵重物品，在临界区的入口加上一把锁，只允许获得锁的线程访问临界区。

　　加锁后的临界区描述如图 6-10(a)所示。线程在进入临界区前需要获取锁，在退出临界区时释放锁。锁的本质是内存中的一个共享变量，用不同的值表示锁的不同状态，比如分别

使用 0、1 表示空闲状态(可获取状态)和加锁状态(不可获取状态)。空闲状态表示当前没有线程持有锁,即临界区内没有线程;加锁状态表示当前已有一个线程持有锁,即临界区内已有一个线程。锁的初始状态为空闲状态。

```
1.      lock()   //进入区
2.         <临界区>
3.      unlock() //退出区
```
（a）加锁后的临界区

```
1.      lock():
2.      while(1){
3.         if(locked == 0){
4.            locked = 1;
5.            return;
6.         }
7.      }
```
（b）加锁

```
1.      unlock():
2.         locked = 0;
```
（c）解锁

图 6-10　锁的简单实现

在进入区,线程使用加锁操作 lock() 来尝试获得锁。加锁操作 lock() 的简单实现如图 6-10(b)所示。在 lock() 中,先判断锁的状态:如果是空闲状态,则修改为加锁状态;如果是加锁状态,则须在进入区等待。当某个线程持有锁后,表示临界区被锁住,其他并发线程无法再对临界区进行访问。线程在执行完临界区的代码后,便会在退出区的解锁操作 unlock() 中释放锁,即将锁的状态修改为空闲状态。解锁操作 unlock() 的简单实现如图 6-10(c)所示。此时,在进入区的等待线程会注意到锁状态的变化,其中的某个等待线程能够通过获得锁而进入临界区。

加锁操作 lock() 和解锁操作 unlock() 的实现看起来都很简单,但是图 6-10(b)所示的实现中包含了一个疏漏:对于并发线程而言,锁变量 locked 同样也是一个共享资源,也存在竞态条件。例如,在图 6-10(b)中,假设当前锁状态为空闲状态,即 locked=0。线程 T1 获取 locked,准备进入临界区。如果线程 T1 执行完图 6-10(b)的第 3 行代码后、执行第 4 行代码前,发生线程切换;线程 T2 被调度运行,由于线程 T2 获取的当前 locked 值仍为 0,因此进入临界区并使用临界资源。当线程 T2 在临界区时,若再次发生线程切换,线程 T1 被调度继续执行,其会执行第 4 行代码,进入临界区。在这种情况下,两个线程同时进入了临界区。也就是说,在图 6-10(b)的实现中,lock() 的实现无法保证并发线程对共享变量 locked 操作的原子性。

由此看来,如果想通过锁实现互斥,必须保证加锁和解锁操作的原子性。那么,系统应该如何保证这两个操作本身的原子性呢？大多数处理器设计了特殊指令,在硬件层面为加锁与解锁操作的原子性提供支持。

1. LDXR/STXR

指令 LDXR/STXR 是 ARM v8 的独占访问指令,其格式如图 6-11 所示。

```
1.      LDXR < Xx >, [< Xn | SP >{, ♯0}]
2.      STXR < Xs >, < Xt >, [< Xn | SP >{, ♯0}]
```

图 6-11　指令 LDXR/STXR 格式

指令 LDXR/STXR 一般需要成对使用,属于独占内存访问。指令 LDXR 从内存地址取出数据放到寄存器 Xx,然后将此地址标识为独占。指令 STXR 先检查访问的地址是否被标识为独占:如果是,则将寄存器 Xt 的值写入该地址中,同时清除独占标记,并返回一个写入成功的标志值 0 给寄存器 Xs;如果不是,则不将寄存器 Xt 的值写入地址,同时返回写入失败标志值 1 给寄存器 Xs。也就是说,只有指令 LDXR 标识的独占访问存在时,指令 STXR 才能成功执行。一般地,如果 STXR 写入失败,将继续尝试从指令 LDXR 重新开始执行。通过这种方式,LDXR 和 STXR 要么"全部执行",要么"全部没有执行",实现了 LDXR 和 STXR 双操作的原子性。

由于指令 LDXR/STXR 能够保证"读取-更新"操作的原子性,可以利用这个特性来实现锁,以避免在图 6-10(b)的实现中可能出现的两个线程同时进入临界区的问题。基于指令 LDXR/STXR 的加锁操作实现示例如图 6-12 所示。第 3 行代码从内存中读取锁状态。第 4 行代码判断其值是否为 0:如果为 0,则表示可以获得锁,更新锁的状态并写回内存(第 5 行);如果锁的状态不为 0 或独占访问受到干扰(第 6 行),回到 start 处重新开始执行(第 7 行)。

```
1.    lock():
2.        mov   register1,  ♯0x1              ;值为 1,可通过赋此值关闭临界区
3.    start: ldxr register2, locked          ;获取到锁的值
4.        cmp register2, ♯0                   ;判断锁的值是否为 0
5.        stxreq register2, register1,locked  ;锁的值若为 0,更新锁值,将临界区关闭
6.        teq register2, ♯0                   ;锁的值为 1,或更新失败,则循环
7.        bne start
9.        ret
```

图 6-12　基于指令 LDXR/STXR 的加锁操作的实现示例

根据图 6-12 加锁操作的实现,将进一步分析是否会存在图 6-10(b)的问题。假设当前锁状态为 0,线程 T1 试图获取锁。线程 T1 执行第 3 行从内存地址中获取锁状态 0,并将地址标识为独占。在线程 T1 执行完第 4 行代码后、执行第 5 行代码前,发生线程切换。线程 T2 被调度执行,并且也试图获取锁。线程 T2 执行第 3 行代码,获取锁状态 0,虽然线程 T1 已经将地址标识为独占,但不影响线程 T2 对地址进行独占标记,即线程 T2 仍然将地址标识为独占。线程 T2 执行完第 5 行代码后,就获取了锁,并将锁状态置 1,同时清除所有的独占标记。当线程 T2 进入临界区后,如果再次发生线程切换,线程 T1 被调度执行,继续运行第 5 行代码。由于指令 stxreq(eq 为条件码后缀,表示指令 cmp 比较的两值相等时,才执行指令 stxr)检查到访问的地址没有独占标记,那么锁状态不会被再次更新,返回写入失败标志 1 给 register2。线程 T1 执行第 7 行代码,跳转到 start 处,重新尝试获取锁。此时线程 T1 加载的锁状态为 1,线程 T1 不能进入临界区,从而避免了竞态条件的发生。

在多核处理器环境中,指令 LDXR/STXR 配套使用具有强大的功能,可以提高系统的工作效率。有的多核 CPU 架构,如 x86,通过锁总线的方式来保证操作的原子性,但这种方式阻碍了其他 CPU 对总线的访问,导致处理器的访问效率下降。但 LDXR/STXR 并未使

用锁总线的方式,而是以监视内存的方式保证操作原子性,若内存已被其他 CPU 更新,则将重新开始执行操作。一般来说,这种机制对于多核 CPU 而言,性能表现高于锁总线的方式。

2. CAS

如果指令 STXR 写入失败,加锁操作将从 LDXR 操作开始重新执行。如果重试次数较少,对系统的性能影响不会很大。然而当 CPU 核数量不断增多时,可能存在这样一种情况,即重复执行指令 LDXR/STXR 的 CPU 数量极大,从而导致系统的性能急剧下降。因此,从 2014 年的 ARMv8.1 架构开始,ARM 推出了用于原子操作的 LSE(Large System Extension,ARM 架构的一种指令集扩展)指令集扩展,新增的指令包括 CAS、SWP 等。在这里,将以指令 CAS 为例,阐述基于原子操作的锁实现原理。

指令 CAS(Compare and Swap,比较和交换)是 ARM v8 提供的指令。该指令将"读取-比较-写入"操作合并为一个原子操作。CAS 的指令格式为:CAS $<$ Xs $>$,$<$ Xt $>$,$[<$ Xn$|$SP $>$ $\{$,$\sharp$0$\}]$。指令 CAS 从内存中读出数据,再将其与源寄存器 Xs 的值比较。若二者相等,则将目的寄存器 Xt 中的值写入内存,同时将内存中原值写回源寄存器 Xs 中;若不相等,则不将 Xt 写入内存,直接将内存中原值写回源寄存器 Xs 中。在指令 CAS 执行结束后,如果 Xs 的最新值与 Xs 的原值相等,则表明内存数据得到更新;否则,内存数据没有变化。即可以根据检查 Xs 的原值与新值是否相等,来判断内存数据是否被更新。

指令 CAS 在执行期间,内存不会被其他操作修改。指令 CAS 能够原子地对锁状态进行检测与设置。这与指令 LDXR/STXR 失败后,不停地对内存进行"读取-写入"尝试不同。当存在大量的 CPU 核数时,与使用指令 LDXR/STXR 实现锁操作相比,使用指令 CAS 实现锁操作能够降低对系统性能的影响。在使用 CAS 实现加锁操作时,会将锁的期望值 0 存储在源寄存器 Xs 中,锁的更新值 1 放入目的寄存器 Xt 中。执行完指令 CAS 后,可通过比较源寄存器 Xs 与锁的期望值 0,来判断线程是否已经获取锁。如果 Xs＝0,则线程已经获取锁,否则就说明线程这一次没有获取锁,必须等待锁的释放。

openEuler 利用 CAS 实现了一个函数__cmpxchg_case_$\sharp\sharp$name(),用于实现加锁操作。函数__cmpxchg_case_$\sharp\sharp$name()的核心代码如图 6-13 所示。

```
1.      //源文件: arch/arm64/include/asm/atomic_lse.h:cmpxchg_case_##name()
2.      asm volatile(ARM64_LSE_ATOMIC_INSN(
3.      ...
4.      /* LSE atomics */
5.          " mov " #w "30,   %" #w "[old]\n"        \ //将锁的期望值存入寄存器中
6.          " cas " #mb #sz "\t " #w "30,   %" #w "[new], %[v]\n"  \// 检测加锁操作
7.          " mov   %" #w "[ret],  " #w "30")       \ //返回被更改之前的锁状态
8.          : [ret] "+r" (x0), [v] "+Q" (*(unsigned long *)ptr)      \
9.          : [old] "r" (x1), [new] "r" (x2)         \
10.     ...
11.         return x0;                 \
12.     }
```

图 6-13　CAS 实现加锁操作

如图 6-13 所示,函数__cmpxchg_case_♯♯name()的代码是以 gcc 嵌入汇编的形式编写的。第 5 行代码是将期望值存入 CAS 的源寄存器"♯w"30 中。第 6 行代码使用 CAS 指令将锁状态%[v]中的值与期望值"♯w"30 相比较。若相等,锁状态更新为"不可获取状态"值 new。在经过 CAS 指令后,"♯w"30 寄存器中存储的值已变为锁的原状态,第 7 行代码则是将寄存器"♯w"30 的值传送到寄存器 x0 中,并将值返回。通过返回锁的原状态可以得知该线程是否成功获取了锁。

3. LDXR/STXR 与 CAS 的对比

为了保证加锁与解锁操作的原子性,ARMv8 架构定义了 LDXR/STXR 和 CAS(LSE atomic)这两种原子操作指令。从实现原理上看,CAS 将"读取-比较-写入"操作合并为一条机器指令,但这并不能说明 CAS 性能总是比 LDXR/STXR(两条机器指令)好。

在 CPU 数量较少或者锁竞争不激烈的情况下,LDXR/STXR 对总线的竞争也较少,其性能比 CAS 要好。因此,移动设备(CPU 核数比较少)上可优先使用 LDXR/STXR 来实现原子操作。

对于服务器,其 CPU 核数众多(比如鲲鹏 920 处理器 CPU 核数高达 64 核),而且还支持多 NUMA 系统,如果多条 LDXR/STXR 指令并发执行,则冲突概率加大,导致获取锁的成功率降低。在并发数为 N 时,即使在最理想的情况下,LDXR/STXR 指令的成功率也只有 $1/N$。而基于 CAS 实现锁机制能够保证对总线的有序访问,锁的成功率与并发数无关,因此仍可达 100%。在多核多并发且跨 NUMA 的场景下,CAS 能提升获取锁的性能。

表 6-1 给出了这两种实现锁机制的性能对比。

表 6-1 LDXR/STXR 与 CAS 实现锁机制的性能对比

指　　令	单 NUMA 系统 (CPU 核数少/竞争少)	多 NUMA 系统
LDXR/STXR	性能优	性能一般
CAS	性能一般	性能优

对于实现锁的这两种指令,openEuler 提供一个内核参数 lse 进行选择。lse 参数默认为 on,即内核默认选择 CAS 来实现锁。

6.2 自旋锁

自旋锁是 Linux 内核的最常见的锁机制,一般用于防止出现多核 CPU 并发时不同线程同时使用共享资源的情况。本节先介绍自旋锁的基本思想,然后结合 openEuler 中两种自旋锁,进一步阐述自旋锁的具体实现。

6.2.1　基本思想

线程通过获取锁进入临界区,实现对临界资源的访问。只要进入临界区的线程还未完成对临界资源的访问,其他线程都不能获取锁。那么其他请求获取锁的线程该怎么办？一种简单的解决方式是:请求获取锁的线程在进入区循环地读取锁的状态,直到获取到锁。这种类型的锁称为自旋锁。

openEuler 将图 6-13 中的加锁函数__cmpxchg_case_##name()封装为函数 atomic_cmpxchg_acquire()进行使用。图 6-14 是基于 CAS 实现的简单加锁操作。

```
1.    lock():
2.        while(atomic_cmpxchg_acquire(locked,0,1) ==1)
3.        ;
```

图 6-14　基于 CAS 实现的加锁操作示例

在图 6-14 的实现中,在线程的当前时间片内,CPU 一直在第 2 行自旋,直到锁可用。在特殊指令的支持下,自旋锁能够实现互斥的功能,且实现简单,但自旋锁可能会带来严重的性能开销。考虑以下情况:如果一个线程在持有锁后、进入临界区之前(即执行完第 2 行),其 CPU 被其他线程抢占。此时,如果第二个线程尝试获取这把锁,它会发现锁已被其他线程持有,于是开始自旋(即成为这个锁的等待线程),并至少自旋一个时间片。类似地,其他尝试获取这把锁的等待线程都面临同样的问题:在持有锁的线程被调度运行之前,锁不会被释放,然而这些想要获取锁的线程,一直在共享的锁变量上执行很多类似 CAS 这样的原子操作,不断地检查一个暂时不会改变状态的锁变量。这些操作会消耗 CPU 周期、导致缓存失效(缓存会存储 locked=1)、消耗总线和存储器带宽(读取锁变量),从而造成严重的资源浪费。此外,在竞争的情况下,线程获得锁的时机是随机的,获取锁的顺序并不能保证,甚至可能一直自旋。也就是说,自旋锁并不保证等待线程获取锁的公平性。因此,操作系统必须设计一些机制以缓和资源浪费问题,并保证获取锁的公平性。

6.2.2　Qspinlock

在本节中,将结合 Qspinlock(队列自旋锁)的实现,阐述上述问题是如何解决的。Qspinlock 是 openEuler 内核的锁机制。Qspinlock 解决上述问题的基本思想为如下三点。

(1) 引入队列。当锁被释放时,施加规则,决定哪个线程抢到锁。

(2) 引入一个本地的锁状态。线程根据本地的锁状态来判断其是否位于队列的队头,只有当其位于队列的队头时,才能读取全局的锁状态,而不是不断地读取全局的锁状态,这有效地缓解了缓存一致性带来的开销。

(3) 两阶段锁。如果锁处于可获取状态,线程直接获得锁；如果锁已被其他线程持有,但没有其他等待线程,等待线程以自旋的方式不断地尝试获取锁；否则,将锁的获取过程分成两个阶段。在第一阶段,等待线程进入休眠,直到其排到队头时被唤醒;在第二阶段,等待线程以自旋的方式不断地尝试获取锁。为更加清晰地阐述 Qspinlock 的原理,下面将从 Qspinlock 概况、快速路径、慢速路径三个方面,分别介绍 Qspinlock 的实现。

1. Qspinlock 概况

如图 6-15 所示,Qspinlock 使用一个原子变量记录锁的状态,这个原子变量由 3 个字段组成(虽然它们位于 union 中),包括 locked、pending、tail。其中字段 locked 为锁的状态,值为 1 表示锁不可获取,值为 0 表示锁可获取。字段 pending 是锁的未决位:当其值为 1 时,表示至少存在一个线程在等待锁;当其值为 0 时,表示要么锁被持有但没有争用,要么等待锁的队列已经存在。字段 tail 用于标识队尾:当其值为 0 时,表示等待锁的队列尚未创建,即当前最多存在两个线程在争用锁;当其值不为 0 时,表示等待锁的队列已经存在。

```
1.      //源文件: include/asm - generic/qspinlock_types.h
2.      typedef struct qspinlock {
3.          union {
4.              atomic_t val;
5.              struct {
6.                  u8 locked;              //锁状态
7.                  u8 pending;             //未决位
8.              };
9.              struct {
10.                 u16 locked_pending;     //线程个数超过 2^14 时,作为 tail 的扩展
11.                 u16 tail;               //标识队尾
12.             };
13.         };
13.     }
```

图 6-15　Qspinlock 数据结构

为了简化 Qspinlock 状态的描述,本节使用三元组(tail, pending, locked)来描述 Qspinlock 锁的状态(如图 6-16 所示)。

2. 获取锁的快速路径

当第 1 个线程 T1 尝试获取锁时,T1 会先访问当前锁的状态,检测锁状态 lock—> val 的值是否为 0。如果值为 0,线程直接获取锁,并将锁的状态(locked)置 1。此时,如图 6-17 所示,T1 持有锁,同时三元组的状态更新为(0,0,1)。如果 lock—> val 的值不为 1,进入慢速路径中等待锁的持有者释放锁(见图 6-18 中代码第 7 行)。

tail	pending	locked

图 6-16　描述 Qspinlock 锁状态的三元组　　　　　图 6-17　直接获取锁

```
1.    //源文件: include/asm - generic/qspinlock.h
2.    void queued_spin_lock(struct qspinlock * lock){
3.        //(0,0,0) -- > (0,0,1)
4.        u32 val = atomic_cmpxchg_acquire(&lock - > val, 0, _Q_LOCKED_VAL);
5.        if (likely(val == 0))
6.            return;
7.        queued_spin_lock_slowpath(lock, val);
8.    }
```

图 6-18　锁的直接获取关键代码

3. 慢速路径：第 2 个线程试图获取锁

假设线程 T1 已经获取锁，当前三元组的状态为(0,0,1)。在第 1 个线程 T1 未释放锁之前，如果有第 2 个线程 T2 试图获取锁，那么它必须等待。T2 进入慢速路径处理，在 queued_spin_lock_slowpath ()中检查是否存在其他线程正在争用锁。字段 pending 与 tail 的当前值均为 0，表示没有争用。在这种情况下，线程 T2 将字段 pending 置 1（见图 6-19 中代码第 2 行），同时三元组的状态更新为(0,1,1)，如图 6-20 所示。此后，线程 T2 以自旋的方式读取锁状态 lock—> val，以等待锁的释放（见图 6-19 中代码的第 5 行）。

```
1.    //源文件: kernel/locking/qspinlock.c: queued_spin_lock_slowpath()
2.    val = queued_fetch_set_pending_acquire(lock);        //将 pending 位置 1
3.    ...
4.    if (val & _Q_LOCKED_MASK)                            //等待锁的释放
5.        atomic_cond_read_acquire(&lock - > val, !(VAL & _Q_LOCKED_MASK));
```

图 6-19　三元组更新为(0,1,1)的关键代码

如果锁的持有者 T1 将锁释放，线程 T2 将退出函数 atomic_cond_read_acquire()的循环（见图 6-19 中代码第 4 行）。此时，三元组状态从(0,1,1)变为(0,1,0)。线程 T2 直接获取锁，并将字段 pending 清 0、字段 locked 置 1（见图 6-21 中代码第 2 行）。三元组状态从 (0,1,0)变为(0,0,1)。

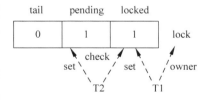

图 6-20　设置字段 pending

```
1.    //源文件: kernel/locking/qspinlock.c: queued_spin_lock_slowpath()
2.    clear_pending_set_locked(lock);                //清除 pending 位并获取锁
3.    ...
4.    return;
```

图 6-21　三元组更新为(0,0,1)的关键代码

考虑一种特殊情况：假定线程 T1 已释放锁，但是线程 T2 还未完成锁的获取，而第 3 个线程 T3 尝试获取锁。此时，三元组状态为(0，1 ，0)，线程 T2 处于即将获取锁的过渡状

态,线程 T3 可以先自旋等待线程 T2 获取锁,然后就可将字段 pending 置 1,以等待获取锁。在这种情况下,线程 T3 使用函数 atomic_cond_read_relaxed()读取锁值 lock—> val,进行固定次数的循环(见图 6-22 中代码第 3~5 行),以等待线程 T2 获取锁。

```
1.     //源文件:kernel/locking/qspinlock.c: queued_spin_lock_slowpath()
2.     if (val == _Q_PENDING_VAL) {
3.         int cnt = _Q_PENDING_LOOPS;              //限制读取原子变量的次数
4.         val = atomic_cond_read_relaxed(&lock—> val,
5.             (VAL != _Q_PENDING_VAL) || ! cnt—— );
6.     }
```

图 6-22　三元组状态为(0,1,0)时的特殊情况

当字段 pending 的值为 1、线程 T2 在自旋等待获取锁时,如果有其他线程试图获取锁,这些线程将被推入一个 FIFO 队列。

4. 慢速路径:排队

当存在多个线程同时试图获取锁时,如果不对线程获取锁的顺序进行规定,可能出现线程先到却后获取锁,甚至不能获取锁的不公平情况。为了保证获取锁的公平性,在 Qspinlock 中,采用 MCS(以发明者的名字命名)队列来管理多个试图获取锁的线程。

MCS 队列是一个先到先服务(FIFO)队列。MCS 节点的数据结构如图 6-23 所示。在 MCS 节点的数据结构中,成员 next 用于指向节点的后继节点(第 3 行)。为了缓和因读取全局锁状态而导致的缓存失效开销,MCS 设计了局部的锁状态 locked。成员 locked 用来判断当前节点是否是队头(第 4 行)。成员 count 用于记录当前 CPU 获取锁的个数(第 5 行)。一个 CPU 至多可同时试图获得 4 个锁,这是因为:线程在获取锁时,可能发生中断,并且在中断处理中可能也会试图获取锁,从而形成嵌套锁;openEuler 规定一个 CPU 在一种类型的中断中至多只能尝试获取一个锁;除了线程本身可以试图获取一个锁外,还有三个中断事件,即 softirq、hardirq、NMI,也能试图获取锁。比如,当前线程在试图获得锁 LOCK1 时,发生了中断 softirq,而中断 softirq 试图获取锁 LOCK2,那么此时 CPU 同时在试图获取两个锁。每个 CPU 共定义 4 个 MCS 节点,这些节点保存在每个 CPU 的 qnodes 数组中。

```
1.     //源文件:kernel/locking/mcs_spinlock.h
2.     struct mcs_spinlock {
3.         struct mcs_spinlock * next;
4.         int locked;
5.         int count;
6.     }
```

图 6-23　MCS 数据结构

只有争用锁的线程大于两个,才会启用 MCS 队列。如图 6-24 所示,当线程 T1 持有锁、线程 T2 在自旋时,如果第 3 个线程 T3 来了,线程 T3 就会被推入 MCS 队列。获取

node 并初始化的关键代码如图 6-25 所示。首先,线程 T3 通过 qnodes[0]得到当前 CPU 被
竞争的锁的数目 count,并将 count 加 1,表示在 qnodes[]数组中即将获取的空闲 node 的索
引;其次,将自己的 CPU 编号和 context 编号编码进变量 tail 里(第 5 行);最后,取出对应
的空闲 MCS 节点 node,并对 node 进行初始化,即将 MCS 节点 node 的 locked 值初始化为
0(第 8 行),将 next 指针初始化为 NULL(第 9 行)。线程 T3 在完成对 MCS 节点 node 的初
始化后,将更新 Qspinlock 中的字段 tail,让其指向该节点自身,并将 Qspinlock 中锁的原状
态保存至变量 old 中(第 11 行)。

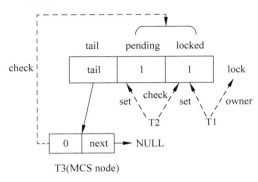

图 6-24　线程 T3 入队

```
1.      //源文件: kernel/locking/qspinlock.c: queued_spin_lock_slowpath()
2.      node = this_cpu_ptr(&qnodes[0].mcs);    //获取 qnodes[0],以得到当前 CPU 锁的个数
3.      idx = node->count++;                     //要获取一个空闲 node,需要将 count 加 1
4.      //使用 CPU ID 与 idx 形成字段 tail
5.      tail = encode_tail(smp_processor_id(), idx);
6.      ...
7.      node = grab_mcs_node(node, idx);        //根据 idx 取出对应的空闲 node
8.      node->locked = 0;
9.      node->next = NULL;
10.     ...
11.     old = xchg_tail(lock, tail);            //更新 qspinlock 中的字段 tail
```

图 6-25　获取 node 并初始化的关键代码

　　线程 T3 入队后,队列及锁状态如图 6-24 所示。位于 MCS 队列队头的线程 T3 循环读
取字段 pending 与 locked 的值,检测它们的值是否都为 0(见图 6-26 中代码第 2 行)来自旋
等待线程 T2 获取锁后,线程 T2 释放锁。

```
1.      //源文件:kernel/locking/qspinlock.c: queued_spin_lock_slowpath()
2.      val = atomic_cond_read_acquire(&lock->val,
3.                  !(VAL&Q_LOCKED_PENDING_MASK));    //队头自旋等待锁的释放
```

图 6-26　T3 自旋等待锁的释放的关键代码

当线程 T3 在排队时，如果第 4 个线程 T4 来了，线程 T4 将被推入 MCS 队列，此时队列及锁的状态如图 6-27 所示。线程 T4 将检查变量 old 中字段 tail 的值（见图 6-28 中代码第 2 行）：如果这个值不为 0，则表示在此线程之前，已有其他线程在 MCS 队列中排队。在这种情况下，只需将节点插入 MCS 队列的队尾。

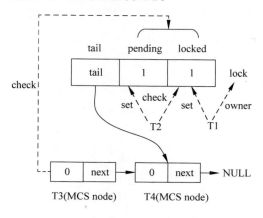

图 6-27　等待队列

```
1.    //源文件: kernel/locking/qspinlock.c: queued_spin_lock_slowpath()
2.    if (old & _Q_TAIL_MASK) {
3.        prev = decode_tail(old);                       //解析字段 tail
4.        WRITE_ONCE(prev -> next, node);                //使前驱节点的 next 指向自己
5.        pv_wait_node(node, prev);                      //等待 node -> locked 变为 true
6.        arch_mcs_spin_lock_contended(&node -> locked); //进入休眠状态
7.        //node 的 next 可能已经存在,提前记录 node 的 next
8.        next = READ_ONCE(node -> next);
9.    }
```

图 6-28　队列已存在的情况下排队的关键代码

当线程 T4 在排队时，为了减小自旋锁自旋带来的性能消耗，操作系统让当前 CPU 进入休眠状态。在 ARMv8 架构中，提供了一个能够使 CPU 进入休眠状态的指令 wfe（wait for event）。在函数 wfe() 中，封装了指令 wfe。只有当锁被线程 T3 释放时，使用指令 sev（send event），该 CPU 才会被唤醒，并再次尝试获取锁。具体地，线程 T4 在函数 smp_load_acquire() 中，检测 node−>locked 的值是否为 1（见图 6-29 中代码第 5 行）：如果不为 1，则调用函数 wfe()，使节点对应的 CPU 进入休眠状态；只有当其前驱节点 T3 将当前节点的 node−>locked 值置 1、并将当前 CPU 唤醒时，线程 T4 检测到 node−>locked 的值更新为 1，才退出循环。

在 MCS 队列中，当一个位于队头的线程可以获取锁时，分为以下两种情况。

（1）如果该线程是 MCS 队列中唯一的排队者，可直接获取锁并清除 tail，并释放 MCS 节点。具体地，函数 try_clear_tail() 原子性地将 lock−>locked 置 1，同时将 lock−>tail 清 0（见图 6-30 中代码第 3 行）。

```
1.    //源文件: arch/arm/include/asm/mcs_spinlock.h
2.    #define arch_mcs_spin_lock_contended(lock)         \
3.        do {                                            \
4.        smp_mb();                                       \
5.        while (!(smp_load_acquire(lock)))               \
6.            wfe();                    \              //CPU 进入低功耗状态
7.
8.        } while (0)                                      \
```

图 6-29　CPU 休眠的关键代码

```
1.    //源文件: kernel/locking/qspinlock.c: queued_spin_lock_slowpath()
2.    locked:
3.    if (((val & _Q_TAIL_MASK) == tail) && try_clear_tail(lock, val, node))
4.        goto release;
5.    ...
6.    release:
7.        __this_cpu_dec(qnodes[0].mcs.count);
```

图 6-30　唯一排队者获取锁的关键代码

（2）如果在 MCS 队列中还存在其他的排队者,队头节点先获取锁,再调用函数 smp_cond_load_relaxed()将后继节点 next—>locked 置 1,并将后继节点对应的 CPU 唤醒(见图 6-31 中代码第 5 行)。在函数 smp_cond_load_relaxed()中调用了函数 dsb_sev()(见图 6-31 中代码第 11 行),在函数 dsb_sev()中封装了指令 sev,当后继节点 next—>locked 被置 1 时,指令 sev 就将对应的 CPU 唤醒。此时,后继节点成为 MCS 队列的队头,并自旋等待 Qspinlock 锁的释放。

```
1.    //源文件: kernel/locking/qspinlock.c: queued_spin_lock_slowpath()
2.    set_locked(lock);      //获取锁
3.    if (!next)
4.    next = smp_cond_load_relaxed(&node->next, (VAL));   //更新 next
5.    mcs_pass_lock(node, next);   //将 next 的 locked 设为 1,解除在节点的 spin
6.
7.    //源文件: arch/arm/include/asm/mcs_spinlock.h
8.    #define arch_mcs_spin_unlock_contended(lock, val)    \
9.        do {                                              \
10.            smp_store_release(lock, (val));               \
11.            dsb_sev();    \        /* 使用 sev 指令唤醒 CPU */
12.        } while (0)                    \
```

图 6-31　存在后继节点的队头获取锁的关键代码

Qspinlock 的解锁操作较为简单,如图 6-32 所示,只需将 locked 置为 0 即可(第 4 行)。

```
1.      //源文件: arch/arm/include/asm/mcs_spinlock.h
2.      static __always_inline void queued_spin_unlock(
3.                      struct qspinlock * lock){
4.          smp_store_release(&lock -> locked, 0);
5.      }
```

图 6-32　解锁操作

6.2.3　NUMA-Aware Qspinlock

在 Qspinlock 机制中,如果跨 NUMA(Non Uniform Memory Access,非统一内存访问)节点进行锁传递,将导致锁变量从一个 NUMA 节点迁移到另一个 NUMA 节点。在 NUMA 中,访问本地节点比访问远程节点快得多。同时,由于缓存失效,将导致额外的性能开销。因此,如果尽可能连续地在同一个 NUMA 节点上进行锁传递,将有效地降低使用锁带来的开销。基于这个思想,在 NUMA 中,openEuler 采用 CNA(Compact NUMA-Aware Lock,紧凑 NUMA 感知锁)队列代替 Qspinlock 中的 MCS 队列。CNA 队列是 MCS 队列的一种变体。MCS 将等待获取锁的线程组织在一个队列中,而 CNA 则将等待获取锁的线程组织为两个队列:一个主队列,其中的线程与主队队头运行在相同的 NUMA 节点上;一个辅助队列,其中的线程与主队列队头运行在不同 NUMA 节点上[5]。当一个线程试图获取 CNA 锁时,它将先被加入主队列。当锁被释放时,与队头不处于同一个 NUMA 节点的线程可能被移动到辅助队列。这种类型的锁称为 NUMA 感知队列自旋锁,即 NUMA-Aware Qspinlock。

1. 主要数据结构概况

CNA 节点的数据结构如图 6-33 所示。成员 mcs 即 MCS 锁的数据结构,其中记录了锁状态 locked 和指向下一个 MCS 节点的指针 next。成员 numa_node 用来记录线程的 NUMA 节点的序号。成员 encoded_tail 用来记录主队列中尾节点的位置。与 Qspinlock 中的成员 tail 的组成方式相同,encoded_tail 也由节点的 CPU 编号与 context 编号编码而成。成员 tail 指向辅助队列的尾指针。

```
1.      //源文件: kernel/locking/qspinlock_cna.h
2.      struct cna_node {
3.          struct  mcs_spinlock mcs;     //MCS 锁的数据结构
4.          int   numa_node;              //NUMA 节点的序号
5.          u32  encoded_tail;            //主队列中尾节点的位置
6.          struct  cna_node * tail;      //指向辅组队列队尾
7.      };
```

图 6-33　CNA 节点的数据结构

170

2．CNA 排队示例

由于 CNA 的数据结构成员较多，为了便于举例说明排队的过程，本节使用其 4 个主要成员进行叙述，如图 6-34 所示。

| mcs.locked | numa_node | tail | mcs.next |

图 6-34　CNA 的主要成员

如图 6-35(a)所示，假定在 CNA 队列的初始状态中，有 5 个线程在排队。其中，线程 T1位于序号为 0 的 NUMA 节点上，其在队头自旋以等待获取锁。当线程 T1 成功获取锁，则遍历主队列，以寻找队头的继承者。队头的继承者也是锁的下一个持有者(next_holder)。当遍历至节点 T4 时，由于线程 T4 也位于序号为 0 的 NUMA 节点上，线程 T4 成为队头的继承者。此时，遍历结束。线程 T1 将线程 T4 的锁状态 locked 置 1，使其成为主队列队头。由于线程 T2 与 T3 位于序号为 1 的 NUMA 节点上，所以线程 T2 与 T3 将被加入到辅助队列中。由于辅助队列当前为空队列，所以线程 T2 成为辅助队列的队头，而线程 T3 则成为辅助队列的队尾，如图 6-35(b)所示。类似地，当线程 T4 成功获取锁时，其遍历主队列寻找继承者。由于线程 T4 的后继节点 T5 位于节点序号为 1 的 NUMA 节点上，主队列中没有线程 T4 期望找到的继承者。在这种情况下，如图 6-35(c)所示，辅助队列的节点会被并入主队列中。辅助队列的队头线程 T2 成为主队列的队头，而线程 T5 成为队尾。

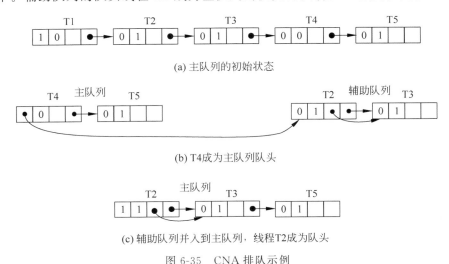

(a) 主队列的初始状态

(b) T4成为主队列队头

(c) 辅助队列并入到主队列，线程T2成为队头

图 6-35　CNA 排队示例

3．cna_pass_lock()函数

CNA 与 MCS 队列的主要区别在于：在锁释放时，选择哪个节点来拿锁，即队头在获取锁后，选择哪个节点作为队头的继承者。在实现上，NUMA-Aware Qspinlock 将 MCS 的锁传递函数 mcs_pass_lock()替换为 CNA 的锁传递函数 cna_pass_lock()。

函数 cna_pass_lock() 的实现如图 6-36 所示。在辅助队列为空且当前锁的争用较低的情况下,将直接选择后继节点为继承者,避免因查找继承者反而导致较高的开销(第 5 行)。如果位于同一个 NUMA 节点的线程频繁地发出获取锁的请求,CNA 可能长时间地仅处理本地线程的请求,而忽视其他 NUMA 节点的请求,从而导致其他 NUMA 节点上的线程长时间地空等。为了权衡锁的性能与获取锁的公平性,CNA 控制主队列获取锁的概率(第 8 行),定期地将辅助队列中的节点并入主队列中,从而避免位于不同 NUMA 节点上的线程长时间地空等。此外,如果主队列的队头无法在主队列中找到继承者,CNA 则将辅助队列中的节点并入主队列中。将辅助队列中的节点并入主队列的过程如下:首先,将辅助队列的队头作为继承者,并将主队列的尾节点插入到辅助队列的尾节点之后,从而使得辅助队列变为主队列(第 15~17 行);然后,将继承者的成员变量 locked 置 1(第 20 行)。

```
1.      //源代码: kernel/locking/qspinlock_cna.h
2.      static inline void cna_pass_lock( (struct mcs_spinlock * node,
3.                                         struct mcs_spinlock * next) {
4.          //辅助队列为空并且锁的争用较低,直接选择后继节点为继承者
5.          if (node -> locked <= 1 && probably(SHUFFLE_REDUCTION_PROB_ARG))
6.              goto pass_lock;
7.
8.          if (probably(INTRA_NODE_HANDOFF_PROB_ARG))
9.              new_next = cna_try_find_next(node, next); //在主队列中寻找继承者
10.         if (new_next) {
11.             next_holder = new_next;                    //更新继承者
12.             val = node -> locked + (node -> locked == 0);
13.         } else if (node -> locked > 1) {
14.             //继承者为辅助队列的队头
15.             next_holder = decode_tail(node -> locked);
16.             //将原主队列的 next 连接在辅助队列的尾节点后
17.             ((struct cna_node * )next_holder) -> tail -> mcs.next = next;
18.         }
19.     pass_lock:                                          //将继承者的 locked 置 1
20.         arch_mcs_spin_unlock_contended(&next_holder -> locked, val);
21.     }
```

图 6-36　函数 cna_pass_lock() 的实现

4. cna_try_find_next() 函数

在寻找继承者的过程中,如何对主队列与辅助队列进行更新?一种方案是在遍历主队列的过程中,对主队列和辅助队列进行更新,即将不是继承者的节点移出主队列、推入辅助队列。另一种方案是在找到继承者之后,一次性对主队列与辅助队列进行更新。为了避免频繁的节点删除、插入等操作,CNA 采取的是第二种方案。寻找继承者的过程如图 6-37 所示。变量 first 和 last 分别用来指向在寻找继承者的过程中遍历的第一个和最后一个非继承者节点。当继承者被找到时,first 指向的节点是主队列中需要被移到辅助队列的第一个节点(第 9 行),而 last 指向的节点是需要被移动到辅助队列的最后一个节点(第 11 行)。

```
1.    //源代码：kernel/locking/qspinlock_cna.h
2.    static struct mcs_spinlock * cna_try_find_next(struct mcs_spinlock
3.                                 * node, struct mcs_spinlock * next){
4.        ...
5.        int my_numa_node = cn－>numa_node;          //当前的 NUMA 节点序号
6.        if (cni－>numa_node == my_numa_node)         //如果后继节点是继承者
7.            return next;                            //直接返回
8.        //使用 first 记录第一个需要移动的等待者,last 记录最后一个需要移动的等待者
9.        for (first = cni;
10.           cni && cni－>numa_node != my_numa_node;
11.           last = cni, cni = (struct cna_node * )READ_ONCE(cni－>mcs.next));
12.       if (cni && last)                            //找到锁的继承者
13.           cna_splice_tail(cn, first, last);       //更新主队列与辅助队列
14.       return (struct mcs_spinlock * )cni;          //返回找到的继承者
15.   }
```

图 6-37　函数 cna_try_find_next()

　　主队列与辅助队列的更新过程如图 6-38 所示。在对主队列进行更新时,将其队头节点的成员变量 cn－>mcs.next 指向变量 last－>mcs.next,即把继承者变为主队列队头的后继节点(第 4 行)。在对辅助队列修改时,首先判断当前是否存在辅助队列:如果不存在,则创建辅助队列,即将辅助队列的尾指针指向变量 last,将主队列队头节点的成员变量 cn－>mcs.locked 指向变量 first－>encoded_tail(第 7～8 行);否则,从主队列的队头节点的成员变量 cn－>mcs.locked 中取出一个指向辅助队列队头的指针,并将变量 first 指向的节点插入到辅助队列队尾,同时将辅助队列的尾节点更新为 last 指向的节点(第 11～15 行)。

```
1.    //源代码：kernel/locking/qspinlock_cna.h
2.    static void cna_splice_tail(struct cna_node * cn,
3.                        struct cna_node * first,struct cna_node * last) {
4.        cn－>mcs.next = last－>mcs.next;             //更新主队列
5.        last－>mcs.next = NULL;                      //清除 last 的 next 指针
6.        if (cn－>mcs.locked <= 1) {                  //辅助队列为空
7.            first－>tail = last;                      //设置辅助队列尾节点
8.            cn－>mcs.locked = first－>encoded_tail;//存储辅助队列头节点的位置
9.        } else {
10.           //辅助队列不为空,找到辅助队列头节点
11.           struct cna_node * head_2nd = (struct cna_node * )
12.                                   decode_tail(cn－>mcs.locked);
13.           //将被跳过的等待者加入辅助队列
14.           head_2nd－>tail－>mcs.next = &first－>mcs;
15.           head_2nd－>tail = last;                   //更新辅助队列尾节点
16.       }
17.   }
```

图 6-38　函数 cna_splice_tail()

6.3　同步与信号量

信号量机制可以控制线程或进程对共享资源的使用,能够使得线程或进程间同步执行。本节将从线程的角度阐述信号量的基本思想以及具体实现(其相关思想和实现也适用于进程),同时对经典的生产者与消费者问题进行讨论。

6.3.1　基本思想

在 6.2 节中,两个或多个线程之间由于抢占某个不能被多个线程同时使用的资源(如全局变量、打印机)而产生制约关系,导致竞态条件的发生。因此,需要通过互斥机制保证临界区的原子性。那么,线程之间除了因这种间接制约关系而引起的通信需求之外,是否还存在着其他制约关系导致存在通信的需求呢?

考虑下面这些场景:①当一个线程执行磁盘 I/O 时,为了提高的 CPU 的利用率,希望该线程进入休眠状态,当磁盘 I/O 完成时,希望有某种方式将该线程唤醒,使其继续执行;②在有些应用场景中,当主线程创建一个子线程后,主线程必须等子线程执行结束之后,才能继续运行;如希望让主线程休眠,当子线程执行结束时,再以某种方式将主线程唤醒。总之,在这些场景中,当某个线程执行完后,另一个线程才能继续执行。也就是说,线程需要等待某个执行条件满足之后才继续执行,线程之间存在着直接制约的关系。当线程之间存在直接制约关系时,不具备继续执行条件的线程最好去休眠,等到执行条件满足时再继续执行。一种直观的方法是当执行条件满足时,向休眠线程发送"执行条件已经具备"的信号,使得休眠线程在收到该信号时才开始执行。对于存在直接制约关系的并发线程,通过某些机制使得这些线程按一定的顺序执行的过程称为同步。存在同步关系的两个或多个线程称为协作线程。

协作线程之间可以通过传递执行条件已经具备的信号,以实现同步。线程在协作的关键点上进行等待,直到它收到执行条件已经具备的信号才继续执行。这个在线程之间传递的协作信号被称为信号量(Semaphore)。信号量机制由荷兰科学家 E. W. Dijkstra 提出。本质上,信号量(S)是一个特殊的整型变量,它的特殊之处在于:程序对其访问都是原子操作,且只允许对它使用 down 原语和 up 原语。信号量操作的原子性保证了一旦信号量的操作开始,那么在操作完成之前,其他线程都不允许占有信号量,从而避免竞态条件的发生。

down 原语,又称为 P 原语(P 是荷兰语 Passeren 的首字母,意为测试)。up 原语,又称为 V 原语(V 是荷兰语 Verhoog 的首字母,意为增加)。一般地,信号量有两种类型,互斥型信号量(信号量 S 的值只能为 0 或 1)与计数型信号量。互斥型信号量一般用于实现对临界区的互斥访问。计数型信号量用于实现线程的同步。down 原语会将信号量 S 减 1,up 原语则会将信号量 S 加 1,其执行过程如图 6-39 所示。

(1) down 原语在执行时,先将信号量 S 减 1,再判断信号量 S 是否小于 0。如果信号量 S 小于 0,调用 down 原语的线程将被阻塞,同时该线程被加入到该信号量的等待队列中;否则,down 原语返回,而调用线程继续执行。

(2) up 原语在执行时,先将信号量 S 加 1,再判断信号量 S 是否大于 0。如果信号量 S 大于 0,则 up 原语返回,且调用线程继续执行;否则,从此信号量的等待队列中唤醒一个被阻塞的线程。

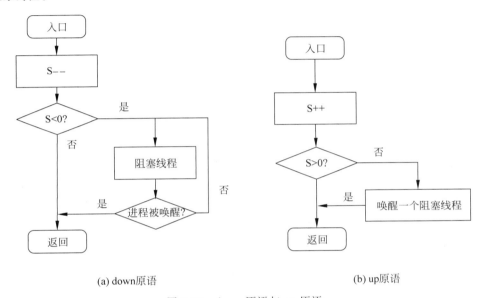

(a) down 原语　　　　　　　　　(b) up 原语

图 6-39　down 原语与 up 原语

当一个线程试图进入临界区时,如果发现信号量不大于 0,该线程变为阻塞状态,同时被加入到信号量的等待队列中。此时,调度程序调度另一个线程执行。当协作线程执行完 up 原语后,被阻塞的该线程可能被唤醒,并从阻塞状态切换到就绪状态,等待调度器的调度。通过信号量实现协作线程间的同步,避免了因执行条件不具备而导致的忙等。

6.3.2　信号量的实现

信号量是操作系统中最常见的同步原语之一。本节介绍 openEuler 内核使用的信号量机制。openEuler 主要提供了 down 原语与 up 原语的具体实现。其中 down 原语在函数 down() 的基础下提供了多个变种函数,本节介绍最常用的 down_interruptible() 函数。与 down 原语对应的是 up 原语,实现 up 原语的是函数 up()。

1. 信号量的数据结构

在 openEuler 中,信号量的数据结构如图 6-40 所示。成员 count 表示协作线程之间共享的资源数量,用来控制访问共享资源的并发线程数量(第 4 行)。当 count 的值大于 0,表示尚有空闲资源；否则，表示已经没有可用资源。成员 wait_list 指向该信号量的等待队列（第 5 行）。成员 lock 用于保护对共享无符号整数 count 和共享列表 wait_list 的互斥访问（第 3 行）。

```
1.    //源代码: kernel/include/linux/semaphore.h
2.    struct semaphore {
3.        raw_spinlock_t lock;
4.        unsigned int count;
5.        struct list_head wait_list;
6.    };
```

图 6-40   信号量的数据结构

2. down 原语的实现

down 原语的实现如图 6-41 所示。首先，为了保证 down 操作的原子性，线程将整个 down 操作上锁（第 5 行），并在操作结束后释放锁（第 10 行）。其次，线程判断当前的可用资源数量 sem−>count 是否大于 0：如果大于 0，则将 sem−>count 的值减 1，表示成功地获取到资源（第 6～7 行）；否则，表示获取资源失败，并进入函数 __down_interruptible() 中处理（第 9 行）。

```
1.    //源代码: kernel/locking/semaphore.c
2.    int down_interruptible(struct semaphore * sem) {
3.        unsigned long flags;
4.        int result = 0;
5.        raw_spin_lock_irqsave(&sem−>lock, flags);
6.        if (likely(sem−>count > 0))
7.            sem−>count −− ;
8.        else
9.            result = __down_interruptible(sem);      //对等待线程的操作
10.       raw_spin_unlock_irqrestore(&sem−>lock, flags);
11.       return result;
12.   }
```

图 6-41   down 原语的实现

函数 __down_interruptible() 的主要处理在函数 __down_common()（如图 6-42 所示）中实现，主要包括以下几个步骤：①将获取资源失败的线程加入到该信号量等待队列的队尾（第 6 行）；②将该调用线程的状态转换为阻塞状态（第 12 行）；③主动让出 CPU，等待信号量的释放（第 14 行）。值得注意的是，在执行调度程序之前，线程需要将锁释放（第 12 行），并在再次被调度时再进行加锁（第 15 行）。那么，阻塞线程如何被唤醒呢？结构体变量 waiter 用来描述被推入等待队列的线程，其成员变量 up 用作唤醒标志。在当前线程被推入等待队列后，waiter. up 的值被设置为 false（第 8 行）；当 waiter. up 的值为 true 时，表明该线程已被唤醒。其中，对 waiter. up 值的改变在 up 原语中实现。

```
1.    //源代码: kernel/locking/semaphore.c
2.    static inline int __sched __down_common(struct semaphore * sem,
3.                                    long state, long timeout){
4.        struct semaphore_waiter waiter;           //描述被推入等待队列的线程
5.        //将当前线程加入等待队列
6.        list_add_tail(&waiter.list, &sem->wait_list);
7.        waiter.task = current;
8.        waiter.up = false;                        //将唤醒标志设置为 false
9.        for (;;) {
10.           ...
11.           //将线程状态设置为 TASK_UNINTERRUPTIBLE
12.           __set_current_state(state);
13.           raw_spin_unlock_irq(&sem->lock);      //释放锁
14.           timeout = schedule_timeout(timeout);  //主动让出 CPU
15.           raw_spin_lock_irq(&sem->lock);        //上锁
16.           if (waiter.up)                        //线程被唤醒
17.               return 0;
18.       }
19.       ...
20.   }
```

图 6-42　阻塞队列的关键代码

3. up 原语的实现

up 原语的实现如图 6-43 所示。up()是对信号量释放的函数,能够将线程唤醒,并将线程加入就绪队列。首先,当前线程判断在等待队列 sem->wait_list 中是否有阻塞线程(第 5 行):如果在等待队列中没有阻塞线程,说明没有线程在等待该资源,则将对 sem->count 进行加一操作(第 6 行),使得空闲资源增加一个;否则,说明在等待队列中有阻塞线程,则将等待队列中的某个线程唤醒(第 8 行)。

```
1.    //源代码: kernel/locking/semaphore.c
2.    void up(struct semaphore * sem) {
3.        unsigned long flags;
4.        raw_spin_lock_irqsave(&sem->lock, flags);
5.        if (likely(list_empty(&sem->wait_list)))
6.            sem->count++;          //空闲资源数目加 1
7.        else
8.            __up(sem);             //唤醒线程
9.        raw_spin_unlock_irqrestore(&sem->lock, flags);
10.   }
```

图 6-43　up 原语的实现

在选择唤醒等待队列中的哪个阻塞线程时,为了保证公平性,采取先进先出(FIFO)原则,优先唤醒先阻塞的线程。由于在 down 操作中,阻塞线程被添加在等待队列的队尾,所以在 up 操作中，唤醒排在等待队列队头的线程。函数__up()的实现如图 6-44 所示。首先，当前线程将阻塞线程移出等待队列（第 5 行）；其次，将阻塞线程的 waiter－＞up 修改为 true，即唤醒该阻塞线程（第 6 行）；最后，修改线程状态，将其加入就绪队列中（第 7 行）。

```
1.    //源代码：kernel/locking/semaphore.c
2.    static noinline void __sched __up(struct semaphore * sem) {
3.        struct semaphore_waiter * waiter = list_first_entry(&sem－＞wait_list,
4.                                          struct semaphore_waiter, list);
5.        list_del(&waiter－＞list);         //将阻塞线程移出等待队列
6.        waiter－＞up = true;               //设置唤醒标志为 true
7.        wake_up_process(waiter－＞task);  //修改线程状态，并加入就绪队列中
8.    }
```

图 6-44　__sched __up()的实现

6.3.3　生产者与消费者问题

将同步和互斥问题一般化，可以得到一个经典的问题，即生产者-消费者问题，生产者-消费者问题可以使用信号量机制解决。在计算机系统中，每个线程都使用和释放各种不同类型的资源。这些资源既可以是像外设、内存等硬件资源，也可以是临界区、数据等软件资源。使用某一类资源的线程称为该资源的消费者，而把释放同类资源的线程称为该资源的生产者。如图 6-45 所示，在这个模型中，存放资源的区域被构建为一个具有 n 个缓冲区的有界缓冲池，而生产者将释放的资源放入缓冲区中，消费者则从缓冲区取走资源进行消费。

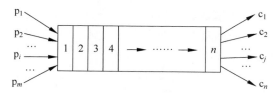

图 6-45　生产者-消费者问题

由于缓冲池是生产者和消费者的共享资源，因此生产者和消费者对缓冲池的访问是一个互斥问题。只有当缓冲池中的缓冲区不全都为空，即至少有一个缓冲区是满的，消费者才能从缓冲池中取走资源；只有当缓冲池中的缓冲区不全是满的，即至少有一个缓冲区是空的，生产者才能往缓冲池中释放资源。因此，生产者-消费者问题也是一个同步问题。

解决生产者与消费者问题的伪代码如图 6-46 所示。互斥型信号量 mutex 作为生产者与消费者的公用信号量，用来保证生产者与消费者的互斥，其初值为 1。计数型信号量 empty 作为生产者的私用信号量，表示在有界缓冲池中可用的空缓冲区的数目，其初值为 n。计数型信号量 full 作为消费者的私用信号量，表示在有界缓冲区中不为空的缓冲区数目，初值为 0。

```
1.      semaphore mutex = 1;              1.
2.      semaphore empty = n;             2.
3.      semaphore full = 0;              3.
4.      producer:                        4.      consumer:
5.        begin                          5.        begin
6.          down(empty);                 6.          down(full);
7.          down(mutex);                 7.          down(mutex);
8.          生产者释放资源入缓冲池;        8.          消费者从缓冲池取走资源;
9.          up(full);                    9.          up(empty);
10.         up(mutex);                   10.         up(mutex);
11.       end                            11.       end
```

图 6-46　解决生产者与消费者问题的伪代码

　　值得注意的是,实现互斥的 down(mutex)与 up(mutex)需要成对出现。同时,对信号量 empty 与 full 的操作尽管位于生产者程序与消费者程序中,也需要成对出现。此外,在生产者或消费者程序中 down 原语的次序不可改变,而 up 原语的次序可以任意出现。例如,如果在生产者和消费者程序中,将两个 down 原语的次序都进行交换,考虑一种这样的情况:当缓冲池的空缓冲区被用完时,生产者释放一份资源。在这种情况下,当生产者在执行完 down(mutex)后(mutex 的值改变为 0),将在 down(empty)中等待。此时,假定消费者试图从缓冲池中取出资源,并执行 down(mutex)。然而,由于 mutex 的值为 0,则消费者也会在 down(mutex)处等待,从而导致生产者与消费者都处于相互等待的状态,而且这种等待永远不会结束。这种现象叫作死锁。

6.4　共享内存

　　线程间通信可能发生在同一个进程中,即位于同一个地址空间。与线程间通信不同的是,进程间通信则是发生在相互独立的地址空间之间。进程需要通信机制完成进程间的信息传递。共享内存机制能够通过共享内存区的使用完成进程间的信息传递。本节将介绍共享内存机制的基本思想以及具体实现。

6.4.1　基本思想

　　信号量作为进程间通信(Inter-Process Communication,IPC)的方式之一,它的特点是:只能传递状态或整数值(控制信息),每次通信所传递的信息量较小且固定。进程间如果需要传递的信息量比较大,那就需要考虑其他的通信方式。共享内存是一种在进程间高效地传递大量信息的通信方式。它的基本思想是:当多个进程需要进行通信时,一个进程申请一块物理内存区,然后各进程将该物理内存映射到自己的虚拟地址空间,随后这多个进程就可以读写该物理内存的方式,与其他进程进行通信。

考虑到多个进程之间通信的需要,操作系统通常预留出一块内存区作为共享内存使用。基于共享内存的 IPC 示意图如图 6-47 所示。共享内存的实现主要包括四个步骤:①进程 A 创建一块共享内存区;②进程 A 和 B 分别将共享内存映射到各自的地址空间;③进程 A 和 B 通过读/写共享内存区进行通信;④当不需要进行通信时,进程 A 和 B 分别解除在地址空间中对该共享内存区的映射;⑤释放共享内存区。

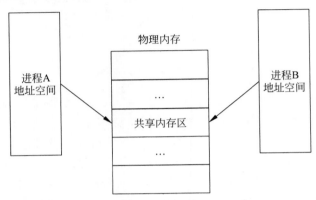

图 6-47 基于共享内存的 IPC 示意图

6.4.2 共享内存的实现

openEuler 支持 POSIX 和 System V 共享内存。本节将以 System V 共享内存的实现为例,介绍 openEuler 的共享内存机制。System V 共享内存提供了四个 API,分别是:shmget()、shmat()、shmdt()与 shmctl()。

1. 主要的数据结构

结构体 shmid_kernel 用来描述共享内存区,其主要成员如图 6-48 所示。openEuler 通过虚拟文件系统 shmfs 来管理共享内存。一个共享内存区对象被抽象成 shmfs 文件系统中的一个文件。在结构体 shmid_kernel 中,成员 shm_file 存储了一个指向共享内存文件的指针。在共享内存文件的结构体 file 中,成员 f_inode 用来映射共享内存区所在的页框。如图 6-49 所示,共享内存区所在的页框被存储在 shm_file—>f_inode —>i_mapping 中。

```
1.    //源代码: kernel/ipc/shm.c
2.    struct shmid_kernel {/* private to the kernel */
3.    struct kern_ipc_perm  shm_perm;  //描述进程间通信许可的结构
4.        struct file    * shm_file;  //指向共享内存文件的指针
5.        unsigned long    shm_nattch; //挂接到本段内存的进程数
6.        unsigned long    shm_segsz;  //段大小
7.        ...
8.    }
```

图 6-48 struct shmid_kernel 的主要成员

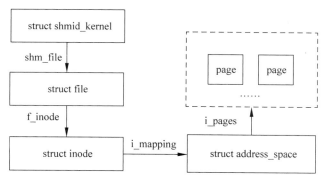

图 6-49　shm_file 与 i_pages

2. shmget()函数

函数 shmget()用来获得共享内存区的 ID,如果不存在指定的共享区,则创建一个相应的共享区,API 函数 shmget()如图 6-50 所示。函数 shmget()的输入包括三个参数:参数 key,充当共享内存区的唯一标识符;参数 size,以字节为单位,表示共享内存区的大小;参数 shmflag,用于标识将分配的共享内存区的属性。有效的标志包括 IPC_CREAT 与 IPC_EXCL。其中,IPC_CREAT 表示如果共享内存区不存在,将创建共享内存区,否则打开共享内存区。IPC_EXCL 表示只有在共享内存不存在的情况下,新的共享内存才会建立,否则返回错误信息。函数 shmget()的返回值为共享内存区的标识符 ID。共享内存的 ID 用来索引共享内存区的数据结构。用户指定的 key 值用来区分不同 IPC 所使用的共享内存区,共享内存的 key 保存在其成员 shm_perm 结构中。当一个 key 值所标识的内存区已被创建,进程再以相同的 key 值调用 shmget()时,shmget()将直接返回该 key 值所对应共享内存的 ID,而不再分配一块新的共享内存,从而实现多个进程访问到同一块内存。

```
1.    //新建共享内存区
2.    int shmget(key_t key, int size, int shmflg);
```

图 6-50　API 函数 shmget()

函数 shmget()调用了系统调用函数 sys_shmget()。系统调用 sys_shmget()的实现如图 6-51 所示。openEuler 使用宏定义函数 SYSCALL_ DEFINE3()将函数 ksys_shmget()封装成系统调用函数 sys_shmget()。在函数 ksys_shmget()中,将 shm_ops 中的操作函数 getnew()设置为函数 newseg()(第 9 行)。当进程需要新建一块共享内存区时,就执行函数 newseg()。

如图 6-52 所示,函数 newseg()完成对共享内存区的初始化,它主要包含以下几个关键步骤。

```
1.    //源代码：kernel/ipc/shm.c
2.    SYSCALL_DEFINE3(shmget, key_t, key, size_t, size, int, shmflg) {
3.        return ksys_shmget(key, size, shmflg);
4.    }
5.    //源代码：kernel/ipc/shm.c
6.    long ksys_shmget(key_t key, size_t size, int shmflg) {
7.        struct ipc_namespace * ns;
8.        static const struct ipc_ops shm_ops = {
9.        .getnew = newseg,
10.       ...
11.       };
12.       ...
13.   }
```

图 6-51　系统调用 sys_shmget()的关键代码

```
1.    //源代码：kernel/ipc/shm.c
2.    static int newseg(struct ipc_namespace * ns
3.                    , struct ipc_params * params) {
4.        key_t key = params->key;
5.        //计算所需的页面数
6.        size_t numpages = (size + PAGE_SIZE - 1) >> PAGE_SHIFT;
7.        char name[13];
8.        ...
9.        if (ns->shm_tot + numpages < ns->shm_tot ||
10.           ns->shm_tot + numpages > ns->shm_ctlall)
11.           return - ENOSPC;
12.       //为 shp   shmid_kernel 结构体分配内存
13.       struct shmid_kernel * shp = kvmalloc(sizeof( * shp), GFP_KERNEL);
14.       ...
15.       shp->shm_perm.key = key;
16.       sprintf(name, "SYSV % 08x", key);   //将 key 值格式化到字符串 name 中
17.
18.       //创建共享内存文件
19.       struct file * file = shmem_kernel_file_setup(name, size, acctflag);
20.
21.       //初始化 shp
22.       shp->shm_segsz = size;
23.       shp->shm_nattch = 0;
24.       shp->shm_file = file;
25.
26.       //为 shp 分配一个 ID
27.       error = ipc_addid(&shm_ids(ns), &shp->shm_perm, ns->shm_ctlmni);
28.       error = shp->shm_perm.id;
29.       return error;
30.   }
```

图 6-52　函数 newseg()的关键代码

（1）根据 shmget( ) 中的输入参数 size 值，计算出所申请共享内存区页框的数量（第 6 行）。如果不存在足够的共享内存空间，会返回一个错误信息－ENOSPC（第 9～11 行）。如果存在足够的共享内存空间，则把 shmget( ) 中的输入参数 key 值赋给 shp－>shm_perm. key。值得注意的是，在对共享内存区进行初始化时，并不会为共享内存区分配实际的页框，而是在随后进程第一次对共享内存区进行读写时，在处理页错误异常时为共享内存区分配页框。

（2）创建一个结构体 shmid_kernel 实例 shp（第 13 行）。

（3）在文件系统 shm 中，创建并打开一个共享内存文件 file（第 19 行）文件。在函数 shmem_kernel_file_setup( ) 中，将创建一个文件节点 f_inode。每个共享内存区对应一个文件节点 i_inode。该节点能被多个进程共享。

（4）初始化 shp（第 22～24 行）。

（5）为该共享内存区分配一个 ID，以建立该 ID 到 shp 的对应关系。进程将根据该 ID 查找到这块共享内存（第 27 行）。

（6）返回该共享内存区的 ID。

3. shmat( ) 函数

函数 shmat( ) 用来将某个共享内存区映射到一个进程的地址空间中，API 函数 shmat( ) 如图 6-53 所示。它的输入包括三个参数：参数 shmid 表示即将映射的共享内存区的标识符，由函数 shmget( ) 返回得到；参数 shmaddr 表示进程建议的、即将被映射的目标地址；参数 shmflg 表示进程对映射的共享内存区中数据的操作权限，使用 SHM_RDONLY 时表示以只读的方式操作共享内存区中的数据，其他的值都是读写的方式。

```
1.     //将创建的共享内存映射到一个进程的地址空间中
2.     void shmat(int shmid, char * shmaddr, int shmflg);
```

图 6-53 API 函数 shmat( )

函数 shmat( ) 调用了系统调用函数 sys_shmat( )。系统调用函数 sys_shmat( ) 的实现如图 6-54 所示。openEuler 使用宏定义函数 SYSCALL_ DEFINE3( ) 将函数 do_shmat( ) 封装成系统调用函数 sys_shmat( )（第 2～ 9 行）。首先，根据函数 shmat( ) 的输入参数 shmaddr 的值，确定进程要求使用的虚拟地址空间起始地址：如果该地址为 0，则由内核根据该进程地址空间的使用情况进行分配；否则，对该地址进行页对齐修正，再使用修正后的值作为虚拟地址的起始地址。通过使用共享内存区标识符 shmid 调用 shm_obtain_object_check( ) 可找到对应的共享内存区数据结构实例 shp，从而可以获得共享内存区的大小（第 18～21 行）。从起始地址开始，向上延伸共享内存区的大小，这段区域就是映射到进程地址空间中的虚拟内存区域。其次，建立共享内存文件到虚拟地址的映射（第 23 行）。函数 do_mmap_pgoff( ) 最终会调用函数 mmap_region( )。

```
1.      //源代码：kernel/ipc/shm.c＞
2.      SYSCALL_DEFINE3(shmat, int, shmid, char __user * , shmaddr, int,
3.                                                      shmflg) {
4.          unsigned long ret;
5.          long err;
6.
7.          err = do_shmat(shmid, shmaddr, shmflg, &ret, SHMLBA);
8.          ...
9.      }
10.
11.     //源代码：kernel/ipc/shm.c＞
12.     long do_shmat(int shmid, char __user * shmaddr, int shmflg,
13.                      ulong * raddr, unsigned long shmlba) {
14.         struct shmid_kernel * shp;
15.         unsigned long addr = (unsigned long)shmaddr;      //当前进程要求映射的地址
16.         unsigned long size;
17.         ...
18.         shp = shm_obtain_object_check(ns, shmid);      //找到共享内存对象
19.         ...
20.         base = get_file(shp-＞shm_file);      //得到文件
21.         size = i_size_read(file_inode(base));      //获取共享内存区的大小
22.         ...
23.         addr = do_mmap_pgoff(file, addr, size, prot, flags, 0, &populate,
24.                                          NULL);
25.         ...
26.     }
```

图 6-54 系统调用函数 sys_shmat()的关键代码

函数 mmap_region()的关键代码如图 6-55 所示，其主要包含以下几步：①创建一个结构体 vm_area_struct，用来记录共享内存的虚拟地址空间（第 5～9 行）；②记录该虚拟地址空间所对应的共享内存区文件（第 13 行）；③建立虚拟地址空间到共享内存区文件的映射（第 14 行）。

当共享内存文件被映射到进程地址空间后，进程就可以通过虚拟地址访问共享文件所在的页框。但是，由于之前操作系统并没有为该文件分配页框，因此当进程首次访问共享内存的地址空间时，将产生缺页异常。在处理该缺页异常时，将执行文件操作函数 mmap()，mmap()函数完成回调函数的注册（第 18～34 行）。当发生缺页异常时，内核将执行页错误处理函数，并将该异常派发到函数 shmem_fault()进行处理。函数 shmem_fault()的关键代码如图 6-56 所示，其主要包含以下几步：①获取产生页错误的虚拟地址所对应的 vma 记录（第 4 行）；②获取该 vma 记录所对应的文件节点 inode（第 6 行）；③为共享内存文件分配一个页框。在分配一个页框后，页错误处理函数调用函数 set_pte_at()设置进程页表，建立虚拟地址到物理地址的映射。

```
1.      //源代码: kernel/mm/mmap.c
2.      unsigned long mmap_region(struct file * file, unsigned long addr,
3.              unsigned long len, vm_flags_t vm_flags, unsigned long pgoff,
4.                                          struct list_head * uf) {
5.          struct vm_area_struct * vma = vm_area_alloc(mm);    //创建一个虚拟地址空间的记录
6.
7.          vma -> vm_start = addr;                             //虚拟地址空间的起始地址
8.          vma -> vm_end = addr + len;
9.          vma -> vm_pgoff = pgoff;
10.
11.         if (file) {
12.             ...
13.             vma -> vm_file = get_file(file);                //记录该虚拟地址空间对应的文件
14.             error = call_mmap(file, vma);                   //建立虚拟空间到文件的映射
15.             ...
16.         }
17.     }
18.     //源代码: kernel/include/linux/fs.h
19.     static inline int call_mmap(struct file * file
20.                   , struct vm_area_struct * vma) {           //注册缺页异常回调函数
21.         return file -> f_op -> mmap(file, vma)
22.     }
23.     //源代码: kernel/ipc/shm.c
24.     static int shm_mmap(struct file * file, struct vm_area_struct * vma) {
25.         ...
26.          vma -> vm_ops = &shm_vm_ops;                        //指向数据结构 shm_vm_ops
27.         ...
28.     }
29.     //源代码: kernel/ipc/shm.c
30.     static const struct vm_operations_struct shm_vm_ops = {
31.         ...
32.         .fault          = shm_fault,                        //缺页处理函数
33.         ...
34.     }
```

图 6-55　函数 mmap_region()的关键代码

```
1.      //源代码: kernel/mm/shmem.c
2.      static vm_fault_t shmem_fault(struct vm_fault * vmf) {
3.          //获取产生页错误的虚拟地址所对应的 vma 记录
4.          struct vm_area_struct * vma = vmf -> vma;
5.          //获取 vma 对应的文件的 inode 节点
6.          struct inode * inode = file_inode(vma -> vm_file);
7.          ...
8.          //为文件分配一个页框
9.          err = shmem_getpage_gfp(inode, vmf -> pgoff, &vmf -> page, sgp, gfp,
10.                                          vma, vmf, &ret);
11.         ...
12.     }
```

图 6-56　函数 shmem_fault()的关键代码

4. shmdt()函数与 shmctl()函数

进程之间在使用共享内存进行通信时,并不是读写完一次数据后就解除映射,而是保持共享内存区,直到通信完毕为止。函数 shmdt()用来解除一个进程的虚拟地址空间到共享内存区的映射,其输入参数 shmaddr 表示即将撤销的共享内存区的虚拟地址,API 函数 shmdt()如图 6-57 所示。

```
1.    //解除进程的虚拟地址空间到共享内存区的映射
2.    void * shmdt(char * shmaddr);
```

图 6-57　API 函数 shmdt()

函数 shmdt()调用了系统调用函数 sys_shmdt()。系统调用函数 sys_shmdt()的实现如图 6-58 所示,openEuler 使用宏定义函数 SYSCALL_DEFINE1()将函数 ksys_shmdt()封装成系统调用函数 sys_shmdt()。

```
1.    //源代码: kernel/ipc/shm.c
2.    SYSCALL_DEFINE1(shmdt, char __user * , shmaddr) {
3.        return ksys_shmdt(shmaddr);
4.    }
```

图 6-58　系统调用函数 sys_shmdt()的实现

函数 ksys_shmdt()实现的关键代码如图 6-59 所示。首先,根据函数 shmdt()的输入参数 shmaddr 找到 vma 记录；随后,解除对该进程的虚拟地址空间到共享内存区的全部映射关系。

```
1.    //源代码: kernel/ipc/shm.c
2.    long ksys_shmdt(char __user * shmaddr) {
3.        ...
4.        vma = find_vma(mm, addr);
5.        do_munmap(mm, vma -> vm_start, vma -> vm_end - vma -> vm_start, NULL);
6.        ...
7.    }
```

图 6-59　函数 ksys_shmdt()解除虚拟空间到共享内存区的映射关系的关键代码

函数 shmctl()用来对共享内存执行一些杂项操作(获取状态、销毁等),其输入包括三个参数：参数 shmid 表示即将处理的共享内存区的标识符；参数 cmd 表示即将对共享内存区进行的操作,其中,标志 IPC_RMID 表示销毁共享存储区；参数 buf 用于传递与 cmd 指定的操作相关的数据。对于 IPC_RMID,参数 buf 可以忽略掉。API 函数 shmctl()如图 6-60 所示。

```
1.    //管理共享内存的函数
2.    void * shmctl(int shmid, int cmd, struct shmid_ds * buf);
```

图 6-60　API 函数 shmctl()

函数 shmctl()调用了系统调用函数 sys_shmctl()。系统调用函数 sys_shmctl()的实现如图 6-61 所示,使用宏定义函数 SYSCALL_DEFINE3()将函数 compat_ksys_shmctl()封装成系统调用函数 sys_shmctl()。

```
1.    //源代码:kernel/ipc/shm.c
2.    COMPAT_SYSCALL_DEFINE3(shmctl, int, shmid, int, cmd,
3.                                    void __user * , uptr) {
4.        return compat_ksys_shmctl(shmid, cmd, uptr);
5.    }
```

图 6-61　系统调用函数 sys_shmcl()的实现

函数 compat_ksys_shmctl()可以根据不同的参数 cmd 执行不同的操作,这里主要阐述共享内存区的销毁,即参数 cmd 为 IPC_RMID 的实现过程,如图 6-62 所示。当 cmd 为 IPC_RMID 时,会调用函数 shmctl_down()(第 4~5 行),函数 shmctl_down()则会调用函数 do_shm_rmid()完成共享内存区的销毁。函数 do_shm_rmid()的实现过程如图 6-62 所示(第 8~21 行)。函数 do_shm_rmid()首先调用函数 container_of()找到即将销毁的共享内存的数据结构实例 shp。然后,检查是否还存在进程仍在使用该共享内存区(第 13 行);如果存在,则先将此块共享内存区标识为 SHM_DEST,以指示当没有进程使用这块共享内存区时,销毁共享内存区(第 14 行),再将 key 设置为 IPC_PRIVATE,以表示其他进程不能再通过 key 来获取此共享内存区(第 16 行);如果不存在其他进程,则直接销毁共享内存区(第 19 行)。

```
1.    //源代码:kernel/ipc/shm.c
2.    long compat_ksys_shmctl(int shmid, int cmd, void __user * uptr) {
3.        ...
4.        case IPC_RMID:
5.            return shmctl_down(ns, shmid, cmd, &sem64);
6.        ...
7.    }
8.    //源代码:kernel/ipc/shm.c
9.    static void do_shm_rmid(struct ipc_namespace * ns,
10.                                   struct kern_ipc_perm * ipcp) {
11.       struct shmid_kernel * shp;
12.       shp = container_of(ipcp, struct shmid_kernel, shm_perm);
13.       if (shp -> shm_nattch) {
14.           shp -> shm_perm.mode | = SHM_DEST;
15.            //不再允许其他进程使用此块共享内存区通信
16.           shp -> shm_perm.key = IPC_PRIVATE;
17.           ...
18.       } else{
19.           shm_destroy(ns, shp);    //直接销毁共享内存区
20.       }
21.    }
```

图 6-62　共享内存区的销毁关键代码

5. 基于共享内存的通信示例

图 6-63 展示了一个基于共享内存的通信示例程序,其程序流程主要包括:① 函数 shmget()接收一个 key 值(1889),申请一块大小为 1024 字节的共享内存,并返回新创建的共享内存标识符(shmid)(第 2 行);② 在子进程中,函数 shmat()将某个虚拟内存区域映射到共享内存,并通过函数 strcpy()向内存中写入内容,最后调用函数 shmdt()取消虚拟内存到共享内存的映射(第 5～8 行);③ 在等待子进程执行完以上操作后,父进程将使用同一个 shmid 调用函数 shmat()将某段虚拟内存映射到同一块共享内存,然后读出内存中的内容并使用函数 printf()输出(第 11～14 行);④ 最后调用函数 shmctl()销毁共享内存(第 17 行)。

```
1.      int main() {
2.          int shmid = shmget(1889, 1024, IPC_CREAR|0600);    //创建共享存储区
3.
4.          if(fork() == 0){                                   //子进程
5.              shmaddr = (char * ) shmat(shmid, NULL, 0);
6.              //向共享内存中写入信息
7.              strcpy(shmaddr, "I'm child process!\n");
8.              shmdt(shmaddr);                                //取消映射
9.              return 0;
10.         } else {
11.             sleep(5);
12.             shmaddr = (char * ) shmat(shmid, NULL, 0);      //建立映射
13.             //读共享内存中的信息
14.             printf("content of share memory: % s \n", shmaddr);
15.             shmdt(shmaddr);                                //取消映射
16.             //共享内存不被使用,操作系统将自动销毁
17.             shmctl(shm_id,IPC_RMID, NULL);
18.         }
19.     }
```

图 6-63 基于共享内存的通信示例

在一块内存区映射到多个进程的用户空间后,这些进程就可以通过读写这块内存区域实现进程间通信。相较于以内核为中介的通信方式,由于不需要将通信数据从用户空间复制到内核空间,再从内核空间复制到用户空间,而是像访问进程的私有地址空间一样,因此共享内存的通信效率较高。然而,共享内存存在多进程的同步访问问题,需要相关进程按某种协议来协同对共享资源的访问。此外,在共享内存机制下,数据的发送方无法知道数据由谁接收,而数据的接收方也无法知道数据是由谁发送的,这就存在安全隐患。

6.5　消息传递

本节先阐述共享内存中存在的不足之处,然后讲解消息传递的基本思想。最后,阐述消息传递机制在 openEuler 中的实现。

6.5.1　基本思想

在共享内存机制下,两个或多个进程可以访问同一段内存区。如果一个进程向共享内存区写入了数据,其他进程就能立即读取到变化了的数据。由于通信过程不需要跨用户态与内核态进行数据复制,因此通信效率较高。然而,共享内存属于临界资源,多个进程可以同时读共享内存,但不允许在某时刻某些进程在读共享内存,而又有其他进程在写共享内存。当通信的进程数量增多时,共享内存区的争用问题将会越来越严重。同时,由于共享内存没有提供避免发生竞态条件的机制,在使用共享内存进行通信时,应用程序开发人员需要自己编写代码,以在访问共享内存区时实现同步与互斥,这增加了程序开发的复杂性。

为避免共享内存机制的这种缺陷,操作系统提供另一种 IPC 机制,通过交换消息的方式来实现通信。这种通信方式称为消息传递(Message Passing)或消息队列。在消息传递机制下,进程之间以消息为单位进行通信,并使用 send 和 receive 原语来实现消息的发送和接收。发送进程使用 send(destination, &message)原语向接收进程(由 destination 表示)发送一条消息,接收进程使用 receive(source, &message)原语接收一条来自发送进程(由 source 表示)的消息。由于进程之间地址空间是隔离的,发送进程无法将消息直接复制到接收进程的地址空间。因此,操作系统在内核中开辟一块缓冲区,用来缓存消息。消息以队列或其他形式保存在这个内核的缓冲区中。发送进程把消息从自己的地址空间复制到这个缓冲区,而接收进程再从这个缓冲区把消息复制到自己的地址空间。消息传递机制无须避免冲突,且隐藏了通信实现的细节,方便易用。与此同时,消息传递机制除了能够用于单机上的多个进程间通信,也适用于分布式系统。

两个进程间以消息传递进行通信隐含着同步需求:只有在发送进程发送消息之后,接收进程才能接收消息。在同步方式上,send 原语有两种选择:①发送进程在发送消息后被阻塞,直至该消息被接收进程接收后才被唤醒;②发送进程在发送消息后,不被阻塞。receive 原语也有两种选择:①如果接收进程在调用 receive 原语前,消息已到达,那么接收进程不被阻塞;消息未到达,接收进程被阻塞,直至消息到达后才被唤醒;②接收进程不被阻塞,但放弃消息的接收操作。在实际应用中,消息传递中的同步通常采取以下两种组合:①在执行 send 原语后,发送进程不被阻塞而是继续执行,而接收进程在执行 receive 原语后被阻塞,直至消息到达时被唤醒;②在执行 send 原语后,发送进程被阻塞直至消息被接收,同时接收进程在执行 receive 原语后被阻塞,直至消息到达时被唤醒。在第二种组合下,发送进程和接收进程都会阻塞,直至消息传递完成,实现了进程间更紧密的同步。

消息传递机制隐含着需要对通信双方进行寻址,那么,发送进程发出的消息应该由哪个进程接收? 接收进程应该接收来自哪个发送进程的消息? 寻址方式主要有直接寻址和间接寻址两种。

(1) 直接寻址方式。send 原语通过特定的标识来指定消息的接收进程。receive 原语根据两种不同情况采用两种不同的方式来指明发送进程:接收进程如果知道消息来自哪个进程,在 receive 原语中可以显式地指定从哪个发送进程中接收消息;接收进程如果无法预知消息来自哪个进程,则接收来自任意进程的消息,但是接收进程需要记录消息来自哪个进程,以便向发送进程回复"消息接收成功"的确认消息。

(2) 间接寻址方式。在这种方式中,发送进程不直接将消息发送到接收进程,而是将消息发送到内核中的一个消息队列;接收进程则从这个消息队列接收消息。如图 6-64 所示,消息队列一般由队列头和队列体组成。队列头用来描述队列大小以及拥有该队列的进程等。队列体用来存放消息。采用消息队列机制之后,通信双方实现了解耦:发送进程使用 send 原语将消息发送到特定的消息队列;接收进程则使用 receive 原语从消息队列中获取消息。解耦之后,消息的传递更加灵活。发送进程和接收进程之间的关系可以是一对一、多对一、一对多和多对多。同时,进程和消息队列的关联可以是静态的,也可以是动态的。在一对一的关系中,进程和消息队列的关联大多是静态的,接收和发送进程跟消息队列绑定在一起了。消息队列相当于发送/接收进程之间的专用通信链接,隔离了它们之间的直接交互。而多对一、一对多和多对多关系中,进程和消息队列的关联更多是动态的,接收或发送进程可以动态地绑定或解绑一个消息队列。

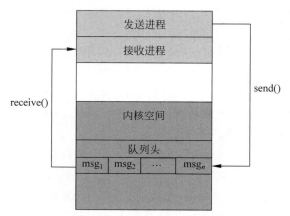

图 6-64　消息队列示意图

6.5.2　消息传递的实现

openEuler 支持 POSIX 和 System V 两种消息传递机制。本节将以 System V 消息传

递的实现为例,介绍 openEuler 的消息传递机制。System V 中使用间接寻址的方式来实现消息传递,将消息队列作为通信的中间对象。在通信的过程中,发送进程将待发送的消息从用户空间复制至内核空间,接收进程在接收消息时,将消息从内核空间复制至用户空间。

1. 主要数据结构

在用户态下,一个消息的数据结构如图 6-65 所示。这个数据结构的类型、成员变量的名字,由用户自行定义,没有明文规定。但是,消息的第 1 个成员必须用来表示消息类型,其数据类型必须是 long(第 2 行)。消息的第 2 个成员一般是消息内容(第 3 行),消息内容可以是任意数据类型,其长度由用户指定。

```
1.      struct msg_buffer {
2.          long mtype;        /* 消息类型 */
3.          char mtext[1];    /* 消息内容 */
4.      };
```

图 6-65 用户空间中的消息数据结构

在内核态中,消息由消息头和消息正文两部分组成。在通信时,消息正文由结构体 msg_buffer 中的消息内容填充。消息头的数据结构如图 6-66 所示。成员变量 m_type 表示消息的类型(第 4 行)。成员变量 m_ts 表示消息的大小(第 5 行)。成员变量 m_list 用来将消息构建成一个循环双向链表(第 3 行)。在变量 m_list 中,成员变量 prev 用来指向消息链表中的前驱节点(第 10 行),成员变量 next 用来指向消息链表中的后继节点(第 10 行)。图 6-67 展示了一个具有三条消息的消息链表。

```
1.      //源文件: include/linux/msg.h
2.      struct msg_msg {
3.          struct list_head m_list;
4.          long m_type;
5.          size_t m_ts;
6.          struct msg_msgseg * next;
7.      };
8.      //源文件: tools/include/linux/types.h
9.      struct list_head {
10.         struct list_head * next, * prev;
11.     };
```

图 6-66 消息头的数据结构

为了更快地访问消息正文,消息头和消息正文存储在连续的内存中,最大不能超过一个页的大小。如果消息超出一个页的容量,消息将存储在不同的页中(这些页不要求连续)。在这种情况下,消息的结构如图 6-69 所示。在消息头中,成员变量 next 指向存储该消息的其他若干个片段组成的链表的表头(见图 6-66 中代码第 6 行)。当一条消息占用多个页时,除第一个页外,其他页的起始地址存储一个结构体 msg_msgseg,其用来存储一个指向下一个片段的指针(见图 6-68 中代码第 3 行)。

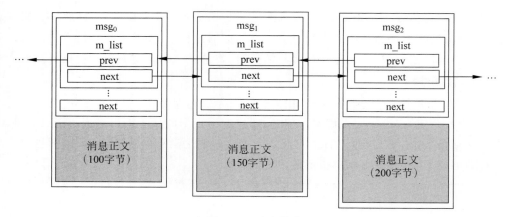

图 6-67　消息链表

```
1.      //源文件: ipc/msgutil.c
2.      struct msg_msgseg {
3.          struct msg_msgseg * next;
4.      };
```

图 6-68　结构体 msg_msgseg

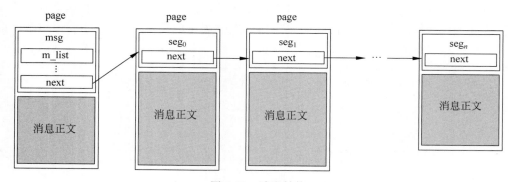

图 6-69　消息结构

如图 6-70 所示,消息队列由队列头、消息链表、被阻塞的接收进程链表、被阻塞的发送进程链表组成。队列头的数据结构如图 6-71 所示,例如成员变量 q_cbytes(第 4 行)和 q_qnum(第 5 行)分别表示在消息队列中当前已存储的消息正文的总字节数、消息的总数;成员变量 q_qbytes 表示消息队列的消息容量(第 6 行),即允许存储的消息正文总字节数;成员变量 q_messages、q_receivers、q_sender 分别指向消息链表(第 10 行)、被阻塞的接收进程链表(第 11 行)、被阻塞的发送进程链表(第 12 行)。被阻塞的接收进程使用结构体 msg_receiver 表示(第 16 行),该结构体中的成员变量 r_list 用来将被阻塞的接收进程连接成一个循环双向链表(第 17 行),成员变量 r_msg 用来存放发送进程直接发送给它的消息的地址(第 19 行,该成员变量的应用将在 receive 原语的讲解中用到)。被阻塞的发送进程使用结构体 msg_sender 表示(第

22 行),其成员变量 list 将被阻塞的发送进程连接成一个循环双向链表(第 23 行)。

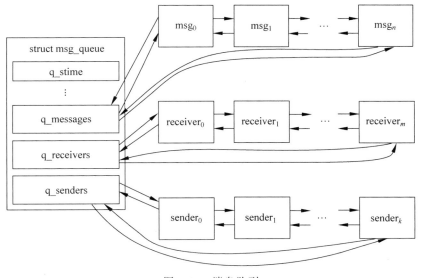

图 6-70   消息队列

```
1.      //源文件: ipc/msg.c
2.      struct msg_queue {
3.          ...
4.          unsigned long q_cbytes;          //队列上消息的总字节数
5.          unsigned long q_qnum;            //队列上消息的总数
6.          unsigned long q_qbytes;          /* 消息队列的消息容量 */
7.          struct pid * q_lspid;            /* 最后一次发送消息的 PID */
8.          struct pid * q_lrpid;            /* 最后一次接收消息的 PID */
9.          ...
10.         struct list_head q_messages;     /* 消息的链表 */
11.         struct list_head q_receivers;    /* 被阻塞的接收进程链表 */
12.         struct list_head q_senders;      /* 被阻塞的发送进程链表 */
13.         ...
14.     };
15.     //源文件: ipc/msg.c
16.     struct msg_receiver {
17.         struct list_head    r_list;      //list_head 节点
18.         ...
19.         struct msg_msg      * r_msg;     //发送进程直接发送给它的消息的地址
20.     };
21.     //源文件: ipc/msg.c
22.     struct msg_sender {
23.         struct list_head    list;        //list_head 节点
24.         ...
25.     };
```

图 6-71   队列头及阻塞接收/发送进程的数据结构

2. 消息队列的创建

为了实现消息的接收和发送，首先需要创建一个消息队列。在用户态时，进程使用函数 msgget()创建消息队列，如图 6-72 所示。函数 msgget()包括两个输入参数：参数 key，是消息队列的唯一标识符；参数 msgflg，其值一般设置为 IPC_CREAT。IPC_CREAT 表示：在操作系统中，如果不存在该 key 值的消息队列，则创建一个该 key 值的消息队列，并返回该消息队列的 ID；如果已存在该 key 值的消息队列，则返回该消息队列的 ID。由于消息队列独立于进程而存在，操作系统以不同的 key 值区分不同的消息队列。互不相关的进程通过事先约定好的 key 值进行消息收发。在消息队列中，key 与 ID 是不同域内对同一对象的不同标识。

```
1.    int msgget(key_t key, int msgflg)
```

图 6-72   API 函数 msgget()

函数 msgget()调用了系统调用函数 sys_msgget()。在内核中，函数 sys_msgget()调用函数 newque()。如图 6-73 所示，函数 newque()的实现过程如下：使用函数 kvmalloc()为队列头申请一块内存（第 6 行）；对队列头的成员变量进行初始化，成员变量 cbytes 和 q_qnum 置为 0（第 8 行）、成员变量 q_qbytes 设置为消息队列的容量（第 9 行，默认容量为 16384 字节）以及成员变量 lspid、lrpid 置为 NULL（第 10 行）；函数 ipc_addid()会获取该消息队列的 ID 值（第 15 行），并将该 ID 值返回（第 16 行）。

```
1.    //源文件：ipc/msg.c
2.    static int newque(struct ipc_namespace * ns,
3.                struct ipc_params * params){
4.        struct msg_queue * msq;
5.        int retval;
6.        msq = kvmalloc(sizeof( * msq), GFP_KERNEL);    //申请一块内存
7.        ...
8.        msq -> q_cbytes = msq -> q_qnum = 0;    //队列上总的字节数和消息数的初始化
9.        msq -> q_qbytes = ns -> msg_ctlmnb;    //消息队列的容量
10.       msq -> q_lspid = msq -> q_lrpid = NULL;    //最后一次发送和接收进程的 PID
11.       INIT_LIST_HEAD(&msq -> q_messages);
12.       INIT_LIST_HEAD(&msq -> q_receivers);
13.       INIT_LIST_HEAD(&msq -> q_senders);
14.       ...
15.       retval = ipc_addid(&msg_ids(ns), &msq -> q_perm, ns -> msg_ctlmni);
16.       return msq -> q_perm.id;
17.    }
```

图 6-73   创建消息队列的关键代码

3. send 原语的实现

在创建消息队列之后，进程使用函数 msgsnd()发送消息。函数 msgsnd()包括四个输入参数：参数 msqid，表示发送进程使用的消息队列 ID；参数 msg_ptr，是存储待发送消息

的用户空间首地址；参数 msg_sz，为消息正文的长度；参数 msgflg，代表同步的方式（阻塞或非阻塞）。API 函数 msgsnd()如图 6-74 所示。

```
1.      int msgsnd(int msqid, const void * msg_ptr, size_t msg_sz,
2.                                              int msgflg);
```

图 6-74　API 函数 msgsnd()

函数 msgsnd()调用了系统调用函数 sys_msgsnd()。在内核中，sys_msgsnd()最终调用函数 do_msgsnd()发送消息，关键代码如图 6-75 所示。首先，函数 do_msgsnd()将位于用户空间的待发送消息正文复制至所申请的内核空间中，并返回指向该消息的指针（第 8 行）。其次，设置消息类型为 mtype(第 9 行)；随后，根据在 msgsnd()中传入的消息队列 ID(msqid)找到相应的消息队列（第 11 行）。此后，函数 do_msgsnd()先获取锁（第 12 行）并检查在消息队列中是否有足够的空间来存放待发送的消息（第 16 行）。如果有足够的空间，则尝试将该消息直接发送给可能正在队列上等待接收消息的接收进程（第 31 行），即将该消息的首地址直接赋值给被阻塞接收进程的成员变量 msr_d—> r_msg(在重新获得 CPU 后，接收进程再从该成员取得消息的地址）。如果在消息队列上没有正在等待消息的接收进程，则将要待发送消息添加到消息链表中（第 33 行），并更新消息队列的总字节数（第 34 行）和总消息数（第 35 行）；如果没有足够的空间，同时如果选择的同步方式为阻塞，则将当前的发送进程添加到消息队列的被阻塞的接收进程链表（第 23 行），并设置进程的状态为 TASK_INTERRUPTIBLE，然后再发起调度（第 25 行）。值得注意的是，在调度之前需要先释放锁（第 24 行）。如果选择的同步方式为不阻塞（第 18 行），则直接退出函数的执行。

```
1.      //源文件：ipc/msg.c
2.      static long do_msgsnd(int msqid, long mtype, void __user * mtext,
3.                                      size_t msgsz, int msgflg){
4.          struct msg_queue * msq;
5.          struct msg_msg * msg;
6.          int err;
7.          ...
8.          msg = load_msg(mtext, msgsz);       //申请一块内存,将发送进程发送的内容复制进去
9.          msg—> m_type = mtype;               //设置消息的类型
10.
11.         msq = msq_obtain_object_check(ns, msqid); //获取消息队列
12.         ipc_lock_object(&msq—> q_perm);       //获取锁
13.         for (;;) {
14.             struct msg_sender s;
15.             //检查消息队列是否有足够空间存放消息
16.             if (msg_fits_inqueue(msq, msgsz))
17.                 break;
18.             if (msgflg & IPC_NOWAIT) {
```

图 6-75　send()原语实现的关键代码

```
19.              err =  - EAGAIN;
20.              goto out_unlock0;
21.          }
22.          ...
23.          ss_add(msq, &s, msgsz);            //将当前进程添加到阻塞的发送进程队列中
24.          ipc_unlock_object(&msq->q_perm);   //释放锁
25.          schedule();
26.          ipc_lock_object(&msq->q_perm);     //获取锁
27.          ss_del(&s);                        //将进程从阻塞的发送进程队列中删除
28.      }
29.      ...
30.
31.      if (!pipelined_send(msq, msg, &wake_q)) {
32.          //将消息添加到消息队列
33.          list_add_tail(&msg->m_list, &msq->q_messages);
34.          msq->q_cbytes += msgsz;            //更新消息队列的总字节数
35.          msq->q_qnum++;                     //更新消息队列的总消息数
36.      }
37.      err = 0;
38.      out_unlock0:
39.      ipc_unlock_object(&msq->q_perm);       //释放锁
40.      ...
41.
42.      return err;
43.  }
```

图 6-75　（续）

　　在被阻塞的发送进程重新获得 CPU 后，由于需要对消息队列这个共享变量进行操作，所以先获取锁（第 26 行），之后发送进程将自己从消息队列的被阻塞发送进程链表中删去（第 27 行），并重新检查消息队列是否有足够空间存储待发送的消息。

4. receive 原语的实现

　　在创建消息队列之后，接收进程使用函数 msgrcv() 接收消息。函数 msgrcv() 包括五个输入参数：参数 msqid，用于接收进程使用的消息队列 ID；参数 msgp，用于存储待接收消息缓存区的用户空间首地址；参数 msgsz，表示可接受消息的最大长度；参数 msgtyp，表示要接收消息的类型；参数 msgflg，表示同步的方式（阻塞或非阻塞）。API 函数 msgrcv() 如图 6-76 所示。

```
1.    ssize_t msgrcv(int msqid, void * msgp, size_t msgsz,
2.                        long msgtyp, int msgflg);
```

图 6-76　API 函数 msgrcv()

　　函数 msgrcv() 调用了系统调用函数 sys_msgrcv()。在内核中，sys_msgrcv() 最终调用函数 do_msgrcv() 来接收消息，关键代码如图 6-77 所示。首先，函数 do_msgrcv() 根据

msgrcv()中传入的消息队列 ID(msqid)找到对应的消息队列 msq(第 12 行)。由于接下来涉及对消息队列的操作,所以函数 do_msgrcv()需要先获取锁(第 15 行)。随后,函数 find_msg()根据 msgrcv()中传入的消息类型 msgtyp 在消息队列中尝试寻找该类型的消息(第 16 行)。如果能找到 msgtyp 类型的消息,函数 do_msgrcv()将该消息从消息链表中删除(第 18 行),并更新队列头的内容。之后,函数 ss_wakeup()开始遍历消息队列上被阻塞的发送进程链表(第 21 行)。只要此时的消息队列有足够的空间来存放被阻塞的发送进程要发送的消息,那么该阻塞进程将从链表中删除,并被唤醒。然后,函数 msg_handler()将消息正文从内核空间复制至用户空间(第 46 行)。最后,函数 free_msg()释放内核空间中的消息(第 47 行)。

```
1.      //源文件: ipc/msg.c
2.      static long do_msgrcv(int msqid, void __user * buf, size_t bufsz,
3.          long msgtyp, int msgflg, long ( * msg_handler)(void __user * ,
4.                                      struct msg_msg * , size_t)) {
5.          int mode;
6.          struct msg_queue * msq;
7.          struct ipc_namespace * ns;
8.          struct msg_msg * msg, * copy = NULL;
9.
10.         ...
11.
12.         msq = msq_obtain_object_check(ns, msqid);    //获取消息队列
13.         for (;;) {
14.             struct msg_receiver msr_d;
15.             ipc_lock_object(&msq->q_perm);           //获取锁
16.             msg = find_msg(msq, &msgtyp, mode);
17.             if (!IS_ERR(msg)) {
18.                 list_del(&msg->m_list);
19.                 msq->q_qnum -- ;
20.                 msq->q_cbytes -= msg->m_ts;
21.                 ss_wakeup(msq, &wake_q, false);
22.                 goto out_unlock0;
23.             }
24.
25.             if (msgflg & IPC_NOWAIT) {
26.                 msg = ERR_PTR( - ENOMSG);
27.                 goto out_unlock0;
28.             }
29.             ...
30.
31.             list_add_tail(&msr_d.r_list, &msq->q_receivers);
32.             __set_current_state(TASK_INTERRUPTIBLE);
33.             ipc_unlock_object(&msq->q_perm);         //释放锁
34.             ...
35.             schedule();                              //发生调度
```

图 6-77　receive()实现的关键代码

```
36.
37.          ipc_lock_object(&msq->q_perm);              //获取锁
38.          list_del(&msr_d.r_list);
39.          ipc_unlock_object(&msq->q_perm);            //释放锁
40.      }
41.
42.  out_unlock0:
43.      ipc_unlock_object(&msq->q_perm);
44.      ...
45.  out_unlock1:
46.      bufsz = msg_handler(buf, msg, bufsz);
47.      free_msg(msg);
48.      return bufsz;
49.  }
```

图 6-77 (续)

如果没有找到 msgtyp 类型的消息,并且进程选择以阻塞的方式接收消息,接收进程将被添加到消息队列的被阻塞接收进程链表(第 31 行)。随后,函数 do_msgrcv()将该接收进程的状态设置为 TASK_INTERRUPTIBLE(第 32 行)并释放锁(第 33 行),再发起调度(第 35 行)。如果进程选择以非阻塞的方式接收消息(第 25 行),则不做任何事,退出函数的执行。当阻塞的接收进程再次获得 CPU 后,被阻塞的接收进程会从被阻塞的接收进程链表中删除(第 38 行),然后再次尝试在消息队列中寻找 msgtyp 类型的消息。

5. 消息队列的使用示例

发送进程如图 6-78 所示:首先通过函数 msgget()创建一个 key 值为 123、msgflg 值为 IPC_CREAT 的一个消息队列(第 14 行);随后,设置待发送消息的消息类型(第 20 行)和消息内容(第 21 行);最后,使用函数 msgsnd()以阻塞的方式发送消息(第 24 行)。

```
1.   #define TEXT_SIZE 512
2.
3.   struct msg_buffer {
4.       long mtype;
5.       char mtext[TEXT_SIZE];
6.   };
7.
8.   int main(int argc, char * argv[]) {
9.       int messagequeueid = -1;
10.      struct msg_buffer buffer;
11.       key_t key = 123;
12.
13.      /* 创建队列 */
14.      if ((messagequeueid = msgget(key, IPC_CREAT)) == -1) {
15.          perror("msgget error");
16.          return -1;
17.      }
```

图 6-78 发送进程中的代码

```
18.
19.        /* 创建要传递的消息 */
20.        buffer.mtype = 1;
21.        memcpy(buffer.mtext, "A Message", 10);
22.
23.        /* 发送消息 */
24.        if(msgsnd(messagequeueid, &buffer, 10, 0) == -1){
25.            perror("fail to send message.");
26.            exit(1);
27.        }
28.
29.        return 0;
30.    }
```

图 6-78 （续）

接收进程如图 6-79 所示：首先，通过函数 msgget() 获取 key 值为 123 的消息队列 ID（第 14 行）；随后，使用函数 msgrcv() 以阻塞的方式来接收消息（第 20 行）；最后，将接收到的消息打印出来（第 25 行）。

```
1.    # define TEXT_SIZE 512
2.
3.    struct msg_buffer {
4.        long mtype;
5.        char mtext[TEXT_SIZE];
6.    };
7.
8.    int main(int argc, char * argv[]) {
9.        int messagequeueid = -1;
10.       struct msg_buffer buffer;
11.       memset(&buffer, 0, sizeof(buffer));
12.       key_t key = 123;
13.       /* 获取消息队列 */
14.       if ((messagequeueid = msgget(key, IPC_CREAT)) == -1) {
15.           perror("msgget error");
16.           return -1;
17.       }
18.
19.       /* 接收消息 */
20.       if(msgrcv(messagequeueid, &buffer, TEXT_SIZE, 1, 0) == -1){
21.           perror("fail to recv message.");
22.           exit(1);
23.       }
24.
25.       printf("Received message type : % ld, text: % s.\n",
26.                                       buffer.mtype, buffer.mtext);
27.       return 0;
28.    }
```

图 6-79 接收进程中的代码

6.6　内存屏障

现代 CPU 通常支持乱序执行，且具有多个核心。当程序在多个 CPU 核心上并发地执行时，实际发生的指令执行顺序可能与程序中规定的执行顺序不同，使得程序的执行可能产生不确定的计算结果。在本节中，将介绍一种适应于现代 CPU 架构的同步机制：内存屏障。区别于进程通信中的生产者-消费者场景，内存屏障不仅可用于解决指令乱序执行带来的问题，还可用于在多个 CPU 核上并发执行的进程组之间的同步。通过禁止内存屏障前后指令的乱序执行，内存屏障确保了多个 CPU 核在共享内存时语义的正确性。本节将在介绍现代 CPU 架构对程序执行的影响后，引出内存屏障的概念，并介绍内存顺序模型。最后，将结合 openEuler 中的实现，介绍一个内存屏障的应用实例。

6.6.1　现代 CPU 对程序执行的影响

为了提高性能，现代 CPU 利用流水线技术可以在一个时钟周期内执行多条指令从而节省大量等待时间，但是此时指令的执行顺序不一定按照软件中规定的顺序执行，指令执行的顺序将被打乱，这种情况称为乱序执行（out-of-order Execution）。以图 6-80 的程序示例来进一步说明。

```
1.    a = 1;
2.    b = 2;
3.    c = 3;
4.    flag = true;
5.    while(flag){
6.        do_something(a, b, c);
7.        return;
8.    }
```

图 6-80　程序示例 1

一般地，出现乱序执行的现象是 CPU 为了提高程序运行时的性能。CPU 找出没有依赖关系的指令，然后可能将这些指令执行的顺序打乱。对于图 6-80 的程序示例，CPU 可能将前 4 条指令的执行顺序打乱，比如先执行 b=2，再执行 c=3，再执行 a=1，最后执行 flag=true。但是，在单核情况下这四条赋值指令的执行顺序无论如何打乱，都不会影响程序的结果。但是现代 CPU 有多个核心，一般为 SMP 结构。在 SMP 结构下，这些指令可能会在多个核上并行执行，当指令的执行顺序被打乱后，最终的执行结果可能会出现错误。考虑如图 6-81 所示代码的执行情况。

```
        CPU0:                           CPU1:
1.      a = 1;                          while(true){
2.      b = 2;                              if(flag)
3.      c = 3;                                 do_something(a, b, c);
4.      flag = true                     }
```

图 6-81　程序示例 2

图 6-81 的示例程序的意思是，CPU0 初始化一些变量，完成后把 flag 置为 true，表示已经初始化完毕。CPU1 检查 flag 是否为 true，以判断是否继续执行接下来的操作。单独观察 CPU0，4 条语句执行的顺序是无所谓的，因为都是赋值语句，乱序执行不会影响整体语义；但若把 CPU1 加入进来，程序的执行可能就有问题了。可能出现以下两种执行情况。

（1）如图 6-81 程序示例的执行顺序所示，CPU0 先执行完前 3 行的指令后，再执行第 4 行指令。CPU1 在执行时，检查到 flag 的值为 true 后，变量 a、b、c 都被成功初始化。此时，程序会正确执行。

（2）如图 6-82 乱序执行所示，CPU0 中第 4 行指令在第 3 行指令前执行，即只初始化了 a、b 两个变量后，flag 就被置为 true。这时 CPU1 检查到 flag 为 true，就直接使用 a、b、c 进行接下来的操作，但因为变量 c 还没完成初始化，程序就会出错。

```
        CPU0:                           CPU1:
1.      a = 1;                          while(true){
2.      b = 2;                              if(flag)
3.      flag = true;                           do_something(a, b, c);
4.      c = 3;                          }
```

图 6-82　乱序执行程序示例

根据分析可知，执行情况（2）最终会导致程序出错。如何解决这个问题呢？有两个解决方案：（1）禁止 CPU 乱序执行，保证指令执行的顺序，以确保程序语义的正确；（2）CPU 提供某种机制，使得某些指令（见图 6-81 中第 4 行指令）执行之前必须完成前面指令（见图 6-81 中第 1～3 行指令）的执行。因为方案（1）会严重影响 CPU 性能，所以通常是不被考虑的。下面讲述方案（2）的具体实现。

6.6.2　内存屏障指令

为了解决乱序执行带来的问题，在硬件层面，CPU 制造商提供了内存屏障（Memory Barrier）指令集。本节将介绍内存屏障的实现，以及鲲鹏处理器提供的内存屏障指令。

1．实现

如果程序语义上有顺序依赖关系，那么需要主动地在合适的位置插入内存屏障指令，从而保证共享内存时语义的正确性。内存屏障指令的作用在于：禁止内存屏障指令前后指令的乱序执行。

CPU 在乱序执行时,先将获取的指令发送到一个执行缓存区。指令将在执行缓存区等待,直至可获取该指令的运算对象。在这种情况下,后放入缓存区的指令可能先于先放入的指令被执行,从而导致乱序执行。当插入内存屏障指令后,CPU 在获取到内存屏障指令时,将不把内存屏障指令及其后续指令放入执行缓存区,而是在等到内存屏障指令之前的指令全都执行完毕后,再将内存屏障指令及其后续指令放入执行缓存区。

如图 6-83 所示:a=1,b=2,c=3 这三条指令可以乱序执行,但是 flag=true 这条指令与前三条指令禁止乱序执行。只有在 a=1、b=2、c=3 这三条指令执行完之后才能执行 flag=true 这条指令。

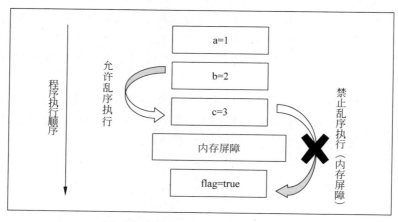

图 6-83 插入内存屏障指令后的效果

在图 6-81 的代码中插入内存屏障 memory_barrier()指令后变成如图 6-84 所示代码。CPU0 会在执行第 5 行指令之前,把内存屏障之前的指令全部执行完毕,这样就又保证了程序的正确性。

```
        CPU0:                          CPU1:
1.      a = 1;                         while(true) {
2.      b = 2;                             is_ready = flag;
3.      memory_barrier();                  memory_barrier();
4.      flag = true;                       if(is_ready)
5.      c = 3;                                 do_something(a, b, c);
6.                                     }
```

图 6-84 插入内存屏障后的程序示例

在内存屏障机制的保障下,没有顺序要求的时候,访存指令可以乱序执行,不需要同步;但在需要保证某个顺序的时候,程序可以通过插入内存屏障指令,来保证屏障之前的指令完成后才去执行屏障之后的指令。

2．内存屏障指令

鲲鹏处理器下提供的屏障指令有以下三种。

（1）DMB(Data Memory Barrier，数据内存屏障)指令：保证指令 DMB 之前的内存访问都完成后，指令 DMB 之后的内存访问指令才能开始访问内存，其他非内存访问指令依然可以乱序执行。

（2）DSB(Data Synchronization Barrier，数据同步屏障)指令：比 DMB 严格，保证 DSB 之前的内存访问、缓存维护指令和页表缓存维护指令完成之后，DSB 之后的任何指令才能开始执行，因此性能牺牲会比 DMB 更大。

（3）ISB(Instruction Synchronization Barrier，指令同步屏障)指令：保证 ISB 之前的命令全都执行完成之后，ISB 之后的指令才会重新从 cache 或内存取指。指令 ISB 常用于发生异常、异常返回或者更改系统配置寄存器的场景下。

openEuler 对这些指令主要进行了如图 6-85 所示的封装。屏障 mb()是指令 DSB 的一种封装形式，限定该屏障之前的读写操作在该屏障之前必须完成（第 2 行）。屏障 rmb()是指令 DSB 的另一种封装形式，限定该屏障之前的读操作必须在该屏障之前完成（第 3 行）。屏障 dma_wmb()也是指令 DMB 的一种封装，限定该屏障之前的写操作必须在屏障后面的写操作之前（第 8 行）。屏障 isb()是指令 ISB 的一种封装形式，限定将该屏障前的所有指令执行完毕后，才能执行后续指令（第 11 行）。

```
1.    //源代码: /arch/arm64/include/asm/barrier.h
2.    #define mb()      dsb(sy)
3.    #define rmb()     dsb(ld)         //读－读　读－写
4.    #define wmb()     dsb(st)         //写－写
5.    #define dsb(opt) asm volatile("dsb" #opt : : : "memory")
6.
7.    #define dma_rmb()  dmb(oshld)     //读－读　读－写
8.    #define dma_wmb()  dmb(oshst)
9.    #define dmb(opt) asm volatile("dmb" #opt : : : "memory")
10.
11.   #define isb()           asm volatile("isb" : : : "memory")
```

图 6-85　内核中内存屏障接口

6.6.3　内存顺序模型

前文主要描述了 CPU 乱序执行带来的程序执行问题和 ARMv8 架构中的解决方案。不同 CPU 架构有不同的内存顺序模型，因此也会采用不同内存屏障的解决方案。内存顺序模型主要分为以下 3 种。

（1）绝对顺序模型。绝对顺序模型禁止所有优化导致的乱序执行，所有内存访问都将串行排队执行。

（2）强内存顺序模型。强内存顺序模型以 x86 为代表，只允许 store-load（即先执行 store 指令，再执行 load 指令）乱序执行。

（3）弱内存顺序模型。弱内存顺序模型以 ARM 为代表，允许所有情况下的指令乱序执行。

在允许乱序执行的情况下，执行图 6-86 的代码可能得到下面 4 种结果。

（1）两个 CPU 都先执行打印操作（涉及访存：load 指令），后执行赋值操作（涉及访存：store 指令）。CPU0 打印结果：0，CPU1 打印结果：0（只有乱序执行才会出现这种结果）。

（2）CPU0 先执行完毕，然后 CPU1 执行。CPU0 打印结果：0，CPU1 打印结果：1。

（3）CPU1 先执行完毕，然后 CPU0 执行。CPU0 打印结果：1，CPU1 打印结果：0。

（4）两个 CPU 同时执行第一条命令，然后同时执行第二条命令。CPU0 打印结果：1，CPU1 打印结果：1。

```
      初始状态:a = 0     b = 0
      CPU0                          CPU1
1.    a = 1;                        b = 1;
2.    print b;                      print a;
```

图 6-86　内存顺序模型示例程序

绝对顺序模型不会打乱指令的执行顺序，因此不会出现结果为(0,0)的情况。强、弱内存模型都不会保证 store-load 顺序，所以上面四种情况都可能会出现。

但是对于图 6-81 示例程序，强、弱内存模型的不同就能体现出来了。因为强内存模型下会保证 load-load、store-store 指令的执行顺序，所以不用添加内存屏障就能保证示例程序的正确执行；而弱内存模型下必须添加内存屏障。

由于 x86 和 ARM 架构的内存顺序模型不同（x86 更为严格），所以不同架构间移植代码的时候需要特别注意访存的问题。x86 硬件会保证 load-load、store-store、load-store 类指令的执行顺序，因此不需要软件在这些指令后添加内存屏障指令。但是，这样的代码在 ARM 这种弱内存模型下运行就会出问题，在没有加入内存屏障指令时，这 3 种指令将存在乱序执行的可能。所以从 x86 向 ARM 移植代码的时候需要注意添加内存屏障以避免这些问题。

在不同 CPU 架构之间移植代码时，需要注意两种架构之间内存顺序模型的异同，以保证移植后程序的正常运行。通常的解决方法是在所有需要插入内存屏障的位置调用内存屏障接口。

6.6.4　openEuler 中内存屏障的应用

本节介绍一个 openEuler 中应用内存屏障的实例：kfifo 队列。结构体 __kfifo 的定义如图 6-87 所示，out、in 读写指针指向队列的队头和队尾数据。

```
1.      //源代码：kernel/include/linux/kfifo.h
2.      struct __kfifo {
3.        unsigned int in;              //写指针
4.        unsigned int out;             //读指针
5.        unsigned int mask;            //用于记录队列容量
6.        unsigned int esize;           //元素大小
7.        unsigned int * data;          //队列起始位置
8.      }
```

图 6-87　kfifo 结构体源码

　　假设 in 指针始终指向队尾数据的后一个空位置,数据的入队操作过程通常是:首先在 in 指针所对应的存储位置写入数据,然后队列的 in 指针递增指向队尾元素的下一个空位置。显然,数据入队过程(填写数据和更新 in 指针)是两个写操作。在弱内存顺序模型中,这两个写操作的乱序执行将影响队列的正常工作。如图 6-88 所示,若先执行更新 in 指针的操作然后再执行写入数据的操作,队列中将出现一个未保存任何内容的空位置,在其他 CPU 出队过程中将读取到还没写入的数据。所以,需要插入内存屏障指令来避免这种可能发生的错误。

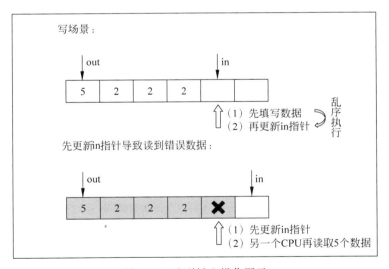

图 6-88　队列插入操作图示

　　kfifo 队列入队操作的关键代码实现如图 6-89 所示:第 5 行代码向队列中写入数据;第 7 行代码为写内存屏障函数,防止数据完全写入前更新 in 指针(第 15 行)。

　　同样,读场景也会有类似的问题。正常情况下,读取队列数据的过程是:首先读取 out 指针所指向位置的数据,然后更新 out 指针指向的位置。然而,在允许乱序执行的情况下,若先更新 out 指针所指向的位置,再读取 out 指针所指向的数据,将导致读取数据的错误。同样,避免这种情况的发生,需要在两个操作之间插入内存屏障函数。

```
1.    //源代码: kernel/lib/kfifo.c
2.    static void kfifo_copy_in(struct __kfifo * fifo, const void * src,
3.                                    unsigned int len, unsigned int off) {
4.      ...
5.      memcpy(fifo -> data + off, src, l);         //向队列写入数据
6.      memcpy(fifo -> data, src + l, len - l);
7.      smp_wmb();        //插入写内存屏障,防止数据完全写入前更新 in 指针
8.    }
9.    //源代码: kernel/lib/kfifo.c
10.   //入队
11.   unsigned int __kfifo_in(struct __kfifo * fifo,
12.                                const void * buf, unsigned int len) {
13.     ...
14.     kfifo_copy_in(fifo, buf, len, fifo -> in);   //向队列中写入数据
15.     fifo -> in += len;                           //更新入队位置
16.     ...
17.   }
```

图 6-89   kfifo 部分源码

本章小结

　　客观世界都是普遍联系的,计算机世界也不例外。在计算机世界中,线程之间或者进程之间往往需要交换信息。而这种通信的方式为线程/进程间通信机制。

　　线程间通信一般可能存在两种情况:一种是通信线程位于同一个进程中,共享相同的地址空间;另一种是通信线程位于不同的进程中,拥有不同的地址空间。对于第一种情况而言,线程间的通信可以直接通过访问共享的地址空间实现信息交换;对于第二种情况而言,线程间的通信就等同于进程间的通信。本章结合 openEuler 源码,对线程/进程间的通信机制进行了详细介绍。

　　不同线程并发地访问共享地址空间时,如果这些线程占用 CPU 的时机或者顺序不同,产生的计算结果不同。为了解决这个问题,操作系统提供互斥机制与同步机制。其中互斥机制主要使用自旋锁来实现。openEuler 提供了 NUMA 感知队列自旋锁实现互斥机制,减小了 NUMA 体系结构中使用自旋锁的开销。同步机制主要使用信号量来实现。openEuler 中提供 down 原语与 up 原语,能够实现线程的同步运行。

　　与线程间通信机制不同,进程间通信机制需要打破进程间地址空间的隔离。本章主要介绍了 openEuler 的两种进程间通信机制,即共享内存与消息传递机制。共享内存是一种在进程间高效地传递大量信息的通信方式。但在共享内存机制下,信息的发送方不关心信息由谁接收,而信息的接收方也不关心信息是由谁发送的,这存在安全隐患。操作系统提供

另一种 IPC 机制,允许进程不必通过共享内存区来实现通信,而是通过交换消息的方式来实现通信,即消息传递。消息传递关注信息的发送者与接收者,通过使用内核复制传递的信息,完成进程间的信息传递。

多核 CPU 的发展使得程序在执行时,不能完全保证语义的正确性。程序的执行顺序可能与代码的编写顺序不符,从而导致执行结果不正确。为了保证在多 CPU 体系结构下程序语义的正确性,操作系统使用内存屏障和特定的内存顺序模型来解决这个问题。openEuler 提供了由内存屏障指令封装的相关内存屏障函数,可以通过使用相关函数来保证程序语句执行的正确性。

操作系统发展至今,线程/进程间通信技术已经非常成熟。对线程/进程间通信机制的优化更多的是为了减小通信带来的 CPU 开销。比如,消息传递机制主要会带来内核复制消息的开销以及 CPU 模式切换的开销。因此,优化消息传递机制的两个主要途径是:(1)尽量避免内核中的消息复制;(2)尽量减小消息传递时上下文切换引起的开销。总的来说,内核的参与是导致消息传递机制开销大的重要原因。如今已经有相关人员在研究无须内核参与的情况下,进程之间如何通过消息传递机制来进行信息交流。

## 第 7 章

文件系统

　　尽管内存的访问速度很快,但其容量十分有限,而且一旦断电,保存在其中的数据就会丢失。用户希望将数据保存在容量更大、更廉价,同时能够持久地保存数据的存储设备中。外存相对于内存来说具有更大的容量,价格也更便宜。计算机通常采用磁盘等外存持久化地存储数据。为了简化外存的使用,操作系统将磁盘等外存抽象成文件(file)和目录(directory),并使用文件系统(file system)管理它们。在引入文件这个抽象后,对磁盘特定位置的读写变成对文件的读写。用户既不需要知道数据在磁盘中的物理存储位置,也不需要了解数据的组织形式,更不需要了解磁盘的使用细节。然而,文件系统完全由软件实现。为了存取一次用户数据,文件系统需要执行多次磁盘 I/O,其存取次数显著增加。也就是说,文件系统在带来易用性的同时,增加了昂贵的性能开销。文件系统设计的主要挑战则是尽可能降低这种性能开销。此外,在计算机运行的过程中,由于各种软硬件或人为的原因,系统可能出现崩溃一致性(crash consistency)问题,即当计算机突然断电或系统发生崩溃时,如果文件系统正在向硬盘更新用户数据或是更新元数据(metadata),可能会出现数据不一致的问题。如何解决崩溃一致性问题,也是文件系统设计的另一重要挑战。这一章主要学习文件系统的基本实现,以及文件系统解决上述挑战的方法。

7.1　文件系统概述

　　本节首先介绍磁盘相关的硬件基础,接着介绍文件系统中的基本概念,随后介绍 openEuler 中的文件系统以及 Ext4 文件系统的发展历程。

7.1.1　硬件基础

1. 磁盘及磁盘驱动器

　　磁盘的组成如图 7-1 所示。一般地,硬盘主要由主轴、盘片、磁头及磁盘臂四部分组成。主轴位于磁盘的中心,它由电机驱动,工作时以一个恒定的速率旋转。盘片通过磁性变化存储数据,这种变化是持久性的。一个磁盘通常有多个盘片。所有盘片都围绕主轴旋转。每个盘片有两面(盘面),每个盘面都可以存储数据。每一个盘面都有一个专门的磁头对其进行读写。磁头连接在磁盘臂上,磁盘臂控制磁头的移动。

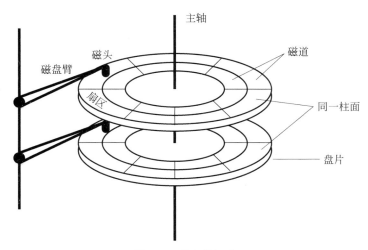

图 7-1　磁盘的组成

盘片会随着主轴的旋转而转动,相应地,磁头会划过盘片。磁头所划过的区域是一个狭窄的同心圆环,这个圆环称为磁道(track)。一个盘面被划分成多个磁道。随着盘片的转动,磁头就可以读取或写入数据到所划过的磁道。在盘面上,从圆心向外画直线,可将每个磁道划分为若干个弧段,这样的弧段称为扇区(sector)。扇区是磁盘存储空间的最小组成单元,它的大小一般是 512B。在更新磁盘内容时,磁盘驱动器只能保证以扇区为单位的写入是原子的。每个盘面被划分成数量相等的磁道。磁道从边缘向主轴方向以"0"开始编号。所有盘面上具有相同编号的磁道在空间上形成一个圆柱,这个圆柱称为磁盘的柱面。注意,在读写数据时,只有一个柱面上的数据都读写完毕后,磁头才会移动到下一个柱面。为了提高磁盘的读写效率,磁盘通常被划分成多个块组。多个连续的柱面被划分为一个块组(block group)。

2. 磁盘的读写操作

为了对磁盘中的特定扇区进行读写操作,首先,磁盘驱动器需要将磁头移动到该扇区所在的磁道,这个过程称为寻道;其次,由于寻道结束后磁头不一定对准所要访问的扇区,因此磁盘驱动器转动主轴将该扇区旋转到磁头下,这个过程称为旋转;最后,当该扇区位于磁头下时,磁头即可从已定位的特定扇区读取或写入数据,这个过程称为传输。在硬盘读写的过程中,寻道以及旋转操作占了整个读写过程的主要时间开销。在磁盘上,读写一次数据所需的时间开销包括寻道时间、延迟时间及数据传输时间。

(1)寻道时间指磁头从开始移动到位于数据所在磁道上方所消耗的时间。目前主流磁盘的平均寻道时间在 3～15ms。

(2)延迟时间指磁头位于正确的磁道后,主轴旋转数据所在扇区至磁头下方所消耗的时间。旋转延迟取决于磁盘的转速。例如,如果磁盘的转速为 10000r/m(rotations per minute),则延迟时间为 6ms。

(3) 数据传输时间指整个数据传输过程所消耗的时间。

在上述各项时间中,占主要比例的开销是寻道时间和延迟时间。为提高磁盘读写的效率,在操作系统层面应着重考虑如何减少寻道时间和延迟时间。

3. 数据传输控制

数据传输控制方式主要有程序控制 I/O、中断驱动 I/O 和 DMA。

(1) 程序控制 I/O。在程序控制 I/O 方式中,程序直接控制内存与磁盘等 I/O 设备之间的数据传输过程。在这种方式下,首先,操作系统需要轮询状态寄存器,以查看设备是否处于就绪状态;如果设备已就绪,操作系统就将数据发送到设备的数据寄存器;随后,操作系统将相应的控制命令写入设备的命令寄存器,通知设备执行具体的任务;此后,操作系统需要不断地轮询设备,等待设备完成该任务。

(2) 中断驱动 I/O。在程序控制 I/O 方式中,轮询过程会浪费大量的 CPU 时间。通过中断驱动 I/O 方式,CPU 不再需要轮询设备,而是在发出 I/O 请求后,转而执行其他任务。当 I/O 操作完成后,设备再触发一个硬件中断,通知 CPU 执行中断服务例程处理 I/O 请求。

(3) DMA。DMA(Direct Memory Access,直接内存访问)是计算机系统中的一个特殊硬件模块。DMA 能够在无须 CPU 介入的情况下,实现内存和磁盘(或其他 I/O 设备)之间的数据传输。

在计算机系统中,如果没有 DMA,CPU 要负责内存与磁盘之间的数据传输。在整个数据传输过程中间,CPU 不能执行其他任务。使用 DMA 之后,数据传输过程如图 7-2 所示。

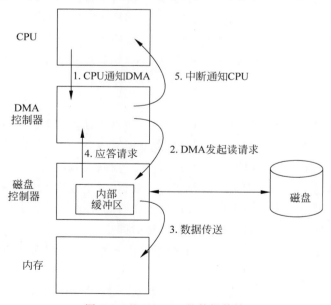

图 7-2 基于 DMA 的数据传输

以读操作为例,数据传输过程主要包括以下 5 个步骤。

(1) CPU 通知 DMA 控制器将数据传输到内存中的指定位置,随后即可执行其他任务。

(2) DMA 控制器通过向磁盘控制器发出命令发起读请求,通知其将磁盘上的数据读取至磁盘的内部缓冲区中。

(3) DMA 控制数据传送的过程,将磁盘内部缓冲区内的数据复制到内存中的指定位置。

(4) 当数据传输过程结束后,磁盘控制器发送"成功写入"的应答信号给 DMA 控制器。

(5) DMA 控制器检查是否已完成数据传输任务。如果已完成,DMA 控制器就向 CPU 发起中断,通知 CPU 已完成所有操作。

7.1.2　文件系统中的基本概念

文件与目录是文件系统中的两个重要抽象。本节将先介绍文件与目录的基本概念,随后介绍文件系统的概念。

1. 文件

从普通用户的视角看,文件是一个字节序列,其每个字节都可以被读取或写入。文件是对数据的一种抽象,也就是数据的逻辑存储单位,其中数据包括数字、字符或二进制等类型。计算机中有不同类型的文件,如可执行文件、源文件、文本文件、图片文件、音乐文件和视频文件等。

从应用程序员的视角看,文件是对磁盘和其他 I/O 设备的抽象,它隐藏了 I/O 设备的硬件特性和使用细节,使得 I/O 设备易于使用。在操作系统提供文件抽象后,应用程序员通过操作文件即可实现对磁盘数据的读写,而无须考虑磁盘的读写控制(如控制磁盘转动、移动磁头读写数据等细节)。在 openEuler 中,所有 I/O 设备都被抽象成文件,这也体现了 UNIX 的基本哲学思想:"一切皆文件"。

每个文件都有一个文件名,它一般包括两个部分。例如,temp.txt 是一个文本文件的名字,其中 temp 是用户指定的名称,txt 用于指定文件的类型,这两部分以"."分隔。一般地,文件名由用户指定,而系统文件和特殊文件的文件名在系统设计时指定。值得一提的是,openEuler 对文件命名几乎没有限制。

2. 目录

在一台计算机中,其存储设备可能存储了数百万,甚至数亿个文件。为了实现文件的"按名存取",文件系统需要建立文件名与文件物理位置之间的映射关系,体现这种映射关系的数据结构称为目录。目录也是一种特殊的文件,它为每个文件创建一个目录项。目录项记录着文件名和文件 inode 编号(inode number)的映射。inode 编号是文件在文件系统中的内部名称,通过它可以找到文件或目录的索引节点(inode)。

索引节点是描述文件或目录的基本信息(称为元信息)的数据结构,这些基本信息包括文件的内部标识、文件类型、存储位置、文件大小、访问权限、创建时间和访问时间等,相关内容将在 7.2.1 节中进一步介绍。目录可以包含多个指向文件或其他目录的目录项。将多个相关的文件存储在一个目录中，可以更好地组织所存储的数据。目录能够放入其他目录中，如此即可构成树形的目录层次结构（directory hierarchy），即目录树（directory tree）。

在文件系统中，最顶层的目录称为根目录，通常被标记为"/"。其他的文件与目录都位于根目录之下。图 7-3 展示了一个目录树的示例。

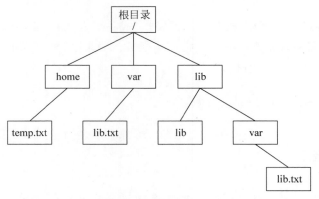

图 7-3　目录树示例

在这个例子中，根目录下包含三个一级子目录 home、var 和 lib；目录 home 下包含一个文件 temp.txt，目录 var 下包含一个文件 lib.txt，目录 lib 下包含两个二级子目录 lib 和 var；二级子目录 var 下包含一个文件 lib.txt。目录和文件可以使用相同的名称，只要它们不直接位于同一个目录下即可。例如图 7-3，在目录树中的不同位置有两个同名目录 var、两个同名文件 lib.txt。在目录的层次结构下，文件可以用沿目录树的边从某个目录开始走到指定文件的路径表示，路径中的各个部分之间用分隔符分开。不同的操作系统使用不同的分隔符，如 Linux 使用"/"作为路径分隔符，而 Windows 使用的则是"\"。如果一个文件路径的起始目录是根目录，那么此文件路径就称为绝对路径，如"/lib/var/lib.txt"。一般地，用户会指定一个路径作为工作目录（记为"."），并以此为起点指定要访问的文件。如果一个文件路径的起始目录是工作目录，这个路径就是一个相对路径，如文件"./lib.txt"（其中开始的字串"./"可以省略）。在图 7-3 中，如果用户指定的工作目录为"/lib/var"，那么相对路径"./lib.txt"就等价于绝对路径"/lib/var/lib.txt"。

3. 文件系统

操作系统中负责管理、存取文件的模块称为文件系统。文件系统组织和分配外存的存储空间，为用户提供了文件创建/删除、读写等接口帮助用户操作文件，并控制文件的存取。文件系统有以下特点：

（1）拥有简洁友好的用户接口，用户操作时不需要了解文件的组织形式和物理存储位置。

（2）支持多个用户或进程的对磁盘的并发访问。

（3）支持大量数据的存储。

实际上，文件系统有多个含义：一是指操作系统中一个子模块；二是指操作系统所管理的所有文件组成的层次结构，如 7.1.3 节中的文件系统层次结构标准；三是指一个块设备上的文件构成的层次结构；四是指一个块设备上数据的物理组织形式，即文件系统类型（如 Ext4、VFAT 等）。有时还用文件系统来指称一个完整的块设备。不同上下文场景对应的"文件系统"的具体含义也不同，这需要具体问题具体分析。

7.1.3　openEuler 中的文件系统

1. 整体架构

文件系统自其产生之日起便发展迅速，目前已有许多较为成熟的文件系统实现方案。但是，不同的文件系统在实现上存在着差异，其提供的应用程序接口并不统一。对于业务需求多样的服务器操作系统而言，单个操作系统内通常需要支持不同类型的文件系统。为了简化用户的使用，操作系统也需要为上层应用提供一个统一的文件系统访问接口，以屏蔽物理文件系统的差异。

openEuler 中的文件系统架构如图 7-4 所示。进程位于文件系统架构的最上方，它只与虚拟层交互。虚拟层中一个称为虚拟文件系统（Virtual File System，VFS）的中间层充当各类物理文件系统的管理者。VFS 抽象了不同文件系统的行为，为用户提供一组通用、统一的 API，使用户在执行文件打开、读取、写入等命令时，不用关心底层的物理文件系统类型。在实现层，操作系统可以选择多种物理文件系统（如 Ext4、NTFS 等）。openEuler 默认采用 Ext4 文件系统（Fourth Extended File System）作为实现层的物理文件系统。VFS 是用户可见的一棵目录树。实现层的物理文件系统则作为一棵子目录树，挂载在 VFS 目录树的某个目录上。

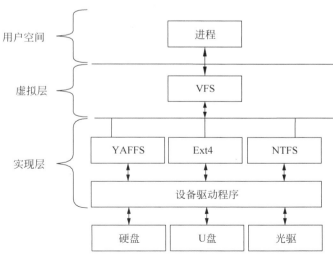

图 7-4　openEuler 中的文件系统架构

2. 文件系统层次结构

Linux 内核的出现正赶上了开源运动兴起的大潮,市场上也快速出现了一些基于 Linux 内核的桌面和服务器发行版,而在嵌入式领域更是出现了众多的类似操作系统。即使各发行版使用统一的 Linux 内核,但它们有不同的构建方式、配置方式、包管理机制或系统更新机制等,此外还有不断出现的功能各异的新软件包,这些因素导致它们之间存在着差异。为了避免重走 UNIX 版本的"先差异化再标准化"的老路(实际上各 UNIX 发行版之间仍存有大量的差异性),便于软件开发以及软件包在不同 Linux 发行版之间的共享,需要对 Linux 发行版进行规范,这其中就包括对文件系统布局的规范化。

文件系统层次结构标准(File System Hierarchy Standard,FHS)是一种参考标准,它定义了 Linux 发行版中的目录结构和目录内容。大多数 Linux 发行版都采用此标准,而且某些 UNIX 变体也采用此标准。目前 FHS 由 Linux 基金会维护,最新的 FHS 版本为 3.0,于 2015 年 6 月 3 日发布。

openEuler 的最新版本(20.03 LTS)遵守的是 FHS 2.3 版本,其基本的文件系统结构可通过 filesystem 软件包查询。每个安装的软件包都会对文件系统结构进行扩充,扩充的部分可以通过 rpm 命令查询。关于所遵从的 FHS 版本及对应的文件系统结构概况,可参看系统中附带的 man hier(7)文件。

FHS 标准对文件做了基本的分类,如静态的、可变的以及可共享的、非共享的,不同类的文件要组织到不同的目录中。共享文件保存在一台主机上,但可以被其他主机访问;非共享文件则只能被其宿主主机访问。静态文件指的是那些一般不需要更新但修改时必须有系统管理员介入的文件,其主要包括二进制可执行文件、库、文档、手册等文件。静态文件甚至可以保存到只读介质上,而且一般也不用做备份。静态文件以外的文件经常会发生变化,如数据库文件、临时文件、日志文件等,这类文件被称为可变文件。表 7-1 给出了 openEuler 系统中这几类文件的例子。

表 7-1　文件目录分类示例

变 化 情 况	共 享 情 况	
	共享文件/目录	非共享文件/目录
静态文件/目录	/bin、/lib、/usr、/opt	/boot、/etc
可变文件/目录	/var/mail、/var/spool/cups	/tmp、/var/lock、/var/run

在 FHS 中,所有的文件和目录可以存储在不同的物理或虚拟设备中,但它们都起始于根目录中。有些目录只有在安装了某个软件包后才会存在,例如,目录/usr/lib/X11 只有在安装了 X Window 软件包后才会存在。表 7-2 所示的目录大多数存在于各种类 UNIX 操作系统(包括 Linux)中,但此处的描述只针对其在 FHS 中的用途。

表 7-2　FHS 中定义的一级目录结构

目录	描　　　述
/	整个 VFS 文件系统的根目录
/bin/	可执行文件目录。存放在单用户维护模式下可用的必要命令；面向所有用户,例如 cat、ls、cp
/boot/	存放引导文件的目录。这些引导文件是 Linux 内核和系统开机所需的配置文件,例如 kernel、initrd；该目录通常对应一个单独的分区
/dev/	存放设备文件(如/dev/null)的目录
/etc/	配置文件目录
/home/	用户主目录,包含保存的文件、个人设置等,通常对应一个单独的分区
/lib/	系统库函数目录,包括目录/bin 和/sbin/中二进制文件所依赖的库文件
/media/	可移除设备(如 CD-ROM)的挂载目录
/mnt/	临时设备的挂载目录
/opt/	可选软件安装目录,用于安装第三方程序
/proc/	虚拟文件系统目录,用于在内存中保存数据。例如 uptime、network。在 Linux 中,挂载格式为 procfs
/root/	超级用户的主目录
/sbin/	重要可执行文件目录,保存超级用户才能使用的命令,例如 init、ip、mount
/srv/	互联网站点数据目录,例如保存 FTP、WWW 服务的数据
/tmp/	临时文件目录,在系统重启时,该目录中的文件不会被保留
/usr/	系统软件资源目录；包含绝大多数的用户工具和应用程序。注意,其名字不是 user 的缩写,而是 UNIX Software Resource 的缩写
/var/	变量文件目录,保存在系统正常运行过程中内容不断变化的文件,如日志、脱机文件和临时电子邮件文件。有时对应一个单独的分区

　　大多数 Linux 发行版都遵循文件系统层次结构标准,但它们之间也会有不同之处。主要有四种常见的区别。

　　(1) 现代 Linux 发行版将/sys 作为一个虚拟文件系统目录,它存储并允许修改连接到系统的设备,而许多传统的类 UNIX 操作系统使用/sys 作为到内核源代码树的符号链接。

　　(2) 许多现代类 UNIX 系统(如 FreeBSD)将第三方软件包安装到/usr/local 中,同时将/usr 中的代码视为操作系统的一部分。

　　(3) 一些 Linux 发行版不再区分/lib 和/usr/lib,它们已经将/lib 链接到/usr/lib。

　　(4) 一些 Linux 发行版之间不再区分/bin 和/usr/bin,/sbin 和/usr/sbin。它们已经将/bin 链接到/usr/bin,并将/sbin 链接到/usr/sbin。其他发行版选择合并这四个目录,并将它们统一链接到/usr/bin。

7.1.4　Ext4 文件系统的发展历程

openEuler 操作系统默认使用 Ext4 文件系统。Ext4 文件系统属于扩展文件系统

(Extended File System)家族中的第四代成员。本节简要介绍 Ext4 文件系统的发展历程。

1. MINIX 文件系统

Linux 最初使用的是 MINIX 文件系统。MINIX 文件系统由 Andrew Tannenbaum 开发,它是一个面向教学场景而设计的文件系统,具有易于实现与理解的特点。但是,MINIX 文件系统仅支持 64MB 的存储空间、长度为 14 个字符的文件名,这远远不能满足实际应用场景中用户的需求。

2. Ext 文件系统

1992 年,法国软件工程师 Remy Card 首次发布了 Ext 文件系统,即第一代扩展文件系统。Ext 文件系统能够支持 2GB 的存储空间,以及长度最大为 255 个字符的文件名。但是,后来随着磁盘容量呈指数级增长,Ext 文件系统可扩展性较差的问题凸显出来。另外,Ext 文件系统在存取性能、稳定性及兼容性等方面的表现也较差。

3. Ext2 文件系统

1993 年,Remy Card 发布了 Ext2 文件系统。Ext2 文件系统支持 TB 级存储空间、GB 级单文件大小,其存取性能也优于 Ext 文件系统。因此,在当时 Linux 的各种发行版本中,Ext2 文件系统逐渐成为应用最广泛的文件系统。但是,Ext2 文件系统与当时大多数的文件系统一样,如果系统因为断电、崩溃等原因导致异常终止,就容易出现崩溃一致性问题。

4. Ext3 文件系统

1998 年,基于 Ext2 文件系统,英国的内核开发者 Stephen Tweedie 发布了引入日志机制的 Ext3 文件系统,从而解决了文件系统的崩溃一致性问题,提高了文件系统的可靠性。日志功能将在 7.4.3 节详细介绍。Ext3 文件系统使用 32 位的内部寻址,支持 16TB 的存储空间、2TB 的文件大小。但是,Ext2 和 Ext3 文件系统都存在着文件碎片(fragmentation)问题,即单个文件存储在不连续的物理位置。文件碎片导致可用磁盘空间离散化,从而严重影响了存取文件的性能。

5. Ext4 文件系统

2006 年,美国软件工程师 Theodore Ts'o 发布了 Ext4 文件系统。相较于 Ext3 文件系统,Ext4 文件系统在性能、可靠性及文件碎片问题等方面做了显著改进。Ext4 文件系统可支持 1EB 的存储空间、16TB 的文件大小。Ext3 文件系统可以通过若干条命令直接升级成 Ext4 文件系统,而不需要格式化存储设备或是重装操作系统。此外,Ext4 文件系统还加入了在线整理碎片的功能,该功能可以将同一个文件的不同部分尽可能存储到一个连续的物理位置,从而提高存取性能。

在后续章节中,7.2 节将介绍 Ext4 文件系统的基本实现,7.3 节将介绍 Ext4 在 I/O 性能上所做的优化,7.4 节将介绍 Ext4 中解决崩溃一致性问题的机制,7.5 节将介绍物理文件系统的管理者——虚拟文件系统。

7.2　文件系统的基本实现

文件系统的基本实现主要包括两个方面：一是文件系统以何种数据结构对数据进行组织，以及这些数据结构如何分布在磁盘上；二是基于这些数据结构，文件系统如何实现文件的读写等操作。

7.2.1　数据结构及其磁盘布局

本节介绍文件系统中的数据结构及其在磁盘上的布局。在介绍本节前，先给出部分重要术语的定义。

（1）数据块：保存文件数据的磁盘块称为数据块。

（2）inode 块：保存 inode 信息的磁盘块称为 inode 块。一个 inode 块可保存多个 inode 项。

（3）inode 结构：内存中的 inode 数据结构称为 inode 结构。

1. 文件的存储

持久化的数据以文件的形式存储在磁盘上。磁盘的最小存储单位是扇区，扇区的大小为 512B。为了提高 I/O 效率，文件系统往往将磁盘划分成固定大小的块（block），以块为单位访问磁盘。最常见的块大小是 4KB，即 8 个连续的扇区组成一个块。块是文件系统读写磁盘的最小单位。如图 7-5 所示，从文件系统的视角看，磁盘就是多个连续的块。图中的 0KB 代表磁盘空间的起始位置，4KB 为第二个块的起始位置，4nKB 代表磁盘空间的结束位置。

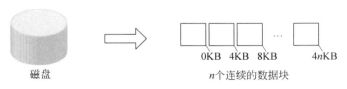

图 7-5　文件系统视角下的磁盘

在磁盘中，存储用户数据（文件内容）的区域称为数据块。属于一个文件的用户数据被存储在一个或多个块中。现假定块的大小是 4KB，并用横线、竖线和实心 3 种框表示大小分别是 1KB、2KB 和 5KB 的 3 个文件。那么，是否可以采取图 7-6（a）的存储方式，使用两个数据块存储这 3 个文件的内容呢？如果采取这种存储方式，不仅需要消耗额外的空间用来保存文件边界，同时还会严重影响文件的查找、存取性能。因此，在文件系统中，一个块只存储属于一个文件的内容。文件系统中的块分配如图 7-6（b）所示：横线框表示的文件占用一个数据块，竖线框表示的文件占用一个数据块，实心框表示的文件占用两个数据块。那么，实心框表示的文件所占用的两个数据块一定要在物理上连续吗？与内存管理中遇到的问题类似，磁盘块的连续分配会导致"磁盘碎片"，影响磁盘空间的利用率。因此，如图 7-6(c)所示，在文件系统中，一个文件的内容可以存放在不连续的多个数据块中。

(a) 连续存储　　　　　(b) 分散存储　　　　　(c) 存在文件碎片的情况

图 7-6　文件在磁盘上的分布

一个文件存储在一个或多个数据块中，而磁盘上通常有成千上万个文件。此外，在服务器等多用户环境中，这些文件可能来自不同用户。在这种情况下，文件系统的设计面临一些基本的问题：①如何帮助用户找到在磁盘中存储的文件内容？②如何防止一个用户非法地存取另一个用户的文件内容？③如何知道磁盘中哪些块已被占用，哪些块是空闲的？文件系统通过在磁盘上存储一些额外的数据协助解决这些问题。这些额外的数据称为元数据（metadata）。元数据包括索引节点（inode）、位图（bitmap）和超级块（superblock）等。

2. 整体布局

在早期的 UNIX 文件系统中，文件系统容量较小，整个文件系统只有一组元数据。文件系统的开头是超级块，紧接着是索引节点，随后是数据块，如图 7-7 所示。这一布局非常简单，也提供了文件和目录的基本抽象，但是其性能太低。主要问题是早期文件系统将磁盘当作了随机存取的内存，数据被随意放置在磁盘各处，磁盘的寻道成本极高。

图 7-7　早期 UNIX 文件系统的布局

后来为了便于管理空闲块，文件系统在索引节点后面添加了位图。位图位于超级块与 inode 表之间，inode 位图在前、数据位图在后。位图默认占据一个磁盘块。

Ext4 文件系统的整体布局如图 7-8 所示。一个磁盘被划分成多个分区（partition）。不同的分区可以安装不同的文件系统。磁盘格式化是指将磁盘等数据存储设备初始化以供首次使用的过程。在某些情况下，格式化操作可能还会创建一个或多个新文件系统。而一个格式化成 Ext4 文件系统的分区包括多个块组。

块组中包括引导块、超级块、块组描述符、预留 GDT 块、数据位图、inode 位图、inode 表以及数据块。

如果在磁盘分区中安装了操作系统，则引导块中的信息用来引导该操作系统的加载。引导块中的信息不能被文件系统修改。通常以磁盘分区的第一个块作为引导块。引导块只存在于块组 0 中，其他块组中是没有引导块的。块组 0 中的超级块被称为主超级块。为了保证文件系统的可靠性，部分块组（块组编号为 3、5、7 及其幂，如 3^3、5^4、7^2）中保存着文件

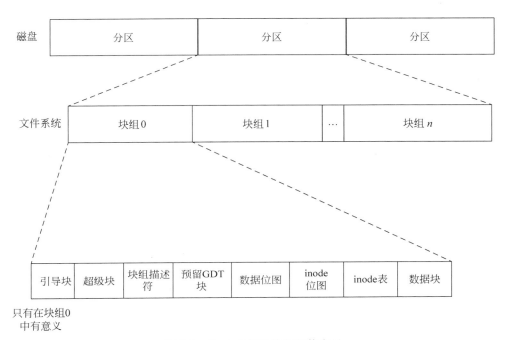

图 7-8　Ext4 文件系统的整体布局

系统主超级块的副本,防止因主超级块损坏导致整个文件系统失效。一般地,操作系统内核只会读取块组 0 中的主超级块;如果主超级块的信息损坏,则操作系统复制保存在其他块组中的超级块副本到主超级块来修复文件系统。每个块组都有一个与之关联的块组描述符,所有的块组描述符构成块组描述符表(GDT)。为了便于扩展文件系统容量,Ext4 还预留一些磁盘块保存将要扩展出的块组描述符,称为预留 GDT 块。一般地,块组描述符表和预留 GDT 块总是与超级块保存在相同的块组中。此外,在每个块组中,数据位图、inode 位图用于对该块组的空闲数据块、inode 进行管理。由 inode 项组成的 inode 表用于实现文件的索引。每个块组的大部分块为数据块,用于存储文件内容。

3. 超级块

Ext4 文件系统通过一个称为超级块的数据结构记录文件系统整体层面的信息。超级块的大小固定为 1KB。图 7-9 展示了 Ext4 文件系统中超级块的部分成员,其中包括该文件系统中的 inode 总数(第 3 行)、文件系统的大小(第 4 行),另外还有一个 s_blocks_count_hi 字段表示扩展后文件系统大小 64 位中的高 32 位)、空闲块数(第 5 行)、空闲 inode 数(第 6 行)、块的大小(第 7 行)、文件系统的类型(第 11 行)和状态(第 12 行)等信息。

数据类型__le16 与__le32 分别代表小端(little-endian)模式下长度为 16 与 32 位的无符号数。

当操作系统加载文件系统时,将首先从磁盘超级块中获取文件系统的信息,并据此完成文件系统的初始化。

```
1.      //源文件：fs/ext4/ext4.h
2.      struct Ext4_super_block {
3.          __le32  s_inode_count;           /* inode 总数 */
4.          __le32  s_blocks_count_lo;       /* 以块为单位的文件系统的大小 */
5.          __le32  s_free_blocks_count_lo;  /* 空闲块计数 */
6.          __le32  s_free_inode_count;      /* 空闲 inode 计数 */
7.          __le32  s_log_block_size;        /* 块的大小 */
8.          __le32  s_mtime;                 /* 文件系统最后一次启动的时间 */
9.          __le32  s_wtime;                 /* 上一次写操作的时间 */
10.         __le32  s_creator_os;            /* 创建文件系统的操作系统 */
11.         __le16  s_magic;                 /* 文件系统魔术数,代表其类型 */
12.         __le16  s_state;                 /* 文件系统的状态 */
13.         ...
14.     }
```

图 7-9　超级块的部分成员

4. 文件的索引

为了帮助用户找到在磁盘中存储的文件内容并进行访问控制,文件系统采用一个名为索引节点(index-node,简称 inode)的数据结构记录文件的信息。每一个文件都对应一个 inode。需要注意的是,inode 中并不包含文件名,而用户进程通过文件名访问文件的具体过程将在 7.2.2 节中介绍。inode 记录了存储文件的数据块、文件的所有者和访问权限等关键信息。磁盘上的 inode 也可称为 inode 项(inode entry)。内核中也有一个表示 inode 的数据结构,可以称为 inode 结构。一般可用 inode 指代二者其一,具体含义根据上下文确定。

Ext4 文件系统中 inode 的数据结构如图 7-10 所示。

```
1.      //源文件：fs/ext4/ext4.h
2.      struct ext4_indoe{
3.          __le16  i_mode;                  /* 文件类型和访问权限 */
4.          __le16  i_uid;                   /* 文件所有者的标识符 */
5.          __le32  i_size_lo;               /* 以字节为单位的文件大小 */
6.          __le32  i_atime;                 /* 上一次访问时间 */
7.          __le32  i_ctime;                 /* 上一次 inode 改动时间 */
8.          __le32  i_mtime;                 /* 上一次文件修改时间 */
9.          __le32  i_dtime;                 /* 文件删除的时间 */
10.         __le16  i_links_count;           /* 链接数 */
11.         __le32  i_block[Ext4_N_BLOCKS];  /* 指向数据块 */
12.         ...
13.         __le32  i_size_high              /* 以字节为单位的文件大小 */
14.     }
```

图 7-10　Ext4 文件系统中 inode 的数据结构

inode 具体包含六类信息。

(1) 文件的大小。成员变量 i_size_lo 是 32 位的整数,其记录着文件所占的字节数(第 5

行)。还有一个相同类型的成员变量 i_size_high(第 13 行),二者共同构成一个 64 位的无符号整数表示文件长度。

(2) 文件所有者。成员变量 i_uid 记录着文件所有者的唯一标识,即(第 4 行)。

(3) 文件的权限。文件的权限 i_mode(第 3 行)包括可读(r)、可写(w)、可执行(x)三种,分别用一个位表示,这三个权限位的组合一般用一个八进制数表示。不同的用户拥有的文件权限不同。一个文件的权限由 3 位八进制数表示,这 3 位八进制数分别指定文件所有者的权限、文件所属用户组的权限和其他用户对此文件的权限。例如,如果一个文件的权限为 o755("o"代表八进制数前缀),则表示文件所有者的权限为 o7,文件所属用户组的权限为o5,其他用户对此文件的权限为 o5。文件所有者一般拥有文件的最高权限,这里它的权限为 o7(二进制数表示为 0b111),各权限位均为 1 则代表文件所有者拥有所有权限。文件所属用户组和其他用户的权限均为 o5(二进制数表示为 0b101),表示该文件所属的用户组以及其他用户的权限为可读、可执行,但不可写。

(4) 文件的访问时间和修改时间。这部分包含四个参数:i_atime(第 6 行)指文件上一次打开的时间;i_ctime(第 7 行)指 inode 内容上一次修改的时间;i_mtime(第 8 行)指文件内容上一次修改的时间;i_dtime(第 9 行)指文件被删除的时间。(虽然文件已被删,但其使用的 inode 数据结构还没有被破坏)。

(5) 链接数。成员变量 i_links_count(第 10 行)记录着链接数,也就是说,一个 inode 节点代表的文件可以位于多个目录下,链接数就代表指向这个索引节点的文件数量。

(6) 文件数据块的地址。数组 i_block(第 11 行),顺序保存着文件中的数据所占用的磁盘块块号。

值得注意的是,在 inode 中并不包含文件名,文件名的存在只是为了方便用户记忆和使用文件;在磁盘上,文件以 inode 编号作为其唯一标识。实际上,文件名保存在父目录的数据中。一个目录的数据是目录下所有的文件名字及其 inode 编号的映射关系。当文件路径需要在文件系统中变动时,文件的物理位置不需要改变,只将父目录中目标文件的映射关系移动到新目录即可。在文件需要重命名时,只修改父目录中目标文件对应的映射中的文件名部分即可。所以,使用 inode 编号记录文件,能够有效简化文件的移动、修改和重命名等操作。

在磁盘上,操作系统划分了一块称为 inode 表(inode table)的区域,专门用来存储inode。图 7-11 给出了某个 Ext4 文件系统的 inode 表与数据块的关系。当需要存取某个文件的数据块时,文件系统在获取文件的 inode 编号后,根据 inode 编号计算出 inode 的位置,进而读取该 inode,最后再通过 inode 中的 i_block 数组找到相应的数据块。具体步骤如下:如果要读取 inode 编号为 2 的 inode,文件系统将先计算该 inode 在 inode 表中的偏移,即 2×inode 的大小;再将这个偏移加上 inode 表的起始地址(在图 7-11 中为 12KB),得到该 inode 在磁盘上的地址。然后,从此 inode 的 i_block 数组找到相应的数据块。

5. 目录的存储

在 Ext4 文件系统中,目录也是一种文件,它也占用一个 inode。目录文件对应的数据块

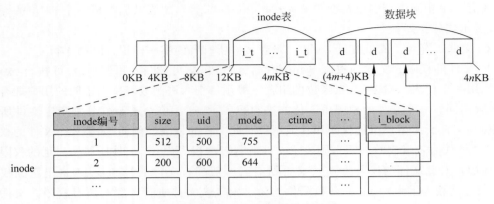

图 7-11　inode 表与数据块的关系

中保存着一系列目录项，目录项的结构如图 7-12 所示。在目录项中，最重要的两部分是目录项所关联的文件名 name（第 7 行），以及该文件名对应的 inode 编号（第 4 行）。

```
1.    //源文件：fs/ext4/ext4.h
2.    #define EXT4_NAME_LEN 255
3.    struct ext4_dir_entry {
4.        __le32  inode;                /* 指向文件的 inode 编号 */
5.        __le16  rec_len;              /* 此目录项的长度 */
6.        __le16  name_len;             /* 文件名长度 */
7.        char    name[EXT4_NAME_LEN];  /* 文件名 */
8.    };
9.    ...
```

图 7-12　ext4_dir_entry 的结构

图 7-3 中的"/lib"目录在磁盘上的存储示例如图 7-13 所示（只列出 inode 和 name）。其中，左侧是索引节点编号 inode，右侧为文件或目录名 name。

在这个例子中，该目录包含了两个子目录 lib 和 var，同时还包含了两个特殊的目录"."和".."。目录"."表示当前目录 lib，目录".."表示其父目录，在这里也就是根目录"/"。

inode	name
6	.
2	..
15	lib
18	var

图 7-13　目录文件的数据结构

6. 空闲块管理

文件数据与 inode 都会占用磁盘块。为了创建新文件或者给新文件分配存储空间，文件系统需要知道磁盘中所有块的使用状态，如被占用或空闲。空闲块的管理有多种方法。例如，UNIX 最初的文件系统采用空闲列表（free list）进行管理，SGI（Silicon Graphics）公司开发的 XFS 文件系统采用 B＋树进行管理。Ext4 文件系统采用位图对空闲块进行管理，在此将详细介绍位图（bitmap）。

　　位图是具有一定长度的位串的集合,其每个位(bit)对应磁盘上的一个块,位的状态表示一个磁盘块的占用状态。位的状态为 1,表示其映射的对象(数据块或 inode)为空闲;其状态为 0,表示其映射的对象已被占用。Ext4 文件系统中的位图分为数据位图(data bitmap)和 inode 位图(inode bitmap)。数据位图用来表示数据块(即保存文件数据的磁盘块)的使用情况,inode 位图用来表示 inode 表中 inode 的使用情况。

　　假定一个磁盘块的大小是 4KB,一个 inode 块的大小是 256B,那么在一个磁盘块中可以存放 16 个 inode 项。因此,为了映射这 16 个 inode 项的使用情况,inode 位图 i_b 需要设置为 16 位。即使只需要 16 位的空间,位图也至少会使用一个磁盘块,也就是 4KB。4KB 的位图最多可以记录 $4 \times 1024 \times 8$ 个 inode 块的使用情况。如图 7-14 所示,inode 位图 i_b 中的 16 位分别对应 inode 表 i_t 中的 16 个 inode 项(为了表达方便,这里没有画完 4KB 的位图)。在这个例子中,因为序号为 6、9、15 的 inode 已被使用,因此在 i_b 中映射它们的位是 0,而其他空闲的 inode 对应的位都是 1。与 inode 位图类似,在数据位图中,序号为 n 的位指示的是序号为 n 的数据块的使用情况。

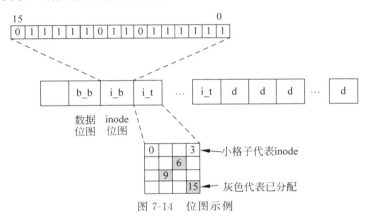

图 7-14　位图示例

　　在 Ext4 文件系统中,数据位图与 inode 位图保存在块组描述符中。具体请参见本节的块组描述符部分。

7. 块组描述符

　　早期的 UNIX 文件系统在磁盘上随机地选择空闲块保存数据。同一个目录中的文件可能存储在物理位置相隔很远的磁盘块中,甚至一个文件的数据块与其 inode 的物理位置也相隔很远。在访问两个物理位置相隔很远的磁盘块时,磁盘可能需要进行长时间的寻道,这会严重地降低文件系统的性能。为了使一个文件相关的磁盘块尽量集中,Ext4 文件系统将磁盘划分成块组(block group),将相关的数据尽可能存储在相近的位置上。一个块组由一个或多个物理上连续的磁盘柱面组成。每个块组都有一个与之关联的块组描述符(Group Descriptor,GD)。块组描述符的数据结构如图 7-15 所示。块组描述符记录了块组中数据位图的地址(第 4 行)、inode 位图的地址(第 5 行)、inode 表的地址(第 6 行)、空闲数据块的数目(第 7 行)、可用 inode 数(第 8 行)等重要信息。

```
1.     //源文件: fs/ext4/ext4.h
2.     /* 块组描述符的定义 */
3.     struct ext4_group_desc{
4.        __le32    bg_block_bitmap_lo;        /* 数据位图的地址(低 32 位) */
5.        __le32    bg_inode_bitmap_lo;        /* inode 位图的地址(低 32 位) */
6.        __le32    bg_inode_table_lo;         /* inode 表的地址(低 32 位) */
7.        __le16    bg_free_blocks_count_lo;   /* 可用数据块数(低 32 位) */
8.        __le16    bg_free_inodes_count_lo;   /* 可用 inode 数量(低 32 位) */
9.        __le16    bg_used_dirs_count_lo;     /* 目录数量(低 32 位) */
10.       __le16    bg_flags;                  /* 块组标志 */
11.       ...
12.       __le16    bg_itable_unused_lo;       /* 未使用 inode 表数(低 32 位) */
13.       __le32    bg_block_bitmap_hi;        /* 数据位图的地址(高 32 位) */
14.       __le32    bg_inode_bitmap_hi;        /* inode 位图的地址(高 32 位) */
15.       __le32    bg_inode_table_hi;         /* inode 表的地址(高 32 位) */
16.       __le16    bg_free_blocks_count_hi;   /* 可用数据块数(高 32 位) */
17.       __le16    bg_free_inodes_count_hi;   /* 可用 inode 数量(高 32 位) */
18.       __le16    bg_used_dirs_count_hi;     /* 目录数量(高 32 位) */
19.       __le16    bg_itable_unused_hi;       /* 未使用 inode 表数(高 32 位) */
20.    };
```

图 7-15   块组描述符的数据结构

7.2.2   文件的读取和写入

在文件系统磁盘布局的基础上,本节介绍文件系统的读取和写入操作的过程。本节假设文件系统已被挂载,超级块已被加载至内存中,而文件系统的其他元数据和数据还仍保存在磁盘上。

在读写文件之前,进程必须调用函数 open()打开文件。API 函数 open()的原型如图 7-16 所示。其中,参数 pathname 用于给出要打开的文件路径;参数 flags 用于设置访问此文件的模式,必选值为 O_RDONLY (只读)、O_ WRONLY (只写)或 O_RDWR(可读/可写),调用函数 open()时必须从中选择一个;除此之外,还有数个可选值:O_APPEND (追加写入)、O_CREAT(创建新文件)等。当 flags 中含有 O_CREAT 时,参数 mode 用于设置新建文件的访问权限。如果操作成功,该函数将返回一个文件描述符(file descriptor,fd);文件描述符在形式上为非负整数,实际上它是一个索引值,指向由内核为每个进程维护的所有打开文件的列表。对于每一个进程,文件描述符的取值范围为 0~OPEN_MAX(在 C 语言标准库 limits.h 中定义)。如果操作失败,则返回"-1"。返回的文件描述符用于后续的文件读写操作。

```
1.     int open(const char * pathname, int flags, mode_t mode);
2.     int open(const char * pathname, int flags);
```

图 7-16   函数 open()的原型

下面以进程发出 open("/home/temp.txt",O_RDWR)调用为例介绍 open()操作的过程。在 open()操作中,文件系统首先需要根据文件路径找到文件 temp.txt 的 inode,以便获取该文件的权限、数据块地址等信息。如图 7-17 所示,其具体过程如下。

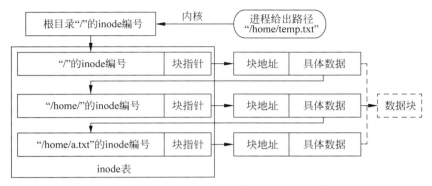

图 7-17　打开操作过程

（1）根据根目录的 inode 编号,在 inode 表中读取根目录“/”的 inode。根目录“/”的 inode 编号在文件系统中是固定的,其值为 2。

（2）根据根目录“/”inode 中所提供的数据块地址,读取包含根目录“/”内容的数据块。

（3）在根目录“/”的目录项中,获取其子目录 home 所关联的 inode 编号。

（4）根据目录 home 的 inode 编号,在 inode 表中读取目录 home 的 inode。

（5）在目录 home 的目录项中,获取 temp.txt 的 inode 编号。

（6）根据文件 temp.txt 的 inode 编号,在 inode 表中读取文件 temp.txt 的 inode。

在将文件 temp.txt 的 inode 读入内存后,文件系统进行权限检查,检查通过后将该 inode 的信息加入进程的打开文件列表中。打开文件列表是一个数组,用来记录进程当前所打开文件的信息,这些信息包含文件 inode 中的信息、文件运行时的信息(如读写指针的偏移)。最后,文件系统将当前文件在打开文件列表中的索引,即文件描述符,返回给进程。一般地,在执行打开操作时,被打开文件的 inode 被读入内存;当文件被关闭时,该文件描述符将被释放,同时,如果 inode 被修改过,则会被写回磁盘。

文件处于打开状态后,进程就可以对其进行访问,如发起读操作 read()或写操作 write()。在发起读操作 read()时,文件系统根据 inode 提供的信息获取待读取数据块的位置;读取完数据后,将更新打开文件表中此文件的读写指针,以便下次读取后续数据块。在发起写操作 write()时,由于用户进程要向文件写入数据,因此文件系统在执行 write()前需要为用户进程分配新的数据块。在这个过程中,为了获取数据块的使用情况,文件系统需要读取数据位图;在获取到空闲数据块后,相应地文件系统再更新数据位图;同时,为了记录新增数据块的位置,还需要更新文件的 inode。最后,文件系统在分配的数据块中写入用户数据。

通过上述分析可以看到,一次文件操作涉及多次磁盘 I/O 操作。例如,文件的打开操作需要对每级目录至少进行两次磁盘 I/O(一次读取该级目录的 inode,另一次读取该 inode 映射的数据块)。值得注意的是,打开操作的磁盘 I/O 次数与文件路径级数成正比。在文件打开后,读操作至少还需要 3 次磁盘 I/O,分别是一次读取文件的 inode,一次读取文件的数据块(根据 inode 的映射),一次更新该 inode(如更新最后访问时间)。

在文件打开操作的基础上,对文件的写操作至少需要 5 次磁盘 I/O,即打开文件时所需的 3 次 I/O,即一次读取数据位图,一次写入数据位图,一次读取文件的 inode;写操作时所需 2 次 I/O,一次为写该 inode(更新数据块的位置),另一次为向所分配的数据块中写入用户数据。这样,多 I/O 次数,会带来昂贵的性能开销。那么,应该如何优化文件系统中文件操作的性能? 7.3 节将详细介绍 Ext4 在 I/O 性能优化方面的关键技术。

7.3 I/O 性能优化

对于操作系统而言,抽象在提供易用性的同时也带来了性能开销。在将物理内存抽象成易用的虚拟地址空间后,为了降低内存页映射到物理页框带来的开销,系统设计者添加了 TLB 以加速地址转换。然而,文件系统与此有较大不同,除数据存储设备是物理设备之外,文件系统是纯软件的实现。与此同时,为了存取一次用户数据,文件系统需要进行多次的磁盘 I/O,存取次数被显著地放大。除去存取实际用户数据所涉及的磁盘 I/O,其他的磁盘 I/O 可视为文件系统带来的性能开销,如对 inode 的操作。也就是说,文件及文件系统在带来易用性的同时,带来了昂贵的性能开销。

此外,相对于内存访问而言,磁盘 I/O 本身就是一个耗时的过程。例如,以 2019 年的常用 x86 个人计算机(Intel i3 8100 四核处理器,8GB DDR4 2400MHz 内存,希捷 2TB 机械硬盘)为例,从内存中读取 32 位的数据大概需要 100ns,而从硬盘上读取 32 位的数据则至少需要 10ms。硬盘的 I/O 性能是由它的访问模式决定的:在磁盘上读写数据前,为了访问期望的扇区,磁盘驱动器需要将磁盘臂移动到正确的磁道,并等待期望的扇区旋转到磁头下面,这是一个非常耗时的过程。因此,如何提升 I/O 性能,是文件系统设计的关键挑战之一。

为了评价文件系统的性能,主要采用以下几种性能指标:

(1) 响应时间(Response Time):操作系统内核发起读写请求到这个读写操作完成的时间。

(2) 数据传输率(Data Transfer Rate):磁盘每秒最大能处理的数据传输量,用于衡量磁盘顺序读写的能力。

(3) 每秒读写次数(Input/Output Operations Per Second,IOPS):每秒钟处理的 I/O 请求数量,用于衡量磁盘随机读写的能力。

7.3.1　缓存与缓冲

为了缓和文件读写所带来的性能问题,大部分文件系统使用内存作为一些重要的磁盘块的缓存(cache)。这种技术被称为块高速缓存(block cache)。

由于磁盘的访问速度比内存慢很多,因此将磁盘内容缓存到内存可以显著地提高访问速度。然而,相较于磁盘的容量,内存的容量很小,因此不可能将所有用到的块都缓存在内存中。在块高速缓存已满时,如果调入新块,那么需要将部分块移出块高速缓存。类似于页置换算法,在文件系统中,通常采用 LRU(Least Recently Used,最近最少使用)及其改进算法淘汰要被替换的缓存块。

早期的文件系统使用固定大小的缓存保存常用的块。这部分缓存在系统启动时分配,通常占据内存的 10%。然而,在很多情况下,操作系统并不会访问那么多的块,这种静态的缓存划分方法可能导致内存浪费。现代操作系统一般采用动态划分方法,将页缓存(mmap()分配内存空间)和块缓存(read()/write()读写磁盘)集中到同一个缓存。这种技术被称为统一高速缓存(unified buffer cache),如图 7-18 所示。通过这种方式,操作系统可以根据需要,在虚拟内存和文件系统之间灵活地划分缓存。

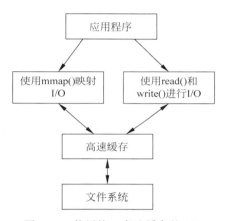

图 7-18　使用统一高速缓存的 I/O

为了尽可能减少磁盘 I/O 的次数,文件系统采用写缓冲(write buffering)技术,即文件的写操作并不直接进入磁盘,而是先在缓冲区(buffer)等待。这样做的好处在于:通过将一些分散的写操作在缓冲区中合并后,再批量地写入磁盘中,从而减少写操作的开销;此外,如果连续出现对同一元数据的写入操作,延迟写入能够避免不必要的写操作。然而,写缓冲是一把双刃剑。在写操作被缓冲的时间内,系统如果发生崩溃,那么尚未写入磁盘的数据将丢失。因此,写缓冲的实现需要考虑持久性与性能之间的平衡。如果主要矛盾是持久性,那么将数据尽可能快地写入磁盘;如果主要矛盾是性能,那么将写操作在缓冲区延迟一定的时间。大部分现代文件系统会将写操作延迟 5～30s。在某些应用场景中,可靠性可能是更重要的指标。例如,在数据库中,数据通常在更新后需要立即写入磁盘,以避免潜在的数据丢失。在这些场景中,数据库可以使用系统调用 fsync()绕过缓冲机制,将数据从缓冲区立即同步到磁盘。

另一种形式的写缓冲技术被称为延迟块分配(delayed allocation)。当进程发起写操作 write()后,Ext3 文件系统会立即为文件分配块,即使该文件是一些可能只需要暂时地存放在缓存之中、不需要被持久化的临时文件。由于文件系统无法预见进程未来的块分配需求,因此在写操作期间,文件系统根据块分配请求,一次分配一个块。在 I/O 吞吐量比较大时,这种块分配方式效率不高,也增加了文件碎片(file fragmentation)的可能性。文件碎片是指文件系统没有将文件连续地存放于磁盘中的情况,这样会增加磁头移动和查找时间,进而降低读写操作的性能。

为了改进块分配效率、减少文件碎片，Ext4 文件系统采用延迟块分配机制。与 Ext3 的块分配机制不同，Ext4 的延迟块分配机制将块分配的时间推迟到页面刷新时（即数据从缓存写入磁盘时）。延迟块分配方式能够将多个块分配请求合并为单个块分配请求，同时避免为一些没有持久化需求的临时文件执行不必要的块分配。此外，这种块分配方式使得文件系统可以利用批处理的机会，做出更好的块布局决策，即将属于同一个文件的数据块尽可能放置在连续的磁盘空间，从而达到减少 I/O 次数、减少文件碎片的目的。

总的来看，缓存的主要目的是弥补高速设备与低速设备之间的速度差距，最终起到加快访问速度的作用；而缓冲的主要目的则是集中处理多次突发的磁盘 I/O 请求，最终起到减少 I/O 次数的作用。

7.3.2　多级索引与 Extent

文件系统使用索引节点 inode 索引文件。早期的文件系统在 inode 数据结构中包含一个或多个直接指针，指向数据块的磁盘地址。这种指引数据块位置的方式称为一级索引。但是，一级索引所能支持的文件大小十分有限，通常只支持 KB 级的文件。例如，当块大小为 4KB 时，一个具有 12 个直接指针的索引节点最多只能支持大小为 48KB 的文件。在实际的应用场景中，这样的文件大小是远远不够的，其扩展性较低。

为了支持更大的文件，现代文件系统通常采用多级间接指针支持多级索引。间接指针不会直接指向包含用户数据的数据块，而是指向一些间接块（indirect block）。间接块中存储着指向包含用户数据的数据块的指针（即数据块的块号）。例如，当块大小为 4KB，指针大小为 4B 时，如果索引节点中包含 10 个直接指针、2 个间接指针，那么所支持文件的大小可增长为（10＋1024×2）×4KB，即 8232KB。如果想支持更大的文件，可以采用二级间接指针或三级间接指针。二级间接指针指向一个间接块，而三级间接指针指向二级间接块。类似地，通过这种扩展方式，可以构建多级索引。

Ext3 文件系统采用三级索引，最大可支持 2TB 大小的文件。Ext3 中数据块的组织方式如图 7-19 所示。在 Ext3 的 inode 中，i_block 数组记录着直接块或间接块的地址。i_block 数组包含 15 个成员，其中前 12 个成员分别为 12 个直接指针，第 13 个成员是一个间接指针，第 14 个块是一个二级间接指针，第 15 个块是一个三级间接指针。

尽管多级索引有效地扩展了文件系统所能支持的文件大小，但是该方案对稀疏文件或小型文件比较有效，对于大型文件则具有较高的开销。当数据块的大小为 4KB 时，为了索引一个大小为 100MB 的文件，Ext3 需要创建 2.56 万个数据块的索引。在 Ext3 中，一个文件的每一个数据块都需要在索引节点中记录，即使这些数据块在磁盘上被连续地存储。对于大型文件，如果进行删除 delete() 和截断 truncate() 操作，文件系统需要修改大量的索引映射，导致文件系统的性能较差。

为了解决上述问题，Ext4 文件系统引入 Extent 方式组织文件，即 inode 的 i_block 成员中保存的不再是存储着直接块或间接块地址的数组，而是一个描述 B＋树的数据结构——

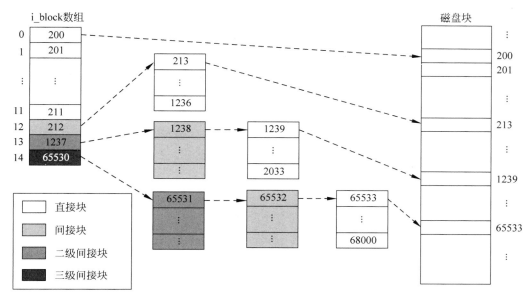

图 7-19 Ext3 中数据块的组织方式

Extent 树。在 Extent 树中，一个文件的多个连续物理块构成一个逻辑块（logical block）。在此基础上，为了实现对数据块的索引，Extent 树中不使用间接指针，而是使用一个指针加上一个以块为单位的长度指定数据块的磁盘位置。

在 Extent 树中，有三种重要的数据结构，分别是 Extent 头（ext4_extent_header）、Extent 索引（ext4_extent_idx）和 Extent 项（ext4_extent）。在 Extent 树中，Extent 索引和 Extent 项可统称为 Extent 节点。

Extent 头位于 Extent 树中每个磁盘逻辑块的起始位置，它描述该磁盘逻辑块 B＋树的属性，也就是该逻辑块中数据的类型和数量。当树的深度（eh_depth）为 0 时，则该逻辑块中的数据项为 B＋树的叶子节点，其中存储的是 Extent 项。当树的深度大于 0 时，该逻辑块中的数据项为 B＋树的非叶子节点，其中存储的是 Extent 索引，指向树的下一级结构。当对该功能进行扩充（例如增加到 64 位块号）时，魔术数（eh_magic）可用于区分 Extent 树的不同版本。Extent 头的数据结构如图 7-20 所示。

```
1.    //源文件: fs/ext4/ext4_extents.h
2.    struct ext4_extent_header {
3.        __le16  eh_magic;           /* 用于支持不同的版本 */
4.        __le16  eh_entries;         /* 可用项的数量 */
5.        __le16  eh_max;             /* 本区域支持的最大项容量 */
6.        __le16  eh_depth;           /* 当前树的深度 */
7.        __le32  eh_generation;      /* 第几代的树 */
8.    };
```

图 7-20 Extent 头的数据结构

　　Extent 索引是 B＋树中的索引节点,该数据结构用于指向下一级逻辑块。下一级逻辑块既可以是索引节点(保存着 Extent 索引),也可以是叶子节点(保存着 Extent 项)。Extent 索引的数据结构如图 7-21 所示。

```
1.    //源文件: fs/ext4/ext4_extents.h
2.    struct ext4_extent_idx {
3.        __le32   ei_block;      /* 下一级 Extent 节点所覆盖的第一个逻辑块的块号 */
4.        __le32   ei_leaf_lo;    /* 下一级 Extent 节点的物理块块号(低 32 位) */
5.        __le16   ei_leaf_hi;    /* 下一级 Extent 节点的物理块块号(高 16 位) */
6.        __u16    ei_unused;     /* 保留字段 */
7.    };
```

图 7-21　Extent 索引的数据结构

　　Extent 项是 Extent 树中最基本的单元,它描述了逻辑块号与物理块号之间的关系,其物理结构如图 7-22 所示。在 Extent 结构中,第 0～31 比特表示当前 Extent 项所覆盖的第一个逻辑块的块号(即在文件中的起始块号),第 32～46 比特表示当前 Extent 项所覆盖的连续物理块个数,第 47 比特用于预分配,第 48～95 比特表示当前 Extent 项所覆盖的第一个物理块号。也就是说,一个逻辑块可以包含 2^{15} 个连续物理块。当物理块大小为 4KB 时,逻辑块的最大尺寸为 128 MB。

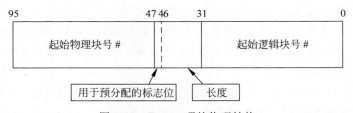

图 7-22　Extent 项的物理结构

　　Extent 项所代表的逻辑块到物理块的映射过程如图 7-23 所示。在 Extent 叶子节点中,保存着一个 Extent 头和多个 Extent 项。第 1 个 Extent 项表示逻辑块 0 所对应物理块的起始块号为 200,长度为 1000 块。也就是说,该逻辑块代表块号为 200～1199 的连续物理块。类似地,第 2 个 Extent 项表示逻辑块 1001 代表块号为 6000～7999 的连续物理块。如果磁盘上有足够的连续块保存文件,那么 Extent 项能够有效地节省保存索引文件所带来的空间和性能上的开销。Extent 项的数据结构如图 7-24 所示。

　　Extent 树的根节点存储于 inode 的 i_block 结构中。Ext4 中的 inode 被设计成可以直接存储 4 个 Extent 项。一般来说,这只能用于索引较小的文件或能够在物理上连续存储的大文件。然而,对于非常大、高度碎片化的文件,则需要更多的 Extent 项存储,为了提高性能,此时可采用树结构。

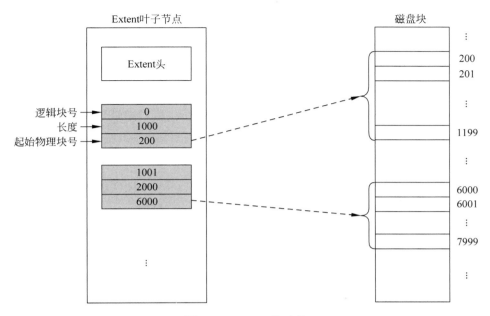

图 7-23　Extent 的映射

```
1.      //源文件: fs/ext4/ext4_extents.h
2.      struct ext4_extent {
3.          __le32  ee_block;       /* 起始逻辑块号 */
4.          __le16  ee_len;         /* 连续物理块的长度 */
5.          __le16  ee_start_hi;    /* 起始物理块号的高 16 位 */
6.          __le32  ee_start_lo;    /* 起始物理块号的低 32 位 */
7.      };
```

图 7-24　Extent 项的数据结构

例如,图 7-25 给出了存储大文件的磁盘块布局,该文件采用起始逻辑块号为 0、深度为 3 的 Extent 树。此时,Extent 树的根节点存储在 inode 的 i_block 结构中,Extent 根节点中存储着一个 Extent 头和指向 Extent 索引节点的指针;Extent 索引节点中存储着一个 Extent 头和许多指向叶子节点的指针;叶子节点中则包含一个 Extent 头和很多 Extent 项,这些项分别指向连续的物理块。索引节点和叶子节点都存储于磁盘上,它们都是磁盘的一个逻辑块。

根据文件系统基准测试工具(Flexible File System Benchmark,FFSB)的基准测试,与 Ext3 相比,引入 Extent 树后,Ext4 的吞吐量提高了约 35%,CPU 利用率降低了 40%。

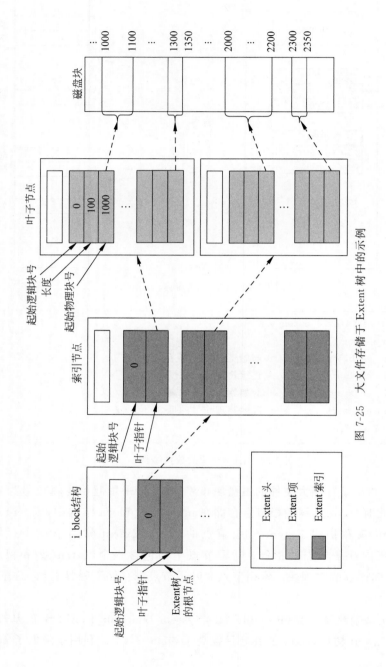

图 7-25 大文件存储于 Extent 树中的示例

7.4　崩溃一致性

7.4.1　简介

在计算机运行的过程中,可能出现断电。同时,由于各种软硬件或人为的原因,系统也可能出现崩溃(crash)。当这些情况发生时,如果文件系统正在往硬盘更新数据,则可能会出现数据一致性问题。

在一次写操作中,文件系统一般需要更新位图、索引节点和数据块这三个数据结构。由于磁盘一次只能处理一个 I/O 请求,所以这些更新请求必然有一个先后次序。根据断电或系统崩溃时机的不同,文件系统的数据结构可能呈现不同的状态。典型的崩溃示例见表 7-3。例如,在编号为 3 的崩溃示例中,文件系统对索引节点进行了更新,但尚未对位图进行更新。此时,如果系统发生崩溃,那么将出现一个这样的问题:根据索引节点提供的信息,该数据块已使用;但根据位图的信息,该数据块尚未被使用。也就是说,不同元数据的状态存在着不一致的情况。这种问题称为崩溃一致性问题(crash-consistency problem)。此外,在这种情况下,断电恢复后,随后的读取操作将返回垃圾数据。

表 7-3　崩溃时文件系统中可能出现的状态

编号	数据块	索引节点	位图	一致性	备　　注
1	N	N	N	一致	等同于什么也没有做,写入没有成功
2	N	N	Y	不一致	可能导致空间泄露,文件系统将永远不会使用这个块
3	N	Y	N	不一致	索引节点指向了未更新的数据块,随后的读取操作将返回垃圾数据
4	N	Y	Y	不一致	同上,可能会读取到垃圾数据
5	Y	N	N	不一致	数据在磁盘上,但是没有指向它的索引节点,甚至也没有位图表明已分配该块。因此,好像从未发生过写入
6	Y	N	Y	不一致	由于索引节点没有更新,可能读不到新的数据块
7	Y	Y	N	不一致	未更新的位图可能导致有效数据被下一次请求覆盖
8	Y	Y	Y	一致	请求正常完成

注:N 表示在崩溃时没有完成写入,Y 表示在崩溃时已经完成。

然而,由于磁盘在同一时间只能执行一次 I/O 操作,在硬件层面,上述三个数据结构的更新操作不可能原子性地完成。因此,文件系统需要在软件层面提供一些额外的机制,保证文件系统原子性地从一个状态更新到另一个状态。本章将介绍常用的两种解决方案:文件系统检查器和日志。

7.4.2　文件系统检查器

文件系统检查器(File System Checker,FSCK)是解决崩溃一致性问题的一种简单方案。在崩溃发生时,FSCK 允许文件系统出现不一致现象。但是,在文件系统恢复可用之前,FSCK 将对文件系统的不一致性进行检查,并修复出现的不一致问题。

在 openEuler 中,这个工具被称为 e2fsck(以下简称 FSCK),其可以用来检测 Ext2/3/4 文件系统。下面以表 7-3 中出现的崩溃不一致现象为例,阐述 FSCK 修复不一致问题的过程。

1. 检查 inode 表

1) 遍历所有 inode

(1) 检查 inode 的类型字段 i_mode 是否合法。

(2) 检查 inode 记录的文件大小(i_size_lo 与 i_size_high)和数据块计数是否匹配。

(3) 检查数据块是否被另一个 inode 重复引用。

如果找到任何被多个 inode 引用的块,则进入步骤 2); 否则进入第 2 步(检查目录结构)。

2) 修复被多次引用的数据块

主要由三个过程组成:

(1) 再次扫描所有 inode 指向的数据块,生成重复块的完整列表以及标明有哪些 inode 引用了它们。

(2) 遍历文件系统的树结构,以确定每个 inode 的父目录。必须执行此步骤,以得到受影响的 inode 的路径名。

(3) 对文件系统进行修复,对于每个引用了重复块的 inode,系统会提示用户是否复制该块(以便为每个 inode 获得重复块的新副本)或删除除第一个以外检测到的 inode 文件。

2. 检查目录结构

FSCK 将遍历所有有效目录 inode,并对其中的每个目录项进行以下测试:

(1) 目录项长度 rec_len 的值应至少为 8B,并且不能大于该目录所在数据块中剩余空间的大小。

(2) 文件名长度 name_len 的值应小于 rec_len-8。

(3) 目录项中的 inode 编号应在合法范围内。

(4) inode 编号应指正在使用的 inode。

(5) 目录的第一项应该是".”(当前目录),其 inode 编号应该是本目录的 inode 编号。

(6) 目录第二项应该是"..”(父目录)。

(7) 收集每个目录的子目录的 inode 编号。

为了最大程度地减少磁盘查找时间,FSCK 将按块编号的顺序处理目录块。如果目录的完整性存在缺失,那么 FSCK 将按照默认格式修复。

3. 检查目录的连接

FSCK 通过以下步骤确保所有目录都连接到文件系统的树形结构上:

（1）检查根目录以确保它存在。如果不存在，FSCK 将创建一个新的根目录，然后将该目录标记为"已完成链接"。

（2）遍历所有目录的 inode。对于每个目录，FSCK 将尝试使用目录信息中的父目录指针回溯文件系统树，直到到达已标记为"已完成"的目录。如果无法完成这一步，则将该目录从文件系统中断开，并将其连接到/lost＋found 目录，以便用户找到丢失的文件。在文件系统树上回溯时，如果两次遇到同一个目录，则表示检测到了错误的目录环。FSCK 再次将该目录连接到/lost＋found 目录。

4. 检查引用次数

实际上，在格式化时，大多数文件系统都预留足够多数量的 inode。在文件系统的使用过程中，多数 inode 是未分配的，其引用次数为 0。对于已分配的 inode，多数的文件或目录的引用次数为 1，只有少数文件的引用次数才会大于 1（一些文件或目录被链接到多个目录）。

5. 检查位图的一致性

检查所有的位图信息。如果位图和 inode 之间的信息存在不一致，则按照 inode 中的信息修复位图。检查过程至此结束。

在完成文件系统检查后，大多数由于元数据之间信息不匹配所导致的不一致性将被修复。也就是说，FSCK 能够修复表 7-3 中的第 2、3、6、7 类不一致的情况。对于元数据一致但数据相当于未被写入（无法被用户正确读取）的第 1、4、5 类情况，FSCK 无法检测到。可以说，FSCK 所做的工作是保证文件系统元数据的一致性。

需要注意的是，文件系统检测是一项非常耗时的操作，特别是检查文件系统中所有的索引节点。因此，Ext4 对未分配的 inode 做了适当标记，使得 FSCK 在检查磁盘时可以将它们整块地忽略掉，从而大大缩短了磁盘检查的时间。

7.4.3　日志

日志（journaling）机制是现代文件系统（如 Linux Ext3/Ext4、Windows NTFS）解决崩溃一致性问题的主流方案。通过借鉴数据库系统的设计思想，日志机制将对文件系统状态的更新过程组织成事务（transaction），使得文件系统的状态更新要么全部完成，要么全部未完成。日志机制将文件系统状态的更新过程划分成日志的写入、事务的提交以及检查点的添加三个阶段。

（1）日志的写入。将对元数据（如索引节点、位图）和数据块待做的更新以日志的形式写入磁盘上的某个位置（实际上，日志是一个没有名字的文件，对应的 inode 号是 8）。日志是一段描述如何对元数据、用户数据进行更新的注记。写入的日志将作为事务的内容。此外，一个用来标记事务开始的标志将与事务内容一起写入磁盘。

（2）事务的提交。在日志的写入阶段完成后，文件系统将一个用来标记事务结束的标志写入磁盘。一旦该写入动作完成，则称为事务已提交（committed）。由于磁盘驱动器在硬件上只保证以扇区为单位（512B）的写入是原子的，为了保证提交操作的原子性，事务结束标志的大小应该小于 512B。

(3) 检查点的添加。当事务的提交阶段完成,就可以更新硬盘中文件系统的状态了。日志机制将对元数据和数据块待执行的更新写入磁盘的过程称为添加检查点(check point)。完成这个过程后,文件系统的硬盘状态即与日志中所描述的更新状态一致。

采用日志机制后,文件系统在更新状态的过程中,即使发生断电或系统崩溃,也能够根据日志的信息恢复到一致性状态。例如,如果在事务提交之前发生崩溃,文件系统将不进行任何更新;如果在事务提交之后、添加检查点之前发生崩溃,在恢复文件系统时,文件系统可以找到已提交在磁盘中的事务,并依据日志中的记录,重放(replay)并重新向文件中写入这些更新操作。只有在文件系统发生崩溃,而日志机制无法修复的情况下,才会使用FSCK。

在 Ext4 文件系统中,日志机制在 jbd2(Journaling Block Driver)模块中实现,此模块用于管理缓冲区。引入 jbd2 后,文件系统中的数据在内核、块缓冲区(buffer cache)、磁盘之间的流动如图 7-26 所示。jbd2 将内核对缓冲(buffer)的更新记录到磁盘中的日志空间中。每隔一段时间,日志空间中的更新会向磁盘中正确的位置提交。如果这些更新已经被正常写入磁盘,记录这些更新的日志将被删除;如果在这些更新写入的过程中文件系统发生崩溃,jbd2 能够在恢复文件系统阶段,根据日志中的记录将更新写入磁盘。

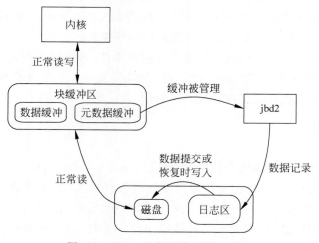

图 7-26 Ext4 文件系统的数据流动

jbd2 在管理过程中根据管理的 buffer 类别、日志的写入时机等差异,Ext4 文件系统将日志机制分成 Journal、Ordered、Writeback 三种模式。

(1) Journal 模式。该模式在日志中记录完整的用户数据和元数据。所有的新数据将先记入日志,再写入磁盘中的最终位置。由于所有的数据都在日志中备份,所以 Journal 模式最可靠。但是,由于所有的数据都要写入磁盘两次,该模式带来了双倍的磁盘访问,性能较差。

(2) Ordered 模式。该模式在日志中仅记录对元数据的更新,而不记录对用户数据的更新。用户数据与元数据的写入顺序是 Ordered 模式的关键。在 Ordered 模式下,为了保证对元数据与其所引用用户数据的一致性,用户数据将先被写入磁盘。在等待用户数据写入成功后,与这些用户数据相关的元数据再被写入日志。相较于 Journal 模式,由于避免了对用户数据的两次写入,Ordered 模式具有较好的性能。

(3) Writeback 模式。该模式仅记录对元数据的更新,同时不保证用户数据与元数据的写入顺序,即该模式并不保证用户数据先于元数据写入磁盘。也就是说,文件系统将按照性能最优的顺序安排写入数据。在这三种模式中,该模式的可靠性最低,但性能最好。

在日志机制中,模式的选择在一定程度上影响着文件系统的可靠性与性能。在性能和可靠性上,Ordered 模式取得了较好的平衡。因此,Ordered 模式是 Ext4 文件系统中的缺省模式。下面介绍 Ordered 模式的实现。

1．主要的数据结构

1）原子操作描述符

文件系统需要保证文件系统与更新相关的系统调用(如 write)以原子的方式进行处理,而这些系统调用通常由多个 I/O 操作组成。为了提高 I/O 操作的效率,jbd2 根据更新的不同缓冲区,将它们对应的 I/O 操作整合成一个原子操作。jbd2 将连续发生的 I/O 操作加入当前原子操作中。当多个 I/O 操作所更新的缓冲区数达到一定阈值(内核里配置的 nblocks 值)时,jbd2 就不再向当前原子操作添加新的 I/O 操作。后续的 I/O 操作将被加入下一个原子操作中。在 jbd2 中,原子操作的数据结构是 struct jbd2_journal_handle,其主要成员如图 7-27 所示。其中,成员 h_transaction 用来记录该原子操作属于哪个事务(第 4 行),成员 h_journal 用来记录该原子操作属于哪个日志(第 5 行)。handle_t 代表一个原子操作,又被称为原子操作描述符(第 10 行)。

```
1.    //源文件: include/linux/jbd2.h
2.    struct jbd2_journal_handle {
3.        union {
4.            transaction_t  * h_transaction;   / * 属于哪个事务 * /
5.            journal_t  * h_journal;           / * 属于哪个日志 * /
6.        };
7.        int  h_total_credits;                 / * 允许添加到日志的剩余缓冲区数目 * /
8.        …
9.    };
10.   typedef struct jbd2_journal_handle handle_t;   / * 原子操作描述符 * /
```

图 7-27　struct jbd2_journal_handle 的部分成员

2）事务结构

为了提高日志读写的效率,jbd2 将若干个原子操作组成一个事务,以事务为单位进行日志的读写。事务具有生命周期,其主要包括 5 个状态。

(1) 运行(running):表示事务尚能接收原子操作。

（2）锁定（locked）：表示事务不接收原子操作了，但尚未提交。

（3）写入（flush）：表示事务正在提交。

（4）提交（commit）：表示事务已被写入磁盘的日志区。

（5）完成（finished）：表示事务已提交，但其所对应的磁盘更新尚未写入磁盘的最终位置。

只有处于运行状态的事务可以接收原子操作，该类事务在一个时间点只存在一个。在 jbd2 中，事务的数据结构是 struct transaction_s，其主要成员如图 7-28 所示。其中，成员 t_tid 表示事务的序号。成员 t_state 表示事务的状态（第 13 行）。成员 t_log_start 表示在日志区中事务的起始数据块号（第 14 行）。成员 t_nr_buffers 表示当前事务所拥有的、被更新的元数据缓冲区总数（第 15 行）。成员 t_buffers 是一个指向当前事务所拥有的、被更新的元数据缓冲区所在链表的指针（第 16 行）。

```
1.      //源文件: include/linux/jbd2.h
2.      struct transaction_s {
3.          tid_t     t_tid;                    /* 事务的序号 */
4.          enum {
5.              T_RUNNING,
6.              T_LOCKED,
7.              T_FLUSH,
8.              T_COMMIT,
9.              T_COMMIT_DFLUSH,
10.             T_COMMIT_JFLUSH,
11.             T_COMMIT_CALLBACK,
12.             T_FINISHED
13.         }t_state;
14.         unsigned long     t_log_start;       /* 日志中,该事务的起始数据块 */
15.         int     t_nr_buffers;                /* 该事务涉及的缓冲区数目 */
16.         struct journal_head    * t_buffers;  /* 元数据缓冲区链表 */
17.     }
```

图 7-28   struct transaction_s 的部分成员

3）日志结构

日志的数据结构 struct journal_s 如图 7-29 所示。该数据结构记录着磁盘上日志区的元数据信息，如日志数据块的范围（第 11～12 行）、拥有的最大块数（第 13 行）等，以及用于管理原子操作、事务等日志相关数据结构。其中，成员 j_sb_buffer 指向日志区超级块在内存中所关联的 buffer（第 3 行）。成员 j_superblock 是日志区超级块在内存中的映射（第 4 行）。成员 j_running_transaction 和 j_committing_transaction 分别指向处于运行状态和写入状态的事务（第 5～6 行）。成员 j_wait_transaction_locked 指向一个保存着处于锁定状态事务的等待队列（第 7 行）。成员 j_wait_done_commit 指向一个保存着处于提交状态事务的等待队列（第 9 行）。

```
1.      //源文件：include/linux/jbd2.h
2.      struct journal_s {
3.          struct buffer_head  * j_sb_buffer;            /* 日志区超级块对应的缓冲区 */
4.          journal_superblock_t * j_superblock;          /* 日志区超级块在内存中的映射 */
5.          transaction_t      * j_running_transaction;   /* 处于运行状态的事务 */
6.          transaction_t      * j_committing_transaction; /* 处于写入状态的事务 */
7.          wait_queue_head_t   j_wait_transaction_locked;
8.                                                        /* 处于锁定状态事务的等待队列 */
9.          wait_queue_head_t   j_wait_done_commit;       /* 处于提交状态事务的等待队列 */
10.         /* 日志区中块的范围 */
11.         unsigned long       j_first;
12.         unsigned long       j_last;
13.         unsigned int        j_maxlen;                 /* 磁盘日志区所能拥有的最大块数 */
14.         ...
15.     }
16.     typedef struct journal_s   journal_t;
```

图 7-29　struct journal_s 的部分成员

另外，与 struct buffer_head 用于帮助内核管理 buffer 类似，数据结构 struct journal_head 用于帮助 jbd2 管理缓冲区。为了将一个 struct buffer_head 所对应的缓冲区纳入管理，jbd2 在创建 struct journal_head 后，将其与该 struct buffer_head 关联在一起。

2. 原子操作的生成

在 Ordered 模式下，一个原子操作涉及若干个缓冲区的更新。为了将元数据缓冲区中的数据及时更新生成一个原子操作，jbd2 要对这些元数据缓冲区进行管理。内核在 jbd2 中获取对将要更新的元数据缓冲区的写权限，以防止覆盖仍处于提交状态的事务中同一缓冲区中的内容。由此，当内核更新元数据缓冲区时，jbd2 能及时地获取这些更新操作，并将这些更新操作加入原子操作描述符中，以生成新的原子操作。原子操作的生成过程如图 7-30 所示，具体分四个步骤。

（1）获取原子操作描述符。文件系统调用的函数 ext4_journal_start()用于获取或创建原子操作描述符，其参数 nblocks 用于指定当前原子操作所能包含的被更新缓冲区数阈值。

（2）将元数据缓冲区纳入管理。内核通过调用函数 ext4_journal_get_write_access()，获取磁盘元数据块（除数据位图外）所映射缓冲区的写权限。由于数据位图的更新涉及数据块的分配和释放，因此其所映射的缓冲区具有更严苛的写权限。内核通过调用函数 ext4_journal_get_undo_access()，获取该类缓冲区的写权限。此外，内核通过调用函数 ext4_journal_get_create_access()，获取新建元数据缓冲区的写权限。这三个函数在执行时，都先通过调用函数 jbd2_journal_add_journal_head()，将当前元数据缓冲区纳入 jbd2 的管理。

（3）获知元数据缓冲区的更新。在元数据缓冲区完成更新操作后，内核通过调用函数 jbd2_journal_dirty_metadata()，通知 jbd2 发生了元数据缓冲区更新操作。为了确保数据缓冲区先于元数据缓冲区写入磁盘,在数据缓冲区完成更新操作后,内核通过调用函数 jbd2_journal_dirty_data(),通知 jbd2 发生了数据缓冲区更新操作。

(4) 将更新操作加入当前原子操作描述符中。当涉及更新的元数据缓冲区数目达到给定的阈值时,jbd2 将生成一个原子操作。

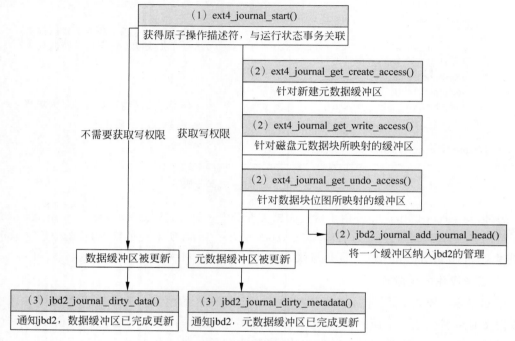

图 7-30　原子操作的生成过程

3. 事务的提交

当生成的原子操作数量达到阈值,jbd2 将事务推入锁定状态,并将其加入等待提交的队列中。openEuler 专门维护了一个内核线程提交事务(每个 Ext4 文件系统都对应一个 kjournald 内核线程)。该线程每隔一定的时间在等待提交队列中选择一个事务,并通过调用函数 kjournald2(),把该事务提交到磁盘的日志区。事务提交主要由函数 kjournald2() 调用的函数 jbd2_journal_commit_transaction() 完成。函数 jbd2_journal_commit_transaction() 的实现如图 7-31 所示,该函数主要完成两件事。

(1) 调用函数 jbd2_journal_commit_transaction(),将当前事务中元数据所关联的数据缓冲区中的内容写入磁盘(第 5 行)。

(2) 调用函数 jbd2_journal_write_metadata_buffer(),将元数据缓冲区中的数据写入磁盘的日志区中(第 11 行)。具体地,jbd2 先创建一个新的元数据缓冲区(第 22 行),然后将当前元数据缓冲区的内容复制至这个新的元数据缓冲区(第 28 行),再将新的元数据缓冲区映射到日志区的某个数据块(第 33 行),最后完成写入。

```
1.    //源文件：fs/jbd2/commit.c
2.    void jbd2_journal_commit_transaction(journal_t * journal){
3.        ...
4.        //将数据缓冲区的内容写入磁盘
5.        err = journal_submit_data_buffers(journal, commit_transaction);
6.        ...
7.        while (commit_transaction->t_buffers) {
8.            jh = commit_transaction->t_buffers;
9.            ...
10.           //将元数据缓冲区写入日志区
11.           Flags = jbd2_journal_write_metadata_buffer(
12.                       commit_transaction, jh, &wbuf[bufs], blocknr);
13.           ...
14.       }
15.   }
16.   //源文件：fs/jbd2/journal.c
17.   int jbd2_journal_write_metadata_buffer(transaction_t * transaction,
18.               struct journal_head   * jh_in, struct buffer_head ** bh_out,
19.               sector_t blocknr){
20.       ...
21.       //创建新元数据缓冲区
22.       new_bh = alloc_buffer_head(GFP_NOFS|__GFP_NOFAIL);
23.       init_buffer(new_bh, NULL, NULL);              //初始化新元数据缓冲区
24.       new_jh = journal_add_journal_head(new_bh);    //纳入 jbd2 的管理
25.       new_page = jh2bh(jh_in)->b_page;              //当前元数据缓冲区对应的物理页
26.       mapped_data = kmap_atomic(new_page);          //获得该页起始地址
27.       //页内容复制到 tmp
28.       memcpy(tmp, mapped_data + new_offset, bh_in->b_size);
29.       new_page = virt_to_page(tmp);                 //将 tmp 转换成新页 new_page
30.       //将新页设为新元数据缓冲区对应页
31.       set_bh_page(new_bh, new_page, new_offset);
32.       //新元数据缓冲区映射到日志区中块号为 blocknr 的数据块
33.       new_bh->b_blocknr = blocknr;
34.       set_buffer_dirty(new_bh);                     //将 new_bh 标记为脏
35.       ...
36.   }
```

图 7-31　元数据缓冲区相关事务的日记提交关键代码

4. 崩溃恢复

崩溃恢复流程如图 7-32 所示。首先，jbd2 调用函数 ext4_fill_super()，将磁盘中的主超级块读到内存中。其次，调用函数 ext4_load_journal()，将描述磁盘日志区的元数据加载到一个 journal_t 结构中。最后，jbd2 通过多次调用函数 do_one_pass() 实现恢复操作，其关键代码如图 7-33 所示。

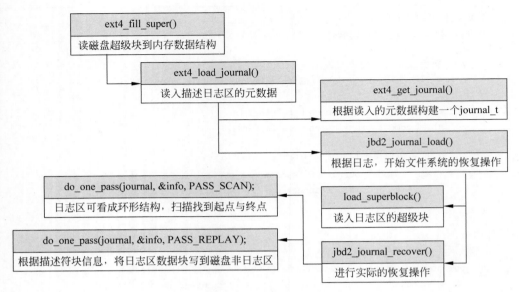

图 7-32   崩溃恢复流程

```
1.    //源文件: fs/jbd2/recovery.c
2.    //当传入参数 PASS_SCAN 时
3.    unsigned int  first_commit_ID, next_commit_ID;        //临时记录起点与终点
4.    sb = journal->j_superblock;
5.    next_commit_ID = be32_to_cpu(sb->s_sequence);
6.    first_commit_ID = next_commit_ID;            //起点为日志区超级块记录的起始数据块号
7.    if (pass == PASS_SCAN) info->start_transaction = first_commit_ID;
8.    //遍历日志区,查看哪些日志区数据块需要恢复到磁盘,以此找到日志区数据块的终点
9.    ...
10.   done:
11.       if (pass == PASS_SCAN)
12.           info->end_transaction = next_commit_ID;
13.
14.   //当传入参数 PASS_REPLAY 时
15.   while (1) {                                   //遍历日志区的数据块
16.       ...
17.       err = jread(&bh, journal, next_log_block);     //读下一个数据块到 bh 中
18.       tagp = &bh->b_data[sizeof(journal_header_t)]; //找到描述符块
19.       //根据描述符块记录的映射关系逐一处理数据块
20.       while ((tagp - bh->b_data + tag_bytes)
21.                       <= journal->j_blocksize - descr_csum_size) {
22.           //读其中一个日志区数据块到 obh 中
23.           err = jread(&obh, journal, io_block);
24.           //从描述符块获得该日志区数据应被写入的磁盘数据块号
25.           blocknr = read_tag_block(journal, tag)
```

图 7-33   函数 do_one_pass()将日志数据写回磁盘原始位置的关键代码

```
26.              //找到该磁盘数据块所映射的缓冲区
27.              nbh = __getblk(journal->j_fs_dev,blocknr,journal->j_blocksize);
28.
29.              //obh 是日志块所映射的缓冲区,nbh 是磁盘数据块所映射的缓冲区,复制内容
30.              memcpy(nbh->b_data, obh->b_data, journal->j_blocksize);
31.              set_buffer_uptodate(nbh);
32.              mark_buffer_dirty(nbh);            //将 nbh 标记为脏
33.          }
34.          …
35.      }
```

图 7-33　函数 do_one_pass()将日志数据写回磁盘原始位置的关键代码

jbd2 在首次调用函数 do_one_pass()时,以 PASS_SCAN 作为输入参数。为了便于日志区的回收和遍历,jbd2 将日志区中的数据块组成一个环形结构。函数 do_one_pass()首先读取日志区中的超级块,从中获取日志区数据块的起点(第 4～6 行);随后,函数 do_one_pass()遍历日志区,以获取日志区数据块的终点(第 12 行)。

jbd2 在再次调用函数 do_one_pass()时,以 PASS_REPLAY 作为输入参数。函数 do_one_pass()首先遍历日志区的数据块,并从描述符块中获取日志区中的数据块与磁盘中数据块的映射关系(第 15～21 行);其次,将日志中的该数据块内容读入缓冲区,并将该缓冲区标记为 obh(old buffer head,第 23 行);随后,找到磁盘中该数据块在内存中对应的缓冲区,并将该缓冲区标记为 nbh(new buffer head,第 27 行),进而将 obh 中的内容复制到 nbh 中(第 30 行);最后,将 nbh 标记为脏。标记为脏的缓冲区将被文件系统自动写回磁盘中。

日志机制相对于 FSCK 而言将磁盘崩溃恢复时间缩短了许多,从而在崩溃并重新启动后大大加快了恢复速度。

总之,日志机制有效地保证了文件系统元数据的一致性。在更新元数据时,首先要将元数据写入磁盘上的日志区域,然后再更改目标位置的元数据。此时,无论是在写入日志,还是在写入元数据时系统发生崩溃,都不会对文件系统造成严重影响,即一旦完成日志部分的写入,那么日志机制就能避免表 7-3 中第 1～7 类情况的发生。

7.5　虚拟文件系统

7.5.1　简介

现代操作系统支持同时使用多种文件系统。例如,一个磁盘分区使用 Ext4 文件系统,另一个磁盘分区使用 FAT32 文件系统。不同类型的文件系统提供的 API 可能有所区别。

如果需要操作系统支持所有文件系统的 API,同时需要用户学习它们的用法,这对操作系统和用户来说都是一种挑战。因此,操作系统需要寻求一种通用的文件系统使用机制,以支持不同的文件系统。

openEuler 在多文件系统之上建立一个称为虚拟文件系统(Virtual File System,VFS)的抽象层,作为各类文件系统的管理者。VFS 面向用户进程提供一个通用、统一的 API,使得用户在读写文件时不用关心底层的物理文件系统类型。VFS 向上层提供的 API 便是著名的 POSIX(Portable Operating System Interface)。

VFS 支持的底层物理文件系统主要包括以下三类:①基于磁盘的文件系统,如 Ext2、Ext3、Ext4、ReiserFS、JFS、XFS、FAT32、VFAT 及 NTFS 等;②基于网络的文件系统,如 NFS、SMB、OCFS 等;③特殊的文件系统,如 PROC、SYSFS。VFS 向下层,也就是物理文件系统提供的接口被称为 VFS 接口。这些接口包括许多功能的调用,VFS 通过这些调用与物理文件系统交互,完成实际的文件系统操作。

引入 VFS 后,应用程序调用通用 API 的处理过程如图 7-34 所示,图中的 VFS 下同时挂载了两个文件系统 Ext4 和 Ext2。当用户进程发起系统调用函数 write()向 Ext4 文件系统中写入数据时,VFS 首先通过系统调用函数 sys_write()处理与设备无关的操作。随后,函数 sys_write()调用物理文件系统在 VFS 中注册的写操作函数,如 Ext4 调用的则是函数 ext4_file_write_iter()。最后,由函数 ext4_file_write_iter()处理与设备相关的操作,将数据写入磁盘文件中。

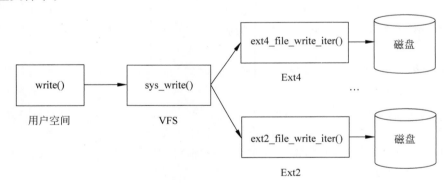

图 7-34　函数 write()的处理过程

VFS 具有类似物理文件系统的数据结构,但其数据结构只存在于内核中。VFS 的数据结构主要用于文件和目录的组织。在 openEuler 中,VFS 的目录结构是树形结构,其实质就是一棵目录树。VFS 的最顶层是根目录,其他目录都挂载在根目录下。磁盘分区上的文件系统都挂载在 VFS 目录树的某个目录下,作为目录树的一个分支。例如,用于将进程信息导出到用户空间的 PROC 文件系统,通常挂载在"/proc"目录下;用于将内核中的设备信息导出到用户空间的 SYSFS 文件系统,通常挂载在"/sys"目录下。在操作系统的初始化期间,VFS 要在内存中构建目录树。

7.5.2 数据结构

由于不同文件系统使用的数据结构存在差异,VFS 采用了面向对象的设计,定义了一套统一的数据结构表示通用文件对象。VFS 主要定义了 4 种对象类型,分别是超级块对象、索引节点对象、目录项对象和文件对象。这些对象都是内核中的数据结构,有的对象在磁盘上有对应的结构,而有的对象则没有。

1. 超级块对象

超级块对象代表一个已挂载的物理文件系统,该对象存储着物理文件系统的信息,如该物理文件系统中允许的文件最大字节数(第 6 行)、文件系统类型(第 7 行)以及超级块对象所关联的块设备在内存中的 block_device 实例(第 13 行)等。超级块对象通常对应存放在磁盘特定扇区中的物理文件系统超级块或物理文件系统控制块中。当物理文件系统被挂载到 VFS 目录树下时,VFS 会调用函数 alloc_super( )从磁盘读取物理文件系统超级块中的内容,并将读取到的信息填充到内存的超级块对象中。

除包含上述相关信息之外,超级块对象还包含其他信息,如图 7-35 所示。成员 s_list 指向的是一个链接 VFS 中所有超级块对象的双向循环链表(第 3 行)。成员 s_op 指向的是超级块的操作函数地址表(第 8 行)。操作函数地址表描述了内核可以对超级块对象所做的操作,这些操作包括在给定超级块下创建、释放一个新的索引节点对象等。成员 s_inodes 是此超级块对象下已打开文件对应的索引节点对象的链表(第 10 行)。成员 s_fs_info 指向缓存在内存中的物理文件系统的超级块(第 11 行)。例如针对 Ext4 文件系统来说,其指向结构体 ext4_sb_info。

```
1.    //源文件：include/linux/fs.h
2.    struct super_block {
3.        struct list_head   s_list;              //指向超级块链表
4.        ...
5.        unsigned long     s_blocksize;          //以字节为单位的块大小
6.        loff_t        s_maxbytes;               //文件的最大字节数
7.        struct file_system_type  * s_type;      //文件系统类型
8.        const struct super_operations  * s_op; //超级块的操作函数地址表
9.        u32           s_time_gran;              //最后一次修改超级块的时间
10.       struct list_head   s_inodes;            //指向 inode 链表
11.       void      * s_fs_info;                  //指向缓存在内存中的物理文件系统的超级块
12.       ...
13.       struct block_device * s_bdev;           //指向超级块对象对应的块设备实例
14.       ...
15.    }
```

图 7-35 超级块对象的主要成员

2. 索引节点对象

索引节点对象代表物理文件系统中的一个文件,包含了内核在操作文件或目录时需要的全部信息(目录被视为一种特殊的文件),如图 7-36 所示。索引节点对象对应的是磁盘上的索引节点,因此需要使用标识位表示该索引节点对象的状态是否为"脏",即是否被改动(第 10 行)。此外,内核操作文件或目录时所需的信息需要从磁盘索引节点读入,如索引节点号(索引节点对象的唯一标识,第 5 行)、上次访问文件的时间(第 7 行)等信息。索引对象还包含了一个指针指向该索引节点对象所属的物理文件系统在内存中的超级块对象(第 12 行)。

```
1.      //源文件: include/linux/fs.h
2.      struct inode {
3.          umode_t         i_mode;                //文件类型与访问权限
4.          kuid_t          i_uid;                 //所有者的标识符
5.          unsigned long   i_ino;                 //索引节点号
6.          ...
7.          struct timespec64   i_atime;           //上次访问文件的时间
8.          struct timespec64   i_mtime;           //上次修改文件的时间
9.          struct timespec64   i_ctime;           //上次修改 inode 的时间
10.         unsigned long   i_state;               //索引节点对象的状态是否为"脏"
11.         const struct file_operations   * i_fop; //指向索引节点对象的操作函数表
12.         struct super_block   * i_sb;           //指向该索引节点对象所从属的超级块对象
13.         ...
14.         union {
15.             ...
16.             struct block_device   * i_bdev;    //索引节点所关联的块设备在内存中的实例
17.         }
18.     }
```

图 7-36   索引节点对象的部分成员

3. 目录项对象

目录项对象代表文件路径中的一个组成部分。例如,一个文件的路径为"/home/temp.txt",那么目录"/"、子目录 home、文件 temp.txt 都属于目录项对象。虽然路径中的每个组成部分都可以用一个索引节点对象表示,但是索引节点对象主要包含的是文件的属性等。而在 VFS 需要经常执行的路径名查找操作时,VFS 需要解析路径名中的每一个组成部分,需要进一步寻找路径的下一部分。为了查找的方便,VFS 引入了目录项。因此,目录项包含了与文件路径相关的内容(见图 7-37),如目录项对象的名称(第 4 行)、父目录的目录项对象的指针(第 5 行)以及子目录项对象组成的链表(第 9 行)。需要注意的是,目录项对象是由 VFS 构建的,在磁盘中并没有对应的磁盘数据结构,所以不需要写回到磁盘中。但是,目录项包含了指向目录项所关联的索引节点对象的指针(第 3 行)。此外,在执行路径名查找操作的过程时,VFS 会将目录项缓存下来。下次执行路径名查找操作时,VFS 先在缓存的目录项中查找,如果没有找到,则访问物理文件系统加载相关信息,并创建目录项对象和索引节点对象。

```
1.    //源文件: include/linux/dcache.h
2.    struct dentry{
3.        struct inode  * d_inode;        //指向目录项所关联的索引节点对象
4.        struct qstr d_name;             //目录项对象的名称
5.        struct dentry * d_parent;       //指向父目录的目录项对象
6.        ...
7.        struct super_block * d_sb;      //所属文件系统的超级块对象
8.        ...
9.        struct list_head d_subdirs;     //指向子目录项对象组成的链表
10.       ...
11.   };
```

图 7-37　目录项对象的部分成员

4. 文件对象

文件对象代表进程已打开的文件,是已打开的文件在内核中的表示。当进程使用函数 open()打开一个文件时,VFS 会创建一个文件对象。文件对象记录着进程操作已打开文件的状态信息(见图 7-38),如文件的访问模式(第 6 行)、文件的读写指针值(第 7 行)。此外,文件对象还包含指向物理文件系统对函数 open()等操作具体实现的函数集合指针(第 4 行)。例如,针对 Ext4 文件系统,函数 open()操作具体实现的函数是 ext4_file_open()。相比上述其他三个对象,进程直接处理的是文件对象。但是,文件对象记录了其所关联的索引节点对象(第 3 行)、目录项对象(第 13 行)。与目录项对象类似,文件对象并没有对应的磁盘数据。

```
1.    //源文件: include/linux/fs.h
2.    struct file {
3.        struct inode    * f_inode;           //指向文件对应的索引节点
4.        const struct file_operations  * f_op; //指向文件操作集合
5.        atomic_long_t   f_count;             //当前结构体的引用次数,用于回收
6.        fmode_t         f_mode;              //访问文件的模式
7.        loff_t          f_pos;               //文件的读写指针值
8.        struct address_space  * f_mapping;   //指向页缓存映射的地址空间
9.        ...
10.       #define f_dentry        f_path.dentry //对应的目录结构
11.       struct path {                         //保存的是文件在目录树中的位置
12.           struct vfsmount    * mnt;         //指向挂载描述符
13.           struct dentry      * dentry;      //文件对应的目录项
14.       }
15.       ...
16.   };
```

图 7-38　文件对象的部分成员

前面几节提到过,用户进程会通过文件描述符访问打开后的文件,文件描述符实际上是一个整数,它是进程的打开文件表的索引,而这个表中实际上又保存着指向文件对象的指针。也就是说,进程通过文件描述符间接地访问了文件对象。

文件对象与超级块对象、索引节点对象、目录项对象的关系如图 7-39 所示。文件对象包含了指向文件对象所关联的索引节点对象和目录项对象的指针。索引节点对象包含了指向超级块对象的指针。目录项对象通过成员 d_parent 构建成一个链表,通过成员 d_inode 指向其所关联的索引节点对象。

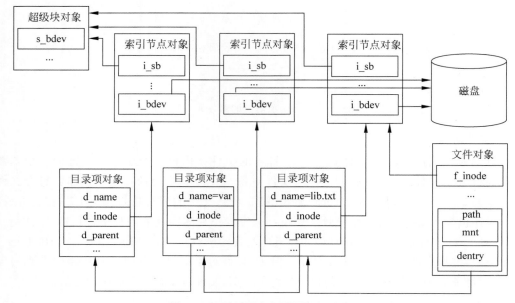

图 7-39　VFS 四个主要对象的关系

以上数据结构及其相互关系是在系统运行过程中动态建立起来的。在物理文件系统挂载到 VFS 时,VFS 将在内存中创建一个超级块对象。用户进程在操作文件前,需先通过 open() 函数打开它。对于函数 open() 操作,VFS 中的操作主要包括三个步骤:①分配一个文件描述符,文件描述符是进程打开文件表的索引。②解析文件路径,以获取文件的索引节点对象。在获取索引节点对象后,创建一个文件对象,并将其与索引节点对象关联在一起。③将文件对象添加到进程的打开文件表中。之后,用户通过分配的文件描述符使用 read() 和 write() 等函数读写已打开的文件。

本章小结

文件系统从操作系统诞生之初,就成为操作系统中的重要研究内容。直到现在,文件系统仍然是一个热门的研究领域。

文件和目录是文件系统提供给用户的两个关键抽象。文件是对磁盘和其他 I/O 设备的抽象,它隐藏了 I/O 设备的硬件特性和使用细节,使得 I/O 设备易于使用。多级目录构成文件的树形结构,可以提高搜索速度,并解决文件的重名问题。而文件系统为用户提供了按名存取的功能,以使得用户能透明地存储访问文件。为了实现按名存取,文件系统需要对文件存储设备进行合理的组织、分配和管理;对存储在文件存储设备上的文件提供保护和共享的手段。文件系统就是完成上述功能的一组软件和数据结构的集合。

除了介绍文件系统的基本概念,本章还以 Ext4 文件系统为例,详细说明了文件系统的关键技术。首先介绍了 Ext4 系统针对磁盘 I/O 所采用的一系列性能优化,并阐述了其针对崩溃一致性问题的解决方案。由于读写文件会多次涉及昂贵的 I/O 操作,为了降低性能开销,Ext4 文件系统引入了缓存机制,通过将常用的块缓存在内存中,从而减少磁盘读写次数;引入写缓冲机制,通过延迟写入实现持久性与性能的折中;引入延迟块分配机制,仅当文件从高速缓存写入磁盘时,才真正为数据分配磁盘块,这有利于避免不必要的写操作并改善文件碎片问题。另外,Ext4 文件系统使用扩展树代替 Ext2/Ext3 文件系统的三级间接块映射,减少了元数据块的使用,节省了大量的磁盘空间。

文件系统在更新数据的过程中如果死机或断电,重新挂载后可能出现数据不一致问题。一方面,Ext4 文件系统允许崩溃前后数据不一致发生,并在重启后通过 FSCK 机制进行恢复;另一方面,Ext4 文件系统引入日志机制,该机制将文件系统状态的更新过程组织成事务,使得文件系统能够原子性地更新状态,从而保证文件系统状态的一致性。因此,Ext4 文件系统具有较高的安全性和可靠性。

操作系统可以使用多种不同的物理文件系统管理不同的磁盘分区,所以一般会采用 VFS 为所有的文件系统操作向用户提供统一的接口。VFS 的文件结构主要体现在对文件和目录的组织上。VFS 被组织成一棵目录树,而磁盘分区上的具体文件系统都需要作为一棵子目录树挂载到 VFS 中才能被访问。

相对于传统的机械硬盘、固态硬盘等存储介质,近些年也出现了非易失存储器(Non Volatile Memory,NVM)介质,它在存储系统层次中的位置介于内存与固态硬盘,作为中间层能够有效地解决内存与固态硬盘速度不匹配的问题。针对这种新型存储介质,许多文件系统研究也在开展,部分文件系统采用补丁的方式对 NVM 提供支持,另一些系统开发者则设计全新的文件系统,以适应 NVM 的特性,还有部分研究者提出了跨介质的文件系统(如 Strata 文件系统),以充分发挥不同存储介质的性能。

此外,文件系统安全也是一个热门的研究领域,最近的研究热点考虑将区块链技术与文件系统结合,以完成文件的持久存储和修改追溯。星际文件系统(Inter Planetary File System,IPFS)则是其中的一个典型示例。

本章主要介绍的是单机操作系统下的文件系统。在云计算、云存储等场景下,运行在多台计算机上的分布式文件系统(Distributed File System)应声而出,它有效地解决了存储空间不足以及单点故障的问题。知名的分布式文件系统包括 NFS(Network File System,网络文件系统)、AFS(Andrew File System,Andrew 文件系统)、GFS(Google File System,Google 文件系统)以及其开源实现 HDFS(Hadoop Distributed File System,Hadoop 分布式文件系统)等。

## 第 8 章

跨机器通信

本书的第 6 章详细介绍了一个计算机系统内线程间、进程间的通信机制。然而,随着计算机网络的发展,多个计算机可以通过网络互联在一起,共享软硬件资源。因此,操作系统除了要支持单计算机系统内的进程通信外,也需要支持跨计算机的进程通信,以实现不同计算机上进程间的数据交换。本章重点介绍跨机器通信的基本原理以及在 openEuler 中的具体实现,并重点阐述在操作系统层面如何支持及实现跨机器通信,从网络系统架构出发,结合操作系统的网络设备管理与中断机制,介绍数据从一个计算机的硬件传递到另外一个计算机进程的完整过程。本章所涉及的主要内容包括 openEuler 中网络协议栈、网络子系统架构、网络设备驱动、套接字、数据传输的具体流程以及一些新兴的网络技术。在网络协议栈部分,本章只简要介绍 TPC/IP 协议栈的基本思想,感兴趣的读者可以通过阅读计算机网络相关书籍了解更深入的内容。

8.1 计算机网络

本节将简要介绍计算机网络的历史及分层模型,随后将按照 TCP/IP 五层分层模型自底向上介绍各层模型的功能及特点。

8.1.1 简介

计算机的发展经历了一系列形态,包括大型机、小型机、工作站和便携机等。起初,这些计算机的应用模式都是单机模式。当业务计算结果需要从一台计算机转移到另一台计算机上时,往往是通过磁盘等外部存储介质进行转移,这个过程相当烦琐。计算机网络的提出有效地解决了不同计算机之间进行信息传递的问题。但在计算机网络产生初期,不同计算机系统网络之间依然存在无法兼容的弊端。为此,人们提出了网络分层模型。

20 世纪 80 年代,国际标准化组织(International Standards Organization,ISO)制定了计算机网络体系结构的标准及国际标准化协议,并发布了"开发系统互联参考模型"(Open System Interconnection Reference Model,OSI/RM),简称 OSI 模型。由于 OSI 模型将网络协议栈分为七层,所以通常也称之为 OSI 七层模型。OSI 七层模型定义了各层的功能和层间接口,有利于网络子系统的模块化开发和功能扩展,从而降低网络通信的复杂度,使计算机网络成为一个扩展性强、兼容性好的网络系统。然而,由于 OSI 模型过于复杂,使其在计算机网络的发展过程中并未得到普及,而由美国国防高级研究计划局(Defense Advanced Research Projects Agency,DARPA)创建的 TCP/IP 四层模型标准在计算机网络发展过程中占据了主导地位。随着计算机网络的发展,TCP/IP 模型与 OSI 模型也相互融合,衍生出 TCP/IP 五层协议模型。这个模型沿用至今,成为现在计算机网络系统的标准模型。图 8-1 给出了 OSI 模型与 TCP/IP 模型的分层方案对比。

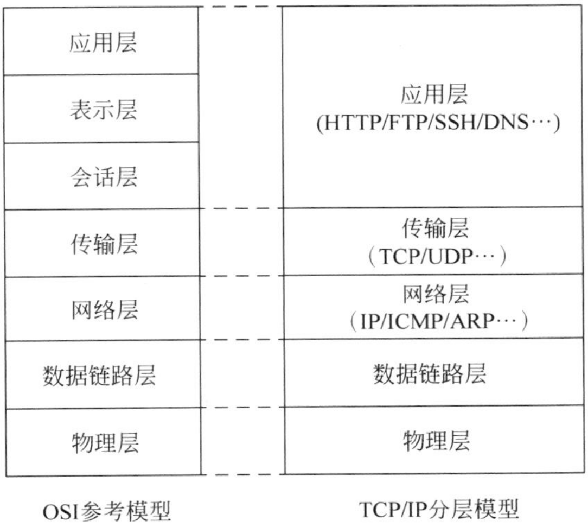

OSI参考模型	TCP/IP分层模型
应用层	应用层 (HTTP/FTP/SSH/DNS…)
表示层	
会话层	
传输层	传输层 (TCP/UDP…)
网络层	网络层 (IP/ICMP/ARP…)
数据链路层	数据链路层
物理层	物理层

图 8-1　网络分层模型

在 TCP/IP 五层模型中,越往上越靠近用户应用,越往下越靠近物理硬件。下面讲解各层的主要职责。

(1) 物理层:物理层解决的是两个直连机器间利用传输媒介传递信号的问题。由于计算机中存储的均是 0/1 的二进制数字信息,而传输媒介中传输的一般是模拟信号,因此物理层主要实现了数字信号和模拟信号之间的调制与解调功能,保证计算机的二进制比特(bit)流能通过传输媒介正确传输。

(2) 数据链路层:由于物理层的比特流没有网络语义,因此难以实现对传输数据的理解和管理。数据链路层的作用是将比特流分组并形成具有网络语义的数据帧。数据链路层为每一台网络通信设备定义全网唯一的链路层地址(即 MAC 地址),使得在一定规模的单个网络中通信两端能够找到对端计算机,实现单个网络下的点对点通信。

(3) 网络层:当网络规模不断扩大,多个小型网络组成互联的较大网络(称为互联网,Internet 是全球最大的互联网)时,数据链路层的通信协议便无法支持计算机间的跨网络通信,因此引入了网络层。网络层能屏蔽数据链路层的协议细节,为计算机之间的跨网络通信建立统一标准。每台接入网络的设备都有不同的网络层地址(又称主机地址或 IP 地址),通过该地址能够实现跨网络的通信设备寻址。因此,多个小型网络可以连接起来构成庞大的互联网,实现计算机之间跨网络的点对点通信。

(4) 传输层：计算机的通信需求实际来源于计算机内的各个进程，计算机网络通信的本质是不同计算机间的进程通信。传输层的引入便是为了解决计算机间进程通信的需求。为了区分跨网络通信的计算机上的不同进程，传输层为不同的通信进程定义了不同的通信端口号。通过采用 IP 地址加端口号的组合唯一定义网络中某台计算机中的特定通信进程，从而实现互联网范围内计算机之间的进程间通信。

(5) 应用层：在不同计算机上的进程间能够进行通信后，计算机面临的下一个问题是如何解析收到的数据。传输层向应用层传递的数据是字节流，这给不同应用对数据的解析带来困难。因此，应用层定义了不同主机上不同应用程序之间传递和解析数据的协议，以保证相关进程对相同字节流的理解是一致的。常见的应用层协议有提供域名解析的 DNS 协议、万维网所使用的 HTTP 以及动态获取 IP 地址的 DHCP 等。

本节将针对 TCP/IP 五层网络协议栈中各层协议的基本概念和原理进行简要概述。

8.1.2　TCP/IP 协议栈

1. 物理层

物理层所解决的问题是两个直连机器间如何利用信道(channel)传递信号。信号的传递需要考虑三个基本问题：①信道是什么，如何利用信道实现信号的传递；②信号传递时该以何种方式表达所要传递的数字信号；③如何提高信号传输时信道的利用率。在讨论完这三个问题后再介绍物理层用到的设备。

1) 信道及信号的传递

信号是信息的载体，信号在传递时需要借助传输媒介，这个传输媒介就是信道。信道可以是导引型媒介的同轴电缆或者光纤，也可以是非导引型媒介的自由空间。信息在计算机系统上的表现形式一般为数字信号。数字信号要通过信道传输出去，则需要根据不同的信道做不同的转换，如信道为同轴电缆时需要转换为电信号、信道为光纤时需要转换为光信号。

信号在导引型媒介传输时可沿着固定媒介进行传播，因此在此类信道下传输信号时损失较小且带宽较高。而在非导引型媒介下，信号利用自由空间即空气或真空传播。这种传播方式受外界干扰较大，容易导致信号失真，因此这种方式传输信号的带宽较小。

2) 信号的调制与解调

信号发射器发送信号时需要将数字信号转换成能够在信道传递的物理信号，这个过程被称作调制。信号接收器接收信号时需要把接收到的物理信号转换成计算机能够识别的数字信号，这个过程被称作解调。调制解调的过程需要使用特定的编码方式表示传递的信息。一种常见的编码方式叫作曼彻斯特编码，这种编码方式在每一个信号位的中间都会有跳变，从高电平跳转到低电平表示 1，从低电平跳转到高电平表示 0。曼彻斯特编码如图 8-2 所示。

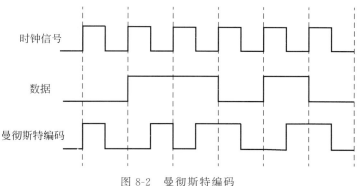

图 8-2　曼彻斯特编码

3）信道的复用

当多个设备使用一个信号发射器发送信号时，如果信道在一个时间段内仅供一个设备使用，那么不仅会使得其他要使用信道的设备被迫等待，也会在当前占用信道的设备无数据包发送时导致信道利用率降低。为此，人们使用信道复用（multiplexing）技术让多个设备同时共享信道。信道复用技术通过某种方法将多个彼此独立的信号合并成一个互不干扰的共享信道的信号，在接收端再将单个信号还原成多个信号，如图 8-3 所示。

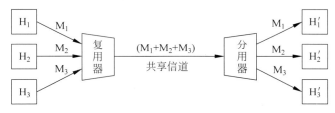

图 8-3　使用共享信道传输

常用的信道复用技术有时分复用（Time Division Multiplexing）和波分复用（Wavelength Division Multiplexing）等。时分复用就是将信道的信号传输时间划分为时间上互不重叠且固定大小的时间帧，并将每个时间帧划分为若干个时间片，为每个用户分配一个时间帧上的一个时间片使用信道，如图 8-4（a）所示。波分复用则是指将载有信息且波长不同的波通过复用器合并为一束波在一条信道上传输，使得它们能够在同一时间共享同一信道，如图 8-4（b）所示。

2．数据链路层

物理层主要解决了两台直连机器间的信号传递问题。然而，当多台机器通过网络设备组成一个局域网（Local Area Network，LAN，一种地域相对有限的计算机网络）时，一个需要解决的问题是如何在局域网内准确地将数据从一个计算机网卡发送到另一个计算机网卡。这也是数据链路层所要提供的功能。计算机上安装的每块网卡设备在出厂时都内置一个全球唯一的标识，称为 MAC 地址，其用于在局域网范围内标识参与通信的计算机实体，即 MAC 地址是数据链路层中定位通信两端主机身份的依据。

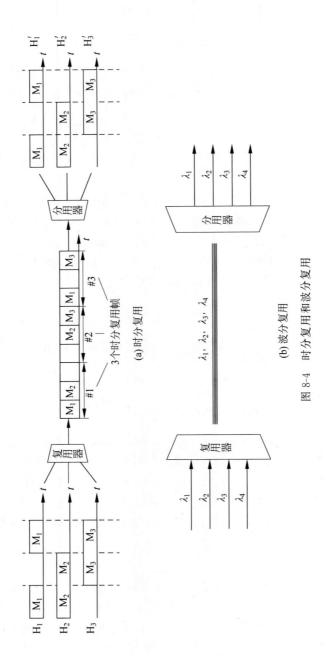

(a) 时分复用

(b) 波分复用

图 8-4 时分复用和波分复用

数据链路层处于物理层和网络层之间,它为网络层屏蔽了传输媒介的差异以及传输的细节,使得网络层只需考虑本层要实现的功能。对此,数据链路层要解决数据定界、透明传输及差错控制等问题。下面对这些问题进行讨论。

1)封装成帧

物理层传输的是二进制的比特流,它不考虑数据传输时的边界。但是,用户一般以块的形式进行数据传输,因此需要将比特流封装成数据帧(frame)以更好地对数据收发进行管理。数据链路层在传输数据的首尾分别插入特定的头部和尾部标志,把传输数据封装成帧。插入的头部和尾部标志也被称作控制字符,分别用 SOH(Start Of Head)和 EOT(End Of Tail)表示。

通过对数据帧增加校验字段,数据链路层能够实现差错控制。在收到数据帧后,数据链路层会对数据帧进行差错检验,如果发现传输发生了错误,接收端通知发送端重传这个帧。

2)透明传输

虽然接收端能够根据控制字符界定数据帧的边界,但如果数据内部的比特组合恰好是边界标志,则会导致接收方出现帧边界界定错误。处理这种错误的方法就是透明传输。

透明传输是指无论要传输的数据内部是否包含边界标志,接收方都能接收完整的数据帧。它的具体实现方法是:识别数据流内部的边界标志比特组合,随后在边界标志比特组合前添加一个转义字符(Escape Character,ESC)。当接收方识别到转义字符后不会将其后的边界标志当作真正的帧边界,而是将其看作通信数据的一部分。当发送数据中本身包含转义字符的比特组合时,就在该转义字符前再加一个转义字符。透明传输的转义字符填充方法如图 8-5 所示。

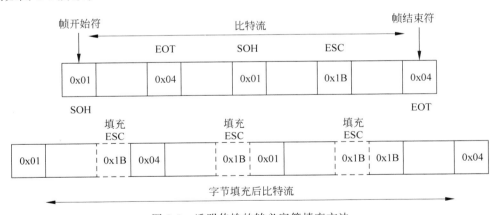

图 8-5　透明传输的转义字符填充方法

3)差错控制

数据在信道传输时,受信道质量或环境因素干扰,有传输的数据可能出现比特反转的错误,即发送方原本发送的是 0,接收方却接收到 1。解决这个问题的方法是在帧中添加校验位。帧的校验一般使用奇偶校验法或者循环冗余校验(Cyclic Redundancy Check,CRC)。

奇偶校验法的原理是对发送数据的 1（奇数）或 0（偶数）进行计数，将结果保存在数据末尾；接收端在接收到数据后也对 1 或 0 计数，并将结果与收到的计数进行比对，如果二者一致，则表示没有发生错误。奇偶校验法比较简单，但它只能一定程度上检测出错误，无法识别偶数个比特同时反转的情况。相较于奇偶校验法，循环冗余校验法则能够更准确地识别比特反转错误，但实现原理也更加复杂。其具体原理在本书中不做详述。

虽然数据链路层使用上述方法能够校验帧错误，但它不对"可靠传输"做保证，即不保证发送方的数据能够完整地被接收方接收，只保证它给网络层的数据没有比特错误。这种设计能够让数据链路层不至于过于复杂，使其专注于比特流的传输即可。在上述技术的基础上，数据链路层可以实现点对点的通信协议，如实现本地机器接入 ISP（Internet Service Provider）的 PPP（Point-to-Point Protocol），也可以实现广播通信协议，如以太网（Ethernet）协议等。

3. 网络层

数据链路层为处于同一网络（局域网）下的机器提供通信服务。然而，一旦计算机需要跨网络通信，即与另外一网络下的计算机进行通信，便会面临以下两个问题：①MAC 地址是内置在网卡的，在规模较小的局域网中可作为寻址地址。但当通信的规模变成由多个局域网组成的互联网时，再采用 MAC 地址进行寻址将会使寻址空间过于庞大；②在互联网中，相连的不同网络可能采用不同的数据链路层协议，通过数据链路层协议进行互联会存在兼容性问题。因此，TCP/IP 的网络层提供了 IP，解决跨网络通信的问题。

1）IP

IP 为互联网中的每一台通信主机设定了一个全局（整个因特网）唯一的地址，叫作 IP 地址，使得不同网络间的主机能够根据该地址进行寻址。IP 地址有 IPv4 和 IPv6 两个版本，在此主要介绍 IPv4。IP 地址是一个 32 比特的整数，为了方便，人们把 IP 地址以 8 个比特为一组转换为十进制，再将这 4 个组用英文句号"."分隔，这种表示方法叫作点分十进制，如图 8-6 所示。

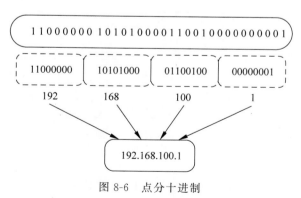

图 8-6　点分十进制

与网络和网络内的主机这两个层次相对应，IP 地址包含网络号和主机号两部分。为了提高 IP 地址利用率，又能对网络内更小的局域网划分子网（subnet），与子网对应的网络号也称作子网号。为了从 IP 地址中分离出子网号和主机号,人们设计了子网掩码(subnet mask)。子网掩码是 32 比特的整数,其与 IP 地址相与(逻辑运算)可得到网络号,其取反(逻辑运算)后再与 IP 地址相与可得到主机号。

可以根据网络号的比特长度把 IP 地址分为 5 类,如图 8-7 所示。

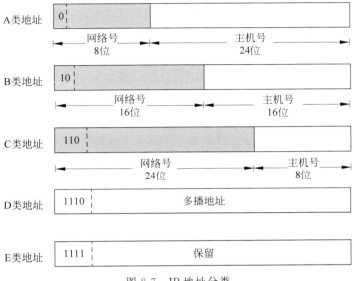

图 8-7　IP 地址分类

在网络层,主机之间进行通信的数据单位称作 IP 数据报,它由首部和数据两部分组成。IP 数据报首部包含了数据报的控制信息,具体格式如图 8-8 所示。

图 8-8　IP 数据报格式

连接不同网络的是一种称为路由器(router)的网络设备,它根据网络号与转发端口的对应关系构成的路由表转发 IP 数据报。路由器的工作原理是:解析数据报的首部以获得目的 IP 地址,随后将目的 IP 地址与子网掩码相与得到网络号,再将得到的网络号与路由表的目的网络号进行匹配。如果匹配上目的网络号,那么路由器就将该数据报转发到对应端口;如果没有匹配的目的网络号,则转发到默认端口。路由表的组成见表 8-1。

表 8-1　路由表的组成

目的网络号	子 网 掩 码	下一跳地址
192.168.100.0	255.255.255.0	接口 0
127.0.0.0	255.0.0.0	接口 1
0.0.0.0	0.0.0.0	10.0.0.1(默认)

2) ARP

在局域网中使用 IP 进行通信时,发送方需先获取接收方的 MAC 地址。对此,网络层使用 ARP(Address Resolution Protocol)根据目标 IP 地址找到目标 MAC 地址。ARP 的工作原理是:在局域网广播带有接收方 IP 地址的 ARP 请求报文,局域网内其他所有主机都会接收该报文,并把自己的 IP 地址与报文里的目标 IP 地址进行比较。如果两者相同,则向发送方返回带有自己 MAC 地址的 ARP 响应报文,否则忽略此请求报文。发送方接收到响应报文后,会缓存 IP 地址与 MAC 地址的对应关系,后续可直接向该机器发送报文,而无须再广播 ARP 请求报文。

3) 路由选择协议

Internet(因特网)规模很庞大,它由很多网络组成。为了降低 Internet 的管理难度,人们根据地理范围或运营归属将 Internet 划分为很多自治系统(Autonomous System,AS),其中每个自治系统又可由更小的网络组成。由于局域网内的主机寻址方式并不适用于网络间的主机寻址,人们使用路由选择协议确定数据报在网络间的传递路径,这个确定传输路径的过程叫作路由(routing)选择,网络上负责路由选择的设备是路由器。路由选择协议运行在路由器上。路由选择协议分为内部网关协议和外部网关协议,其中内部网关协议负责自治系统内部的路由,而外部网关协议负责自治系统间的路由,如图 8-9 所示。

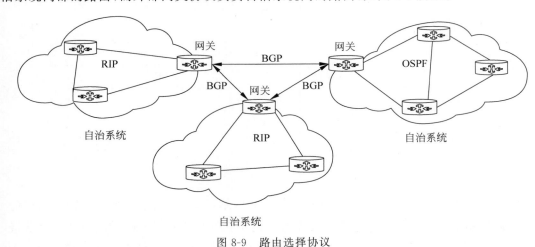

图 8-9　路由选择协议

常用的内部网关协议有 RIP 和 OSPF,在此只简要介绍 RIP。RIP(Routing Information Protocol)基于距离矢量算法,其中,距离表示路径长短(基于跳数,而不是物理距离),矢量表示数据报传输的方向。RIP 的工作原理是,所有路由器都与相邻路由器周期性地使用 RIP 报文交换路由信息,包括目的网络 N、距离 d、下一跳路由器 X。随后,路由器根据路由信息更新自己的路由表,待最终路由信息收敛后即可得到当前路由器到达其他各个网络的最短路径(距离)以及方向(矢量)。

常用的外部网关协议是边界网关协议(Border Gateway Protocol,BGP)。使用 BGP 的路由器根据自治系统编号(Autonomous System Number,ASN)识别自治系统(每个自治系统都有公开且唯一的 ASN)。BGP 的工作原理是:为每个自治系统设立若干个发言人(speaker),自治系统之间的连接即发言人之间的连接。相互连接的发言人会定期交换到达各自治系统的网络可达性信息,使得发言人能够保持通往某自治系统的最新路径。

4. 传输层

网络层解决了不同网络中主机到主机的通信问题,但机器间的通信准确来说是主机上运行的进程之间的通信,因此应当基于网络层为进程间提供逻辑通信链路,这就是传输层要实现的功能。构建逻辑通信链路需要解决如下问题:①机器间通信时该如何标识进程? ②因为从物理层到网络层,数据通信的可靠性均没有实现,那么在传输层如何构建可靠交付的通信链路? ③对于不需可靠交付的应用场景,该如何构建简单高效的通信链路?

目前,传输层协议主要包括面向字节流的 TCP 和面向报文的 UDP,它们分别为进程的网络通信提供可靠服务和不可靠服务。

1) 端口号

主机上一般运行着多个进程,当主机收到网络数据包时,应当能够确定数据包要送往的具体进程。对此,在 TCP 中使用端口号(port)标识数据包所关联的进程,发送方需要预知接收方的端口号,才能确定接收进程。TCP/IP 把端口号定义为一个 16 比特的整数,因此使用端口号最多可标识一台主机上的 65536 个进程。

端口号的分配可以是静态分配或动态分配。服务器端的重要应用一般采用静态分配方法绑定固定的端口号,这类端口号被称作知名端口号,对应的服务称为知名应用。知名端口号为 1~1023。知名应用如 FTP 使用端口 21,DNS 使用端口 53。除了知名端口号之外,1024~49151 的端口号可静态地分配给向 IANA(Internet Assigned Numbers Authority)注册的应用。由于客户端进程端口号不会被服务端主动访问,因此客户端进程使用的端口号无须是知名的,它由客户端操作系统在整数 49152 到 65535 之间动态分配。

2) TCP

面向连接的 TCP(Transmission Control Protocol)为主机间的进程通信提供面向字节流的可靠交付。由于使用不可靠的 IP 传输数据报时可能存在丢包、乱序到达等问题,TCP 使用确认应答和超时重传机制提供可靠交付,另外使用窗口机制提高交付性能。

TCP 报文的封包称为段(segment),包括首部和数据两部分,其中首部格式如图 8-10 所示。对于数据部分来说,其最大长度为 1500B。

(1) 确认应答。

在接收方接收到 TCP 数据段后,为了让发送方获悉该段已被正确接收,接收方会给发

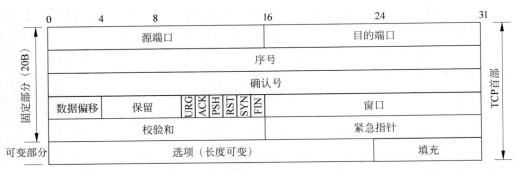

图 8-10　TCP 报文首部格式

送方回应确认应答（Acknowledge）信号。发送方接收到应答信号即可确认当前发送的数据段被正确接收，随后即可发送后续的段。

（2）超时重传。

发送方发送数据段后会等待接收方发送应答信号。如果发送方发送的段或接收方回应的应答信号丢失，发送方会无限期等待下去。为了解决此问题，TCP 引入了超时重传机制。该机制让发送方为每个发送的段设置一个超时定时器，如果在定时时间内没有收到应答信号，则认为数据段丢失，此时需要重发该数据段并再次设置定时器，此过程可重复，直至确认发送成功。

（3）滑动窗口。

确认应答机制能够让发送方确认数据段已被接收，而超时重传机制则保证发送的数据段能够发送成功，两者相结合就能实现可靠传输。但是，在上述机制中，发送方每次只发送一个数据段，在收到应答信号后才能继续发送，即后续要发送的数据段会被阻塞，导致通信性能低下。为此，TCP 使用滑动窗口机制改善这种状况。

使用滑动窗口机制允许发送方在无须等待应答信号的情况下，连续发送窗口大小（由 TCP 首部的"窗口"域指定）个数据段。当收到接收方的应答信号后，发送窗口就向前"滑动"，新进入滑动窗口的数据段可以继续发送。在这种机制下，即使某个数据段丢失，也不会阻塞窗口内后续数据的发送，从而带来性能上的提升。

滑动窗口机制不仅能够用来改善通信性能，还能通过改变窗口大小实现流量控制和拥塞控制，其具体原理在本书中不做详细阐述。

3）UDP

TCP 使用的复杂机制在提供可靠交付的同时也会带来高额的通信成本，但并不是所有的应用场景都需要可靠交付，有些场景允许出现程度较低的数据包传输错误，如在线视频会议允许传输的数据存在丢失情况。针对这类场景，TCP/IP 定义了无连接的 UDP（User Datagram Protocol，用户数据报协议）。UDP 报文格式如图 8-11 所示。

在上述在线视频会议的例子中，相较于 TCP，UDP 能更好地满足这类应用场景，其原因有：①UDP 是无连接的，即通信双方无须建立虚拟通信链路即可进行通信；②UDP 没有

图 8-11 UDP 报文格式

流量控制和拥塞控制机制,因此它能以稳定的速率发送数据包,在丢包率较低的情况下能够较好地支持恒定的视频分辨率;③UDP 没有确认和重传机制,即使存在数据包丢失(如丢帧)的情况,视频通信质量也不会受到太大影响,但拥有确认和重传机制的 TCP 将加大端到端传输延迟,从而严重影响视频通信效果;④UDP 首部较小,通信时数据报的载荷比(有效载荷大小与整个数据报的比)更高,因此通信效率更高。

5. 应用层

主机间的进程通过传输层进行通信。由于不同的应用所实现的功能不尽相同,对应地其数据格式也会不同,因此在传输层之上定义了应用层规范应用间传递的数据格式。常见的应用层协议有提供域名解析的 DNS 协议、动态获取 IP 地址的 DHCP、万维网使用的 HTTP 等。

1) DNS

每台接入互联网的主机都会分配到一个 IP 地址,当要与其他主机进行通信时,只知道对方的 IP 地址即可。虽然点分十进制可以直观地展示 IP 地址,但记住所有要通信的主机的 IP 地址仍不太现实,因此人们设计出一套主机名字与其 IP 地址之间相互映射的系统,使得能够根据方便记忆的主机名字获取对应的 IP 地址,该系统被称作域名系统(Domain Name System,DNS)。域名系统使用的协议被称作 DNS 协议。一个 DNS 的典型用例是,在浏览器的地址栏上输入域名(即网址),浏览器会访问域名服务器,以得到域名对应的 IP 地址,随后浏览器再使用接收到的 IP 地址访问对应的主机。

2) DHCP

IP 地址可以静态或动态地分配给主机。静态分配由网络管理员手动完成,这种方法一般用于小型网络,但是在主机较多的大型网络中,静态地分配 IP 地址往往容易出错,或者根本就缺乏足够的静态 IP 地址来分配。为此,有必要采用动态分配的方式自动为网络上的机器分配 IP,实现此功能的是 DHCP(Dynamic Host Configuration Protocol)。

运行 DHCP 的机器被称为 DHCP 服务器,它保存着本地网络中可用的 IP 地址池以及主机与被分配的 IP 地址之间的对应表,并负责为提出申请的主机分配 IP 地址。DHCP 的工作流程为:①客户端在网络中广播"申请 IP 地址"的请求报文;②DHCP 服务器收到 IP 地址申请的广播后,会从自身维护的 IP 地址池中选出一个未分配的 IP 地址发送给客户端;当有多个 DHCP 服务器响应客户端时,客户端选择使用最先响应的 DHCP 服务器分配的 IP;③客户端在网络中广播"已选择某 IP"的消息;④提供 IP 地址的 DHCP 服务器回应

ACK 报文,确认当前 IP 与该客户端绑定在一起。至此,客户端即获得了一个有效的 IP 地址。

3) HTTP

万维网是一个存储海量信息资源的集合,它使用超文本标记语言(HTML)将信息组织起来,并允许从一个链接跳转到下一个链接。由于万维网是超媒体系统,它包含了非常丰富的信息,如文本、图像、动画等,因此其传输协议应当能够兼容所有这些信息类型。此外,万维网在因特网上的流量占比很大,因此其传输协议应当足够简单、高效。为此,万维网使用了超文本传输协议(Hyper Text Transfer Protocol,HTTP)。HTTP 有如下特点:①简单高效。它是无连接的,通信双方无须建立 HTTP 链路;它也是无状态的,因此 HTTP 服务器可以较容易地应对高并发请求;②灵活。它能传输任意类型的信息,也支持传输任意长度的数据。

8.2　网络子系统

本节将介绍 TCP/IP 协议栈在 openEuler 网络子系统中的实现,分别从硬件视角、软件视角两个角度进行解读。其中,硬件视角侧重描述网卡本身的工作原理、网卡与服务器内其他硬件的协同工作,以及网卡与软件之间的协同工作;软件视角侧重描述数据在网卡、协议栈及应用之间处理的过程。

8.2.1　硬件视角

以基于鲲鹏 920 的 SoC 网卡为例,从硬件视角看,网络子系统的架构如图 8-12 所示,主要涉及网卡、PCIe 总线、CPU 及内存等硬件模块。下面分别介绍这些模块在网络子系统中的作用,以及在数据收发过程中这些模块之间的交互。

1. 网卡与 PCIe 总线

在硬件架构中,网卡(Network Interface Card,NIC)负责将主机连接到计算机网络。网卡又称为网络适配器,属于 I/O 设备,其主要作用是:①接收计算机网络上发来的比特流,存入内存并通知 CPU 数据已到来;②将应用程序生成的数据帧转换成比特流,发送到计算机网络上。

1) 网卡内部构件

从图 8-12 可以看出,网卡由 3 个部件构成。

(1) MAC 复用器。它能够将物理端口带宽分解成多个网卡带宽,即多个网卡带宽复用单个物理端口带宽,实现了网卡带宽与物理端口带宽解耦合。如网卡物理端口带宽通常可以达到 200Gb/s,通过 MAC 复用器,可以将 200Gb/s 带宽分解成 1 个 100Gb/s 端口、1 个 40Gb/s 端口以及若干个 10Gb/s 端口。通过这种方式,能够让多个 CPU 共享物理端口带

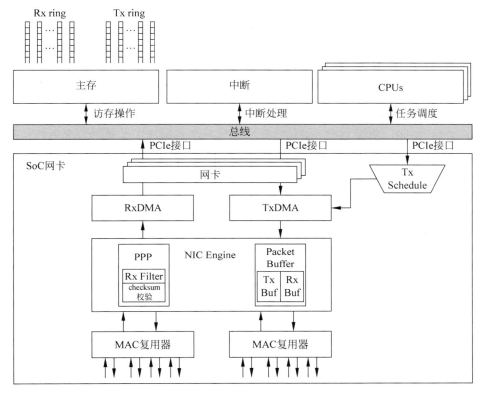

图 8-12　网络子系统的架构

宽，避免了单个 CPU 无法处理整个物理端口带宽的情况，从而最大化物理端口带宽的利用率。

（2）NIC Engine。这个模块提供了 PPP（Programmable Packet Process）模块和 Packet Buffer 模块。PPP 模块使得网卡具备可编程能力（即操作系统可以配置网卡设备），如配置 Rx Filter 模块，以提供报文白名单过滤功能，以及配置 checksum 校验模块，以提供计算数据包的校验值功能等，从而提升协议栈的处理性能。Packet Buffer 模块实现了更大的收发缓存队列，并提供中断合并能力，实现对报文的批量处理。

（3）DMA 控制模块（RxDMA 和 TxDMA）。DMA 负责在网卡与系统内存之间的数据复制，从而将 CPU 从逻辑简单而又耗时的数据复制工作中释放出来。其中，在接收时，RxDMA 负责将数据从网卡的硬件接收队列 Rx Buf 复制到网卡驱动程序里的 Rx ring 所指向的内存空间；在发送时，TxDMA 负责将数据从网卡驱动程序里的 Tx ring 所指向的内存空间复制到网卡的硬件发送队列 Tx Buf。

2）PCIe 总线

网卡要挂载到 PCIe 总线上才能为主机所访问。PCIe（Peripheral Component Interconnect Express）是新一代的高速串行总线。符合 PCIe 总线规范的设备称作 PCIe 设备。PCIe 设备内部集成了一段配置空间，里面保存着控制 PCIe 设备的关键寄存器，如打开和关闭网卡中断等。在探测和配置 PCIe 设备时，操作系统使用内存映射 I/O（Memory Map I/O，MMIO）技术，将 PCIe 设备的配置空间映射到 CPU 可寻址的地址空间，使得 CPU 能够直接以访问内存的形式访问 PCIe 设备的配置空间，从而实现与设备的交互。

2．收/发包过程

网络上数据流到来的时间是无法预判的。在收包时，如果以轮询的方式判断数据包是否到来，这会导致 CPU 资源浪费、CPU 功耗增大等问题。现代网卡通常采取中断机制通知 CPU 报文已被存入内存。为了避免单个 CPU 中断过多的问题，现代网卡通常配备一个称为 Flow Director 的模块，将数据包以流（用源/目的 IP 地址、源/目的端口、协议号标识）为单位分发到不同 CPU。

在发包时，网卡负责响应应用进程的发包请求，通常这个请求由网卡配套的驱动程序发起。现代服务器中，应用程序都是并发操作，但对于网卡而言，报文发送是顺序操作。所以，网卡硬件内有一个发送调度模块 Tx Schedule，它会根据网卡自身的带宽使用情况以及网络拥塞情况实现报文发送调度操作。

8.2.2 软件视角

从软件的视角看，openEuler 网络协议栈的逻辑架构如图 8-13 所示。其整体结构从上至下分为三层：①Socket 层，即套接字层，位于应用程序和协议栈之间，它的作用是把协议栈的实现封装成统一的系统调用接口，应用程序可通过这些系统调用接口与协议栈交互；②TCP/IP 层：实现 TCP/IP，包含链路层、网络层、传输层等多种协议；③驱动层：实现网卡设备的驱动程序。openEuler 是宏内核架构，网络子系统的整个协议栈以及驱动程序均在内核态实现。

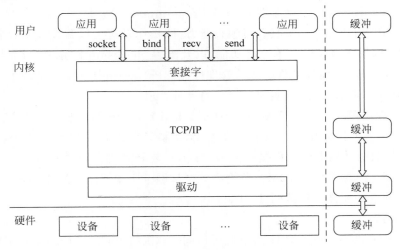

图 8-13 openEuler 网络协议栈的逻辑架构

下面从报文收发的过程阐述这三层协同工作的过程。

网络子系统收包的过程主要分三个阶段：①第一阶段，网卡在收到数据包后，通过 DMA 将数据从网卡的硬件接收队列复制到操作系统的 Rx ring 所指向的内存空间，随后产生硬中断；②第二阶段，网卡驱动程序为数据包申请 sk_buff 缓冲区对象后，将数据从 Rx ring 所指向的内存空间复制至 sk_buff 对象。sk_buff 对象是协议栈对报文的一种描述，此对象会贯穿整个协议栈；③第三阶段，驱动程序将 sk_buff 上抛给内核协议栈，协议栈完成协议头解封装处理并根据传输层信息查找到接收此数据的 Socket 对象，再将 sk_buff 对象插入 Socket 对象的接收队列。最后，唤醒 Socket 对象所属的用户态进程，在用户态进程请求读网络数据时把数据从位于内核态内存空间的 sk_buff 对象复制到用户态内存空间。

类似地，发包的过程也分成三个阶段：①第一阶段，用户态应用程序执行 Socket 发送函数，操作系统内核为要发送的数据申请 sk_buff 对象，并将数据从用户空间复制至 sk_buff 中；②第二阶段，协议栈根据 sk_buff 对象对数据包进行协议头封装处理，并将数据包复制到 Tx ring 所指向的内存空间；③第三阶段，网卡通过 DMA 从 Tx ring 所指内存空间把封装后的数据包复制到网卡内部的发送队列 Tx Buf，最后交由网卡固件发送到网络上。

8.3　网卡驱动程序

TCP/IP 五层协议栈中的物理层和数据链路层协议通常集成在网卡中，而操作系统只负责实现网络层和传输层协议。然而，网卡作为一种计算机 I/O 设备，要使其正常运转，还需要设备驱动对它施加控制。本节将简要介绍网卡、总线及驱动的基本概念和原理，并以遵循 PCIe 总线规范的 e1000 系列网卡为例，简要介绍网络驱动的注册与注销、网卡设备的初始化，以及打开与关闭过程。

8.3.1　简介

1. 设备驱动

设备驱动(device driver)是操作系统用来与设备硬件进行交互的系统软件。虽然不同设备之间的驱动程序的具体实现差别较大，但驱动程序所要完成的基本功能有两个：①设备初始化。驱动程序需要对设备进行初始化，包括识别设备、映射设备寄存器到 CPU 地址空间以及设置中断向量等；②为操作系统提供访问设备的接口。对于操作系统来说，对设备的控制是通过读写设备寄存器实现的。驱动程序将对设备各个寄存器的访问封装成不同的接口提供给操作系统使用。

PCIe 设备驱动程序使用结构体 pci_driver 表示，如图 8-14 所示。成员变量 name 保存了驱动程序名称，如 e1000 网卡的驱动名是 e1000。成员变量 id_table 指向当前驱动程序支持的设备列表，每个列表项保存着固化在设备里的厂商 ID、设备 ID 等信息。成员变量 probe 指向的函数会在设备插入总线时被操作系统内核调用，用于设备的初始化。成员变量 remove 指向的函数会在设备移出总线时被内核调用，它主要负责设备驱动所用资源的回收。

```
1.    //源文件: include/linux/pci.h
2.    struct pci_driver {
3.        const char * name;              //驱动程序名,内核中所有 pci 驱动程序名都是唯一的
4.        const struct pci_device_id * id_table;        //当前驱动程序支持的设备列表
5.        //在设备插入总线时被调用
6.        int   ( * probe) (struct pci_dev * dev, const struct pci_device_id * id);
7.        void ( * remove) (struct pci_dev * dev);        //在设备移出总线时被调用
8.        ...
9.    };
```

图 8-14　结构体 pci_driver

2. 总线与设备

总线是设备与 CPU 交换数据的通道。设备是有着特定功能的物理器件，它们只有挂靠到总线上，才能被 CPU 访问。在此以 PCIe 总线和 PCIe 设备为例，介绍总线与设备的关系。

在 openEuler 中，内核使用结构体 pci_bus 表示 PCIe 总线，其部分成员如图 8-15 所示。成员变量 parent 指向上一级 PCIe 总线对应的数据结构，成员变量 children 指向下一级总线构成的链表，成员变量 devices 指向当前总线上所挂载的设备构成的链表，成员变量 number 则保存唯一标识当前总线的编号。

```
1.    //源文件: include/linux/pci.h
2.    struct pci_bus {
3.        struct pci_bus    * parent;      //指向上一级总线
4.        struct list_head children;      //指向下一级总线
5.        struct list_head devices;       //指向挂载到该总线的设备
6.        unsigned char    number;        //总线号
7.        ...
8.    };
```

图 8-15　结构体 pci_bus

内核使用结构体 pci_dev 表示一个 PCIe 设备，其部分成员如图 8-16 所示。其中，成员变量 bus_list 指向设备所属总线的设备链表，成员变量 bus 指针指向设备所连接的总线对象，成员变量 driver 指向设备的驱动程序对象。

PCIe 总线与设备的连接如图 8-17 所示。可以看出，各部件通过 PCIe switch 相连。其中 CPU 和 PCIe switch 通过 RC 相连，设备 D_0 和 D_1 分别通过总线 B_1 和 B_2 挂接到 PCIe switch 上。

```
1.    //源文件：include/linux/pci.h
2.    struct pci_dev {
3.        struct list_head bus_list;      //指向设备所属总线的设备链表
4.        struct pci_bus    * bus;        //指向设备所属的总线
5.        struct pci_driver * driver;     //指向与设备绑定的驱动程序
6.        ...
7.    };
```

图 8-16　结构体 pci_dev

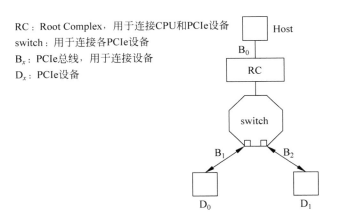

RC：Root Complex，用于连接CPU和PCIe设备
switch：用于连接各PCIe设备
B_x：PCIe总线，用于连接设备
D_x：PCIe设备

图 8-17　PCIe 总线与设备的连接

表示总线的结构体 pci_bus 与表示设备的结构体 pci_dev 之间的关系如图 8-18 所示。总线 B_0 结构体 pci_bus 的成员 children 保存着下一级总线链表的指针，即总线 B_1 和 B_2。总线 B_1 和 B_2 结构体 pci_bus 的成员 parent 则指向总线 B_0，成员 devices 指向的链表分别保存着挂载在该总线上的设备 D_0 和 D_1。设备 D_0 和 D_1 结构体 pci_dev 的成员 bus 分别指向其挂靠的总线 B_1 和 B_2，成员 bus_list 则保存该结构体的地址，以供总线结构体 pci_bus—> devices 访问。

3．网卡及其抽象

网卡工作在物理层和数据链路层，它相当于计算机和通信电缆之间的中介，负责数字信号和传输信号之间的转换。

为了支持各种型号的网卡，openEuler 将网卡设备抽象为结构体 net_device，使得网络协议栈能够通过操作结构体 net_device 控制实际的网卡设备，从而屏蔽掉硬件设备的差异性和驱动程序实现的细节。结构体 net_device 的部分成员如图 8-19 所示。可以看出，这个结构比较复杂，里面包含了网卡的所有信息，包括设备名等硬件相关的信息、统计信息等运行状态，以及设备驱动程序用于数据包收发等操作函数的信息。

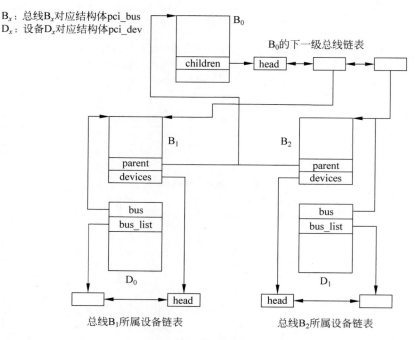

图 8-18　PCIe 总线与设备结构体的关系

```
1.    //源文件：include/linux/netdevice.h
2.    struct net_device {
3.        /* 硬件相关信息 */
4.        char   name[IFNAMSIZ];          //设备名,如 eth0
5.        int    irq;                     //设备中断号
6.        /* 统计相关信息 */
7.        struct net_device_stats  stats;  //包括收发的数据包数目、字节数、丢包数等
8.        /* 操作函数 */
9.        //包括设备的注册及卸载、数据包的收发等
10.       const struct net_device_ops * netdev_ops;
11.       ...
12.   };
```

图 8-19　结构体 net_device 的部分成员

　　结构体 net_device 是对网卡的抽象,它与具体网卡的驱动程序关系密切。如图 8-20 所示,通过结构体 net_device,网络协议栈无须关注网卡设备的具体型号,仅使用标准的接口即可实现数据包的收发,如使用函数 dev_queue_xmit()发送数据包,使用函数 netif_receive_skb()接收数据包。相应地,设备驱动层无须关注协议栈的具体协议,只借助结构体 net_device 即能获取协议栈下发的数据包并发送出去,如图 8-20 中的函数 e1000_xmit_frame()。此外,驱动程序在通过中断接收数据包后,只将数据包填充到结构体 net_device 即可完成数据包的接收。

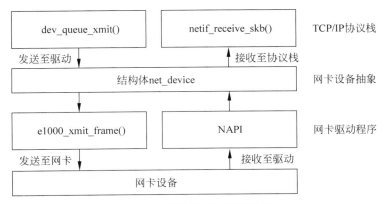

图 8-20　网络驱动程序架构图

从上文的介绍可知,PCIe 设备对应结构体 pci_dev,而网卡设备对应结构体 net_device。这两个结构体可以用来描述同一个网卡设备,只是两者描述设备的角度不同。结构体 pci_dev 站在 PCI 总线的角度,定义了与 PCIe 总线规范相关的设备信息;而结构体 net_device 则是从与网卡驱动程序关联的角度对网卡做了一层抽象,为上层协议提供了访问网卡的统一接口。

8.3.2　驱动程序的注册与注销

openEuler 把总线看作一种特殊的设备,因此总线也有对应的驱动程序。与总线上的设备依附于总线类似,总线上挂载的设备的驱动程序也依附于总线驱动程序。设备驱动程序关联到总线驱动程序的这个过程就叫作驱动程序的注册。相应地,将驱动程序从总线驱动程序所管理的驱动程序列表中移除的这个过程叫作驱动程序的注销。下面以 e1000 网卡驱动程序为例,简要介绍驱动程序的注册和注销。

1. 注册

驱动程序源代码在编译后会生成后缀为.ko 的文件,用户可以在命令行使用 insmod 或 modprobe 命令将其加载到内核,这种可动态加载到内核的文件也被称作模块(module)。在模块被加载入内核后,第一个运行的入口函数为宏 module_init 的参数,即一个函数指针。对于 e1000 网卡驱动程序,该入口函数为 e1000_init_module(),如图 8-21 所示。该入口函数最重要的工作是调用函数 pci_register_driver()注册驱动程序,即 e1000 网卡驱动程序对应的结构体 e1000_driver。

```
1.      //源文件: drivers/net/ethernet/intel/e1000/e1000_main.c
2.      static int __init e1000_init_module(void) {
3.          ret = pci_register_driver(&e1000_driver);      //注册驱动函数
4.          ...
5.      }
```

图 8-21　e1000 网卡驱动程序入口函数

所谓设备驱动程序的注册,就是让总线驱动程序能够感知其存在,并把设备和匹配的驱动程序关联起来。在函数 pci_register_driver()中实现驱动程序注册功能的函数是 bus_add_driver(),其核心代码如图 8-22 所示。这个函数实现的功能可以分为两部分:第一部分是驱动程序的注册(如第 4~8 行);第二部分是为注册的驱动程序关联总线上的设备(如第 10 行)。在第二步中如果找到对应的设备,那么将调用驱动函数 probe 对设备进行初始化。设备的初始化将在 8.3.3 节进一步介绍。

```
1.    //源文件: drivers/base/bus.c
2.    int bus_add_driver(struct device_driver * drv) {
3.        //1. 驱动程序的注册
4.        bus = bus_get(drv -> bus);              //获取总线类型
5.        //初始化指向当前驱动程序的内核链表结构
6.        klist_init(&priv -> klist_devices, NULL, NULL);
7.        //将驱动程序添加到对应类型总线所管理的驱动程序链表尾部
8.        klist_add_tail(&priv -> knode_bus, &bus -> p -> klist_drivers);
9.        //2. 为注册的驱动程序关联总线上的设备
10.       error = driver_attach(drv);            //遍历总线上的设备,以匹配新注册的驱动
11.   }
```

图 8-22　注册驱动函数

2. 注销

在设备从总线上移除后,可以使用 rmmod 或 modprobe 命令注销驱动程序模块,以释放驱动程序所占用的系统资源。注销驱动程序模块时的入口函数为宏 module_exit 的参数,即函数 e1000_exit_module(),如图 8-23 所示。

```
1.    //源文件: drivers/net/ethernet/intel/e1000/e1000_main.c
2.    static void __exit e1000_exit_module(void) {
3.        pci_unregister_driver(&e1000_driver);
4.    }
5.    module_exit(e1000_exit_module);
```

图 8-23　e1000 网卡驱动程序出口函数

由图 8-23 可知,函数 e1000_exit_module()调用函数 pci_unregister_driver()注销 e1000 网卡的驱动程序 e1000_driver。该注销过程的核心函数是 bus_remove_driver(),如图 8-24 所示。函数 bus_remove_driver()调用函数 klist_remove()将当前驱动程序从总线管理的驱动程序链表中移除,随后再调用函数 driver_detach()解除驱动程序与设备的关联。

```
1.    //源文件: drivers/base/bus.c
2.    void bus_remove_driver(struct device_driver * drv) {
3.        //从 klist_driver 链表中移除驱动节点
4.        klist_remove(&drv->p->knode_bus);
5.        driver_detach(drv);        //解除驱动与设备的关联
6.        ...
7.    }
```

图 8-24　注销驱动函数

8.3.3　设备初始化

设备初始化是指驱动程序为设备执行必要的操作,使得设备能够在系统中正常工作,其中操作包括硬件初始化和软件初始化。PCI 设备的初始化函数由结构体 pci_driver 的成员变量 probe 给出,对于 e1000 网卡来说,对应的是 e1000_probe()。下面结合函数 e1000_probe()介绍设备初始化的过程。

1. 硬件初始化

硬件初始化的步骤较多,部分内容如图 8-25 所示。对于 PCI 网卡来说,其配置空间里的 BAR 寄存器保存着网卡内部存储空间(如各种寄存器)的大小。因此,要访问网卡内部寄存器,需要根据 BAR 寄存器里的值将网卡内部存储空间映射到 CPU 地址空间,图 8-25 第 7 行调用函数 pci_ioremap_bar()实现此功能。另外,设备总是需要通过总线才能与 CPU 交互,因此

```
1.    //源文件: drivers/net/ethernet/intel/e1000/e1000_main.c
2.    static int e1000_probe(struct pci_dev * pdev,
3.                        const struct pci_device_id * ent) {
4.        /* 硬件初始化 */
5.        //将寄存器 BAR_0 所指向的网卡内部存储空间映射到 CPU 物理地址空间
6.        //变量 hw_addr 保存了对应的起始物理地址
7.        hw->hw_addr = pci_ioremap_bar(pdev, BAR_0);
8.        err = e1000_init_hw_struct(adapter, hw);    //继续做硬件初始化
9.        /* 软件初始化 */
10.       ...
11.   }
12.   //源文件: drivers/net/ethernet/intel/e1000/e1000_main.c
13.   static int e1000_init_hw_struct(struct e1000_adapter * adapter,
14.                        struct e1000_hw * hw) {
15.       hw->vendor_id = pdev->vendor;        //保存 PCI 设备的厂商 ID
16.       hw->device_id = pdev->device;        //保存 PCI 设备的设备 ID
17.       e1000_get_bus_info(hw);    //获取 PCI 总线相关信息,如总线类型、总线速度等
18.       ...
19.   }
```

图 8-25　驱动探测函数的硬件初始化部分

需要了解总线相关信息才能使用总线通信，图 8-25 第 17 行调用函数 e1000_get_bus_info()获取总线类型与速度等信息。此外，硬件初始化还有很多步骤，如第 15～16 行获取设备的厂商 ID 和设备 ID，以使驱动程序能够根据这些 ID 在 PCIe 总线上定位具体设备，在此不详细介绍。

2. 软件初始化

软件初始化的作用主要是为设备分配各类软件资源，并与内核中的相关结构链接起来，如图 8-26 所示。结构体 net_device 是设备在内核中的体现，因此在软件初始化中首先要为当前设备分配此结构体，如第 8 行调用的函数 alloc_etherdev()。

当设备接收到数据包后，驱动程序需要有相应的机制对数据包进行处理。e1000 网卡驱动程序使用 NAPI(即 New API，关于 NAPI 的内容将在 8.5.3 节进一步介绍)机制接收数据包，因此需要注册 NAPI，如第 10 行。当设备发送或接收数据时，应当有一个缓存区来缓存数据包，对此 e1000 网卡驱动分别设置了一个发送队列和一个接收队列，这里的队列称作 ring buffer，发送队列简称为 Tx ring，接收队列简称为 Rx ring，如第 19～20 行。随后，调用函数 e1000_alloc_queues()分配表示 Tx ring 和 Rx ring 的结构体。此外，由于当前设备的初始化工作还未完成，因此需要调用函数 e1000_irq_disable()禁止网卡产生中断，如第 23 行。最后，初始化函数调用函数 register_netdev()将表示当前设备的结构体 net_device 变量 netdev 注册到全局设备链表中。

```
1.    //源文件: drivers/net/ethernet/intel/e1000/e1000_main.c
2.    static int e1000_probe(struct pci_dev * pdev,
3.                           const struct pci_device_id * ent) {
4.        /* 硬件初始化 */
5.        ...
6.        /* 软件初始化 */
7.        //分配一个结构体 net_device
8.        netdev = alloc_etherdev(sizeof(struct e1000_adapter));
9.        //初始化当前设备的 NAPI 结构体并设置 NAPI 轮询函数
10.       netif_napi_add(netdev, &adapter->napi, e1000_clean, 64);
11.       err = e1000_sw_init(adapter);      //继续做软件初始化
12.       //注册结构体 net_device 变量 netdev 到全局设备链表
13.       err = register_netdev(netdev);
14.   }
15.   //源文件: drivers/net/ethernet/intel/e1000/e1000_main.c
16.   static int e1000_sw_init(struct e1000_adapter * adapter) {
17.       //接收数据包内存区的大小
18.       adapter->rx_buffer_len = MAXIMUM_ETHERNET_VLAN_SIZE;
19.       adapter->num_tx_queues = 1;        //用于发送的 ring buffer 数目
20.       adapter->num_rx_queues = 1;        //用于接收的 ring buffer 数目
21.       //为用于接收和发送的 ring  buffer 分配对应的结构体
22.       e1000_alloc_queues(adapter);
23.       e1000_irq_disable(adapter);        //关闭设备软中断
24.       ...
25.   }
```

图 8-26　驱动探测函数的软件初始化部分

8.3.4　设备的打开与关闭

1. 设备的打开

设备的打开是指在设备驱动程序已注册的情况下,为设备能够实现收发数据做相应的准备。e1000 网卡驱动程序的打开操作对应函数 e1000_open(),其具体实现如图 8-27 所示。当用户在命令行使用命令"ifconfig ethX up"激活此网卡时,函数 e1000_open()将会被调用。

```
1.      //源文件: drivers/net/ethernet/intel/e1000/e1000_main.c
2.      int e1000_open(struct net_device * netdev) {
3.          //为 Tx ring 分配保存指向空闲存储空间的描述符
4.          err = e1000_setup_all_tx_resources(adapter);
5.          //为 Rx ring 分配保存指向空闲存储空间的描述符
6.          err = e1000_setup_all_rx_resources(adapter);
7.          //将 Tx ring 和 Rx ring 的相关信息写入网卡相关寄存器
8.          e1000_configure(adapter);
9.          err = e1000_request_irq(adapter);    //为网卡注册中断处理函数
10.         napi_enable(&adapter -> napi);       //开启 NAPI 机制接收数据包
11.         e1000_irq_enable(adapter);           //通过写网卡相关寄存器使得网卡能够产生中断
12.         //开启发送开关,使得协议栈能够调用驱动的发送函数
13.         netif_start_queue(netdev);
14.         ...
15.     }
```

图 8-27　打开设备函数

函数 e1000_open()完成的主要工作是准备必要的软硬件资源及配置网卡相关寄存器,其中包括:

(1)分配指向实际保存数据的存储空间的描述符,如第 4～6 行。这些描述符是 Tx ring 和 Rx ring 的成员,驱动程序通过 Tx ring 和 Rx ring 间接地对收发的数据包进行管理。关于如何管理描述符,8.5.2 节有相关介绍。

(2)配置网卡关于 Tx ring 和 Rx ring 的寄存器,如第 8 行。通过将 Tx ring 和 Rx ring 的相关信息(如描述符数组的地址及数组大小等)写入网卡相关寄存器,使得网卡能够根据这些信息通过 DMA 直接访问相关内存块,以实现数包的收发。

(3)调用函数 e1000_request_irq()注册中断处理函数,如第 9 行。当网卡将收到的数据包存入内存后向 CPU 发起中断时,CPU 能够调用对应中断处理函数处理数据包。

(4)在第 10 行调用函数 napi_enable()启动 NAPI 机制高效地接收数据包。

(5)通过调用函数 e1000_irq_enable()写网卡 IMS(Interrupt Mask Set)寄存器打开网卡产生中断的开关,如第 11 行。

(6)调用函数 netif_start_queue()开启发送开关,使得协议栈能够调用驱动程序的数据包发送函数,如第 13 行。

2. 设备的关闭

使用完设备后需将其关闭,以释放占用的资源。e1000 网卡驱动程序中的关闭函数是 e1000_close(),其具体实现如图 8-28 所示。当用户在命令行使用命令"ifconfig ethX down" 关闭此设备时,函数 e1000_close()将会被调用。

```
1.    //源文件: drivers/net/ethernet/intel/e1000/e1000_main.c
2.    int e1000_close(struct net_device * netdev) {
3.        e1000_down(adapter);                    //释放相关资源
4.        //释放保存发送数据包的内存空间并解除 DMA 映射关系
5.        e1000_free_all_tx_resources(adapter);
6.        //释放保存接收数据包的内存空间并解除 DMA 映射关系
7.        e1000_free_all_rx_resources(adapter);
8.        ...
9.    }
10.   //源文件: drivers/net/ethernet/intel/e1000/e1000_main.c
11.   void e1000_down(struct e1000_adapter * adapter) {
12.       netif_tx_disable(netdev);            //关闭发送开关,禁止协议栈调用驱动的发送函数
13.       napi_disable(&adapter -> napi);      //关闭 NAPI 机制
14.       e1000_irq_disable(adapter);          //通过写网卡相关寄存器禁止网卡产生中断
15.       e1000_clean_all_tx_rings(adapter);   //释放 Tx ring
16.       e1000_clean_all_rx_rings(adapter);   //释放 Rx ring
17.   }
```

图 8-28 关闭设备函数

函数 e1000_close()主要完成在打开设备时所分配软硬件资源的释放,其中包括:①调用函数 netif_tx_disable()关闭发送开关,使得协议栈无法继续调用驱动程序的发送函数,如第 12 行;②调用函数 napi_disable()关闭 NAPI 机制,使得网卡不再处理接收的数据包,如第 13 行;③调用函数 e1000_irq_disable()写网卡 IMC(Interrupt Mask Clear)寄存器,禁止网卡产生中断,如第 14 行;④释放 Tx ring 和 Rx ring,如第 15～16 行;⑤释放所有用于收发数据包的内存空间并解除 DMA 映射关系,如第 5～7 行。

8.4 套接字

openEuler 内核通过 Socket 接口为用户程序提供网络服务。本节介绍 Socket 接口的概念和基本原理,其中包括 Socket 的概念辨析、连接的建立与关闭,以及在数据传输的 I/O 模型。

8.4.1　简介

网卡实现了 TCP/IP 网络协议栈中最下面的两层(物理层和数据链路层),上面两层协议(网络层和传输层)由操作系统实现。从 TCP/IP 的网络协议栈可知,网络层使用 IP 地址定位网络中的主机,而传输层使用端口定位主机中的进程。在进程与协议栈之间还存在着一套接口,即套接字(Socket)。

Socket 是进程间通信协议的一种抽象,它为应用程序提供标准的 API 调用,支持远程主机间的 TCP/IP 通信协议、同一主机内的 UNIX 通信,以及应用程序与 Linux 内核之间的 Netlink 通信等。一个 Socket 对象(可直接称为 Socket)就代表着通信双方中的某一方。进程通过 Socket 对象管理通信过程,如建立连接、关闭连接,也通过 Socket 对象进行数据收发。

对于 TCP/IP,Socket 使用 IP 地址和端口号的组合确定网络上某台主机中的一个进程。操作系统通过 Socket 封装了网络层和传输层通信的具体细节,使进程通过使用简单的 Socket 接口就可以实现跨网络的进程通信。如图 8-29 所示,两个进程之间在协议栈的基础上通过 Socket 接口建立了 Socket 连接,这种连接是一种建立在物理信道上的逻辑信道。

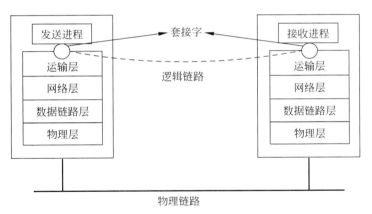

图 8-29　Socket 逻辑链路示意图

在实际应用中,某些场景(如需传输交易信息的金融行业)需要可靠的数据传输,而对以流媒体传输为代表的应用则可使用非可靠的数据传输。针对不同的应用场景,系统一般提供了三种类型的 Socket 提供数据传输服务,包括:①流式 Socket(Stream Socket),该类型基于 TCP,能够实现可靠的面向字节流的数据传输服务。使用流式 Socket 传输数据需要先进行三次"握手",以建立可靠的连接,在数据传输结束后需要进行四次"挥手"以关闭连接;②数据报 Socket(Datagram Socket),该类型基于 UDP,提供基于数据报的非可靠传输服务。由于数据报 Socket 没有使用复杂的可靠交付机制,因此它的通信效率比流式 Socket 更高;③原始 Socket(Raw Socket),该类型能够让用户绕过内核协议栈,通过填充各层协议头的方式直接构造数据包。原始 Socket 一般不用来开发常规应用,而是用于实现新的网络层协议或者传输层协议。

Socket 使用客户端-服务器的通信模式,即客户端要访问服务器时需主动发出请求,服务器接收到请求后再提供相应服务。接下来通过分析客户端请求服务的过程介绍 Socket 的通信细节。8.4.2 节将介绍流式 Socket 关于连接的相关概念,以及建立连接和释放连接的过程,8.4.3 节将介绍使用数据报 Socket 进行通信时涉及的 I/O 相关问题。

8.4.2 Socket 的连接

流式 Socket 存在"连接"的概念。由于管理的需要,一个 Socket 连接具有唯一的标识,此外,还有从建立到关闭的完整生命周期。本节将详细介绍流式 Socket 连接相关的内容。

1. 连接概述

1) 基本概念

如 8.1.2 节所述,主机间使用 TCP 通信前需要先建立虚拟链路。所谓的虚拟链路,是指通信双方之间的一个连接(connection)。TCP/IP 下的 Socket 使用 IP 地址和端口号的组合标识通信实体,因此连接可使用四元组(源 IP,源端口,目的 IP,目的端口)标识(identity),也就是说,连接由通信两端的一对 Socket 唯一标识。服务端进程可以同时与多个客户端通信,它能够使用一个 Socket 跟不同客户端的不同 Socket 组合标识不同的连接,即服务端的一个 Socket 可以绑定多个连接。

然而,Socket 这一概念并不仅指 IP 地址和端口号的组合。由于 openEuler 继承了 UNIX"一切皆文件"的思想,每个网络连接被虚拟成一个"伪"文件,每个用于管理网络 I/O 的 Socket 也就对应一个文件描述符(file descriptor),因此 Socket 一词也可表示文件描述符。

流式 Socket 根据 Socket 是否会用于建立连接而将其分为主动(active)Socket 和被动(passive)Socket。其中,主动 Socket 用来与远端的主动 Socket 配对构成连接;被动 Socket 存在于服务端,用于监听客户端的主动 Socket 发送过来的连接请求,并在监听到有连接请求时生成(spawn)一个主动 Socket 来响应。若非指明是被动 Socket,下面所述的 Socket 都表示主动 Socket。

2) 连接状态

在使用流式 Socket 进行通信时,一次 TCP 连接的生命周期从建立到关闭需要经过若干状态,如,服务端在等待客户端发起连接请求时的连接状态是 TCP_LISTEN,而在连接已经建立时双方的状态是 TCP_ESTABLISHED 等。图 8-30 枚举了所有的 TCP 连接状态。值得一提的是,Linux 内核在 4.1 版本引入了状态 TCP_NEW_SYN_RECV,用于替代启动 TFO(TCP Fast Open,一种在"握手"阶段即可交换数据的机制)时使用的 TCP_SYN_RECV。

```
1.     //源文件: include/net/tcp_states.h
2.     enum {
3.         TCP_ESTABLISHED = 1, //双方建立连接后的状态
4.         TCP_SYN_SENT,        //客户端发送第一次"握手"信号后的状态
5.         TCP_SYN_RECV,        //服务端发送第二次"握手"信号后的状态
6.         TCP_FIN_WAIT1,       //客户端发送第一次"挥手"信号后的状态
7.         TCP_FIN_WAIT2,       //客户端接收服务端第二次"挥手"信号后的状态
8.         TCP_CLOSE,           //客户端发送第一次"握手"信号前以及服务端在监听前的状态
9.         TCP_CLOSE_WAIT,      //服务端接收第一次"挥手"信号后的状态
10.        TCP_LAST_ACK,        //服务端发送第三次"挥手"信号后的状态
11.        TCP_LISTEN,          //服务端监听客户端第一次"握手"信号时的状态
12.        //客户端处于 TCP_FIN_WAIT1 状态下接收到服务端发送的 FIN 信号后的状态
13.        TCP_CLOSING,
14.        TCP_NEW_SYN_RECV,    //当启动 TFO 后用于替代 TCP_SYN_SENT 的状态
15.        ...
16.    };
```

图 8-30　TCP 连接状态

3）连接队列

单 CPU 的服务端在同一时间只能处理一个连接,当有多个客户端尝试与服务端建立连接时,服务端应当能够对暂时无法响应的连接请求进行缓存,以便后续再进行处理。对此,openEuler 提供了两个连接队列缓存连接请求,分别为半连接队列(syns_queue)和连接队列(accept_queue)。图 8-31 展示了在建立连接的三次"握手"过程中,半连接队列和全连接队列在其中的缓存作用。当服务端接收到第一次"握手"请求时,将会创建一个 Socket 并将其存入半连接队列。当服务端接收到第三次"握手"请求时,它会将该 Socket 从半连接队列中取出并存入全连接队列。最后,函数 accept() 从全连接队列获取已建立连接的 Socket 并返回。关于图 8-31 中的相关函数及三次"握手"以建立连接的细节,下文会进一步介绍。

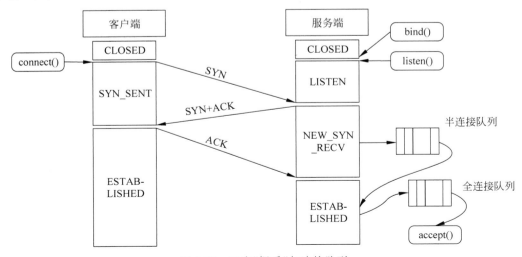

图 8-31　三次"握手"与连接队列

2. 建立连接

1) 重要的数据结构

由于一个连接需要一对 Socket 标识,因此,建立连接就意味着将分别位于客户端和服务端的 Socket 联系起来,这个过程需要通信双方经历三次"握手"实现。在进一步介绍连接建立的细节前,先看内核中代表一个连接的结构体 socket,如图 8-32 所示。成员变量 type 表示当前 Socket 的类型,该类型可以是上述介绍的流式 Socket、数据报 Socket 以及原始 Socket。成员变量 file 指向与 Socket 对应的"伪"文件对象,其中含有对 Socket 连接进行操作的文件级函数指针,例如,file 的轮询函数(poll)能够通过查询网卡状态判断是否有网络数据包到来。成员变量 ops 指向 Socket 的相关操作,如用于发起连接的函数 connect()等。

```
1.    //源文件: include/linux/net.h
2.    struct socket {
3.        //Socket 类型可以是流式 Socket、数据报 Socket 或者原始 Socket
4.        short   type;
5.        //Socket 对应的结构体 file,使得用户可以通过文件描述符操作 Socket
6.        struct file   * file;
7.        sock    * sk;
8.        //Socket 的相关操作,如 connect、listen 等
9.        const struct proto_ops   * ops;
10.       …
11.   };
```

图 8-32   结构体 socket

结构体 socket 里面还封装了另一个结构体 sock,其定义如图 8-33 所示。成员变量 sk_prot(实际上是一个宏)指向结构体 sock 的相关操作,如用于发送数据的函数 tcp_sendmsg();成员变量 sk_receive_queue 指向协议栈已处理完、待进程接收的数据包队列;成员变量 sk_socket 保存着与之对应的结构体 socket 的地址。

```
1.    //源文件: include/net/sock.h
2.    struct sock {
3.        …
4.        #define sk_prot     __sk_common.skc_prot
5.        …
6.        struct sk_buff_head sk_receive_queue;
7.        struct socket      * sk_socket;
8.        …
9.    };
```

图 8-33   结构体 sock

结构体 socket 与结构体 sock 都用来标识连接且一一对应，它们的区别在于结构体 socket 是用于负责向上为用户提供接口，并且和文件系统关联；而 sock 是负责向下对接内核网络协议栈。socket 和 sock 的区别如图 8-34 所示。

2）建立连接的具体步骤

（1）创建 Socket。在连接之前，客户端和服务端都要调用函数 socket()创建与结构体 socket 相关的资源。例如，函数 socket()后续调用函数 __sock_create()创建结构体 socket，调用函数 sock_map_fd()创建文件描述符等资源，如图 8-35 所示。

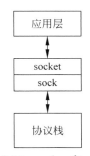

图 8-34　socket 和 sock 的区别

```
1.      //源文件: net/socket.c
2.      int __sock_create(struct net * net, int family, int type,
3.              int protocol, struct socket ** res, int kern) {
4.          struct socket * sock = sock_alloc();  //创建结构体 socket
5.          ...
6.      }
7.      //源文件: net/socket.c
8.      static int sock_map_fd(struct socket * sock, int flags) {
9.          //分配文件结构体并将其与 socket 结构体绑定
10.         struct file * newfile = sock_alloc_file(sock, flags, NULL)
11.         fd_install(fd, newfile);                //将文件结构体与文件描述符绑定起来
12.         ...
13.     }
```

图 8-35　创建 Socket

（2）服务端调用函数 listen()进入监听状态。该函数主要完成两项工作：①指定全连接队列大小。内核保存着一个系统级的全连接队列大小，函数 listen()的参数 backlog 可以指定用户期望的全连接队列大小，在函数 __sys_listen()最终取其较小者作为服务端的全连接队列大小，如图 8-36 第 5～6 行所示；②将主动 Socket 转换为被动 Socket，即将结构体 socket 的连接状态设置为 TCP_LISTEN，这由函数 inet_csk_listen_start()实现，如图 8-36 第 9 行所示。

```
1.      //源文件: net/socket.c
2.      int __sys_listen(int fd, int backlog) {
3.          //获取表示全连接队列上限长度(默认是 128 个)的内核参数并存入变量 somaxconn
4.          somaxconn = sock_net(sock -> sk) -> core.sysctl_somaxconn;
5.          if ((unsigned int)backlog > somaxconn)//取 backlog 与 somaxconn 较小者
6.              backlog = somaxconn;
7.      }
8.      //源文件: net/ipv4/inet_connection_sock.c
9.      int inet_csk_listen_start(struct sock * sk, int backlog) {
10.         //将结构体 sock 的状态赋值为 TCP_LISTEN
11.         inet_sk_state_store(socket, TCP_LISTEN);
12.         ...
13.     }
```

图 8-36　进入被动监听连接状态

（3）服务端调用函数 accept()等待与客户端建立连接。函数 accept()的关键代码如图 8-37 所示，它完成的工作有：①如函数 socket()那样创建新的资源服务新的连接，如第 4～6 行所示；②检查全连接队列中是否存在已建立连接的 Socket，如果存在，就将其出队；如果不存在，就调用函数 inet_csk_wait_for_connect()让进程进入阻塞态等待与客户端建立新的连接，如第 16 行所示。

```
1.    //源文件：net/socket.c
2.    int __sys_accept4(int fd, struct sockaddr __user * upeer_sockaddr,
3.                           int __user * upeer_addrlen, int flags)
4.        struct socket * newsock = sock_alloc()    //为新连接分配新的结构体 socket
5.        int newfd = get_unused_fd_flags()         //为新连接分配新的文件描述符
6.        struct file * newfile = sock_alloc_file()  //为新连接分配新的结构体 file
7.        ...
8.    }
9.    //源文件：net/ipv4/inet_connection_sock.c
10.   struct sock * inet_csk_accept(struct sock * sk, int flags,
11.                                    int * err, bool kern)
12.       //判断当前已完成队列是否有 Socket
13.       //如果没有，则需要阻塞等待；如果有，则直接跳过等待
14.       if (reqsk_queue_empty(queue))
15.           //如果收到 accepted 队列不为空的信号或者阻塞时间结束，则返回
16.           inet_csk_wait_for_connect();
17.       //将可用的 Socket 从 accepted 队列中出队
18.       req = reqsk_queue_remove(queue, sk);
19.       ...
20.   }
```

图 8-37　阻塞等待与客户端建立连接

从函数 accept()返回后，就意味着服务端与客户端已经历三次"握手"而建立起了新的连接。

（4）客户端发起第一次"握手"。该过程由客户端调用函数 connect()发起，它主要调用函数 tcp_v4_connect()完成两项工作，即改变 TCP 连接状态、构造第一次"握手"的 TCP 数据段并发送出去，如图 8-38 第 4～5 行所示。最后调用函数 inet_wait_for_connect()，使得进程进入阻塞态，等待服务端发送过来的第二次"握手"应答信号，如图 8-38 第 11 行所示。

（5）服务端处理第一次"握手"并发起第二次"握手"。当服务端接收到第一次"握手"信号后，它会调用函数 inet_reqsk_alloc()分配一个新的结构体 socket 并将其状态设置为 TCP_NEW_SYN_RECV。随后调用函数 tcp_v4_send_synack()构造标志位 SYN 及 ACK 均置为 1 的 TCP 响应数据段，最后再调用函数 ip_build_and_send_pkt()构造 IP 数据报并发送给客户端，具体过程如图 8-39 所示。

```
1.    //源文件：net/ipv4/tcp_ipv4.c
2.    int tcp_v4_connect(struct sock * sk, struct sockaddr * uaddr,
3.                        int addr_len) {
4.        tcp_set_state(sk, TCP_SYN_SENT)      //设置当前连接状态为 TCP_SYN_SE
5.        tcp_connect(sk)                      //构造标志位 SYN 为 1 的 TCP 数据段并发送出去
6.        ...
7.    }
8.    //源文件：net/ipv4/af_inet.c
9.    int inet_stream_connect(struct socket * sock, struct sockaddr * uaddr,
10.                            int addr_len, int flags, int is_sendmsg) {
11.        inet_wait_for_connect(sk, timeo, writebias);     //等待结果返回
12.        ...
13.    }
```

图 8-38　发起第一次"握手"

```
1.    //源文件：net/ipv4/tcp_input.c
2.    //为连接请求分配一个 request socket
3.    struct request_sock * inet_reqsk_alloc(const struct request_sock_opss
4.              * ops,    struct sock * sk_listener, bool attach_listener) {
5.        //将新分配的 socket 设置状态为 TCP_NEW_SYN_RECV
6.        ireq -> ireq_state = TCP_NEW_SYN_RECV;
7.        ...
8.    }
9.    //源文件：net/ipv4/tcp_ipv4.c
10.   //为第一次"握手"请求构造 TCP 回应数据段并发送出去
11.   static int tcp_v4_send_synack(const struct sock * sk,
12.                       struct dst_entry * dst,
13.                       struct flowi * fl,
14.                       struct request_sock * req,
15.                       struct tcp_fastopen_cookie * foc,
16.                       enum tcp_synack_type synack_type) {
17.        tcp_make_synack();          //构造标志位 SYN 及 ACK 均为 1 的 TCP 头部
18.        ip_build_and_send_pkt();    //构造 IP 数据报并发送出去
19.        ...
20.   }
```

图 8-39　处理第一次"握手"并发起第二次"握手"

（6）客户端处理第二次"握手"并发起第三次"握手"。客户端处理服务端发送的"握手"信号的过程由函数 tcp_rcv_synsent_state_process() 实现，它首先判断收到的数据段的标志位 SYN 和 ACK 是否均置位，如果是，则表明该数据段是第二次"握手"信号；如果不是，则丢弃。当确定该数据段是第二次"握手"信号后，调用函数 tcp_finish_connect() 将当前 TCP 连接状态设置为 TCP_ESTABLISHED，最后调用函数 tcp_send_ack() 开启第三次"握手"，具体过程如图 8-40 所示。

```
1.      //源文件: net/ipv4/tcp_input.c
2.      static int tcp_rcv_synsent_state_process(struct sock * sk,
3.              struct sk_buff * skb, const struct tcphdr * th) {
4.          if (th->ack) {                    //判断 TCP 头的 ACK 标志位是否置位
5.              //判断 TCP 头的 SYN 标志位是否置位,若是则继续,若否则丢弃
6.              if (!th->syn)
7.                  goto discard_and_undo; //最终调用函数 tcp_drop()丢弃该数据包
8.          tcp_finish_connect();             //将 TCP 连接状态设置为 TCP_ESTABLISHED
9.          tcp_send_ack(sk)    ;             //回复 ACK 给服务端,以发起第三次"握手"
10.         ...
11.     }
```

图 8-40   处理第二次"握手"并发起第三次"握手"

(7) 服务端处理第三次"握手"信号,如图 8-41 所示。当服务端接收到第三次"握手"信号,它会调用函数 inet_csk_complete_hashdance()将当前连接从半连接队列移除并存入全连接队列,如第 4~5 行所示。随后在函数 tcp_rcv_state_process()里的 case TCP_SYN_RECV 路径调用函数 tcp_set_state()设置连接状态为 TCP_ESTABLISHED,并调用函数 sk_wake_async()唤醒阻塞在函数 accept()上的进程,该过程如第 13~15 行所示。最后,服务端进程被唤醒并从函数 accept()返回。至此,三次"握手"过程结束,通信双方已建立起连接。

```
1.      //源文件: net/ipv4/inet_connection_sock.c
2.      struct sock * inet_csk_complete_hashdance(struct sock * sk,
3.          struct sock * child, struct request_sock * req, bool own_req) {
4.          inet_csk_reqsk_queue_drop(sk, req);        //将当前连接从半连接队列删除
5.          inet_csk_reqsk_queue_add(sk, req, child);  //将当前连接存入全连接队列
6.          ...
7.      }
8.      //源文件: net/ipv4/tcp_input.c
9.      int tcp_rcv_state_process(struct sock * sk, struct sk_buff * skb) {
10.         switch (sk->sk_state) {
11.             case TCP_SYN_RECV:
12.                 //将当前连接状态设置为 TCP_ESTABLISHED
13.                 tcp_set_state(sk, TCP_ESTABLISHED);
14.                 //唤醒阻塞等待已完成连接队列的进程
15.                 sk_wake_async(sk, SOCK_WAKE_IO, POLL_OUT);
16.                 ...
17.             }
18.         ...
19.     }
```

图 8-41   处理第三次"握手"

3. 关闭连接

由于 TCP 是双工通信(两端都可同时收发数据),因此在关闭连接时需要两端分别发送

结束信号完全关闭连接。关闭连接过程也叫作四次"挥手"。关闭连接可以由任何一方主动发起，以下假设是客户端主动发起关闭连接过程。关闭连接的过程如图 8-42 所示。

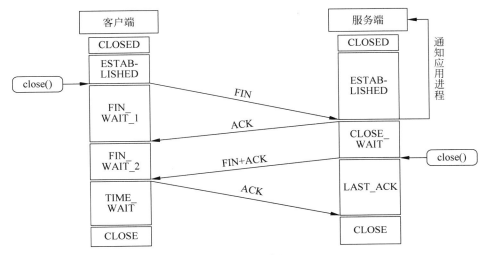

图 8-42　关闭连接的过程

（1）客户端发送第一次"挥手"信号。客户端主动调用函数 close( )发送第一次"挥手"信号。在该过程中客户端会调用核心函数 tcp_close( )，如图 8-43 所示，其中主要完成两项工作：①调用函数 tcp_close_state( )将连接状态从 ESTABLISHED 转为 TCP_FIN_WAIT 1；②调用函数 tcp_send_fin( )构造标志位 FIN 为 1 的数据段，并将其发送出去。

```
1.    //源文件：net/ipv4/tcp.c
2.    void tcp_close(struct sock * sk, long timeout) {
3.        tcp_close_state();    //将 TCP 连接状态从 ESTABLISHED 转为 TCP_FIN_WAIT1
4.        tcp_send_fin();       //构造并发送标志位 FIN 为 1 的 TCP 数据段
5.        ...
6.    }
```

图 8-43　发送第一次"挥手"

（2）服务端接收第一次"挥手"信号并发送第二次"挥手"信号。服务端处理第一次"挥手"信号的核心函数是 tcp_data_queue( )，如图 8-44 所示。其主要完成两项工作：首先调用函数 tcp_queue_rcv( )将"挥手"TCP 数据段添加到 socket 接收队列，如第 4 行；随后调用函数 tcp_fin( )将当前 TCP 连接设置为 TCP_CLOSE_WAIT 状态，并唤醒等待读取对应接收队列的进程，如第 13 行与第 16 行。

服务端的阻塞进程被唤醒后将调用函数 tcp_cleanup_rbuf( )处理接收队列中的数据包，并最终调用函数 tcp_send_ack( )构造并发送标志位 ACK 为 1 的 TCP 数据段响应报文，如图 8-45 所示。这就是服务端发送第二次"挥手"信号的过程，此时客户端到服务端方向的单向通信链路已关闭，但服务端到客户端方向的通信链路仍能正常通信。

```
1.      //源文件：net/ipv4/tcp_input.c
2.      static void tcp_data_queue(struct sock * sk, struct sk_buff * skb) {
3.          //将标志位 FIN 为 1 的数据包添加到 socket 接收队列
4.          eaten = tcp_queue_rcv(sk, skb, 0, &fragstolen);
5.          tcp_fin(sk);            //将 TCP 连接状态设置为 TCP_CLOSE_WAIT
6.          ...
7.      }
8.      //源文件：net/ipv4/tcp_input.c
9.      void tcp_fin(struct sock * sk) {
10.         switch (sk->sk_state) {
11.             case TCP_ESTABLISHED:
12.                 //将当前 TCP 连接状态设置为 TCP_CLOSE_WAIT
13.                 tcp_set_state(sk, TCP_CLOSE_WAIT);
14.                 ...
15.         }
16.         sk_wake_async();       //唤醒等待该 socket 的进程，以对关闭连接事件进行处理
17.     }
```

图 8-44　接收第一次"挥手"并发送第二次"挥手"

```
1.      //源文件：net/ipv4/tcp.c
2.      static void tcp_cleanup_rbuf(struct sock * sk, int copied) {
3.          tcp_send_ack();        //构造并发送标志位 ACK 为 1 的 TCP 数据段报文
4.          ...
5.      }
```

图 8-45　处理接收队列中的数据包

（3）客户端接收第二次"挥手"信号。客户端调用函数 tcp_rcv_state_process()处理该过程，如图 8-46 所示。在该函数中，它调用函数 tcp_set_state()将当前的 TCP_FIN_WAIT 1 状态设置为 TCP_FIN_WAIT2 状态，随后再将变量 sk 的成员变量 sk_shutdown 设置为 SEND_SHUTDOWN，以关闭客户端到服务端数据传输方向。至此，第二次"挥手"结束。

```
1.      //源文件：net/ipv4/tcp_input.c
2.      int tcp_rcv_state_process(struct sock * sk, struct sk_buff * skb) {
3.          switch (sk->sk_state) {
4.              case TCP_FIN_WAIT1:
5.                  //将当前 TCP 连接状态设置为 TCP_CLOSE_WAIT2
6.                  tcp_set_state(sk, TCP_FIN_WAIT2);
7.                  //关闭客户端到服务端数据传输方向
8.                  sk->sk_shutdown |= SEND_SHUTDOWN;
9.                  ...
10.         }
11.     }
```

图 8-46　处理第二次"挥手"

（4）由图 8-42 关闭连接的过程可知,第三、四次"挥手"与第一、二次"挥手"过程类似,在此不再赘述。等到第四次"挥手"结束时,当前连接被正式关闭,在建立连接时创建的结构体 socket 等资源也随即被全部释放。

8.4.3　数据的传输

进程间使用 Socket 进行通信时,需要面对如下问题：①当发送数据时遇到内核缓冲区满或者接收数据时遇到内核缓冲区为空时该如何处理；②在解决上述问题的基础上进一步考虑高并发场景时,进程该如何高效地管理多个连接。本节将以基于 UDP 的数据报 Socket 介绍如何解决上述问题。为了更好地说明问题,在此使用函数 recvfrom() 介绍接收数据流程。

1. 阻塞和非阻塞

进程使用 Socket 接收数据时,需要从内核空间缓冲区复制数据到进程的用户空间。由于进程不清楚数据何时被接收,因此,当进程尝试读取数据时可能会面临内核缓冲区无数据的情况。对此,Socket 提供了阻塞和非阻塞两种 I/O 模型应对上述情况。

阻塞（blocking）I/O 是指进程在读取内核数据时,如果此时数据未就绪,那么该进程将被内核挂起,从而进入阻塞状态等待数据,在内核准备好数据后再唤醒进程复制数据,具体过程如图 8-47 所示。阻塞 I/O 的好处是简单,且进程处于阻塞状态时不会浪费 CPU 资源。但其缺点是,当进程要同时处理多个 I/O 时,把进程置于阻塞状态后会导致进程无法处理其他就绪 I/O,导致效率降低。

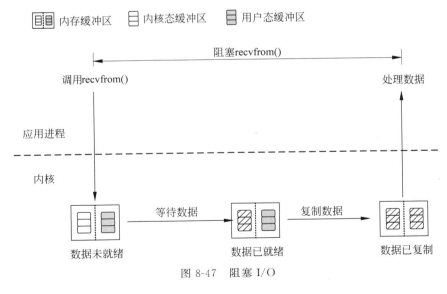

图 8-47　阻塞 I/O

非阻塞（non-blocking）I/O 是指进程在读取内核数据时,如果数据未就绪,那么该进程将会立即返回,从而得以继续运行。过一段时间后,进程会再次读取内核缓冲区,如此往复,直到进程读取到所需的数据为止。进程的这种尝试循环读取缓冲区的做法叫作轮询（polling）。轮询的好处是,进程不会因某 I/O 对应数据未就绪而被阻塞,因此可以同时处理多个 I/O。但其缺点也很明显,即会浪费大量 CPU 周期查询未就绪数据,具体过程如图 8-48 所示。

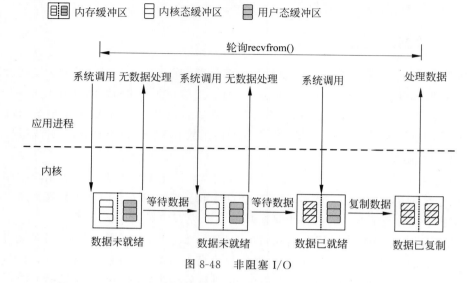

图 8-48　非阻塞 I/O

函数 recvfrom()是 Socket 用来接收数据的函数,它的核心函数是__skb_recv_udp()。如图 8-49 所示,函数__skb_recv_udp()首先调用 sock_rcvtimeo()获取超时时间并赋值给 timeo。timeo 的值是判断阻塞和非阻塞连接的关键。如果 timeo 的值为 0,则表示当前连接是非阻塞的,那么它只运行一次函数__skb_try_recv_from_queue()尝试从接收队列获取数据,随后退出 do-while 循环。如果 timeo 的值不为 0,则表示当前连接是阻塞的,那么它会调用函数__skb_wait_for_more_packets()阻塞由 timeo 指定的时间等待获取数据包。在阻塞期间,当内核接收到此连接上的数据包后会唤醒进程,随后进程再继续尝试获取数据,最后,在接收到数据或者超时后再返回。

```
1.      //源文件: net/ipv4/udp.c
2.      struct sk_buff * __skb_recv_udp(struct sock * sk, unsigned int flags,
3.                      int noblock, int * peeked, int * off, int * err)
4.          //获取超时时间
5.          //如果 timeo 为 0,则当前连接是非阻塞的
6.          //如果不为 0,则当前连接是阻塞的,阻塞时间就是 timeo
7.          timeo = sock_rcvtimeo(sk, flags & MSG_DONTWAIT);
8.          do {
9.              skb = __skb_try_recv_from_queue()      //从接收队列中获取数据包
10.             if (skb)                               //如果接收到数据包,则直接返回
11.                 return skb;
12.         //如果当前连接是阻塞的,则会循环等待 timeo 的时间接收数据包
13.         } while (timeo && !__skb_wait_for_more_packets());
14.     }
```

图 8-49　recvfrom()的核心函数

2. I/O 复用

上面所述的阻塞和非阻塞模型在处理 I/O 时都有明显的缺点。具体而言,阻塞模型一次只能处理单个 I/O,而非阻塞模型会浪费 CPU 周期。由于服务端进程通常同时与多个客户端进程维持不同的连接,为了克服上述两种 I/O 模型的缺点,服务端使用 I/O 复用(I/O multiplexing)模型高效地管理多个连接。

I/O 复用模型能够让内核监听进程创建的所有 Socket 描述符,即能够同时监听多个连接。openEuler 支持三个 I/O 复用模型,分别是 select、poll 和 epoll。在此选择相对较简单的 select 介绍 I/O 复用模型,具体的 I/O 流程如图 8-50 所示。首先,进程调用函数 select()让内核为进程监听设备上所发生的事件,即查询设备的状态(可读、可写或异常)。当有监听事件发生时,内核记录下与事件相关的 Socket 描述符,并将结果返回给进程,随后进程再根据结果对相应连接做读写操作。如此,I/O 复用模型就实现了对多个连接的管理。

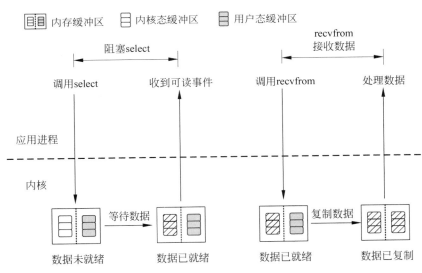

图 8-50　I/O 复用流程

select 的核心函数为 do_select(),其部分实现如图 8-51 所示。函数 do_select()中最重要的操作是调用函数 vfs_poll()轮询设备的状态,并根据返回的设备状态即变量 mask 判断设备是否有所监测的事件发生。当轮询结束时,如果发现没有事件发生,则调用函数 poll_schedule_timeout()以阻塞进程,并设置状态为 TASK_INTERRUPTIBLE;如果轮询发现有事件发生,则根据变量 mask 将发生事件的描述符添加到 fds 集合中,如第 12 行判断若有可读事件发生,则将相应的结果存入变量 res_in,最后该变量会再存入 fds 集合。在函数 select()运行结束后,变量 fds 保存着有事件要处理的 Socket 描述符集合,用户可以遍历该集合找到就绪的描述符再调用函数 recvfrom()从中获取数据。

```
1.      //源文件：fs/select.c
2.      //mask: POLLIN_SET(fd 可读)，POLLOUT_SET(fd 可写)，POLLEX_SET(fd 异常)
3.      static int do_select(int n, fd_set_bits * fds,
4.                              struct timespec64 * end_time) {
5.          for (;;) {
6.              for (i = 0; i < n; ++rinp, ++routp, ++rexp) {
7.                  mask = vfs_poll(f.file, wait);    //调用轮询函数查询设备状态
8.              //如果没有轮询到对应事件，那么阻塞该进程，并设置为 TASK_INTERRUPTIBLE
9.                  poll_schedule_timeout(&table, TASK_INTERRUPTIBLE,
10.                                                  to, slack);
11.             //根据变量 mask 将结果存入变量 res_in，最后再存入 fds 集合
12.                 if ((mask & POLLIN_SET) && (in & bit)) {
13.                     res_in |= bit;
14.                 }
15.             ...
16.             }
17.         }
18.     }
```

图 8-51　select 的核心函数 do_select()

虽然 select 能够使进程在不被阻塞的前提下监听多个 Socket 描述符，但是其仍有缺点。例如，在可能有上百万连接的高并发场合，如果采用 select 机制（select 一般支持 1024 个连接），当某连接的数据就绪时，操作系统可能要遍历所有的 Socket 描述符，才能找到具体就绪的 Socket 描述符，从而带来很高的开销。对此，openEuler 采用了 select 的改进版 epoll 机制。epoll 能够将就绪的而不是所有的 Socket 描述符返回给进程，从而避免像 select 那样让进程遍历所有描述符。此外，epoll 支持的描述符数量没有限制。这些良好的特性使得 epoll 能够较好地胜任高并发的场合。epoll 的实现代码可参见 openEuler 源文件 fs/eventpoll.c。

8.5　数据的传输路径

在前面介绍驱动程序、协议栈和 Socket 的基础上，本节将介绍数据包传输时贯穿的从网卡到用户进程的完整路径。8.2.2 节曾对发送和接收路径作了一定的介绍，8.5.1 节会在此基础上做一定的补充。由于收发过程的实现原理基本类似，8.5.2 节及后续内容将从接收数据包视角详细介绍数据传输路径所涉及的相关技术点。为了更好地介绍数据接收的基本原理，本节仍使用功能较为简单的 e1000 网卡作为例子。如无特殊说明，下面用驱动指代 e1000 网卡驱动程序。

8.5.1　数据报文收发的整体流程

数据报文收发的整体流程可以用两种视角阐述：一个是根据程序执行流程所体现的逻辑路径，依次为（以接收为例）驱动程序、协议栈、Socket 以及用户进程；另一个是根据数据包的流向所体现的物理路径，依次为（以接收为例）网卡硬件接收队列、ring buffer、sk_buff以及用户态内存空间。本节将选择后者作为介绍收发流程的切入点，对发送报文和接收报文的整体流程进行简要介绍。

1. 发送报文

openEuler 软件协议栈的数据包发送过程如图 8-52 所示。从图 8-52 中可以看到，根据数据包的流向，可将发送流程分为三个阶段：①从用户态内存空间到 sk_buff。用户态应用程序调用发送数据包的系统调用，在陷入内核态后申请 sk_buff 对象，再将位于用户态内存空间的数据包复制到位于内核态的 sk_buff 中，随后将数据包控制权移交给协议栈。②从sk_buff 到 Tx ring，这个步骤由协议栈执行。协议栈首先将 sk_buff 对象封装各层协议的头部，随后通知驱动程序接收 sk_buff，同时把 sk_buff 对象移入 Tx ring 所指的缓冲区。③从 Tx ring 到网卡的硬件发送队列。驱动程序根据 Tx ring 将数据包发送到网卡硬件队列并通知网卡执行发送操作。网卡成功发送数据包后，通过中断通知协议栈释放 sk_buff对象；发送失败时，产生中断通知协议栈执行软中断调度发送队列。

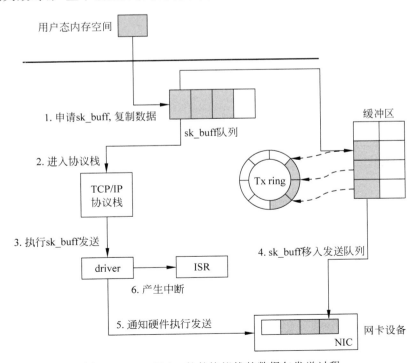

图 8-52　openEuler 软件协议栈的数据包发送过程

用户态应用程序执行发送数据的系统调用时,应用进程会发生进程上下文切换,从用户态进入内核态,随后协议栈对数据包进行相应处理。在通知驱动程序发送 sk_buff 对象后,此系统调用操作才会返回到用户态。在这个阶段,至少会发生一次任务上下文切换。由于业务数据在用户态内存空间产生,但最终要写入内核发送队列,所以至少存在一次用户态至内核态的内存复制操作。报文发送至网卡前,会先进入 Device 发送队列。发送队列的意义在于发送任务无须等待硬件执行结果即可返回,这样可提升协议栈的并发执行效率。

因此,根据上文介绍的数据发送流程,openEuler 在发送阶段的数据流路径为:用户态内存空间→内核态内存空间→硬件发送队列。

2. 接收报文

openEuler 软件协议栈的数据包接收过程主要分三个阶段,如图 8-53 所示。

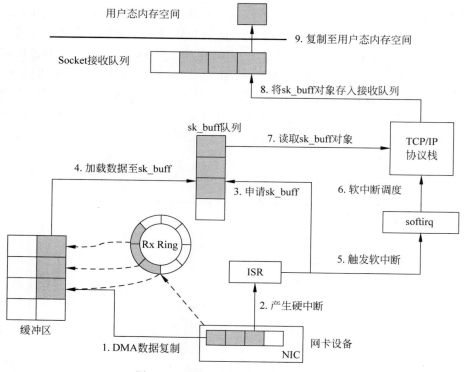

图 8-53 硬件队列到应用程序示意图

（1）从网卡的硬件接收队列到 Rx ring：当网卡收到数据包后,它会根据 Rx ring 提供的缓冲区信息,触发 DMA 将数据包从硬件接收队列复制到内核缓冲区,随后网卡产生硬中断,以通知 CPU 处理收到的数据。

（2）从 Rx ring 到 sk_buff：在 CPU 执行中断处理函数时会触发软中断。在软中断处理程序中调用网卡驱动程序处理数据包,其中包括为数据包创建 sk_buff 对象,并将 Rx ring 指向的数据包复制到 sk_buff 对象里,随后驱动程序将 sk_buff 上抛到协议栈。

（3）从 sk_buff 到用户态内存空间：协议栈从 sk_buff 队列中读取 sk_buff 对象后，其根据 sk_buff 对象完成数据包协议头的解封装处理，并根据传输层信息查找到目标 Socket 对象，随后将 sk_buff 对象移入目标 Socket 的接收队列，最后唤醒目标 Socket 所属的用户进程，进程会将 sk_buff 的数据从内核空间复制至用户态内存空间。

协议栈读取 sk_buff 对象并根据各个协议层对其进行相应处理，在协议栈的这部分处理过程中只涉及指针操作，而没有内存拷贝。随后，协议栈将处理完的 sk_buff 插入 Socket 接收队列。该接收队列的意义在于应用程序无须同步等待，而是让应用程序进入阻塞态异步地等待数据包的到来，从而提升应用程序并发执行的效率。最后，操作系统再将位于接收队列的数据包从内核空间复制到应用程序指定的用户空间缓冲区内。在此过程至少存在一次内核态至用户态的内存拷贝操作。

openEuler 接收阶段的数据流路径是：硬件接收队列→内核态内存空间→用户态内存空间。

8.5.2 接收报文的第一阶段：NIC→Rx ring

网卡从物理端口接收到网络数据包后需要将其送到内存中。此过程将面临两个问题：①网卡应该将数据包存到内存的哪个位置；②网卡如何将数据包存入指定位置。对此 openEuler 采用描述符描述数据包在内存中的信息，并使用环形缓冲区管理描述符。

1．描述符和环形缓冲区

1）重要的数据结构

（1）驱动程序使用结构体 e1000_rx_buffer 表示存储数据包的内存地址信息（以下使用数据包缓冲区指代该结构体）。该结构如图 8-54 所示。其中的成员变量 rxbuf 保存了数据包在内存中的虚拟地址，而成员变量 dma 则保存了数据包在内存中的物理地址，该物理地址会被填装进网卡的 DMA 引擎，使得 DMA 能够将数据包从网卡接收队列存入指定内存空间。

```
1.    //源文件: drivers/net/ethernet/intel/e1000/e1000.h
2.    struct e1000_rx_buffer {
3.        union {
4.            …
5.            u8 * data;
6.        } rxbuf;
7.        dma_addr_t dma;
8.    };
```

图 8-54 结构体 e1000_rx_buffer

（2）描述网络数据包的描述符（descriptor）。描述符的结构体 e1000_rx_desc 如图 8-55 所示。成员变量 buffer_addr 保存了一个数据包缓冲区的内存地址，成员变量 length 保存了数据包的大小。

```
1.    //源文件: drivers/net/ethernet/intel/e1000/e1000_hw.h
2.    struct e1000_rx_desc {        //接收描述符结构体
3.        __le64 buffer_addr;       //指向数据包缓冲区的内存地址
4.        __le16 length;            //要使用 DMA 传输数据的大小
5.        ...
6.    };
```

图 8-55　描述符结构体

(3) 组织和管理描述符的环形缓冲区(ring buffer,下文使用 Rx ring 表示用于保存已收到数据的 ring buffer)。网卡驱动程序通过管理 Rx ring 实现对保存数据包的内存空间的管理。Rx ring 结构体如图 8-56 所示。成员变量 desc 指向 Rx ring 描述符数组(见图 8-57)的虚拟地址,成员变量 dma 保存了网卡 DMA 与 Rx ring 相关联的物理地址,成员变量 count 表示 Rx ring 中已有的描述符个数。成员变量 next_to_use 和 next_to_clean 用来管理描述符。成员变量 buffer_info 是数据包缓冲区数组,根据成员变量 next_to_use 和 next_to_clean 即可访问相应的数据包缓冲区。成员变量 rdh 和 rdt 表示网卡寄存器 RDH 和 RDT,这两个寄存器分别对应成员变量 next_to_use 和 next_to_clean。驱动程序会将这两个成员变量写入网卡寄存器,使得网卡能够获悉并管理 Rx ring 的空闲描述符和已分配描述符。

```
1.    //源文件: drivers/net/ethernet/intel/e1000/e1000.h
2.    struct e1000_rx_ring {
3.        void * desc;                           //指向 Rx ring 的起始虚拟地址
4.        dma_addr_t dma;                        //Rx ring 的起始物理地址
5.        unsigned int size;                     //Rx ring 里所有描述符的总字节数
6.        unsigned int count;                    //Rx ring 的描述符个数
7.        unsigned int next_to_use;              //下一个可用的描述符
8.        unsigned int next_to_clean;            //下一个要释放的描述符
9.        struct e1000_rx_buffer * buffer_info;  //数据包缓冲区数组
10.       u16   rdh;                             //寄存器 RDH: Receive Descriptor Head
11.       u16   rdt;                             //寄存器 RDT: Receive Descriptor Tail
12.       ...
13.   };
```

图 8-56　Rx ring 结构体

2) Rx ring 的管理

Rx ring 的本质是以描述符为元素的数组,通过三个指针管理,如图 8-57 所示。指针 Base 指向 Rx ring 的首地址;指针 Head 指向空闲描述符的头部,由网卡管理;指针 Tail 指向空闲描述符的尾部,由驱动程序管理。

这三个指针传递到网卡是由网卡驱动程序通过写网卡相关寄存器实现的,如图 8-58 所示,函数 e1000_configure_rx()将 Rx ring 的总线地址 dma(即 Base 指针)分为高 32 位和低

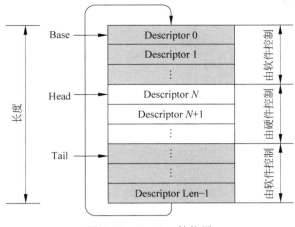

图 8-57　Rx ring 结构图

32 位地址,分别写入寄存器 RDBAH(Receive Descriptor Base Address High)和 RDBAL (Receive Descriptor Base Address Low),以使网卡驱动获悉 Rx ring 在内存中的地址。此外,该函数还会对指针 Head 和 Tail 的寄存器 RDH(Receive Descriptor Head)和 RDT (Receive Descriptor Tail)以及保存 Rx ring 整个描述符数组的字节数的 RDLEN(Receive Descriptor Length)赋值,在此不再赘述。

```
1.    //源文件:drivers/net/ethernet/intel/e1000/e1000_main.c
2.    static void e1000_configure_rx(struct e1000_adapter * adapter) {
3.        rdba = adapter->rx_ring[0].dma;//Rx ring 的总线地址
4.        //利用 rdba 构造 Rx ring 高 32 位地址写入 RDBAH:
5.        ew32(RDBAH, (rdba >> 32));
6.        //将 Rx ring 地址 rdba 的低 32 位写入 RDBAL:
7.        ew32(RDBAL, (rdba & 0x00000000ffffffffULL));
8.        ...
9.    }
```

图 8-58　Rx ring 信息写入网卡

2.接收流程

网卡收到数据包后,会根据描述符所保存的空闲缓冲区地址,通过 DMA 将数据包经过 PCIe 总线存入内存,这个过程如图 8-59 所示。

(1)驱动程序在初始化时创建 Rx ring 以及描述符所对应的数据包缓冲区。

(2)在创建 Rx ring 后,驱动程序将 Rx ring 的物理地址、长度以及指针 Head 和指针 Tail 等信息写入网卡的相关寄存器。

(3)网卡根据寄存器 RDBA 找到 Rx ring 在内存中的地址,再根据寄存器 RDH 获取空闲描述符到网卡内部。

(4)根据描述符所指向的数据包缓冲区(即结构体 e1000_rx_buffer),网卡把实际保存

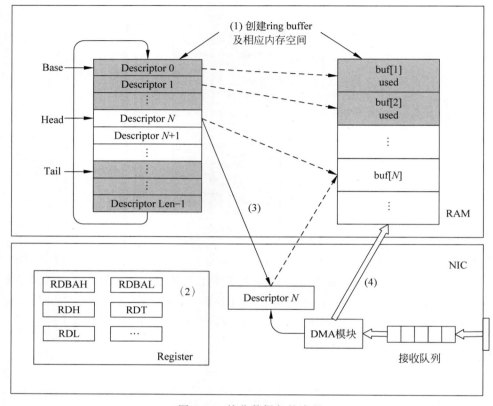

图 8-59　接收数据包的流程

数据包的内存地址（即成员变量 dma 的值）填装进 DMA 引擎，随后将硬件接收队列里的数据包通过 DMA 存入指定内存地址，最后再将指针 Head 自增数值 1。

值得一提的是，这一流程的步骤（3）和（4）是由网卡硬件自动完成的。

至此，网卡已将数据包存入内存空间，随后将生成中断信号通知 CPU，CPU 响应此中断，进入报文接收的第二阶段。

8.5.3　接收报文的第二阶段：Rx ring→sk_buff

CPU 收到网卡发出的中断信号后，将运行网卡中断对应的中断服务程序，进而执行网卡驱动程序。驱动程序将对缓冲池里面的数据包进行处理，随后将其上抛给协议栈。此过程将面临以下几个问题：①当 CPU 不支持中断嵌套时，在中断处理程序中处理网络数据包这种耗时操作会导致 CPU 无法在此期间响应其他硬件中断；②现在的网卡带宽较高，每秒会接收数千个数据包。如果网卡为每个数据包都生成一个中断信号，就会导致 CPU 大部分时间都浪费在中断响应上；③驱动程序如何处理数据包，并将数据包控制器交给协议栈。

1. 中断的上半部和下半部

如果在中断处理程序中处理所接收的数据包，由于此过程可能需要消耗大量的时间，在当前 CPU 不支持中断嵌套的情况下会影响其他中断信号的接收和响应。为了兼顾系统的实时性和并发性，openEuler 将中断处理分为上半部（top half）和下半部（bottom half）。

上半部就是中断处理程序，其只负责快速执行中断响应中的紧急的或轻量级的操作。e1000 网卡的中断处理主体是函数 e1000_intr()，如图 8-60 所示。在中断处理程序中通过写网卡寄存器 IMC（Interrupt Mask Clear）关闭设备的接收中断，随后调用函数 __napi_schedule() 启动用于提高接收网络数据包效率的 NAPI 机制，再由 NAPI 触发软中断，以开启中断处理的下半部。

```
1.    //源文件：drivers/net/ethernet/intel/e1000/e1000_main.c
2.    static irqreturn_t e1000_intr(int irq, void * data) {
3.        ew32(IMC, ~0);        //关网卡中断
4.        //将设备的 NAPI 对象添加到软中断轮询列表并触发软中断
5.        __napi_schedule(&adapter->napi);
6.        ...
7.    }
```

图 8-60 中断处理函数

下半部由上半部激活，用来异步地处理耗时的、非紧急的操作。e1000 网卡的下半部使用软中断实现，该软中断对应函数 net_rx_action()，它在函数 __init net_dev_init() 里注册，如图 8-61 所示。软中断函数 net_rx_action() 使用 NAPI 机制实现对数据包的接收处理。

```
1.    //源文件：net/core/dev.c
2.    static int __init net_dev_init(void) {
3.        open_softirq(NET_RX_SOFTIRQ, net_rx_action);        //注册软中断函数
4.        ...
5.    }
```

图 8-61 软中断处理函数的注册

2. NAPI

1）NAPI 概述

驱动程序可以使用两种方法处理网卡接收到的数据包，分别是中断和轮询（polling）。如前所述，当驱动程序使用中断处理每一个数据包时，网卡产生过多的中断事件，因而导致 CPU 大部分时间都在处理中断响应上。而使用轮询时，驱动程序周期性地检查当前是否接收有数据包，如果有，则处理。轮询的好处是它可以直接查看内存检查是否存在待处理数据包，这在负载较高的场合会比较高效。其缺点是，在负载较低时，驱动程序的大部分轮询可能都没有查到待接收数据包，从而浪费了 CPU 周期。

对此，openEuler 使用折中的 NAPI（New API）机制，尽可能地适应不同的场合。NAPI

的基本思想是：NAPI 在接收数据时挂起网卡中断事件，以停止接收数据包，并开始轮询处理已接收到的数据包。为了避免单次轮询处理时间过长，NAPI 为每次轮询设置处理数据包配额（quota）及超时时间，当不满足任一条件，即退出轮询，这样就能避免驱动程序每接收一个数据包就单独生成中断，从而减少内核处理网卡中断的次数，此外也能避免轮询带来的浪费 CPU 周期的问题。

2）NAPI 的实现

实现 NAPI 机制需要解决两个问题：①如何调用用于接收数据包的轮询函数；②如何判定轮询的结束。

先看一下 NAPI 的相关数据结构，其中有两个重要成员变量，如图 8-62 所示：①成员变量函数指针 poll，它指向轮询回调函数，该轮询函数对应后文图 8-66 里面的函数 e1000_clean_rx_irq()，负责在软中断中接收数据包；②成员变量 weight，它表示每次轮询函数被调用时（一次轮询会多次调用轮询函数）所能处理的最大数据包数目。

```
1.      //源文件：include/linux/netdevice.h
2.      struct napi_struct {
3.          int   ( * poll)(struct napi_struct * , int); //轮询回调函数
4.          int   weight;                                //每次轮询函数所能处理的最大数据包数目
5.          ...
6.      }
```

图 8-62   结构体 NAPI

3）调用轮询函数

从图 8-63 中可以看到，在中断处理函数 e1000_intr()中调用了函数 __napi_schedule()启动 NAPI 机制。函数 __napi_schedule()的主体是函数 __napi_schedule()。在函数 __napi_schedule()中将当前设备的结构体 napi 链入当前 CPU 的 softnet_data 链表，并调用函数 __raise_softirq_irqoff()激活软中断处理函数 net_rx_action()处理下半部任务。

```
1.      //源文件：net/core/dev.c
2.      static inline void __napi_schedule(struct softnet_data * sd,
3.                              struct napi_struct * napi) {
4.          //将当前设备的 napi 添加到 softdata
5.          list_add_tail(&napi -> poll_list, &sd -> poll_list);
6.          __raise_softirq_irqoff(NET_RX_SOFTIRQ);        //触发软中断
7.      }
```

图 8-63   触发软中断

结构体 softnet_data 保存了当前 CPU 所能处理的 NAPI 设备，这三者的关系如图 8-64 所示。软中断处理函数 net_rx_action()会遍历结构体 softnet_data 的成员变量 poll_list 所指的链表找到结构体 napi，并调用结构体 napi 里的 poll()轮询函数接收数据包，如后文的图 8-65 第 8～10 行所示。

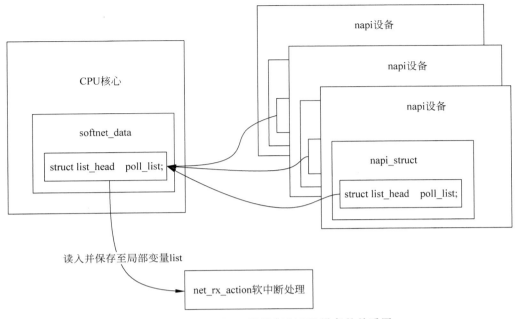

图 8-64　softnet_data、CPU 与 NAPI 设备的关系图

```
1.     //源文件 : net/core/dev.c
2.     int netdev_budget = 300;        //每个设备每次最多只能处理 300 个数据包
3.     static __latent_entropy void net_rx_action(struct softirq_action * h) {
4.         int budget = netdev_budget;
5.         //循环获取 napi 结构,并调用其对应的 poll 函数
6.         for (;;) {
7.             //获取设备的 napi 结构
8.             n = list_first_entry(&list, struct napi_struct, poll_list);
9.             //每次调用轮询函数都会将 budget 减去所处理的数据包个数
10.            budget -= napi_poll(n, &repoll);
11.            //如果当前设备处理的数据包超过 300 个或者超时,就退出当前循环
12.            if (unlikely(budget < = 0 || time_after_eq(jiffies,
13.                                            time_limit))) {
14.                break;
15.            }
16.        }
17.        ...
18.    }
```

图 8-65　软中断处理函数 net_rx_action()

4) 判定轮询的结束

为了避免某个网卡一直占用软中断接收数据,应当有一个决定轮询结束的标准,对此 NAPI 为软中断分配了一个处理数据包的固定配额,即为软中断分配每次能够处理的最大

数据包数目。e1000 网卡驱动程序在图 8-65 第 2 行定义了该配额变量 netdev_budget 的值为 300。

至于如何利用配额结束轮询，这在软中断处理函数 net_rx_action（）里实现，如图 8-65 所示，其步骤为：①找到结构体 napi（第 8 行），调用函数 napi_poll（）启动结构体 napi 里的轮询函数接收数据包。轮询函数会返回此次轮询所处理的数据包个数（一般为结构体 napi 成员变量 weight 的值），如第 10 行；②判断是否已处理的数据包个数超过限额（即第 12 行的 budget<=0），若是，则退出轮询。

为了避免在未消耗完配额前轮询函数就占用太多时间，NAPI 还提供了超时结束轮询的机制，如第 12 行调用宏 time_after_eq（）计算轮询处理时间（e1000 网卡驱动程序设置此超时时限为 2ms）。

3. Rx ring 到 sk_buff

在高效地响应网卡中断、通过软中断接收数据后，还需要通过驱动程序把收到的数据向上传递给协议栈做进一步处理，这里存在两个问题：①对于不同型号的网卡，其用于描述数据包的描述符格式不同，使得协议栈无法直接管理不同格式的描述符；②协议栈处理数据包的这段路径较长，如果在此路径根据描述符处理数据包，会导致描述符被长期占用，使得网卡无法将数据包存入 Rx ring，最终导致丢包。

对此，协议栈定义了在协议栈级别描述数据包的标准格式，即结构体 sk_buff。不同的网卡驱动程序在处理数据包时，为各自格式的描述符对应地创建结构体 sk_buff，并将缓冲区里的数据包复制到结构体 sk_buff 内，随后上抛给协议栈，这使得协议栈能够通过 sk_buff 兼容不同的网卡驱动程序，并能够空出描述符及缓冲区供后续接收的数据包使用。

这个过程包括两步，分别是创建结构体 sk_buff 和缓冲区的释放，它们均在 NAPI 启动的轮询函数中实现（在 e1000 网卡驱动程序中该轮询函数是 e1000_clean_rx_irq（）），如图 8-66 所示。

（1）创建结构体 sk_buff。在第 12 行，驱动程序调用函数 e1000_copybreak（）将 data 指向的内存空间里的数据包复制到新建的结构体 sk_buff 对象 skb。随后，再调用函数 e1000_receive_skb（）将结构体 sk_buff 对象 skb 的指针移交给协议栈，之后协议栈即可根据 sk_buff 对缓冲区里的数据包做进一步处理。值得一提的是，函数 e1000_copybreak（）存在一次内存拷贝操作，这是数据包自网卡转存到内存后涉及的第一次内存拷贝操作。

（2）缓冲区资源的释放。当数据包处理完后即释放缓冲区资源。如第 16 行，调用函数 dma_unmap_single（）解除缓冲区的 DMA 映射。在第 21～22 行，清除当前缓冲区的地址信息。在处理完数据包，即第 10 行的 while 循环结束后，根据变量 i 设置变量 next_to_clean（指针 Tail）指向新的轮询起点，如第 28 行。

至此，驱动程序为每个数据包创建了一个结构体 sk_buff 并将描述符指向的数据包复制到其中，最后其上抛给协议栈，开始进入处理报文接收的第三阶段。

```
1.     //源文件: drivers/net/ethernet/intel/e1000/e1000_main.c
2.     static bool e1000_clean_rx_irq(struct e1000_adapter * adapter,
3.                                     struct e1000_rx_ring * rx_ring,
4.                                     int * work_done, int work_to_do) {
5.         //获取当前要处理的描述符指针,即 Tail 指针
6.         unsigned int i = rx_ring -> next_to_clean;
7.         //根据 Tail 指针获取对应数据包缓冲区信息
8.         struct e1000_rx_buffer * buffer_info = &rx_ring -> buffer_info[i];
9.         //根据描述符状态循环处理所有就绪描述符(DD: Descriptor Done)
10.        while (rx_desc -> status & E1000_RXD_STAT_DD) {
11.            //将 data 指向的内存空间里的数据包复制到新建的 skb
12.            struct sk_buff * skb = e1000_copybreak(adapter, buffer_info,
13.                                        length, data);
14.            //将 sk_buff 上抛给协议栈
15.            e1000_receive_skb(adapter, status, rx_desc -> special, skb);
16.            //解除该数据包缓冲区的 DMA 映射
17.            dma_unmap_single(&pdev -> dev, buffer_info -> dma,
18.                             adapter -> rx_buffer_len,
19.                             DMA_FROM_DEVICE);
20.            //清除缓冲区信息
21.            buffer_info -> dma = 0;
22.            buffer_info -> rxbuf.data = NULL;
23.            //处理下一个描述符
24.            if (++i == rx_ring -> count)
25.                i = 0;
26.        }
27.        //设置下一次轮询时的起点,即设置指针 Tail
28.        rx_ring -> next_to_clean = i;
29.    }
```

图 8-66 轮询函数

8.5.4 接收报文的第三阶段:sk_buff→进程

当协议栈拿到接收数据包的控制权,即拿到描述数据包的结构体 sk_buff 后,将会根据 sk_buff 的结构对其执行拆包操作。接下来简要介绍 sk_buff 的结构及拆包过程。

1. sk_buff

sk_buff 对应已接收或者要发送的数据包。协议栈根据 sk_buff 能够获得数据包的所有信息,包括内存地址、数据包大小等。此外,协议栈还利用 sk_buff 里的指针成员执行拆包操作,从而避免协议栈中每一层的处理都需要执行内存拷贝操作。sk_buff 的结构如图 8-67 所示。

1) next 和 prev

当 UDP 数据包长度超过 IP 层 MTU(Maximum Transmission Unit,最大传输单元)时,它会被协议栈分割成几个分片(fragment)传送(TCP 存在最大分段大小,即 MSS,因此

```
1.      //源文件：include/linux/skbuff.h
2.      struct sk_buff {
3.          union {
4.              struct {
5.                  struct sk_buff      * next;
6.                  struct sk_buff      * prev;
7.                  ...
8.              };
9.              struct rb_node   rbnode;
10.         };
11.         unsigned int    len, data_len;
12.         __u16           transport_header;
13.         __u16           network_header;
14.         __u16           mac_header;
15.         sk_buff_data_t  tail;
16.         sk_buff_data_t  end;
17.         unsigned char   * head, * data;
18.         ...
19.     };
```

图 8-67　结构体 sk_buff

使用 TCP 传输数据时一般不会被分割），每一个分片都对应一个结构体 sk_buff。同一数据包不同分片通过 sk_buff 的成员变量 prev 和 next 组成双向链表，协议栈可以使用这个双向链表把各个分片合并成完整的数据包，然后再转交给上层协议。除非特别指明，以下把数据包和分片统称为数据包。

2）rbnode

这是一个红黑树结构体，跟上述 next 和 prev 双向链表一样用于保存分片。为了提高效率，openEuler 已使用红黑树代替上述双向链表。

3）len 和 data_len

成员变量 len 保存当前协议栈正在处理的数据包大小，它的值随数据包的封装和拆包而变。成员变量 data_len 则保存当前数据包负载（即除去包头以外的数据部分）的长度，是一个定值。

4）transport_header、network_header 以及 mac_header

这三个值是相对于指针 head 的偏移，分别指向缓冲区里数据包的传输层头部、网络层头部以及数据链路层头部。

5）head、data、tail 和 end

成员变量 head 指向缓冲区里保存的数据包的首地址。根据当前协议栈的层次，成员变量 data 指向当前协议层所要处理的头部首地址。成员变量 tail 指向数据包的尾地址。成员变量 end 指向包含数据包的内存块的尾地址。协议栈通过移动成员变量 data 实现不同协议层处理数据包对应的头部。

上述结构体 sk_buff 成员变量对缓冲区数据包的作用如图 8-68 所示。

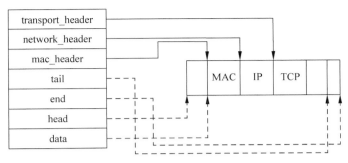

图 8-68　sk_buff 与网络数据包

2．拆包过程

1）驱动层到网络层

驱动程序调用函数 e1000_copybreak()构建一个结构体 sk_buff，以指向保存数据包的内存空间。随后，驱动程序又调用函数 e1000_receive_skb()将结构体 sk_buff 上抛给协议栈，最后协议栈将根据 sk_buff 对数据包进行拆包。

在协议栈真正接收数据包之前，还需对结构体 sk_buff 做一定的处理。如图 8-69 所示，函数__netif_receive_skb_core()会设置 sk_buff 的协议头指针，如果数据包是 vlan（virtual local area network）包，那么还需要去除 vlan 的头部，最后调用函数 deliver_skb()上抛给协议栈的网络层。由于网络层对应有 IPv4、IPv6 或 ARP 等协议，因此不同网络层协议的数据包会由不同的回调函数处理。

```
1.    //源文件：net/core/dev.c
2.     static int __netif_receive_skb_core(struct sk_buff * skb,
3.              bool pfmemalloc, struct packet_type ** ppt_prev) {
4.        //根据公式 skb->network_header = skb->data - skb->head
5.        //计算网络层头部相对于内存区头部的偏移
6.        skb_reset_network_header(skb);
7.        skb = skb_vlan_untag(skb);   //如果数据包是 vlan 包，就去掉 vlan 头部
8.        //将数据包交给具体网络层协议的入口函数，协议包括 IPv4、IPv6 或 ARP 等
9.        deliver_skb();
10.       ...
11.    }
```

图 8-69　从驱动到网络层

2）网络层到传输层

假设数据包在网络层使用 IPv4 协议，那么函数 deliver_skb()将调用 IPv4 的入口函数 ip_local_deliver()对数据包做进一步处理，如图 8-70 所示。该函数会调用函数 ip_is_fragment()判断数据包是否被分片。如果是，就调用函数 ip_defrag()对分片进行重组；否则跳过此步骤。最后，该函数通过调用函数 ip_local_deliver_finish()将结构体 sk_buff 上抛

给传输层。

```
1.    //源文件：net/ipv4/ip_input.c
2.    int ip_local_deliver(struct sk_buff * skb) {
3.        if (ip_is_fragment(ip_hdr(skb))) {        //判断数据包是否分片
4.            //对分片数据包进行重组
5.            ip_defrag(net, skb, IP_DEFRAG_LOCAL_DELIVER);
6.        }
7.        return NF_HOOK(NFPROTO_IPV4, NF_INET_LOCAL_IN,
8.                net, NULL, skb, skb->dev, NULL,
9.                ip_local_deliver_finish);
10.    }
```

图 8-70　从网络层到传输层

3）传输层到接收队列

传输层的协议有 TCP 和 UDP 这两种，这里通过较为简洁的 UDP 介绍接收流程。

UDP 接收数据包的入口函数是 udp_rcv()，实际就是__udp4_lib_rcv()，它做了两件事情，如图 8-71 所示：①对收到的数据包进行校验；②将 sk_buff 添加到接收队列 sock—> sk_receive_queue。

```
1.    //源文件：net/ipv4/udp.c
2.    int __udp4_lib_rcv(struct sk_buff * skb, struct udp_table * udptable,
3.                                                int proto) {
4.        if (udp4_csum_init(skb, uh, proto))        //校验数据包
5.            goto csum_error;
6.        //根据 uh->source 和 uh->dest 查找 udptable 获得结构体 sock
7.        struct sock * sk = __udp4_lib_lookup_skb(skb, uh->source,
8.                                        uh->dest, udptable);
9.        udp_unicast_rcv_skb(sk, skb, uh);        //将 skb 存入 sk 的接收队列
10.    }
```

图 8-71　传输层到套接字

在函数__udp4_lib_rcv()中，首先调用函数 udp4_csum_init()校验数据包，若校验值出错，那么将直接退出执行流程。随后调用函数__udp4_lib_lookup_skb()查找 udp_table（哈希表），以找到当前数据包所属的"连接"（即结构体 sock），最后调用函数 udp_unicast_rcv_skb()将 sk_buff 添加到 sock 接收队列。

结构体 sock 的接收队列相当于协议栈与进程之间的缓冲池，协议栈将处理完的数据包添加到连接对应的接收队列，而进程则使用阻塞或者轮询的方式从该接收队列读取数据，如图 8-72 所示。

4）接收队列到进程

协议栈解析完数据包后将其存入 Socket 的接收队列，此时等待应用来接收数据包。如

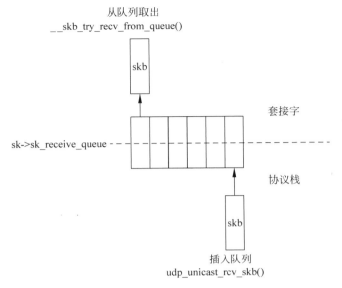

图 8-72　结构体 sock 的接收队列

8.4.3 节提到的,进程在调用函数 recvfrom()接收数据包时,会调用函数 __skb_try_recv_from_queue()从接收队列中获取数据包。随后,在函数 recvfrom()里面调用函数 move_addr_to_user()将数据包从内核空间复制到用户空间,最后再返回用户进程。

至此,从网卡接收数据包到最后用户拿到数据的完整接收流程就结束了。

8.6　新型网络加速技术

随着以太网技术的发展,网卡带宽迅速增长。目前,10Gb/s 网卡已在数据中心(Data Center)普及,100Gb/s 网卡的应用也已成为趋势。然而,相较于网络硬件性能的快速增长,随着摩尔定律的失效,CPU 的性能增速放缓。在使用这些高性能网卡进行通信的服务器中,基于操作系统内核的 TCP/IP 协议栈主要在主机 CPU 上,以软件的方式进行处理。由于网络带宽、处理器性能的发展失衡,基于内核的网络软处理开销已经构成网络 I/O 开销的主要方面,日益成为服务器中新的性能瓶颈。同时,随着物联网时代的到来,接入互联网的设备越来越多,网络流量也越来越大,网络 I/O 处理消耗了大量的主机 CPU 周期,使得留给应用逻辑的 CPU 周期变得紧张。为了应对这些挑战,学术界和产业界从硬件和软件两方面探索了一系列的新型网络加速技术。本节将简要介绍一些主流的网络加速技术,重点阐述它们解决上述挑战的基本思路。

8.6.1 RDMA

1. 概述

在传统的基于 TCP/IP 的网络中,网卡仅实现数据链路层和物理层的功能,而主机 CPU 负责处理协议栈中更高层次的逻辑。网络报文在处理的过程中,需要在网卡缓存、内核空间和用户空间之间来回复制,给主机 CPU 和内存带来了沉重的负荷。特别地,由于网卡带宽、处理器性能和内存带宽三者的不匹配,使得网络 I/O 性能问题日益突出。

在这样的背景下,提出了一种新型网络通信技术——RDMA(Remote Direct Memory Access,远程内存直接访问)。类似 DMA 允许在没有主机 CPU 的参与下,I/O 设备与主机内存之间直接进行数据传输,RDMA 允许位于不同主机的两个应用程序在它们的用户空间之间直接传输数据,而不需要主机 CPU 的参与。也就是说,RDMA 是一种 host-bypass 技术。在实现上,RDMA 协议通常固化在网卡上。RDMA 的工作原理如图 8-73 所示。

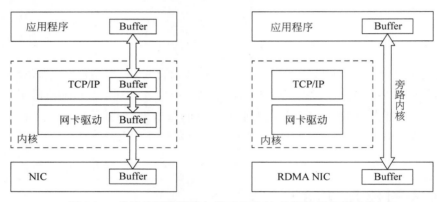

图 8-73　传统的网络通信与基于 RDMA 的网络通信的对比

其优势体现在以下三个方面。①绕过主机 CPU。应用程序可以直接访问远程主机中的内存,而不消耗远程主机的 CPU 周期。②绕过内核。应用程序之间直接在用户空间进行数据传输,而不涉及内核态与用户态的切换。③零拷贝。应用程序只需将数据发送到缓冲区或从缓冲区接收数据。数据不需要在用户空间和内核空间来回拷贝。

RDMA 有三种不同的实现方式,分别是 IB(InfiniBand)、RoCE(RDMA over Converged Ethernet,一种基于以太网的 RDMA 协议)以及 iWARP(internet Wide Area RDMA Protocol,一种跨网的 RDMA 协议),如图 8-74 所示。①IB 是 RDMA 的标准实现。在以太网的设计中,优先考虑的是如何兼容不同的系统流畅地进行信息交换。而 IB 设计的出发点是,如何将属于同一个系统但分布在不同机器上的各个部件整合起来,使得这些部件之间的通信像位于同一块电路板上一样。IB 是新一代网络技术,采用平面的网络结构,具有极低的网络延迟。在需要多个节点共同完成一个计算任务且对网络延迟非常敏感的高性能计算场景中,IB 是主要的网络方案。但是,IB 网络需要专门的网卡和交换机进行支持。②RoCE

支持在以太网网络中使用 RDMA,具有 RoCEv1、RoCEv2 两个版本。其中,RoCEv1 不支持 IP 路由功能,只能用于局域网中;而 RoCEv2 将 IB 网络层替换为 IP 和 UDP,从而可以用于跨网络通信。RoCE 通过复用现有的以太网网络实现内核旁路方案,其性能比 IB 稍差。③iWARP 则直接复用 TCP 和 IP,在 TCP 之上新增了实现 RDMA 功能的 iWARP。iWARP 可以完全复用现有的网络基础设施实现 RDMA 方案,只是要求网卡支持 iWARP。

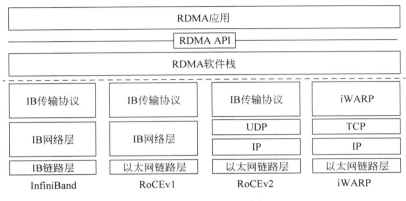

图 8-74 RDMA 的几种实现

2. 数据的收发

RDMA 实现的主要挑战:①发送端应该将数据送往接收端内存的哪个位置,并且它如何获得对端内存的访问权限;②由于 RDMA 采用异步的消息机制,当网卡异步地收发消息时,应该如何组织和管理消息,才能使收发更加高效。

1) 内存注册

RDMA 数据收发的本质是对远端主机内存的直接访问。为了实现这一目标,RDMA 使用了内存注册(Memory Registration,MR)技术。借助 RDMA 库,应用程序使用 MR 将内存与称为键(key)的某个数值绑定起来,并将结果注册到网卡上。拥有 key 就表示拥有该内存的访问权限,即主机能够根据 key 访问内存。key 又分为 local key 和 remote key,它们分别为本地主机和远端主机所使用。

使用 RDMA 通信前,本地主机需要获取远端主机的 remote key 才能访问远端主机上对应的内存。在通信时,本地主机将附带 remote key 的内存访问消息发送到远端主机,随后远端主机的网卡根据 remote key 访问其绑定的内存。

2) 队列

由于 RDMA 采用了异步的消息机制,因此应该将收发的消息缓存起来。为此,RDMA 使用队列完成缓冲功能,其中包括发送队列(Send Queue,SQ)、接收队列(Receive Queue,RQ)和完成队列(Completion Queue,CQ),其中 SQ 和 RQ 统称为工作队列(Work Queue,WQ)。这三种队列都保存在网卡内部,进程使用 MMIO 访问它们。SQ 和 RQ 用来保存主机发送的或接收的工作请求(Work Request,WR),其中 WR 可以是读或写操作,保存在 CQ

里面的 WR 也被称作工作队列元素(WQE)。此外,WR 对应的工作模式可以是单边(one-sided)或双边(two-sided)操作(单边和双边操作根据通信双方是否参与通信而定)。CQ 则用来保存 WR 被处理完后所产生的完成队列元素(Completion Queue Element,CQE)。

　　双方主机建立 RDMA 通信时,两端分别创建一对 SQ 和 RQ,其中本地 SQ 与远端 RQ 组合成一条单工通信的发送逻辑链路,而本地 RQ 和远端 SQ 则组合成一条接收链路。一对 SQ 和 RQ 也被合称为 QP(Queue Pair)。RDMA 工作模型可以看作生产者-消费者模型,当要执行写操作时,发送端使用 Send 动词产生一个 WR 并将其存入 SQ(生产),随后网卡将其发送到远端主机(消费)。当写操作结束后,网卡会生成一个 CQE 并存入 CQ(生产),随后网卡再将 CQE 保存的结果返回给进程(消费),这个过程如图 8-75 所示。

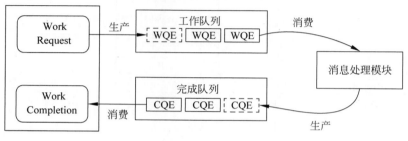

图 8-75　队列工作模型

3. RDMA 小结

　　RDMA 是一种新型网络技术,允许应用程序绕过内核并且无须 CPU 的干预就能访问远端主机的内存。RDMA 具有极低的网络延迟。RDMA 需要专门硬件(网卡或交换机)的支持,因此部署 RDMA 网络具有较高的成本。RDMA 常用于对延迟较为敏感的高性能计算场景。

8.6.2　DPDK

1. 基本知识

　　在传统的网络子系统中,数据面(网络处理功能)和控制面(内核的管理和调度功能)紧密地耦合在一起,导致许多昂贵的软件开销。例如,应用程序在收发数据时,需要多次通过系统调用陷入内核;操作系统在处理网络报文时,涉及多次内核空间和用户空间的数据复制。随着高性能网络的发展,将传统的网络 I/O 路径从内核中分离出来,将数据面和控制面进行解耦,成为一种新的趋势。

　　DPDK(Data Plane Development Kit)是 Intel 提供的用户态数据面解决方案。DPDK 将数据面从内核中分离出来,而将访问控制和硬件配置等控制面功能依然保留在内核中。DPDK 架构与传统网络架构的对比如图 8-76 所示。在实现上,DPDK 提供一个能够直接与硬件设备进行交互的用户态库,使得应用程序可以直接操作 I/O 数据;在用户空间重载了网卡驱动;摒弃了 Linux 内核协议栈,而采用用户态的协议栈。在收到数据包后,用户态的网卡驱动将数据包直接存入应用程序的缓存。应用程序通过 DPDK 提供的接口,直接从内存读取数据包。DPDK 在用户空间进行收发包处理,带来了零复制、无系统调用的好处。此外,DPDK 针对现代 CPU 的体系结构进行了优化,例如,在 SMP 系统中,使 CPU 尽可能使用其所在 NUMA 节点的内存;使用免锁技术缓和多核环境中锁争用导致的性能开销;使用大页机制,减少内存访问。

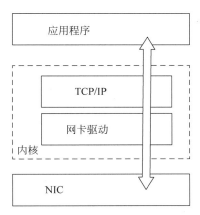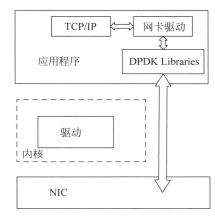

图 8-76　DPDK 架构与传统网络架构的对比

2．工作原理

DPDK 实现的主要挑战包括:①如何让网卡驱动运行在用户空间;②DPDK 如何高效地处理数据包。下文将简要介绍 DPDK 解决上述挑战的两种机制。

1）uio

为了让网卡驱动运行在用户空间,openEuler 提供了 uio（userspace I/O)机制。uio 的结构如图 8-77 所示。

uio 通过 mmap 技术将设备内部的存储空间(如 PCIe 设备配置空间中的寄存器)映射到用户空间地址,并组织成文件的形式供应用程序使用。图 8-77 中,文件/dev/uioX(X 是数字,代表 uio 设备的编号)是用户空间连接内核空间的接口,应用程序使用函数 read()读取文件/dev/uioX,最终达到访问设备的目的。

2）PMD

为了避免接收数据包时频繁处理中断,DPDK 使用 uio 驱动程序屏蔽了网卡中断,改用轮询方式接收数据包。对此,

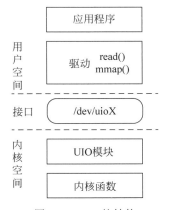

图 8-77　uio 的结构

DPDK 使用了 PMD(Poll Mode Driver)。PMD 是 DPDK 的一个用户态库,它支持以轮询的方式直接访问保存在用户态内存空间的 Rx ring 描述符。

PMD 在多核(multi-core)的情况下有两种工作模式,分别是 run-to-completion(运行至结束)以及 pipe-line(流水线)。在 run-to-completion 模式下接收数据包时,每个核分别轮询

一个 Rx ring,并处理该 Rx ring 的可用描述符;而在 pipe-line 模式下则用一个核轮询多个
Rx ring,随后将可用的描述符通过队列的方式传递给其他核做进一步的处理。

PMD 的轮询模式在无数据包接收时也会占用 CPU,使得 CPU 处于空转状态,带来计
算资源和能耗上的浪费。为此,人们推出了 interrupt DPDK。这种模式类似于 NAPI,在有
数据接收时处于轮询模式,在无数据接收时就让 CPU 处于 idle 状态。

3. DPDK 小结

DPDK 通过将数据面与控制面分离,节省了系统调用时间、内存拷贝时间,向应用层提
供了高效的网络 I/O 处理。然而,由于需要重载网卡驱动,因此 DPDK 只适用于部分采用
Intel 网络处理芯片的网卡中。

8.6.3 智能网卡

1. 基本知识

在数据中心,网络基础设施主要基于通用处理器以软件的方式实现。随着数据中心网
络流量的日益增加以及网络功能的日益复杂(如虚拟交换机、虚拟防火墙等网络虚拟化功能
的出现),端系统的网络协议栈处理速度难以与高性能网络硬件的处理速度相匹配。同时,
服务器将大量的 CPU 周期用于网络 I/O 处理,使得留给应用逻辑的 CPU 周期变得紧张。
此外,在硬件方面,随着摩尔定律的失效,CPU 的性能提升逐渐放缓;在应用方面,大数据
和人工智能对算力的需求与日俱增。也就是说,仅依靠 CPU 性能的提升,已经难以满足业
界对网络性能和功能的需求。在这样的背景下,智能网卡(Smart NIC)应运而生。

传统的网卡仅实现数据链路层和物理层的功能,而由主机 CPU 以软件的方式实现网
络协议栈的其他功能。智能网卡除了具备二层转发功能,还能支持协议栈、网络虚拟化等功
能的处理。由于用户对网络功能的需求可能日新月异(例如,SDN 协议栈支持的网络功能
可能需要以月为周期,进行频繁的迭代),智能网卡通常集成了通用计算单元,因而具备可编
程能力。用户可以根据业务需要,动态地对智能网卡的通用计算单元进行编程重写,实现定
制化的处理逻辑。将部分传统的、由主机 CPU 处理的网络功能(如虚拟交换机、负载均
衡),甚至通用计算任务卸载到智能网卡,已经成为释放服务器 CPU 的算力、改善服务器性
能的新途径。

根据架构的不同,智能网卡可分为 ASIC(Application Specific Integrated Circuit)、
FPGA(Field Programmable Gate Array)和 SoC(System on Chip)三类。其中 ASIC 类智能
网卡性能好,但由于 ASIC 芯片的生产周期往往需要数年时间,这类网卡灵活性较差,难以
适应网络功能的快速更新需求。FPGA 类智能网卡的性能与 ASIC 类比较接近,但需要采
用 VHDL 等硬件描述语言重写卸载的网络功能,编程门槛较高。SoC 类智能网卡基于通用
CPU 实现计算卸载,其性能不如基于硬件逻辑的 ASIC、FPGA 类智能网卡。但是,SoC 类
智能网卡能够运行通用的操作系统(如 Linux),使得运行于主机上的程序在重新编译后,即
可运行在智能网卡上。因此,SoC 类智能网卡易于编程、灵活性好。

　　SoC 类智能网卡由于具备良好的可编程性,受到了越来越多的关注。如图 8-78 所示,根据通用计算单元是否出现在 I/O 路径上,SoC 类智能网卡可进一步分为 on-path 和 off-path 两类[6]。对于 on-path 类智能网卡,由于网卡中的通用计算单元(网卡 CPU)出现在 I/O 路径上,因此可以利用网卡临近端口的特点,实现近数据(near-data)的计算。接收到的网络流量可先在网卡的通用计算单元中进行处理,从而减少甚至避免跨 PCIe 的数据传输。on-path 类智能网卡的弊端在于,由于网卡上计算与通信功能的耦合,卸载的计算与网卡的通信职能之间具有资源的争用。在 off-path 类智能网卡中,一个网卡内部的交换机(switch)负责在网卡 CPU 和主机 CPU 之间分发网络流量。off-path 类网卡的优势在于,在网卡内部实现了通信与计算功能的解耦。同时,通过设置网卡内部交换机的规则,可以灵活地在网卡 CPU 和主机 CPU 之间分发网络流量。

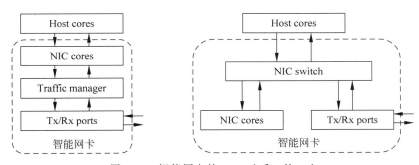

图 8-78　智能网卡的 on-path 和 off-path

2. 智能网卡的应用

　　在此,以设计 key-value store(kv-store)系统为例,阐述智能网卡的两个应用方案：①将部分计算卸载到智能网卡[7]；②将网卡作为缓存(cache)[8]。

　　(1) 在功能逻辑上,kv-store 可以分为两部分：计算哈希值,以及执行增/删/改/查操作。在 kv-store 系统中使用智能网卡时,可将计算哈希值这一计算任务交由网卡 CPU 计算。网卡在接收到请求后做哈希计算,随后将计算结果通过 DMA 跨 PCIe 导向空闲的任务请求队列,其中不同的队列对应不同的 CPU。主机 CPU 执行完业务操作后再将其存入任务返回队列,最后由网卡 CPU 获取结果再返回给客户端。该方案利用网卡 CPU 分担了主机 CPU 的部分计算任务,并且将其导向空闲队列,以提高系统吞吐量(throughput)。整个流程如图 8-79 所示。

　　(2) 利用智能网卡邻近端口的特点,可将智能网卡作为一个缓存系统,用来缓存部分客户端频繁请求的数据,如图 8-80 所示。当网卡缓存命中(hit)时,直接返回数据而无须跨 PCIe 传输请求。当网卡缓存缺失(miss)时,再向主机 CPU 发送请求。在主机 CPU 处理完后,网卡再从内存队列获取数据,在更新缓存后再将数据返回给客户端。基于二八定律,即 80% 的请求对应 20% 的数据,将智能网卡作为一个 cache,能够避免大量的跨 PCIe 数据传输。

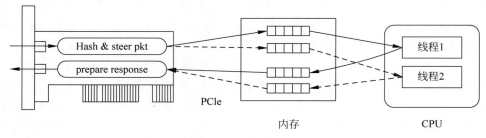

图 8-79　处理计算任务的智能网卡

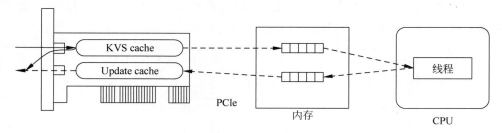

图 8-80　作为 cache 的智能网卡

3．智能网卡小结

智能网卡内部集成了计算单元,使得其具备一定的计算能力,在收发数据时能够对数据包进行一定程度上的处理。通过将部分计算任务卸载到智能网卡上,能够减少通过 PCIe 总线的数据量并解放了 CPU 部分算力。目前,智能网卡越来越多地应用在数据中心等有高速网络需求的场景。虽然这种新型异构计算单元的应用方式目前还处在探索阶段,但在可预见的未来,智能网卡肯定会在高性能网络解决方案中占有重要一席。

8.6.4　SDN

1．基本知识

随着网络设备不断增多,数据中心上的流量呈爆炸式增长。虽然计算机各项技术都取得了长足的进步,但是,网络设备的软硬件生态过于封闭,导致网络协议严重滞后于硬件基础设施和应用程序的发展。以往的网络设备主要以静态的等级结构组织起来,但是当网络规模不断扩大且网络设备不断增多时,这种管理模式会带来网络维护成本高、容易出错等问题。对此,人们需要一种能够动态调整网络架构的方法,并能够从全局上对网络设备进行整体部署,以满足数据中心的需要。为了解决此问题,人们尝试改变通信设备的管理方式,让通信设备的控制平面(Control Plane)与数据平面(Data Plane)进行解耦,并将网络上所有通信设备的控制平面集中起来实现统一的管理,如图 8-81 所示。这种方式能够收集网络上的通信状态,根据网络状态动态地调整通信设备的转发规则,以达到整体最佳的通信性能。这种使用动态、可编程的网络配置方法管理网络以提高网络性能的技术,叫作软件定义网络

(Software Defined Network,SDN)。

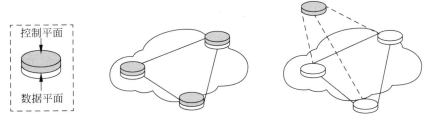

图 8-81 控制平面的转换

2. 工作原理

SDN 的架构分为三层,各层之间通过协议无关的接口进行通信,如图 8-82 所示。基础设施层是实际做数据转发的通信设备,控制层是控制平台,应用层是网络管理应用。基础设施层的通信设备通过南向接口(Southbound Interface)接收上层发送过来的规则(rule)进行数据包的过滤和转发。应用层中的应用是用户编写的网络控制应用,通过北向接口(Northbound Interface)将应用的控制逻辑发送到控制层。中间的控制层是 SDN 的核心,它负责把应用层发送的逻辑转换成规则、对网络设备的控制以及对网络设备信息的收集等功能。层与层之间通过协议无关的接口进行通信。下面简要介绍这三个层次。

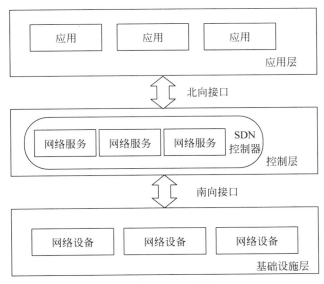

图 8-82 SDN 架构

1) 基础设施层

传统的网络设备(交换机和路由器)是通过自学习的方式建立转发表,这种方式会使得用于控制转发的转发表(控制平面)与实际转发数据包的交换机内部处理单元(数据平面)耦合在一起。为了让控制平面和数据平面相解耦,人们修改网络设备,在其中添加接口层以接收控制层发送过来的规则,使得网络设备只根据规则专注于数据包的转发即可。

2)控制层

控制层的设计又分为三个部分,分别是南向技术、北向技术以及东西向技术。其中,南向技术用于对基础设施层的网络设备进行管理,包括拓扑管理、表项下发及策略制订等。南向技术的典型实现是 OpenFlow,它实现了南向技术所需的标准功能,其表项如图 8-83 所示。北向技术是面向用户应用的,它通过北向接口向用户提供全局可用的网络资源,使得用户可以通过软件编程的形式组织和部署网络资源。

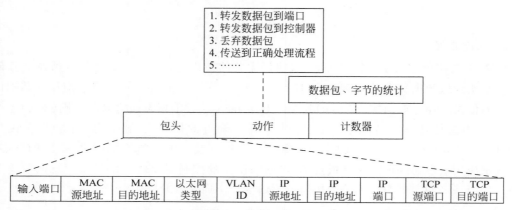

图 8-83　OpenFlow 条目

东西向技术用于多控制器的场合。控制器的部署可以分为单控制器和多控制器。如果在大型网络部署单控制器,而一个大型网络由多个小型网络组成,那么控制器与各网络内部交换机的通信会有较大的延时,如图 8-84 所示。此外,部署单控制器会有单点失效问题,从而带来可靠性及可扩展性问题。因此,单控制器比较适合小型网络且稳定性要求不那么高的场合。

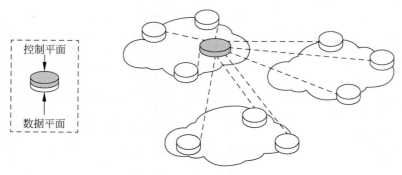

图 8-84　单控制器方案

为了避免上述问题,人们采用了多控制器的部署方案,如图 8-85 所示。采用多控制器方案时,控制器之间的通信技术即东西向技术。多控制器之间的地位是平等的,它们在各自的网络收集信息,并与相邻控制器进行同步,使得各控制器均保存了全局信息。

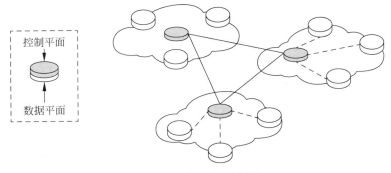

图 8-85　多控制器方案

3）应用层

应用层是一个开放的领域,开发者可以基于控制器所开放出的接口设计应用,应用可以访问全局网络资源。应用层可以看作一个客户端,它访问 SDN 服务器所提供的服务以实现相应功能。应用层的应用可以是用于监控节点、统计流量的网络可视化工具,也可以是用于网络性能自动调优的自动化工具。

3. SDN 小结

SDN 被 MIT Technology Review 于 2009 年评为"全球十大突破性技术",它通过将网络设备的控制平面与数据平面相分离,将所有网络设备的控制平面进行集中管理,从而能够根据全局信息做出全局较优的决策。SDN 能够在较大程度上开放网络资源给开发者,使其能够在 SDN 提供的控制器之上开发各种个性化应用,从而避免了传统静态网络部署时带来的部署困难且易错等缺点,目前作为主流前沿技术受到学术界和工业界的青睐。

本章小结

本章 8.1 节与 8.2 节介绍了网络协议栈的相关内容,自底向上地分析了各层协议的特点、所解决的问题、所面临的挑战及其解决方法。8.3 节介绍了设备驱动程序如何注册到总线驱动程序,以及设备驱动程序如何对网卡进行初始化以使得网卡进入可工作的状态。随后,8.4 节介绍了用户与协议栈之间的套接字接口和 Socket 连接的概念,详细分析了 Socket 连接的建立与关闭所涉及的细节,以及数据接收时用到的 I/O 模型。

在具体介绍了驱动、协议栈以及 Socket 之后,8.5 节详述了操作系统中数据包的接收路径,包括网卡使用 DMA 将数据包复制到 Rx ring、驱动程序将数据包从 Rx ring 上抛到协议栈,最后协议栈再将数据包传输到用户进程。其间至少经历了三次数据复制,包括从

DMA 到 Rx ring、从 Rx ring 到 sk_buff、最后再从内核态的 sk_buff 到用户态的内存空间。此外,当用户所调用的 Socket 接口从接收队列拿到数据时,会从内核空间返回用户空间,因此还经历了一次进程上下文切换。

  8.6 节介绍了若干新型网络加速技术,其中包括能够旁路远端主机 CPU 的 RDMA 技术、实现用户态驱动和协议栈的 DPDK、能够承担部分计算任务的智能网卡,以及能够获取整个网络的全局信息并相应做出智能决策的 SDN 技术。这些新型网络技术必将有力地推动整个计算机行业向前发展。

第 9 章

系统虚拟化

在计算机发展初期,大多数计算机是昂贵的大型机,不同的用户在大型机上运行各自的应用程序。由于不同用户的应用程序可能是基于不同的操作系统开发,人们希望在一台机器上运行不同的操作系统。在这样的背景下,系统虚拟化技术应运而生:它通过引入一个新的虚拟化层,为多个操作系统及其应用提供对底层硬件的复用。实际上,本书前面章节讲述的进程、地址空间等概念都属于虚拟化的大类范畴:它们为多个应用程序虚拟出独占的逻辑 CPU 和地址空间,实现了对 CPU、物理内存的复用。区别于上述概念,系统虚拟化技术抽象的粒度是整个计算机,它要为多个操作系统提供对整个计算机的复用,并为每个操作系统制造其独占整个机器的假象。本章先介绍常见的系统虚拟化概念,再着重介绍虚拟机监视器(Virtual Machine Monitor,VMM)对物理资源进行虚拟化的三个基本任务:CPU 虚拟化、内存虚拟化、I/O 虚拟化,并结合较成熟的虚拟化实现技术 QEMU 与 KVM(基于内核的虚拟机)介绍虚拟化的实现原理,最后介绍 openEuler 的虚拟化平台——StratoVirt。

9.1　虚拟机监视器

为了在机器上运行多个操作系统并为这些操作系统及其应用提供对底层硬件的复用,系统虚拟化技术引入了一个虚拟化层——VMM,又称 Hypervisor,实现对计算机硬件资源的模拟、隔离和共享。

9.1.1　基本概念

虚拟化是指把实体计算机的物理资源抽象成逻辑资源,基于这些逻辑资源构建与实体计算机架构类似、功能等价的逻辑计算机。虚拟化技术是指采用纯软件或软硬件结合的技术方法,实现计算机物理资源的模拟、隔离和共享。计算机的各种物理资源(如 CPU、内存、磁盘、网络适配器等)进行虚拟化抽象后,可供分割、组合为多个或一个计算环境,以此打破物理资源间不可分割的障碍,提高物理资源的利用率。此外,虚拟化屏蔽了物理资源的构成细节,使得资源可以被更便捷、更安全地使用。

广义地讲,虚拟化并不指代某项具体的技术,也没有唯一的定义,所有对计算机资源进行抽象的技术都可以称为虚拟化技术。本章介绍的系统虚拟化技术,其抽象的粒度是整个计算机。它是指为多个操作系统提供对整个计算机的复用，并为每个操作系统制造其独占整个机器的假象。它通过引入一个虚拟化层，在一台物理机上模拟出一个或多个虚拟的计算机，这些计算机称为虚拟机（Virtual Machine，VM）。每个虚拟机都拥有属于自己的虚拟硬件和独立的运行环境。其中，物理机一般又被称为宿主机（Host），而虚拟机可被称为客户机（Guest）；运行在宿主机上的操作系统被称为宿主机操作系统（Host OS），而运行在虚拟机中的操作系统被称为客户机操作系统（Guest OS）。VMM 作为硬件的控制者和虚拟机的管理者，其主要有三个设计目标。

（1）同质性：指应用系统程序在虚拟机上运行时，除时间因素和资源可用性外，表现与在物理机上运行一致。

（2）资源受控性：指 VMM 全权管理物理机硬件资源，虚拟机不可直接访问和操作不属于自己的硬件资源。

（3）高效性：指虚拟机中所运行程序的性能应接近于同等配置物理机上直接运行程序的性能。

9.1.2　虚拟化的好处

系统虚拟化技术带来的好处主要包括以下三个方面。

1. 资源利用率高

没有使用系统虚拟化的计算机单次只能运行一个操作系统，且通常无法支持基于其他操作系统开发的程序。在企业场景下，为保证客户服务性能，未使用虚拟化技术的服务器一般只能被一个客户独占。当服务器资源大于客户计算需求的情况下，将导致大量计算资源被浪费。而利用系统虚拟化技术则可以在一台物理机上运行多个虚拟机。每个虚拟机服务于一个客户，可根据客户需求设置计算资源，以提高资源利用率。

2. 具有灵活性

在虚拟化技术的支持下，计算机资源可以被随意地拆分、组合，来适应不同场景下的业务需求。此外，灵活性还体现在对于虚拟机的监视和操作方面：通过在虚拟化层加入各种功能，可实现虚拟机的实例克隆、状态监控、快速启动或挂起等操作。另外，快照恢复、动态迁移等功能还可以减少生产事故的发生，提高系统的可靠性。例如，如果正在执行计算任务的虚拟机突然遭遇磁盘故障，VMM 可以通过调用存储在其他物理机上的备份数据来进行恢复。

3. 具有隔离性

虚拟化技术的隔离性体现在两方面：硬件与软件之间的隔离以及软件与软件之间的隔离。硬件与软件之间的隔离带来的好处是：VMM 可根据虚拟机计算负载的大小，动态地对其虚拟硬件环境进行调整，而无须考虑物理硬件的结构。

软件与软件之间的隔离主要体现在虚拟机之间的隔离上。在 VMM 的监督下，各虚拟机执行的敏感指令只会影响自己的 CPU、内存等资源，而无法影响属于其他虚拟机的核心资源。另外,某一台虚拟机感染病毒或遭遇崩溃时,不会影响处在同一物理机上其他虚拟机的运行。

9.1.3　虚拟化的类型

系统虚拟化技术方案繁多,可以从不同的角度加以分类。总体上,系统虚拟化技术可分为全虚拟化(Full Virtualization)和半虚拟化(Para Virtualization)技术两大类。并且,当代 VMM 也都积极地借助硬件特性提高自身性能。利用对虚拟化提供支持的硬件特性实现虚拟化的技术被统称为硬件辅助虚拟化(Hardware-assisted Virtualization),其在全虚拟化和半虚拟化方案中都有体现。另外,根据软件架构(主要考虑 VMM 在计算机系统中的位置),系统虚拟化技术又分为裸金属(Bare Metal)架构和寄居(Hosted)架构。在裸金属架构中,VMM 位于客户机操作系统与底层硬件之间,直接管理硬件,该架构下的 VMM 被称为第一类虚拟机监视器(Type 1 VMM);在寄居架构中,VMM 是运行在宿主机操作系统之上的软件,间接管理硬件,被称为第二类虚拟机监视器(Type 2 VMM)。

1. 全虚拟化与半虚拟化

(1)全虚拟化。在全虚拟化结构下虚拟出的硬件环境与真实物理机的环境是同质的,因此客户机操作系统不知道自己运行在虚拟的环境中,也无须对其操作系统进行任何更改。使用纯软件的方式实现全虚拟化的方法是:VMM 为虚拟机模拟出硬件环境,接收虚拟机的硬件请求,并转发到真正的硬件上。最直接的模拟方法是解释执行:将虚拟机的每一条指令解码为对应的执行函数,由 VMM 负责执行。这种方式的优点是兼容性好,缺点是性能低下。后来又出现了动态翻译、扫描与修补等技术,虽提高了指令模拟的效率,但效果仍不理想。支持纯软件实现全虚拟化的代表方案是快速模拟器(Quick Emulator,QEMU)。

全虚拟化的实现与计算机硬件结构具有强相关性。早期的 ARM 处理器在设计硬件结构时缺乏对虚拟化技术的支持,而纯软件虚拟化技术实现复杂,且运行效率低下。为解决这一问题,硬件辅助虚拟化技术应运而生。相较早期的 ARM 处理器,基于 ARMv8.4 架构的鲲鹏处理器加入了许多对虚拟化技术的硬件支持,包括异常级别的设计、指令集扩展及专用寄存器等。硬件辅助降低了 VMM 实现的复杂度,以往依赖纯软件进行的复杂操作可直接使用专用指令让硬件自动执行,使得虚拟机的运行效率及稳定性得到提升。

(2)半虚拟化,又称为“协同虚拟化”。客户机操作系统能够意识到自己处于虚拟化环境,其所在的虚拟化环境中的部分硬件抽象与真实硬件是不同的,不满足同质性。因此,客户机操作系统也需要进行一些修改来适配环境,这是与全虚拟化技术最大的区别。半虚拟化的实现机制是修改供虚拟机使用的硬件抽象,用来避开硬件存在的虚拟化漏洞,并在客户机操作系统中加入虚拟化指令,使得客户机操作系统可以请求 VMM 辅助访问硬件。硬件的抽象可以是多种多样的,但与真实硬件差别越大,需修改的客户机操作系统代码越多。这样做的好处是免除了 VMM 模拟指令的开销,提高了 CPU 利用效率,坏处是修改操作系统会带来额外工作量。

全虚拟化与半虚拟化技术各有特点。全虚拟化技术是利用软件或硬件辅助的方式为虚拟机模拟出真实的硬件环境,它不要求修改客户机操作系统,而是让硬件和 VMM 去适配客户机操作系统。半虚拟化技术需要将运行于物理机上的操作系统修改为适应虚拟化环境的操作系统,因此可以为不同的需求定制最优化的硬件抽象接口,最大限度地提升虚拟化系统的性能。半虚拟化技术下的客户机操作系统可以和 VMM 相互配合,一起实现对硬件资源的高效访问,这也是半虚拟化又被称为"协同虚拟化"的原因。

2. Type 1 VMM 与 Type 2 VMM

全虚拟化与半虚拟化是系统虚拟化的两个分类,而系统虚拟化技术实现的核心是VMM。如前所述,从软件架构角度来看,VMM 主要有两种类型:Type 1 VMM(裸金属架构 VMM)和 Type 2 VMM(寄居架构 VMM)。

首先介绍个人计算机上常用的 Type 2 VMM,其架构如图 9-1 所示。VMM 作为一个应用程序运行在宿主机操作系统之上,并不直接管理硬件资源,而是利用宿主机操作系统与硬件交互,这会导致性能和安全性的下降。例如,在内存虚拟化方面,虚拟机中用到的内存地址需要经过三次转换。第一次转换是客户机虚拟地址(Guest Virtual Address,GVA)向客户机物理地址(Guest Physical Address,GPA)转换,第二次是客户机物理地址向宿主机虚拟地址(Host Virtual Address,HVA)转换,第三次是宿主机虚拟地址向宿主机物理地址(Host Physical Address,HPA)转换,每次转换都会造成一定的性能

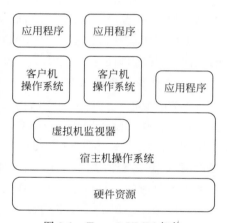

图 9-1　Type 2 VMM 架构

开销。Type 2 VMM 的优点是使用方便,安装卸载都十分方便,不会影响宿主机操作系统的正常运行。例如,用户可以在 Windows 或 Linux 系统中安装软件 VMware Workstation,并利用它创建和管理多个虚拟机。常见的 Type 2 VMM 软件还有 VirtualBox、Virtual PC等,它们都支持基于硬件辅助实现的全虚拟化。

在服务器中常用的是 Type 1 VMM,这类 VMM 直接运行在硬件之上,管理底层硬件,并监管上层虚拟机,如图 9-2 所示。Type 1 VMM 较 Type 2 VMM 在性能、安全性、隔离性等多个方面都有优势。例如,同样是在内存管理方面,虚拟机的虚拟内存地址到真正的物理地址只需要两次转换,减少了从客户机物理地址到宿主机虚拟地址转换的开销。在安全方面,Type 1 VMM 也更具优势。操作系统总是存在各种安全问题和漏洞,比如木马病毒可利用 Linux 的账号漏洞获取管理员特权,或是利用内核漏洞越过 Linux 自带的安全防护系统等。所以,相较于依赖宿主机操作系统的 Type 2 VMM,直接管理硬件的 Type 1 VMM更不容易让恶意软件影响到硬件或是其他虚拟机,安全性更好。典型的 Type 1 VMM 有早期的 Xen、VMware vSphere 的 ESXi 和 Citrix 的 XenServer,以及一个较为特殊的 KVM(Kernel-based Virtual Machine)。其中,早期的 Xen 属于半虚拟化实现方案,而 ESXi、

XenServer、KVM 都支持基于硬件辅助实现的全虚拟化。KVM 的特殊在于，它是基于内核实现的 VMM，一方面，它位于宿主机操作系统上，可以算是寄居架构；另一方面，它能让内核直接充当紧靠硬件的 VMM，又可以算是裸金属架构。

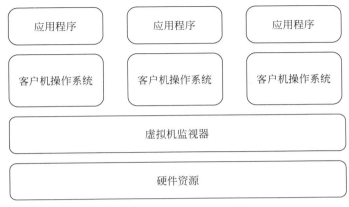

图 9-2　Type 1 VMM 架构

　　两类 VMM 架构的本质区别是对硬件的控制能力，或者说 VMM 在计算机系统中的层级。Type 1 VMM 直接管理硬件、紧贴着硬件层，而 Type 2 VMM 则需通过宿主机操作系统访问硬件，与硬件层隔了一层操作系统。在性能方面，Type 1 VMM 一般要高于 Type 2 VMM，原因是宿主机操作系统会消耗一部分性能，同时 VMM 通过宿主机操作系统管理硬件，使得管理流程更复杂，造成效率降低。在稳定性方面，Type 1 VMM 也会优于 Type 2 VMM，原因是宿主机操作系统较 Type 1 VMM 代码量大，安全漏洞更多，稳定性较差，易遭遇病毒入侵或崩溃，这会直接影响运行在 Type 2 VMM 之上的虚拟机的安全性和隔离性。

　　总体来讲，Type 1 VMM 性能更高，安全性更好，更适合企业用户在服务器中使用。而 Type 2 VMM 使用更加便捷，更适用于个人计算机场景。

9.2　基于 Linux 内核的虚拟机监视器

　　早期的 Xen 是针对 x86 架构的开源虚拟化项目，属于 Type 1 VMM。在 Linux 服务器领域，Xen 备受关注，于 2006 年被红帽 RHEL 5.0 加入到默认特性中。但是，由于代码庞大、管理困难、市场表现一般等原因，深受 Linux 平台喜爱的 Xen 迟迟没有被加入 Linux 内核代码中，而脱离内核的维护方式又存在诸多不便。Linux 需要寻找更轻量、便于管理的虚拟化方案，而基于内核的虚拟化技术 KVM 正好满足此需求。KVM 可以利用内核现有机制（如任务调度、内存管理、I/O 管理等）提供虚拟化功能，使内核本身成为支持运行虚拟机的 VMM。复用内核机制，使得 KVM 结构精简，代码量少，可管理性强。KVM 简洁且开源,迅速受到 Linux 内核开发者的喜爱,其功能也得以快速扩展。

无论是哪种类型的 VMM,都有三个基本任务:CPU 虚拟化、内存虚拟化和 I/O 虚拟化。VMM 通过实现这三个任务向客户机操作系统提供相互独立的虚拟硬件环境,目的是将有限的硬件资源复用,提供给多台虚拟机使用,且确保各虚拟机之间相互隔离,互不影响。KVM 运行在内核态,可以基于 Linux 内核本身功能,实现 CPU 和内存的虚拟化,但是不能模拟任何 I/O 设备。所以,KVM 还必须借助其他技术模拟出虚拟机所需的 I/O 设备(如网卡、显卡、硬盘等),而上面提到的 QEMU 能够为 VMM 提供 I/O 虚拟化功能。目前,KVM 加 QEMU 的组合是主流的 VMM 实现方式之一。针对 QEMU 比较臃肿的问题,openEuler 提出了更加轻量、安全、灵活的 StratoVirt 替代 QEMU 实现 I/O 虚拟化功能,KVM 加 StratoVirt 是 openEuler 的 VMM 实现方式。

此外,KVM 自发布以来就需要硬件的支持,即宿主机要有支持硬件虚拟化扩展的特性。例如,鲲鹏处理器中 VHE(Virtualization Host Extensions,虚拟化主机扩展)就能为 KVM 的虚拟化提供硬件支持。为了支持多种不同 VMM,利用好虚拟化技术的优势,openEuler 还使用虚拟化管理工具 Libvirt 对各种虚拟机进行统一管理。

VHE、KVM、StratoVirt 和 Libvirt 等技术相互配合,共同组成了 openEuler 虚拟化的解决方案。

9.2.1　VHE

VHE 是一种硬件辅助虚拟化技术,在 ARMv8.1 架构中引入。ARMv8 架构中特权级与对应的模式分布如图 9-3 所示。开启 VHE 后,Linux 内核代码和 KVM 代码可以直接运行在 EL2,从而减少 EL1 与 EL2 级之间的模式切换次数,提高系统效率。为了在硬件层面支持虚拟化,ARMv8 架构在增加了特权级的情况下又增加了许多和虚拟化相关的寄存器。由于和虚拟化相关的特权级位于 EL2 级别,所以这些寄存器名称的形式为 * _EL2。

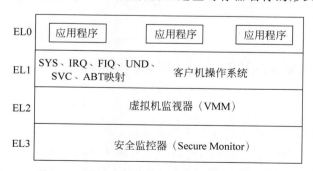

图 9-3　ARMv8 架构特权级与工作模式分布图

在 VHE 中,宿主机操作系统需要运行在 EL2 特权级,所以就需要访问 * _EL2 的寄存器。一般地,VMM 是基于现有的操作系统内核改造而来的,但是,大多数现有的内核是运行在 EL1 特权级上的,它们会默认访问 * _EL1 的寄存器。为了能够不加修改地在 EL2 级别运行现有的操作系统内核,就需要对宿主机操作系统进行寄存器重定向操作。具体方法是:根据寄存器 HCR_EL2 的标志位 E2H 的状态判断是否需要对寄存器进行重定向。当 E2H 为 1 时,硬件自动为运行在 EL2 特权级的指令进行寄存器重定向,而当 E2H 为 0 时,则不进行寄存器重定向。

但是,重定向又引入了一个新的问题:如果运行在 EL2 特权级的 VMM 确实需要访问 *_EL1 寄存器,怎样避免寄存器重定向呢? 为此 ARM 架构引入了新的别名机制:以_EL12 或者_EL02 结尾。通过这些别名,就可以正常访问 *_EL1 寄存器了。

具体来说,为了从硬件层面上支持虚拟化技术,VHE 主要增加了以下几个部分:

(1) 在 EL2 级的 VMM 配置寄存器中增加了控制位 E2H,用于指示 VHE 是否开启。

(2) 在 EL2 级别为宿主机操作系统新增寄存器 TTBR1_EL2、CONTEXTIDT_EL2。

(3) 增加了新的 EL2 vtimer 虚拟计时器。

开启 VHE 以后,当虚拟机产生陷入时,由于宿主机操作系统存在于 EL0(用户空间)和 EL2(部分内核模块)两个特权级,所以虚拟机会直接从 EL0 级别陷入 EL2 级别。具体的切换如图 9-4 所示。此外,由图 9-4(b)可知,在 ARMv8 的虚拟化架构中,虚拟化组件有两个:一个是运行在 EL0 特权级下的 StratoVirt,另一个是运行在 EL2 特权级的 KVM。系统可以通过 StratoVirt 模拟出虚拟 CPU(vCPU),通过系统调用 ioctl(input/output control,输入/输出控制)在 StratoVirt 和 KVM 之间进行交互。在需要获取全局资源时,StratoVirt 执行虚拟机退出(VM-Exit)操作,切换到 EL2 特权级进行全局资源的处理。

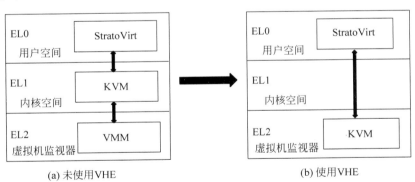

图 9-4　未使用 VHE 和使用 VHE 的特权级切换

9.2.2　QEMU

QEMU 是一款开源的虚拟机软件,通过软件的方法模拟硬件资源,对硬件资源进行抽象,为运行在其上层的客户机操作系统提供操作硬件的接口。客户机操作系统可以不加修改地直接运行在 QEMU 上面。QEMU 使用动态翻译技术模拟 CPU 的运行,并提供一套完整的虚拟设备模型,因此它具有良好的跨平台性能。其中,动态翻译技术可将已编译成虚拟机架构下的二进制代码动态翻译成物理机架构下的代码。QEMU 支持两种操作模式:全系统仿真模式和用户程序仿真模式。在全系统仿真模式下,QEMU 可以仿真出一个完整的硬件平台(含 CPU、内存、主板、外设),用户可以在仿真出来的平台上安装使用操作系统。但是,在用户程序仿真模式下,能够运行不同主机架构的代码,例如原本在 x86 架构平台上运行的代码,通过 QEMU 用户仿真模式也能在 ARM 架构平台上运行。因此,用户程序仿真模式常用来进行交叉编译和调试。为了便于对虚拟机的管理,QEMU 提供了 QMP(QEMU Monitor Protocol,QEMU 监控协议)和 HMP(Human Monitor Protocol,人类监控协议)来和外部管理程序交互,动态地管理虚拟机。

QEMU 能实现基本的物理设备的模拟,如虚拟磁盘、CPU 和 I/O 设备等。QEMU 基础框架如图 9-5 所示。QEMU 由如下多个子系统构成:

(1) CPU 模拟器;

(2) 设备模拟器;

(3) 调试器;

(4) 用户调用接口。

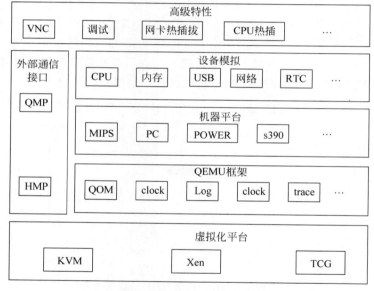

图 9-5　QEMU 基础框架

在虚拟化平台部分,QEMU 原创了动态翻译技术,使用 TCG(动态代码生成器)来生成目标虚拟机上可以执行的代码,从而达到设备模拟的效果。但是由于其翻译效率极低,因此现在很少被使用。

9.2.3　KVM

KVM 是以色列开源组织提出的一款基于 Linux 内核实现的虚拟化解决方案。虽然 KVM 能够实现虚拟化,但是 KVM 本身并不模拟任何硬件,而是使能相应的硬件单元提供虚拟化能力。KVM 从 Linux 2.6 开始被集成到 Linux 内核中,成为内核中的一个虚拟机管理模块。该模块重用 Linux 内核中已集成的进程调度、内存管理、I/O 管理等代码,使得 Linux 本身成为管理硬件资源、支持虚拟机运行的 VMM。KVM 如今广泛应用于各种 Linux 发行版。KVM 的架构如图 9-6 所示。

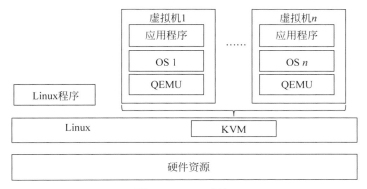

图 9-6　KVM 框架

在 KVM 提出来之前,虚拟化是 QEMU 通过全模拟方式实现的。QEMU 采用动态翻译的方式来执行虚拟机指令,运行效率很低。但是,在虚拟机中有很多的指令是不需要翻译就可以直接在 CPU 上运行的。在 KVM 出现后,借助硬件辅助虚拟化有效地提升了 CPU 虚拟化和内存虚拟化的性能,KVM 运行在内核态,本身不能进行任何 I/O 设备的模拟,因此需要借助一个运行在用户态的应用程序来模拟虚拟机所需要的 I/O 设备,例如网络设备、存储设备等,通常采用 QEMU 来为 KVM 提供虚拟设备。现在常见的虚拟化解决方案为 KVM 和 QEMU 作为整体组合成一个 VMM,由 Linux 内核中的 KVM 模块直接在宿主机上执行虚拟机中的部分指令,为虚拟机提供性能较好的 CPU 虚拟化和内存虚拟化。而 QEMU 主要进行 I/O 设备虚拟化,用来辅助 KVM 进行整个的虚拟化过程。

9.2.4　StratoVirt

StratoVirt 是 openEuler 中面向云数据中心的企业级虚拟化平台,它能支持虚拟机、容器、无服务(Serverless)三种场景,具有轻量低噪(低噪是指虚拟机管理器自身运行占用的内存资源较少)、软硬协同、语言级安全等特点。StratoVirt 采用 Rust 语言来实现,由于 Rust 语言是线程安全的语言,使用 Rust 编写的程序可以避免空指针、缓存溢出、内存泄漏等内存问题,因此 StratoVirt 能有效减少 QEMU 中常见的 CVE(Common Vulnerabilities and Exposures,通用漏洞披露)问题,使得内存更加安全。StratoVirt 还具有组件化能力,能够将一些功能封装成独立的功能组件,用户可以根据自己的需要选择相应的功能组件进行组合,最终拼装成满足自己特定需求的虚拟机。目前,StratoVirt 支持轻量虚拟机(Mirco-VM)和标准虚拟机(Normal-VM)两种虚拟机配置模式。根据轻量配置模式拼装成的虚拟机启动速度快、占用资源小,可以作为轻量化应用快速部署、隔离性高的运行环境。而根据标准化配置模式拼装成的虚拟机能够运行常见的操作系统，具有功能完备、应用兼容性好的特点。

作为 openEuler 中的虚拟化平台，StratoVirt 接替了 QEMU＋KVM 虚拟化方案中 QEMU 的位置，与 KVM 结合共同组成 openEuler 中的 VMM。StratoVirt 是更加轻量、安全、灵活的虚拟化实现方式。StratoVirt 基于 KVM 实现了 CPU 虚拟化和内存虚拟化，并对 CPU 虚拟化和内存虚拟化进行了扩展，实现了 vCPU 生命周期管理、退出事件处理、虚拟内存地址空间管理等功能。同时实现了 I/O 虚拟化，能够为 KVM 提供多种虚拟 I/O 设备，例如网络设备、磁盘设备和串口设备等。StratoVirt 整体结构和设计实现将在 9.6 节详细介绍。

9.2.5 Libvirt

Libvirt 是面向虚拟机设计的一套管理工具，支持虚拟机的创建、启动、暂停、关闭、迁移、销毁，以及支持对虚拟机设备（如硬盘、CPU、网卡、内存等）进行热插拔。Libvirt 还支持对设备进行远程管理。它有三个主要的构成部分：①一套支持主流语言（如 Python、C 等语言）的 API 库；②Libvirtd 服务；③命令行工具 virsh。

Libvirt 原本是专门为 Xen 设计的管理工具，现在已经被拓展到支持很多虚拟化框架。Libvirt 为 Python、Java、PHP、Perl、Ruby 等编程语言提供 API 来管理虚拟机，也有相应的 Shell 命令可直接调用。

1. Libvirt 结构

Libvirt 引入了两个术语：①node（节点）。每个物理主机被称为一个 node。②Domain（域）。操作系统实例被称为 Domain，其中，宿主机操作系统被称为 Domain 0。

Libvirt 的本质是宿主机操作系统中的一个应用程序，通过 API 向外提供接口管理运行在 Domain 0 上的虚拟机。Libvirt 对虚拟机的控制有两种场景：一种场景是管理程序和它管理的域位于相同的节点（见图 9-7 的左侧部分），管理程序通过调用 Libvirt 管理本地的虚拟机；另一种场景是管理程序和域位于不同的节点（见图 9-7），Libvirt 通过网络来实现对域的远程管理，这也提升了虚拟机的大规模部署与管理的便捷性。

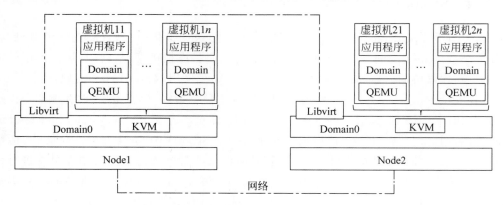

图 9-7　Libvirt 结构

2. Libvirt 配置实例

Libvirt 用 XML 格式的配置文件描述虚拟机的特性，包括虚拟机名、CPU 信息（如个数/槽/线程等）、内存大小、硬盘、鼠标/键盘、网卡、VNC（Virtual Network Console，虚拟网络控制台）等。用户可通过修改配置文件中的相关参数修改虚拟机的特性。图 9-8 给出了一个名为 openEulerVM 的虚拟机的配置清单，其中 label 为具体的标签，attribute 是配置的特性，value 为特性的值。在 openEuler 中，可以通过这个 XML 文件来添加或者删除相应的设备标签。在完成配置文件之后，就可以根据配置文件使用 Libvirt 来管理虚拟机了。

```
1.     < domain type = 'kvm'>
2.         < name > openEulerVM </name >
3.         < memory unit = GiB > 8 </memory >
4.         < vCPU > 4 </vCPU >
5.         < os >
6.             < label attribute = 'value' attribute = 'value'>
7.             ...
8.             </label >
9.         </os >
10.        < label attribute = 'value' attribute = 'value'>
11.        ...
12.        </label >
13.    </domain >
```

图 9-8　配置实例清单

9.3　CPU 虚拟化

宿主机上的多个虚拟机共享物理 CPU。为了保证 VMM 对物理 CPU 的控制，并使得虚拟机产生独享 CPU 的错觉，VMM 不允许虚拟机直接控制物理 CPU，而是为其虚拟出与物理 CPU 同质的虚拟 CPU。本节将介绍 CPU 虚拟化的主要挑战及其相应的解决方案。

9.3.1　基本思想

最容易想到的物理 CPU 共享方案是时分共享：一个虚拟机占用物理 CPU 一段时间，然后把物理 CPU 让给下一个虚拟机。但是，这么做可能导致一些危险情况。例如，某个虚拟机在运行时越界操作了其他虚拟机的资源，或很"不自觉"地一直占用 CPU。因此，VMM 需要时刻保持对物理 CPU 的控制，不能让虚拟机直接控制物理 CPU。为了保证 VMM 对物理 CPU 的控制，同时使得虚拟机也产生独享 CPU 的错觉，一个可行的方案是：由 VMM 虚拟出与物理 CPU 同质的虚拟 CPU（vCPU），而虚拟机运行在虚拟 CPU 之上。这一类技术被称为 CPU 虚拟化。

CPU 虚拟化是将实际存在的硬件 CPU 虚拟成逻辑上的 CPU，以供虚拟机使用。各虚拟 CPU 之间相互隔离，并且都能够像硬件 CPU 一样正确执行指令以及处理异常和中断。因此，CPU 虚拟化需要在保证 VMM 完全控制物理 CPU、各虚拟机之间相互隔离的前提下，实现对指令、异常和中断的模拟。例如，VMM 在内存中维护一个模拟 CPU 各个寄存器的数据结构，供虚拟机进行操作；而 VMM 以安全的方式为虚拟机执行指令，并使这些寄存器的数据结构按照硬件 CPU 的规则作出响应，使虚拟机得到正确的反馈。

实现 CPU 虚拟化主要面临两个挑战：①如何在保证物理 CPU 完全由 VMM 控制的同时，最小化虚拟化带来的性能开销，使虚拟机正确、快速地运转？②为了使多个虚拟机共享物理 CPU，如何实现虚拟 CPU 的切换？

在介绍 CPU 虚拟化技术细节之前，回顾一下 CPU 和指令的相关概念。CPU 的主要职责是获取、解释和执行指令。依据对计算机系统的影响程度，指令分为特权指令和非特权指令。特权指令用于系统资源的分配和管理，如改变系统工作方式、检测用户的访问权限、修改虚拟存储器管理的段表/页表等。在高特权级下，CPU 可运行包含特权指令在内的一切机器指令；在低特权级下，执行特权指令会引发异常，此时，CPU 需要切换到更高特权级处理异常。在虚拟化的技术范畴中，还有一个术语叫作"敏感指令"，它指的是操作计算机特权资源的指令，例如访问或修改虚拟机模式、机器状态，以及 I/O 操作等指令。特权指令只是敏感指令的子集。

VMM 运行在比虚拟机更高的特权级上。虚拟机执行特权指令时将陷入 VMM 中。在一些计算机体系结构中，不是特权指令的敏感指令（如 I/O 指令等）在低特权级上运行时并不会引发异常及陷入，这导致无法对这些指令在虚拟机中的执行进行模拟，从而导致指令失效或越级，造成虚拟机系统不稳定，这种现象被称为"虚拟化漏洞"。

9.3.2 虚拟机受限制的执行

本节将详述 VMM 如何解决 CPU 虚拟化过程中的第一个挑战，即在保证 VMM 对 CPU 完全控制的同时，使虚拟机正确、快速地运转。其本质是使虚拟机受限制地执行。

1. 指令执行

VMM 解决这一挑战的基本思想是：普通 CPU 指令直接执行，以保证计算性能；敏感指令由 VMM 模拟执行，以保证安全。针对不同的计算机体系结构，有两类解决方案：软件模拟虚拟化和硬件辅助虚拟化。

1）软件模拟虚拟化

当要在宿主机上运行其他架构的操作系统（如在 x86 主机上运行 Android）时，VMM 通过纯软件的方式模拟虚拟机所需执行的指令，主要有三种技术：解释执行、扫描与修补以及二进制翻译技术。

解释执行是指将虚拟机所需执行的每一条指令都经由 VMM 实时解释执行。以开源模拟器 Bochs 为例,它将虚拟机所需运行的指令进行分解,将虚拟机的一条指令分解成多条宿主机的指令进行执行,模拟出虚拟机期望的执行效果。可以理解为,虚拟机的每一条指令都被 VMM 解释成能够在宿主机运行的一个函数,而这个函数可以模拟出虚拟机希望的执行效果。该技术的优点在于所有指令都在 VMM 的监控之下,而缺点是效率低,使原本 CPU 一个机器周期就可以执行的普通指令,变为复杂、耗时的内存读写操作。

扫描与修补技术是指扫描虚拟机所需执行的代码,保留普通指令并修补敏感指令。修补是指将其中的敏感指令替换成一个外跳转指令,跳转到 VMM 的空间中,执行可以模拟敏感指令效果的安全代码块,再跳回虚拟机继续执行下一条指令。相比每一条指令都要模拟执行的解释执行技术,效率提高了许多,但每次需要执行敏感指令时都需跳转,会导致代码的局部性较差,限制了运行效率的进一步提高。

二进制翻译技术是指 VMM 在虚拟机启动时,就预先将后续可能用到的代码翻译并存储在缓冲区中。翻译时,保留普通指令,替换敏感指令,最后形成一个可直接按顺序执行的代码。二进制翻译技术的优点是在缓冲区中翻译好的代码局部性高,直接执行速度更快;缺点是占用内存较大。此外,在面对自修改和自参考的程序时,原本需要修改和参考的代码是原始代码,而处理器运行的却是经过了 VMM 翻译的代码,所以这也会带来额外的性能开销。

2) 硬件辅助虚拟化

当前大部分桌面级、服务器级的 CPU 都加入了对硬件辅助虚拟化技术的支持。以 Intel-VT 技术为例,其不仅修补了虚拟化漏洞,还加入了新的虚拟化专用指令:① 通过 VMX(Virtual Machine Extension,虚拟机扩展功能)操作模式修补了虚拟化漏洞,用硬件保证了虚拟机的受控、快速运行。VMX 有两种操作模式,分别是根操作模式和非根操作模式。VMM 运行在根操作模式,保证其对 CPU 的控制权;虚拟机运行在非根操作模式,所有非敏感指令都不需要 VMM 介入,直接在物理 CPU 上快速执行。在保证虚拟机受控的前提下,这种机制减少了部分翻译和跳转的开销,从而进一步减少虚拟化带来的性能开销。② 增加了用于虚拟化的指令。例如,VMLAUNCH 和 VMRESUME 可用于根操作模式与非根操作模式的切换。这些专用指令通过硬件电路实现,大大降低了虚拟化的复杂度。

2. 异常和中断

除了指令的执行,虚拟机在运行过程中还会遇到中断和异常。为了使得虚拟机能够正常地响应中断和异常,一个可行的方案是:通过 VMM 采用模拟的方式为虚拟机提供与硬件环境一致的中断和异常触发条件和处理过程,使得虚拟机察觉不到所处的环境是虚拟环境。

1) 中断的模拟

VMM 对于中断的模拟主要包括两个方面:① 中断源的模拟。CPU 本身产生的核间中断等中断请求由专门的模拟程序模拟,当虚拟 CPU 满足中断条件时就模拟产生一个中断请求;而网卡等外部设备的中断经由 VMM 的中断服务程序识别判断后,直接分配给对应的虚拟机。② 中断控制器的模拟。在硬件设备和 CPU 之间有一个中断控制器,用来统一管理中断,而虚拟机也需要一个虚拟中断控制器。虚拟中断控制器接收来自虚拟设备的中断请求,同时也接收来自 VMM 的中断,以主动或被动的方式注入虚拟机。

2）异常的模拟

异常的模拟也分为两种情况。第一种是由于虚拟机运行在低特权级却运行了特权指令而造成的异常。这种异常将陷入 VMM 去处理并返回虚拟机期望的正确结果。第二种是虚拟机自身程序存在问题导致执行的指令出错引发的异常。对于这类异常,VMM 需要严格按照 CPU 数据手册所定义的异常产生条件和处理规则给予虚拟机响应。

中断和异常模拟的实现与计算机硬件设计密切相关。随着 CPU、内存、网卡等设备对虚拟化技术的支持不断增加,中断和异常的模拟程序也变得更加高效、简洁。

9.3.3 上下文切换

虚拟机之间采用时分复用的方式共享 CPU,虚拟机每运行一段时间就要被挂起,让出 CPU 给其他虚拟机运行。那么,与进程切换类似,要使重新得到运行机会的虚拟机能继续正确执行被挂起之前的任务,就需要解决虚拟机的上下文切换问题。

对于虚拟机来说,广义的上下文指与虚拟机运行相关的 CPU 寄存器状态、内存状态、硬盘状态等一切软硬件环境;狭义的上下文仅指虚拟机运行时 CPU 各寄存器的状态;本节后续提到的上下文皆指狭义的上下文。在前面章节中学习的进程上下文是指与某个进程运行相关的部分 CPU 寄存器。虚拟机的切换涉及 CPU 所有寄存器,即进程上下文是虚拟机上下文的一个子集。

VMM 负责控制虚拟机进行上下文切换。如图 9-9 所示,虚拟机上下文切换过程分为两步:①保存当前运行虚拟机的上下文;②恢复即将运行的虚拟机的上下文。那么,现在的问题就变成了如何对虚拟机的上下文进行保存和加载。现有解决方案主要包括软切换和基于硬件支持的切换两种。

图 9-9　虚拟机上下文切换过程示意图

1. 软切换

在硬件辅助虚拟化技术出现之前,虚拟机上下文的保存纯靠软件进行。VMM 会维护一片内存,用于保存各虚拟机的上下文。在虚拟机进行切换时,先将当前 CPU 所有寄存器的值存入内存空间中,再从内存中读取即将运行的虚拟机在挂起前保存的 CPU 寄存器值,并加载到对应寄存器中。

　　以上过程是理想化、简单化的,可以理解为虚拟机在单 CPU 核心状态下。事实上,现代处理器往往有多个核心,虚拟机也会被分配多个虚拟 CPU(virtual CPU,vCPU)。很多时候,VMM 对虚拟机进行调度的单位不是虚拟机,而是 vCPU。vCPU 可以理解为记录了虚拟机上下文信息和操作策略的一片内存,通常表现为一个结构体。当 vCPU 被挂起时,其对应的物理 CPU(physical CPU,pCPU)的信息被记录在这片内存中;当唤醒时,则将 vCPU 的信息映射至 pCPU。在许多流行的虚拟化软件中,vCPU 的运行是通过将其作为一个线程运行在 pCPU 上完成的,如图 9-10 中的 KVM-CPU 虚拟化模型。

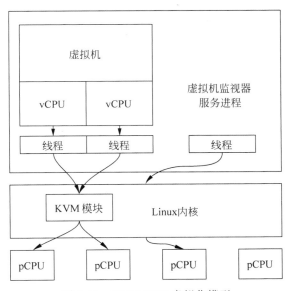

图 9-10　KVM-CPU 虚拟化模型

2. 基于硬件支持的切换

　　在硬件虚拟化技术出现之后,硬件提供了便于虚拟机上下文切换的专用数据结构和指令,使得上下文切换的过程更加高效。以 Intel 的硬件辅助虚拟化技术 Intel-VT 为例,其设计了 VMCS(Virtual-Machine Control Structure,虚拟机控制结构),用来保存虚拟机所用 vCPU 的各种状态参数和操作策略。VMCS 其实是物理内存中的一段有特定格式的内存空间,可通过专用指令进行控制。

　　例如,VMCS 的第一部分客户机状态区域(Guest State Area),用于存储虚拟机运行时的部分寄存器状态和中断状态。当 vCPU 被挂起时,硬件自动进行状态保存工作,再次唤醒 vCPU 时,VMM 可通过 VMLAUNCH/VMRESUME 指令,使硬件自动加载之前保存的寄存器及中断状态。需要特别说明的是,部分寄存器(如浮点寄存器)的信息并未存储在 VMCS 中,不能通过硬件直接保存或恢复,而是由 VMM 通过软件来管理,以便优化上下文切换过程。这些由 VMM 单独管理的寄存器,并非在每一次上下文切换时都需更新,更新与否由 VMM 根据实际情况选择最优策略执行。因此上下文切换也被分为两部分:VMCS

部分（硬件自动执行）和非 VMCS 部分（VMM 通过软件执行）。除保存上下文之外，VMCS 还记录了用于控制 vCPU 的各种配置信息，如 vCPU 运行敏感指令时的应对策略。有专用的指令（如 VMREAD 和 VMWRITE）可对 VMCS 进行操作，因此可屏蔽各版本 VMCS 的区别，安全地访问和修改 VMCS。

当物理 CPU 从执行 VMM 代码切换到执行客户机操作系统代码时（虚拟机进入，VM-Entry），还进行 VMM-虚拟机之间的上下文切换。本质上，虚拟机之间以及 VMM-虚拟机之间的上下文切换是相同的。实际上，在 VMCS 结构体中，不仅有记录虚拟机上下文的客户机状态区域，也有记录 VMM 上下文的宿主机状态区域（Host State Area），极大方便了虚拟机和 VMM 间的切换。下面以具备 Intel-VT 硬件辅助虚拟化技术的 x86 平台为例，介绍虚拟机上下文切换的具体过程。

（1）VMM 创建虚拟机 A 及其附属 vCPU，实质上是初始化了一些 VMCS 结构体并将其存储在内存中，每个虚拟机至少有一个 vCPU，相应地至少有一个 VMCS。

（2）VMM 启动虚拟机 A。VMM 使用指令通过硬件将 VMCS 部分所属 CPU 寄存器状态存入 VMCS 中的宿主机状态区域，再将客户机状态区域以及 VMM 维护的非 VMCS 部分 CPU 寄存器状态加载到某个物理 CPU 上，并启动 vCPU 的运行，也就是开始虚拟机的运行。若有多个 vCPU，则处理过程相同。

（3）vCPU 与 VMM 进行上下文切换。属于虚拟机 A 的 vCPU 在时间片耗尽后会被中断，此时硬件将 CPU 寄存器等信息存入客户机状态区域中，将宿主机状态区域中的信息加载至 CPU 中，VMM 根据情况选择是否变更非 VMCS 部分寄存器的信息。这样就恢复了之前 VMM 运行时 CPU 的状态。

（4）VMM 进行下一次 vCPU 调度。此时，属于虚拟机 B 的 vCPU 自上次被挂起后，再次得到了 VMM 分配的时间片。VMM 将当前 CPU 寄存器状态存入与当前 vCPU 所对应 VMCS 中的宿主机状态区域，并将客户机状态区域中的信息加载到某个物理 CPU 上，VMM 根据情况选择是否变更非 VMCS 部分寄存器信息，最终恢复 vCPU 的运行。

在 VMM 的介入下，虚拟机间上下文切换变成了四步：保存虚拟机 A 上下文、恢复 VMM 上下文、保存 VMM 上下文、恢复虚拟机 B 上下文。整个上下文切换时序如图 9-11 所示。值得注意的是，vCPU 并非只在时间片用完后发生上下文切换，当运行敏感指令或有中断产生时也会产生 vCPU 与 VMM 的上下文切换。

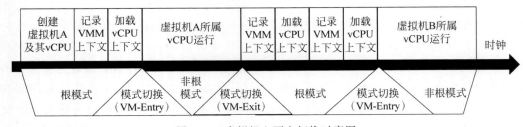

图 9-11　虚拟机上下文切换时序图

9.4　内存虚拟化

为了使得多个虚拟机可以共享机器上的物理内存,同时让它们相信自己独占了内存,必须新增另外的内存虚拟化层。VMM 管理真实的物理内存空间,而客户机操作系统只能管理 VMM 为其提供的虚拟内存空间。本节将介绍内存虚拟化的主要挑战及其相应的解决方案。

9.4.1　基本思想

操作系统为进程提供了内存的虚拟,使得每个进程看起来都拥有全部的地址空间。与此类似,VMM 也为客户机操作系统引入了一个内存虚拟化层,让客户机操作系统相信自己独占了内存。内存虚拟化层使得客户机操作系统中定义的"物理"内存成为一个虚拟的内存空间,而将真实的物理内存交由 VMM 管理。在虚拟机中的用户进程访问内存时,客户机操作系统通过进程页表将虚拟地址映射到虚拟机定义的"物理"地址(以下称为客户机物理地址),而 VMM 进一步将客户机物理地址映射到底层真正的物理地址。

内存虚拟化的主要挑战包括:①如何建立这三类地址之间的动态映射关系? ②如何截获虚拟机对物理内存的访问请求? 由于物理内存由 VMM 管理,客户机操作系统无法直接访问物理内存,因此,客户机进程对客户机页表进行的读写操作将由 VMM 截获。VMM 需要根据客户机操作系统给出的客户机物理地址,找到最终的宿主机物理地址。下面分别阐述解决这两个挑战的基本思想与关键技术。

9.4.2　地址映射

如图 9-12 所示,为了实现内存虚拟化,在原来虚拟地址到物理地址的转换之间,引入了一层新的地址空间——客户机物理地址空间。引入这个新的地址空间后,客户机操作系统"看到"的是一个虚拟的客户机物理地址空间,其管理的地址为客户机物理地址(Guest Physical Address,GPA)。当发生内存访问时,客户机操作系统负责客户机虚拟地址(Guest Virtual Address,GVA)到客户机物理地址的转换,而 VMM 负责客户机物理地址到宿主机物理地址(Host Physical Address,HPA)的转换。

内存虚拟化提供给每个虚拟机一个从零开始的连续的内存空间,并在各虚拟机之间实现内存资源的共享和隔离。这样做可以实现以下两个优点:①隔离与保护。数值相同的客户机物理地址被映射到了不同的宿主机物理地址上。虚拟机只能访问 VMM 分配给它的宿主机物理地址,而不能访问其他虚拟机拥有的物理内存。②提高内存利用率。由于客户机物理地址是虚拟的,所以不同的客户机物理地址空间都可以从零地址开始。从客户机操作系统视角看,连续的客户机物理地址空间,其对应的宿主机物理内存可能是不连续的。这

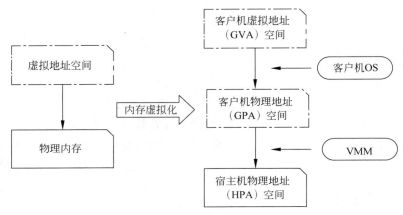

图 9-12　地址映射过程

使得 VMM 可以为多个虚拟机灵活地分配物理内存。

VMM 如何实现从客户机物理地址到宿主机物理地址的地址转换呢？代表性的技术有扩展页表和影子页表。

1. 扩展页表

Intel 公司在第二代硬件辅助虚拟化技术 Intel VT-x 中提出扩展页表（Extended Page Table, EPT）。类似地，AMD 公司也引入了称为嵌套页表（Nested Page Table, NPT）的技术。这部分着重介绍 EPT 将客户机物理地址转换为宿主机物理地址的过程。

EPT 与普通页表的结构相似，建立映射的过程也相近，都通过处理缺页异常完成初始化。EPT 原理如图 9-13 所示，其具体过程分为两个步骤。

（1）GVA→GPA 映射。VT-x 引入的非根模式（VMX non-root operation）是用来运行多个虚拟机的受限环境。EPT 机制只有在非根模式下才会被启用。在非根模式下开始运行一个虚拟机（客户机）时，客户机页表与 EPT 都为空。客户机中的新进程访问内存时，进程的页表地址将被加载到客户机的 CR3 寄存器中，但在进程页表中找不到与当前客户机虚拟地址相对应的客户机物理地址。此时将触发客户机内的缺页中断，由客户机操作系统自行完成客户机虚拟地址到客户机物理地址的映射。

（2）GPA→HPA 映射。客户机在异常处理过程中会确定要访问的客户机物理地址，随后，硬件逻辑会转到 EPT 继续寻找宿主机侧对应的真实物理地址。EPT 地址保存在 EPT 基址指针寄存器（EPT Base Pointer, EPTP）中。通过 EPT 确定宿主机侧的物理地址与非虚拟化环境下从进程虚拟地址到物理地址的映射过程相似，也要经过若干级页表的映射，也可能产生缺页。如果通过 EPT 无法确定真实的物理地址，硬件逻辑将会触发 EPT_Violation，导致 VM-Exit（敏感指令引起的"陷入"），使得 CPU 切换到根模式下运行。VMM 捕获异常后，分配新的物理页，并将其与客户机物理地址的映射关系添加到 EPT 中。

在异常处理结束后，CPU 切换回非根模式，虚拟机继续运行。

从客户机虚拟地址到客户机物理地址的每次转换都需要重复上述过程，才能建立客户

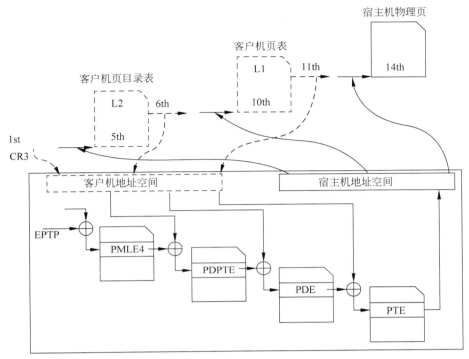

注：遍历 n 级EPT页表需要访存 n 次。

图 9-13　EPT 原理

机内虚拟地址与宿主机物理地址之间的映射,从而完成客户机页表与 EPT 页表的初始化。

　　EPT 机制的多次访存,会给内存虚拟化带来较大的性能损失。假如客户机页表是 m 级,EPT 有 n 级。由于找到每一级客户机页表实际对应的宿主机物理页都需要通过 EPT 做地址转换,因此,一次虚拟机中的地址转换,最多需要进行 $(m+1) \times (n+1) - 1$ 次内存访问。比如,有 2 级客户机页表与 4 级 EPT,那么,访存上限(每次 TLB 都未命中)就是 14 次。在此机制下,虚拟机做内存访问的性能开销较大。现有的优化方法包括:①通过增大 EPT TLB 尽可能减少访存次数;②增大 VMM 的页面大小来提高 TLB 的命中率。

　　2．影子页表

　　影子页表直接保存从客户机虚拟地址到宿主机物理地址的映射,所以影子页表的地址转换带来的性能开销要低于 EPT 地址转换。如图 9-14 所示,若未采用影子页表机制,在第一类 VMM 中,一次访存请求需要两次地址转换,在第二类 VMM 中需要三次,而影子页表机制仅需一次。那么,影子页表如何直接在客户机虚拟地址与宿主机物理地址间建立联系?下面以 x86 平台为例,说明这个映射过程。

　　1) 客户机进程对应影子页表的寻找

　　影子页表建立过程如图 9-15 所示。注意,VMM 为虚拟机中的每个进程维护一份影子页表,而不是一个虚拟机中的所有进程共用一份影子页表。具体过程分为四个步骤。

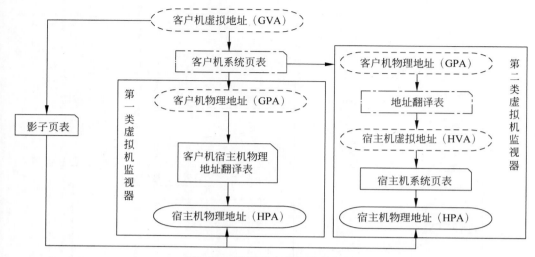

图 9-14　影子页表地址映射过程

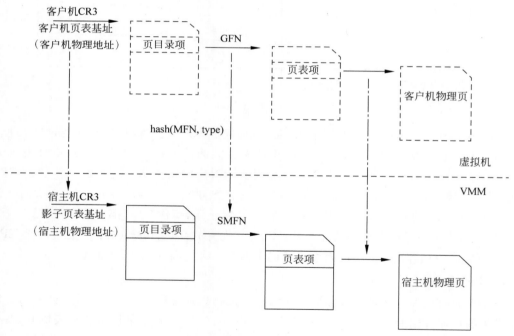

图 9-15　影子页表的建立过程

（1）VMM 保存客户机 CR3 寄存器中的客户机页表基址，得到客户机页表的页帧号（Guest Frame Number，GFN）。影子页表初始建立时，虚拟机向客户机 CR3 寄存器写入客户机页表基址（属于客户机物理地址），写入的值由 VMM 保存。假设虚拟机中的地址总线是 32 位宽，页面大小为 4KB，那么，页面地址的高 20 位称为 GFN。注意，之后若虚拟机读取客户机 CR3 寄存器，VMM 会将此处保存起来的值返回给它。

（2）找到物理页帧号（Machine Frame Number，MFN）。宿主机保存着虚拟机中的物理页面与宿主机的物理页面的对应关系，根据第一步得到的 GFN，宿主机可以确定对应的 MFN。客户机页表的数据也保存在宿主机物理页中。该物理页基地址的高 20 位即 MFN。

（3）计算影子宿主机物理页帧号（Shadow Machine Frame Number，SMFN）。虚拟机的每级页表都有一级影子页表与之对应，VMM 为每个虚拟机维护了一张 hash 表来快速检索客户机页表对应的影子页表。对 MFN 和页表类型（如一级页表、二级页表等）取 hash，就能得到最终影子页表所在物理页的页帧号，称为 SMFN，即 SMFN=hash(MFN，type)。

（4）影子页表基址写入宿主机的 CR3 寄存器。将 SMFN 对应的影子页表基地址写入宿主机的 CR3 寄存器中。因此，接下来实际被访问的将是影子页表。

2）影子页表各级页表项的设置

VMM 根据客户机页表项为影子页表设置各级页表项。这里分两种情况讨论。

（1）如果客户机页表项的存在位为 0，表示还未分配客户机物理页。VMM 将对应的影子页表项设为空值。

（2）如果客户机页表项的存在位为 1，则需要分配新宿主机物理页。从客户机页表项中得到客户机物理地址，计算出其 GFN，据此进一步得到物理机中与之对应的 MFN，再由公式 SMFN=hash(MFN，type)得到应输入影子页表项的宿主机物理页地址。

VMM 通过上述过程将影子页表与客户机页表一级一级地对应起来，既维护了客户机页表以确保客户机操作系统正常运行，又能在影子页表中根据客户机虚拟地址找到正确的宿主机物理地址。

9.4.3　截获访存请求

VMM 需要截获任何试图修改客户机页表或刷新 TLB 的指令，并在客户机虚拟地址转换为客户机物理地址后，根据前面建立的地址映射表，进一步得到相应的宿主机物理地址。那么，怎么才能截获虚拟机的这类指令？

触发缺页异常就是 VMM 截获访存请求的方式。但是，并不是所有的访存操作都会触发异常。比如，把一个页面的访问权限改为可写并不涉及敏感指令，VMM 无法察觉和截获。只有像 INVLPG 指令和写 CR3 寄存器等敏感指令可以触发异常并交由 VMM 处理。

影子页表提供了两种解决方案。

（1）将顶级页表及其下级页表设为只读。这是最简单直接的办法，让客户机进程对客户机物理地址空间的每次修改都触发异常。然后，VMM 可以分析指令流相应地修改影子页表。

（2）虚拟机向页表添加新映射时不触发异常，等到虚拟机试图访问新映射才触发。VMM 会根据客户机页表判断影子页表是否需要添加新的映射。另外，当虚拟机从页表中删除映射时，也不会产生缺页异常。此时，需要借助 INVLPG 敏感指令（可刷新 TLB），VMM 可以截获此敏感指令并删除影子页表中的对应项。

截获到缺页异常后,VMM 会如何处理？ VMM 先在客户机页表中找到发生缺页异常的虚拟地址对应的页表项的访问控制位,将其与缺页异常产生的错误码进行比较,由此判断是虚拟机本身发生了缺页异常,还是影子页表与客户机页表不一致而产生错误,后者称为影子缺页异常。在影子页表机制中,两种缺页异常都会导致 VM-Exit、陷入 VMM 中进行处理。

(1) 对于虚拟机本身的缺页异常,VMM 不做处理直接返回给虚拟机,交由客户机操作系统的缺页异常处理机制来解决。

(2) 对于影子缺页异常,VMM 会尝试根据出错的客户机页表内容同步相应的影子页表内容。处理过程已在 9.4.2 节介绍,VMM 由 SMFN＝hash(MFN,type)得到正确的宿主机物理地址后,输入影子页表的表项中。在此过程中,不仅要建立相应的影子页目录和页表结构,还要使客户机页表项和对应的影子页表项的访问位和修改位保持一致,以保证语义上的同步。

影子页表的解决方案会导致大量 VM-Exit 操作,处理过程的开销很大。在这一点上,EPT 技术更优。采用 EPT 技术,虚拟机本身产生的缺页异常不导致 VM-Exit,直接由客户机操作系统内缺页中断处理程序处理,VMM 仅需处理客户机物理地址到宿主机物理地址转换过程中由于缺页、写权限不足等原因导致的 EPT 缺页异常,极大地减少了 VM-Exit 次数。EPT 技术针对这两种缺页异常的处理如下：①对于缺页引起的 EPT 异常,VMM 会分配新的物理页,并输入引起异常的客户机物理地址对应的 EPT 项目中；②对于写权限引起的 EPT 异常,VMM 会及时更新相应的 EPT 。由于 EPT 技术是基于硬件实现的,整个地址转换算法已融入 MMU(内存管理单元)中,更加简单、方便。

9.5 I/O 虚拟化

为了让有限的外设资源能被多个虚拟机共享,VMM 通过 I/O 虚拟化技术复用外设资源。I/O 虚拟化通过软件或硬件辅助虚拟化的方式模拟出真实设备,让每个虚拟机都认为自己拥有一套独立、完整的外部设备。本节介绍 I/O 虚拟化的基本任务及实现方式。

9.5.1 三个基本任务

在虚拟化环境中,每个虚拟机都"拥有"一套完整的外设。由于虚拟机的个数往往比实际的物理设备个数要多,I/O 虚拟化将通过软件或硬件辅助虚拟化的方式为每个虚拟机模拟出相应的设备。例如,每个虚拟机都认为它拥有完整的磁盘设备。实际上,VMM 在物理磁盘上为每一个虚拟机创建一个文件或者划分一块区域作为虚拟机的"物理磁盘"；当客户机操作系统对"物理磁盘"进行访问时,VMM 就会将磁盘号转换为相对文件或区域的偏移量,并将结果返回给客户操作系统。I/O 虚拟化面临设备发现、访问截获和设备模拟三个基本任务。

1. 设备发现

VMM 需要提供设备发现的方式,使得客户机操作系统可以发现虚拟设备并且加载相应的驱动程序。设备发现的方式取决于被虚拟的设备类型,包括总线枚举和非枚举两种。

(1) 总线枚举。在无虚拟化场景下,可枚举总线(如 PCI 总线)的配置空间中会保存各个设备的信息。枚举是指操作系统通过访问各个配置空间,从中读取有关设备类型、通信方式等信息。操作系统根据这些信息确定设备是否存在、有效,从而选择加载合适的驱动程序,并通过配置空间的一些字段对相应设备进行资源配置。在虚拟化场景下,VMM 不仅需要模拟物理设备的逻辑,还需要模拟 PCI 总线的行为,才能让客户机操作系统通过“总线枚举”的方式发现这类虚拟设备。

(2) 非枚举。在无虚拟化场景下,不可枚举总线(如 ISA 总线)采用电路连线方式,将设备直接与地址总线、中断及其他控制线路连接起来。这类设备的驱动程序一般会通过特定的方式来检测设备的存在,比如通过 in、out 指令读取特定 I/O 端口对应的设备相关的寄存器的状态信息。在虚拟化场景下,VMM 只正确模拟这些特定端口的行为,就能让客户机操作系统发现这类虚拟设备。例如,当客户机操作系统访问某个设备对应的 I/O 端口时,VMM 在截获该访问请求之后,可以向客户机操作系统返回一个表征设备存在的信息。

2. 访问截获

客户机操作系统通过“设备发现”找到了对应的虚拟设备后,将根据设备的接口资源发出 I/O 请求。VMM 根据设备访问方式的不同,采取不同的方式截获客户机操作系统的 I/O 请求,以便在设备模拟阶段模拟对应的设备功能。

(1) 对于基于 I/O 端口访问的设备,VMM 将这类设备的所有 I/O 端口在 I/O 许可位图(I/O Permission Bitmap)中都配置为“禁用”状态,使得客户机操作系统在使用 I/O 指令访问这些 I/O 端口时触发保护异常,从而实现访问截获。

(2) 对于基于 MMIO(Memory-mapped I/O,内存映射 I/O)访问的设备,VMM 将该 MMIO 对应的页表项配置为虚拟机不可访问,使得客户机操作系统在访问该设备时触发缺页异常,从而实现访问截获。

(3) 对于基于 DMA(Direct Memory Access,直接内存访问)控制器访问的设备,VMM 为每个虚拟机维护一个 DMA 重映射数据结构。在发生 DMA 操作时,DMA 重映射硬件截获该 DMA 操作,再根据 Request ID(即设备分配到的 Bus/Device/Function 号)找到对应虚拟机的 DMA 重映射数据结构基址,然后将设备的 DMA 地址翻译成宿主机物理地址。客户机操作系统将以正常的内存访问方式对设备的 DMA 映射区域进行访问。

(4) 对于能产生中断的设备,中断重映射硬件将自动截获设备产生的中断请求,然后查询中断重映射表,来决定如何重新生成中断请求并转发到对应虚拟机中。VMM 负责配置中断重映射表并将其物理地址写入相关寄存器中,便于中断重映射硬件进行查询。

3. 设备模拟

VMM 接收到来自虚拟机的 I/O 请求后,需要模拟物理设备的功能,使得虚拟机对虚拟设备的访问达到访问真实物理设备的效果。虚拟设备的功能由 VMM 模拟,但何时模拟哪种功能,由物理设备、VMM 的策略以及客户机操作系统的需求共同决定。设备模拟能够模拟特定设备,或者特定的设备类型,甚至能够模拟出与真实物理设备不同类型的虚拟设备。例如虚拟设备是 IDE 磁盘,但物理设备可以是一个 SATA 磁盘。不同的设备有不同的模拟方式。例如对于能够由设备模拟程序完全模拟的设备(如网卡、显卡等),虚拟设备的接口定义与物理设备完全相同,从而允许客户机操作系统中的原有驱动程序不做修改就能访问虚拟设备。在虚拟机访问虚拟设备时,VMM 接收到设备访问请求后,会将请求转交给设备模拟程序模拟完成,再将结果返回给虚拟机。

9.5.2　三种实现方式

I/O 虚拟化可以基于软件或硬件辅助的方式实现。由软件方式实现 I/O 虚拟化又可分为全虚拟化和半虚拟化。全虚拟化不需要对宿主机和客户机操作系统做修改,而是通过纯软件的方式对宿主机的设备进行完全模拟。全虚拟化下,虚拟机不知道自己处于虚拟化环境中,以为是在"直接"使用"物理"设备。半虚拟化需要对宿主机和客户机操作系统做相应修改,使得两者能够直接通信。半虚拟化下,客户机操作系统依靠宿主机操作系统使用物理设备。硬件辅助虚拟化将物理设备直接分配给虚拟机,显著地改善了 I/O 虚拟化的性能。

1. 全虚拟化

在无虚拟化场景下,进程发出对物理设备的 I/O 请求后,通过系统调用陷入内核。内核再调用相应的驱动程序驱动该设备。等到设备处理完毕,再将结果返回到进程。

在全虚拟化场景下,客户机进程发出的 I/O 请求不是直接传递给宿主机驱动程序,而是由 VMM 截获后,并由 VMM 模拟物理设备的行为。在 VMM 中,模拟出虚拟设备并处理 I/O 请求的逻辑模块被称为设备模型。基于全虚拟化方式实现的 I/O 虚拟化通用模型如图 9-16(a)所示。客户机进程发出的 I/O 请求,先经过客户机驱动程序,再到达 VMM 的设备模型。设备模型根据自身维护的设备信息或是借助宿主机驱动程序对 I/O 请求进行处理。设备模型可能运行在 VMM 中,也可能运行在宿主机操作系统或是某个虚拟机内,这取决于具体的实现方式。如图 9-16(b)所示,在 Xen 的 I/O 虚拟化模型中,设备模型位于虚拟机 0 中。虚拟机 0 又被称为 Domain 0,负责模拟完成 I/O 请求,并以事件通道或是共享内存的方式将结果返回给 VMM,再传回给发出请求的虚拟机。

全虚拟化方式无须考虑底层硬件的情况,不需要修改宿主机和客户机操作系统,也不需要修改宿主机驱动程序,具有较好的可移植性与兼容性。但是,在全虚拟化方式下,硬件操作指令都需要由 VMM 截获并通过软件模拟执行,同时,虚拟机为了完成一次 I/O 请求,需要与 VMM 进行多次交互,存在多次上下文切换,使得虚拟机的 I/O 性能低下。

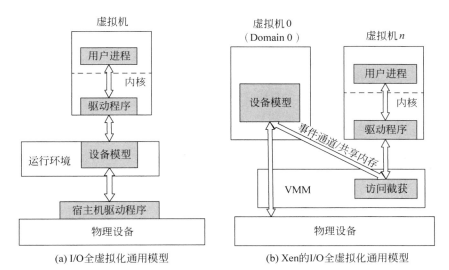

图 9-16 I/O 全虚拟化通用模型与 Xen 的 I/O 全虚拟化模型

2. 半虚拟化

半虚拟化方式将驱动分为前端驱动和后端驱动。图 9-17 展示了 QEMU＋KVM 实现的 I/O 半虚拟化模型。该模型采用 I/O 环形缓冲机制，使得前端驱动与后端驱动能借助共享内存缓冲数据。传统地，驱动程序完成一次 I/O 请求通常涉及多次设备交互操作。共享内存机制将这些操作的中间结果进行缓冲，并在请求处理完毕后，再将结果一次性返回给前端。通过这种方式，减少了虚拟机与 VMM 之间交互的频率，进而减少了虚拟机与 VMM 之间的上下文切换次数。另外，I/O 请求需要借助中断机制传递。在中断处理时，传统的中断处理程序需要确认中断并切换上下文，而该模型使用事件或回调机制实现前后端通信，无须进行上下文切换。因此，前端驱动与后端驱动之间的交互机制可以实现较高性能的 I/O 虚拟化。

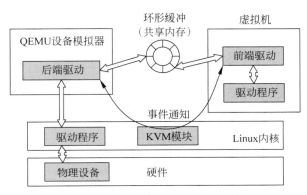

图 9-17 I/O 半虚拟化模型示例

在性能上,半虚拟化方式要优于全虚拟化方式。但是,半虚拟化方式需要修改宿主机和客户机操作系统内核以及设备驱动程序。

3. 硬件辅助虚拟化

全虚拟化和半虚拟化的实现方式都有各自的优缺点:前者通用性强,但性能不理想;后者性能相对全虚拟化模拟有提升,但缺乏通用性。为了获得高性能,最理想的方式是让虚拟机直接使用物理设备;为了满足通用性,最理想的方式是让客户机操作系统使用自身的驱动程序就能发现设备、操作设备。硬件辅助 I/O 虚拟化可同时实现这两个目标。

硬件辅助虚拟化将物理设备直接分配给某个虚拟机使用。这种 I/O 虚拟化技术又称为设备直接分配技术,或 I/O 透传。在这种方式下,将一个物理设备分配给某个虚拟机后,该虚拟机将独享这个物理设备,其 I/O 过程不再受 VMM 的干涉。设备直接分配技术极大地提高了 I/O 虚拟化的性能,降低了 VMM 程序的复杂度,且不需要修改宿主机和客户机操作系统,通用性强。

在早期的设备直接分配技术中,一个物理设备被分配给某个虚拟机后,其他虚拟机将不能使用该设备。为了让单个物理设备能被多个虚拟机共享,PCI-SIG 组织发布了 SR-IOV (Single Root I/O Virtualization,一种 I/O 虚拟化的标准)规范,定义了实现物理设备共享所需的软硬件支持。SR-IOV 规范主要用于网卡、磁盘阵列控制器等物理设备。SR-IOV 规范的实现模型如图 9-18 所示。每个 SR-IOV 设备都有一个物理功能(Physical Function, PF)驱动,以及多个与 PF 驱动关联的虚拟功能(Virtual Function, VF)设备。PF 驱动是负责管理 SR-IOV 设备的特殊驱动,包含轻量级 PCIe 功能。VMM 将 PF 驱动的管理权限交给 Domain 0。Domain 0 通过 PF 驱动,将 SR-IOV 设备的物理资源(例如网卡的接收队列、发送队列)划分成多个子集,并将这些子集抽象成 VF 设备分配给有需要的虚拟机。VF 设备包含三个方面的功能:①向虚拟机提供驱动接口,使客户机操作系统能通过 VF 驱动与

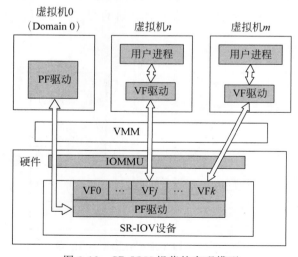

图 9-18　SR-IOV 规范的实现模型

其通信；②提供接收和发送数据的功能；③与 PF 驱动进行通信，以请求 PF 驱动完成全局层面的操作。另外图 9-8 中的 IOMMU(I/O Memory Management Unit,输入/输出内存管理单元)是实现 SR-IOV 规范的硬件必须支持的技术。IOMMU 主要负责将设备 DMA 地址映射到宿主机物理地址。在设备直接分配技术中,IOMMU 用于对物理设备在内存中映射区域提供访问保护,确保虚拟机能独享所分配到 VF 设备的访问控制权限。

9.6 openEuler 的虚拟化平台——StratoVirt

针对现有系统虚拟化方案存在的不足与当前应用的需求,openEuler 中实现了新型的虚拟化平台 StratoVirt。本节从背景与动机出发,介绍 StratoVirt 的整体架构、特点。然后详细介绍 StratoVirt 如何基于 KVM 实现并扩展 CPU 虚拟化、内存虚拟化和 I/O 虚拟化。最后介绍 StratoVirt 快速冷启动和弹性伸缩的特性。

9.6.1 StratoVirt 的介绍

1. StratoVirt 简介

随着云计算的飞速发展,把业务放于云平台上交由云提供商来管理成为很多用户的首选。在云平台发展早期,云提供商以传统虚拟机作为应用部署平台。以 QEMU 为代表的传统虚拟化平台的内存开销较大且启动速度较慢,难以满足用户对应用交付时快速部署、快速启动或快速伸缩等需求。此外,传统虚拟化平台提供较为通用的虚拟化功能(例如提供对 PCI 总线的虚拟化),但不同用户有着个性化的需求,两者之间存在着不匹配的问题。为此,云提供商需要提供更轻量级、更灵活的虚拟化方案。基于上述需求,近些年来,比传统虚拟机更轻量级的容器(在第 10 章做详细介绍)被提出。虽然容器所需资源少且满足快速启动需求,但其隔离性较差,可能给用户带来安全隐患,例如,容器之间共享同一内核,带来受攻击面大的问题；当容器的文件访问权限设置不当时,存在文件被篡改的风险。为了应对上述两种虚拟化方案存在的问题,openEuler 于 2020 年提出了轻量、灵活、安全的 StratoVirt 虚拟化解决方案。

在云场景下,依据为应用提供功能组件的多少,可将虚拟机分为轻量化(仅提供较少且必要的功能组件)和标准化(提供与传统虚拟化平台相当的功能组件)虚拟机两种类型。StratoVirt 是一个在保证安全隔离性的前提下,兼顾轻量化和标准化虚拟机的虚拟化平台。与传统虚拟化平台相比,StratoVirt 基于"按需所取"的设计理念,采用组件化拼装。如图 9-19 所示,StratoVirt 将虚拟机中各个功能模块化,形成相对独立的组件,用户可根据应用场景的实际需求,灵活选择所需的组件,使用"搭积木"的方式,将各组件拼装成一个虚拟机,提供一个既轻量又安全的虚拟机。

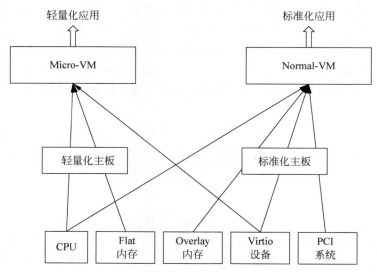

图 9-19　轻量化与标准化虚拟机组装示意图

对于安全性来说，除了提供较强的隔离性，鉴于传统虚拟机 QEMU 基于 C 语言实现带来了较多的内存安全问题，StratoVirt 基于 Rust 语言实现，其中 Rust 语言在编译阶段即可解决大部分内存以及线程同步的问题，使得 StratoVirt 在使用内存时更加安全。

2. StratoVirt、KVM 与 QEMU

现有虚拟化方案的实现一般采用 KVM 与 QEMU 的组合。QEMU 自 2001 年提出至今已有 20 余年，在此期间为了尽量兼容更多设备，其所包含的代码现已接近 157 万行。随着硬件技术的发展以及 KVM 技术日渐成熟，云平台上的虚拟机需要模拟的设备越来越少，这使得 QEMU 中用于支持传统特性及设备的很大一部分代码变成历史包袱。对此，为了替换重量级的 QEMU，也为了保留较为成熟的 KVM 以避免重复"造轮子"，采用 KVM 与 StratoVirt 相结合的虚拟化方案。QEMU＋KVM 和 StratoVirt＋KVM 两种虚拟化解决方案的对比如图 9-20 所示。

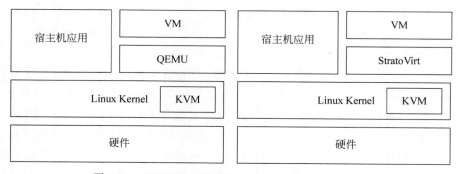

图 9-20　QEMU＋KVM 和 StratoVirt＋KVM 对比图

StratoVirt 替换了 QEMU,对基于 KVM 的 CPU 虚拟化和内存虚拟化做了功能上的扩展,例如,当 KVM 遇到无法处理的退出事件时,则由 StratoVirt 来处理,同时 StratoVirt 实现了虚拟 CPU 生命周期管理和虚拟机内存管理等扩展。在 I/O 虚拟化上,StratoVirt 实现了两种类型的虚拟 I/O 设备,分别是 legacy 类型设备和 virtio 类型设备,其中前者包括串口设备和实时时钟,后者主要是网络设备和块设备。

3. StratoVirt 整体架构

StratoVirt 核心架构自顶向下分为三层,如图 9-21 所示。最上层为 OCI(Open Container Initiative,开放容器计划)兼容接口层,该接口层兼容 QMP 协议,其目的是兼容 QEMU 上层组件方便虚拟机的管理,如 Libvirt 等。

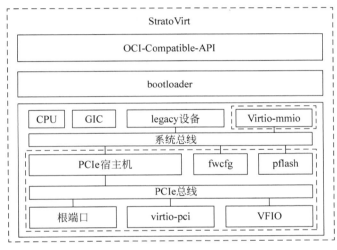

图 9-21 StratoVirt 核心架构图

中间层为 bootloader,其核心作用是提高虚拟机的启动速度。在传统的物理主机启动过程中,涉及 BIOS 初始化硬件、bootloader 准备环境并引导操作系统两个耗时的操作。而在云环境中,由于虚拟机的硬件资源可自由配置,根据 BIOS 初始化硬件过程及 Linux 启动协议(定义了内核启动前的准备步骤,如内存布局等),虚拟机硬件初始化及内核引导环境过程可固化为特定顺序的步骤。为了尽可能提高虚拟机的启动速度,StratoVirt 抛弃传统的"BIOS+GRUB"启动模式,通过预先初始化硬件和提前准备启动环境的方式,来优化虚拟机启动的过程,实现了更轻更快的 bootloader。bootloader 的特点与实现将在后面 9.6.5 节进行介绍。

最下面一层为模拟主板层,目前提供轻量型和标准型两种主板,基于这两种主板可以创建轻量和标准两种类型的虚拟机。用户可以根据应用需求,按需选择该层的功能组件组装成虚拟主板。轻量型主板能够利用软硬协同能力,精简化设备模型,具有资源快速伸缩的能力。在轻量化主板上建立的虚拟机只需占用几兆内存即可正常工作,同时具有毫秒级别的启动速度。标准型主板能够运行常见的操作系统,具有普通虚拟机的所有功能,提供 ACPI

(Advanced Configuration and Power Interface,高级配置和电源管理接口)表实现 UEFI 启动,支持添加 virtio-pci 以及 VFIO(Virtual Function I/O,虚拟功能 I/O)直通设备等。

4. StratoVirt 的特点

StratoVirt 重构了 openEuler 虚拟化底座,针对传统虚拟化技术进行了优化,具有以下六大技术特点。

(1) 安全性与隔离性。StratoVirt 采用内存安全语言 Rust 编写,在编程语言层面提高了内存的安全性。此外,StratoVirt 基于硬件辅助虚拟化实现多租户隔离,并通过 seccomp(secure computing mode,安全计算模式)进一步约束非必要的系统调用,减小系统攻击面。

(2) 扩展性架构。各个功能组件可灵活地配置和拆分,可以根据不同虚拟机类型选择特定的功能组件。设备模型可扩展 PCIe 等复杂设备规范,提供标准虚拟机的支持。也可只选择必要的组件,组装成轻量虚拟机。

(3) 轻量、低内存占用。StratoVirt 实现了能让虚拟机快速启动的 bootloader,若是轻量虚拟机,其包含的组件较少,所需内存小于 4MB 且冷启动时间小于 50ms。

(4) 高速稳定的 I/O 能力。StratoVirt 采用 Virtio 框架的方式,精简了设备模型,模拟实现了半虚拟化的 I/O 设备,能够提供稳定高速的 I/O 传输。

(5) 资源可伸缩。StratoVirt 实现了 balloon 机制,可以在虚拟机运行的过程中实现内存资源的弹性伸缩,动态增加或减少内存。

(6) 支持多种软硬件平台。StratoVirt 向下可支持 x86_64 和 ARM64 平台,既支持 x86 架构的 Intel 虚拟化技术(Intel Virtualization Technology,Intel VT),也支持鲲鹏处理器的 Kunpeng-V 技术,具有硬件辅助虚拟化的能力。StratoVirt 向上可以用于容器生态,并支持 Libvirt 管理工具,其还能与 Kubernetes 生态进行对接,在虚拟机、容器和 serverless 场景有广阔的应用空间。

9.6.2 CPU 虚拟化的实现

StratoVirt 基于 KVM 实现并扩展了 CPU 虚拟化,本节将从两个方面来介绍 CPU 虚拟化的实现。一方面,结合 9.3 节 CPU 虚拟化的原理,介绍 KVM 的 CPU 虚拟化实现,即介绍基于 ARM64 架构的鲲鹏处理器和 openEuler 如何配置虚拟化、如何识别敏感指令以及如何实现上下文的恢复与保存。另一方面,介绍 StratoVirt 如何在 KVM 提供的虚拟 CPU 上进行扩展,介绍 StratoVirt 的 CPU 模型、vCPU 生命周期的管理,以及如何处理退出事件。

1. CPU 虚拟化实现的基础

在鲲鹏处理器与 openEuler 中,要实现 CPU 虚拟化,首先需要对 VMM 进行初始化。初始化的主要过程是设置一些和虚拟化相关的寄存器,开启相应的虚拟化功能,具体的实现如图 9-22 所示。

```
1.      /* 设置 VMM 配置寄存器(HCR_EL2),主要操作包括
2.      将异常(IRQ/FIQ/SError)路由到 VMM 中处理,并使能虚拟化功能。*/
3.      msr(hcr_el2, AMO|IMO|FMO|VM);
4.      //设置 VMM 异常向量基址寄存器(VBAR_EL2)配置中断向量表
5.      msr(vbar_el2, &vectors);
6.      //设置 CPTR_EL2,禁止 Gues OS 通过访问协处理器、浮点等陷入 EL2
7.      msr(cptr_el2, 0x0);
8.      //设置 HSTR_EL2,禁止 Gues OS 通过访问 CP15 陷入 EL2
9.      msr(hstr_el2, 0x0);
```

图 9-22 VMM 初始化实现代码

完成 VMM 初始化之后,需要关注的是如何模拟 CPU。CPU 的功能是执行指令,所以模拟出的 vCPU 首先要达到执行指令的效果。鲲鹏处理器使用了 VHE,将 KVM 和 openEuler 内核代码直接运行在 EL2 级别,管理控制运行在 EL0 级别的用户态线程,对外呈现出独立 CPU 的特性。

在 9.3.2 节已介绍,为了让虚拟机的运行不相互影响,vCPU 能执行的指令应该受到 VMM 的管理与限制,具体分为普通指令和敏感指令。普通指令直接由运行在 EL0 级别的线程执行,而敏感指令则会触发异常,陷入 EL2 级别交由 VMM 进行处理。那么,由 CPU 虚拟化的基本思想可知,此时面临两个挑战:①如何识别一条指令是敏感指令,还是非敏感指令?②敏感指令触发异常而导致 CPU 切换至 EL2 级别时,虚拟机的上下文如何保存,在异常处理结束后又如何恢复?接下来将针对这两个解决方案的具体实现进行阐述。

1)敏感指令的识别

鲲鹏处理器的硬件设计对识别敏感指令提供了支持。回顾第 2 章的 ARMv8 架构异常模型,各类程序运行在不同的异常级别上。运行的程序所处的异常级别越高,则操作权限越高,而敏感指令本质上就是需要更高异常级别权限的特权指令。通过对一些系统寄存器的配置,可以决定哪些指令是敏感指令并在其执行时引发异常。例如,指令 WFI(Wait For Interrupt,等待中断)会导致其 vCPU 对应的物理 CPU 进入低功耗模式空转,进而影响 VMM 调度其他 vCPU 使用该物理 CPU。VMM 可以通过配置寄存器 HCR_EL2.TWI 位决定该指令是否引发异常。当 HCR_EL2.TWI 位为 1 时,运行在 EL0 或 EL1 的程序执行指令 WFI 就会引发异常,当 HCR_EL2.TWI 位为 0 时则不会。

如图 9-23 所示,当虚拟机程序执行敏感指令并产生异常时,运行在 EL2 的 VMM 就会处理异常,并在相应的陷入服务函数中解释执行虚拟机执行的敏感指令,在保障虚拟化系统隔离性、稳定性的前提下执行虚拟机中的敏感指令。例如,当虚拟机启动时,初始化程序会读取系统寄存器 ID_AA64MMFR_EL1 中的信息,并根据该寄存器中的信息决定 openEuler 内核中的某些特性是否被启用。若 VMM 为虚拟机提供的虚拟 CPU 型号与硬件 CPU 的型号不同,则需要在虚拟机因读取该寄存器而产生异常时,由 VMM 重新解释执行该条指令,并返回由 VMM 虚拟出的寄存器 ID_AA64MMFR_EL1 的信息。

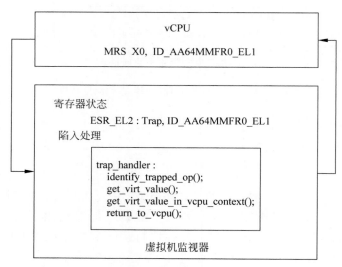

图 9-23　寄存器信息的模拟

2）上下文的保存与恢复

当执行到一条敏感指令时，借助于硬件能力，CPU 会自动识别这条指令，然后进行指令陷入。由于鲲鹏处理器支持 VHE 技术，所以敏感指令会直接陷入 EL2 级别的 VMM 中。那么，在整个敏感指令处理过程中，虚拟机上下文会在陷入前被保存，在返回虚拟机时被恢复。VHE 为每个虚拟机维护了一块内存空间，用来保存虚拟机所用 vCPU 的各种状态参数和操作策略，即虚拟机上下文。下面通过介绍处理敏感指令的完整过程阐述虚拟机上下文的保存与恢复。

（1）上下文的保存：陷入 VMM 会导致虚拟机的退出，而在退出虚拟机之前要将虚拟机上下文进行保存，以便执行完敏感指令之后继续执行。主要的保存过程伪代码如图 9-24 所示。

```
1.    //保存通用寄存器,pc,lr,sp,pstate
2.    vCPU -> pc = elr_el2;
3.    vCPU -> lr = lr;
4.    vCPU -> sp = sp;
5.    vCPU -> pstate = spsr_el2;
6.    vCPU -> x0~30 = x0~30;
7.    //保存当前 vCPU 使用的处理器 id
8.    vCPU -> last_cpu = smp_processor_id();
9.    //保存 64bit EL1/EL0 寄存器
10.   vCPU -> sysregs.sp_el0 = sp_el0
11.   vCPU -> sysregs.sp_el1 = sp_el1
12.   vCPU -> sysregs.elr_el1 = elr_el1
13.   ...
```

图 9-24　虚拟机上下文保存过程

（2）敏感指令的执行：为了保证虚拟机之间的隔离性，敏感指令不能在 EL2 级别直接执行而是通过模拟的方式执行。例如遇到关机、休眠等指令，VMM 会通过模拟的方式使虚拟机关机或者休眠，并不会影响物理主机。

（3）上下文的恢复：将第一步中保存的上下文恢复到相应的寄存器中。

经过上述的三个步骤，vCPU 可以执行敏感指令，从而实现对 CPU 的模拟。然而，CPU 的虚拟化不仅仅是提供指令的模拟执行，它还可以为虚拟机提供数量多于物理 CPU 的 vCPU。下面看一下 VMM 是如何调度这些 vCPU 的。

VMM 通过调度不同的 vCPU 来使用物理 CPU 以达到对 CPU 的虚拟，CPU 虚拟化示意图如图 9-25 所示。其实这种技术并不陌生，操作系统调度任务时也采用了时分复用的思想，因此 CPU 的虚拟化和任务的调度模型从原理上来讲是相同的。通过 VMM 的调度，vCPU 的数量是可以大于物理 CPU 的数量，因为 vCPU 的本质就是一个线程。但是如果 vCPU 的数量过多，反而会降低整个虚拟机的性能。因为在 VMM 调度 vCPU 的时候，会存在上下文切换所带来的时间损耗，其中，上下文切换过程与处理敏感指令进行的上下文保存与恢复过程类似。

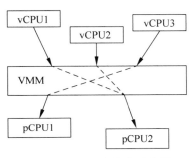

图 9-25　CPU 虚拟化示意图

2. StratoVirt 对 CPU 虚拟化的扩展

前面介绍了基于 KVM 的 vCPU 的基本工作原理，接下来介绍 StratoVirt 在 vCPU 功能上，如何扩展 vCPU 的其他功能。本节首先介绍 StratoVirt 中的 CPU 模型，随后介绍 StratoVirt 在 CPU 模型的基础上，如何管理 vCPU 的生命周期以及处理虚拟机退出（VM-Exit）事件。

1）CPU 模型

虚拟机中可能有一个或多个由 KVM 创建的 vCPU，每个 vCPU 的创建实际上是创建了对应的 vCPU 线程，vCPU 线程负责处理 vCPU 的各种任务。为了更好地管理虚拟机内的 vCPU，StratoVirt 实现了 CPU 模型。CPU 模型是对 KVM 中 vCPU 的扩展，通常表现为一个结构体，其中记录了用于管理 vCPU 的各项信息。如图 9-26 所示，CPU 模型中包括许多成员：成员 fd 是用于操作 vCPU 的文件描述符，通过成员 fd 可设置 vCPU 的相关参数；成员 arch_cpu 保存了与 CPU 架构相关的寄存器信息，用于支持不同 CPU 架构的虚拟化；成员 state 描述 vCPU 所处的状态，StratoVirt 根据该状态来管理 vCPU 的生命周期，从而达到管理虚拟机的目的，如暂停和恢复等；成员 task 是 vCPU 的处理线程；成员 vm 表示 vCPU 属于哪个虚拟机。

2）vCPU 生命周期的管理

StratoVirt 基于 CPU 模型管理 vCPU 的生命周期。vCPU 的生命周期与虚拟机生命周期具有非常强的关联，可以通过控制 vCPU 的生命周期来间接地控制虚拟机的生命周期。

vCPU 的生命周期分为四个阶段：创建 vCPU、初始化（initialize）vCPU、暂停（pause）和恢复（resume）vCPU、停止（destroy）vCPU，每个阶段实现的具体过程如下。

```
1.      pub struct CPU {
2.          id: u8,                              /// vCPU 的 ID,当 id 为 0 表示这个 CPU 是主 CPU
3.          fd: Arc < VcpuFd >,                  /// 基于 KVM 的 vCPU 的文件描述符
4.          arch_cpu: Arc < Mutex < ArchCPU >>,  /// CPU 架构相关的特殊属性
5.          /// 基于 KVM 的 vCPU 的生命周期状态
6.          state: Arc <(Mutex < CpuLifecycleState >, Condvar)>,
7.          /// 需要由 vCPU 处理的工作
8.          work_queue: Arc <(Mutex < u64 >, Condvar)>,
9.          /// vCPU 线程处理程序
10.         task: Arc < Mutex < Option < thread::JoinHandle <()>>>>,
11.         tid: Arc < Mutex < Option < u64 >>>,   /// vCPU 线程的线程 ID
12.         /// vCPU 所属的 VM
13.         vm: Weak < Mutex < dyn MachineInterface + Send + Sync >>,
14.         ...
15.     }
```

图 9-26   CPU 模型结构体

（1）创建 vCPU。

StratoVirt 中创建 vCPU 实际上是创建 CPU 模型。根据虚拟机配置文件 vm_config 中的 vCPU 信息创建 vCPU 结构体，然后创建用于存放 vCPU 句柄的向量的 vcpu_fd，并将 vCPU 结构体中的 fd 成员指向 vcpu_fd，CPU 模型创建完成。

（2）初始化 vCPU。

初始化 vCPU 阶段的主要作用是设置与 CPU 虚拟化相关寄存器的值。在 StratoVirt 启动虚拟机的过程中，bootloader 首先将内核镜像读入内存。StratoVirt 根据不同 CPU 架构生成相应的 bootloader 结构体，其中保存了与启动相关的必要数据，如 vCPU 寄存器信息。随后，StratoVirt 从 bootloader 结构体中获取记录着 vCPU 寄存器配置信息的 CPUBootConfig，如图 9-27 所示。最后 StratoVirt 将根据 CPUBootConfig 对 vCPU 寄存器进行初始化，并创建 vCPU 线程。

```
1.      pubstruct X86CPUBootConfig {
2.          pub prot64_mode: bool,
3.          pub boot_ip: u64,
4.          pub boot_sp: u64,
5.          pub boot_selector: u16,
6.          pub zero_page: u64,
7.          pub code_segment: kvm_segment,
8.          pub data_segment: kvm_segment,
9.          pub gdt_base: u64,
10.         pub gdt_size: u16,
11.         pub idt_base: u64,
12.         pub idt_size: u16,
13.         pub pml4_start: u64,
14.         ...
15.     };
```

图 9-27   x86 CPUBootConfig 结构体

（3）暂停和恢复 vCPU。

StratoVirt 基于线程信号量实现 vCPU 的暂停和恢复。如图 9-28 所示，虚拟机正常工作时，vCPU 处于执行状态（execute）或准备执行状态（ready for running），并且这两种状态将不断转换、循环。当外部系统管理员通过 StratoVirt 发送暂停虚拟机的请求时，StratoVirt 将调用虚拟机的 paused() 函数，然后每个 vCPU 线程调用自己的 paused() 函数。vCPU 的 paused() 函数会修改 vCPU 结构体中的 state（状态）的值，将其从运行变为暂停，并发送 VCPU_PAUSE_SIGNAL 信号给 vCPU 线程。vCPU 线程在执行状态和准备执行状态切换的过程中会访问 vCPU 的 state，此时 vCPU 的 state 为暂停，然后暂停 vCPU 线程，直至 vCPU 收到恢复指令。vCPU 的恢复与暂停类似，外部系统管理员发起恢复虚拟机的请求，先由 StratoVirt 调用虚拟机恢复函数，然后再调用每个 vCPU 的恢复函数修改 vCPU 结构体的状态，最后恢复 vCPU 线程。

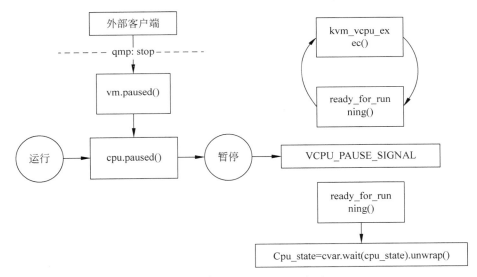

图 9-28　vCPU 暂停过程示意图

（4）停止 vCPU。

StratoVirt 的 vCPU 停止有两种情况：一是虚拟机内部正常关机；二是外部系统管理员通过 QMP 接口直接让 VMM 执行函数 destroy()。虚拟机正常关机会触发 shutdown 这个退出事件，然后会调用虚拟机的函数 destroy()。当虚拟机的 destroy() 函数执行时，会让每个 vCPU 调用自己的函数 destroy()，并修改各自 vCPU 结构体的状态，最终停止 vCPU。

3）退出事件的处理

在 StratoVirt 对 KVM 的 CPU 虚拟化所做的扩展中，另一个重要功能是对退出事件的处理。退出事件是指非根模式下的虚拟机指令在物理 CPU 中无法执行或执行出现异常，并且退出到根模式下的 KVM 模块仍无法执行的事件，例如虚拟机要进行 I/O 处理时，KVM 没有提供 I/O 处理的功能，因此需要退出到 StratoVirt 中进行处理。退出事件的原因主要有对敏感资源的访问、指令执行异常以及发生中断。限于篇幅,在此仅介绍 StratoVirt 如何处理指令执行异常的情况。

指令执行异常主要发生在对外部设备访问的时候,包括端口读(IoIn)、端口写(IoOut)、内存读(MMIO Read)和内存写(MMIO Write)。其中,端口读和端口写事件只发生在 x86 架构的 CPU 中。

StratoVirt 处理端口读这个退出事件的过程为:StratoVirt 调用 pio_in()函数,通过端口查找对应的端口设备,然后调用端口设备的 read 接口进行读操作,端口等 I/O 设备的实现将在 9.6.4 节中具体介绍。端口写事件的处理过程与端口读类似,内存读和内存写则是通过内存地址找到对应的设备,然后进行读写操作。

9.6.3 内存虚拟化的实现

与 CPU 虚拟化类似,StratoVirt 中内存虚拟化是基于 KVM 进行实现和扩展的。本节介绍 StratoVirt 中内存虚拟化的具体实现,将根据鲲鹏服务器和 openEuler 介绍内存虚拟化的实现,然后介绍 StratoVirt 对内存虚拟化实现的扩展功能。

1. 内存虚拟化实现的基础

1)地址转换

KVM 属于 Type 1 VMM,因此在原本非虚拟化系统中,KVM 实现的地址转换是在虚拟地址空间和物理地址空间的转换之间引入了一层新的地址空间——中间物理地址(Intermediate Physical Address,IPA)空间,相当于前面提到的客户机物理地址空间。客户机进程要想访问物理内存,必须经过两次转换:stage1 和 stage2。地址空间转换关系如图 9-29 所示。stage1 负责将虚拟地址空间的地址转换为中间物理地址,由客户机操作系统完成;stage2 是由 VMM 最终控制将 IPA 转换为实际的物理内存地址。类似于 EPT,鲲鹏处理器在硬件上也为 VMM 维护了一套相似的页表,专用于在 stage2 将 IPA 转换到物理地址。因此,VMM 可以控制虚拟机能够访问的物理内存区域,并确保其他的内存对于虚拟机来说都是不可见的。这种设计增强了虚拟机之间的隔离,保证了虚拟机及整个系统的安全性。

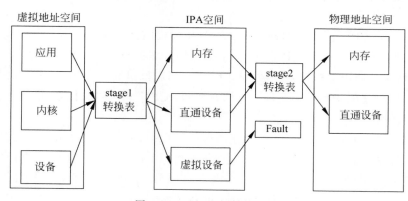

图 9-29　地址空间转换关系

IPA 作为中间物理地址,还包含外围设备区域。虚拟机可以通过 IPA 的外围设备区域来访问虚拟机可见设备。而当虚拟机需要使用虚拟的外围设备时,在地址转换的第二阶段,也就是从 IPA 到设备空间转换的时候,会触发错误(Fault)。当错误被 VMM 捕获后由 VMM 对设备进行模拟。整体的 stage2 转换如图 9-29 所示。

2)性能优化

在保证隔离性的前提下,鲲鹏处理器的设计也考虑到了高性能的需求。在 5.3 节介绍了 TLB(转址旁路缓存),它可以提高虚拟地址到物理地址的转换速度。但是进程切换会导致 TLB 表被刷新,新的进程就会因 TLB 未命中而引起性能损耗。进程切换是非常频繁的,因此造成了很大的性能开销。虚拟机的切换同样会导致 TLB 表被清除。为了减少进程和虚拟机的上下文切换导致的 TLB 命中率降低,鲲鹏处理器采用了地址空间标识符(Address Space ID,ASID)和虚拟机标识符(Virtual Machine ID,VMID)相结合的设计,缓解了这一问题。

VMM 为每个虚拟机分配一个 VMID,客户机操作系统为每个进程分配一个 ASID,两者相结合就可以锁定一条 TLB 记录。在发生上下文切换时,CPU 无须清除所有 TLB 表项,只切换保存着 VMID 和 ASID 的寄存器 TTBR 即可。当搜索 TLB 时,MMU 会忽略与当前进程 VMID 和 ASID 不同的 TLB 表项,只读取属于当前进程的 TLB,从而在提高了 TLB 利用效率的同时,通过硬件辅助保证了隔离性。

如图 9-30 所示的情况,VMID 编号为 1,ASID 编号为 2 的进程 A 被调度器挂起,VMID 编号为 5,ASID 编号为 2 的进程 B 得到运行机会。此时属于进程 A 的 TLB 表项并不会被全部清理。当进程 B 运行并进行 TLB 搜索时,MMU 会为其搜索具有相同 VMID 和 ASID 编号的表项,而其他表项(如 VMID 编号为 1 的表项)将对其不可见。当进程 B 需要一个新的 TLB 表项,但 TLB 存储空间已满时,MMU 会替换掉一个暂时不用的旧的表项,将新表项存入。当进程 A 再次被调度运行时,由于上一次缓存的 TLB 表项没有被清理,进程 A 的 TLB 命中率相较被清理时会高很多。另外值得注意的是,每个虚拟机都有独立的 ASID 命名空间。例如,图 9-30 中两个 VMID 分别为 1 和 5 的虚拟机都可以拥有编号为 2 的 ASID。

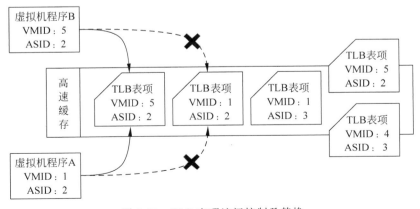

图 9-30　TLB 表项访问控制及替换

2. StratoVirt 对内存虚拟化的扩展

由于 x86_64 架构和 ARM64 架构 CPU 采用不同的编址方式,因此 StratoVirt 对不同 CPU 架构采取不同的内存地址空间布局策略。同时,为了支持轻量化虚拟机和标准化虚拟机两类虚拟机,StratoVirt 实现了一套虚拟内存地址空间管理机制。该机制既能以扁平化结构管理内存,也可以使用树状结构来管理内存,并且能够将树状内存映射成扁平视图(Flat View)。

1) StratoVirt 客户机物理地址空间布局

StratoVirt 目前主要支持 ARM64 和 x86_64 两种 CPU 架构。在 ARM64 架构下,如图 9-31(a)所示,内存与 I/O 端口采用统一编址的方式共用一个内存地址空间。整个内存地址空间大小为 2^{64},其中 1～2GB 的地址空间分配给客户机 I/O 设备,而 2GB 及以上的地址空间分配给客户机内存。当 I/O 设备所需地址大于这个范围时,StratoVirt 将在客户机已用的内存地址空间之后,继续为 I/O 设备分配地址空间。

x86_64 架构 I/O 设备为独立编址,因此 x86_64 架构有两个地址空间,其中内存地址空间大小为 2^{64},如图 9-31(b)所示,I/O 地址空间的大小为 64KB,如图 9-31(c)所示。内存占用 0～768MB,以及 4GB 以上的地址空间。I/O 设备占用的地址空间为 64KB 的 I/O 地址空间,以及 768MB～4GB 的内存地址空间。

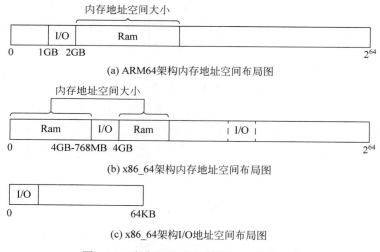

(a) ARM64架构内存地址空间布局图

(b) x86_64架构内存地址空间布局图

(c) x86_64架构I/O地址空间布局图

图 9-31　客户机物理内存地址空间布局图

2) StratoVirt 地址空间的管理

与其他的 VMM 类似,StratoVirt 的地址空间管理包含了对内存地址空间和 I/O 地址空间(x86 架构)的管理。相对于内存地址空间管理来说,I/O 地址空间的管理相对简单,在此不做介绍,因此该部分内容将侧重介绍内存地址空间管理。

StratoVirt 为每个虚拟机维护了一个 AddressSpace(地址空间)结构,用于组织及管理虚拟机的地址空间。其中虚拟机地址空间由多个 Region(地址区间)和一个 FlatView(扁平视图)结构来描述,如图 9-32 所示。在 AddressSpace 中,Region 表示一段地址空间,多个 Region 组成了以根 Region 为根的树状结构。而 FlatView 则表示树状的 Region 所映射而形成的扁平地址空间,相当于数据结构中的数组。

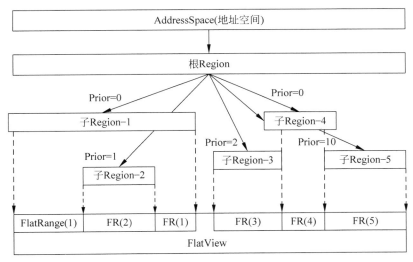

图 9-32　地址空间结构图

StratoVirt 根据地址空间的用途将 Region 分为三类,分别是:Ram、I/O、Container。当 Region 的类型为 Ram 时,表示这块地址空间被分配给虚拟机内存,并且该 Region 会记录 GPA 与 HPA 之间的映射;若 Region 类型为 I/O,表示这块地址空间被分配给虚拟机 I/O 设备使用,I/O 设备驱动需要实现访问该 Region 的读写接口;Container 类型的 Region 表示这块地址空间用作容器,是包含多个子 Region 的父节点,可用于管理子 Region,从而形成树状的结构。例如描述 PCI 总线域的地址管理可使用类型为 Container 的地址区间,它可以包含 PCI 总线域下多个 PCI 设备使用的地址区间。

为了能够灵活适配轻量化和标准化两种虚拟机,虚拟机地址空间的结构采用扁平视图与树状结构相结合的方案。当 StratoVirt 为轻量化虚拟机服务时,轻量化虚拟机内存结构简单,没有上下层级的结构,因此可采用扁平视图的内存管理机制。当 StratoVirt 为标准化虚拟机服务时,StratoVirt 需要支持诸如 PCI 之类的层级总线,为了便于描述层级之间的关系,因而采用树状的内存结构来组织及管理不同层级的内存,并将各个 Region 映射到扁平视图中,以一维地址空间来提供地址空间的快速访问。

3) Region 与 Flat View 的映射

在 StratoVirt 中,每分配一块地址空间都会生成一个新的 Region 结构,该结构记录了被分配地址空间的起始地址和大小,Region 初始化完成后会作为一个节点挂到其父 Region 上,最顶层的父 Region 是根 Region,所有的 Region 都是从根 Region 中分配出来的。如果 Region 类型是 Container,则可以继续分配出子 Region,最终形成层次化的树状结构。

由于访问树状结构的地址空间需要自顶向下遍历各个节点,每次访问节点都需要进行内存访问，当树的层次较多时，访问叶子 Region 会带来较大的时间开销。为了能够快速地访问地址空间，StratoVirt 将 Region 树状结构映射成了扁平化的 Flat View。建立映射的过程中可能会出现地址空间重叠的情况，如图 9-32 所示的 Region1 与 Region2。为了避免这个问题，StratoVirt 在创建 Region 时会指定 Region 的优先级，如果低优先级的地址区间与高优先级的地址区间发生重叠，则低优先级 Region 的重叠部分将被高优先级 Region 覆盖，从而在 FlatView 中不可见。通过使用优先级管理 Region 的方式，可以保证所有的高优先级的 Region 都被映射到 FlatView 上。

9.6.4 I/O 虚拟化的实现

StratoVirt 实现了 openEuler 中 I/O 设备的虚拟化，从而辅助 KVM 完成整个虚拟化过程。StratoVirt 能以软件的方式模拟多种不同类型的 I/O 设备。下面将详细介绍在鲲鹏服务器和 openEuler 中，StratoVirt 如何截获虚拟机对 I/O 设备的访问，以及 StratoVirt 如何模拟虚拟设备、虚拟设备如何处理访问请求，并最终将结果返回给虚拟机。

1. I/O 虚拟化实现的基础

1）访问截获与设备访问

在 VHE 扩展下，客户机操作系统通过读写由外部设备映射过来的内存地址完成对外部设备的访问。在内存虚拟化一节可以了解到，从 IPA（中间物理地址或客户机物理地址）到物理地址的映射需要经历地址转换。因此，VMM 只要对转换过程进行控制，即可完成对设备访问的拦截和控制。

如图 9-33 所示，当 VMM 将某个物理外部设备分配给虚拟机，在 stage2 转换时即可直接访问该设备对应的物理地址，从而完成设备访问。这是最宽松的访问控制，同时效率也是最高的。但仍有些设备不能直接分配给某个虚拟机使用，需要由 VMM 模拟。这时 VMM 可通过设置寄存器 VTTBR_EL2，将对应虚拟设备的 stage2 转换项设置为 Fault，这样当虚拟机访问这一设备时，就会引发异常，从而陷入 VMM 中执行相应的外部设备模拟程序。

VMM 将物理外部设备直接分配给虚拟机的情况很好理解，这相当于通过 stage2 转换建立了一个透传（Passthrough）通道，而虚拟设备的访问控制则较为抽象。如图 9-34 所示，假设虚拟机中的软件通过指令 LDR 请求读取虚拟串口（usrt）内传来的数据。首先要实现由 GVA（客户机虚拟地址空间）到 IPA 的 stage1 转换，紧接着是实现由 IPA 到物理地址的 stage2 转换，而由于该虚拟串口对应的转换项被设置为 Fault，因此会引发一个异常。异常转交至运行在异常级别 EL2 的 VMM。VMM 通过寄存器 HPFAR_EL2 可获得发生异常的 IPA 地址，通过寄存器 ESR_EL2 可查询到虚拟机尝试操作的具体信息，包括读或写、访问长度以及目的寄存器等。最后，VMM 将模拟串口的处理，将所得结果写入对应的目的寄存器，并返回至虚拟机继续执行异常发生前的下一条指令。两级地址转换以及串口设备模拟的过程对于虚拟机中运行的应用软件来说都是透明的。

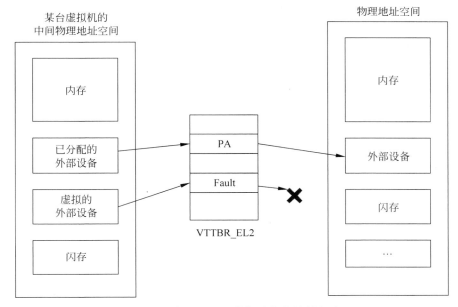

图 9-33　虚拟机访问外部设备的控制方式

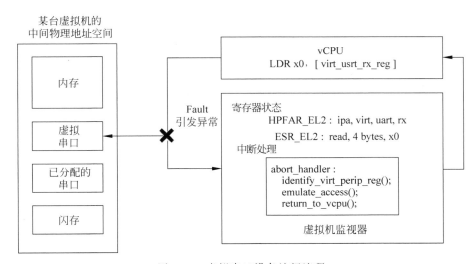

图 9-34　虚拟串口设备访问流程

2）外部设备与虚拟机通信

能产生中断的外部设备通过中断与虚拟机进行通信。中断是硬件通知软件的机制,而在虚拟化系统中,中断处理的方式变得复杂了。原因在于,某些设备直接分配给了特定虚拟机,而一些则需要 VMM 截获处理,并且还需要考虑中断到来时相应虚拟机没有被 VMM 调度运行的情况。

鲲鹏处理器提供了支持虚拟中断的硬件特性,使得软件复杂度降低,中断的模拟效率也得到了提高。VMM 可以通过控制相关寄存器配置及产生虚拟中断。例如,VMM 可以通过设置寄存器 HCR_EL2 的 IMO 位(中断路由控制位),将物理中断发送到运行在 EL2 的 VMM,同时将虚拟中断发送至运行在 EL1 的客户机操作系统。这样,VMM 只需在必要时配置寄存器确定中断策略。频繁的虚拟中断发送将由硬件执行,减少了 VMM 的陷入模拟操作,进而提升了性能。

图 9-35 展示了一个虚拟中断转发过程示例。物理串口设备向通用中断控制器(GIC)发送中断请求,导致 GIC 产生物理中断。由于 VMM 配置了寄存器 HCR_EL2,中断将路由至运行在 EL2 的 VMM。VMM 在接收到中断信号后确定应该处理此中断的目标虚拟机,随后配置 GIC 以便将中断信号以虚拟中断的方式转发给目标虚拟机对应的 vCPU,并将控制权交由 vCPU。在 GIC 确定了目标虚拟机且虚拟机得到调度后,相应的 vCPU 就会接收到虚拟中断。

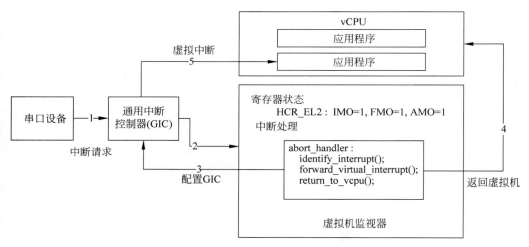

图 9-35　虚拟中断转发过程

在硬件特性的支持下,VMM 无须保存中断信息并将软件模拟的虚拟中断发送给虚拟机,只需对 GIC 进行简单配置即可。在性能得到提高的同时,整个访问控制权依旧掌握在 VMM 手中,保障了虚拟化系统的隔离性。

2. StratoVirt 中 I/O 虚拟化的实现

对于 I/O 虚拟化来说,在 VHE 提供的访问截获和设备访问的基础之上,StratoVirt 完成了 I/O 虚拟化中的设备模拟,模拟实现了 legacy 和 virtio 两种类型设备。StratoVirt I/O 设备结构如图 9-36 所示。legacy 设备通过 I/O 端口(pio)与客户机(x86 架构)交互,主要包含串口(serial)和实时时钟(RTC),其中串口主要用于 VMM 和虚拟机内核交互,RTC 为虚拟机提供与宿主机一致的实时时钟信息。而 virtio 设备是指使用半虚拟化框架 virtio 所模拟出来的设备,如块设备或网络设备。目前 StratoVirt IO 子系统中支持的 virtio 设备有 blk(磁盘)、net(网卡)、console(虚拟控制台)、vsock(虚拟套接字)。

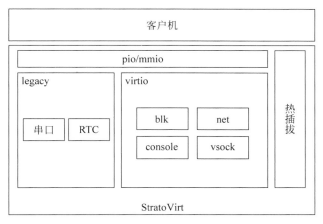

图 9-36　Strato I/O 设备结构图

　　legacy 类型设备采用全虚拟化方案,StratoVirt 完全通过软件的方式模拟实现 legacy 类型设备的所有功能。当虚拟机发出 I/O 指令操作 I/O 时,KVM 将截获相关指令,并交由 StratoVirt 来处理。StratoVirt 使用软件模拟的方式处理该类型的 I/O 操作,然后将结果返回给 KVM,最后返回给虚拟机。全虚拟化设备模拟方案的优点是可以模拟出多种设备,完备性较好。由于是完全由软件来模拟,需要进行大量的上下文切换和虚拟机陷出到 VMM 的操作,故开销较大、I/O 传输的性能较低。

　　对于磁盘和网卡这类 I/O 传输性能要求较高的设备,为了提高 I/O 的性能,StratoVirt 使用半虚拟化框架 virtio 进行模拟。与完全虚拟化不同的是,半虚拟化使用前端驱动 (frontend) 和后端设备 (backend) 的机制,前端驱动是生产者,产生 I/O 操作的请求;后端设备则是 I/O 请求的消费者,处理 I/O 请求。I/O 操作的请求和响应只在客户机操作系统和 VMM 间传递,客户机操作系统中的前端驱动和 VMM 中的后端设备直接通信,大大减小了 VM-Exit 和 VM-Entry 的开销,并且基于事件驱动的处理机制让 VMM 能够批量处理 I/O 事件,进一步提升 I/O 的性能。

　　virtio 虚拟化框架分为三层,如图 9-37 所示,最上层的前端驱动位于虚拟机内。由于功能的区别,有多种不同前端驱动,例如网络设备驱动 virtio_net、块设备驱动 virtio_blk 和 balloon 设备(一种内存弹性伸缩虚拟设备)驱动 virtio_balloon。中间层为 virtio_ring,负责通信控制和数据传输。virtio-ring 包含三个部分:desc(描述符数组),available ring(可用的 ring)和 used ring(使用过的 ring)。desc 用于存储描述符,每个描述符记录着对数据缓冲区的描述,available ring 则用于表示前端当前有哪些描述符可用,而 used ring 表示前端哪些描述符已经被使用。第三层为后端设备,位于 VMM 中,负责和实际的物理设备交互。

　　StratoVirt 中 virtio_blk 设备的具体实现原理图如图 9-38 所示,前端驱动位于客户机操作系统中,后端设备则在 StratoVirt 中实现。在前端和后端之间存在一个可以用来存放大量数据的队列(virtqueue),具体实现为环形队列(virtio_ring),是一个环形缓冲区。在进行

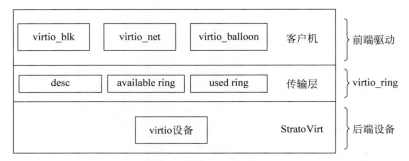

图 9-37   virtio 框架层次结构图

I/O 操作时,运行在客户端的前端驱动将所要进行处理的 I/O 操作请求存放在 virtio_ring 环形缓冲区中,然后前端驱动通过 Address Space 的内存窗口将 virtio_ring 的 GPA 注册到 KVM 中,建立与 HPA 之间的映射。当前端驱动对该地址进行写操作时会触发 KVM 的 ioeventfd 写事件,从而通知 VMM 中的后端设备。后端设备获取 virtio_ring 缓存区中的 I/O 请求,然后调用物理的 I/O 设备完成实际的 I/O 处理,例如如果为磁盘设备的 I/O 操作时,则进行磁盘读写。由于 virtqueue 是一个可以存放大量数据的队列,因此前端驱动可以一次性将大量的 I/O 操作请求存放在 virtio_ring 中,等后端设备完成 I/O 后统一返回。

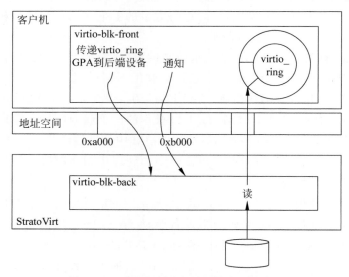

图 9-38   virtio-blk 设备的具体实现原理图

9.6.5 StratoVirt 的其他特性

1. 快速冷启动——bootloader
虚拟机技术是云计算的重要组成部分,能运行各种操作系统,具有较好的隔离性,但虚拟机启动较慢,影响应用的部署和交付。如果能提升虚拟机启动的速度,那么将大大节省应用开发、测试和部署的时间。在 StratoVirt 中,实现了能够快速冷启动的 bootloader,在 x86_64 架构下启动时间为 $50\sim100\mu s$,在 ARM64 架构下启动时间为 $30\sim50\mu s$。下面将具体介绍 StratoVirt 中 bootloader 的原理与实现。

在物理主机上,根据 Linux 启动协议,操作系统的启动通常分为五个阶段(如图 9-39 所示):①物理主机上电之后,CPU 进入实模式并加载 BIOS,BIOS 首先会进行 POST (Power-On Self-Test,加电自检),对 CPU、内存等硬件设备进行检测和初始化;②执行 MRB(Master Boot Record,主引导扇区)部分的程序,加载 bootloader;③bootloader 加载操作系统内核镜像到内存,引导操作系统进行启动相关设置;④退出实模式,进入保护模式,获取实模式以外的内存大小、硬盘参数、显示相关等信息,随后进行诸如 GDT(Global Descriptor Table,全局描述符表)、中断控制器、扩展内存的设置;⑤执行 Init 进程,实现从内核态到用户态的切换,然后便可以运行用户界面等用户态程序。StratoVirt 的 bootloader 依据 Linux 启动协议,对前三个阶段的部分操作进行简化,跳过 CPU 实模式的阶段直接进入保护模式,提高了系统启动的速度。

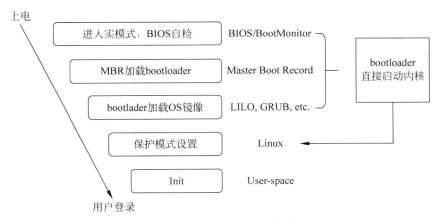

图 9-39　OS 启动阶段示意图

StratoVirt 的 bootloader 启动虚拟机操作系统的过程可以分为进入保护模式之前和保护模式之后两个阶段。在有实模式的情况下,BIOS 通过自检获取许多硬件信息,并将这些信息设置到对应的数据结构、寄存器和硬件设备中。StratoVirt 的 bootloader 省去了 BIOS 自检的过程,直接对一些必要信息设置,其中最主要的是零页(zero page)、e820 表和 MP (MultiProcessor Specification,多处理器规范)表的设置。零页是内存中位于地址空间最开始的部分,主要存放内核配置和硬件信息,例如内核命令行地址、内核命令行长度、VGA 硬件信息等,e820 表也是其中的一部分;e820 表保存了内存布局的信息,CPU 通过读取 e820 表获取内存布局信息;MP 表根据多处理器规范而建立,其中包含了处理器和中断控制器的信息,例如 CPU 厂商信息、总线信息、I/O 中断控制器信息、本地中断控制器信息等。完成上述信息的配置之后,还需设置内存文件系统(initrd)、内核镜像和内核命令行。接下来进入保护模式阶段,bootloader 将设置全局描述符表(GDT)和中断描述符表。全局描述符表记录了段描述符,用于段式内存管理的寻址;中断描述符表保存了中断描述符,CPU 执行指令时,通过中断描述符表查找对应的中断处理程序。bootloader 完成了各种信息的设置后,将这些信息传递给 CPU,随后 CPU 初始化并启动操作系统镜像,虚拟机启动完成。

2. 弹性伸缩——balloon

由于业务的需要,服务器在同一时间可能运行大量虚拟机,而每个虚拟机的内存大小在虚拟机被创建时就已经确定。随着虚拟机内运行负载的变化,虚拟机所使用的内存大小也随之改变。但由于不同虚拟机所运行的服务进程不同,而不同服务进程所使用的内存大小不尽相同,导致有的虚拟机有大量空闲的内存,有的虚拟机内存不足的情况。另一方面,若要调整虚拟机内存大小,则需要关闭虚拟机,这会中断虚拟机内正在执行的任务。

为了解决上述的问题,在 StratoVirt 中,设计并实现了 balloon 机制来动态调整虚拟机内存大小。balloon 能将虚拟机中暂时空闲的内存回收到宿主机,并由宿主机分配给其他虚拟机。当被回收内存的虚拟机需要内存时,宿主机再将内存归还给该虚拟机。在不影响虚拟机运行的前提下,实现了虚拟机内存资源的弹性伸缩,有效提高了内存的使用率。

balloon 基于 virtio 框架实现,是位于虚拟机内前后端协同的半虚拟化设备,具有内存回收和释放的功能,同时还能统计虚拟机内存信息。如图 9-40 所示,内存中灰色格子表示被占用的内存,白色格子表示空闲内存。当宿主机端需要回收虚拟机内部的空闲内存时,占用虚拟机内部空闲内存,balloon 设备"充气(Inflate)"膨胀,并将占用的内存交给宿主机以重新分配。如果虚拟机的空闲内存被回收后,虚拟机由于业务要求突然需要内存,则宿主机归还内存给虚拟机,位于虚拟机内部的 balloon 设备"放气(Deflate)"缩小,释放出更多的内存空间给虚拟机使用。

balloon 的实现如图 9-41 所示。虚拟机内 balloon 设备的前端驱动中有三个环形队列,分别是"充气"队列(IVQ)、"放气"队列(DVQ)和统计队列(SVQ)。虚拟机通过这三个队列与 StratoVirt 中的 balloon 后端驱动进行通信,实现回收内存、归还内存和统计内存信息的功能。

balloon 回收内存时,向虚拟机内的 balloon 设备"充气"。balloon 按页申请内存并将申请到的内存页的地址保存在 IVQ 中,随后通过 IVQ 将页地址分批发送给 StratoVirt 中的后端。后端得到信息后,找到相应的内存区间,将对应的页标记为 WILLNEED。在 balloon 前端驱动申请的内存中,存在较多的连续内存段,因此 StratoVirt 采用了统一标记连续内存的方式,避免每个内存页单独标记,减少了系统调用次数,提高了性能。完成标记后,通知前端,这时宿主机可以重新分配这部分内存。对于归还内存的情况,虚拟机将 IVQ 里的内存页地址分批出队,存入 DVQ 中,然后通过 DVQ 将页地址分批发送给后端,后端将这些页标记为 DONTNEED 并通知前端。被标记为 DONTNEED 页面的使用权交还给虚拟机,balloon 设备释放这部分内存,供虚拟机内其他程序使用。统计内存信息功能则是由前端驱动收集内存使用状态,将内存状态信息通过 SVQ 发送给后端,StratoVirt 中的 balloon 后端驱动根据这些内存状态信息判断什么时候能够进行内存的回收,什么时候需要归还内存。

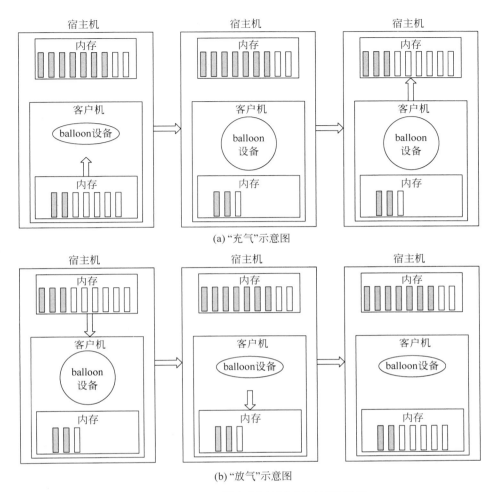

图 9-40 balloon 设备"充气"与"放气"示意图

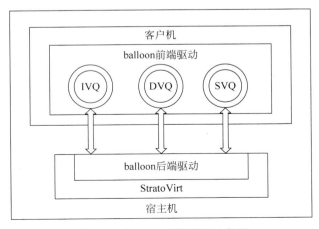

图 9-41 balloon 实现原理示意图

本章小结

——

  虚拟化技术发展至今,已经成为现代操作系统不可或缺的一部分,而伴随着云计算的兴起,系统虚拟化技术已经成为信息领域的基础设施。虚拟化技术通过在时间、空间上对资源进行隔离,将计算机的各种物理资源(如 CPU、内存、磁盘、网络适配器等)进行虚拟化抽象后,分割、组合为一个或多个计算环境,从而摆脱物理层面的约束,打破物理资源间不可分割的障碍,提高资源利用率。

  系统虚拟化技术通过引入一个虚拟化层(即 VMM),将一台物理机转换为一个或多个虚拟机。系统虚拟化技术的主要目标是为虚拟机创造仿真的硬件环境,其实现主要分为三个部分:CPU 虚拟化、内存虚拟化和 I/O 虚拟化。CPU 虚拟化为虚拟机抽象出虚拟 CPU,使普通指令能直接运行,以保证执行速度,而操作核心资源的敏感指令则需经过 VMM 翻译,以保证安全。由此,虚拟机得以在安全受控的条件下快速完成计算任务。内存虚拟化为每个虚拟机提供虚拟的、从零开始的连续内存空间。巧妙的内存映射和管理技术使各虚拟机在共享内存资源的同时还能保持相互之间的隔离。I/O 虚拟化可以使虚拟机复用有限的物理外设资源,通过截获虚拟机对硬件的访问,并模拟真实设备的反应,使得每个虚拟机认为自己拥有独立、完整的外部设备。以上三个关键部分给虚拟机营造了拥有独立 CPU、内存和外部设备的假象,使得客户机操作系统无须修改即可运行在虚拟机中。本章结合 KVM 与 QEMU 详细介绍了这三个部分的基本原理。

  作为 VMM,QEMU+KVM 是现在主流的虚拟化解决方案。QEMU 发展的时间较早,随着软硬件技术的发展,QEMU 不断地兼容着各种软硬件,造成 QEMU 中包含大量陈旧代码。同时,QEMU 创建的虚拟机需要较多的资源,启动速度较慢,因此 QEMU 无法满足需要轻量化应用快速部署、快速启动、快速伸缩的需求。另外,容器作为轻量的虚拟化技术得到了广泛的应用,但是容器的隔离性较差,存在较大的安全隐患。针对上述问题,华为公司在 openEuler 中实现了一种轻量、安全、灵活的虚拟化解决方案 StratoVirt。本章从整体架构出发,详细地介绍了 StratoVirt 的设计思路与具体实现,分别介绍了 StratoVirt 如何基于 KVM 实现并扩展 CPU 虚拟化、内存虚拟化和 I/O 虚拟化等内容。

  根据系统虚拟化技术的发展,有如下趋势值得关注:①硬件支持的增加。从纯软件实现虚拟化到在处理器中添加硬件支持实现硬件辅助虚拟化,虚拟化中越来越多的部分是依靠硬件实现的,这使得虚拟机的性能更接近物理机的性能。②应用运行环境的轻量化。虚拟机可以运行未经修改的操作系统,提供完整、独立的应用运行环境。当有多个需要独立运行环境的应用时,就要为每个应用分别创建虚拟机,而虚拟机本身的运行占用了较多的资源，启动时间较长。此时，就会造成资源的浪费，因此可以研究更加轻量化的虚拟机。③异构的支持。在云计算场景中，虚拟机往往面临从私有基础架构部署到公有基础架构的需求，又或是部署到边缘节点的需要，这可能存在硬件架构不同带来的很多问题，所以，在虚拟化技术中添加异构支持是有必要的。嵌套虚拟化是其中一种解决方案，记载虚拟机内在启动虚拟机，降低内层虚拟机对底层硬件的依赖，从而提供高度灵活的虚拟化基础架构。热迁移技术也是相关热点技术，目标是能保存虚拟机状态，并在迁移到相同或不同硬件平台后能快速恢复到之前的状态。了解虚拟化的发展趋势和热点技术，才能更好地把握学习方向。

## 第 10 章

容器

传统的系统虚拟化技术中,客户机操作系统对硬件的操作需要由 VMM 截获再处理,这带来巨大的资源消耗和性能损失,导致虚拟机启动时间长及单一主机同时运行的虚拟机数量少等问题。为了帮助用户快速地部署大量应用,提出一种更加轻量级的虚拟化技术——容器技术。容器技术在共享操作系统内核的基础上,为用户进程提供隔离环境,免去了硬件虚拟化和客户机操作系统等软件栈带来的开销,所以容器的启动速度和运行开销都优于虚拟机。此外,容器的镜像机制也为应用和操作系统耦合、配置和依赖环境耦合等问题导致的业务部署困难提供了很好的解决方案。本章主要介绍内核中支撑容器的关键技术:命名空间和控制组,然后阐述容器镜像的基本原理与构建过程,并结合华为容器引擎 iSulad 对容器进行阐述,最后介绍云计算背景下的容器集群管理技术。

10.1　容器概述

10.1.1　容器的基本概念

传统的系统虚拟化技术中,每个虚拟机内需要运行完整的操作系统支持应用运行。客户机操作系统对硬件的操作需要由宿主机操作系统截获和处理,这占用了宿主机的大量硬件资源,如果同时在一台宿主机上运行数十台或更多的虚拟机,硬件资源的浪费更是成倍递增。另外,部署业务通常要面临应用和操作系统耦合、配置和依赖环境耦合等问题。例如 Ubuntu 下配置好的应用,放到 CentOS 环境下,可能因为配置文件路径不同、依赖路径和版本不同等原因,无法直接运行,需要进行环境适配,甚至修改代码才能运行。再如,用 Python3 实现的程序,在仅支持 Python2 的环境中无法直接运行,这时如果给环境安装 Python3,又可能出现环境依赖冲突等问题。因此,需要一种更加轻量级的虚拟化技术,帮助用户快速地部署大量应用,并能较好地解决应用与环境耦合问题。

容器技术为上述问题提供了较优的解决方案。容器(Container)指用于存放东西的器物,这里的语义更偏重表示集装箱,形容容器技术可以创建隔离环境,方便高效地打包和分发应用。容器和虚拟机工作原理相似:虚拟机基于 VMM 对硬件资源进行虚拟化创建隔离环境,使用虚拟机镜像分发和启动虚拟机;容器则使用命名空间(namespace)和控制组(control groups,cgroups)技术创建隔离环境,使用容器镜像分发应用。二者显著的不同点是,每个虚拟机内运行的是一个完整操作系统,但同一主机上的所有容器共享一个操作系统内核。而且,容器使用的 namespace+cgroups 属于 Linux 的内核机制,与虚拟机相比免去了硬件虚拟化和客户机操作系统等软件栈带来的开销。因此,容器具有比虚拟机更高的启动和运行效率。

容器技术将应用及其依赖打包成一个整体,即容器镜像,这个整体如同集装箱一样,可以方便地分发。容器镜像内部包含所有依赖,在不同环境部署时无须担心和具体操作系统环境之间存在耦合问题。统一的 API 和客户端接口让容器的分发和运行统一管理。最终,借助容器技术,开发者只需聚焦于业务本身,从而有效提升开发和部署效率。容器镜像比虚拟机镜像更加精简,可以只保留业务进程需要的代码和数据,因此具备更高的分发效率和更小的运行开销。

容器典型架构如图 10-1 所示。用户通过命令行界面(Command Line Interface,CLI)向容器服务发送指令。容器后台服务通过 server 组件提供 HTTP/gRPC 接口,一方面可以供 CLI 访问,另一方面可以直接通过远程调用接口对接调度平台。镜像模块(image)负责管理容器镜像,包括构建、下载、上传等。其他组件统一划归到插件模块(plugin)下面,如存储驱动等。容器生命周期管理由 shim 和 runtime 配合完成。容器在内核层面的关键技术是 namespace 和 cgroup。

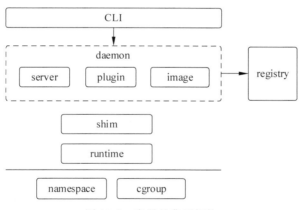

图 10-1　容器的典型架构

10.1.2　容器的发展历史

1979 年,贝尔实验室在开发 UNIX V7 的过程中,提出了 chroot 系统调用。chroot 系统调用能够将一个进程及其子进程的根目录移动到文件系统中的一个新位置,同时让这些进程只能访问这个新位置,从而达到隔离的目的。但 chroot 的实现未考虑安全机制,比如 chroot 不能防止特权用户(root)被恶意篡改。2000 年,FreeBSD 发布了一个类似于 chroot 的容器技术 FreeBSD Jails,实现了文件系统、用户、网络、进程等的隔离,也引入了简单的安全性保障,属于最早期的容器技术。在此之后,相继提出 Linux VServer、Solaris Containers

和 OpenVZ 技术。

2006 年，Google 发布了 Process Containers，用来记录、限制和隔离一组进程对物理资源（CPU、内存、磁盘 I/O、网络等）的使用。后来，Process Containers 更名为 cgroups，并于 2007 年加入 Linux 内核 2.6.24 版本中。2016 年，Linux-4.5 正式发布 cgroup v2 版本。cgroup v2 使用单一的 cgroup 层级，在概念和使用上都更加简洁、清晰。

2008 年发布的 LXC（Linux containers）是第一个完整的 Linux 容器管理器实现方案。LXC 组合了 cgroup 的资源隔离能力和 Linux namespace 的逻辑隔离能力，可以在 Linux 内核上运行，而无需任何补丁。

2013 年，Docker 公司（前身为 dotCloud）发布 Docker 第一个版本。Docker 的出现推动了容器技术的快速发展。Docker 最初基于 LXC 开发，后来使用自己实现的 libcontainer 库。Docker 公司围绕容器构建了一套完善的生态，包括容器镜像标准、镜像仓库、命令行接口、REST API、集群管理能力等。

2014 年，Google 提出了一个开源的容器集群管理系统 Kubernetes（又称 K8s）。经过几年发展，Kubernetes 已经成为最流行的容器管理平台。

2015 年，Docker 公司牵头成立 OCI（Open Container Initiative，开放容器计划）组织，并将其 libcontainer 捐出，改名为 runc 项目，用于建立起一个围绕容器的通用标准。runc 是一个基于 namespace 和 cgroup 的运行时，具备轻量、高效等特性。

2015 年，Google 公司联合 Linux 基金会以及一些行业合作伙伴一起成立了 CNCF（Cloud Native Computing Foundation，云原生计算基金会），共同推动容器技术为中心的云原生技术发展。Kubernetes 也成为当时 CNCF 发展云原生技术的基础。

2016 年，Docker 公司将 containerd 捐赠给 CNCF。containerd 原本是 Docker 的一个组件，在 2016 年从 Docker 剥离出来形成单独的开源项目并捐赠给 CNCF，以此来提供更加开放和稳定的容器基础设施。相较于 Docker，containerd 对 Kubernetes 的兼容性更好，原生支持 CRI（Container Runtime Interface，容器运行时接口），减少了不必要的中间层，具有内存开销更小、性能更高等优势。

2019 年，华为公司开发的轻量级容器引擎 iSulad 发布，并集成于 openEuler 中。相比其他容器引擎，iSulad 用更高效的 C/C++ 语言重新实现一个引擎，以提高在服务器上的容器部署密度、运行速度，并具有轻、快、易、灵的特点。

10.1.3 容器的应用场景

本节简要介绍容器的几种代表性应用场景。

1. 持续集成和持续交付

持续集成可以在开发人员提交代码后立即进行测试，验证代码是否能够正确集成。持续交付通过提供一致的验证环境，解决测试和生产环境的差异问题。持续集成和持续交付旨在缩短开发周期、提高软件交付效率、实现全流程自动化，已经成为现代应用开发使用最广泛的流程。使用传统的方法也能构建持续集成环境,但是部署不够方便、灵活,缺乏扩展能力,更关键的是验证环境和生产环境的差异问题难以消除。使用容器技术,不仅可以快速部署,灵活扩展,还能有效解决环境差异问题。

2．微服务

微服务架构使用一套微小服务来组成一套完整服务。微服务各自定义一套 API,并基于服务发现和 API 通信。微服务相互之间可以独立开发,使用不同的编程语言、不同的存储独立部署。在面对业务相对复杂、更新节奏快等场景时,微服务架构相较于传统单体应用具有非常明显的性能优势。微服务架构需要一套基础系统架构保障微服务的独立部署、运行、升级和回滚,由于微服务通常数量庞大,因此对业务拉起效率要求较高。虚拟机技术启动性能和内存开销都难以满足该场景。

容器技术结合上层编排系统(如 Kubernetes),能够为微服务架构的部署、运行、升级提供完整的解决方案。每个微服务可以基于容器镜像独立部署,这需要服务拆分时合理规划,确保相互之间依赖最小化。微服务的运行需要基础系统提供服务发现能力,微服务自身则需要向发现中心注册并提供相应 API,以便服务之间能够相互发现并通信。借助容器编排系统的升级模块,可以实现一键式灰度升级和回滚。除此之外,基于容器编排系统,可以让微服务架构具有统一的访问入口、界面风格、权限管理、安全策略、发布流程、动态伸缩、日志和审计等。

3．无服务器场景

无服务器(Serverless)架构作为一种新兴的云端应用架构方式,能够在开发人员无须考虑服务器的情况下,完成应用程序的构建和运行。无服务器架构具有易用、自动伸缩、快速响应(毫秒级)和按使用付费等特征,越来越受用户欢迎,AWS Lambda、Microsoft Azure Functions 和 Google Cloud Functions 等一系列代表性技术也应运而生。容器配合调度框架天然具备伸缩能力,并解决了虚拟机无法在毫秒时间拉起的问题,可以满足无服务器场景的需求。

4．边缘计算

随着 5G 和物联网时代的到来,互联网智能终端设备数量的急剧增加。传统云计算所采用的集中存储、集中计算模式,已经难以满足终端设备在时效、容量和算力等方面的需求。将计算和存储能力下沉到网络边缘侧、设备侧,并由中心进行统一交付、运维、管控,这将是云计算的重要发展趋势。容器由于有轻量级、安全性、秒级启动等优秀特性,非常适合边缘计算场景,已成为边缘计算平台的标准技术。

除上述 4 种代表性应用场景外,容器在其他领域也使用广泛。相比虚拟机,容器是一种更加轻量的虚拟化技术,有更好的启动、部署和升级性能,同时又能像虚拟机一样构建镜像、启动运行和重启等。传统应用也可通过容器化改造,利用容器的隔离性提升安全性,利用镜像提升可移植性。此外,当用户只需要执行一次或者定期执行一次任务时,如果仍使用传统服务器模式,在没有任务运行时,也需要服务器一直运行,而容器的快速创建和销毁能够更加灵活、低成本地解决这个问题。

10.1.4　容器引擎 iSulad

由上述介绍可知，容器的应用场景广泛，发展前景良好。华为公司也适时推出了自己的容器技术方案 iSulad，其中的轻量化容器引擎称为 iSulad。iSulad 在设计之初就考虑了云计算场景和 IoT（物联网）场景，为解决通信和信息技术领域不同的需求提供了统一的架构设计。iSulad 采用木兰开源许可，目前已经是 openEuler 发行版默认的容器引擎。

相比其他容器引擎，iSulad 具有轻、快、易、灵的特点，不受硬件规格和架构的限制，应用领域更为广泛。iSulad 关键组件使用 C/C++ 开发，内存开销更小，并发启动性能更高。

在使用习惯上，iSulad 兼容 Docker 大部分命令，可以像 Docker 一样管理容器和容器镜像。在通信接口上，iSulad 支持 REST 接口和 gRPC 接口，兼容 CRI 接口，可以方便地和当前主流的调度平台对接。iSulad 也支持插件扩展能力，方便用户根据自身需要添加扩展。

接下来将详细讲解内核中支撑容器的关键技术：命名空间（namespace）和控制组（cgroups），以及轻量级容器引擎 iSulad 的基本原理。

10.2　命名空间（namespace）

用户总是希望一台主机完全只为自己服务，能够独享主机的所有全局资源。但在同一台主机上，系统通常会为多个用户分别启动服务进程。因此，系统需要在逻辑上将各个用户隔离开，让各服务进程在共享全局资源的同时又不能感知彼此的存在。若一个服务能觉察到其他服务进程，或是能访问主机上的任意文件，就具有潜在的攻击威胁。也就是说，系统应该为每个用户服务设立边界，确保服务与服务之间、服务进程与主机之间都彼此隔离、互不干扰，就像每个服务都运行在一台专门的主机上。

容器在本质上是运行在用户空间上的进程，它们共享操作系统内核，也共享着系统内的全局资源。容器虚拟化的一个关键在于增强进程/进程组对全局资源使用的隔离性，这主要借助命名空间（代码中往往简写为 ns）机制实现。命名空间机制的核心是将内核中特定的一组全局资源进行抽象和封装，以提供给一个容器使用，使得该容器拥有自己的资源视图，即对于这类系统资源而言，各个容器之间彼此不可见，做到了资源的访问隔离。

10.2.1　命名空间简介

openEuler（基于 Linux 4.19 内核）一共提供了 7 种命名空间，见表 10-1，每种命名空间都提供了一类系统资源隔离的能力，并通过专属 clone flags 在命名空间相关的系统调用中进行资源种类标识。

表 10-1　命名空间相关的系统调用的种类标识

命名空间类型	提供的隔离能力	clone flags
Mount	文件系统挂载点	CLONE_NEWNS
IPC	进程间通信	CLONE_NEWIPC
UTS	主机名和域名	CLONE_NEWUTS
PID	进程 ID	CLONE_NEWPID
Network	网络相关的系统资源	CLONE_NEWNET
User	用户 ID 和组 ID	CLONE_NEWUSER
Cgroup	cgroup 视图	CLONE_NEWCGROUP

这 7 种命名空间分别提供如下隔离能力。

- Mount：隔离进程间的文件系统挂载点，实现文件系统隔离。
- IPC：隔离进程间的 System V 通信实体和 POSIX 消息队列，确保不同容器内的进程无法通过这些资源进行通信。
- UTS：隔离主机名和域名，使容器拥有独立的主机名和域名。
- PID：隔离进程 ID，实现容器间的进程隔离。
- Network：隔离网络相关的系统资源，为容器建立独立的网络环境（包括网络设备、TCP/IP 协议栈、路由表、端口号等），使其成为独立的网络实体。
- User：隔离用户 ID 和用户组 ID 信息，让容器内的用户和用户组与宿主机系统上的用户和用户组分别构成独立的域。
- Cgroup：隔离进程所能看到的 cgroups 目录层级（/proc/[pid]/cgroup）。

表 10-1 中的 clone flags 将会在进程调用命名空间相关的系统调用时作为参数传递给内核。命名空间相关的系统调用函数有如下：

- clone()：创建新的子进程，clone flags 通过第三个入参 flags 进行传递；
- unshare()：当前进程"取消"与其父进程共享特定命名空间；
- setns()：将当前进程加到一个已有的命名空间上；
- ioctl()：通过 ioctl 操作来获取命名空间的相关信息。不同于上面三个系统调用，调用 ioctl()并不需要 clone flags。

在进程的/proc/[pid]/ns/下可以查看该进程命名空间相关的信息。/proc/[pid]/ns/下进程命名空间相关信息（见图 10-2）展示了如何查看当前进程（一个 Shell 进程）的各种命名空间。

以上的虚拟文件分别列出了当前进程所有类型的命名空间及对应的 inode 号（比如 4026531836）。系统可以使用这个唯一的 inode 号识别两个进程是不是处于同一个命名空间中。

```
1.    $ ls -l /proc/$$/ns/
2.    lrwxrwxrwx 1 root root 0 May 9 01:05 cgroup -> 'cgroup:[4026531835]'
3.    lrwxrwxrwx 1 root root 0 May 9 01:05 ipc -> 'ipc:[4026531839]'
4.    lrwxrwxrwx 1 root root 0 May 9 01:05 mnt -> 'mnt:[4026531840]'
5.    lrwxrwxrwx 1 root root 0 May 9 01:05 net -> 'net:[4026531992]'
6.    lrwxrwxrwx 1 root root 0 May 9 01:05 pid -> 'pid:[4026531836]'
7.    lrwxrwxrwx 1 root root 0 May 9 01:05 pid_for_children ->
8.                                          'pid:[4026531836]'
9.    lrwxrwxrwx 1 root root 0 May 9 01:05 user -> 'user:[4026531837]'
10.   lrwxrwxrwx 1 root root 0 May 9 01:05 uts -> 'uts:[4026531838]'
```

图 10-2　/proc/[pid]/ns/下进程命名空间相关信息

10.2.2　命名空间使用举例

下面通过指令 unshare(unshare 需要 root 权限,以下操作均由 root 用户执行)创建一个新的 PID 命名空间,以此展示新旧 PID 命名空间之间的隔离。

(1) 最初仅有初始 bash 进程,其 pid(代表进程自身的 PID 命名空间)和 pid_for_children(代表进程衍生的子进程的 PID 命名空间)的 inode 都是初始值 4026531836,如图 10-3 所示。

```
1.    [root@localhost ~]# echo $$
2.    2654955
3.    [root@localhost ~]# ll /proc/$$/ns/pid*
4.    lrwxrwxrwx 1 root root 0 May 17 06:52 /proc/2654955/ns/pid ->
5.                                          'pid:[4026531836]'
6.    lrwxrwxrwx 1 root root 0 May 17 06:52 /proc/2654955/ns/
7.                    pid_for_children->'pid:[4026531836]'
```

图 10-3　unshare pidns 示例——查看当前 pidns 信息

(2) 执行指令 unshare 创建新的 PID 命名空间。如图 10-4 所示,在新的 PID 命名空间中,当前的进程号变成了 1,而 pid 和 pid_for_children 对应的命名空间都变成了新的值,说明新进程已经不在之前的 PID 命名空间中。另外,/proc 下也仅有 1 号进程的进程目录了(可以忽略图 10-4 中第 11 行的目录 283,它是命令"ls -l /proc/"本身的进程目录)。

(3) 步骤(3)和步骤(4)中的命令都在另外一个终端(本地终端或者 ssh 远程终端)中运行,即这些命令在主机侧以全局的视角来查看相关信息。先查看一下最初的 bash 进程及其子进程的命名空间情况。最初 bash 进程的 pid 是 2654955(图 10-3 中第 2 行以及见图 10-5 的第 2 行),通过它找到前面执行的 unshare 子进程的 pid(为 2656034)和 PID 命名空间信息。

(4) 再看如图 10-6 所示的 unshare 进程的 bash 子进程(pid 为 2656035)以及它的 PID 命名空间信息,这就是主机侧所看到的此进程的 pid 及其 PID 命名空间。可与第(2)步中命令 unshare 执行后得到的对应信息进行对比。

```
1.    [root@localhost ～]# unshare − fp −− mount − proc /bin/bash
2.    [root@localhost ～]# echo $ $
3.    1
4.    [root@localhost ～]# ll /proc/ $ $ /ns/pid *
5.    lrwxrwxrwx 1 root root 0 May 17 06:55 /proc/1/ns/pid ->
6.                                            'pid:[4026532421]'
7.    lrwxrwxrwx 1 root root 0 May 17 06:55 /proc/1/ns/pid_for_children ->
8.                                                'pid:[4026532421]'
9.    [root@localhost ～]# ls − l /proc/
10.   dr − xr − xr − x   9 root root        0 May 17 06:53 1
11.   dr − xr − xr − x   9 root root        0 May 17 07:14 283
12.   dr − xr − xr − x   2 root root        0 May 17 07:10 acpi
13.   − r −− r −− r −−  1 root root        0 May 17 07:10 buddyinfo
14.   ...
```

图 10-4　unshare pidns 示例——执行指令 unshare 创建新的 pidns

```
1.    [root@localhost ～]# ps − ef | grep 2654955
2.    root       2654955 3139467   0 06:52 pts/36   00:00:00 /bin/bash
3.    root       2656034 2654955   0 06:53 pts/36   00:00:00 unshare − fp
4.                                            −− mount − proc /bin/bash
5.    [root@localhost ～]# ll /proc/2656034/ns/pid *
6.    lrwxrwxrwx 1 root root 0 May 17 06:55 /proc/2656034/ns/pid ->
7.                                            'pid:[4026531836]'
8.    lrwxrwxrwx 1 root root 0 May 17 06:55 /proc/2656034/ns/
9.              pid_for_children -> 'pid:[4026532421]'
```

图 10-5　unshare pidns 示例——查看 unshare 进程的 pid 和 pidns

```
1.    [root@localhost ～]# ps − ef | grep 2656034
2.    root       2656034 2654955   0 06:53 pts/36   00:00:00 unshare − fp
3.                                            −− mount − proc /bin/bash
4.    root       2656035 2656034   0 06:53 pts/36   00:00:00 /bin/bash
5.    [root@localhost ～]# ll /proc/2656035/ns/pid *
6.    lrwxrwxrwx 1 root root 0 May 17 06:55 /proc/2656035/ns/pid ->
7.                                            'pid:[4026532421]'
8.    lrwxrwxrwx 1 root root 0 May 17 06:55 /proc/2656035/ns/
9.              pid_for_children -> 'pid:[4026532421]'
```

图 10-6　unshare pidns 示例——查看新进程在主机侧的 pidns 信息

通过上面的例子能够看到：

（1）命令 unshare 的 bash 子进程已经被 PID 命名空间所隔离：它看到自己是 1 号进程；而在最初的 bash 进程看来,它只是一个 pid 为 2656035 的普通 bash 进程；

（2）虽然命令 unshare 所衍生出来的 bash 进程具有两个不同的 pid(1 和 2656035),但它所处的 PID 命名空间的 inode 是一样的,都是"pid:[4026532421]"；

(3) 对于命令 unshare 来说,pid 和 pid_for_children 有了分叉:pid 指向了它自身所处的 PID 命名空间("pid:[4026531836]"),而 pid_for_children 指向了它的子进程所处的 PID 命名空间("pid:[4026532421]")。

从以上例子可以看出,通过执行命令 unshare 创建了新的 PID 命名空间,并实现了进程 PID 的隔离。命令 unshare 的核心是系统调用 unshare()。下面简单介绍系统调用 unshare 及其原理。

10.2.3　命名空间的实现

1．数据结构

在分析系统调用 unshare 前,先来了解内核中命名空间相关的数据结构。在操作系统内核中,进程由结构体 task_struct 表示。图 10-7 展示了进程结构体 task_struct、命名空间结构体 nsproxy 以及各种命名空间类型的结构体之间的关系。

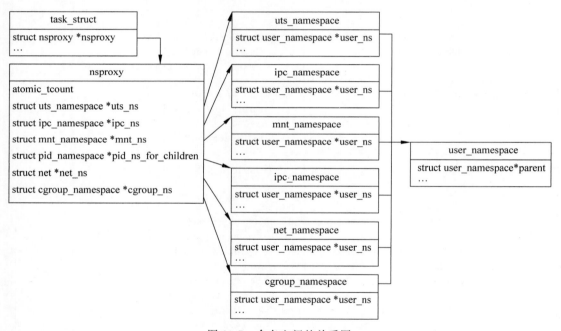

图 10-7　命名空间的关系图

nsproxy 是进程结构体 task_struct 上管理命名空间的数据结构,所以,系统调用函数 clone()、unshare() 和 setns() 的主体就是更新或替换结构体 nsproxy。

2．取消共享命名空间：unshare

下面介绍关键系统调用函数 unshare() 中创建新的命名空间的过程。

系统调用函数 unshare() 的功能是取消与父进程之间某些执行上下文的共享。它的函数原型是 int unshare(int flags),仅有一个入参 flags 来指示需要与执行上下文取消共享的资源。这些 flags 除了与 7 个命名空间所对应的 clone flags 之外,还包含 CLONE_FILES、CLONE_FS 等。这说明 unshare() 取消的是执行上下文的共享,而不仅是取消命名空间的共享。下面的源码分析仅关注与命名空间相关的部分。

unshare() 的源码在文件 kernel/fork.c 中,函数头是 SYSCALL_DEFINE1(unshare,unsigned long,unshare_flags),函数流程如图 10-8 所示。

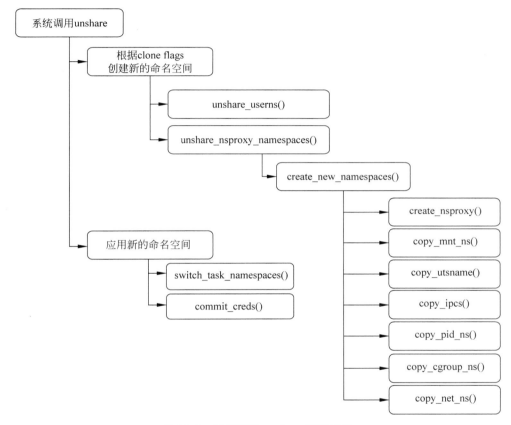

图 10-8　系统调用 unshare 源码流程

unshare() 主要完成两件事情。

(1)创建新的命名空间,主要包括以下几步:①内核检查 unshare_flags 并进行必要的调整;②如果 flags 包含 CLONE_NEWNS,那么它也应该包含 CLONE_FS,此时会初始化一个新的 fs_struct 结构,并从当前进程上下文中复制 umask 值、root 和 pwd 路径等文件系统相关信息到这个新 fs_struct 结构中;③取消各个命名空间的共享,即先新建 user 命名空间,再为子进程创建新的 nsproxy 结构,按照 unshare_flags 的需求、结合新的 user 命名空间逐一创建各个命名空间,最终形成一个新 nsproxy(new_nsproxy)结构。综上所述,在创建阶段,主要是生成新的 nsproxy 结构。

(2)替换新的命名空间,主要包括以下几步:①更换当前进程 task_struct.nsproxy 为前面创建好的新 nsproxy 结构；②更换当前进程的 task_struct.fs 为前面创建好的 new_fs 结构，即更新当前进程的文件系统信息；③commit_creds，在当前进程上安装新的 credentials （替换 user 命名空间）。

3. 新建命名空间：clone

前面已经介绍过 fork()函数，对内核来说，fork()和 clone()函数最终调用的都是内核内部的_do_fork()函数，差别仅是 clone()能够提供更多更精准的可配置项。简单来说，在 dup_task_struct()复制完当前进程的结构体 task_struct 之后，如果 clone flags 包含 CLONE_NEWUSER，那么就创建新的 user 命名空间，否则就继续使用当前进程的 user 命名空间。之后，调用 create_new_namespaces()按照 clone flags 里标识的命名空间类型依次复制或创建新的命名空间，最后将新生成的结构体 nsproxy 安装到新进程的结构体 task_struct 上，就完成了新进程的命名空间的创建。

4. 加入命名空间：setns

系统调用 setns()函数的作用是将进程加入某个已有的命名空间中。它的函数原型是 int setns(int fd，int nstype)，第一个参数 fd 指示目标命名空间文件的句柄，第二个参数 nstype 则指示 clone flags。

setns()函数首先根据参数 fd 获取对应的命名空间，进而获取到当前进程的结构体 nsproxy。之后根据参数指定的命名空间类型调用相应的函数 install()，进行对应命名空间结构体的替换。以 PID 命名空间为例，它将新的 nsproxy—> pid_ns_for_children 换成想要切换到的命名空间结构，就完成了对 PID 命名空间的设置过程。

10.3 控制组（cgroups）

10.2 节介绍了 Linux 命名空间技术，Linux 命名空间技术通过系统调用给程序构建了一个相对隔离的运行环境，程序可以运行在自己的各种命名空间里，从内核层面保证了各个程序之间的隔离，减少了攻击面。但是，在隔离环境中的程序依然可以无限制地使用 CPU、内存、磁盘等物理资源。本节要介绍的 Linux cgroups 技术，实现了对各种资源的控制组划分，以及对程序资源的限制、控制、权重设置、计算度量等管理工作。它与命名空间技术一起作用于进程，构成了容器技术中隔离特性的核心。当然，cgroups 技术也可以直接用在主机环境下，管理进程对系统中各种物理资源的使用。

10.3.1 cgroups 简介

cgroups 是 Linux 内核提供的一种机制，可以限制、记录、隔离进程（线程）组使用的物理资源（包括 CPU、内存、I/O 等）。注意，本节的 cgroups 指的是控制组机制，也可表示多个

cgroup。其中,cgroup 指的是一个单独的控制组。cgroups 机制主要解决了三个问题。

（1）资源限制。假如有某个调度优先级很高的进程,因为含有 bug 或遭受恶意攻击而陷入死循环,进而把 CPU 利用率抬高到了 100%,或者出现了内存泄漏不断消耗主机内存,又或者执行大量的网络或磁盘的输入/输出操作而占用了网络/磁盘带宽,这样会严重影响系统上其他进程甚至整个系统的运行。为避免这种影响,系统可以通过 cgroups 机制将进程的 CPU、内存、I/O 使用量限制在某个固定的范围,而且也不用担心进程通过衍生的子进程突破这种限制。

（2）权重设置。系统上运行了不同重要程度的进程,如果有些程序需要保证获得所需资源, 就可以通过 cgroups 机制为它们设置较高的权重,从而可以优先给它们分配资源,保证其正常、高效地运行。

（3）计算度量。cgroups 机制不仅能用来限制资源,同时还提供了进程资源消耗的查询功能。例如,它可以对进程消耗的 CPU 时间片、占用的物理内存/cache 内存/大页内存数量、消耗的文件句柄数量等指标做到精确统计。这个功能在容器领域很有价值,它可以为容器监控提供数据来源。

cgroups 为每种可控制的资源定义了一个子系统。子系统通常是一个资源控制器(resource controller),但也可以是作用于一组进程的任何资源或对象。cgroups 的典型子系统及其用途如下。

- CPU：可以限制进程的 CPU 使用。
- cpuacct：可以统计并生成 cgroups 中进程的 CPU 使用报告。
- cpuset：可以为 cgroups 中的进程分配独立的 CPU 或者内存节点(针对多 NUMA 架构)。
- memory：可以限制 cgroups 中进程使用的内存类别和数量,以及生成这一组进程的内存使用报告。
- blkio：可以限制 cgroups 中进程的块设备 I/O。
- devices：可以控制 cgroups 中进程对设备的访问。
- freezer：可以挂起或者恢复 cgroups 中的进程。
- net_cls：可以标记 cgroups 中进程的网络数据包,然后可以允许 Linux 流量控制程序模块 TC(Traffic Controller)对数据包进行控制。

10.3.2 cgroups 使用举例

下面以控制 CPU 使用率为例,介绍 cgroups 机制的使用。

基于 Linux 中"一切皆文件"的思想,cgroups 抽象出一个文件系统,并且实现了 VFS(Virtual Filesystem System,虚拟文件系统)接口,从而可以支持在用户空间管理和使用cgroups 机制。在 openEuler 中,当系统启动之后,systemd 就已经挂载好了 cgroups 文件系统, 具体代码如图 10-9 所示。

```
1.      $ mount − t cgroup
2.    cgroup on /sys/fs/cgroup/devices type cgroup (rw, nosuid, nodev,
3.                                    noexec, relatime, seclabel, devices)
4.    cgroup on /sys/fs/cgroup/pids type cgroup (rw, nosuid, nodev, noexec,
5.                                        relatime, seclabel, pids)
6.    cgroup on /sys/fs/cgroup/memory type cgroup (rw, nosuid, nodev, noexec,
7.                                        relatime, seclabel, memory)
8.    cgroup on /sys/fs/cgroup/cpuset type cgroup (rw, nosuid, nodev, noexec,
9.                                        relatime, seclabel, cpuset)
10.   cgroup on /sys/fs/cgroup/cpu, cpuacct type cgroup (rw, nosuid, nodev,
11.   noexec, relatime, seclabel, cpu, cpuacct)
12.   ...
```

图 10-9　查看系统中已挂载的 cgroups 子系统

为了便于说明问题，首先将 systemd 挂载的 CPU 子系统卸载，再挂载到一个新目录
（/my-cgroup）下。如图 10-10 所示，代码第 2～3 行创建新目录/my-cgroup 作为 cgroups 的
根目录，并且把 tmpfs 挂载到该目录。这是基于性能和系统健壮性的考虑。第 4～5 行将
CPU 子系统挂载到/my-cgroup/hierarchy/下，其中，"-t cgroup"指定挂载类型，"-o cpu"指
定子系统。然后在/my-cgroup/hierarchy/下就能看到 CPU 子系统的控制文件接口了。

```
1.      $ umount /sys/fs/cgroup/cpu
2.      $ mkdir − p /my − cgroup
3.      $ mount − t tmpfs tmpfs /my − cgroup/
4.      $ mkdir /my − cgroup/hierarchy
5.      $ mount − t cgroup − o cpu my − cpu /my − cgroup/hierarchy/
6.      $ cd /my − cgroup/hierarchy/ && ls
7.    cgroup. clone_children cgroup. sane_behaviour cpu. cfs_quota_us
8.                    cpu. rt_runtime_us cpu. stat release_agent cgroup. procs
9.    cpu. cfs_period_us cpu. rt_period_us cpu. shares notify_on_release tasks
```

图 10-10　重新挂载 CPU 子系统到自定义目录

接下来，编写一个简单的 CPU 消耗程序（命名为 cpu_killer），程序如图 10-11 所示。

```
1.      int main(void) {
2.          for(;;);
3.          return 0;
4.      }
```

图 10-11　一个简单的 CPU 消耗程序

在没有使用 cgroups 前，可以通过运行命令"top -p 'pidof cpu_killer'"查看进程的 CPU
占用率。如图 10-12 所示，此程序在运行时占用了接近 100% 的 CPU 资源。

```
PID     USER   PR  NI   VIRT   RES   SHR S   % CPU   % MEM   TIME +  COMMAND
12453   root   20   0   2368   896   448 R   99.9    0.0     51:09.31 cpu_killer
```

图 10-12　进程的 CPU 占用率查看

接下来,通过刚刚挂载的 CPU 子系统的 cgroup 文件接口为此程序做 CPU 限制。如图 10-13 所示,cpu_killer 程序运行时进程的 CPU quota(进程分配到的 CPU 限额)被限制为 $50000\mu s$。

```
1.      # 创建一个名为 cg1 的 cgroup
2.      $ mkdir /my-cgroup/hierarchy/cg1
3.      # 限制 cg1 下所有进程的 cpu quota 为 50000μs
4.      $ echo "50000" > /my-cgroup/hierarchy/cg1/cpu.cfs_quota_us
5.      # 把 cpu_killer 进程加入 cg1 中
6.      $ echo "12453" > /my-cgroup/hierarchy/cg1/tasks
```

图 10-13　新建 cgroup 并限制进程 CPU 利用率

此时,再次查看此进程的 CPU 占用率,如图 10-14 所示,可以发现此时它消耗的 CPU 比率被控制在了 50% 左右。

```
PID     USER   PR  NI   VIRT   RES   SHR S   % CPU   % MEM   TIME +  COMMAND
12453   root   20   0   2368   896   448 R   50.3    0.0     59:17.82 cpu_killer
```

图 10-14　进程的 CPU 占用率查看

实际上,cgroups 的控制粒度为线程。cgroups 将进程和线程都抽象为 task,利用多个 cgroups 可以分别控制各个线程的 CPU 利用率。而且,每个 cgroup 可以控制一组 task 的集合。

从以上示例可以看出,cgroups 暴露的控制文件接口使得在用户态使用 cgroups 控制 task 对资源的使用变得非常方便。容器技术也使用了相同的方法,容器的 runtime(运行时)在用户态创建自己的 cgroups,并通过对 cgroups 控制文件的读写,最终实现对容器内进程资源的统计和控制。

10.3.3　cgroups 的实现

下面介绍 cgroups 的整体代码框架和实现结构。在此,先了解 task 与 cgroups 的关系,并理解 cgroups 如何通过用户态控制文件接口限制 task 的 CPU 利用率。cgroup 的实现需要解决两个问题:①cgroups 如何组织其数据结构表达 task 与 cgroups 的关系?②task 的 fork/exit 和用户态文件接口如何影响这些数据结构?

1. 术语解释和缩写

为帮助更好地理解 cgroups 的实现思想,在介绍 cgroups 的代码实现之前,先给出一些文中用到的术语解释和缩写。

（1）task：任务。它是 cgroups 的控制对象，指系统中的进程和线程。如上例中的 cpu_killer 进程。

（2）cgroup：一个控制组，包含一个或多个子系统。一个 task 可以加入多个层级下的不同 cgroup，也可以由某个 cgroup 迁移到另一个 cgroup。

（3）hierarchy：层级树。hierarchy 由一系列 cgroup 以树状结构组成，每个 hierarchy 通过绑定一个或多个 subsystem（子系统）进行资源分配和调度。上例中的/my-cgroup/hierarchy/目录就相当于一个 hierarchy。整个系统中可以有多个 hierarchy。

（4）root cgroup：所有 cgroup 组织成树状结构，所以，任何一个 cgroup 都有一个 root（根）。整个系统最初的那个 root cgroup 可以表示为"/"，它覆盖了系统中所有的 task。例如，对于上面给出的例子，执行命令"cat /my-cgroup/hierachy/tasks"，就能看到系统中所有的 task ID。

（5）css：为 cgroup_subsys_state 的缩写。cgroup_subsys_state 是 cgroups 代码中的一个数据结构，描述和记录了 cgroups 各个子系统的状态。

（6）css_set：代表 cgroup_subsys_state 对象集合的一个数据结构。task 与 cgroups 并不是直接的关联关系，而是通过 css_set 与 cgroups 建立连接。

2. hierarchy、cgroup 与 task 的相互关系

本质上，cgroups 是对内核的一种扩展（extend）。它在 task 上设置了一系列钩子（hook），task 运行时对资源的申请会触发对应的钩子，以便进行资源的跟踪和控制。hierarchy、cgroups 与 task 的相互关系中有如下规则：

（1）一个子系统只能附加到一个 hierarchy。

（2）一个 hierarchy 可以附加多个子系统。例如，上例中，在挂载子系统时通过选项"-o cpu,cpuacct"将 CPU 和 cpuacct 子系统附加到同一个 hierarchy。

（3）一个 task 可以是多个 cgroups 的成员，但这些 cgroups 必须在不同的 hierarchy 中。

（4）一个 task 已经添加到某个 cgroup，它衍生的子 task 默认与父 task 在同一个 cgroup 中，但是后续可以将该子 task 移动到不同的 cgroups 中独立管理。

下面通过示例了解这三者之间的关系。如果要对某个 task 的 CPU 和内存都做限制，而 CPU 和内存子系统分别被附加到不同的两个 hierarchy，就可以在这两个 hierarchy 下建立两个 cgroup 并将 task ID 添加到这两个 cgroup 中，达到同时限制 CPU 和内存的目的。反之，如果已经将 task 添加到某个层级的 cgroup A 下，随后又执行了将此 task 附加到当前层级的另一个 cgroup B 的动作，则此时 task 会从 cgroup A 中移除并添加到 cgroup B 中，受到 cgroup B 的约束。

3. task 与 cgroups 的多对多关系

由以上介绍可知，task 与 cgroups 是多对多的关系。如图 10-15 所示，一个 task 可以加到多个 cgroup 中，而一个 cgroup 也可以管理多个 task。那么就引申出两个问题：①如何根据 task 找到其所属的所有 cgroup；②一个 cgroup 如何找到它所管理的所有 task。

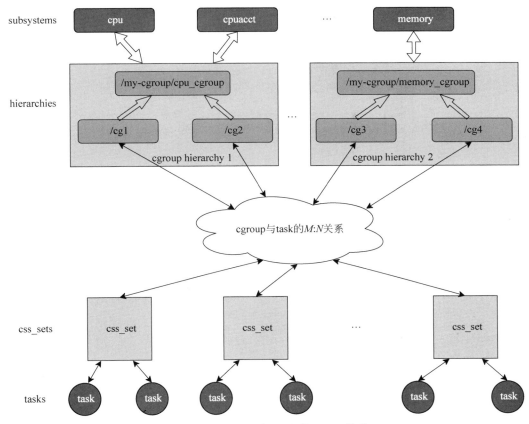

图 10-15　cgroup 与 task 的 $M:N$ 关系

（1）根据 task 找到其所属的 cgroup。这需要从内核中 task 的数据结构 struct task_struct 入手。图 10-16 展示了内核中这些数据结构之间的关系。

```
1.      //源文件:include/linux/sched.h
2.      struct task_struct {
3.          ...
4.      # ifdef CONFIG_CGROUPS
5.          struct css_set __rcu * cgroups;      // 描述当前 task 属于哪个 css_set
6.          struct list_head cg_list;            //将同属于一个 css_set 的 task 组成一个链表
7.      # endif
8.          ...
9.      }
```

图 10-16　数据结构 struct task_struct

struct list_head 是 Linux 内核提供的一个用来表示双向循环链表的结构,定义在 include/linux/types.h 中,这里通过它把具有相同 css_set 的 task 连接在一起。图 10-17 列举了结构体 css_set 中几个核心成员。

```
1.      //源文件：include/linux/cgroup-defs.h
2.      struct css_set {
3.          // subsystem state 集合，保存 subsystem 对象的指针
4.          struct cgroup_subsys_state * subsys[CGROUP_SUBSYS_COUNT];
5.          refcount_t refcount;              // 该 css_set 的引用计数
6.          struct list_head tasks;           // 将运行中的 task 连起来
7.          struct list_head cgrp_links;      // 将该 css_set 对应的 cgroups 连起来
8.          ...
9.      }
```

图 10-17　数据结构 struct css_set

重点看结构体 cgroup_subsys_state 数据结构（见图 10-18）：

```
1.      //源文件：include/linux/cgroup-defs.h
2.      struct cgroup_subsys_state {
3.          struct cgroup * cgroup;                // PI：当前 css 关联的 cgroups
4.          struct cgroup_subsys * ss;             // PI：当前 css 关联的 subsystem
5.          //引用计数，通过 css_[try]get()和 css_put()访问
6.          struct percpu_ref refcnt;
7.          struct list_head sibling;              // css 的兄弟节点
8.          struct list_head children;             // css 的子节点
9.          int id;                                // 当前 css 的 ID
10.         struct cgroup_subsys_state * parent;   // PI：父节点 css
11.         ...
12.     }
```

图 10-18　数据结构 struct cgroup_subsys_state

注释中的 PI 表示"public and immutable"，即说明相关结构体是公共的、不变的，可以直接访问且不需要加锁保护。可以看到，struct cgroup_subsys_state 包含了 struct cgroup，后者描述了针对某个子系统的 cgroup 结构。从上面的数据结构可以看出，对于一个 task 的 cgroup 所有信息，可以通过 task_struct —> css_set —> cgroup_subsys_state —> cgroup 这个链得到。

（2）cgroup 找到其管理的所有 task。图 10-19 展示了 cgroup 的数据结构。

```
1.      //源文件：include/linux/cgroup-defs.h
2.      struct cgroup {
3.          ...
4.          struct list_head cset_links;      // 与当前 cgroup 关联的 css 列表
5.          ...
6.      }
```

图 10-19　数据结构 struct cgroup

这里,cset_links 连接起来的是一组 cgrp_cset_links 结构,结构体 cgrp_cset_links 的定义如图 10-20 所示。

```
1.    //源文件:kernel/cgroup/cgroup - internal.h
2.    struct cgrp_cset_link {
3.        struct cgroup        * cgrp;
4.        struct css_set        * cset;
5.        struct list_head     cset_link;
6.        struct list_head     cgrp_link;
7.    }
```

图 10-20　数据结构 struct cgrp_cset_link

这个结构很简单,就是一个 cgroup 和 css_set 之间一对一的对应关系。可以借鉴关系型数据库中多对多关系的表达方式理解 cgrp_cset_link 结构。在学生选课系统中,一个学生可以选择多门课程;一个课程也可以被多个学生选择,学生和课程之间是 $M:N$ 的关系,通常用 3 张表表达这种关系:

(1) 学生表,存放每个学生的信息。

(2) 课程表,存放每门课程的信息。

(3) 学生和课程的关系表,存放每个学生选课的信息。这样就可以根据学生找到他所选的所有课程,也可以通过课程得到所有选择了此课程的学生信息。

这里的结构体 cgrp_cset_link 就类似于提供了学生和课程的关系表的功能,它存放 css_set 与 cgroup 的一对一关联关系。因此就可以通过 cgroup—> cset_links 得到 css_set 列表,然后遍历每个 css_set,通过 css_set. tasks 得到所有与该 cgroup 关联的 task,如图 10-21 所示。

10.3.4　CPU 子系统对 CPU 资源的管理

第 4 章介绍了内核的各种调度器,下面结合 cgroup 相关数据结构,介绍 CPU 子系统的 cgroup 对 CFS 调度器(RT 调度器也类似)的影响。

1. 基本知识

在 10.3.2 节中已指出,cgroup 机制使用 VFS 为用户提供调用接口。用户设置 cgroup 都是通过文件系统操作(包括增删目录、读写文件、挂载等)实现的。例如,创建一个新的 cgroup 只需要在相应子系统下新建一个文件夹,许多配置文件(如 cpu. shares)会自动填入该文件夹中。用户对这些配置文件的修改会经由文件系统相关函数(如 cpu_shares_ write_ u64)存入相应子系统数据结构 struct cgroup 中,进而控制 task 的行为。当然,cgroup 机制创建的所有 VFS 条目在系统重启后都会消失。

CPU 子系统主要限制某层级及其以下所有层级内所有 cgroup 管辖的 task 的 CPU 使用份额与上限。由上述可知,子系统下每个 cgroup 都有一个对应的文件夹,包含多个配置文件。cpu. cfs_period_us 文件定义 CPU 周期时长,cpu. shares 和 cpu. cfs_quota_us 文件分别指定一个周期内当前 cgroup 分到的 CPU 份额和上限(单位都是 μs)。如图 10-22 所示,

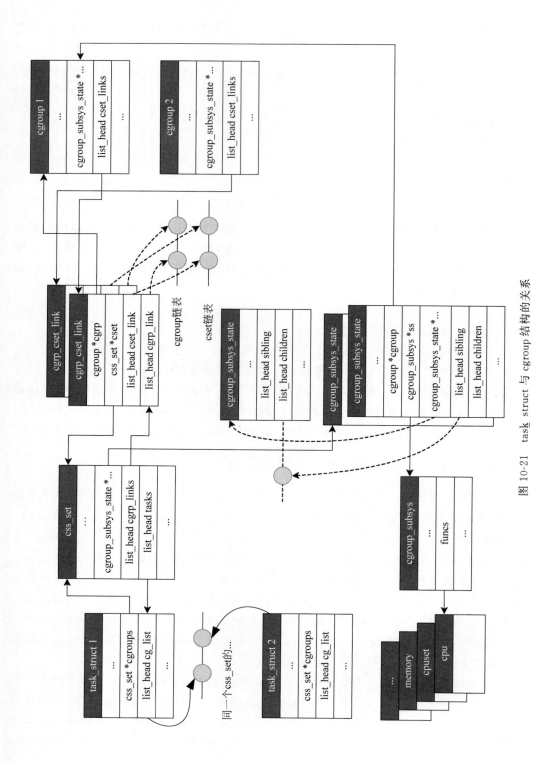

图 10-21 task_struct 与 cgroup 结构的关系

设 CPU 周期时间是 1s,容器二分配到的份额是 716.8/(307.2 ＋ 716.8＋1024)＝35％,即 0.35s,使用上限是 0.4s。因此,在 CPU 空闲的情况下,容器二即使配额用完,仍可继续运行,但在 CPU 较紧张时,需要借助 CFS 调度器对容器内的任务进行容器层面的调度: CFS 调度器会为所属容器的 CPU 份额仍有剩余的本地任务分配时间片。如图 10-22 所示,此时,容器二中的某个任务将被调度运行,而容器一因份额耗尽导致下个周期来临之前所有任务被阻塞。在整个过程中,CPU 的使用情况都记录在 cpu.stat 文件中。

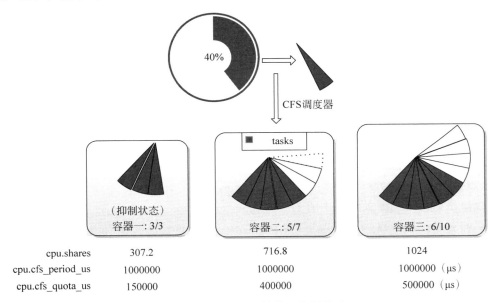

图 10-22　CPU 子系统物理资源管理

2. cgroups 关于 VFS 接口的实现

CPU 子系统相关内容主要在 kernel/sched/core.c 文件中,图 10-23 展示了其中定义的 cgroups 文件系统。

```
1.      static struct cftype cpu_legacy_files[] = {
2.          ...
3.      #ifdef CONFIG_CFS_BANDWIDTH
4.          {
5.              .name = "cfs_quota_us",
6.              .read_s64 = cpu_cfs_quota_read_s64,
7.              .write_s64 = cpu_cfs_quota_write_s64,
8.          }
9.          ...
10.     #endif
11.         ...
12.     }
```

图 10-23　CPU 子系统的控制文件接口定义

结构体数组 cpu_legacy_files 定义了 CPU 子系统的一些用户态控制文件以及对应的 read/write 函数接口。其中,结构体 cftype 是 Linux VFS 提供的对文件的抽象,对文件的操作由结构中的 read()、write() 函数来实现。图 10-24 展示了 struct cftype 的相关成员。

```
1.      //源文件:include/linux/cgroup - defs.h
2.      struct cftype {
3.          char name[MAX_CFTYPE_NAME];
4.          ...
5.          s64 ( * read_s64)(struct cgroup_subsys_state * css,
6.                                  struct cftype * cft);
7.          int ( * write_s64)(struct cgroup_subsys_state * css,
8.                          struct cftype * cft, s64 val);
9.          ...
10.     }
```

图 10-24　cgroup 子系统文件接口的实现函数定义

也就是说,在执行前面示例中图 10-13 中的"$ echo "50000" > /my-cgroup/hierarchy/cgl/cpu. cfs_quota_us"命令时,最终会调用 cpu_cfs_quota_write_s64() 函数。下面看看这些文件接口是如何与调度关联起来的。

调度的对象包括进程(task)和进程组(task_group)两种,所以内核抽象了结构体 sched_entity 表示一个调度实体,它可以是一个进程,也可以是组调度中的一个进程组。结构体 task_struct 和 task_group 中分别包含了结构体 sched_entity,因而可以参与调度。结构体 sched_entity 数据结构如图 10-25 所示。

```
1.      // include/linux/sched.h
2.      struct sched_entity {
3.          ...
4.          // 指向红黑树上一个节点,表示当前调度实体在红黑树上的位置
5.          struct rb_node      run_node;
6.      # ifdef CONFIG_FAIR_GROUP_SCHED
7.          struct sched_entity * parent;
8.          struct cfs_rq * cfs_rq;         // 指向调度这个实体的 cpu 上的 cfs_rq
9.          struct cfs_rq * my_q;           // 指向 task_group 中与这个实体对应的 cfs_rq
10.     # endif
11.     }
```

图 10-25　sched-entity 数据结构

在此重点考察以上数据结构与 cgroups 之间的关系。struct task_group 也包含了结构体 cgroup_subsys_state,同样可以根据结构体 cgroup_subsys_state 获取自身所在的 cgroup 信息,同时 cgroup 也可以通过结构体 cgroup_subsys_state 获取其包含的 task_group。图 10-26 展示了函数 cpu_cfs_quota_write_s64() 的实现。

```
1.      //源文件:kernel/sched/core.c
2.      static int cpu_cfs_quota_write_s64(struct cgroup_subsys_state
3.                         * css,struct cftype * cftype, s64 cfs_quota_us) {
4.          return tg_set_cfs_quota(css_tg(css), cfs_quota_us);
5.      }
6.      int tg_set_cfs_quota(struct task_group * tg, long cfs_quota_us){
7.          ...
8.          tg_set_cfs_bandwidth(tg, period, quota);
9.      }
```

图 10-26　函数 cpu_cfs_quota_write_s64()的实现

由此可以发现,对/my-cgroup/hierarchy/cg1/cpu.cfs_quota_us 文件的写入,实际修改的是 task_group 中的 cfs_bandwidth.quota 成员,最终影响 CFS 调度器对该 task_group 的调度策略。

10.3.5　cgroups V2

以上分析都是基于 cgroups V1 版本的实现。cgroups V1 版本有很多不足,如进程可以属于多个 hierarchy 和多个 cgroup,这样使得 cgroups 的结构比较难以理解。但是,由于 cgroups V1 已经被维护了多年,而且 openEuler 也对它做了加固和增强,所以目前 openEuler 还是优先选择 cgroups V1。

从 Linux 4.5 内核开始,cgroups V2 已经被标记为官方发布版本,openEuler 也开始支持 cgroups V2。相对于 cgroups V1,cgroups V2 有如下变化:

(1)整个系统只有一个 hierarchy,也就是整个 cgroup 系统只有一棵树(而不是之前的多棵树)。

(2) hierarchy 下的 cgroup 可以选择拥有哪些子系统,即一个 cgroup 拥有多个子系统。

(3)只通过将 task 绑定到一个 cgroup,就可以控制多种系统资源的使用。

实际上,两个版本中 cgroup 的底层实现并没有完全分离,而是通过注册不同的文件系统和不同的控制文件规则组织 cgroup 的系统资源控制,所以上面的介绍对于 cgroups V2 同样适用,感兴趣的同学可以通过阅读内核源码进一步学习 cgroups V2 的实现。

10.4　容器镜像

容器技术得以流行的原因不仅在于其能够为应用构建较低运行开销的安全隔离环境,还在于其能够方便地打包应用的运行环境,以实现业务的灵活部署和快速迁移。而支撑这些功能的核心正是容器镜像。本节将介绍容器镜像的产生背景、意义及其发展历程,剖析容器镜像背后的技术原理，并介绍几种常用的镜像构建工具。

10.4.1 容器镜像简介

1. 容器镜像的背景

制作 Linux 系统发行版的厂商通常将应用程序及其依赖库打包成标准格式，将其保存于远程服务器的仓库中，并提供相应的包管理器以方便用户下载使用这些软件包，例如 rpm 或 deb[①] 包管理方式。这种包管理方式虽然简单易用，但也存在着一些缺点：①Linux 系统无法使用不同发行版体系的包，导致开发者需要开发及管理多套体系的包，并且用户可能无法体验不同发行版体系的应用；②应用程序的包依赖关系比较复杂，不同应用程序间的相同依赖包可能因为版本原因产生冲突；③应用程序的本地开发测试环境和用户执行环境之间存在差异，这可能导致应用程序在实际运行环境中无法正常执行，从而使应用程序集成以及发布的效率大大受限。

上述问题的存在促使人们开始寻找新的解决方案。在此背景下，Docker 公司提出了容器镜像（container image）技术，Docker 容器镜像是一个只读的、可启动的（bootable）静态文件，包含了应用程序、依赖库等所有运行该应用所依赖的组件。容器镜像的本质是根文件系统（rootfs），启动时被容器进程挂载在容器根目录（非操作系统根目录）上，从而为容器进程构建一个与底层运行环境相隔离的执行环境。Docker 基于容器镜像所提供的隔离功能，将容器与底层运行环境解耦，使得用户只需从远程仓库拉取容器镜像，并基于容器镜像运行应用容器，即可完成应用的部署。Docker 的这种工作方式，解决了上述应用与运行环境紧耦合的问题，保证了开发、测试、运行环境的一致性，从而消除了编译、打包与部署、运维这两个阶段之间的鸿沟，大大提高了应用开发部署的效率。正如 Docker（码头工人）的名字，码头工人面对的是标准化的集装箱，无论集装箱所装货物是何品类，均可使用统一化的工具来装箱及搬箱，从而提高工作效率。Docker 这种将应用及其依赖环境打包成镜像的应用管理方式，远比传统的 rpm 与 deb 的包管理方式效率更高，为应用的打包和交付带来了新的变革。

2. 容器镜像的发展历程

容器镜像技术的起源可追溯至 2013 年 4 月。当时 Docker 首次添加了 build 指令，用户可通过 build 指令构建容器镜像。次年 12 月，Docker 公司推出第一个容器镜像规范（Docker image specification），该规范定义了一系列规定，如与镜像相关的术语、镜像的组成格式以及制作流程等。随后 CoreOS 公司也推出了自己的开源规范，即应用容器规范（application container specification，appc spec），该规范包含了镜像格式与容器运行时等方面的规定。鉴于有多个容器规范的存在，为了更好地构建整个容器生态，OCI 组织随之成立并致力于制定通

---

① rpm：表示红帽软件包管理器，Red-Hat Package Manager。
deb：表示 Debian。

用的容器生态规范。2016 年 3 月,OCI 在 GitHub 上首次提交 OCI image specification(镜像规范)的项目工程,这标志着 OCI 镜像规范制定工作的正式开始。同年 7 月,Docker 镜像规范更新至 v1.2 版本,该版本仅添加了一个检查容器启动后是否正常运行的功能,并没有其他大的改动,此后再未推出新的版本。2017 年 3 月,Docker 推出了多阶段(multi-stage)构建功能,以解决镜像因包含临时构建内容导致镜像过大的问题,以及构建过程复杂导致镜像层数过多的问题。2017 年 7 月,OCI 发布了 OCI 容器运行时和镜像规范的第一个版本,镜像规范定义了 OCI 镜像的组成格式,确立了容器镜像构建、命名、认证及部署的方式,为各种容器工具提供了一个通用的容器镜像规范。自此之后,容器镜像的规范慢慢趋于稳定,不再有大的变动。

10.4.2　镜像的构成方式和底层原理

容器镜像是用来启动容器的只读模板,提供容器启动所需要的 rootfs 以及一些资源配置等信息。容器镜像将应用运行环境和应用一起打包,解决了应用部署时的环境依赖问题。

1. 容器镜像的构成

经过 10.4.1 节的学习,可以知道容器镜像包含应用程序、依赖库等文件。在这些文件中,除了与应用程序相关的文件之外,还存在着很多诸如依赖库等基础文件。为了避免多个容器的启动带来同一个基础文件在本地中拥有多个备份的问题,在设计容器镜像结构时,利用能够共享镜像文件的联合挂载技术,将容器镜像设计为分层的结构,其中联合挂载技术将在下面作进一步介绍。容器单镜像的具体结构如图 10-27 所示。每个容器镜像包含着一个或多个镜像层(image layer)以及一个配置文件 config.json。

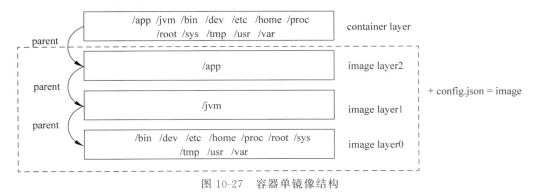

图 10-27　容器单镜像结构

镜像层由一个或多个只读文件组成,其本质是根文件系统,即 rootfs。每个镜像层包含的文件有着特定的作用,多个镜像层叠加起来组成具备特定功能的容器镜像。一般地,最底层的镜像层(image layer0)包含的文件是根文件系统,比如/dev、/bin、/etc 等。在这之上叠加的层(image layer1)依赖于底层镜像层提供的文件,如配置文件、工具等。上层镜像依赖于下层镜像的这种依赖关系称为父子关系,其中下层为父层,上层为子层。而配置文件config.json 是用于存储身份验证信息的配置文件,一般包含镜像服务地址以及注册表需要的身份参数(如用户名、密码和电子邮件)。

2．联合挂载

每个容器镜像均由一个或多个镜像层组成,在实际的应用中,基础镜像层往往是官方提供的标准镜像,如各 Linux 发行版镜像。在容器镜像拉取过程中,容器的各个镜像层会被复制至本地文件系统中。若多个运行的容器依赖相同的镜像层,那么相同的镜像层将存在多个备份,从而导致存储空间的浪费。实际上,在上述的情况中,如果能够对相同的镜像层进行复用,就能避免冗余的镜像层对存储空间的占用。对此,容器设计者使用联合挂载(Union Mount)技术来实现容器镜像层的复用。

在操作系统中,联合挂载是指使用联合文件系统(Union File System,UFS)将多个文件系统(也称作分支,branch)挂载到同一个挂载点,这能够将各个被挂载的文件系统在逻辑上进行整合,为用户呈现所有文件系统的目录及文件。在使用联合挂载技术时,用户可使用 UFS 来指定一个可读可写的分支以及零个或多个只读分支,所有对只读分支的修改将通过"写时复制"技术写入可读写分支。容器设计者利用了 UFS 的特性来构建容器镜像,如在容器创建时,容器进程将只读的镜像层与一个可读可写的空文件系统(容器层)联合挂载到指定目录。在此过程中,多个容器进程可复用相同的只读镜像层。如图 10-28 所示,容器 1 和容器 2 在启动过程中,复用镜像层 0 和镜像层 1。镜像层的复用不仅减少存储空间的占用,并且由于创建过程中无须复制已有的镜像层,因此还能够减少容器的启动时间。

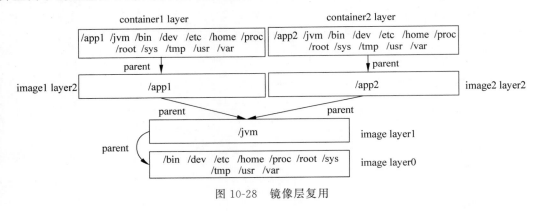

图 10-28　镜像层复用

3．写时复制

在联合挂载技术的支持下,实现了镜像的复用。容器在运行过程中将不可避免地修改复用的镜像层,为了避免容器单独复制该镜像层使用,在此使用写时复制技术来解决该问题。写时复制技术在操作系统领域有很广泛的应用,比如用于生成子进程的 fork 系统调用(在 3.3.2 节有详细描述)。如前所述,每个容器在创建过程中将挂载一个可读可写的容器层,该层用于存储被修改的只读镜像里的文件。在初始时,容器层未存储任何物理文件。当系统试图修改只读镜像层的某个文件时,该文件将被复制至容器层中,并在容器层中完成修改操作,并且容器层中该文件将覆盖镜像层中路径名称都相同的文件。对于容器进程而言,它所修改过的文件保存在容器层中,而原始文件仍存在于只读镜像层。写时复制技术使得每个容器只在自己私有的容器层修改共享文件,容器之间相互隔离、互不影响。如图 10-29 所示,容器若要修改镜像层的 file2,那么首先需要将 file2 从只读镜像层中复制到容器层中,随后容器进程在容器层中完成对 file2 的修改。

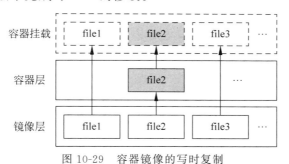

图 10-29　容器镜像的写时复制

10.4.3　容器镜像的构建模型和构建流程

下面以 Docker 为例,简述容器镜像的构建模型和具体构建流程,其他容器镜像构建工具模型和 Docker 构建模型基本一致,只在支持的输入和输出格式上有所不同,具体构建流程则因不同的镜像构建工具而异。

1. Docker 镜像构建模型

Docker 镜像构建模型定义了镜像构建的整体流程。图 10-30 的左侧是镜像构建的输入,即 Dockerfile。Dockerfile 是用于构建容器镜像的脚本文件,包含了构建镜像所需的指令。图 10-30 的右侧,是用户通过 docker build 命令发起构建请求后,服务端读取 Dockerfile 指令执行构建动作所得到的输出。该输出是符合 Docker Image specification 或 OCI Image specification 的容器镜像。

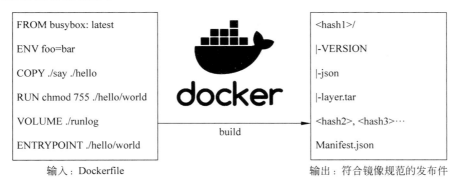

输入:Dockerfile　　　　　　　　　　　　　　输出:符合镜像规范的发布件

图 10-30　Docker 镜像构建模型

2. docker build 的构建流程

如图 10-31 所示,docker build 会顺序读取并基于 Dockerfile 中的指令进行镜像的构建,对于每一条指令,都会执行以下五步操作:

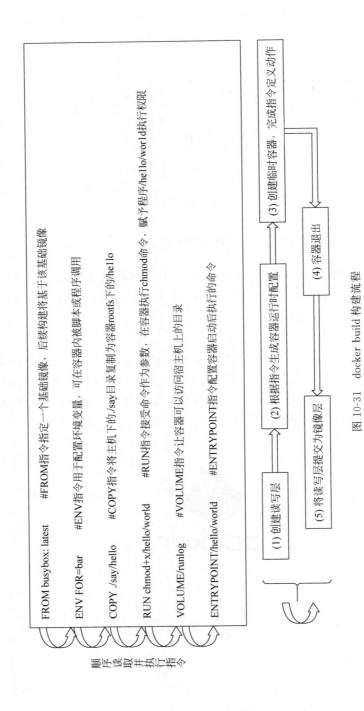

图 10-31 docker build 构建流程

（1）基于前面的一层，创建联合文件系统的读写层。

（2）根据这一层要使用的指令，生成启动容器所需要的运行时配置。

（3）基于第（1）步创建的读写层和第（2）步创建的运行时配置，创建一个临时容器，并在容器内执行相关指令。

（4）容器退出并销毁。

（5）将更新后的读写层提交为镜像层。

可以注意到对于每条构建的指令，都会启动一个容器，在容器中执行命令，最后退出并销毁容器，因此在构建过程中会产生大量容器创建及销毁等操作，影响构建效率，降低用户体验。

构建完的容器镜像中往往包含一些与最终镜像功能无关的临时内容，例如用于编译二进制文件的源代码以及编译工具等。这些临时内容会增加最终镜像的大小，Docker 为了减小最终镜像的体积推出了多阶段（multi-stage）构建功能，该功能支持将构建分为顺序执行的多个阶段，每个阶段都会生成一个临时镜像，后续阶段的镜像构建过程可直接使用此前阶段镜像中的文件，最后只保留最终阶段的镜像。例如，当前阶段的临时镜像将源代码编译为可执行的二进制文件，后续阶段镜像可直接复制二进制程序到本阶段镜像中，而丢弃此前阶段的程序源代码。从而避免最终镜像中包含用于构建的源代码、构建工具等临时内容，减少最终镜像的大小。

10.4.4　常用的镜像构建工具

作为 Docker 公司推出的第一代镜像构建工具，docker build 如今仍是构建镜像的主流工具之一，但在容器技术走向发展和成熟的过程中，docker build 渐渐地暴露出不足。本节将对其他常用的镜像构建工具进行介绍。

1. docker build 的缺陷

docker build 构建镜像的过程需要 docker daemon 进程的支持，而 docker daemon 进程中还包含了除镜像构建之外的许多其他功能，如接收和处理客户端的其他命令、管理和配置容器网络环境及管理容器生命周期等。这使 docker build 在当前任务只专注于构建镜像时，通过 docker daemon 进程进行构建显得过于笨重且低效。docker daemon 进程还要求用户具有 root 访问权限或 docker 用户组权限，在实际的构建环境中，一个节点上的 docker daemon 进程同时为多个用户的容器实例服务，过高的权限将使恶意用户能够查看、更新或删除同一个 docker daemon 进程所处理的其他容器镜像，导致容器镜像存在被篡改的风险。此外，有时在容器内需要使用密钥来访问一些需要进行身份验证的内容，例如，可能需要密钥才能从 GitHub 中下载构建所需的源代码。此时密钥需通过 Dockerfile 中的 COPY 指令，或者设置环境变量等方式传递至容器中。但这些方式都可能会导致密钥被留存在镜像层中，从而带来泄漏密钥的风险。

除了上述缺陷，docker build 构建镜像的速度有待提高。虽然 docker build 能够通过缓存 Dockerfile 中每条指令对应的镜像层加速构建过程,但这种缓存机制是低效的。如图 10-32 左侧所示的第一次镜像构建过程,在每条 Dockerfile 指令执行完毕后,docker build 都会将其提交的镜像层保存在缓存中。在镜像构建完成后,六条指令对应的镜像层都已经存在于缓存中。如图 10-32 右侧所示,修改后的 Dockerfile 交换了第三、四条指令的顺序,在新一次的镜像构建过程中,由于前两条指令已经于第一次镜像构建过程执行,那么在当前镜像构建轮次可直接使用缓存中的镜像层。但 docker build 构建镜像时,每条 Dockerfile 命令所对应镜像层均基于父镜像层构建(见 docker build 构建流程第(1)步),且 docker build 没有分析层与层之间的依赖关系。这导致第二次构建镜像时,在 Dockerfile 的第三、四条指令发生改动后,即使不会改变最终构建出的镜像文件内容,但第三行及之后的命令所对应的缓存将全部失效,此时需要重新进行构建。另外在 docker build 中使用多阶段构建功能时,各个阶段也是按从上至下的顺序执行,不存在依赖关系的各个阶段无法通过并行构建的方式减少构建时间。

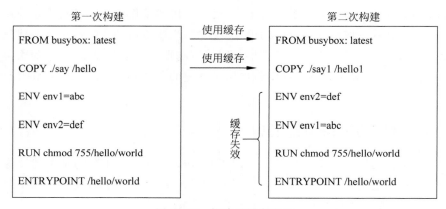

图 10-32　构建时缓存失效

　　由于 docker build 存在上述诸多缺陷,对此各种镜像构建工具被推出以解决这些问题。下面将继续介绍常见的其他镜像构建工具。

2．镜像构建工具简介

1)BuildKit

BuildKit 是 Docker 公司在 docker build 之后推出的下一代镜像构建工具,用户可以在 Docker 18.06 及之后的版本使用。BuildKit 针对 Docker 在构建速度、安全性等方面的不足进行了优化。

　　在构建速度方面,相比于 docker build,BuildKit 支持并行构建,并提供了更高效的缓存机制。如图 10-33 所示,BuildKit 采用多阶段功能构建镜像时,各个相互独立的构建阶段可以并行地进行。BuildKit 通过分析 Dockerfile 的抽象语法树(Abstract Syntax Tree,AST),梳理出各个构建阶段间的依赖关系,然后创建一个描述该依赖关系的有向无环图(DAG)。BuildKit 根据这个 DAG 可以确定构建过程中哪些阶段可以并行执行,哪些阶段可以省略,从而寻找出最优的构建路径。BuildKit 还重写了缓存模型,该模型基于为构建镜像生成的 DAG,实现了更准确的依赖分析和缓存匹配。

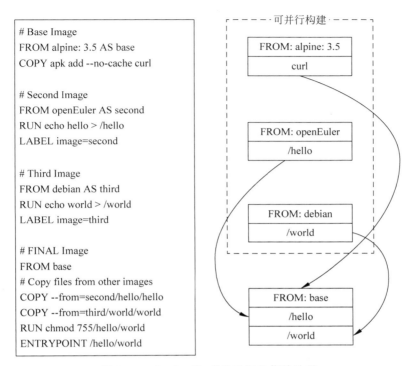

图 10-33　Dockerfile 多阶段间的依赖关系

在安全性方面,BuildKit 支持无 root 权限构建,提供了自动化的 rootlesskit(无 root 权限组件)来保护主机上的 root 权限文件免受攻击,用户可安全地使用容器内的私钥等敏感信息。

另外 BuildKit 还引入了 Dockerfile 新语法 RUN --mount,该语法支持将本地上下文目录挂载到执行构建的容器上。一方面避免了复制或拉取临时文件所带来的开销,加速了构建过程;另一方面,BuildKit 无须将临时文件或工具打入镜像便可进行镜像构建,减少了最终镜像的大小。

2)Buildah

Buildah 是 Redhat 提供的一个专注于制作镜像的命令行工具。使用 Buildah 能够安全方便地构建符合 OCI 规范的镜像,能够快速对接 Redhat 容器生态中的其他工具,同时也兼容 Dockerfile,并且支持多阶段构建功能。相比于 docker build,Buildah 主要针对镜像构建的安全性和用户体验等方面进行了优化,构建速度方面则因只部分支持缓存机制,而略输 docker build 一筹。与 docker build 采用客户端/服务端模式不同,Buildah 基于 fork-exec 模型,不需要守护进程的支持即可进行构建。同时 Buildah 也部分支持无 root 权限构建,从而提高镜像构建时的安全性。

　　此外，Buildah 的优点还在于其灵活的构建方式。一方面，Buildah 支持使用命令与执行构建任务的容器进行交互，例如使用 Buildah run 命令可以让构建容器内部执行 bash 命令，还可以通过 Buildah commit 指令自主选择提交镜像变更的时机，让用户可执行多条构建指令再提交镜像，从而减少镜像层数。另一方面，用户可以使用任意脚本语言或自动化工具（如 bash、Python 或 Makefile 等）编写构建镜像的脚本。图 10-34 展示了一个使用 Buildah 命令编写的自动构建镜像 bash 脚本。

```
#!/usr/bin/env bash
set -o errexit
# 创建容器
container=$( buildah from fedora：22)
$container
# 获取源代码
curl -sSL http://ftpmirror.gnu.org /hello /hello-2.7.tar.gz -o hello.tar.gz
# 解压源代码到指定文件夹
buildah copy $container hello.tar.gz /tmp/hello.tar.gz
buildah run $container dnf install -y tar gzip gcc make
buildah run $container mkdir /tmp/dst
buildah run $container tar xvzf /tmp/hello.tar.gz -C /tmp/dst
# 设置当前工作目录
buildah config -workingdir/tmp/dst/hello $container
buildah run $container. /configure
# 编译安装hello程序
buildah run $container make
buildah run $container make install
# 设置容器启动后的程序入口点为 hello
buildah config -entrypoint /usr /local /bin /hello $container
# 将运行的容器提交为镜像
buildah commit -format docker $container hello:latest
```

图 10-34　使用 Buildah 命令编写的 bash 脚本

　　在构建速度方面，当使用 Dockerfile 作为输入时，用户使用 Buildah bud 命令来构建镜像，此时可以通过-layers 参数决定在镜像构建过程中是否缓存镜像层。Buildah 默认构建不打开-layers 参数，无论单阶段或多阶段构建模式，均不会缓存镜像层，每次构建都需从头开始。当打开-layers 参数时，与 docker build 相同，buildah 将缓存每条构建指令对应的镜像层，以提高构建效率。当使用自定义脚本或在命令行中使用 buildah 原生命令来构建镜像时，则没有缓存机制支持，每次构建必须重新开始。此外与 docker build 一样，buildah 暂时也不支持多阶段间的并行构建。

　　3）isula-build

　　（1）isula-build 简介。isula-build 是华为 iSulad 容器团队推出的容器镜像构建工具，采用经典的客户端-服务端(Client-Server,C-S)架构,如图 10-35 所示,isula-build 作为客户端,提供了命令行工具,用于镜像构建及管理等,isula-builder 为服务端,用于处理客户端管理请求,作为守护进程常驻后台,客户端与服务端间使用 GRPC 通信。isula-build 完全兼容 Dockerfile,并支持多阶段构建,用户可以沿用 docker build 的使用习惯,而无需新的学习成本。并且,isula-build 还在镜像构建流程、镜像安全方面做了优化。

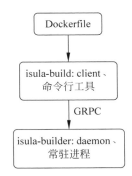

图 10-35　isula-build 架构

(2) 高速构建。在 docker build 的构建流程中,并非每条 Dockerfile 指令都需要在容器内部执行。以图 10-31 为例,只有 RUN 指令需要启动容器并在容器内执行相应程序,此外所有指令均可直接在本地主机执行,例如 ENV 指令用于配置环境变量,VOLUME 指令让容器有权限访问主机上的目录,ENTRYPOINT 指令配置容器启动后执行的命令,这三条指令的本质是修改 config.json 文件,这可以直接在主机本地完成。isula-build 将除 RUN 指令之外的其他指令转移到主机本地来实现,优化了构建流程。这不仅减少了大量频繁的容器创建、销毁过程,同时也减少了大量联合文件系统层的创建和切换,从而加速容器镜像的构建。

(3) 镜像安全。容器镜像在分发的过程中存在被篡改、被破坏等风险,使得被分发到容器引擎中的镜像可能与最初构建的容器镜像不一致。同时容器镜像在下载至容器引擎时,如果下载环境不稳定,比如异常掉电导致写入不完成等,镜像的数据仍然存在不完整的风险。isula-build 采用 IMA(Integrity Measurement Architecture,完整性度量架构)技术来解决这一问题,IMA 是 openEuler 中的一个子系统,能够基于自定义策略对通过 execve()、mmap()、open() 等系统调用访问的文件进行完整性度量(关于完整性度量将在第 11 章做详细介绍)。isula-build 通过支持全流程的 IMA 扩展属性来保证容器镜像的完整性。通过 isula-build 构建的镜像能够保留 IMA 文件扩展属性,配合操作系统一起保证构建出的容器镜像可执行文件和动态库在运行侧的完整性。

(4) 镜像管理子命令 ctr-img。除了镜像构建功能之外,isula-build 客户端还提供了一系列命令用于容器镜像的管理,例如查看本地镜像、拉取和推送镜像到远程仓库等。如图 10-36 所示,容器镜像管理相关命令被划分在 ctr-img 子命令下,通过 ctr-img 子命令,用户可以方便地对镜像进行全生命周期的管理。

图 10-37 展示了通过 ctr-img 子命令进行镜像构建、查看本地镜像的示例,通过 vim 命令编辑好要进行构建的 Dockerfile 文件后,使用 ctr-img 中的 build 子命令执行镜像构建,其中-f 参数用于指定 Dockerfile 文件,-o 参数用于指定镜像导出的位置和名称(此处构建好的镜像将被导出到 isulad 容器引擎),最后的“.”表示构建所使用的目录为当前目录。构建过程中,isula-build 会持续打印构建进度信息,构建成功后,通过 ctr-img 中的 images 子命令可以查看本地镜像的相关信息,包括镜像名称、大小、标签、ID 等。若读者对 isula-build 有更浓厚的兴趣,可以前往 openEuler 社区自行学习 isula-build 的安装和使用。

```
ctr-img:isula-build中用于容器镜像管理的子命令，其又包含如下子命令：

● build：根据给定Dockerfile构建出容器镜像；
● images：列出本地容器镜像；
● import：导入容器基础镜像；
● load：导入层叠镜像；
● rm：删除本地容器镜像；
● save：导出层叠镜像至本地磁盘；
● tag：给本地容器镜像标记标签(tag)；
● pull：拉取镜像到本地；
● push：推送本地镜像到远程仓库。
```

图 10-36　ctr-img 子命令功能

```
1.      [root@ecs－isula test－isula－build]# vim myDockerfile
2.      [root@ecs－isula test－isula－build]# isula－build ctr－img build－f
3.   myDockerfile－o isulad:hello－isula－build:v0.1 .
4.      STEP 1: FROM hub.oepkgs.net/openeuler/openeuler:20.09
5.      Getting image source signatures
6.      ......
7.      STEP 2: COPY hello.sh /usr/bin/
8.      STEP 3: CMD ["sh", "－c", "/usr/bin/hello.sh"]
9.      Getting image source signatures
10.     ......
11.     Build success with image id:
12.     2c9ef15d0ac55ca856858c84f5c0da769d90ecfbdcc68d61008949e7d4b9e2a8
13.     [root@ecs－isula test－isula－build]# isula－build ctr－img images
14.     -------------------------------------------------------------------
15.     REPOSITORY        SIZE         TAG         IMAGE ID
16.     -------------------------------------------------------------------
17.     Hello－isula－build      607MB        v0.1        2c9ef15d0ac5
18.     -------------------------------------------------------------------
```

图 10-37　ctr-img 子命令使用示例

　　总体来说，大部分镜像制作工具的出现都是为了实现更快(并行构建,有效利用缓存)、更小(镜像中只包含必要的文件)、更安全(rootless,可以安全处理密钥)、更方便(能够方便地与其他工具集成)的目标。另外,随着 Kubernetes 的兴起,镜像的构建与部署也常常发生在 Kubernetes 节点中,因此未来镜像构建工具的发展也要考虑如何与 Kubernetes 生态结合起来。

10.4.5　容器镜像的分发

　　开发者在开发环境下(构建侧)使用构建工具将应用程序及其依赖环境打包成镜像,用户在部署环境下(运行侧)拉取镜像至本地并运行,以还原应用的运行环境。其中联系开发和部署两侧中间的纽带是镜像的分发(Distribution)。下面以 Docker 为例,简述与分发镜像相关的概念及分发方法。

1．镜像仓库和镜像服务

镜像仓库(repository)是保存某个应用的不同镜像版本的集合,其使用标签(tag)对不同的镜像版本加以区分。镜像服务(registry)则是用于托管和分发镜像的服务(service)。如图 10-38 所示,Docker Hub(registry)负责统一管理各个镜像仓库,包括 Alpine、openEuler 和 Redis 等。

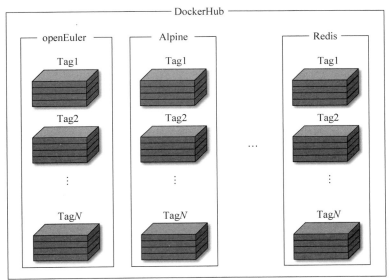

注: openEuler等是镜像仓库名称,tag用于标记镜像版本。

图 10-38　镜像服务

对于 Docker 来说,Docker 客户端默认使用 Docker Hub 作为镜像服务。Docker Hub 包含两种类型的仓库,即官方仓库(Official Repository)和用户仓库(User Repository)。官方仓库由 Docker 公司来审查和维护,以提供常用系统及应用(如 ubuntu、nginx 等)的官方版本镜像,保证了镜像的权威性和安全性。用户仓库则由普通的 Docker Hub 用户创建,普通用户可上传自定义的容器镜像供其他用户使用。除了 Docker 推出的官方镜像服务,用户也可自行搭建私有镜像服务器来实现托管、分发镜像的功能。

2．镜像的分发

基于镜像分发时对网络的需求与否,Docker 提供了线上和线下两种镜像分发的方式,如图 10-39 所示。其中线上的镜像分发方式由 docker push 和 docker pull 完成,而线下的镜像分发方式则由 docker save 和 docker load 完成。下面将分别简要介绍两种镜像分发方式。

对于线上分发方式来说,docker push 和 docker pull 通过将镜像服务作为镜像分发的中转站,来实现镜像的线上迁移。该过程可分为 push 阶段和 pull 阶段:①在 push 阶段,用户在构建侧构建镜像后,使用 docker push 命令将镜像上传到镜像服务所托管的指定镜像

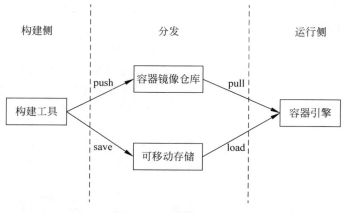

图 10-39　镜像的分发

仓库。镜像服务在接收到用户的 push 请求后随之响应该请求，随后构建侧将并发地推送镜像层至镜像服务。在推送开始前，构建侧将向镜像服务发送一个校验请求来验证待推送的镜像层是否存在，当镜像层不存在时才继续执行上传动作。当所有镜像层推送完成后，再上传包含镜像名称、标签以及镜像层描述等信息的 manifest 文件。至此 push 阶段结束。②在 pull 阶段，运行侧的用户使用 docker pull 命令拉取指定镜像仓库中的目标镜像至本地。与推送顺序相反，运行侧先拉取 manifest 文件获得镜像的全局信息，再并行地拉取各个镜像层至本地。与 push 阶段相同，运行侧将校验本地是否存在将要拉取的镜像层，如果镜像层已经存在，则不进行拉取。

　　而对于线下分发方式，docker save 和 docker load 借助可移动存储介质为载体实现镜像的分发。docker save 能将指定镜像打包成 tar 格式文件。其工作原理是，按顶层镜像层到基础镜像层的顺序遍历指定镜像根文件系统中所有镜像层，并为每个镜像层创建一个空文件夹，在该空文件夹下，为其新建一个 VERSION 文件和 json 文件，将镜像层的版本信息写入 VERSION 文件中，将镜像层的元数据信息，例如父镜像 ID、镜像 ID 等写入 image.json 文件中，最后将镜像层打包为 tar 格式文件。遍历完成后，docker save 命令将镜像的名称、标签以及镜像层描述等信息写入一个名为 manifest.json 的文件中，最后打包整个文件集合并输出到指定位置。运行侧用户可以通过 docker load 命令来加载可移动存储介质中的 tar 格式文件，最终获得构建侧构建的镜像。

10.5　容器引擎 iSulad 原理剖析

　　iSulad 是一个轻量级容器引擎，相比其他容器引擎，它的内存开销更小，并发性能更高。下面介绍其实现原理。

10.5.1　iSulad 架构简介

iSulad 容器引擎主要包括以下几个模块：①通信模块，支持 gRPC/RESTFUL 两种通信方式，提供与 CLI(命令行接口)与 CRI(容器运行时接口)通信的能力；②镜像模块，支持 OCI 标准镜像，提供 content/metadata、rootfs 及 snapshot 管理能力；③运行时模块，支持轻量级 Runtime(lcr)和 OCI 标准的 Runtime(如 runc、kata 等)。

将 iSulad 容器引擎按接口划分：①北向接口，提供 CLI 和 CRI；②南向接口，提供统一的 Runtime 管理接口 Plugin，支持 lcr 和 OCI 两种类型的 Runtime。

iSulad 容器引擎架构如图 10-40 所示。

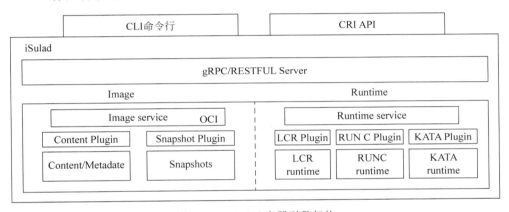

图 10-40　iSulad 容器引擎架构

10.5.2　容器与镜像操作示例

本节将简要介绍 iSulad 容器与镜像生命周期管理的基本操作，详细步骤可查看 openEuler 社区《容器用户指南》①中"iSulad 容器引擎"内容。

1. 运行容器

运行容器指创建一个新的容器，并启动该容器，即使用指定的容器镜像创建容器读写层，并且为运行指定的命令做好准备。创建完成后，使用指定的命令启动该容器。容器的创建与启动如图 10-41 所示。

```
1.    $ isula create - it busybox
2.    9c2c13b6c35f132f49fb7ffad24f9e673a07b7fe9918f97c0591f0d7014c713b
3.    $ isula start 9c2c13b6c35f
```

图 10-41　容器的创建与启动

---

① 参考链接：https://docs.openeuler.org/zh/docs/20.03_LTS/docs/Container/container.html。

也可以通过 isula run 命令直接运行一个新的容器,该命令使用示例如图 10-42 所示。

```
1.      $ isula run - itd busybox
2.      133a65418cd7d95ae83ba611cae1b1c198de34a142e0b05dfbdeda01c2867d50
```

图 10-42　新容器的运行

2. 暂停/恢复容器

暂停容器指通过 freezer cgroup 挂起指定容器中的所有进程,恢复容器为暂停容器的逆过程,用于恢复被暂停容器中所有进程。容器的恢复与暂停如图 10-43 所示。

```
1.      $ isula pause 9c2c13b6c35f
2.      9c2c13b6c35f132f49fb7ffad24f9e673a07b7fe9918f97c0591f0d7014c713b
3.      $ isula unpause 9c2c13b6c35f
4.      9c2c13b6c35f132f49fb7ffad24f9e673a07b7fe9918f97c0591f0d7014c713b
```

图 10-43　容器的恢复与暂停

3. 销毁容器

销毁容器指停止并删除容器。首先向容器中的首进程发送 SIGTERM 信号,以通知容器自行退出,如果在指定时间(默认为 10s)内容器未停止,则再发送 SIGKILL 信号,主动停止容器进程。无论容器以何种方式退出,最后都会回收和删除该容器占用的资源。容器的销毁与删除如图 10-44 所示。

```
1.      $ isula stop 9c2c13b6c35f
2.      9c2c13b6c35f132f49fb7ffad24f9e673a07b7fe9918f97c0591f0d7014c713b
3.      $ isula rm 9c2c13b6c35f
4.      9c2c13b6c35f132f49fb7ffad24f9e673a07b7fe9918f97c0591f0d7014c713b
```

图 10-44　容器的销毁与删除

也可以通过更简洁的方式强制销毁容器,相关命令使用示例如图 10-45 所示。

```
1.      $ isula rm - f 133a65418cd7
2.      133a65418cd7d95ae83ba611cae1b1c198de34a142e0b05dfbdeda01c2867d50
```

图 10-45　容器的强制销毁

4. 从镜像仓库拉取容器镜像

拉取容器镜像指的是从远程镜像仓库拉取镜像到本地主机。这里的“远程”和“本地”是相对的,可能都是本地主机。从远程镜像仓库拉取镜像的示例如图 10-46 所示。

```
1.    $ isula pull localhost:5000/official/busybox
2.    Image "localhost:5000/official/busybox" pulling
3.    Image "localhost:5000/official/busybox@sha256:bf510723d2cd2d4e3f
4.            5ce7e93bf1e52c8fd76831995ac3bd3f90ecc866643aff" pulled
```

图 10-46　容器镜像的拉取

5．删除容器镜像

删除容器镜像指的是从本地保存的容器镜像中删除指定的容器镜像，相关命令的使用示例如图 10-47 所示。

```
1.    $ isula rmi rnd-dockerhub.huawei.com/official/busybox
2.    Image "rnd-dockerhub.huawei.com/official/busybox" removed
```

图 10-47　容器镜像的删除

10.5.3　实现原理剖析

下面以运行一个容器为例，剖析 iSulad 容器引擎的实现原理。

1．运行一个新的容器

命名空间和 cgroups（控制组）是容器的核心技术。运行一个容器的核心过程就是为容器创建其独有的命名空间和 cgroups。iSulad 使用 LXC（Linux 容器）作为默认的容器运行时。图 10-48 给出了启动容器的过程。

（1）首先初始化 handler 对象。handler 对象存储了与创建容器、配置容器、产生子进程、执行指定程序相关的重要信息。

（2）调用函数 lxc_spawn()产生子进程，本进程作为父进程，完成子进程所在容器的设置工作。具体流程是：首先调用 cgroup 模块的函数接口 cgroup_ops—>payload_create，为容器创建新的控制组；然后调用函数 lxc_clone()根据不同配置创建出带有不同命名空间的子进程。子进程创建完毕后，父进程调用 cgroup 模块接口 cgroup_ops—>payload_enter 将子进程加入新建的 cgroup 组中。

（3）子进程在创建后会执行 do_start()函数。在此函数中首先设置阻塞信号掩码，同时设置 pdeath 信号，以保证子进程在父进程以外退出时及时得到通知，否则引擎难以管理子进程所在容器。随后子进程进入睡眠，等待父进程对子进程所在容器设置完毕。子进程在父进程设置完毕后被唤醒，调用配置模块的函数 lxc_setup()根据输入的配置信息对自己的命名空间、控制组挂载点、终端、用户权限等信息进行设置。最后调用 handler—>ops—>start()函数启动最终的容器程序。

（4）父进程从函数 lxc_spawn()退出时，子进程已经正确地在容器中执行。父进程接下来创建 epoll 主循环进行轮询操作，以接受用户态的其他 lxc 命令，实现对容器的监控、状态查询等功能。轮询中关心的事件及处理函数见表 10-2。

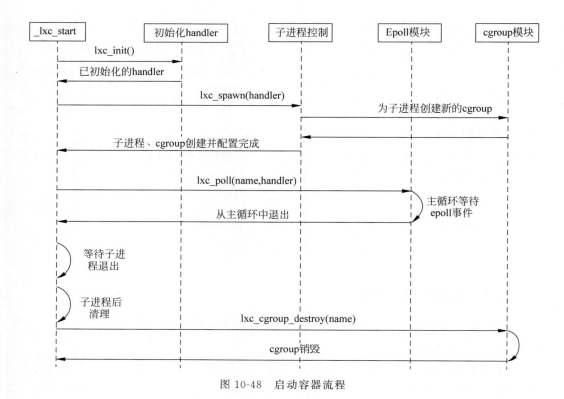

图 10-48 启动容器流程

表 10-2 轮询中关心的事件及处理函数

事　　　件	处 理 函 数
从信号描述符上接收到信号	signal_handler()
控制台的 master 文件描述符及 peer 文件描述符上发生的事件	lxc_terminal_io_cb()
从套接字上监听到的发自某 socket 客户端的服务请求	lxc_cmd_handler()

当发生以上事件之一时,父进程便会调用相应的回调函数进行处理。等容器中用户指定的进程执行完毕,父进程需要结束等待并进行清理工作,销毁容器。

2. 从镜像仓库拉取容器镜像

容器镜像一般都存储于镜像仓库中,运行容器之前,需要先从镜像仓库拉取容器镜像到本地。iSulad 从仓库拉取镜像的过程遵循 docker registry api v2 协议。容器引擎拉取镜像的过程如图 10-49 所示。

具体说明如下:

(1) ping 仓库。ping 仓库即容器引擎向镜像仓库发送一条 http/https 请求确认仓库是否支持 docker registry api v2 协议。如果支持,仓库会返回"200 ok"或者"401unauthorized"的提示。对于后面这种情况,仓库会同时返回认证服务器以及相关的信息,要求对容器引擎进行认证。

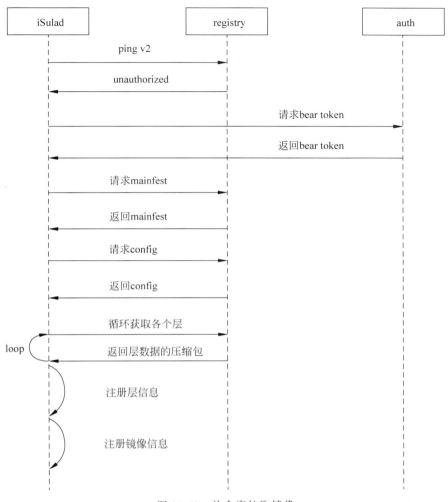

图 10-49　从仓库拉取镜像

（2）请求 bear token。bear token 是认证成功后认证服务器向容器引擎返回的字符串，作为后续容器引擎与镜像仓库通信的凭据。在凭据有效期期间，容器引擎在通信中都需要携带该字符串凭据。

（3）请求 manifest 文件。manifest 是辅助下载容器镜像的索引文件，如果镜像仓库中有名称相同、所支持架构不同的多个镜像文件（如存在同名的 x86 和 ARM 镜像），则仓库会返回一个 manifest list 文件。这种情况下需要根据 manifest list 文件找到对应架构的 manifest 文件，然后重新向镜像仓库请求 manifest 文件。

（4）请求 config 以及各个层。容器引擎解析 manifest 文件，获取对应的 config 和层的下载信息，并从镜像仓库下载各层对应的文件。下载过程中会根据 config 配置中的层信息对下载下来的层数据进行合法性校验。

（5）注册层信息。容器引擎把层数据解压到本地的镜像存储目录下，并生成包含层的相关信息的 json 文件。

（6）注册镜像信息。容器引擎将 config 文件和 manifest 文件保存到本地镜像存储目录下，并生成相关的 json 文件记录 config、manifest 以及层相关的信息。随后，容器引擎就可以基于这些信息启动该容器。

10.6 容器集群的管理

随着容器技术的发展，云提供商在云端广泛使用容器部署应用。而由于云提供商面向海量用户提供服务，在使用容器为用户提供服务时，如何快速、有效、灵活地部署和管理包含大量容器的集群已经成为云提供商必须要解决的一个问题。本节将介绍一个容器集群管理系统 Kubernetes。在使用 Kubernetes 系统时，开发者无须关心每个容器的运行，Kubernetes 能够自动监控集群中的容器，支持容器自动重启、自动备份等功能。虽然 Kubernetes 的使用已足够简单，但为了帮助用户在使用 Kubernetes 时免去安装部署等操作，各云提供商以服务的形式为用户提供各种容器服务，从而为用户提供最简便的使用体验。对此，在本节中还将简单介绍华为云的容器服务 CCE 以及其他几个经典的云容器服务。

10.6.1 容器集群管理系统——Kubernetes

1. Kubernetes 简介

容器技术的应用简化了应用开发周期，提高了开发者的生产力。但在实际的生产环境中，构成应用程序的不同服务通常被打包到单独的容器中，无论是运行传统分层架构的应用程序还是基于微服务的应用程序，都需要运行多个容器。对此，开发者需要手动地管理容器的规模、生命周期和资源调度等选项。这不仅要求开发者具备丰富的集群部署和运维经验，还使开发者不得不将本来用于开发应用的时间，分散出来用于集群的部署和运维。所以有必要推出一款工具对容器集群进行部署和管理，从而降低开发人员管理容器集群的成本。

为了实现简单、高效地部署和管理分布式容器应用的目标，谷歌公司于 2014 年推出 Kubernetes，一个开源的容器集群管理系统。用 8 代替中间的八个字符后，Kubernetes 通常也被简称为 K8s。Kubernetes 的核心功能是调度容器集群中的工作负载，此外还提供应用容器化部署、更新及维护等一系列功能。对于应用开发者而言，使用 Kubernetes 不仅能够简单地部署和管理容器化的应用，还能够方便地对容器进行调度和编排，并且只需通过简单的命令便能对容器集群规模进行伸缩。Kubernetes 的基本特性如下。

（1）高度自动化：Kubernetes 拥有一套自动化机制来降低用户对整个容器集群的运维成本与运维难度。Kubernetes 支持用户指定容器所需 CPU 和内存资源的自动装箱，支持自动监控容器运行、重启失败容器以及关闭无响应容器等自我修复功能,支持在容器集群所消耗资源触发用户设置的阈值时,对集群规模进行自动伸缩等自动化功能。

（2）服务发现与负载均衡:不同的服务之间可能存在通信需求,比如 nginx 服务要访问 Oracle 服务,就需要知道 Oracle 服务的 IP 和端口(Port),这个获取 IP 和端口的过程就是服务发现。在传统的方式中,用户需要修改应用程序使用额外的服务发现机制,才能满足服务之间的通信需求。对此,Kubernetes 提供了两种服务发现的模式:一种是通过环境变量的访问完成服务发现;另一种是在 Kubernetes 集群中内置一个 DNS 服务器,它能够解析出服务的 IP 和端口。同时,当容器的工作负载过于繁重,Kubernetes 能够重新调度工作负载,使得整个容器集群实现负载均衡。

（3）滚动更新与版本回退:Kubernetes 支持批量式更新应用程序,并在更新过程中监控应用程序的运行,防止所有实例同时被终止。Kubernetes 每次部署和更新应用时,将应用的当前配置及数据等关键信息保存为一个版本。在更新过程中,如果出现故障,用户可以查看历史版本并进行回滚操作。

（4）密钥和配置管理:Kubernetes 允许存储和管理敏感信息,例如密码、OAuth 令牌和 SSH 密钥。Kubernetes 实现了参数配置与容器镜像的解耦,能够在不重建容器镜像的情况下部署、更新密钥和应用程序配置。

基于 Kubernetes 进行应用的容器化部署不仅简单高效且健壮,同时还将开发者从基础设施相关配置等工作中解脱出来,极大地减少了开发者的运维工作量。

2. Kubernetes 系统架构

Kubernetes 采用 master/worker 模式管理集群资源。Kubernetes 将集群中的某台机器设置为 master 节点(node),并将剩余机器设置为 worker 节点。其中 master 节点是系统的管理节点,主要负责集群中应用的调度、更新以及扩容等操作。worker 节点则是容器实际运行的节点,Kubernetes 以 worker 节点为管理单位来执行 master 节点下发的任务。Kubernetes 的系统架构如图 10-50 所示。下面将详细介绍该架构中的重要概念及组件。

1）基本资源对象:pod 与 service

Kubernetes 的服务对象是由多个容器组成的复杂应用,为了兼容不同的容器技术,更好地管理密切相关的容器组(group),Kubernetes 引入了一个新的管理单元 pod。pod 是 Kubernetes 中创建、部署和调度的最小单元,一个 pod 通常包含一个或多个容器,表示 Kubernetes 中运行的单个实例。每个 pod 都会被分配一个单独的 IP 地址,但是由于 pod 可能被重新调度,所以 pod 的 IP 地址并不固定。处于同一个 pod 中的容器一般都紧密耦合,它们共享相同的存储空间、IP 地址和端口号,并且彼此间可以使用本地主机(localhost)或者标准的进程间通信方式进行通信。在 Kubernetes 中,如果存在一组 pod 为其他的 pod 提供服务,那么提供服务的那组 pod 被称为后端(backend),被服务的 pod 被称为前端(frontend)。由于提供服务的 pod 可能被调度,导致 pod 的 IP 地址发生变化,此时前端则需要重新发现并连接后端。在这种情况下,服务发现变得十分困难。对此,Kubernetes 定义了 service 来解决这个问题。

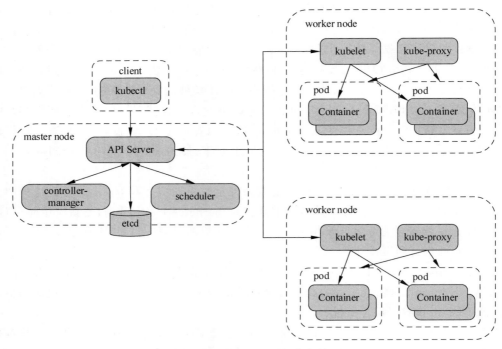

图 10-50　Kubernetes 系统架构图

Kubernetes 将一组提供服务的 pod 抽象为 service，每个 service 都被分配了一个唯一且固定不变的虚拟 IP 地址（Cluster IP）。如此，即使在 pod 被调度到其他节点导致 IP 地址发生改变时，前端 pod 仍能够通过 service 的 Cluster IP 地址与 service 中的 pod 通信。前端向 Cluster IP 发送服务请求，该请求将被 kube-proxy 服务进程转发到后端的某个 pod 上，从而在集群内部实现服务的负载均衡与连接的稳定。service 是 Kubernetes 的最核心的资源对象之一，类似一个"微服务"。在这种对资源的抽象下，系统可以看作由多个提供了不同业务但又彼此独立的微服务单元组成。

2）API Server

API Server 提供管理 Kubernetes 的遵循 REST 规范的 API（应用程序接口）集合，这些API 支持对 Kubernetes 的各种资源对象（如 pod、service 等）的增、删、改、查等操作。API Server 是集群中其他模块之间进行数据交互和通信的枢纽，还提供认证、授权、访问控制等安全机制。

3）controller-manager

对整个集群的资源进行管理一般需要一个"大脑"的角色。对于 Kubernetes 来说，controller-manager 充当此角色，它是整个集群内部的管理控制中心。controller-manager由一系列控制器组成，比如 pod controller、services controller、endpoint controller 等。所有这些管理器均通过 API Server 来监听整个集群的状态，以便及时发现集群中的故障并开启自动化修复工作,确保集群处于正常的工作状态。

4) scheduler

worker 节点需要对 master 下发的任务进行处理,对此 worker 节点需要合理地对 pod 进行分配与安排,以保证集群资源得到高效地利用。scheduler 负责将空闲的 pod,即未运行任务的 pod,调度到集群中合适的节点上,这一过程也被称为绑定(bind)。pod 绑定的流程大概为:首先,scheduler 遍历所有目标节点,使用调度算法为等待调度的 pod 选择最合适的节点,并构建事件对象,向 API Server 发送这些对象;随后,目标节点上的 kubelet 通过 API Server 监听到 scheduler 产生的 pod 绑定事件,获取相应的 pod 清单,下载 pod 清单所列的容器镜像并启动容器。

5) etcd

etcd 是一个基于键值存储的分布式数据存储系统,具有一致性和高可用性。etcd 主要用于存储容器集群中各种配置信息、实体对象、运行时的状态等所有需要持久化的数据。Kubernetes 还将容器集群的实际状态与期望状态存储在 etcd 中,并周期性监控这两种状态是否一致。如果这两种状态不同,Kubernetes 将调整容器集群的运行,从而使整个集群运行在期望状态。在小型的集群中,etcd 的单个实例可以与所有其他组件在同一节点中运行;对于大型的集群,为了提高 etcd 的耐用性和高可用性,etcd 一般被运行为多节点集群。值得注意的是,访问 etcd 需要较高的权限,如集群中的"root 权限"。因此理想情况下,只有 API Server 才能访问 etcd。但是,也可以通过授予权限使得节点有访问 etcd 的资格,由于数据的敏感性,最好只向需要访问 etcd 集群的节点授予权限。

6) kubelet

kubelet 服务进程运行在 worker 节点上,该进程相当于每个 worker 节点的"节点代理",主要负责维护 pod 中容器的生命周期并管理 pod。每个 kubelet 进程将在 API Server 上注册节点自身信息,定期向 master 节点汇报当前节点和节点中每个 pod 的状态。当集群在运行过程中出现资源不足的状况时,kubelet 的这种自注册模式支持用户直接添加机器从而实现扩容。

7) kube-proxy

kube-proxy 服务进程是 Kubernetes 系统内部的负载均衡器,主要负责监听 API Server 中 service 和 endpoint 的变化情况,并且基于 TCP(传输控制协议)与 UDP(用户数据报协议)为服务配置负载均衡。kube-proxy 将 service 的访问请求转发到后端的多个实例上。对于每一个 TCP 类型的 service,kube-proxy 服务进程都将在本地节点建立一个 SocketServer 来负责接收请求,然后采用轮询的负载均衡算法,均匀发送到后端的某个 pod 的端口上。所以,kube-proxy 可以看作是 service 的代理,kube-proxy 的存在使得客户端在调用 service 的过程中无须关心后端的 pod。

3. Kubernetes 工作流程

Kubernetes 由上述各个部件组成,其中各个部件相互协调合作来维持 Kubernetes 的运行。下面以新建一个 pod 资源为例,对 Kubernetes 的工作流程进行梳理,进一步探究

Kubernetes 执行任务时各部件之间的交互。pod 资源的创建过程如图 10-51 所示。

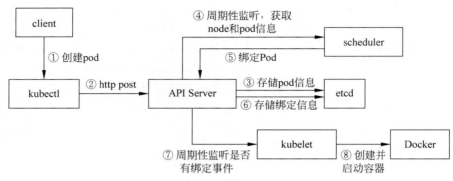

图 10-51　pod 资源的创建过程图

1）创建 pod 请求

首先用户需要在客户端提供一个 pod 资源配置的 yaml 文件，通过 kubectl 命令行工具发起一个创建 pod 的请求。该请求将以 http post 方式被发送到 API Server 上。

2）准备 pod 对象

API Server 接收到请求后，先对该请求进行验证。若验证通过，API Server 将根据用户提交的 yaml 文件中的配置创建一个处于待运行状态的 pod 对象，并为对象初始化基本的信息，比如创建时间、uid 等。随后，API Server 将该 pod 对象及其相关信息存储在 etcd 中，将 pod 对象持久化。此时的 pod 等待被 scheduler 调度到合适的节点。

3）绑定 pod 对象

当 scheduler 通过 API Server 提供 API 接口监听到 pod 处于等待被调度的状态时，scheduler 将使用调度算法将 pod 调度到合适的 worker 节点，并将 pod 和对应节点绑定起来，最后将绑定信息同步到 etcd 数据库中。至此，scheduler 完成调度任务。

4）创建 pod 实体

kubelet 通过 API Server 监听到和自己节点相关的 pod 绑定信息后，当相关的 pod 信息被缓存到节点内存中，然后 kubelet 将调用相关的接口为 pod 创建 pod 网络、进行存储卷的挂载、创建并启动容器。当网络、容器、存储资源都创建完成后，pod 创建完成。

10.6.2　云提供商的容器集群管理平台

当今业务所需的 IT 基础架构越来越复杂且不断变化，用户需要以快速、高效的方式实现容器应用的横向扩展。通过使用 Kubernetes 等容器编排工具，用户可以对容器应用集群进行管理和调度，但仍需要部署和维护，这是一个艰难且耗时的工作。随着云计算技术的迅猛发展，平台即服务（PaaS）成为云计算众多服务模型中最为业界关注的一种，PaaS 能够为用户提供高性能、高质量的基础架构托管服务。这为容器管理领域带来一个新的子市场，即 Kubernetes 托管解决方案。这种全新的服务提供方式也被称为容器即服务（CaaS）。通过将 Kubernetes 等容器编排架构交由云提供商来托管,不仅方便实现工作节点规模的自动伸缩,还减轻了用户管理和维护复杂集群以及相关基础设施的负担。下面将介绍华为云容器服务 CCE 以及其他几个经典 CaaS 平台。

1. 华为云容器服务 CCE

现如今,Kubernetes 已经成为主流的开源容器编排架构。为了让用户可以方便地在华为云上使用 Kubernetes 对容器应用进行管理,华为云推出了基于业界主流容器引擎 Docker 与容器编排工具 Kubernetes 实现的云容器引擎[①](Cloud Container Engine,CCE)服务。CCE 是由华为云托管的 Kubernetes 服务,其能够进一步简化容器应用的部署和管理,为用户提供高可扩展、高性能的企业级容器管理服务,支持用户在云上轻松部署、管理和扩展容器化应用。CCE 能够根据资源使用情况,轻松实现集群节点和工作负载的自动伸缩,并且支持多种弹性策略的自由组合,对业务高峰期的突发流量有较强的适应能力。

CCE 支持多种类型容器集群,除了标准的 CCE 集群外,还为用户提供鲲鹏集群与 CCE Turbo 集群,用户可以根据业务需求在 CCE 中快速创建自己需要的集群。其中 CCE Turbo 集群是华为云于 2021 年发布的面向云原生 2.0 的新一代容器产品,它旨在满足企业对容器的性能、弹性、调度能力的更高要求。CCE 从计算、网络和调度三方面进行加速,能够更好地应对业务全面容器化的需求。

CCE 提供了许多符合企业大规模容器集群场景的功能,在系统可靠性、高性能、开源社区兼容性等多个方面具有独特的优势,能够满足企业在构建容器云方面的各种需求。它的主要优势如下。

(1) 简单易用。CCE 为用户提供 Web 界面的控制台,不仅支持用户一键创建自己需要的集群、一键完成 Kubernetes 的升级,还支持用户通过 Web 界面实现对集群节点和工作负载的轻松扩容和缩容等功能。

(2) 高性能。CCE 支持与华为云生态的其他产品进行深度集成,不仅能够支持大规模场景业务,还能实现业务的高并发。用户可以通过 CCE 直接使用华为云的高性能弹性云服务器、裸金属服务器、GPU 加速云服务器等多种异构基础设施。同时,CCE 整合华为云云硬盘(EVS)、弹性文件存储(SFS)、对象存储(OBS)等持久化存储支持,提供高可用存储卷,完美解决有状态应用容器化部署难题。CCE 还对 AI 计算的容器服务进行了优化,采用华为云高性能 GPU 计算实例,支持多容器共享 GPU 资源,计算性能将提升 3~5 倍,并且大幅度降低 AI 计算成本。

(3) 高可靠。集群控制平面支持 3 个 master 节点同时部署保证高可用性,即使其中某个或者两个 master 节点故障,整个集群仍然可用。并且集群内节点和工作负载支持跨可用区部署,帮助用户轻松为业务实现容灾架构。CCE 的高可用机制保证业务在主机故障、机房中断、自然灾害等情况下可持续运行,实现业务系统零中断,保证生产环境的高稳定性。

---

① 参考网址:https://support.huaweicloud.com/productdesc-cce/cce_productdesc_0001.html。

2．其他经典云容器服务

1）谷歌云容器服务 GKE

Google 公司在 2014 年发布 Kubernetes 之后，2015 年就推出了 GKE[①]（Google Kubernetes Engine），GKE 是第一个以 Kubernetes 为主要容器编排架构的云容器服务，能够自动部署、管理 Kubernetes 集群。GKE 提供了具有预构建部署模板的集装箱化解决方案，支持单个集群的数千个容器、节点以及 pod 的大规模伸缩，具有全球负载均衡、自动伸缩、自动升级、自动修复等功能特性。GKE 根据用户的不同需求提出了两种服务模式：Standard 和 Autopilot。Standard 是支持用户对集群进行灵活配置的标准模式。在这种模式下，用户管理集群的底层基础资源，比如配置节点。该模式适用于期望自定义集群配置或手动配置、管理节点等基础模块的用户。Autopilot 是不需要用户管理的全托管模式。在这种模式下，用户在集群中部署应用时无须配置集群，而是由 GKE 直接根据工作负载要求匹配合适的生产集群。并且，在集群运行时，GKE 也能够自动监控和管理节点。Autopilot 内部已针对不同的工作负载对集群进行了预配置，同时将由 Google 公司提供和管理底层集群基础资源。Autopilot 能够减少用户的操作负担，同时确保高性能、高可扩展性和高安全性。

相较同时期的其他云容器服务，GKE 主要有以下几个优势：①GKE 提供控制平面的自动更新机制；②提供节点健康检测与自动恢复机制；③支持独有的 gVisor，它是 Google 公司发布的一个轻量级容器运行时沙箱。对 gVisor 的支持使得 GKE 能够使用于对安全性要求更高的场景。

2）微软云容器服务 AKS

AKS[②]（Azure Kubernetes Service）是微软智能云 Azure 推出的集成 Kubernetes 的云容器服务，于 2018 年发布预览版本，2019 年正式启用。AKS 相当于 ACS（Azure Container Service）的升级产品。ACS 是微软公司 2016 年推出的一个容器托管平台，用于容器的部署和管理，主要支持 Docker Swarm、Kubernetes 等多种容器编排工具。由于之后 Kubernetes 的发展极其迅速，并逐渐成为开源容器编排的主流工具，同时，考虑到 Azure 中 Kubernetes 被部署的需求量大约以 300％ 的速度增长，Azure 就推出了一个以 Kubernetes 容器编排服务为主的独立于 ACS 的服务平台——AKS。AKS 是一个托管的 Kubernetes 服务，它可进行健康监控和维护，支持自动升级和自动修复。在 AKS 服务中，Kubernetes 的主节点由 Azure 管理，用户只需要管理和维护代理节点，所以 AKS 提供的是半自动管理。

AKS 能够使用最新版本的 Kubernetes，通常比 GKE 和 EKS（下述亚马逊云容器服务）高两到三个版本。与 GKE 相同，AKS 也支持健康监控和自动修复，提供控制平面的自动升级。微软具有良好的产品生态，用户使用 AKS 可以集成任何 Azure 服务产品，并将这些 Azure 服务产品作为 AKS 集群解决方案的一部分。AKS 同时包含良好的开发人员环境，可以使用 Visual Studio Code 开发工具将应用部署到 AKS 集群中；还支持使用其中的

---

① 参考网址：https://cloud.google.com/kubernetes-engine/docs/concepts/autopilot-architecture。

② 参考网址：https://docs.microsoft.com/en-us/azure/aks/。

Bridge-Kubernetes 组件,直接在开发计算机与集群之间创建连接,使得开发者能够在开发计算机上运行和调试代码,而无须在开发计算机上创建任何 Docker 或者 Kubernetes 配置。但是与能够支持全自动的 GKE 不同,AKS 必须有一个将集群组件升级到新版本的半手动过程。

3) 亚马逊云容器服务 EKS

与微软相似,EKS[①](Elastic Kubernetes Service)是亚马逊网络服务(Amazon Web Services,AWS)公司为了适应市场而推出的集成 Kubernetes 的云容器服务。AWS 先推出了云容器服务,即弹性容器服务(Elastic Container Service,ECS)。与前面介绍的 GKE 与 AKS 类似,EKS 也提供对 Kubernetes 容器应用的运行、管理与扩展。EKS 的特点在于支持对控制平面节点的缩放和可用性进行自动管理,提供自动检测和替换运行状况不佳的控制平面节点,并且提供零停机时间的按需升级和补丁。EKS 能够有效地预置和扩展资源。使用 EKS 托管节点组时,用户不需要单独预置计算容量就可以对 Kubernetes 应用程序进行扩展,并且 EKS 能够自动将最新的安全补丁应用在集群的控制平面中。

EKS 是当前使用最广泛的管理 Kubernetes 的服务。但是 EKS 拥有的预配置解决方案较少,需要更多的手动配置。这一方面意味着用户对集群拥有更多的控制权,具有更高的灵活性,但是另一方面也需要用户花更多的时间在集群运维部署上。同样地,EKS 也提供与 AWS 基础设施的深度集成,用户可以使用亚马逊云中其他服务来完成整个云应用的部署。

本章小结

为了解决以往将应用部署在虚拟机中带来的资源占用过多及扩展性差等问题,人们提出了容器的概念。与虚拟机需要模拟指令或硬件设备不同,容器基于复用内核实现,直接使用操作系统的系统调用接口访问硬件资源或内核服务,因此其开销小、启动快。但各容器对内核的复用,给容器的实现带来了资源隔离的问题,如文件系统、PID 等。此外,各容器进程之间缺少精细化的物理资源的隔离,存在容器可以无限制地申请及占用物理资源的问题。对此,容器技术引入 namespace 与 cgroups 技术分别解决上述问题。针对上述问题,本章 10.1~10.3 节做了系统性的分析。在 10.1 节概述了容器的基本概念,并对其发展历史、应用场景及华为的容器引擎 iSulad 做了简单介绍;在 10.2 节,针对容器对内核资源的复用,详述命名空间对内核各虚拟资源的划分,并讨论了命名空间的具体实现;在 10.3 节,则细述控制组通过解决资源限制、权重设置、计算度量三个问题来实现对各项物理资源的隔离及分配。

容器技术不仅能够为应用构建轻量级的隔离环境,还能够将应用与除内核以外的所有

---

① 参考网址: https://aws.amazon.com/cn/eks/features/。

软件及库依赖分层封装到镜像中,使得应用移植到其他平台时无须配置环境即可直接运行。10.4 节阐述了容器镜像的底层原理,以及从构建到发布整个流程涉及的相关知识与工具。在 10.5 节以华为提出的 iSulad 容器为例,进一步介绍容器的实现原理。

随着现今的业务需求越来越复杂,单个容器所提供的服务已无法满足用户的需求,如何快速、有效地部署容器集群是一个亟须解决的问题。在 10.6 节讨论了云计算背景下容器集群的管理,简要分析容器集群管理工具 Kubernetes 的基本架构及工作流程,随后介绍了包括华为 CCE 在内的较为流行的几种云容器管理服务平台。

容器技术日趋成熟,已经有了完整的开放标准和丰富的开源技术。并且,随着云计算的持续发展,容器技术也展现出蓬勃的生命力。在未来的一段时间内,容器技术可能有如下发展趋势:①隔离性的增强。针对同一主机上的各个容器共享内核所带来的隔离性较差的问题,目前,部分研究致力于建立统一的资源隔离机制或是软硬件协同的资源隔离机制。②资源抽象的细粒度化。相较于容器内运行完整应用,微服务架构将传统单体应用拆分成若干个功能单元,而 Serverless 提供比微服务架构更细粒度的、基于函数级计算的服务。由此趋势来看,容器需要提供更细粒度化的资源抽象来满足应用架构的需求。③云容器服务的高度自动化。在云计算场景中,往往面临着业务类型与应用场景的多样化的问题,这导致容器面对不同的需求存在不同的部署方式,而手动部署很难做出较优的决策来高效地利用资源。所以,通过自动化部署来满足通用的运维需求将是云计算发展的必经之路。

## 第 11 章

可信启动

操作系统在启动过程中涉及 BIOS 或 UEFI 等固件及软件的加载及执行。但由于人们对固件的防护意识较为薄弱且提供的防护措施不够到位,导致攻击者能通过对固件的攻击获取操作系统的最高控制权限。因此,如何实现操作系统的可信启动对提升系统安全性具有至关重要的意义。本章将介绍操作系统可信启动相关的技术与原理,并以 openEuler 的可信启动为实例介绍可信启动的实现。具体来说,本章首先简单阐述可信计算的相关概念,以提供与可信计算相关的基础知识。随后,简要介绍可信平台模块规范,主要包括其定义的组件、工作流程及物理模块。由于操作系统的启动过程还涉及启动路径上各组件的加载流程,因此本章还将介绍启动路径上关键的 BIOS 和 UEFI 的工作流程及启动路径上所面临的挑战,并以此为基础介绍可信启动的基本原理。最后将以 openEuler 为例阐述可信启动的具体实现。由于可信计算及 TPM 规范的内容较多,本章仅介绍可信启动涉及的部分概念,对其他相关内容感兴趣的读者可自行了解,在此不再赘述。

11.1 可信计算

11.1.1 可信计算的背景

1. 可信计算的由来

随着人们对网络空间安全的日益重视,如何保护计算机安全变成了非常重要的问题。虽然现有的防火墙、入侵检测、病毒防范等手段能在一定程度上为计算机提供安全防护,但这种"被动"式防御手段总是落后于攻击手段,从而给计算机防护带来了很大的安全隐患,如 WannaCry 勒索病毒在全球的爆发。该病毒基于微软 MS17-010 漏洞,针对 139 和 445 端口发起攻击,使得至少 150 个国家和地区在内的 30 多万名用户感染,造成高达 80 亿美元的损失。在遭受攻击后,厂商们往往会对系统"打补丁"来修补漏洞以抵御攻击。但是这可能会导致系统整体性能下降,如为应对 meltdown 攻击而在 Linux 系统打补丁,将导致操作系统上下文切换开销提高 4 倍[9]。因此可以说,现有的"被动"防御手段存在较大缺陷,在事后的防御措施生效之前会付出较大的代价。为此,人们提出了可信计算(Trusted Computing)的概念,为计算机系统上各软硬件的运行构建可信的环境,以保护计算机系统。

2．可信与可信计算

在进一步介绍可信计算之前，需要先讨论可信的定义。可信(Trust)的定义很多，其中由可信计算组(Trusted Computing Group，TCG)所给出的定义较为普遍，即可信是指实体表现的行为是符合期望的，例如银行应当提供银行相关服务，而不应该提供卖菜等其他服务。与可信的定义类似，可信计算的概念也因上下文语境的不同而不同。在 TCG 语境下，可信计算是指由 TCG 开发和推广的一项技术，旨在通过相关软硬件构建可信环境提升计算机的安全性。

实现可信计算的基本思想是：首先由一个可信根(Root of Trust，RoT)作为起点，通常这个可信根是一段固化在处理器中的二进制代码，上电后第一时间运行。从它开始逐级依次认证硬件平台、操作系统及应用，然后扩展到网络，由上一级保证下一级的安全可信，环环相扣，形成信任链(Chain of Trust)。通过信任链，把信任扩展到整个计算机系统。具体地说，在 BIOS 启动前，由处理器固化的可信根来度量(度量为可信计算概念，11.1.2 节将进一步介绍)并加载 BIOS，随后 BIOS 再度量并加载 bootloader，以此类推。通过上一级度量并加载下一级的方式，可将系统启动路径上所有模块的度量结果都保存到可信平台模块(Trusted Platform Module，TPM)中，最后由权威的第三方来验证结果的正确性，只有通过验证的模块才会被认为是可信的。

3．可信计算的发展历史

最早对可信平台技术进行开发和标准化的组织是于 1999 年成立的可信计算平台联盟(Trusted Computing Platform Alliance，TCPA)，其在 2001 年发布了定义可信平台基本功能组件的规范，即 TPM 1.1 版本。TPM 准确描述了实现可信计算的各项细节，其物理实现一般为一个插在主板上的物理芯片模块。在 TCPA 之后，由可信计算组(TCG)继续制定 TPM 规范。TCG 是由 Intel、AMD、IBM、Microsoft 以及 Cisco 等厂商于 2003 年联合成立的组织，其在 2011 年推出 TPM 主规范 1.2 版本，并且于 2013 年推出 TPM 库规范 2.0 版本。

我国在可信计算领域的研究启动较早。中国工程院沈昌祥院士早在 1992 年就以"主动免疫的综合防护系统"为课题开始了相关研究。在 2006 年，中国成立了可信计算密码专项组[10]，以开展可信计算相关规范研究。在 2006 年—2007 年，相关组织完成了与 TPM 规范类似的用于定义可信计算的可信密码模块(Trusted Cryptography Module，TCM)标准，并以此为基础推出了一系列技术规范，如《可信计算密码支撑平台功能与接口规范》等。随后在 2008 年，由可信计算密码专项组更名而来的中国可信计算工作组(TCM Union，TCMU)，继续负责研究制定可信计算相关的技术规范，并推动可信计算相关产业的发展。不同于 TPM 和 TCM 对应规范所遵循的被动度量思路(关于度量的内容将在 11.1.2 节介绍)，在 2016 年，中关村可信计算产业联盟于 2016 年发布遵循主动度量思路的《可信平台控制模块 TPCM 规范》，当时发布的 TPCM 规范填补了国内甚至国际在主动度量规范上的空白。

由于 TPM 在国际标准和产业化上更成熟一些，因此 openEuler 主要用到了 TPM 模块实现可信计算,后续的章节内容也主要以 TPM 为例介绍可信计算。

11.1.2　可信计算相关的概念

随着可信计算概念的提出,派生出了一些与可信计算相关的概念,包括可信计算系统中作为可信起点的可信根、负责实施可信计算以保证系统安全的可信计算基、用于衡量实体是否可信的度量、用于实体之间信任传递的信任链等概念。

1. 可信计算基

不同学者或机构对可信计算基的定义不同,其中比较经典的定义是,可信计算基(Trust Computing Base,TCB)是为计算机系统提供安全环境,实施安全保护机制的硬件、固件以及软件功能集合。TCB 的主要功能是负责维持计算机系统中数据的私密性和完整性,此外还负责实施系统安全策略,例如审查应用程序对文件或内存的访问权限、监控可能非法读取或篡改内存的 DMA 操作、认证驱动模块签名等。图 11-1 描述了作为 TCB 一部分的操作系统,对访问资源的应用程序进行权限检查。

一般来说,在计算机系统中,TCB 软件部分主要包括 BIOS 固件、操作系统内核、运行在特权级别的程序以及实施修改内核的程序等,如图 11-2 所示。TCB 硬件部分则包括提供可信计算的硬件 TPM、TCM 等模块。TCB 的软硬件部分构成了一个完整的 TCB,若 TCB 存在缺陷,则可能导致系统整个安全策略的攻破。

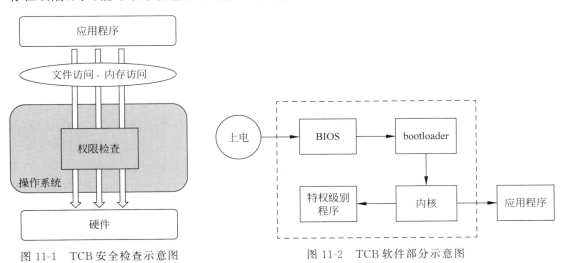

图 11-1　TCB 安全检查示意图　　　　图 11-2　TCB 软件部分示意图

2. 可信根

在可信计算中,需要有一个提供实现可信计算所需的最小功能集合,供计算机系统的剩余软硬件模块使用,以实现可信计算,这个功能集合就是可信根(Root of Trust)。可信根是被系统无条件信任的基石,无法由系统自证清白,一般通过第三方安全认证机构做评测认证来证明其安全性,例如 CC 认证等。鉴于可信根在可信计算里的重要地位,且使用软件代码来实现的可信根存在被篡改的可能，以及计算机系统存在各种硬件攻击的风险（如拆卸硬盘、读取缓存以及探测总线等），因此一般采用独立于计算机系统的硬件模块来实现可信根。例如，国际上 TCG 标准的 TPM 芯片和国内 TCM 标准的 TCM 芯片。TCG 标准的 TPM 模块支持的可信计算方案中，可信根一般由三个根组成，分别为可信度量根（Root of Trust for Measurement，RTM）、可信存储根（Root of Trust for Storage，RTS）和可信报告根（Root of Trust for Report，RTR）。

在可信计算中，判断一个模块是否是可信的，可以通过度量（Measurement）模块的完整性、存储度量结果以及验证度量结果这三个步骤来完成。相应步骤分别由可信根的 RTM、RTS 和 RTR 来完成：①RTM 由平台软件或硬件单独实现，用于度量模块的完整性，得到完整性信息，并将该信息送往 RTS。②RTS 位于 TPM 芯片内部，是用于存储敏感及非敏感数据的模块。其中敏感数据（如私钥）保存于 TPM 芯片的屏蔽位置（Shielded Location），对此类数据的访问需要经过 TPM 授权。非敏感数据的访问则无须授权，如保存于平台配置寄存器（Platform Configuration Register，PCR）的模块完整性信息。③RTR 提供一个可靠的环境来获取 RTS 所存储的信息，并将该信息送往能够验证信息正确性的远端平台验证信息的正确性。使用远端平台而不是本地验证的原因是，本地平台可能本身就是不可信的，并且远端平台保存着众多模块的验证信息，能够为数量众多的 TPM 模块提供服务。在此过程中，RTR 的具体实现因厂商而异，对于 openEuler 的 RTR 实现将在 11.3.4 节介绍。

3. 可信边界与信任链

可信边界（Trust Boundary）是指由可信组件所组成的域（domain），其中组件包括可信根和通过完整性验证符合预定义基准的平台组件[11]。系统上电后最初的可信边界内仅包含可信根，随后通过对其他平台组件进行完整性验证来扩展可信边界。可信边界扩展的过程，也是可信根与其他组件建立信任链的过程。

可信传递（Transitive Trust）是可信根和可执行实体（平台组件）建立信任，且该可执行实体再与后续的可执行实体建立信任的过程。此过程中各个实体相互间所建立的可信关系也称作信任链（Chain of Trust）。信任链的起点是 RTM，RTM 是 CPU 上电启动后执行的第一个代码片段（Code Root of Trust for Measurement，CRTM）或者是平台硬件中的一个在 CPU 启动前运行的逻辑单元（Hardware Root of Trust for Measurement，HRTM），其实现可以是 BIOS 固件里的某个代码片段，通过对代码片段设置写保护以保证其不被篡改。在 RTM 获得 CPU 控制权后，将度量下一个组件，在度量完成后再移交控制权给该组件。由 CRTM 为起点，来度量后续组件以扩展可信边界，构建成一条联系起 RTM 和各组件的信任链，最终实现整个计算机系统的可信计算。

4. 度量

信任链的建立涉及可信根与平台组件，以及平台组件之间建立信任，各组件之间建立信任的过程由基于度量操作的可信度量根来完成。度量（Measurement）的准确定义是，通过计算组件的哈希值，并根据哈希值的结果来评估组件的可信状态。按照操作系统启动前后的度量时机，又可将度量分为静态度量和动态度量，其中 TPM 和 TCM 采用了静态度量，而

TPCM 则采用了动态度量。现简单介绍这两种度量方法。

　　静态度量是指在操作系统启动过程中,对验证各个组件完整性的度量方法。静态度量将逐级度量启动过程中的各个组件,并交由权威第三方来校验各组件的度量值,若度量值校验成功则表明该组件是可信的,从而可建立与该组件的信任链。静态度量存在着若干缺点:①静态度量有着过于庞大的 TCB,包括 TPM、BIOS 以及整个操作系统,这将导致 TCB 内部可能出现缺陷进而破坏可信环境;②静态度量无法抵御动态攻击[12],例如可自修改代码(Self-Modifying Code)的程序可能会在运行过程中修改自身代码段,而静态度量的时机是在程序运行前,因而静态度量无法保证程序运行之后的可信状态。

　　动态度量是指在操作系统启动后,在运行过程中,动态地校验系统组件或者进程完整性的度量方法。通过动态度量,可以避免上述静态度量带来的缺陷。动态度量需要 CPU 特殊模块的支持,例如 Intel 公司的可信执行技术(Trusted Execution Technology,TXT)或者 AMD 公司的安全虚拟机(Secure Virtual Machine,SVM)等。动态度量的目标是在未经过度量的系统启动后,即在不可信的状态下,创建一个可信的环境。以 Intel 公司的 CPU 为例,CPU 在系统启动之后,使用特殊的指令执行可信根的代码,即使用 SMX(Safer Mode Extensions,更安全模式扩展)指令来执行作为 RTM 的安全初始化认证代码模块(SINIT Authenticated Code Module),以进入可信状态。随后,除主 CPU 之外的所有 CPU、所有的进程、中断、DMA 等均被挂起。此时再对各个组件(包括操作系统)进行度量,以创建信任链。通过动态度量创建的信任链也被称作动态信任链。动态度量的缺点是,无法抵御特权级别的恶意代码,可能使得恶意代码在未被度量的情况就获得对操作系统的访问控制权[12]。

　　综上可知,没有哪种度量方式是更加安全的,两者相互配合使用才能使可信计算更加安全。由于本章聚焦于可信启动过程,因而后续内容将主要以静态度量方式为主展开介绍。

11.2　可信平台模块

11.2.1　TPM 规范简介

　　如 11.1 节所述,TPM 是 TCG 推出的一个用于定义可信计算的规范,目前 TPM 2.0 是最新的版本。TCG 依据计算机架构、应用场景等不同因素的考量,为 TPM 定义了如下规范:①TCG 定义了 TPM 主规范,即 TPM 库规范 2.0,主要包括架构、数据结构、命令以及相应的配套程序四个部分;②TCG 还定义了除主规范之外的若干个规范,用于在不同平台下实现 TPM,如 TPM 软件栈规范(TPM Software Stack specification,TSS),以及应用在不同平台(PC、移动端、嵌入式和虚拟化)下的独立规范。由于篇幅和主题所限,本节仅简要介绍 TPM 主规范,包括 TPM 架构、TPM 在不同工作阶段所处的操作状态、控制 TPM 的控制域以及保存度量结果的平台配置寄存器。

1．TPM 架构

根据 TPM 规范定义,TPM 架构由若干个功能单元以及 I/O 总线构成。其中功能单元是 TPM 规范中用于实现可信计算的功能模块,包括密钥生成单元、对称及非对称加密单元、哈希引擎等。TPM 模块的 I/O 总线不仅将 TPM 芯片与主板上的其他外部模块相连,还提供 TPM 芯片内部各功能模块之间的互联,以实现 TPM 芯片内部各功能模块之间的相互调用。

TPM 模块遵循客户端/服务器的工作模式。其中,TPM 模块充当提供可信计算服务的服务器,外部模块充当申请可信计算服务的客户端。外部模块要申请服务时,将向 TPM 模块发出 TPM 命令。TPM 模块接收到 TPM 命令后,解析命令并调用相关功能模块提供服务,构造命令的响应返回给外部模块。

为了合理安排章节内容,本节仅简要介绍 TPM 架构,TPM 模块内部各功能单元及 I/O 总线的详细工作原理将在 11.2.3 节做进一步介绍。

2．TPM 操作状态

与操作系统进程的工作状态类似,为了更清晰地描述 TPM 模块的工作流程,TPM 规范定义了若干个操作状态(operational state)。这些状态是指当前 TPM 模块在特定条件下所处的状态,不同的操作状态将限制 TPM 模块所能提供的功能。TPM 规范一共定义了 4 种操作状态,分别是断电状态、初始状态、关机状态及启动状态,各状态的工作流程如图 11-3 所示。

(1) 断电状态(power-off state)指在 TPM 模块确认复位操作后或无电源供应时所进入的状态。由于 TPM 模块可能在任意时刻断电,因此任何状态都可以转换到断电状态。

(2) 初始状态(initialization state)是 TPM 模块接收到_TPM_Init 命令后进入的状态。对于硬件 TPM 模块来说,当 TPM 模块接收到复位信号或者外部配置命令时,将进入初始状态。而对软件 TPM 模块来说,则是由程序调用来进入该状态。处于初始状态时,TPM 模块将执行一些与初始化相关的基本功能,随后将等待接收第一条 TPM 命令,即 TPM2_Startup。若处于初始状态的 TPM 模块接收到除此之外的命令,将返回错误并继续等待所期望的命令。

(3) 关机状态(shutdown state)是 TPM 模块在接收到 TPM2_Shutdown 命令后且在掉电前所处的状态,在该状态下 TPM 模块将保存 TPM 的相关状态数据,如平台配置寄存器的值等。TPM2_Shutdown 命令有 TPM_SU_STATE 和 TPM_SU_CLEAR 两个选项,TPM 模块在接收 TPM2_Shutdown 命令时将依据这两个选项分别作出不同的存储状态数据的决策,例如当选项为 TPM_SU_STATE 时,TPM 模块将存储主要的操作状态,而当选项为 TPM_SU_CLEAR,TPM 将存储下一次启动时所需的最小操作状态。所有的操作状态都将被保存在非易失存储中。

(4) 启动状态(startup state)是 TPM 模块接收到 TPM2_Startup 命令后所进入的状态。TPM 规范定义了 TPM 复位(TPM Reset)、TPM 重启(TPM Restart)和 TPM 恢复(TPM Resume)三种合法的启动状态,若 TPM 模块所处的启动状态不合法,那么此次启动将不成功。与 TPM2_Shutdown 命令相同,TPM2_Startup 命令的两个选项同样为 TPM_

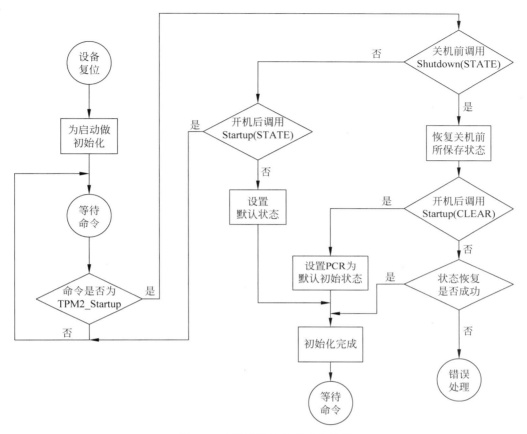

图 11-3　TPM 操作状态工作流程

SU_CLEAR 和 TPM_SU_STATE。TPM 模块在启动状态将依据启动时接收的 TPM2_ Startup 命令和从非易失存储中恢复的 TPM2_Shutdown 命令的选项,来确定当前启动状态的合法性。例如,当 TPM 模块使用 TPM2_Shutdown(TPM_SU_STATE)命令关机,且使用 TPM2_Startup(TPM_SU_CLEAR)开机时,TPM 模块将进入合法的 TPM 重启状态,此时 TPM 模块仅恢复 TPM2_Shutdown(TPM_SU_STATE)命令所保存的状态,而所有的平台配置寄存器值都将被复位为初始状态。这意味着 TPM 模块可重新记录启动路径上各组件的度量值,以确保当前启动路径上度量值的正确性。

TPM 规范定义了上述四种操作状态,每种状态分别对应 TPM 模块在当前环境下所处状态,只有处于合法状态,TPM 模块才能正常工作。这四种状态确保了 TPM 模块始终处于可预期的状态,使得 TPM 模块的工作流程有状态可依。

3. TPM 的控制域

TPM 规范定义了控制 TPM 控制域(TPM Control Domain),其中 TPM 控制域分为三个层级,分别是平台层级(Platform Hierarchy)、存储层级(Storage Hierarchy)和背书层级

(Endorsement Hierarchy)。与这三个层级相对应,平台固件(Platform Firmware)、平台所有者(Platform Owner)以及隐私管理员(Privacy Administrator)分别占有平台、存储及背书层级。其中,平台固件是指主板上电后先于操作系统启动的 ROM 固件,其占有的平台层级拥有比其他两者更多的 TPM 资源,其中所拥有的且不允许普通 TPM 使用者所拥有的权限及资源包括平台配置寄存器的配置、三个层级的基本种子(Primary Seed,用于生成密钥)的改变、三个层级的授权值和策略的重置等操作。

对于平台所有者和隐私管理员来说,两者往往是同一实体,例如平台所有者可以是某公司的某台服务器,而该服务器的拥有者和隐私管理员则是该服务器的管理员。平台所有者占有的存储层级所拥有的资源是平台层级的子集,如 TPM 的非易失存储空间的分配、存储层级的控制权等。背书层级位于三个层级的最底层,与之对应的隐私管理员所能管理的 TPM 资源最少,如产生用于加密用途的基本对象(Primary Object,包含主密钥及其他敏感数据等)等。基于这三个层级的控制,即可实现对整个 TPM 模块实行分等级的精细化控制。

4. 平台配置寄存器

平台配置寄存器(Platform Configuration Register,PCR)是 TPM 模块内部的寄存器,用于保存 TPM 模块使用哈希算法对某个程序模块做计算所得的摘要(digest),以供可信报告根(RTR)校验程序模块的完整性。PCR 是 TPM 规范里非常重要的寄存器,对其的操作包括初始化、扩展、记录事件、报告等,简要介绍如下:

(1) PCR 的初始化在 TPM 模块上电时完成,在 TPM 模块关机前调用 TPM2_Shutdown (TPM_SU_STATE)命令和上电后调用 TPM2_Startup(TPM_SU_STATE)命令而处于恢复 (Resume)状态时,关机前所有保留的 PCR 值都会被重新加载。而在 TPM 模块处于复位 (Reset)和重启(Restart)状态时,PCR 将被重置为默认全零或者全 1 的初始状态。

(2) 扩展(extend)是修改 PCR 的唯一操作,该操作将 PCR 的旧值与某个模块的度量值 (digest)相连接作为某哈希算法的输入,再将得到的输出作为 PCR 的新值,即

$$PCR_{new} = H_{alg}(PCR_{old} \parallel digest)$$

由于扩展操作基于旧值和模块的度量值,因此在一次系统启动过程中,最终的 PCR 值与模块先后的度量顺序有关。扩展 PCR 值一般用在可信启动过程中对多个模块的度量,根据最终的 PCR 值与预期值比较,可判断各个模块的完整性。只要最终的 PCR 值与预期值不同,那么其中必定有模块的完整性遭到了破坏,在 PCR 值被校验后系统可采取发出警告或关闭系统等应对措施。使用扩展作为修改 PCR 值的操作,有着速度快、节省寄存器、保证启动路径上各模块的完整性和启动顺序以及不能篡改成指定的值等优点。

(3) 记录事件是指 TPM 模块更新指定 PCR 值的过程,包括根据输入信息得到摘要,并将摘要结合 PCR 旧值执行扩展操作得到新值,最终将新值存入 PCR。记录事件时所需摘要有两种来源:一种是在 TPM 内部对产生摘要所需的输入信息进行哈希操作而得,另一种是直接以 TPM 模块外部所生成的摘要作为输入信息。一般情况下,TPM 模块执行 TPM2_PCR_Event 命令来完成记录事件操作。

(4) 报告(reporting)是指 TPM 模块中的 RTR 向用户上报 PCR 值的过程,由读取和认

证两个阶段组成。对于读取阶段来说,TPM 模块执行 TPM2_PCR_Read 命令来读取 PCR 值。TPM2_PCR_Read 命令的调用者以 TPM 模块内部的 PCR 列表作为输入,以指定要读取的 PCR。TPM 模块接收到该命令后返回对应的 PCR 值;对于认证阶段来说,TPM 模块执行 TPM2_Quote 命令来对所选的 PCR 值进行签名,并返回签名。对于返回的签名可以由本地或者远程进行验证,只有验证通过,才说明当前 PCR 值是正确可信的。在 openEuler 的可信启动过程中,将使用远程证明来验证 PCR 值。

TPM 规范非常全面,除了上述几个模块,还定义了其他模块的行为,例如 TPM 的命令及其响应的格式、定义 TPM 所要提供的加密函数、对 TPM 内部数据做证明(attestation)等。鉴于篇幅,在此不再赘述。

11.2.2　TPM 硬件模块

1. TPM 规范与硬件模块

TPM 规范除了定义 TPM 的各类资源及状态,同时还描述了实现可信计算的各类流程。芯片厂商利用 TPM 规范指导实现 TPM 硬件模块。其中,各类资源将被具象化为寄存器及存储资源等,而各类流程可封装成具有特定功能的电路模块。除非 TPM 规范特别说明,每个电路模块都严格遵守 TPM 规范。

为了实现可信计算,芯片厂商除了设计 TPM 芯片,还需开放编程接口将 TPM 芯片内部功能组件暴露给外部主机系统的组件调用。比如在系统启动路径上,当外部模块需要生成数字签名时,或者需要密钥对数字签名加密时,其可通过相应的编程接口,将调用指令封装成 TPM 的命令格式,并通过总线发送至 TPM 模块,从而调用 TPM 芯片内部的功能组件来提供相应服务。关于 TPM 硬件模块命令处理流程将在 11.2.4 节做进一步介绍。

2. TPM 硬件模块

TPM 芯片与 TPM 模组以及主板的关系如图 11-4 所示。

1) TPM 芯片

TPM 硬件模块被设计为一个芯片,芯片内部除了包含实现 TPM 规范所需要的模块(哈希模块、非对称密钥生成模块等)之外,还包含控制中心及其所需的必要组件。其中控制中心为微处理器(Microprocessor),用于控制外部命令的接收及芯片内资源的访问,而必要组件包含了保存微处理器所需数据及代码的内存,还包含了提供心跳及定时功能的时钟和定时器等。

2) TPM 模组与主板

只有 TPM 芯片还不足以让其运转起来,还需辅以外围模块,以组成一个具有外部总线的模组来提供 TPM 相关服务。与键盘、鼠标这类慢速设备一样,TPM 模组需要接入主板南桥才可被主板上的其他组件所访问。一般来说,TPM 模组接入南桥的总线为低速总线,而传统的低速总线有集成电路总线(Inter-Integrated Circuit,IIC)和串行外部接口(Serial Peripheral Interface,SPI)。

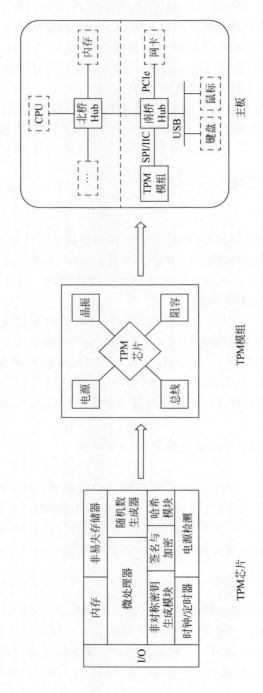

图 11-4 TPM 芯片与 TPM 模组及主板关系图

设计 TPM 芯片的厂商有很多,其中 openEuler 支持的厂商有英飞凌和国民技术等。不同厂商设计的 TPM 芯片会有所不同,如支持的加密算法、与主板所连接的总线、嵌入模块内部的 CPU 等。英飞凌 SLB 型号的 TPM 芯片集成了 16 位的微处理器并且采用 IIC 总线接入主板,而国民技术的 TPM 芯片 Z32H330TC 则采用 SPI 总线。

11.2.3 TPM 架构及相关组件

在 11.2.1 节已经对 TPM 的整体架构作了简单介绍,在本节将详细地介绍 TPM 架构及其内部组件的功能。由图 11-5 可知,TPM 规范定义了 TPM 架构由 I/O 缓冲区、加密子系统、授权子系统及存储子系统等组成。下面将逐一对各子系统及模块做简要介绍。

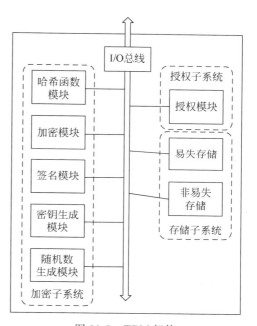

图 11-5 TPM 架构

1. I/O 缓冲区

I/O 缓冲区是 TPM 模块与主机系统之间的通信通道,主机系统通过总线将 TPM 命令传至 I/O 缓冲区,随后再从 I/O 缓冲区获取 TPM 模块处理完命令后的响应数据。TPM 规范仅定义 I/O 缓冲区的功能,至于 TPM 芯片如何从主机系统读取,或如何将数据送至主机系统,这由芯片厂商而定。

2. 加密子系统

加密子系统的组成包括哈希函数模块、加密模块、签名模块、随机数生成模块和密钥生成模块等,下面详细说明。

(1)哈希函数模块提供了哈希函数功能,具体的哈希算法因 TPM 芯片厂商而异。该功能模块可直接由外部软件调用,也可由 TPM 芯片内部模块调用,如哈希函数模块可由外部某模块调用以计算特定模块的哈希值,也可由 TPM 芯片内部的其他模块通过内部总线调用以完成 PCR 的 extend 操作。

(2)加密模块又包含对称加密模块和非对称加密模块,其中对称加密模块一般用来加密与认证与信息相关的命令参数。而非对称加密模块则基于哈希功能模块,辅以自身的加密算法,用于证明(attestation)及认证(authentication)等用途。TPM 规范定义了 TPM 芯片必须实现一个以上的非对称加密算法。不同厂商集成的算法有一定差异,英飞凌 SLB 型号芯片集成了 RSA1024 及 RSA2048 等算法。

(3)签名模块包含签名和签名认证两个操作,其中签名可基于对称或非对称模块来执行。签名认证模块由 TPM 芯片以公钥、摘要和基于摘要的签名作为参数,通过执行命令 TPM2_VerifySignature 完成。

(4) 随机数生成器(Random Number Generator,RNG)是 TPM 芯片中用于产生随机数的模块,其所生成的随机数可用于生成密钥以及随机签名等。RNG 模块随机生成密钥可增大破解单一固定密钥的难度。

(5) 密钥生成(Key Generation)模块产生两种不同类型的密钥。第一种是由 RNG 模块产生的随机数作为种子(seed)产生的普通密钥(ordinary key),第二种是由基本种子(primary seed)而不是直接由 RNG 产生的主密钥(primary key),其中基本种子可以是多个,且是位数非常大的随机数。使用位数较大的基本种子来产生主密钥可以提高密钥的破解难度。

3. 授权子系统

在命令派发模块(Command Dispath Module)开始派发命令时以及命令执行结束后,授权子系统(Authorization Subsystem)的授权模块被调用。在命令开始被执行前,授权模块对该命令进行权限检查,以保护该命令要访问的每一个保存着隐私信息的屏蔽位置(Shielded Locations)。在授权模块工作过程中需要调用上述哈希功能模块以及加密模块。

4. 存储子系统

TPM 的存储子系统分为随机访问存储(Random Access Memory,RAM)和非易失存储(Non-Volatile Memory,NVM)两种类型的存储模块。RAM 用于存储 TPM 中暂时的数据、保存校验数据的 PCR、保存从 TPM 外部加载的密钥和数据等。而 NVM 用于存储与 TPM 模块相关的持久性状态,其中部分存储空间可由 TPM 拥有者所认证的平台或实体来分配及使用,除此部分之外的存储空间包含有着严格访问限制的屏蔽位置。

11.2.4 命令处理流程

主机系统在需要调用 TPM 芯片的功能时,将构建一个符合 TPM 命令规范的数据包,通过总线发送到 TPM 模块。TPM 芯片在接收到该命令时,将由命令执行模块(Execute Command Module)根据 TPM 规范所定义的命令处理流程对该命令进行解析、处理等操作。本节将依据图 11-6 介绍 TPM 芯片内部的命令处理流程。

1. 校验命令头部

命令执行模块首先从 I/O 缓冲区获取主机系统向 TPM 芯片发出的 TPM 命令,随后校验命令的头部(header)是否符合规范,包括类型、命令大小以及命令码(code)等。

2. 句柄的处理

在命令执行模块解析完命令头部后,将判断当前命令是否包含引用 TPM 资源对象(object)的句柄(handle)。若包含,则首先判断当前资源是否在 TPM 资源内部,随后再判断该资源是否对该命令开放。当满足这两个条件后,才能根据句柄来访问 TPM 资源。

3. 命令授权

在句柄所指资源存在且对该命令开放时,命令执行模块将对该命令是否有权访问该资源做授权判断。对于每一次授权操作来说,命令执行模块将判断当前命令与资源的授权类型是否匹配,此外还将判断当前资源对象的授权是否有效。

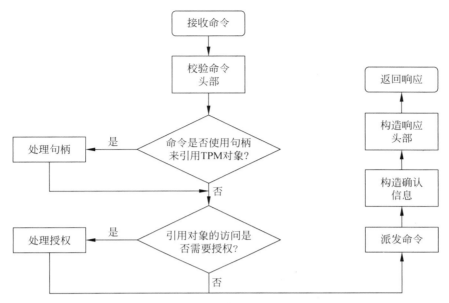

图 11-6　TPM 命令处理流程图

4. 命令派发

在准备好要访问的资源对象,以及获得对该资源的访问授权后,命令执行模块将执行派发过程。在该过程中,命令执行模块首先解压命令参数,随后根据命令参数调用与命令相关的功能模块执行具体的命令,最后再打包所得的响应参数。

5. 确认

当命令有授权时,对于每一个授权,命令执行模块需构造一个确认(acknowledgement)信息并更新审计信息。

6. 返回信息

在上述所有步骤结束后,命令执行模块将构造一个包含确认的响应(response),并将该响应放置在 I/O 缓冲区以表示当前响应已就绪,以供主机系统读回响应信息。若上述步骤遇到错误,那么响应将包含错误特征码,并包含指示(indication)描述错误所在,如句柄、授权或命令参数。

11.3　启动路径与可信启动

本节首先介绍系统启动路径及其面临的安全挑战,再介绍可信启动是如何保证启动路径上各模块的完整性。

11.3.1　BIOS 与 UEFI

对于传统计算机来说,主板在上电后将由传统(legacy)BIOS 来初始化主机系统,以开启系统启动流程。但近来随着软硬件系统的发展,传统 BIOS 不可忽视的缺陷逐渐暴露出来。对此,人们提出了 UEFI(Unified Extensible Firmware Interface,统一的可扩展的固件接口)来解决传统 BIOS 所面临问题。

1. BIOS

计算机的启动是一个矛盾的过程。一方面,在主板上电之后,CPU 需要从内存中读取代码和数据来运行 bootloader(操作系统引导程序)以启动系统。另一方面,系统在启动前,内存中没有程序加载模块加载磁盘中的 bootloader 并运行。对此,BIOS 被提出来解决这一矛盾。BIOS(Basic Input Output System,基本输入输出系统)是一个在系统启动阶段执行硬件初始化及加载 bootloader 的固件。在 BIOS 发展的早期,BIOS 由汇编语言编写,作为固件存储在 ROM 里面。随着 BIOS 的发展,使用 ROM 存储 BIOS 不便于其更新,在现今的主机系统中,一般采用可编程的闪存(Flash)来存储 BIOS。

一般来说,使用闪存来存储 BIOS 时,可以由 CPU 直接寻址 BIOS,即 CPU 可无须借助内存,而直接根据物理地址读取闪存内的 BIOS 代码执行。CPU 在上电后,其做的第一件事情就是依据 CPU 芯片厂商(Intel 等)设定的 BIOS 地址,读取存于闪存中的 BIOS 指令并执行,此时 BIOS 将获得 CPU 的控制权。

BIOS 提供了系统启动所需的最基本硬件设置和控制,如图 11-7 所示,整个工作流程中可分为三个阶段:①上电自检(Power On Self-Test,POST)。在此阶段 BIOS 将检查计算机的关键硬件(内存、硬盘及 PCIe 设备等)能否正常工作,并且对检查结果给出提示或警告。②硬件初始化。BIOS 对硬件进行初始化,主要是初始化并检测硬件设备的参数。③选择启动设备。BIOS 搜索可引导的启动设备,根据用户设定的启动顺序来选择启动设备,并将 CPU 的控制权转交给选定的启动设备。至此,BIOS 的工作就完成了,后续将由 MBR(Main Boot Record,主引导记录)及 bootloader 来引导操作系统。

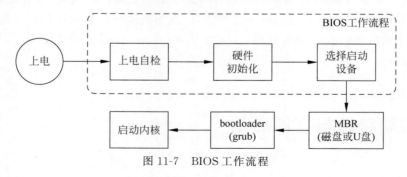

图 11-7　BIOS 工作流程

自 1975 年 BIOS 应用在第一个主机系统上开始,随着 CPU 和其他一些硬件设备的发展革新,传统 BIOS 逐渐暴露出许多缺点。从服务器角度来说,传统 BIOS 的最大缺点是不支持容量大于 2TB 的硬盘。因为 BIOS 只支持 MBR 引导系统,而 MBR 中用于描述当前分区总扇区数为 4 字节,即 32 比特,而一般一个扇区为 512 字节,因而 MBR 只能识别 2TB 以内的硬盘。而从行业发展来说,操作系统和传统的 BIOS 以及硬件平台之间有许多隐含的依赖关系,BIOS 没有提供统一、标准的接口,这使得传统 BIOS 的硬件兼容性很差。

2. UEFI

传统 BIOS 的局限性严重制约了计算机的创新发展,对此 UEFI 被提出。UEFI 规范旨在提供一个位于操作系统和平台固件之间的抽象,以开放的标准来替代封闭的传统 BIOS。Intel 公司于 2002 年发布了 UEFI 的前身——EFI 规范,在 2005 年 Intel 公司将 EFI 移交至 UEFI 论坛,并更名为 UEFI。目前 UEFI 的最新版本是 2.9 版本。由于 UEFI 现已成为事实上的工业界标准,因而除非下面特别说明是传统 BIOS,在提到 BIOS 时将指代 UEFI。

根据 UEFI 的规范,UEFI 定义了包括内存管理、UEFI 驱动模型及 UEFI 应用等组件,这些组件所提供的功能相当于一个微型操作系统。此外,UEFI 规范在各组件的基础之上定义了启动服务(boot service)和运行时服务(runtime service),分别为操作系统启动过程以及操作系统启动之后提供相关服务,如图 11-8 所示。由图 11-8 可知,UEFI 位于操作系统和平台硬件之间,其通过 UEFI 的底层模块将硬件资源抽象成服务,为上层的 UEFI 应用及操作系统提供服务。UEFI 的一个典型应用是操作系统加载器(OS loader)。

基于 UEFI 的启动流程虽然与传统 BIOS 有所不同,但没有本质的区别。根据 UEFI 规范,启动流程可分为七个步骤,由于最后的两个步骤,即运行时(Run Time,RT)和后生命周期(After Life,AF)不涉及启动阶段,在此仅介绍前五个步骤,如图 11-9 所示:①安全阶段(Security Stage,SEC)。安全阶段执行的是与具体 CPU 架构相关的汇编程序,主要负责创建临时的内存存储空间,并作为系统的可信根来开启信任链的建立。②前 EFI 初始化(Pre-EFI Initialization,PEI)。该阶段将加载并运行若干个执行早期硬件初始化工作的 PEI

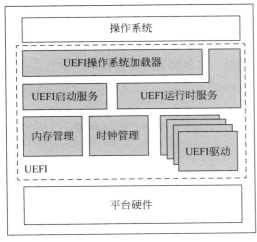

图 11-8　UEFI 架构

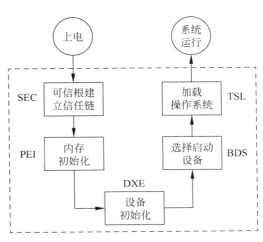

图 11-9　UEFI 工作流程

模块,其中包括内存初始化以及固件恢复操作等。③驱动执行环境(Drive eXecution Environment,DXE)。在 PEI 阶段初始化了内存之后,DEX 模块即可被加载至内存来执行,在该模块中将初始化 CPU、主板上的芯片集(chipset)以及相关外设。④启动设备选择(Boot Device Selection,BDS)。在 DXE 对相关外设及 CPU 进行初始化之后,BDS 阶段将加载设备驱动以准备引导操作系统,随后执行与启动选项相关的程序,例如选择启动介质等。⑤暂时系统加载(Transient System Load,TSL)。TSL 阶段是 UEFI 移交控制权至操作系统的最后一个阶段,在该阶段,将由 UEFI OS Loader 将操作系统内核加载到内存并移交控制权。当系统加载失败时,可进入 UEFI 的 Shell 以进行相关调试。

UEFI 已取代传统 BIOS,成为主流的启动模式。UEFI 的优势主要体现在以下几方面:①开发方便性。UEFI 的开发语言是 C 语言,而不是传统 BIOS 所使用的汇编语言,这为更多的厂商对 UEFI 进行深度开发提供了可能。②提供了对更大容量硬盘的支持。UEFI 不再受 MBR 的限制,它引入了一种新的磁盘分区系统 GPT(Globally Unique IDentifier Partition Table,全局唯一标识符分区表),GPT 能够引导超过 2TB 的硬盘。③相对于传统 BIOS 来说,UEFI 的启动流程里减少了设备自检过程,所以能够减少系统启动时间。

11.3.2　启动路径的安全挑战

由 11.3.1 节可知,从系统上电到操作系统获得控制权的启动路径中,是由传统 BIOS 或 UEFI 来完成主板初始化等相关工作。在此路径中,传统 BIOS 或 UEFI 等程序存储在需要特定工具才能烧录的存储器(EEPROM 或 Flash)中,有着不易修改的属性,因此此类程序也称作固件(firmware)。虽然固件比较稳定,但由于对固件的攻击可为攻击者获得比特权级别更高的权限,也可在操作系统启动前获得系统控制权从而绕过操作系统上的传统安全措施,因而攻击者针对固件的攻击事件呈逐年上升的趋势。微软在 2021 年发布了一个安全报告[①],报告指出至少 83% 的企业遭受过一次固件攻击,并且 70% 的企业在 2022 年没有固件升级计划。可以说,企业对固件保护措施的重视程度不够也会加剧固件被攻击的频率,从而带来潜在的损失。

所有针对固件发起攻击的核心思想是在固件启动之前将其攻破。操作系统启动路径的安全挑战按启动路径整个过程分类,可将针对固件和操作系统的攻击分为操作系统启动前、启动时以及启动后。现依据图 11-10 简述如下:

(1) 在操作系统启动前,即系统上电时,由 CPU 执行 BIOS 或者 UEFI 服务。若攻击者重写 BIOS 或其他固件,那么将导致恶意软件在操作系统启动前入侵。

(2) 在操作系统启动过程中,恶意软件可针对固件漏洞发起攻击,固件在此阶段面临若干个较大的安全挑战:①恶意软件可能取代操作系统的引导程序。例如 BIOS 将 CPU 的控制权移交给位于硬盘驱动器的引导加载程序,此时 BIOS 仅验证硬件,但无法验证引导加载程序的完整性。如果引导加载程序存在漏洞,那么攻击者将利用这个漏洞替换掉正确的

① 参考网址:https://www.microsoft.com/en-us/secured-corepc#scpcStepOne。

引导加载程序,使得操作系统被恶意引导程序启动。②恶意软件可能充当设备驱动来访问硬件设备,如作为键盘驱动程序的恶意软件可能会记录用户名及口令等敏感信息。③恶意软件可能通过磁盘驱动程序利用 DMA 的使用物理地址来访问内存特性获取或篡改内存数据。

(3) 在操作系统启动后,操作系统将加载包括驱动程序在内的内核模块(kernel module),若恶意软件替换其中的内核模块,那么内核被污染,使得内核安全受到威胁。

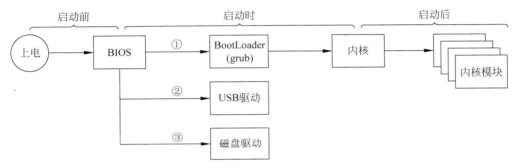

图 11-10   启动路径上的安全挑战

上述所有类型的攻击均会破坏各个固件模块或者操作系统的完整性,若针对固件发起的攻击成功,这意味着攻击者能够绕过操作系统的重重防护而获得操作系统的控制权,因此解决启动路径上的安全问题具有重大意义。为了保护固件免受攻击,一些可行的解决方法是,升级最新版本的固件、避免使用不可信的设备等。但是这些措施均与管理员或用户的观念以及使用习惯相关,有着较大的不确定性,没有从根本上解决此问题。

11.3.3   可信启动介绍

1. 可信启动简介

由前面内容可知,由于底层固件的防护程度不够,使得攻击者选择攻击相对防护薄弱的底层固件这类事件呈逐年上升的趋势。为了识别启动路径上的各个组件不被篡改,可信启动概念被提出。可信启动(Trusted Boot)是一个基于可信计算的思想,使用 TPM 来校验系统启动路径上各个固件及软件完整性的过程。可信启动的基本思想是:在可信启动过程中,启动路径上的所有组件(固件或软件)都将被度量,度量结果将被扩展到 TPM 的 PCR,其中度量策略一般使用静态度量。在得到度量结果后,将由本地或者远端的校验者(Verifier)对 PCR 的值进行校验,以判断该组件是否可信。若校验不通过,则由操作系统启动之后给予相应的警示或执行关机操作。

2. 可信启动流程

可信启动流程如图 11-11 所示,该流程可分为如下几个步骤:①启动 BIOS。由于 BIOS 也可能成为被攻击对象,因而在 BIOS 启动前,需要对 BIOS 进行度量。在 CPU 启动时,CPU 内部的微码将位于 BIOS 二进制代码中的代码可信度量根(CRTM)读取到内存。由于 CRTM 由 CPU 芯片厂商提供的私钥来签名,因此 CPU 微码将使用芯片厂商公钥来验证 CRTM 的签名,待验证签名正确无误后,CRTM 将度量 BIOS 并保存度量结果。随后再将控制权移交给 BIOS。②度量启动路径组件。BIOS 在获得 CPU 控制权后,将初始化主机系统上的硬件设备,检查后续加载内核的 bootloader 的签名,如 grub 等,并度量 bootloader。随后将控制权移交 bootloader。③度量内核模块。bootloader 在获取 CPU 控制权后,将度量内核模块,并将控制权移交给内核。④校验度量值。在操作系统启动后,将通过本地或者远端的校验者,来校验保存于 TPM 的 PCR 值,随后返回校验结果。操作系统将根据校验结果决定是正常运行还是执行相关警示操作。校验过程,也是信任链的扩展过程。

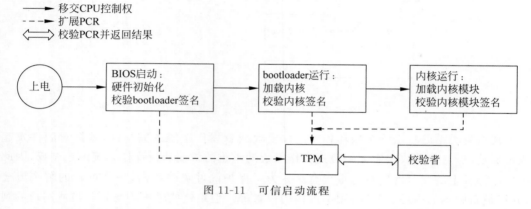

图 11-11　可信启动流程

3. 可信启动与安全启动

为了解决操作系统在启动路径上遇到的安全问题,UEFI 引入了安全启动。安全启动(Secure Boot)是区别于可信启动的另一个校验机制,操作系统在启动过程中,固件检查各个启动程序的签名是否正确,若签名有误则停止加载该程序,以确保固件所启动的代码是未被篡改的。UEFI 安全启动机制的基本思想是:首先由可信的厂商使用自身私钥签名固件及程序,并将自身公钥存于主机系统内部(由专门的存储器来保管);随后在操作系统启动路径上,每个固件或程序使用哈希算法计算后一个程序的数字签名,并根据固件厂商的公钥校验当前计算的数字签名与厂商所制作签名是否相同。只有在验证通过后才能运行下一个固件,否则就终止启动。通过前后阶段的校验,能够防止未签名或者被篡改的程序被执行。

安全启动的一个简易流程如图 11-12 所示,安全启动可粗略地分为两个控制权移交阶段:①BIOS 至 bootloader 阶段。由安全启动的前后校验形式可知,安全启动的根本身需要是安全的,因此 BIOS 的加载可以由可信的 CRTM 来完成。待被加载的 BIOS 完成了硬件初始化工作后,再检查 bootloader 的签名,根据检查结果来决定是否移交控制权至 bootloader。②bootloader 至内核阶段。在该阶段,bootloader 将定位需要加载的内核镜像,并检查内核镜像的签名。若内核镜像签名正确,再启动内核,并将控制权移交至内核。

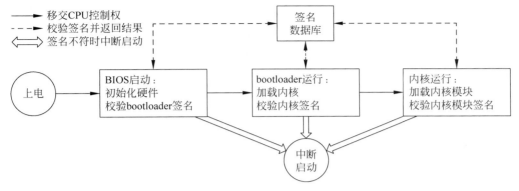

图 11-12　安全启动流程

　　安全启动和可信启动类似,两者的相同点在于:两者均是在主板上电之后,且于操作系统启动之前进行的启动过程,用于保护系统免受恶意软件侵害。

　　而两者的不同点为:①信任链建立过程不同。安全启动建立信任链的方法是前一模块使用后一模块的公钥来校验其数字签名。若数字签名校验成功,则建立起了信任链。可信启动则基于 TPM,在启动过程中计算模块的哈希值,并将该值扩展到 PCR。在此过程中,多个模块的值将会累积到 PCR。最后再由校验者校验 PCR 值来判断是否能够建立信任链。②校验失败处理不同。安全启动的数字签名若校验失败,则认为该模块受到了篡改,当前模块将停止启动流程。而可信启动校验 PCR 值的过程在系统启动结束之后开始,而非启动过程中开始,这使得可信启动校验失败后仍可进入系统。③应用场景不同。由于安全启动在校验出错时直接停止启动进程,相对于可信启动来说,安全启动对系统启动过程要求更加严苛,因而安全启动一般应用于安全性要求较高的场景,比如银行系统的服务器。此外远程证明服务器一般也使用安全启动来启动系统,因为远程证明服务器不应再通过另一个远程证明服务器来证明自身。而由于可信启动对校验出错时有着更加宽松的策略(如仅仅提出一个警告),可信启动可以应用于大范围的业务集群服务器,业务可用性和安全要求折中的场景。例如可信启动可应用于不涉及诸如金融交易之类敏感数据等场景。

　　可信启动相较于安全启动的优点主要是:可信启动对度量结果的校验及相应处理是在操作系统启动之后完成,与安全启动在校验结果不匹配直接停止系统启动相比,可信启动对异常情况的处理更加灵活,给用户带来更好的体验。

　　相较于安全启动,可信启动存在着若干缺点:①可信启动的过程需要调用 TPM 的功能,而 TPM 是一个低性能的嵌入式模块,因而在校验频次较高时,校验过程将会较慢,影响系统加载速度;②可信启动的校验者一般在远端,因而其校验过程受网络因素的影响较大;③可信启动依赖于 TPM,而现有的主机系统不一定集成了 TPM 模组,这也使得可信启动还无法大规模推广。

　　可信启动与安全启动各有优劣,两者所应用的场景不同。虽然两者均存在着一定缺陷,但仍不妨碍两者因其各自特点,在对应场景下被广泛地使用。

11.3.4　openEuler 的可信启动

openEuler 的可信启动过程包括度量启动和远程证明。如图 11-13 所示,openEuler 的度量启动通过 TPM 芯片和可信度量根(RTM)来保证可信,执行扩展操作,并通过远程证明服务器校验以建立信任链。

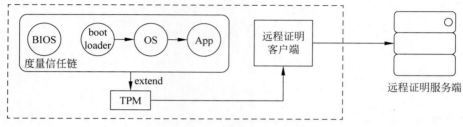

图 11-13　openEuler 可信启动架构

1. 度量启动

度量启动指的是,设备启动过程的第 1 级启动实体先度量第 2 级实体且可靠保存度量结果,再启动第 2 级实体,以此类推,直到启动至操作系统以上层次。一般的度量启动过程使用 SRTM(Static RTM,静态 RTM)作为度量模块,其一般度量至内核镜像即止。而在openEuler 度量启动过程中,为了保证内核启动后,能构建包括用户进程在内的完整信任链,openEuler 使用 SRTM 和 IMA(Integrity Measurement Architecture,完整性度量架构)两个度量系统来实现度量启动,其中 IMA 负责对用户进程和动态加载的内核模块的度量,如图 11-14 所示。

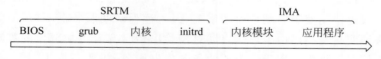

图 11-14　openEuler 度量启动过程

1) SRTM 阶段

SRTM 阶段,SRTM 将主要度量 grub、内核及 initrd 等模块。如图 11-15 所示,该度量流程为:①grub 启动后度量 grub.cfg 文件,并将度量结果拓展到 PCR_8 中。随后 grub 加载内核镜像至内存。②grub 度量内核,并将度量值拓展到 PCR_9 中,随后将控制权移交至内核。③最后再由 grub 度量作为内核启动时的临时根文件系统 initrd,将其度量值拓展到 PCR_9 中。

2) IMA 阶段

IMA 是 openEuler 的一个子系统,原生 IMA 由 IBM 公司贡献,而 openEuler 集成的IMA 由华为公司在原生 IMA 基础上做了一定优化。IMA 有度量(Measurement)和评估(Appraisal)两种工作模式。度量模式用于可信启动,度量并验证可执行文件(包括内核模

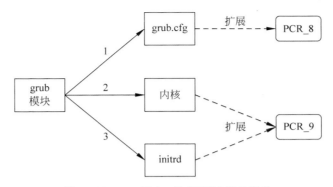

图 11-15　openEuler 的 SRTM 度量启动

块及用户进程)或动态链接库,以保证其完整性;而评估模式用于安全启动且与 TPM 无关,其核心思想是计算文件哈希值,并且在内核中的哈希表检索对应的文件哈希值,若能找到,就允许文件访问,反之则拒绝。由于本章讲述的是可信启动,在此仅介绍 IMA 的度量模式,对 IMA 评估模式不做过多介绍。

IMA 度量模式与 SRTM 的工作模式相比并无本质的区别,都是为需要度量完整性的模块做哈希计算。两者在哈希值的保存方式上不同。由于在内核启动前,SRTM 所要度量的模块较为确定,因此每一次度量都将对应的哈希值扩展到 TPM 的 PCR 中。而在内核启动过程中,由于用户进程的数量较多,IMA 在度量用户进程时,对应的度量值将被保存在 IMA 内的一个有序度量列表(Measurement List)内。此时,IMA 依次有序度量列表项的哈希值,并扩展到 PCR_10 中。这种方式既保证了度量列表的完整性,也保证了用户进程的完整性。

此外,IMA 度量模式还可通过相关配置实现较为灵活的度量策略。例如,通过配置 ima_hash 配置 IMA 工作时所使用的哈希算法(md5、sha256、sha512 等);通过在配置 ima_tcb 时提高度量强度(对 exec 命令对应的所有程序及其文件进行度量),以满足 TCB(可信计算基)的需求。

2. 远程证明

由于本地客户端自身可能存在安全风险,因此在启动路径上度量运行程序并将度量值扩展到 TPM 的 PCR 之后,将由远端服务器而不是本地客户端自身,来验证 PCR 值的正确性。这个过程是 openEuler 可信启动验证的另一个关键过程,称作远程证明[①]。

1) 关键术语

openEuler 的远程证明流程较为复杂,涉及与 TPM 相关的对称/非对称密钥以及数字证书等概念:

背书密钥(Endorsement Key,EK):EK 是由生产厂商在制造 TPM 芯片时存入芯片内

---

① 鲲鹏安全库文档:https://gitee.com/openeuler/kunpengsecl/wikis/Home。

部的非对称密钥,并且由厂商对 EK 公钥进行了签名背书,用于唯一标识 TPM 芯片。其中背书密钥的私钥完全保密,不为外界所知,而公钥由厂商提供的公钥证书来证明其唯一合法身份。

身份证明密钥(Attestation Identity Key,AIK,也称作平台身份密钥):AIK 是专门用于签名 TPM 所产生的数据(如 PCR 值)的非对称密钥,由 TPM 自己根据需要临时生成。使用 AIK 替代 EK 来加密 TPM 数据的原因,一方面是在使用 EK 加密次数足够多(数百万)的情况下,EK 有可能会被攻击者破解;另一方面是由于 EK 公钥证书的唯一性,用 EK 加密容易被反向追踪,泄露设备身份信息。

数字证书(Digital Certificate):数字证书是由权威的证书机构(Certificate Agent,CA)所颁发的数字认证,用于保证某实体的公钥不被篡改。EK 的公钥证书一般是生产厂商向专业权威证书机构购买的,而 TPM 做远程证明时的身份认证密钥证书一般是由远程证明服务提供的带隐私保护能力的本地隐私 CA(Privacy CA)做的自签名数字证书,可以在运行过程中随时更换,从而有效地保护每台设备的身份隐私信息。

2)远程证明流程

如果配置了 IMA 内核服务,在内核启动及应用程序运行的整个过程中,内核会按照 IMA 策略文件对关键文件进行度量,并将度量结果保存在 TPM 的 PCR 中。此外,再配置一个常驻后台运行的远程证明客户端软件,定时与设定的远程证明服务器进行交互,用 TPM 对本机度量的 IMA 信息进行签名,并将 IMA 信息及其签名发送到远程证明服务器上进行验证,以验证本机运行的相应模块是否完整。

远程服务器对客户端的度量值开始验证之前,还需要一些准备工作。由于远程服务器需要对度量值进行验证,而度量值是对模块做哈希值并扩展到 TPM 的 PCR 中,因此远程服务器的数据库需要预先保存其所需认证模块的度量值。此外,由于 PCR 值需要用客户端 TPM 芯片的 AIK 来签名,远程服务器通过 TPM 芯片厂商提供的根证书来验证 TPM 芯片的 EK 证书,验证 TPM 芯片身份,再进一步验证并临时保存 TPM 芯片生成的 AIK 公钥,之后就可以用 AIK 证书公钥来验证设备发送的远程证明报告,这样既验证了 TPM 身份的合法性又保护了设备的身份隐私问题。

在上述准备工作完成后,远程服务器即可提供远程证明服务。openEuler 的远程证明流程可分为如下几步,如图 11-16 所示。

(1)远程证明客户端的身份认证。客户端与服务器之间采用"挑战-应答"机制来完成客户端的身份认证。①客户端首先发送一个身份认证请求至服务器。服务器收到请求后,发送一个挑战(challenge)信息(一个随机数)返回客户端。②客户端再使用自身密钥对挑战信息加密,并把加密的挑战信息发送至服务器。③服务器再使用客户端的公钥对挑战信息解密,若解密出来的挑战信息为初值,那么意味着客户端是真实可靠的。

(2)TPM 的 AIK 认证。由于 TPM 芯片不使用 EK,而是 AIK 对 PCR 值签名,因此在使用 AIK 之前需要对 AIK 进行认证。客户端调用 TPM 使用 EK 私钥对 AIK 公钥签名,随后将 AIK 公钥及其签名发送至 CA。当 CA 验证 AIK 无误后,将为其颁发数字证书,并返回给客户端。也可以将步骤(1)和(2)合为一步,使用 AIK 作为客户端身份识别方式,利用 TPM_MakeCredential 和 TPM_ActivateCredential 命令提供的功能验证 AIK 是来自真实 TPM 模块并颁发 AIK 证书。

(3)PCR 值的签名。客户端通过 TPM_Quote 命令,让 TPM 使用 AIK 私钥对指定的 PCR 值进行签名。此时可能有多个 PCR 值需要被认证,例如保存 grub. cfg 度量值的 PCR_8、保存了内核和 initrd 度量值的 PCR_9 等。每个 PCR 值将被单独认证。

(4)认证信息的发送。客户端将要认证的 IMA 度量清单、PCR 值、PCR 值对应签名及 AIK 证书一同发送至服务器。

(5)客户端信息的认证。服务器校验客户端发送过来的证书链,以确保证书无误。即首先认证 CA 为 AIK 颁发的证书,随后再验证 AIK 的正确性,检查 PCR 签名的正确性,验证 IMA 度量清单的完整性,最后再查找本地数据库预存的 PCR 值或模块度量值,跟客户端发送的 PCR 值或 IMA 度量清单内容进行比对,判断是否一致。

(6)认证结果的反馈。若服务器校验 PCR 值和模块度量值正确无误,则返回认证成功的信息给客户端。反之,则构造认证失败信息反馈至客户端。至此,一次远程证明过程结束。

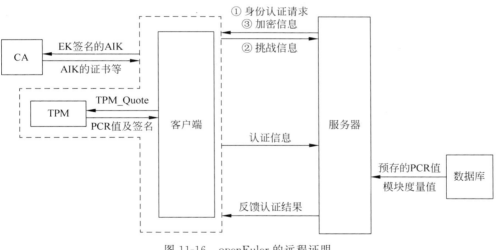

图 11-16 openEuler 的远程证明

3. openEuler 的完整性保护

完整性保护是度量及校验等技术的统称。华为公司针对可信启动、安全启动及应用程序度量等各场景,在 openEuler 中集成了一系列完整性保护技术。上述内容所提及的 IMA 子系统,即 openEuler 的完整性保护技术之一,主要应用在启动路径、内核模块及应用程序度量和校验上。华为公司针对原生 IMA 在校验文件哈希值时存在的问题,提出了摘要列表(Digest List)特性,以提升系统的安全性、易用性和性能。值得说明的是,摘要列表特性是集成在 IMA 子系统内部的一个通用性技术,其不仅服务于度量场景,还可服务于评估场景。

此外,摘要列表不仅服务于启动阶段的组件度量或校验,还可作用于启动后的应用程序及其文件的度量或校验。现根据摘要列表特性的三个特点对摘要列表展开介绍。

在安全性上,原生 IMA 子系统在生产环境下计算可执行文件的参考哈希值,供内核启动时对比校验,这会导致信任链不完整的问题。因为在生产环境下的内核可能受到攻击而使所生成的校验哈希值本身是错误的。而 openEuler 的 IMA 子系统是在 RPM 包构建阶段,通过摘要列表形式携带在发布的 RPM 包中,安装 RPM 包时导入摘要列表并执行验证前的操作,确保参考值来自软件发行商,从而提供了完整的信任链。

在易用性上,原生 IMA 子系统在部署和更新软件包时,都需要切换到 fix 模式(拥有修改文件参考哈希值的权限)来为新的软件包创建和更新参考哈希值,随后再切换到 enforce 模式(实施度量策略)才能正常工作。而 openEuler 的 IMA 子系统通过将包含了参考哈希值的摘要列表存入 RPM 包,做到了开箱即用,从而避免了模式之间切换带来的开销。此外,openEuler 的 IMA 子系统能够直接在 enforce 模式下安装或升级 RPM 包,无须重启和手动标记即可使用,实现了用户感知最小化的效果,适合在生产环境下快速批量部署,提高部署效率。

在性能上,原生 IMA 子系统在每次触发度量时(操作可执行文件时),都会执行 TPM 的扩展 PCR 操作。此外原生 IMA 每次评估(Appraisal,IMA 的特定术语,即验证)度量值时,均会执行文件哈希值校验操作。在 openEuler 的 IMA 子系统中,在度量场景下可通过减少不必要的 PCR 扩展操作来减少性能损耗,与原生 IMA 子系统相比可提高 50% 的性能。例如,原生的 IMA 子系统在每次访问一个新的受保护文件都会计算该文件的哈希值并记录到 PCR 中,但是当该哈希值已经在白名单范围内(证明该文件没有被篡改),此时不必记录哈希值到 PCR 中再做校验操作。对此,openEuler 的 IMA 子系统会过滤已经在白名单范围内的哈希值,只记录不在白名单中的文件哈希值,从而减少非必要的 PCR 扩展操作;而 openEuler 的 IMA 子系统在评估场景下,将所有签名验证操作移至启动阶段执行,避免每次访问文件时都执行验签操作,以增加约 5% 的启动时长为代价,提供了比原生 IMA 高 20% 的性能。

本章小结

可信计算是计算机系统安全的一个重要发展方向。为了保证计算机系统在启动阶段就能构建可信的环境,人们提出了基于可信计算的可信启动概念。本章详细介绍可信启动相关的概念及其工作原理。11.1 节针对现今的"打补丁"的被动防御手段所带来的问题引入可信计算,并介绍国内外可信计算的发展历史。11.1.2 节详述包括可信计算基、可信根、信任链以及度量等与可信相关的关键概念。11.2 节则依据 TPM 规范描述 TPM 的各项功能模块,其中包括 TPM 架构、操作状态、控制域以及 PCR 等,并剖析 TPM 硬件模块及其内部子模块,展示 TPM 芯片的内部构造及内部工作流程。11.3 节分析了包括传统(legacy)BIOS 和 UEFI 在内的启动路径,并讨论操作系统在启动前、启动时以及启动后的整个启动路径上所面临的安全挑战。随后在可信计算、TPM 硬件模块及启动路径等概念的基础之上,介绍可信启动的相关概念及工作流程,并讨论与可信启动类似的安全启动,辨析两者之间的差异。11.3 节的最后介绍 openEuler 在可信启动上所做的努力,其中度量启动可分为SRTM 和 IMA 阶段,而远程证明部分则详述了客户端如何利用 TPM 模块与远程证明服务器交互完成度量值的校验。随后详细介绍 openEuler 为了可信启动及安全校验而设计的IMA Digest(摘要)技术,并从安全性、易用性和性能三个角度,详细讨论了 IMA Digest 的基本工作原理及特点。

总的来说,基于可信计算在启动路径上所构建的软硬件系统之间的信任链,为计算机系统构筑了安全保护屏障。可信启动在操作系统启动阶段就保证软硬件系统的可信,能够避免用户为计算机漏洞"打补丁"所带来的性能损失,也能够避免用户修补漏洞不及时带来损失。虽然可信启动还存在 PCR 扩展吞吐量低,远程证明受网络带宽影响,在虚拟化场景下信任链不完整等不足,但其仍然是提升计算机系统安全的有效方法之一,具有广阔的发展前景。

openEuler 智能调优——A-Tune

在所有类型的软件中,操作系统可能是最错综复杂的软件,也是每个计算机系统的核心软件。这是由于大部分应用程序都运行于操作系统之上,由操作系统提供软硬件资源管理,并为应用程序的执行提供受保护的环境。因此,操作系统的设计会直接影响其上运行的所有应用。传统意义上,操作系统是由专业的操作系统工程师通过长期、反复的工程实践构建而成的,设计时需要不断权衡使用场景,确保当前设计对大部分通用场景都是有益的。绝大多数的操作系统(如 Linux 和 Windows)采用的正是这种通用设计。当某个功能机制无法保证对所有场景均有益时,设计者就会在系统中提供一个可配置参数,并确保该参数的默认配置对大部分通用场景有益,而使用者通过更改参数配置满足特定的使用场景需求。这种设计带来的问题也就显而易见。对于不同的硬件和不同的应用,使用默认参数配置只能保证整个系统勉强可用,无法充分发挥软硬件的性能。

系统调优一直是一个门槛很高的系统性工程,高度依赖工程师的技能和经验。例如,一个简单的应用,除了自身代码外,支撑其运行的环境,如硬件平台、操作系统、数据库等都可能是影响其性能的重要因素。如何在众多因素中找到性能瓶颈,需要工程师们熟悉大量参数的含义、配置方法以及业务场景,并不断积累经验,才能对系统进行快速精准调优。目前,IT 系统中的系统调优主要通过系统调优工程师进行正向白盒调优,其调优过程包括:性能调优场景以及指标确认→业务建模→关键能力诉求分析→性能测试→性能瓶颈识别→优化效果验证。其中,性能瓶颈识别和优化(一般指参数调整)效果验证通常是最耗时的阶段,且充满了许多重复工作。

openEuler 是基于 Linux 内核的,而 Linux 内核是一个面向通用场景设计的宏内核。随着几十年来硬件和软件应用的不断发展,Linux 内核正变得越来越复杂,而整个操作系统也变得越来越庞大。在 openEuler 中,仅 sysctl 命令(用于运行时配置内核参数的命令)的参数(sysctl -a | wc -l)就超过 1000 个。而在一个完整的计算机系统中,从最底层的 CPU、加速器、网卡,到编译器、操作系统、中间件框架,再到上层应用,可调节对象超过 7000 个。此外,不同参数的调节空间也不同。有些参数只是功能的开关,例如,/proc/sys/kernel/numa_balancing(启用自动 NUMA 平衡的配置参数)只有 0 和 1 两个可选配置,对这类参数的调节通常只需要进行两次验证。而有些参数则是一个很大的连续区间,例如,/proc/sys/net/core/wmem_max(最大的 TCP 数据接收窗口参数),这类参数的调节则需要大量验证。当然,参数对系统性能的影响也各不相同,有些参数对系统性能没有影响,而有些参数对系统性能具有很大的影响。在可以影响系统性能的参数中,每个参数对系统性能的影响效果又不同,不同参数的调节甚至会相互影响。在这样的情况下,让系统工程师或运维人员做系

统调优是非常困难和耗时的。

面对上述这些问题,openEuler 推出了面向计算机系统性能调优的自动调优工具 A-Tune,旨在让操作系统能够满足不同应用场景的性能诉求,降低性能调优过程中反复调参的人工成本,提升性能调优效率。

12.1　基本原理

A-Tune 的整体架构如图 12-1 所示,其整体上是一个 C/S 架构。客户端 atune-adm 是一个命令行工具,通过 gRPC(Google Remote Procedure Call,Google 远程过程调用)协议与服务端 atuned 进程进行通信。服务端中 atuned 包含了一个前端 gRPC 服务层(采用 golang 实现)和一个后端服务层。gRPC 服务层负责优化配置数据库管理和对外提供调优服务,主要包括智能决策(Analysis)和自动调优(Tuning)。后端服务层是一个基于 Python 实现的 HTTP 服务层,包含了 MPI(Model Plugin Interface,模型插件接口)/CPI(Configurator Plugin Interface,配置插件接口)和 AI 引擎。其中,MPI/CPI 负责与系统配置进行交互,而 AI 引擎负责对上层提供机器学习能力,主要包括用于模型识别的分类、聚类和用于参数搜索的贝叶斯优化。

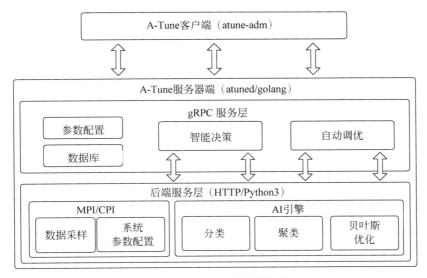

图 12-1　A-Tune 的整体架构

A-Tune 目前主要提供两个能力:智能决策和自动调优。

智能决策的基本原理是通过采集系统数据,并通过 AI 引擎中的聚类和分类算法对采集到的数据进行负载识别,得到系统中当前正在运行的业务负载类型,并从优化配置数据库

(根据系统工程师的经验对不同负载类型设计的优化参数进行配置)中提取优化配置,最终选取适合当前系统业务负载的优化配置。通常,服务器操作系统的业务场景可分为若干种类型(如大数据、内存密集型计算、数据库、网络服务器等),而不同业务场景下的负载也呈现了不同的特点(如 CPU 计算密集型负载、I/O 密集型负载等)。因此,对于不同业务类型的负载,操作系统可通过智能决策模块灵活选取不同的参数配置,以优化系统性能。智能决策模块一般用于应对一些已知的业务场景和系统负载,即已经收集到足够的离线数据样本来训练负载识别模型和参数选取模型。在业务场景和负载类别确定后,A-Tune 可通过智能分析模块识别实时负载的类别,再智能选取参数配置优化这一类业务场景和负载的系统性能。

自动调优的基本原理是基于系统或应用的配置参数及性能评价指标,利用 AI 引擎中的参数搜索算法反复迭代,最终得到性能最优的参数配置。与智能决策不同之处在于,自动调优模块应对的业务场景和负载的历史数据样本较小(甚至无历史数据样本),因此需要探索最佳的参数配置优化系统性能。此外,智能决策模块的参数调优通常针对的是某一种类型的业务场景和负载,其优化程度取决于历史数据,粒度也相对较大;而自动调优模块则可为单一业务场景和特定负载实现定向参数调优,其优化更具有针对性,粒度也相对较小,能实现系统参数配置的进一步优化。

有关智能决策和自动调优两个模块的技术细节,将在后面两节中详细介绍。

12.2　智能决策

智能决策系统基于 openEuler 的实时负载数据,通过识别负载特征并调整系统相关参数,使得硬件、软件资源能与应用特征相互契合,发挥整个系统的最大性能。智能决策系统主要包含三个模块(数据采集模块、负载学习模块和感知决策模块)和两个阶段(离线训练阶段以及在线决策阶段)。A-Tune 智能决策流程如图 12-2 所示。

在离线训练阶段,智能决策系统通过数据采集模块,收集 openEuler 中不同业务场景运行时的历史负载数据,整理为有监督的离线负载数据集。负载学习模块则在离线负载数据集的基础上,进行聚类分析及业务负载特征分类训练,生成对应的机器学习模型,并将不同类型的负载映射到其最优的系统参数配置(根据系统工程师经验设计的优化参数配置)。

在在线决策阶段,智能决策系统首先通过数据采集模块采集操作系统当前的实时系统负载数据,并根据预先定义的考察维度将数据整理为若干组在线数据样本。感知决策模块将在线数据样本作为机器学习模型的输入,推理出当前系统负载的聚类、分类结果,并识别出业务负载的瓶颈点,根据业务当前的负载瓶颈点及类型,调节对应的操作系统参数。

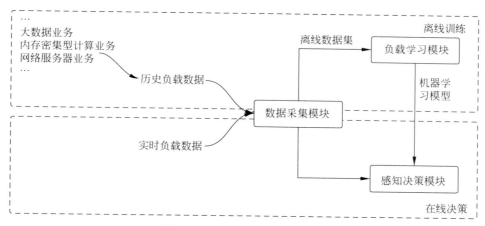

图 12-2　A-Tune 智能决策流程

1．负载学习模块

负载学习模块实现了数据处理、负载瓶颈点聚类分析和负载特征分类建模三项功能,处理流程如图 12-3 所示。

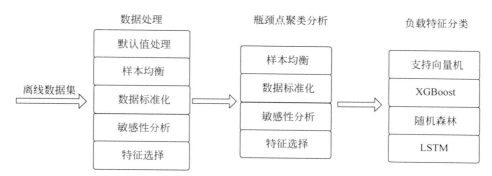

图 12-3　负载学习模块的处理流程

有监督的离线数据需要经过以下三个步骤。

(1) 数据处理:经过数据预处理、统计分析和特征选择,建立可供训练学习的标准数据集。

(2) 瓶颈点聚类分析:根据操作系统中不同的资源维度进行瓶颈点聚类分析。

(3) 负载特征分类:基于聚类分析结果建立负载特征分类模型。

1) 数据处理

操作系统的软硬件资源全局视图如图 12-4 所示。对于 openEuler 上运行的常见业务场景(包括大数据、内存密集型计算、数据库和网络服务器等),负载学习模块将从软件资源和硬件资源两个角度,收集不同业务在运行过程中涉及的特征以及具体的生命周期数据。

数据样本集涉及的主要特征维度包括 CPU、内存以及网络等资源的利用率、饱和度和性能等数据。数据采集的主要维度及内容见表 12-1。由于原始数据集维度较多且采集内容存在部分默认值、样本不均衡等问题,从而影响了机器学习算法的实现效率及精度。因

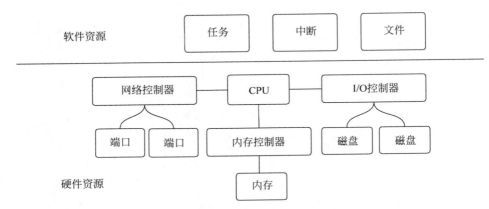

图 12-4　操作系统的软硬件资源全局视图

此,在学习建模开始前,需进行常见的数据预处理及特征选择工程实现,生成适用于模型训练的标准化数据集。

表 12-1　数据采集的主要维度及内容

资 源	类 型	代 表 含 义
CPU	利用率	CPU 利用率,判读是否为 CPU 密集型
	饱和度	CPU 饱和度,用就绪队列长度衡量
	性能	每秒执行的指令数目
	……	……
内存	利用率	系统内存的利用率
	饱和度	内存容量的饱和度,用交换到 swap 分区的大小衡量
	性能	系统内存的带宽大小
	……	……
网络端口	利用率	网络端口的带宽利用率
	饱和度	网络端口的饱和度,用平均缓存数据队列长度衡量
	性能	每秒接收的包的个数
	……	……
I/O	利用率	表示该设备有 I/O(即非空闲)的时间比率
	饱和度	I/O 的饱和度,用平均 I/O 队列长度衡量
	性能	块设备每秒接收的块数量
	……	……
任务	利用率	任务容量的使用率:plist—sz, /proc/sys/kernel/threads-max
	饱和度	任务容量的饱和度,用当前阻塞的进程数量衡量
	性能	每秒创建的任务数目
	……	……
中断	利用率	CPU 用于软硬中断处理所消耗的时间比例
	饱和度	系统每秒的上下文切换的次数
文件描述符	利用率	文件描述符的使用率 /proc/sys/fs/file-nr, /proc/sys/fs/file-max

2）瓶颈点聚类分析

操作系统对业务性能的影响主要体现在对硬软件资源的分配方式上，因为资源分配的高压力与瓶颈点可能会直接造成业务的性能下降。然而，面对成千上万的开放应用，操作系统无法对每种应用进行特定的资源配置和参数设置，但可以根据应用负载数据中反映出的资源瓶颈点实现合理化、最优化配置。因此，智能决策系统首先根据训练样本集进行无标签分析，通过无监督的聚类学习分析训练样本集中不同业务场景的瓶颈点位置。

为了得到可解释性强的聚类分析结果，openEuler 根据资源类别，从 CPU、I/O、网络和内存四个角度分别对训练样本集进行聚类分析，将训练样本根据维度数据是否达到瓶颈点进行相似性归类。

以 CPU 为例，基于 CPU 的单核和多核的平均利用率、进程在内核模式下的执行时间等运行态数据，应用 K-Means 聚类算法对采集的离线数据集进行二分组聚类，根据"距离最小化"原则将负载数据全集分为低压力无瓶颈点负载和高压力 CPU 瓶颈点负载两种类型，并得到每种类型负载的中心点，而将学习生成的聚类模型传递到感知决策模块。

3）负载特征分类

对于瓶颈点相似的业务场景，不同的业务负载特征对系统参数的最优配置有较大的影响。例如，内存计算和网络服务器在高压力场景下的业务都存在 CPU 维度的性能瓶颈，但其负载特征显然不是完全一致的。因此，负载特征分类针对相同性能瓶颈的业务，使用监督学习分类模型（见图 12-5）。基于离线负载数据集，训练出可以对当前负载数据进行业务分类的模型，进而将模型传递到感知决策模块，由感知决策模块调节与该负载特征相关的参数。

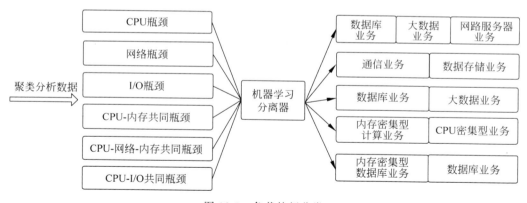

图 12-5　负载特征分类

2. 感知决策模块

感知决策模块基于预训练的机器学习模型，实现智能决策系统的在线决策功能。感知决策模块主要包括以下功能：

（1）将实时采集的系统负载数据输入训练生成的聚类模型中，判断当前系统负载的瓶颈点。

(2) 将实时数据输入相应的分类模型中,推理出当前系统负载的具体分类结果。

(3) 根据前面得到的系统负载瓶颈点和业务分类结果,找到对应最优的系统参数配置,并在操作系统中设置生效。

举例来说,图 12-6 展示了 openEuler 运行内存密集型计算业务 specjbb 的感知决策处理流程。智能决策系统首先实时采集当前负载数据并传递到感知决策模块,将其作为聚类模型的输入。通过聚类模型分析后,该业务被判定为 CPU-内存瓶颈型业务,此时可做部分配置优化。然后,可进一步分类,将负载数据输入面向 CPU-内存瓶颈型业务的支持向量机分类器中,得到推理的进一步分类结果为内存密集型计算类型。最后,决策模块将根据模型输出的结果,设置内存大页、内存刷新率等相关的操作系统参数进行配置的优化,便可实现该应用 40% 左右的性能提升。

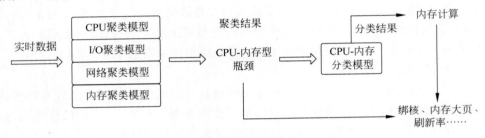

图 12-6　感知决策模块处理流程示例

12.3　自动调优

1. 背景

作为 A-Tune 工具中的另外一个核心功能,自动调优主要针对实时业务场景和负载,利用 AI 引擎搜索最佳的系统参数配置,以优化系统和应用性能。与智能决策的不同之处是,自动调优模块主要解决两类问题:

(1) 当前的业务场景和负载的历史数据样本较小(甚至无历史数据样本),无法通过有效的离线训练获得此类负载的优化配置经验。

(2) 自动调优对于系统参数的优化粒度更细,可为单一业务场景和特定负载实现定向参数调优,能实现系统参数配置的进一步优化。

然而,操作系统的可调参数数量巨大且业务复杂度极高。当前硬件和基础软件组成的应用环境涉及高达 7000 多个配置对象。随着业务复杂度和调优对象数量的增加,参数调优所需的时间成本呈指数级增长(见图 12-7),这就导致调优效率急剧下降,给系统调优设计带来巨大挑战。传统的基于人工经验的调优方法在应对上述挑战时变得力不从心,亟须一个高效的自动调参算法。

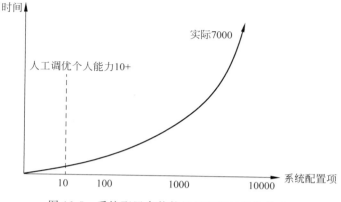

图 12-7　系统配置参数数量与调优时间的关系

当前常见的自动调参算法有 Grid Search(网格搜索)、Random Search(随机搜索)、Bayesian Optimization(贝叶斯优化)等。

网格搜索又叫穷举搜索,会搜索整个参数空间。例如有 n 个参数,每个参数有 k 个取值,那么参数搜索空间的大小为 k 的 n 次方,这会导致在高维空间遇到维度灾难,因此仅在参数数量较少时进行网格搜索是可行的。

随机搜索是在不同的参数维度上随机选取参数值进行组合,可能出现效果特别差的参数配置,也可能出现效果特别好的参数配置。在尝试次数相同的情况下,随机搜索往往会取得比网格搜索更好的性能值。但是,随机搜索的不同尝试之间是相互独立的,无法利用先验知识选择下一组参数组合。

贝叶斯优化可以在调优过程中形成对参数设置和性能之间的关系认知,利用部分先验知识优化选择下一组试验参数。这一特点使得其可以使用尽量少的试验次数找到最优的性能。openEuler 中采用了基于贝叶斯优化的自动调优技术,下文将详细介绍。

2. 基于贝叶斯优化的自动调优技术

我们先了解一下贝叶斯优化的基本原理。假定 X 为参数配置空间,x 为选定参数,$f(x)$ 为优化目标函数,函数值能够反映系统性能的优劣。那么,贝叶斯优化就是要寻找最优的 x^* 使得 $f(x)$ 的值最小,即

$$x^* = \arg \min_{x \in X} f(x) \tag{12-1}$$

这里的优化目标函数 $f(x)$ 通常为一个黑盒函数(即并不知道其确切的函数表达式),计算一次需要花费大量资源,且不可导。贝叶斯优化给出求解此问题的方法。

贝叶斯优化的思路是:首先生成一个初始候选解集合,集合中的每个元素代表要探索的点;然后,在这个集合中选择一些点,计算它们对应的目标优化函数值,从中找出最有可能使目标优化函数具有极值的点;重复这一步骤,直至迭代终止(超时或达到一定迭代次数);将最后一次迭代找出的潜在极值点作为问题的解。贝叶斯优化最核心的问题是如何根据现有探索点确定下一次迭代过程中的探索点,以便加速收敛过程。这主要通过高斯回归过程

和采集函数（Acquisition Function）实现。因为 $f(x)$ 是一个黑盒函数，我们需要根据已有的探索点对此函数进行估值，产生一个 $f(x)$ 的估值函数判定下一个最有可能是极值的探索点。贝叶斯优化采用了高斯回归过程估计其他探索点处目标函数值的均值和方差，并根据估计的均值和方差构造采集函数，估计每一个点是函数极值的可能性，并以此作为该点值得探索的程度。常见的采集函数有 PI（Probability of Improvement）、EI（Expected Improvement）和 LCB（Lower Confidence Bound）。大多数情况下，采集函数会提供一个超参数平衡"探索"（选择最优值）和"开发"（尝试没有试过的值），避免陷入局部最优。有关高斯回归过程和采集函数的原理性内容，请读者参见其他材料，本书不做详述。

基于上述思想，可将贝叶斯优化过程表述为以下几步：

（1）随机选取一个候选解，计算其对应的目标函数值，以此作为初始样本集合，并利用高斯回归过程建立目标函数的估值模型。

（2）将在采集函数预测的最佳极值点 x_t 作为下一个探索点。

（3）将 x_t 应用于真正的目标函数，运行得到目标函数值 $f(x_t)$。

（4）将 $(x_t, f(x_t))$ 加入样本集合更新代理模型。

重复步骤（2）～（4），直到达到最大迭代次数或超时。选择样本集合中使目标函数值最小的节点作为最优解。

下面用一个具体的例子阐述贝叶斯优化的一次迭代过程。图 12-8 和图 12-9 分别展示了 $t-1$ 时刻和 t 时刻的高斯回归过程及 EI 采集函数。其中，实心点代表已探索点，实线代表真实目标函数曲线，虚线代表采用高斯回归过程创建的估值模型（虚线上的点为均值），阴影区域代表此估值的方差。图 12-8 中，当前样本中的已搜索点为 5 个，利用高斯回归过程

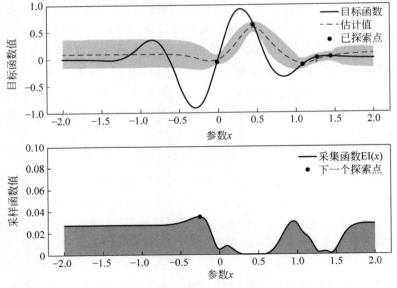

图 12-8　5 个采样点时的高斯回归过程和 EI 采样函数示例

生成的估值模型与实际目标函数间的偏差较大。此时,通过 EI 采样函数分析出最佳极值点,并以它作为下一个采样点。图 12-9 中,加入了图 12-8 中的采样点并更新了高斯回归过程创建的估值模型,其整体趋势已进一步逼近真实函数。此时,通过 EI 采样函数再次分析出最佳极值点,并作为下一个采样点,开始下一轮迭代。

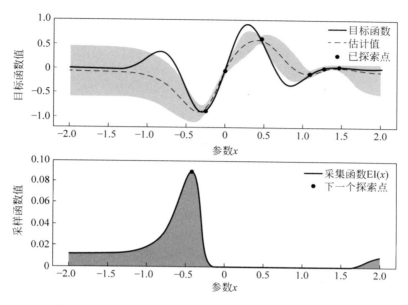

图 12-9　6 个采样点时的高斯回归过程和 EI 采样函数示例

　　图 12-10 展示了 A-Tune 中自动调优的基本流程。其目标是对运行在服务端的业务进行自动优化,即服务端需要调节哪些参数,并通过自动调节这些参数,提升业务的性能。openEuler 操作系统通过用户配置好并上传到服务端的 yaml 文件进行参数空间的配置。

3. 案例:利用 A-Tune 进行性能自动调优

　　本节以一个优化 MySQL 的场景了解 A-Tune 的自调优过程。

　　首先,在客户端运行命令"atune-adm tuning mysql-client. yaml"。该命令中,mysql-client. yaml 为客户端的配置文件。在客户端的 yaml 文件里,需要指定客户端 benchmark(基准测试程序)的拉起脚本和获得 benchmark 结果的命令,并且指定调节的次数。图 12-11 展示了 yaml 文件的配置示例。

　　拉起 tuning 之后,客户端会给服务端发送一个请求,继而服务端将可以调节的参数空间发送给负责运行贝叶斯优化的服务器。然后,贝叶斯优化算法随机选出新的参数设置发给服务端;服务端将收到的参数进行自动设置,并通知客户端拉起 benchmark 进行测试。客户端完成测试之后,收集测试的 benchmark 结果发送给服务端。之后,服务端再发给负责运行贝叶斯优化的服务器;贝叶斯优化根据收到的 benchmark 结果和可调节的参数空间,

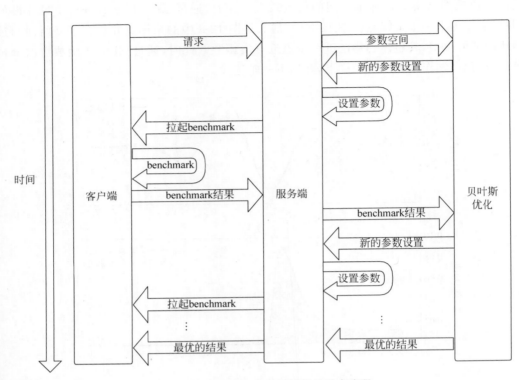

图 12-10   A-Tune 中自动调优的基本流程

```
1.      project: "mysql"
2.      iterations : 20
3.      benchmark : "sh /home/Benchmarks/mysql/tunning_mysql.sh"
4.      evaluations :
5.       -
6.      name: "tps"
7.      info:
8.      get: "echo - e ' $ out' | grep 'transactions:' | awk '{print $ 3}' | cut - c 2 - "
9.      rtype: "negative"
10.     weight: 100
11.     threshold: 100
```

图 12-11   yaml 文件的配置示例

计算出新的参数设置,并发给服务端;服务端将收到的参数进行自动设置,并通知客户端拉起 benchmark 进行测试。以上过程不断循环,直到达到规定的调节次数,完成调优过程。调优结束后,负责运行贝叶斯优化的服务器将最优的性能和参数设置发回给服务端,服务端再发给客户端显示出来。

本章小结

　　随着软硬件的不断发展,操作系统正变得越来越庞大。为了应对通用场景下的多样化服务需求,操作系统及其上层应用软件均引入了大量的系统参数,希望在满足多样化服务需求的同时,保持其针对不同业务场景的动态可调节性。然而,系统调优一直是一个非常复杂且极度依赖经验的系统性工程。针对一个特定业务的系统参数调优,需要工程师能充分了解硬件、操作系统及其业务所依赖的相关软件大量参数的含义及配置方法,还要分析此业务的性能瓶颈,依靠其经验实现针对性优化。因此,虽然系统调优能大幅提升特定业务场景下的系统性能,但也一直是系统优化领域的痛点和难点问题。

　　然而,21 世纪 10 年代,机器学习和人工智能的飞速发展,推动了操作系统与人工智能的深度融合。系统工程师开始通过人工智能的方法实现系统参数的自动调优,从而降低了性能调优过程中反复调参的人工成本,提升了系统调优的效率。本章详细介绍了 openEuler 操作系统中的智能调优工具——A-Tune,从其基本原理入手,对 A-Tune 的架构和实现机制进行了深入分析。A-Tune 包含了两个核心模块:智能决策模块基于历史负载数据训练的业务负载分类模型实现了实时业务负载的性能瓶颈分析及特征分类,能根据负载特征自动实现特定类型业务负载的最优化参数匹配;而自动调优模块采用基于贝叶斯优化的自动调参技术实现了针对单个负载的定向参数优化,能有效解决业务负载历史数据样本小及智能决策分类不准确等问题。本章也对两个核心模块的具体实现技术进行了简要介绍。

　　目前,系统调优仍是系统优化领域的前沿问题之一。openEuler 操作系统的 A-Tune 工具在系统自动调优领域开展了一些初探性设计和应用,但也仍处于不断迭代和提升的过程。更多新型的技术仍有待进一步探索。

参 考 文 献

[1] Madhavapeddy A, Mortier R, Rotsos C, et al. Unikernels: Library operating systems for the cloud [J]. ACM SIGARCH Computer Architecture News, 2013, 41(1): 461-472.

[2] Engler D R, Kaashoek M F, O'Toole Jr J. Exokernel: An operating system architecture for application-level resource management[J]. ACM SIGOPS Operating Systems Review, 1995, 29(5): 251-266.

[3] Baumann A, Barham P, Dagand P E, et al. The multikernel: a new OS architecture for scalable multicore systems[C]//Proceedings of the ACM SIGOPS 22nd symposium on Operating systems principles. ACM, 2009: 29-44.

[4] Shan Y, Huang Y, Chen Y, et al. LegoOS: a disseminated, distributed OS for hardware resource disaggregation[C]//Operating Systems Design and Implementation, USENIX, 2018: 69-87.

[5] Dice D, Kogan A. Compact NUMA-aware locks [C]//Proceedings of the Fourteenth EuroSys Conference 2019. ACM, 2019: 1-15.

[6] Liu M, Peter S, Krishnamurthy A, et al. E3: energy-efficient microservices on SmartNIC-accelerated servers[C]//Annual Technical Conference. USENIX, 2019: 363-378.

[7] Kaufmann A, Peter S I, Sharma N K, et al. High performance packet processing with flexnic[C]// Proceedings of the Twenty-First International Conference on Architectural Support for Programming Languages and Operating Systems. ACM, 2016: 67-81.

[8] Li B, Ruan Z, Xiao W, et al. Kv-direct: High-performance in-memory key-value store with programmable nic[C]//Proceedings of the 26th Symposium on Operating Systems Principles. ACM, 2017: 137-152.

[9] Li B, Cui T, Wang Z, et al. SocksDirect: Datacenter sockets can be fast and compatible [M]// Proceedings of the ACM Special Interest Group on Data Communication. ACM, 2019: 90-103.

[10] 董攀, 丁滟, 江哲, 等. 基于 TEE 的主动可信 TPM/TCM 设计与实现[J]. 软件学报, 2020, 31(5): 1392-1405.

[11] 刘皖, 谭明, 郑军. 基于平台可信链的可信边界扩展模型[J]. 计算机工程, 2008, 34(6): 176-178.

[12] 刘孜文, 冯登国. 基于可信计算的动态完整性度量架构[J]. 电子与信息学报, 2010(4): 875-879.

附录 A

缩略语

缩略语	全称	注释
AF	Access Flag	访问标志位标识该内存页是否被访问
ALU	Arithmetic Logic Unit	算术逻辑单元
AMBA	Advanced Microcontroller Bus Architecture	高级微控制器总线架构
AP	Access Permission	内存页的"访问权限"属性位
API	Application Programming Interface	应用程序接口
ARM	Advanced RISC Machines	指代 ARM 公司,或者该公司设计的处理器架构
ARP	Address Resolution Protocol	地址转换协议
AS	Autonomous System	自治系统
AS	Address Space	地址空间
ASIC	Application Specific Integrated Circuit	应用型专用集成电路
ASID	Address Space ID	地址空间标识
ASN	Autonomous System Number	自治系统编号
BGP	Border Gateway Protocol	边界网关协议
CNA	Compact NUMA-Aware Lock	紧凑 NUMA 感知锁
CCL	CPU Core Cluster	CPU 核簇
CFS	Completely Fair Scheduler	完全公平调度器
CLI	Command Line Interface	命令行接口
CNCF	Cloud Native Computing Foundation	云原生计算基金会
CPI	Configurator Plugin Interface	配置插件接口
CPU	Central Processing Unit	中央处理器
CQ	Completion Queue	完成队列
CQE	Completion Queue Element	完成队列元素
CRC	Cyclic Redundancy Check	循环冗余校验
CRI	Container Runtime Interface	容器运行时接口

CTSS	Compatible Time-Sharing System	兼容分时系统
cgroups	control groups	控制组
DARPA	Defense Advanced Research Projects Agency	美国国防高级研究计划局
DDRC	Double-Data-Rate Fourth Channel	第四代双倍数据传输率信道
DHCP	Dynamic Host Configuration Protocol	动态主机配置协议
DMA	Direct Memory Access	直接内存访问
DMB	Data Memory Barrier	数据内存屏障
DNS	Domain Name System	域名系统，也指提供域名服务的服务器以及所用的协议
DPDK	Data Plane Development Kit	数据平面开发工具集
DPU	Deep_Learning Processing Unit	深度学习处理单元
DRAM	Dynamic RAM	动态 RAM
DSB	Data Synchronization Barrier	数据同步屏障
EI	Expected Improvement	期望改善度(采集函数的一种)
ELF	Executable and Linkable Format	可执行可链接文件格式
EOT	End of Tail	尾部结束符
EPT	Extended Page Table	扩展页表
EPTP	EPT Base Pointer	EPT 页表基址指针寄存器
ESC	Escape Character	转义字符
ESR	Exception Syndrome Registers	异常综合表征寄存器
Ext FS	Extended File System	扩展文件系统
FAR	Fault Address Register	异常地址寄存器
FCFS	First Come First Served	先来先服务
FHS	Filesystem Hierarchy Standard	文件系统层次结构标准
FIFO	First In First Out	先进先出调度算法
FIQ	Fast Interrupt Request	快速中断请求
FMS	Fortran Monitor System	Fortran 监督系统
FPGA	Field Programmable Gate Array	现场可编程门阵列
FS	File System	文件系统
FSCK	File System Checker	文件系统完整性检查工具
FSF	Free Software Foundation	自由软件基金
GCC	GNU Compiler Collection	GNU 编译器套装
GD	Group Descriptor	块组描述符

GDB	GNU Debugger	GNU 调试器
GDT	Group Descriptor Table	块组描述符表
GFN	Guest Frame Number	客户机页表的页帧号
GIC	Generic Interrupt Controller	ARM 公司提出的通用中断控制器
GLIBC	GNU C Library	GNU C 运行库
GNU	GNU's Not UNIX	自由软件操作系统,又可以指 GNU 计划(一个自由软件集体协作计划)
GPA	Guest Physical Address	客户机物理地址
GPU	Graphics Processing Unit	图形处理器
gRPC	Google Remote Procedure Call	Google 远程过程调用
GUI	Graphical User Interface	图形用户接口
GVA	Guest Virtual Address	客户机虚拟地址
HDD	Hard Disk Drive	硬盘驱动器
HPA	Host Physical Address	宿主机物理地址
HTTP	Hyper Text Transfer Protocol	超文本传输协议
HVA	Host Virtual Address	宿主机虚拟地址
HVC	Hypervisor Call	超级调用指令,用于操作系统调用虚拟机监控器(hypervisor)的功能(CPU 运行级别由 EL1 进入 EL2)
I/O	Input/Output	输入/输出
IANA	Internet Assigned Numbers Authority	互联网号码分配局
IB	InfiniBand	"无限带宽"技术(一种网络通信标准)
IEEE	Institute of Electrical and Electronics Engineers	电气和电子工程师学会
IL	Illegal(Execution state)	非法执行状态
IMC	Interrupt Mask Clear	中断屏蔽清除
IMS	Interrupt Mask Set	中断屏蔽设置
inode	index node	索引节点
ioctl	input/output control	一种输入/输出控制系统调用函数
IOMMU	I/O Memory Management Unit	输入/输出内存管理单元
IOPS	Input/Output Operations Per Second	输入/输出每秒读写次数
IPA	Intermediate Physical Address	中间物理地址
IPC	Inter-Process Communication	进程间通信

IRQ	Interrupt Request	中断请求
ISB	Instruction Synchronization Barrier	指令同步屏障
ISO	International Standards Organization	国际标准化组织
ISP	Internet Service Provider	互联网服务提供商
IT	Information Technology	信息技术
ITS	Interrupt Translation Service	中断映射服务
iWARP	internet Wide Area RDMA Protocol	一种跨网的 RDMA 协议
JBD	Journaling Block Driver	日志块设备
k8s	kubernetes	容器集群管理系统
KAE	Kunpeng Accelerator Engine	鲲鹏加速引擎
KVM	Kernel-Based Virtual Machine	基于内核的虚拟机
LAN	Local Area Network	局域网
LCB	Lower Confidence Bound	置信下界
LR	Link Register	链接寄存器
LRU	Least Recently Used	最近最久未使用
LSE	Large System Extension	指 ARM 架构的一种指令集扩展
LXC	Linux Containers	Linux 容器（代表一种容器技术）
ldp	load pair	ldp 指令
LibOS	Library Operating System	库操作系统
MAR	Memory Address Register	内存地址寄存器
MBIGEN	Message-Based Interrupt GENerator	基于消息的中断生成器
MCS	John Mellor-Crummey and Michael Scott	一种用于实现锁机制的线程管理队列
MDR	Memory Data Register	内存数据寄存器
MFN	Machine Frame Number	物理页帧号
MMIO	Memory Map I/O	内存映射 I/O
MMU	Memory Management Unit	内存管理单元
MOESI	Modified,Owned,Exclusive, Shared or Invalid Protocol	一种缓存一致性协议
MPI	Model Plugin Interface	模型插件接口
MR	Memory Registration	内存注册
MSI	Message Signaled Interrupts	消息信号中断
MTU	Maximum Transmission Unit	最大传输单元

MULTICS	MULTiplexed Information and Computing System	早期的一款计算机操作系统名称
NAPI	New API	Linux 新的网卡数据处理 API
nG	not Global	内存页的"非全局"标志位
NIC	Network Interface Card	网卡
NPT	Nested Page Table	嵌套页表
NPTL	Native POSIX Thread Library	POSIX 标准线程库
ns	namespace	命名空间
NUMA	Non-Uniform Memory Access	非统一内存访问
NVM	Non-Volatile Memory	非易失性存储器
OCI	Open Container Initiative	开放容器计划
OS	Operating System	操作系统
OSI RM	Open System Interconnection Reference Model	开放系统互联参考模型
PC	Program Counter	程序计数器
PCB	Process Control Block	进程控制块
PCIe	Peripheral Component Interconnect Express	高速外围组件互联总线标准
pCPU	physical CPU	物理 CPU
PDE	Page Directory Entry	页目录项
PF	Physical Function	物理功能
PGD	Page Global Directory	页全局目录
PGDE	Page Global Directory Entry	页全局目录项
PI	Probability of Improvement	改善概率(采集函数的一种)
PMD	Poll Mode Driver	轮询模式驱动程序库
PMD	Page Middle Directory	页中间目录
PMDE	Page Middle Directory Entry	页中间目录项
POSIX	Portable Operating System Interface	可移植操作系统接口
PPP	Point-to-Point Protocol	点对点协议
PPP	Programmable Packet Processor	可编程数据包处理机
PT	Page Table	页表
PTE	Page Table Entry	页表项
PXN	Privileged Execute Never	内存页的"特权级不可执行"属性位
QEMU	Quick EMUlator	快速模拟器
QMP	QEMU Monitor Protocol	QMP 协议

QP	Queue Pair	结对队列,指一个发送队列和一个接收队列的集合
Qspinlock	Queued Spinlock	队列自旋锁
RAM	Random Access Memory	随机存取存储器
RDBAH	Receive Descriptor Base Address High	接收描述符高位基址
RDBAL	Receive Descriptor Base Address Low	接收描述符低位基址
RDH	Receive Descriptor Head	接收描述符头指针
RDLEN	Receive Descriptor Length	接收描述符长度
RDMA	Remote Direct Memory Access	远程内存直接访问
RDT	Receive Descriptor Tail	接收描述符尾指针
RIP	Routing Information Protocol	路由信息协议
RISC	Reduced Instruction Set Computers	精简指令集计算机
RQ	Receive Queue	接收队列
RR	Round-Robin	轮转
RTOS	Real-Time Operation System	实时操作系统
RoCE	RDMA over Converged Ethernet	一种以太网上的 RDMA 协议
SAS	Serial Attached SCSI	串行 SCSI 技术
SCSI	Small Computer System Interface	小型计算机系统接口
SCTLR	System Control Register	系统控制寄存器
SCU	Snoop Control Unit	窥探控制单元
SDN	Software Defined Network	软件定义网络
SJF	Shortest Job First	最短进程优先调度算法
SMC	Secure Monitor Call	安全监控器调用指令,用于操作系统或者虚拟机监控器调用安全监控器(Secure Monitor)的功能(CPU 运行级别由 EL1 或者 EL2 进入 EL3)
SMFN	Shadow Machine Frame Number	影子宿主机物理页帧号
SMP	Symmetric Multi-Processor	对称多处理器
SOH	Start of Head	报头开始符
SP	Stack Pointer	堆栈指针寄存器
SPSR	Saved Program Status Registers	备份程序状态寄存器
SQ	Send Queue	发送队列
SR-IOV	Single Root I/O Virtualization	一种 I/O 虚拟化的标准

SRAM	Static RAM	静态 RAM
SS	Software Step	软件单步调试
SSD	Solid-State Disk	固态硬盘
stp	store pair	stp 指令
SVC	Supervisor Call	陷入指令,用于应用程序调用操作系统内核的功能(CPU 运行级别由 EL0 进入 EL1)
SoC	System on Chip	片上系统
TC	Traffic Controller	Linux 流量控制程序模块
TCP	Transmission Control Protocol	传输控制协议
TCR	Translation Control Register	转换控制寄存器
TG	Translate Granule	TCR_EL1 寄存器中的"转换粒度"属性位
TLB	Translation Lookaside Buffer	(地址)转换旁路缓存
TPU	Tensor Processing Unit	张量处理单元
TTBR	Translation Table Base Register	转换表基址寄存器
UBC	Unified Buffer Cache	统一高速缓存
UDP	User Datagram Protocol	用户数据报协议
uio	userspace I/O	一种让用户进程控制 I/O 的机制
UNICS	UNiplexed Information and Computing System	早期的一款计算机操作系统名称
UXN	Unprivileged Execute Never	内存页的"非特权级不可执行"属性位
vCPU	virtual CPU	虚拟 CPU
VF	Virtual Function	虚拟功能
VFS	Virtual File System	虚拟文件系统
VFS	Virtual Filesystem Switch	虚拟文件系统(早期术语)
VHE	Virtualization Host Extensions	虚拟化主机扩展
VLAN	Virtual Local Area Network	虚拟局域网
VM	Virtual Machine	虚拟机
VMID	Virtual Machine Identifier	虚拟机标识符
VMM	Virtual Machine Monitor	虚拟机监视器
VMX	Virtual Machine Extension	一种 CPU 支持虚拟机扩展的技术
WQ	Work Queue	工作队列
WR	Work Request	工作请求
XN	Execute-Never	内存页的"不可执行"属性位